島田 雅年、藪本 晃輔 ［著］

データ
プラットフォーム
技術バイブル

要素技術の解説から実践的な構築法、利活用まで

本書のサポートサイト

本書の補足情報、訂正情報などを掲載します。適宜ご参照ください。
https://book.mynavi.jp/supportsite/detail/9784839970796.html

●本書は2025年3月段階（初版第1刷）での情報に基づいて執筆されています。
本書に登場する製品やソフトウェア、サービスのバージョン、画面、機能、URL、製品のスペックなどの情報は、
すべてその原稿執筆時点でのものです。
執筆以降に変更されている可能性がありますので、ご了承ください。

●本書に記載された内容は、情報の提供のみを目的としております。
したがって、本書を用いての運用はすべてお客様自身の責任と判断において行ってください。

●本書の制作にあたっては正確な記述につとめましたが、
著者や出版社のいずれも、本書の内容に関してなんらかの保証をするものではなく、
内容に関するいかなる運用結果についてもいっさいの責任を負いません。あらかじめご了承ください。

●本書中の会社名や商品名は、該当する各社の商標または登録商標です。
本書中では™および®マークは省略させていただいております。

はじめに

　本書がテーマとして掲げている「データプラットフォーム」とは、ユーザー行動や各種センサーログなど、さまざまなデータを格納し、利用者に有意義な形で提供してビジネスを支える土台となるものです。一般的に、データはETL（Extract Transform Load）やELT（Extract Load Transform）の工程を経て、最終的に可視化に至ります。しかし、これらの各工程で高いデータ品質を維持するには、実践的な技術力が求められます。

　昨今、ビジネスの現場で必要性が叫ばれるデジタルトランスフォーメーション（DX）とは、「データ」と「デジタル技術」がビジネスを支える土台として機能するといわれています。「データ」と「デジタル技術」にはデータプラットフォームが大きく関係しており、データプラットフォームは近年のビジネスでは欠かせない要素となっています。その目的は、格納されているデータを分析して、ビジネスに有益な情報や判断力を提供することです。あらゆる業種や業界でも、データプラットフォームにおけるデータ分析から導き出せる判断が重要視されています。

　また、「ビッグデータ」をはじめ「AI」や「LLM（大規模言語モデル）」などの技術用語は、既に一般社会で認知されていますが、現時点ではこれらを処理するデータプラットフォームの構築手段が無数に存在し、どの技術をどのように組み合わせるべきか判断が難しい状況です。

　本書では、めまぐるしく変遷するデータプラットフォームの技術を包括的に紹介し、技術選定で求められる観点に関しても解説しています。開発時に求められる要素技術はもちろん、技術構成の根底に流れる設計思想、理解の前提となるDelta Lakeなどのデータフォーマットの知識、Apache Sparkに代表される分散コンピューティングによる処理方法なども盛り込んでいます。執筆を開始した2019年には幅広く利用されていた技術で、現在では既に使われなくなってしまったものも数多くありますし、本書で取り上げている技術が、将来利用されなくなる可能性も否定できません。しかし、普遍的な情報に焦点を当てつつ、なぜその技術が開発され支持されているのか、歴史的な経緯や背景にまで踏み込んで解説しています。

　本書を手にしていただき、過去の事例を学びながら将来生まれてくるであろう技術に対しても、より深い理解と洞察を得ていただければ幸いです。

2025年3月
執筆陣代表　島田 雅年

本書の読み方

本書はデータプラットフォームの基礎的な知識はもちろん、データプラットフォーム構築に必要となる考え方を具体的かつ実践的に網羅しています。

データプラットフォームの継続的な安定運用は、ミドルウェアやライブラリ、クラウドサービスなどを導入するだけで解決できる単純なものではありません。UNIX哲学（シンプルで効率的なソフトウェア設計の原則）には、「スモール・イズ・ビューティフル」という考え方があります。本来の意味は、小さな1つの責務を持つシステム同士が連携して、大きなシステムを構築できるという考え方ですが、データプラットフォームの構築にも該当します。データプラットフォームは、複数のシステムから成り立つエコシステムであり、その構築には数多くの技術スタックを組み合わせる必要があります。
本書では、データプラットフォームの技術スタックを解説すると共に、事業状況に応じてどのような選択が必要となるか、その際に重視すべき観点を解説しています。

現代的なサービス運営ではデータが中心に存在し、事業状況をデータから判断して施策を決定するデータドリブンなアプリケーション開発が進められています。データドリブンを軸にするサービス運営には、エンジニア職のみならずビジネス職の協力がなければ成功はありません。本書では主たるテーマであるデータプラットフォーム構築に加え、データプラットフォームを構築するエンジニアが技術面に留まらず、事業面にどのように寄り添って開発を進めるべきか、必要に応じて補足しながら解説します。
データプラットフォームが、事業組織の運営に対してどのような関わりを持ちながら開発が進むのか、執筆陣の豊富な実務経験に裏打ちされたノウハウは、読者の皆さんの課題解決のヒントになるはずです。

なお、各章は1テーマで完結しているため、気になる章から読み進めて構いません。たとえば、ログ転送を知りたいときはChapter 3から、ストリーミングはChapter 5からといったように、求めるテーマの章から読み進められます。

本書の構成

本書は、10章で構成されています。Chapter 1～2はデータプラットフォームの導入、Chapter 3～5はデータプラットフォームの要素技術、Chapter 6～10では要素技術を組み合わせた実践的な構築手法、そして破壊的イノベーションをもたらす技術と対峙した際の向き合い方などを解説します。

前半のChapter 1～5は、データプラットフォームの基礎知識を解説し、後半のChapter 6～10を理解するための土台となります。

後半のChapter 6～10は、どのような考え方でデータプラットフォームの構築を進めるべきか、開発現場で検討すべき項目の解説が中心となっています。
アプリケーションに限らず一般的なサービスは、その運用が始まると同時に、技術的負債の蓄積や開発者の入れ替わりに伴い、複雑化（カオス化）が始まります。データプラットフォーム開発の現場では、このカオス化を回避するためにどのような体制を整えるべきかなど、運用に関する解説も盛り込んでいます。

Chapter 1と2は、データプラットフォームを構築する理由や要素技術の概要で、いわば導入部分です。データプラットフォームが提供する価値や構成要素など、土台となる部分だけではなく周辺技術も解説し、データプラットフォームの基本的な概念を理解していただきます。

Chapter 3～5では、データプラットフォームのコア技術である、ログ転送、ETL処理、ストリーミングなど、具体的な手法を実践的なコードと共に詳解しています。ミドルウェアやライブラリなど、プログラミングコードの説明を中心とする技術的な内容です。個別の要素技術だけに留まらず、開発された背景や、どのような問題を解決するために登場したのか、その理解にも焦点を当てています。
技術的進化により陳腐化したとしても、その後の技術選定や開発において、判断材料となる周辺知識を用意しています。

Chapter 6では、データプロビジョニングと呼ばれるデータ提供手段の手法を解説します。データプロビジョニングは、データプラットフォーム内で利用者にもっとも近く、データプラットフォームの価値を直接的に提供する部分です。BIツール（Business Intelligence）やサービスを組み合わせて、どのようにデータ提供を実現するかを中心に解説を進めます。
また、アナリティクスエンジニアリングの視点で、データプロビジョニングの重要性や利用者にデータを届ける実践的な手法を解説します。

Chapter 7では、データプラットフォームの歴史的変遷に伴い進化する機器構成、機械学習や効果検証をシステムに組み込む際の注意点や考え方、データマネジメントを支える技術としてのアーキテクチャ案、クラウドサービスをどのように組み合わせるかなど、システム化の視点で解説します。
また、カオス化が進むデータプラットフォームに対して、インターフェイスの一貫性をどのように保つかも解説しています。

Chapter 8では、データプラットフォームにおける要件分析や成果物について説明します。データプラットフォームの要件分析は、利害関係者との合意形成や開発者の共通理解を得るために必要となる重要な作業です。RDRA 2.0（リレーションシップ駆動要件分析）をベースに、データ要件を整理して開発に落とし込む手法を解説しています。
なお、エンジニア以外にも、要件定義に携わるプロダクトマネージャーにも理解できるように解説しています。

Chapter 9では、前章で定義された要件を踏まえ、全体設計や開発プロセスの観点から、どのようにプロジェクトを進行すればよいか説明します。データプラットフォームの開発におけるシステム設計や技術選定のポイント、コード構成管理の設計例、開発現場での実践的な手法を解説します。
企業成長と共に進化するデータプラットフォームをアジャイル開発でどのように進めるのか、エンジニアリングマネージャーやアーキテクトの視点で解説しています。

Chapter 10には、人と技術は時間経過と共に成長することを前提に、技術責任者の立場で理解しておくべき内容をまとめています。革新的な技術やサービスの登場、カオス化への対応、改善の考え方や手法を中心に据え、改善における現実解の整理などを説明します。
また、継続的な進化の過程で発生する決定回避の法則に陥らない考え方や、新しい技術を取り入れる際のプロセスも解説しています。

用語解説

本書では、データプラットフォーム構築における技術全般を解説しています。本書の理解を深めるため、使用している専門用語を紹介します。

■ データ関連

□ 抽象度

抽象度とは、概念モデルの内包関係を表す言葉で、抽象度が低いほど具体的な特性、抽象度が高いほど汎用的な特性を表します。データが保持する抽象度が高くなると、意味を持つ情報となり、その意味領域が広がります。アンケートの集計を例にすると、個別の回答は抽象度の低い情報であり、全回答を集計した結果は抽象度が高い情報といえます。

□ DIKWモデル

DIKWモデルとは、Data、Information、Knowledge、Wisdomの4階層で構成されるデータの抽象度を表す概念モデルです。Data、Information、Knowledge、Wisdomの順で表現され、階層が上がるにつれ抽象度が高くなります。本書では、DIKWモデルはもちろん、DIKWモデルを用いたデータプラットフォームの構築・運用を解説の中心に据えています。

□ Single Source of Truth（SSOT）

Single Source of Truth（SSOT）は「信頼できる唯一の情報源」ともいわれ、データを1箇所から取得でき、データの最新性や信頼性を保証しやすい状態を指します。SSOTの原則にしたがって構築されたデータプラットフォームでは、部署間のデータ不整合やデータの信頼性低下を防げます。ただし、SSOTの実現は一般的に難しいといわれ、技術的な問題のみならず、組織的な面も含めて検討する必要があります。

□ ドメイン知識

ドメイン知識とは、ビジネス、学問、技術、医学、哲学など、それぞれの領域（ドメイン）における専門知識を指します。
データプラットフォームにおけるドメイン知識とは、ビジネス上の価値を生み出すデータをDIKWモデルで表現したものといえます。たとえば、ECサイトの場合では、商品の売上推移や在庫数推移などデータそのものではなく、指標の設定、売上や在庫変動の解釈とその活用方法など、専門的な知識が該当します。

□ 境界付けられたコンテキスト

境界付けられたコンテキストとは、ドメイン駆動設計で定義される概念の1つで、特定の概念モデルが適用される境界や領域のことです。
ECサイトを例に取ると、商品の価格、画像、説明文などの情報は、「商品」に境界付けられたコンテキストに属します。この他にも「在庫」、「顧客」、「注文履歴」などの境界付けられたコンテキストが考えられ、それぞれの領域を定義するとデータの意味を明確にできます。
境界付けられたコンテキストごとにデータカタログやスキーマで分割すれば、データ管理を効率化できます。

□ 探索的データ分析（EDA）

探索的データ分析（EDA：Exploratory Data Analysis）とは、定量的なデータの分析であり、パターンや特性、構造を理解するための統計的な手法です。たとえば、データ内の異常値を発見するためには、データクレンジングや統計的分析、可視化の工程が必要ですが、最終段階の可視化で異常値の発見が容易となります。
したがって、EDAとは、データの抽象度をDIKWモデルのData領域からKnowledge領域

へと昇格させる技術ともいえます。

□ インフォグラフィックス

インフォグラフィックスとは、情報を視覚的にグラフィカルに表現し、理解を容易にするものです。DIKWモデルのKnowledge領域に格納されているデータには、より直感的な理解が可能なグラフやチャート、マップ、図表など、視覚で判断できる情報が含まれます。

たとえば、ビジネスでのレポートや教育、マーケティングなどの場では、インフォグラフィックスで複雑な概念や情報を視覚的に表現して、より分かりやすく直感的に伝えられます。より効果的に情報を伝えられるため、データプラットフォームの運用においても有効です。

■ データ処理関連

□ メダリオンアーキテクチャ

メダリオンアーキテクチャとは、管理が煩雑なデータに階層を与え、より人が扱いやすい形式に変換することを主な目的としています。

データの抽象度をBronze（銅：Ingestion Tables）、Silver（銀：Refined Tables）、Gold（金：Feature／Aggregation Data Store）の3階層で定義し、ETL処理やELT処理でデータの抽象度を上げて、データの価値を高める加工処理をおこないます。

Bronzeは生ログ、Silverは検索可能なテーブル、Goldは分析結果を格納するデータストアとして定義され、これらのテーブルがデータカタログやスキーマに定義されて、より管理が容易なデータプラットフォームを構築できます。

□ クリーンアーキテクチャ

クリーンアーキテクチャとは、依存性逆転の原則を実現する「依存性の注入」（DI）を用いて、アプリケーション内のドメインロジックを疎結合に分離するアーキテクチャです。各処理の責務を疎結合に分離し、変更やテストが容易になる設計を目指しています。

アプリケーションの構成要素を円状に定義し、内側から外側に向かってエンティティ、ユースケース、コントローラ、外部インターフェイスの4層に分割します。ドメインモデルと同様に、中心に行くほど抽象度が高く、外側に行くほど抽象度が低くなり、外部入出力など処理に具体性がある構成となります。

依存の方向性を外側から内側に限定して、抽象度が低い層から高い層に依存するように設計し、逆に内側から外側への依存は許容されません。抽象度の高い層から低い層への依存を許容しない構造は、依存関係の逆転を防ぎ、ソフトウェアの変更による影響範囲を抑えられます。

□ Lakehouseアーキテクチャ

Lakehouseアーキテクチャとは、データレイクにデータウェアハウスの機能を統合したアーキテクチャです。

従来のデータレイクはファイルの格納場所としての意味合いが強く、データの検索やACID特性を持つトランザクション処理などの機能が不足していました。Lakehouseアーキテクチャでは、ストレージのAmazon S3、ミドルウェアのApache Sparkやファイルシステムのδelta、Apache Hudiなどを組み合わせ、拡張性、性能、コスト効率、セキュリティ、可用性などの要件を満たすデータプラットフォームの構築が期待できます。

□ 有向非巡回グラフ（DAG）

有向非巡回グラフ（DAG）とは、頂点と辺からなるグラフで、辺には方向性があり頂点間に閉路が存在しないグラフです。閉路が存在しないとは必ず末端が存在することを意味しており、DAGで構築されたアプリケーションは必ず終了することが保証されます。

DAGは、Apache Sparkなどの分散処理フレームワーク、DigdagやAirflowなどのジョブスケジューラにおいて、ジョブの依存関係を表現するために用いられます。

□ マイクロサービスアーキテクチャ

マイクロサービスアーキテクチャとは、アプリケーションを複数の小さなドメインに分割し、それぞれのドメイン知識を持つサービスを独立して開発、運用するアーキテクチャです。各サービスが独立して開発、運用されるため、サービス間の依存度が低くなり、サービス変更による影響範囲が抑えられます。

マイクロサービスアーキテクチャの対となる概念に、モノリシックアーキテクチャがあります。このアーキテクチャは、アプリケーションの全ドメインを1つのモノリシックなサービスとして開発、運用するアーキテクチャです。

スタートアップ企業などでは、創業直後は開発期間を短縮するためにモノリシックアーキテクチャを採用する場合が多く、サービスの規模が大きくなるにつれてドメイン分割からマイクロサービスアーキテクチャに移行する事例が多く見られます。

□ ストリーミング処理

ストリーミング処理とは、さまざまなデータの発生源から流れるデータをリアルタイムに処理可能とする処理方法です。Amazon KinesisやApache Kafkaなどのストリーミング処理に特化したストレージを利用して、連続的に発生するデータをデータ加工や集計、可視化やデータ活用をリアルタイムでおこないます。

リアルタイム性とは、データの発生から処理結果が参照可能になるまでの時間が短いことを指し、サービスのドメイン特性によってはリアルタイム性がビジネス上の重要な要素となる場合があります。

□ 非構造化、半構造化、構造化データ

データの構造には、非構造化データ、半構造化データ、構造化データの3種類があります。

非構造化データとは、画像や自然言語の文字列ではデータ構造が定義されず、そのままでは検索や参照が難しいデータです。また、半構造化データとは、JSONやXMLなどのデータ構造が定義される一方、その構造が複雑で検索や参照が難しいデータです。

構造化データとは、データベースのスキーマやテーブル定義などでデータ構造が定義され、検索や参照が容易なデータです。

データプラットフォームでは、非構造化データや半構造化データを構造化データに変換して、データの検索や参照を容易にできます。

□ 冪等性
　べきとうせい

冪等性とは、同じ操作を何度実行しても、同じ結果が得られる性質を表します。

データプラットフォームの処理では、クラッシュやネットワーク障害が発生しても、データの整合性を保つ必要があります。データの整合性を保つためには、所定の期間を対象としたデータ処理を何度実行しても、同じ結果が得られる冪等性を維持する必要があります。

ある特定のタイミングで一度しか発生しないデータを処理する場合、データ処理の冪等性の維持が難しいケースもありますが、その場合、データ処理の可用性を優先し、クラッシュしてもデータの整合性を維持できるシステム設計が求められます。

□ 可用性

可用性とは、一般にシステムが稼働している状態が継続していることを指します。データプラットフォームにおける可用性とは、データ処理はもちろん、データそのものが常に利用可能であることを指します。

データはストレージ障害やネットワーク障害により消失する可能性があり、データの消失はデータプラットフォームの可用性を脅かします。近年では、Amazon S3など高い可用性を保証するストレージサービスを利用して、データの可用性を確保できるようになりました。

□ 弾力性

弾力性（Elastic）とは、システムの性能を維持するために必要なリソースを柔軟に追加できることを指します。弾力性が高いシステムでは、リソースの追加や削除が容易であり、リソース上の制約が少ないシステム設計が可能です。

ただし、リソースを追加するとコストが増加するため、コストとリソースはトレードオフの関係にあると考える必要があります。

□ データレジリエンス

データレジリエンス（Data Resilience）とはデータ障害に対する「回復力」のことで、想定外の障害が発生してもデータの損失を最小限に抑えて復旧可能とすることを指します。

システム障害の多くは想定外であり、自然災害などが起因の不可避なものであっても、被害を最低限に抑え重要なデータの破損を防ぎ、正常運用に復旧できる体制を構築する必要があります。データレジリエンスの構築には、データプラットフォームの冪等性、可用性、弾力性などの要件を満たすシステム設計が求められます。

□ デリバリセマンティクス

デリバリセマンティクスとは、データ処理における到達保証のことで、データの発生源から送り先までの保証を指します。at-least-once（少なくとも1回）、at-most-once（最大で1回）、exactly-once（必ず1回）、effectively-once（冪等性を維持するように1回）の4つの到達保証があります。ストリーミング処理ではat-least-onceの到達保証が一般的ですが、データプラットフォーム全体としては重複や欠損へのケアをおこない、effectively-onceとなるように設計する必要があります。

□ コマンドクエリ責務分離（CQRS）

CQRS（Command Query Responsibility Segregation）とは、データの更新（コマンド）と参照（クエリ）を分離する設計手法です。データプラットフォームにおけるCQRSの適用は、ストリーミング処理やバッチ処理などによってデータ整合性を維持する場合に適用されます。たとえば、Fluentdなどのログ収集ツールでAmazon S3などに保存するコマンド系と、Amazon S3のデータをApache SparkなどでメダリオンアーキテクチャのSilverやGoldテーブルに変換や集計をおこない、BIツールなどからSQLで参照するクエリ系に分離する設計が考えられます。

□ ノンブロッキング処理

ノンブロッキング処理とは、データ処理において処理の完了を待たずに、次の処理を継続する処理方式です。

データベースやファイルなどの入出力中に、読み込みや書き込みを待ち、順番に処理する方式がブロッキング処理です。ノンブロッキング処理では、データの読み込みや書き込み中に他の処理を実行するため、システム全体のパフォーマンス向上が期待できます。主なノンブロッキング処理には、リアクティブストリームやマルチスレッドによる非同期処理などがあります。

□ SOLID原則

SOLID原則とは、ソフトウェア設計における5つの原則の頭文字をとったもので、ソフトウェアの保守性や拡張性を高めるための原則です。単一責務の原則（Single Responsibility

Principle)、開放閉鎖の原則（Open Closed Principle）、リスコフの置換原則（Liskov Substitution Principle）、インターフェイス分離の原則（Interface Segregation Principle）、依存関係逆転の原則（Dependency Inversion Principle）の5つからなります。

■ データ運用関連
□ データガバナンス
データガバナンスとは、データの品質を維持するための組織的な取り組みです。企業や組織内で活用されるデータプラットフォームのデータ品質やデータ整合性、セキュリティ、規制遵守などを確保するためのガイドラインを策定し、データを安全に活用するための取り組みです。たとえば、データの品質を維持するためには、データスキーマ、データアクセス権の所有者、更新頻度などを定義するデータカタログの策定や、データの誤差を定期的に計測する品質監視の実施などが考えられます。

□ 顧客固定化戦略
顧客固定化戦略とは、サービス事業者が顧客を囲い込むための方法論であり、ロイヤリティプログラムやベンダーロックイン戦略、ネットワーク効果などの手法が考えられます。
データプラットフォームの運用では、データのロックインなどによるベンダーロックインを回避し、ネットワーク効果が高いサービスを選択することで、顧客固定化戦略を回避できます。

□ 限界費用
限界費用とは、製品やサービスを1単位追加生産するために発生するコストを指します（総費用の変化／生産量の変化）。インターネットの登場で限界費用が極端に小さいビジネスモデルが出現しています。たとえば、倉庫を持たずに商品を販売するECサイトや、自社車両を持たない運送サービスなどがあります。

□ ハインリッヒの法則
ハインリッヒの法則とは、事故や障害の発生には一定のパターンがあることを示す法則です。重大な事故の発生1件に対して、軽微な事故が29件、無傷の事故が300件発生する経験則が示されています。したがって、軽微な事故や無傷の事故を減らせば、重大な事故を防げるとされています。

□ 因果性のジレンマ
因果性のジレンマとは、原因と結果の間に時間的な順序を特定できない状態を指します。
「鶏が先か卵が先か」というジレンマが有名ですが、最初が鶏か卵かの明確な回答は得られないため、因果関係特定の困難さを示しています。広告と商品売上の関係を例に取ると、広告は売上にプラスの影響を与えると考えられますが、広告の影響を特定することは困難です。たとえば、すでに売れ行きが好調な商品は、より多くの広告を割り当てられるため、高い売上が広告を増加させる結果となった可能性もあります。因果性のジレンマを解決するために、A/Bテストなどのランダム化制御試験、差分の差分法（Difference in Differences）などの計量経済学的手法や、機械学習を用いた因果推論などの手法が考案されています。

□ 技術的負債
技術的負債とは、ソフトウェア開発における概念であり、開発者が短期的な開発速度の優先や経費節約のために選択した妥協が、長期的なシステムの保守や拡張を難しくすることを指します。また、技術的負債は、それ自体が物理的な負債と同様に利息を生み出し、時間の経過と共に全体に与える影響が大きくなるため、早期の返済（解決）が望ましいとされています。

データプラットフォームにおける技術的負債は、発行するクエリの増加やパフォーマンスの低下に影響を与えるため、クエリ課金やリソース課金の増加に繋がります。

□ **バタフライ効果**

バタフライ効果とは、カオス理論において、小さな変化が後々大きな変化を引き起こす可能性があることを指します。

データプラットフォームの構築では長期間にわたり運用と開発が継続されるため、開発初期段階での設計上の妥協や認識不足が、後々まで影響を与える可能性があります。システムの設計段階で将来のシステム拡張や保守性を考慮し、バタフライ効果による悪影響を最小限に抑える設計力が求められます。

□ **VUCAとOODAループ**

VUCAとは、変動性を表すVolatility、不確実性のUncertainty、複雑性のComplexity、曖昧性のAmbiguityから頭文字を取り、不確実性の高い環境を表現する言葉です。また、OODAループとは、Observe（観察）、Orient（整理）、Decide（決定）、Act（実行）の頭文字で、迅速な意思決定をおこなうためのループです。

ビジネスなどのVUCAとなる環境下は、事態は常に変化して予測は困難であり、明確な解決策が見つけられない場合が多く、不確実性が高い環境下であるため、意思決定は困難です。

このような状況では、OODAループにより迅速な意思決定をおこなえば、不確実性の高い環境への適応力を高められると期待できます。

□ **フィット＆ギャップ分析**

フィット＆ギャップ分析とは、現在の状況と目標の状況とのギャップを分析する手法です。

データプラットフォームの要素技術を選定する際には、フィット＆ギャップ分析によって、目標とする状況とのギャップを明確にできます。一般的にミドルウェアやクラウドサービスは、すべての要件を満たすことは難しいため、どの程度のギャップを許容できるかの見極めが重要です。この見極めには、要件の優先順位はもちろん、将来的に技術的負債を抱える可能性があるかどうか、十分に検討する必要があります。

□ **フィードバックループ**

フィードバックループには、自己強化型フィードバックループとバランス型（自己調整型）フィードバックループの2種類があります。

自己強化型フィードバックループとは、ある事象が起こると、元の事象が増幅して強化するフィードバックループです。たとえば、ソーシャルメディアでの影響力は、フォロワー数が多いほど「いいね」や「リポスト」などが増加し、さらにフォロワー数が増えるという自己強化型フィードバックループが発生します。

逆のフィードバックループとして、バランス型（自己調整型）フィードバックループも知られています。たとえば、商品の供給が需要を上回ると価格が下がり、供給者が生産数を減らして価格の安定を図ろうとするのが、バランス型フィードバックループです。

本書では、これらをDIKWフィードバックループとして定義しています。

□ **データのサイロ化**

データのサイロ化とは、データの保管場所や管理部門が分散している状態を指します。

データのサイロ化が発生すると、情報の非効率な利用やデータ品質の低下、意思決定の遅延、イノベーションの阻害など、さまざまな問題が発生します。そのため、データプラットフォームの構築・運用では、データのサイロ化を防ぐために、データの統合やデータガバナンスの実施など、さまざまな取り組みが求められます。

Chapter 1 データプラットフォーム概論 　1

1-1 データプラットフォームとは 　2
- 1-1-1 データプラットフォームの役割 　2
- 1-1-2 信頼できる唯一の情報源（SSOT） 　3
- 1-1-3 DIKWモデル 　5
- 1-1-4 抽象度と因果 　8
- 1-1-5 データドリブンとデータ分析の民主化 　12

1-2 データプラットフォームの歴史 　14
- 1-2-1 リレーショナルデータベース（RDB） 　14
- 1-2-2 列指向データベースの登場 　15
- 1-2-3 列指向データベースの問題点 　16
- 1-2-4 コンピューティングとストレージの分離 　17
- 1-2-5 世代別データプラットフォームとLakehouseの登場 　18
- 1-2-6 データフロー概要 　19
  - ［コラム］リバースETLの登場 　21

1-3 データの活用 　22
- 1-3-1 DIKWフィードバックループの確立 　22
- 1-3-2 データ民主化と分断 　25
- 1-3-3 データガバナンス 　27
- 1-3-4 データプラットフォームとドメイン知識 　29
- 1-3-5 データ可視化 　32
- 1-3-6 データを取り巻く市場環境 　33

1-4 データプラットフォームとプライバシー 　37
- 1-4-1 個人情報保護法における個人情報 　37
- 1-4-2 匿名加工情報 　38
- 1-4-3 個人情報に関する海外の代表的な法令 　40
- 1-4-4 トラッキング 　41
- 1-4-5 プライバシー技術のこれから 　44
  - ［コラム］デジタルトランスフォーメーションとは 　46

Chapter 2 データプラットフォームの構成要素 　47

2-1 データプラットフォームの全体像 　48
- 2-1-1 データフロー 　48
- 2-1-2 データの生成 　50
- 2-1-3 データの収集と転送 　50
- 2-1-4 データの格納と集計 　51

2-1-5	データの可視化と分析	52
2-1-6	データプラットフォームの技術スタック	53
	[コラム] 技術トレンドとリスク管理	54

2-2　収集と転送　　55

2-2-1	ログの収集と転送	55
2-2-2	ストリーミング	57
2-2-3	アーキテクチャパターン	59
	[コラム] データ指向プログラミングとデータフレーム	62

2-3　データプラットフォームを構成する技術　　63

2-3-1	データストレージ	63
2-3-2	データフォーマット	64
2-3-3	データレイク	68
2-3-4	データウェアハウス	70
2-3-5	データマート	73

2-4　データ処理とデータ可視化　　74

2-4-1	データ処理を支援するミドルウェア	74
2-4-2	データ可視化を支援するミドルウェア	81
	[コラム] データプラットフォームと生成AI	85

2-5　分散データ処理　　86

2-5-1	Apache Sparkのアーキテクチャ	86
2-5-2	分散データセット	87
2-5-3	SparkSQL	90
2-5-4	パフォーマンスチューニング	90
2-5-5	データ結合	92
2-5-6	Databricks	97

Chapter 3　ログ転送　　99

3-1　アプリケーションログの転送　　100

3-1-1	アプリケーションログのライフサイクル	100
3-1-2	ストリーミングログコレクタFluentd	101
3-1-3	デリバリセマンティクス	102
3-1-4	データプラットフォームへの転送	102
3-1-5	データ転送後の重複除去	103

3-2　ログ転送を担うFluentd　　104

3-2-1	Fluentdのアーキテクチャ	104
3-2-2	Fluentdプラグイン	105

3-2-3	Fluentdの挙動を制御するディレクティブ	109
3-2-4	パターンマッチの挙動	114
3-2-5	Fluentdのマルチプロセスサポート	115

3-3 Fluentdによるデータ転送　119

3-3-1	Amazon S3	119
3-3-2	Amazon Kinesis	122
3-3-3	OpenSearch	125
3-3-4	Treasure Data	126
3-3-5	Google BigQuery	127

3-4 Fluentdによる構造化ロギング　130

3-4-1	構造化ロギング	130
3-4-2	ネスト構造の分解	132
3-4-3	UUIDによる重複除去	135
3-4-4	システム構成パターン	137

Chapter 4　データ変換・転送 バッチ編　143

4-1 抽出・変換・格納（ETL）　144

4-1-1	ETL処理とその歴史	145
4-1-2	ETL処理の各工程	147
4-1-3	ELTアーキテクチャ	149
4-1-4	ETL処理とELT処理の長所・短所	149
4-1-5	ETL処理とELT処理の組み合わせ	151
4-1-6	横断組織のETL/ELT処理	152

4-2 ETL処理とELT処理　153

4-2-1	データ種別	154
4-2-2	データの標準化	155
4-2-3	重複除去	158
4-2-4	データ構造の2次元化	160
4-2-5	ELT処理の活用	162
	［コラム］データインポートツールの利用	164

4-3 データパイプラインの構築　165

4-3-1	データパイプラインと有向非巡回グラフ	165
4-3-2	ワークフローエンジン	166
4-3-3	Digdagによるジョブスケジューリング	168
	［コラム］Apache Airflow	176

4-4 バルクローダ（Embulk）　177
- 4-4-1 Embulkのアーキテクチャ　177
- 4-4-2 Embulkのプラグイン　178
- 4-4-3 Embulkのインストール　179
- 4-4-4 Embulkを利用したETL処理　183
- ［コラム］自然言語のETL処理とLLMの活用　189

4-5 実践的なETL処理　190
- 4-5-1 Apache SparkによるETL処理　190
- 4-5-2 メダリオンアーキテクチャ　193
- 4-5-3 システム前提条件　195
- 4-5-4 Bronzeステージ　201
- 4-5-5 Silverステージ　204
- 4-5-6 Goldステージ　209
- ［コラム］メダリオンアーキテクチャとスタースキーマ　214

Chapter 5　データ変換・転送 ストリーミング編　215

5-1 ストリーミング概論　216
- 5-1-1 ストリーミングデータ　216
- 5-1-2 分散メッセージキュー　217
- 5-1-3 緩衝材としての分散メッセージキュー　218
- 5-1-4 ストリーミングETL　220
- 5-1-5 ストリーミングの終着点　221
- ［コラム］レイテンシとスループット　222

5-2 ストリーミングETLの技術　223
- 5-2-1 リアクティブストリーム　223
- 5-2-2 ノンブロッキング　224
- 5-2-3 バックプレッシャー　226
- 5-2-4 リアクティブストリームの構成要素　226
- 5-2-5 リアクティブストリームの動作　228
- 5-2-6 リアクティブストリームの特徴　229
- 5-2-7 マイクロバッチ　230
- 5-2-8 マイクロバッチの動作　231
- 5-2-9 リアクティブストリームとマイクロバッチ　232

5-3 分散メッセージキュー　234
- 5-3-1 分散メッセージキューの挙動と役割　234
- 5-3-2 Apache Kafka　236
- 5-3-3 Apache Kafkaの構成要素　237

5-3-4	Apache Kafkaの利用	239
5-3-5	Amazon Kinesis Data Streams	240
5-3-6	プロビジョニングモードとオンデマンドモード	241
5-3-7	Kinesisとデータプロデューサー	243
5-3-8	Kinesisとデータコンシューマー	244
5-3-9	拡張ファンアウト	245
5-3-10	Simple Queue Service（SQS）	246
5-3-11	SQSのレコード管理	246
5-3-12	SQSの標準キューとFIFOキュー	248
5-3-13	SQSを用いたストリーミングデータへの変換	249
5-3-14	メッセージキューを利用しないストリーミングETL接続	250
	［コラム］分散トレーシングによるストリーミング処理の監視	251

5-4　イベント駆動アーキテクチャ　252

5-4-1	イベント駆動アーキテクチャのデータフロー	252
5-4-2	イベントソース	253
5-4-3	Amazon EventBridge	254
5-4-4	コマンドクエリ責務分離（CQRS）	255
5-4-5	イベントソーシング	257
5-4-6	イベント駆動アーキテクチャの欠点	259

5-5　大規模ストリーミングアーキテクチャ　260

5-5-1	Spark Structured Streaming	260
5-5-2	ストリーミングにおける集計処理	262
5-5-3	処理時刻による集計処理	262
5-5-4	発生時刻による集計処理	265
5-5-5	ストリーミングデータとバッチデータの結合	268
5-5-6	ストリーミングデータ同士の結合	269
5-5-7	コンバージョン計測のアーキテクチャ	272

5-6　ストリーミングの利用　276

5-6-1	ストリーミング処理のデメリット	276
5-6-2	ストリーミング処理の価値	278
5-6-3	新鮮な情報を提供するストリーミング	279
5-6-4	ストリーミング処理を用いたサービスレベル向上	280
5-6-5	スポーツ領域におけるストリーミング処理の活用	281
	［コラム］ノーコードによるストリーミング処理	282

Chapter 6　データプロビジョニング　283

- **6-1　データプロビジョニング概論**　284
  - 6-1-1　データプロビジョニングとは　284
  - 6-1-2　DIKWモデルとデータ責務　286
  - 6-1-3　DIKWモデルと担当職種　288
  - 6-1-4　DIKWモデルとデータカタログ　289
  - 6-1-5　データ処理の抽象度　290
- **6-2　Redashの利用**　293
  - 6-2-1　Redashとは　293
  - 6-2-2　Redashの機能　295
  - 6-2-3　Redashによるデータプロビジョニング　298
  - 6-2-4　Redashの運用で考慮すべき問題　299
- **6-3　Googleスプレッドシートの利用**　301
  - 6-3-1　Googleスプレッドシートによるデータプロビジョニング　301
  - 6-3-2　GoogleスプレッドシートとRedashの連携　304
  - 6-3-3　Googleスプレッドシートのリファクタリング　308
- **6-4　アナリティクスエンジニアリング**　311
  - 6-4-1　データ課題の収集　311
  - 6-4-2　データ課題の分類と解決策の提示　316
  - 6-4-3　アナリティクスエンジニアリングとデータガバナンス　319
  - ［コラム］データプロビジョニングとサイバーレジリエンス　322

Chapter 7　データマネジメントを支える技術　323

- **7-1　データプラットフォームのアーキテクチャ検討**　324
  - 7-1-1　クラウドサービスの料金体系とデータのロックイン　324
  - 7-1-2　データプラットフォーム設計の検討　326
  - 7-1-3　メダリオンアーキテクチャの優位性　327
  - 7-1-4　データガバナンスとデータマネジメント　332
  - 7-1-5　データレジリエンスの搭載　333
  - ［コラム］PoC（Proof of Concept）失敗時のマネジメント　336
- **7-2　データプラットフォームの構築**　337
  - 7-2-1　データプラットフォームのシステム構成　338
  - 7-2-2　データ可視化のBIツール　341
- **7-3　機会学習と効果検証**　344
  - 7-3-1　機械学習の組み込み　344

7-3-2	効果検証の組み込み	348

7-4 データプラットフォームの信頼性　357
7-4-1	データ民主化とデータ信頼性	358
7-4-2	分析クエリのデバッグ	359
7-4-3	データ処理のアサーション	362
7-4-4	複雑な集計クエリの実装	364
7-4-5	Pandasによる単体テスト	366
	[コラム] データ関連技術のPoC (Proof of Concept) 範囲	368

Chapter 8　要件分析　369

8-1 データプラットフォームの要件分析　370
8-1-1	データプラットフォームの目的	370
8-1-2	データの利活用	370
8-1-3	コーゼーションとエフェクチュエーション	371
8-1-4	DIKWモデルに基づくデータプラットフォームの役割	373
8-1-5	データオーナー型のデータプラットフォーム	373
8-1-6	セルフサービス型のデータプラットフォーム	375
8-1-7	データオーナー型とセルフサービス型	377
8-1-8	要件分析の進め方	378

8-2 要件分析の手法　379
8-2-1	RDRAの概要	379
8-2-2	RDRAの構造	381
8-2-3	データプラットフォームにおけるRDRAの応用	383
8-2-4	システム価値フェーズ	384
8-2-5	ふるまい要件フェーズ	386
8-2-6	データ要件フェーズ	386
8-2-7	精度向上フェーズ	387

8-3 要件分析のロールプレイング　390
8-3-1	架空サービス「ビストロデュース」	390
8-3-2	ビストロデュース運営会社の組織体制	391
8-3-3	データのサイロ化	392
8-3-4	データ民主化プロジェクトの始動	395
	[コラム] データ民主化とデータガバナンス	396

8-4 システム価値　397
8-4-1	システムコンテキスト図	397
8-4-2	実践システムコンテキスト図	399

8-5	ふるまい要件		402
	8-5-1	アクターコンテキスト図	402
	8-5-2	実践アクターコンテキスト図	404
	8-5-3	要求モデル図	405
	8-5-4	実践要求モデル図	407
	8-5-5	ビジネスコンテキスト図	410
	8-5-6	実践ビジネスコンテキスト図	412
8-6	データ要件		416
	8-6-1	データ要件の目的と位置付け	416
	8-6-2	データコンテキスト図	417
	8-6-3	実践データコンテキスト図	420
	8-6-4	データガバナンス図	421
	8-6-5	実践データガバナンス図	423
	8-6-6	データフロー図	424
	8-6-7	実践データフロー図	426
8-7	要件の精度向上		428
	8-7-1	精度向上の目的	428
	8-7-2	複合データフロー図	429
	8-7-3	要件分析の完了	433
		［コラム］チームトポロジーとデータメッシュ	434

Chapter 9　データプラットフォームの構築　　435

9-1	全体設計の検討		436
	9-1-1	技術選択ポリシー	436
	9-1-2	ビストロデュースの要件	437
	9-1-3	データプラットフォームの全体設計	438
	9-1-4	外部サービスのデータ収集	440
	9-1-5	内製アプリケーションのデータ収集	444
9-2	データ設計とコード設計		449
	9-2-1	データフォーマット	449
	9-2-2	データ格納方式	450
	9-2-3	コード設計	453
	9-2-4	構成管理	454
		［コラム］README.mdの重要性	458
9-3	データプラットフォームの開発プロセス		459
	9-3-1	データ系人材と事業フェーズ	460
	9-3-2	企業成長とデータプラットフォーム	461

9-3-3	データのサイロ化とビジネスの拡大	463
9-3-4	データプラットフォームのアジャイル開発	464
	［コラム］名前の重要性とメダリオンアーキテクチャ	470

Chapter 10 データプラットフォームの改善　　471

10-1　改善対象の発見　　472
- 10-1-1　改善の対象　　472
- 10-1-2　システムの老朽化　　475
- 10-1-3　利用コストと技術的負債　　477
- 10-1-4　データパイプラインのカオス化　　479
- ［コラム］データスキュー　　481
- ［コラム］YAGNI　　482

10-2　データプラットフォームの継続的改善　　483
- 10-2-1　データプラットフォームのプロダクトライフサイクル　　483
- 10-2-2　データパイプラインの継続的改善　　487
- 10-2-3　データガバナンスの継続的改善　　489
- ［コラム］システムの性能と性質　　494

10-3　データプラットフォームの改善プロセス　　495
- 10-3-1　改善の理想と現実　　495
- 10-3-2　改善に至るプロセス　　499
- 10-3-3　Data/AI　　503
- 10-3-4　データプラットフォームの理想　　508

索引　　512

謝辞　　522

著者プロフィール　　523

Chapter 1

データプラットフォーム概論

本書のテーマの1つであるデータとは、
ビジネスにおけるさまざまな記録物を指します。
データと情報の違いは、データが生の記録物であるのに対し、
情報はそのデータを分析・加工して得られる判断・行動のための指針となるものです。
データはそのままでは意味を持ちませんが、
情報に加工することでビジネスの意思決定に活用できるようになります。
データプラットフォームの役割は、利用者に情報を届け、
自律的な行動を促す動機を与えることです。

本章では、データとは何であるかを掘り下げ、
データプラットフォームの概要と周辺環境を紹介します。

データプラットフォームとは

データとは何らかの記録物です。データプラットフォームとは、データの収集、格納、集計、可視化、解釈などの過程を経て、データに内包される情報の解釈を支援し、最終的にビジネスに有益な価値を生み出す土台となるものです。また、利用者が自律的にデータを活用して、収益や顧客満足度などの目標を達成するため、データプラットフォームによる情報提供が求められます。

本章では、データプラットフォーム運用において重要な役割を果たす概念、信頼できる唯一の情報源（SSOT：Single Source of Truth）、DIKWモデル、抽象度と因果、データドリブンとデータ分析の民主化について解説します。

1-1-1 データプラットフォームの役割

データプラットフォームに格納された情報は、ビジネスの意思決定や戦略策定のために利用されます。情報には、単なる生データにすぎないものから、利用者が直感的に解釈できるダッシュボードに表示されるものまで、さまざまなものがあります。たとえば、CSVやJSONなどの生データは所定の処理を経て、ダッシュボードやレポートにまとめられ、解釈しやすい情報に変換されます。有益な情報は解釈が容易であり、生データはそのままでは解釈が難しいものです。

データプラットフォームは、データの利用者が理解しやすい情報を提供するために、データの格納や分析、可視化、解釈などを支援します。また、データは処理可能な形式に変換され、重要な情報の抽出や価値付けなどの処理を経て、解釈しやすい情報に統合され、容易に取り出せることが求められます。

データプラットフォームの運用を難しくする要因には、これらの工程で適切な処理が求められる上に、可視化されたデータの理解や解釈が難しいことが挙げられます。データプラットフォームに記録されるデータには、事象の変化を表す時系列データが多く存在します。事業運営で発生する時系列データは、一定の方向に状態が変化するとは限らない非定常構造である場合が多く、時系列的な変化も予測が難しいものです。これらのデータを解釈するためには、データの変化を説明する因果関係や、将来への展望となる可能性などを理解する必要があります。

データプラットフォームに求められる責務とは、分かりやすい形で情報を解釈できる環境を用意することです。解釈が容易なデータは利用者にとって有益な情報として、利用者が運営するサービスや事業における収益改善のヒントとなり得ます。

「ビッグデータ時代」と呼ばれる今日、企業の営業活動から得られるデータのみならず、データ事業者からの購入やSNSプラットフォームからの入手など、さまざまな方法で得られるデータがデータプラットフォームに集約されています。非営利目的でも、公衆衛生や環境保護、教育の向上、科学研究や政策立案など、社会的な課題の解決に向けたデータ活用が進んでおり、データプラットフォームの社会的な役割は大きくなっています。さらに、5Gネットワーク普及のもと、インターネットに接続された多数のIoTデバイスが出力するログをはじめとして、さまざまなデータの収集が容易になり、データプラットフォームに蓄積されるデータ量はさらに増加すると考えられます。

また、近年のデータ連携はファイルによる連携だけではなく、SDKの利用やストリーミング、REST-APIによる転送など、その手段は増加の一途を辿っています。データ連携の手段として、データマーケットプレイスと呼ばれる、データの売買を仲介するプラットフォームも登場しています。

データ連携手段の多様化やデータ量の増加は、適切に運用しない限りカオス化を招くため、カオス化に抗うべく治安や秩序の維持を心掛ける運用が求められます。カオス化とは不規則性や不確実性が高い状況であり、放置すると乱雑で無秩序な方向に向かい、自発的に元に戻ることはありません。データプラットフォームのカオス化を防ぐためには、「秩序ある状態」とは何かを明確に定義するデータガバナンスが必要であり、制定されたデータガバナンスを効果的に運用するデータマネジメントが不可欠です。

データプラットフォームを構築する組織は、消費者行動や位置情報などのデータビジネスを展開する企業だけではなく、B2Cサービスを展開する企業や経営資源が豊富な大企業など広範囲に及びます。GDPR[1]に代表される個人情報保護を目的とする法整備が進んでいるため、法的観点からのデータ取り扱いなど、厳しいデータガバナンスによる統制を求められる場合も珍しくありません。また、データガバナンスを取り巻く課題を解決するため、データクリーンルームと呼ばれるプライバシーを守り、セキュリティを確保しながらデータ交換を実現する技術が考案されています。

1-1-2 信頼できる唯一の情報源（SSOT）

データプラットフォームの情報を統合する過程では、情報を相互に排他的かつ網羅的、即ちMECE（Mutually Exclusive and Collectively Exhaustive：相互に排他的で網羅的）に扱うことが求められます。「信頼できる唯一の情報源」（以下SSOT：Single Source of Truth）と呼ばれる概念を用いると、MECEを構築しやすくなるため、SSOTの重要性を説明しましょう。

SSOTには、効率的なデータ管理や一貫性のあるデータ処理の構築、透明性の高いデータガバナンスの実現などさまざまなメリットがあり、多くのプログラミングフレームワークやアーキテクチャは、全体の状態を一元管理できるように設計されており、SSOTが重要なテーマとなっています。

1　GDPR：General Data Protection Regulation（一般データ保護規則、2018年施行）

データプラットフォームでは、データ分析の情報がすべて集約されてSSOT化された状態が理想であり、組織内のデータの一貫性を保つためにも重要な概念です。それでは、データプラットフォームはなぜSSOTが望ましいかを考えてみましょう。

営利企業の経済活動で発生したデータはその企業の経営資源であり、データの効果的な活用が競争力を高めるため重要です。データが経営資源としての役割を適切に果たすには、利用者に求められている情報をすみやかに届ける必要があります。近年のITリテラシーの向上から、Microsoft ExcelやGoogleスプレッドシートなどの表計算ソフトウェアで、自由にデータを分析することが可能となっており、プロダクトマネージャーなどのビジネス職が、Jupyter NotebookやRStudioなどのデータ分析環境を用いて、データ分析をすることも珍しくありません。

しかし、個人で自由に分析が可能になったメリットに反して、重要なデータが個人的な管理に留まりチーム全員が閲覧できないなど、データが無秩序に散在するケースが多く見受けられます。このような状態では、情報を集約するだけでも膨大なコストが必要となり、情報アクセスの透明性の低下を招いたり正確な意思決定を困難にするなど、極めて非効率です。そこでデータの一元管理、すなわちSSOT化を推進することは、データドリブンな事業運営に効果的であり、データプラットフォームの構築においても必要な要件となります。

近年のデータプラットフォームに利用されるクラウドサービスは、いずれも分散データ処理基盤としての側面があり、ビッグデータと呼ばれる大量のデータを高速に処理できます。ハードウェアやソフトウェアの進化、記録媒体の大容量化により、データ量や処理速度のスケールに起因する問題が解消され、ビッグデータを手軽に扱うことが可能になっています。

しかし、近年のデータプラットフォームはSSOT化の実現を阻むかのように、複数のクラウドサービスを組み合わせて構築されることがあります。具体的には、Google BigQueryやAmazon Redshift、Treasure Data、Databricks、Snowflakeなどのクラウドサービスが単独で利用されず、複数のクラウドサービスを組み合わせて1つのデータプラットフォームとして構築するケースです。これは単独のサービスでは実現できない機能を組み合わることで、より柔軟で高機能なエコシステムを実現できるためです。

データプラットフォームを提供するクラウドサービスのベンダーは、しばしば自社のサービスを導入すればデータの一元管理（SSOT化）やデジタルトランスフォーメーション（DX）を容易に実現できると宣伝します。しかし、実際の企業活動では、複数のツールやクラウドサービスが複雑に絡み合い事業運営を支えています。

特定のクラウドサービスに依存するデータのロックインをリスクとして捉えて分散的なデータ管理を求められたり、データベースベンダーがより低コストで革新的な機能を発表した際に移行を検討する必要性が生じたりするなど、さまざまな事情から企業内のSSOT化を困難にしています。

データの運用面では、データ取得方法に破壊的な変更が発生することを前提とする必要があります。たとえば、Meta（Facebook）やX（旧Twitter）などのデータベンダーが提供するデータ取得用APIは、

APIのバージョンが変わるごとにJSONのレイアウトに変更が伴うことも稀ではありません。また、これらのAPIは急遽廃止となることもあるため、迅速に追従する対応が求められます。
したがって、SSOTの実現には、さまざまな外的影響を排除して、データの信頼性や一貫性を保つことが必要です。高品質なデータプラットフォームとは、常に有益な情報を効率よく迅速に提供する企業内のインフラストラクチャです。企業内のインフラストラクチャとは企業の経済的存続に必要な基本的なサービスであり、その運用はデータガバナンスで統制され、適切なデータマネジメントで品質が管理されます。また、逆に低品質なデータプラットフォームは、バグを含む集計処理で生成されたものであったり、不正や欠損を内包したりするなど、収益や顧客の損失などに繋がりかねない危険を伴います。

データプラットフォームの組織的な活用が進むと、高品質なデータが当たり前の状態であることが求められます。高品質なデータとは外的要因に左右されず一貫した品質の情報が得られることであり、高品質なデータの提供により、データプラットフォームが組織内のインフラとして機能しはじめます。業務が多様化するほど収集対象のデータ種類が増え、時間の経過と共にデータ量は増加の一途を辿ります。したがって、データの集約・更新・保守・利用を効率的におこなうためのデータガバナンスやデータマネジメントの運用には、SSOT化による統制が必要不可欠です。データプラットフォーム内のデータをSSOTとして維持すると、データプラットフォームの開発運用が容易になったり、データガバナンスを維持しやすかったりするなど、さまざまな面で有利に働きます。

1-1-3 DIKWモデル

抽象度とは、オブジェクト指向プログラミング言語における、クラスの継承関係に代表される概念モデルの内包関係を示す言葉です。動物を例にすると、動物よりも抽象度が高い単語は「生物」で、動物よりも抽象度の低い単語は「犬」や「猫」など動物に内包される存在を指します。抽象度の高い世界は抽象的、抽象度の低い世界は具体的とも言い換えることができます。
経済活動などの記録物であるデータには抽象度が存在しますが、エンジニア職とビジネス職では異なる抽象度でデータを理解していることがあります。エンジニア職とビジネス職では、それぞれの主たる関心が抽象度の異なる階層のデータ領域であり、さらにその目的も異なるためお互いの理解が進みません。

たとえば、経営者に「データある？」と聞かれたときに、その職種によって想定するものが異なります。データエンジニアの場合はデータベース内に所定のテーブルとレコードが存在することを思い浮かべ、営業職ならば表計算ソフトやプレゼンテーションソフトで描画された図表を想定するかもしれません。しかし、質問を投げかけた経営者が想定するデータとは、もっと抽象度が高いデータであり、戦略上の重要な決定を示唆するものを指している可能性があります。このように、データという言葉が意味する言葉の範囲は広く、その定義もきちんと整理しておく必要があります。
データのなかでも、より高い抽象度を持つデータが意味を持つ情報であるといえます。データの抽象度

は、Data（データ）、Information（情報）、Knowledge（知識）、Wisdom（知恵）の順に連なる関係を保持し、その頭文字をとってDIKWピラミッドと呼ばれます（次図参照）。

図1.1.3.1：DIKWピラミッド

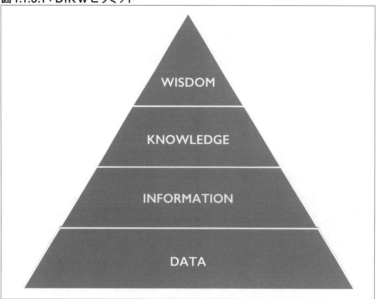

DIKWモデルにおける階層別のデータに定義される内容は次の通りです。

Data

Dataは生データを表します。基本的にData単体では意味をなさず、使用可能な形式に変換するまでは役に立たないものと考えて構わないでしょう。具体的には、JSONやCSV、TSVなどの文字列が該当し、それ自体は意味をなすドメイン知識を含みません。

Information

Informationは組織化または構造化されたデータと表せます。前述のDataは、単体では単なる数字や文字列に過ぎませんが、Informationとしてコンテキストにしたがって整理されてはじめて意味をなします。

Knowledge

KnowledgeはDataやInformationとは違い、より抽象度の高い概念であるため定義が難しいといえます。ハイム・ジンズ博士の論文[2]によれば、一般的な分類でKnowledgeとは普遍的なものでは

2　Chaim Zins, "Conceptual Approaches for Defining Data, Information, and Knowledge", Journal of the American Society for Information Science and Technology, 2007-02-15, http://www.success.co.il/is/zins_definitions_dik.pdf

なく主観的なものであり、情報科学ではDataとInformationにフォーカスしており、Knowledgeは内部的な現象であるとされています。以下に論文の一部を抜粋します。

> Information Science is focused on exploring data and information, which are seen external phenomena.
> It does not explore knowledge, which are seen as internal phenomena.
> 情報科学は、外的な現象として把握されるデータや情報を探求することに重きを置いています。内的な現象である知識を探求するものではありません。

これを踏まえると、Knowledgeは新たな価値や洞察を集約したInformationと経験やルールの組み合わせと表せます。

Wisdom

Wisdomは上記のKnowledgeよりさらに概念的なものになります。Wisdomに関して科学的に言及している文献は限られていますが、知識を用いて判断する能力と表されます。知識と知恵の違いは、知恵は将来の可能性を見いだす動的な判断力や行動力であり、知識は過去から得られた客観的事実に基づく静的な知見です。たとえば、経営会議などで直面する課題は動的な判断力である知恵により解消されますが、その知恵を生み出す源泉は静的な過去の情報から得られる知識です。
知識と知恵は、知識と知恵を行き来する自己強化型フィードバックループを形成する関係にあり、静的な知識を獲得して動的な知恵を生み出し、動的な知恵は静的な知識を獲得するためのヒントを与えます。知識と知恵の違いを意識することで、不確実性の高い課題にどのように取り組めばよいか、より明確になるでしょう。

DIKWモデルにおけるWisdom領域のデータは、必ずしも数値的な解釈が可能であるとは限りません。ビジネス上のWisdom領域は、ビジネスの骨子であるドメイン知識であり、ドメイン知識から必要となるData領域のデータが明らかになります。したがって、データプラットフォームは知識を蓄える装置としての役割を担い、人々が知恵を生み出すことを支援します。たとえば、スマートフォンアプリのボタン配色がユーザー行動に与える影響を分析するプロセスを考えてみましょう。まず、「ボタン配色がユーザー行動にどのような違いを生むか」という問いは、DIKWモデルのWisdom領域に該当します。この段階では、ボタン配色の変更が与える影響についての洞察や意思決定が求められます。
Data領域には、ボタンの色やボタン押下時のユーザー行動に関する生データが必要です。仮にこれらの情報を収集していない場合、どの色のボタンが押下されたかなど詳細な情報を収集するログの実装が必要になります。これらの生データは、Data領域からInformation領域に統合する過程で、配色ごとに集計されてより意味のある形に加工されます。

Information領域のデータはKnowledge領域でさらに統合され、ユーザーの属性や反応した時間帯などの情報を統合して、可視化ツール上に表示されます。この段階で、データはより理解しやすい形になり、静的なKnowledge（知識）としての役割を担うようになります。

最終的にWisdom領域において、静的なKnowledge（知識）を踏まえて、動的なWisdom（知恵）にある判断力から、最終的なボタンの配色に関する結論が導かれます。既に得られた知識を活用し、知恵を用いて洞察や判断がおこなわれるため、知識と知恵はお互いを自己強化する関係にあります。

このプロセス全体は、DIKWモデルにおける異なる抽象度の階層間で自己強化型フィードバックループを形成しています。データの階層ごとに明確な責任分界点が存在し、それぞれのレベルで特定の役割と責任があります。

図1.1.3.2：DIKWフィードバックループ

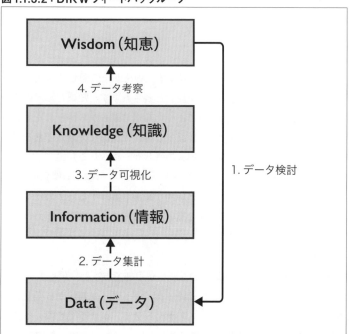

1-1-4 抽象度と因果

一般社会における抽象度は、DIKWモデルやオブジェクト指向の内包関係よりも、もう少し複雑な概念を伴います。抽象と具体を結び付けるには、因果について理解する必要があります。因果とはある原因によって結果が生じることを指しますが、因果には時間的な概念を伴います。

抽象度はそのままでは静的な概念であり、因果に結び付けることで動的な概念となります。本項では、抽象度と因果の関係性を考えてみましょう。

会社運営における抽象度

会社組織における抽象度を例にすると、経営層に近いほど抽象度の高い業務を扱い、末端の社員ほど抽象度の低い業務を扱います。経営者は会社の経営戦略を決定するために、事業計画を策定します。事業計画は1年から4年程度の中長期的な目標を定めるものであり、目標となるビジョンや仮想敵の設定などの概念的な要素を含みます。

一方、末端の社員はより具体的なタスクを扱い、タスクを実行するための具体的な手順を考えます。たとえば、営業職は顧客に商品を販売するための販路開拓や、自社が提供している商品の魅力的な提案手法などを考えます。これらの仕事はより具体的であり、短期的な目標を達成するための手段を考えることが求められます。

抽象度の高い仕事と低い仕事の間には、時間的概念においても抽象度の階層が存在し、抽象度の高い仕事は戦略（Strategy）、抽象度の低い仕事は戦術（Tactics）として表現できます。戦略は中長期的な目標、戦術は短期的なタスクを指し、同じ会社組織において戦略と戦術は相互に補完しながら組織運営を実現しています。したがって、会社組織における抽象度を理解するには、構成員の組織構造などの空間的概念だけではなく、戦略と戦術のような時間的概念も考慮する必要があります。

ちなみに、戦略は「What to achive（何を達成するか）」、戦術は「How to achive（どのように達成するか）」のように、WhatとHowの関係にあります。What（何を）とHow（どのように）を分離することは、ソフトウェア工学での関心の分離（SoC：Separation of Concerns）とも密接に関係しており、プログラミングの設計でも重要な概念です。関心の分離は目標や役割の明確化に繋がり、複雑で相互に依存が入り乱れたシステムの理解を容易にします。

因果

抽象度をさらに理解するには、抽象度の階層間で因果関係が存在することを知っておくとよいでしょう。因果関係とは、ある原因が結果を引き起こす関係性のことです。

一般的な企業運営では、中長期的な戦略的目標を定めますが、その戦略を実現するための具体的な戦術が決まります。すなわち、戦略は戦術を導く「原因」であり、戦術がその「結果」として具体化される因果関係があることを意味します。一方、戦術の実行から戦略上のミスが発覚し、戦略を修正する場合は、逆の因果関係が成立します。この相互作用は、動的な意思決定のプロセスとして、戦略と戦術の間で繰り返されます。

各戦術の成果に焦点を当て過ぎると、部分的な事実が全体に該当すると考えてしまう「合成の誤謬」に陥る可能性があります。また、逆に抽象度の高い戦略的な決断に過度に重きを置くと、「分割の誤謬」に陥る可能性があります。分割の誤謬は、全体が持つ特性や原則がその構成要素にも同様に該当するという誤った前提に基づきます。このような落とし穴は、戦略的な洞察と戦術的な行動のバランスをとる上での障害となり得ます。戦略と戦術の間には相互作用があることを認識し、抽象度の階層ごとに視点を変えて考える思考の上下運動をおこない、適切な判断を下す必要があります。

データから因果関係の洞察を得るには、交絡因子と呼ばれる隠れた影響を持つ因子を導くことが不可欠です。交絡因子とは、原因と結果の間にある隠れた変数であり、原因と結果の双方に影響を与える第三の変数として定義されています。その導出には、もっとも抽象度の高いWisdom領域からもっとも抽象度の低いData領域までのDIKWフィードバックループを用いて、事象を観察することが有効です。

たとえば、「運動する人は健康である」との結果が得られた場合、「若い人」が運動を好むため健康であるかもしれません。運動と健康の間に「年齢」が交絡される可能性を導くためには、影響範囲を広げて予想するWisdom領域の知恵が不可欠です。因果関係に影響のある因子が考慮外となり漏れていると、誤った因果関係を導く可能性があります。年齢が分析データに含まれていない場合は、分析対象のデータに年齢や性別などの情報を含めて、やり直す必要があります。仮に年齢が原因であるとの強い相関関係が導かれた場合は、ランダム化比較実験などの実験的なアプローチで因果関係を検証する必要があります。

「風が吹けば桶屋が儲かる」という諺にあるように、ある事象の発生がまったく関係がないと思われる物事に影響を与えていることがあります。データ分析では、一見してまったく関係がないと思われる要素が、実は因果関係に大きく影響を与えている可能性を否定しないことが重要です。また、可能性のかなり低い要素を無理に関連付けて、因果として導かないことも必要です。
合成の誤謬や分割の誤謬を回避するためにも、抽象度の上下運動すなわちDIKWフィードバックループから、因果関係を導くとよいでしょう。

因果と可能性

事業開発では、因果関係だけではなく「可能性」も考慮しておく必要があります。ここでの「可能性」とは、特定の原因が将来的に何らかの結果を引き起こす可能性であり、可能性は常に複数存在します。ある行動が予測困難な影響を与えることも珍しくなく、事前に因果関係を導くことが困難な場合があります。そこで、「可能性」という概念を導入すれば、不確実性の高い事業開発などの場面でも、より効果的な意思決定を下せるようになります。
コストを理由にデータセキュリティを疎かにした場合、データ漏洩のリスクが高まり、結果として事業に重大な損害をもたらす可能性があります。これはコストが原因となり、データ漏洩という深刻な結果を引き起こす因果関係を持っています。データ漏洩の原因はコスト以外にも存在するかもしれず、もしかするとデータガバナンスのルールが徹底されていなかったり、ソーシャルエンジニアリング的な手法を用いてデータが盗まれたのかもしれません。
現実世界における複雑な因果関係を理解するためには、「可能世界」という概念が役立ちます。可能世界とは、哲学者ソール・A・クリプキの著書『名指しと必然性ー様相の形而上学と心身問題[3]』で広く議論された概念で、「名前」と「可能世界（すべての考え得る世界）」の関係について示しています。「名前」とは、あらゆる可能世界において一貫して同じ対象を指す「Rigid designator（固定指示子）」として定義されています。「もし〜だったら」という仮定を置く際に、固定指示子となる固有名を用いると、現実とは異なる反実仮想の世界での可能性を想定できます。

3　ソール・A・クリプキ著、『名指しと必然性ー様相の形而上学と心身問題』、八木沢敬訳、1985、産業図書

たとえば、「アリストテレス」は、どの可能世界においてもアリストテレスを指します。現実世界のアリストテレスは、古代マケドニアの王であるアレクサンダー大王の教師として歴史に記録されていますが、「もしアリストテレスがアレクサンダー大王の教師ではなかったとしたら」と仮定すれば、異なる可能世界を想定できます。もしかすると、アレクサンダー大王は異なる偉業を成し遂げていたかもしれず、その後のローマ帝国などの古代西洋文化への影響も異なっていたかもしれません。

このケースでは「アリストテレス」という名前（固有名詞＝固定指示子）に注目して、現実とは異なるIFの世界の歴史を想定し、その後の歴史がどのように変わっていったのかを考えることができます。

可能世界として未来に発生するであろうシナリオを想定すると、事業開発の洞察を深めることに役立ちます。たとえば、テレビCMで特定の動画を配信する「広告A」と固有名詞の付いた固定指示子を設定してみましょう。広告Aを実施する可能世界では、広告を見たユーザーがサービスのファンになり、サービスを継続的に利用する可能性があります。

反対に広告Aを実施しない世界では、サービスがユーザーに認知されず、利用されない可能性があります。この例では、広告を実施せずにコストが掛からない世界と、広告によって認知度が向上する世界の2つがあり、どちらの優先度が高いか比較する必要があります。

ここで重要なポイントは、DIKWモデルのWisdom領域を用いて、もっとも可能性が高いと考えられる候補を選択することです。データプラットフォームの運用開発では、どのような固定指示子が存在し、それがどのような因果関係をもたらすかを考えることが重要です。このような思考プロセスを通じて、不確実性の高い事業開発においても、より効果的な意思決定を下すことが可能になります。

クラウドサービスの新サービスが固定指示子となる場合、新機能がもたらす影響をさまざまな角度から考察する必要があります。ある可能世界では、新機能によりユーザー体験が向上し、結果的に顧客満足度が高くなる可能性があります。別の可能世界では、機能提供のコスト増やメンテナンスの複雑化により、技術的負債となりメンテナンスを困難にしているかもしれません。

このように複数の可能世界を示す「もしA（名前＝固定指示子）がB（状況やふるまい）だったら」を考慮することは、新しい技術やサービスを導入する際には不可欠です。さまざまなシナリオを想定して総合的なリスク評価を実施して、最終的に適切な戦略に結び付けることが可能となります。

可能世界と名前（固定指示子）の概念は、不確実性の高い事業開発の意思決定プロセスを豊かにし、広い視野の洞察を得ることに役立ちます。データプラットフォームの開発では、機器構成の選定やシステム設計、データ分析によるビジネスへのフィードバックなどの際に、複数の可能世界を想定して可能性がもっとも高いと考えられる候補を選択する必要があります。

データ系人材の中でも、データアナリストやデータストラテジストは経営層とのコミュニケーションが多い職種です。経営層は基本的に考えられる経営上のシナリオを想定し、可能性がもっとも高いシナリオを選択します。可能性が高いシナリオを想定する際には、データアナリストやデータストラテジストの導くデータ解釈や洞察が重要な役割を果たします。経営層との良質なコミュニケーションのためにも、データからどのような可能性があるかを伝えると、よりよい意思決定を下せるでしょう。

1-1-5 データドリブンとデータ分析の民主化

近年、多くの企業でデータ利活用を担うのは、ビジネス職と呼ばれるマーケターやセールスなどの職種です。これらビジネス職の担当者は、データから得られる有益な示唆から、広告効果や売上などの生産性向上を求めます。データの利用価値がデータ利用者の課題から導かれ、課題解決のためにデータを積極的に活用することをデータドリブンと呼びます。データドリブン化に成功したセールスは、提供されたデータから販売対象となる商品がどのユーザー層に好評価であるかをいち早く判断し、提案資料や報告書などの営業活動に活かせるようになります。データドリブンの実現には、情報格差をなくすため情報の透明性を徹底し、誰もが求める情報に容易にアクセスできる必要があります。

組織内の誰もが価値ある情報にアクセスでき、データに基づく数値をもとに各々の職種で求められるアイデアを着想できる状態が理想といえるでしょう。その一方で、データ利活用に活発なチームと対比されるように、BI（Business Intelligence）ツールの操作が分からなかったり、SQLによる操作ができなかったりするメンバーも存在します。この課題を解消するためにも、データプラットフォームを運営するチームが「越境型組織」となり、すべての職種においてメンバーのデータリテラシーを教育して、データへの心理的障壁を取り除く必要があります。

ちなみに、各メンバーがそれぞれの職種で必要となる情報を自発的に取得して、データドリブンな判断が可能な状態になることを、データの民主化と呼びます。データ民主化により、データプラットフォームにアクセスするビジネス職の利用者が主体的にSQLやデータ分析を学習して、データの利用価値を模索できるようになります。しかし、初学者の分析内容が不正確な場合、データの信頼性が失われるため「高い信頼性を持つデータ」を提供できない状態になります。

そのため、データプラットフォームを運営するチームはデータガバナンス（統制）を設営し、初学者でも高品質なデータを扱える体制を整える必要があります。たとえば、重要度の高いデータは、データの専門職であるデータサイエンティストやデータアナリストが認定を与え、ビジネス上のデータ課題を情報交換する会議体を創設するなど、データ分析の民主化とデータガバナンスをワンセットで考える必要があります。

データ分析の民主化を実現するデータドリブンな組織を構成し、データプラットフォームを構築するには、次の項目を満たす必要があります。

- データプラットフォームが信頼できる唯一の情報源（SSOT）である
- 格納されるデータが定期的に更新されて、最新情報を容易に抽出できる
- さまざまな役割の利用者が情報リテラシーに関係なく、信頼性の高い情報を取得できる

近年では、コックピット経営と呼ばれる、「人」「物」「金」の流れから発生するデータを可視化することで、効率的な経営資産の運用を試みる企業も増えてきています。コックピット経営とは、飛行機の操縦がコックピットの計器を見ながら飛行することに由来し、各部署に配置されている経営資産が適切に稼働して

いるか、データから判断する経営手法です。

このコックピット経営を支えるものがデータプラットフォームです。コックピット経営を支えるデータプラットフォームの存在価値は、ビジネスが求める情報を適切かつ可能な限りリアルタイムで提供することによって、ビジネスの発展に寄与することです。また、コクピット経営を支えるには、経営ダッシュボードと呼ばれる経営目標を可視化したBIツールを提供し、売上管理や営業活動情報など経営情報の可視化を容易にする必要があります。

経営目標を達成するためにKPIを設定することは常識となっていますが、経営者は経営ダッシュボードに表示されるKPIをタイムリーに確認することで、経営上の問題や課題などの気付きを得ることができます。データプラットフォームはKPIを算出するためのデータを保存し、ビジネスの情報源として可視化されたKPIが課題解決のために活用されます。

近年、マイクロサービスと呼ばれるアーキテクチャが注目されており、各サービスを統合するデータプラットフォームの構築が求められています。しかし、マイクロサービスは各サービスが独立して運用されるため、各サービスで運用されるドメイン知識が微妙に異なり、サービス間のデータ結合が困難になることがあります。たとえば、MRR（Monthly Recurring Revenue）などのKPIを用いる場合、各サービスで算出根拠が異なると、算出データの一貫性があるとはいえず、経営ダッシュボードの信頼性が失われる可能性があります。

あらゆるデータを同じプラットフォームに格納するSSOTの実現は重要な鍵ですが、それだけでは十分ではありません。各サービス間のデータを俯瞰して判断できるデータカタログの構築は重要な要素であり、データへの理解や信頼できる情報提供の実現には欠かせないものです。

データプラットフォーム内のデータには、ビジネスの情報源として課題解決のヒントが隠れていることも少なくありません。しかし、情報爆発による情報過多により、どの情報が有益な情報かすぐには分からず、重要なデータが埋もれてしまうことがしばしば問題となります。

「データ」という言葉を聞いた時に、経営者は「経営ダッシュボード」、エンジニアは「データベース」、データサイエンティストは「データセット」など、さまざまな異なるイメージを思い浮かべます。データは処理することで情報となり、情報を集約することで知識となり、知識を集約して適切に判断することで知恵となります。これらは、前述のDIKWモデルが示す通り、Data（データ）、Information（情報）、Knowledge（知識）、Wisdom（知恵）の4つの段階を経て、データが価値を発揮することを表しています。経営ダッシュボードは、知識（Knowledge）を可視化するためのツールであり、事業運営において経営者が適切な判断を下せるように設計されています。

経営ダッシュボードの本来の目的は、ビジネス上のデータに「数値の見える化」を施して重要な情報をいち早く発見して、変化に気付いたらすぐに行動できるようにすることです。経営上の最新情報を把握し危機的な状況を即座に感知するためにも、データプラットフォームは最新情報を一元管理して迅速に情報を提供できるようにする必要があります。データ民主化のためには、一般的にカオスになりがちな企業内のデータを一元管理する「信頼できる唯一の情報源」（SSOT）と「DIKWモデル」の観点が特に重要となります。

1-2 データプラットフォームの歴史

前節で説明したデータ民主化に起因するデータプラットフォームの課題を解決するために、これまでも多くの技術的な試行錯誤が積み重ねられています。たとえば、データ民主化には「データは定期的に更新されており、いつでも最新情報を容易に抽出できること」が必須であり、どのようなデータ量からであっても、簡単に最新情報を取得できることが求められます。

増え続けるデータ量やどんどん複雑になっていく情報に合わせて、データプラットフォーム技術は進化を続けています。試行錯誤による技術進化の歴史を学ぶことで、現在スタンダードとされる技術の必要性や、今後はどのような技術進化を遂げるかを予測できるようになります。

データ分析をデータベースでおこなっていた最初期では、MySQLやPostgreSQLなどのリレーショナルデータベースが利用されていました。しかし、リレーショナルデータベースは基本的に行指向データベースであり、行単位でデータブロックが保存されることからトランザクション処理には有利である反面、大量データの検索性能は芳しくないため、列指向データベースが登場します。列指向データベースはカラムナデータベースとも呼ばれ、特定の列を単一の列ファイルとしてデータブロックを保持することから複雑な条件指定が可能となり、高い検索性が求められる分析処理では有利です。

また、近年では処理対象のデータサイズが大きくなっており、コンピューティングとストレージを分離した分散コンピューティングが主流となっています。複数の計算機が複数の異なる場所に保存されているデータを取得し、分散して計算を実行するため分散処理と呼ばれています。コンピューティングとストレージが分離されることで、データ保存場所やデータ量に左右されず、コンピューティングのスケーリングが可能となるため大量データ処理に適しています。本節では、過去から現在に至るまでデータプラットフォームがどのような変遷を辿ったか紹介しましょう。

1-2-1 リレーショナルデータベース（RDB）

一般的に使用されるデータプラットフォームでもっとも伝統的なものは、MySQLやPostgreSQL、Oracle Database、SQL Serverなどに代表される、リレーショナルデータベース（RDB: Relational Database）です。リレーショナルデータベースは行指向データベースであり、行単位で処理するオンライントランザクション処理に適しています。

オンライントランザクション処理はOLTP（Online Transaction Processing）とも呼ばれており、行単位の小さいデータに対して迅速なトランザクション制御に特化したデータ構造です。オンライントラ

ンザクション処理が重要となるWebサービスの管理データベースなどでは、RDBは現在でも最前線で利用されています。

OLTP製品であるRDBを利用したデータプラットフォームの場合は、SQLやCOPYコマンドなど各データベースが持つデータインポート機能を利用します。RDBの主なインターフェイスはデータベース言語SQLであるため、基本的にSQLでデータの入出力を処理します。MySQLやPostgreSQLに代表されるRDBは、データエンジニアなどのデータ専門職に限らず、数多くのWebエンジニアが日常業務で利用しており、新しい技術を習得することなく扱えるケースが多いです。また、クラウドサービスでは、Amazon Web Services（AWS）のRDS、Google CloudのGoogle Cloud SQLなどが利用可能です。

SQLでのデータ操作が可能なため、エンジニアに限らず、データに強いマーケターなどビジネス職にも扱いやすいものとなります。また、接続に利用するJDBCやODBCは歴史が古く枯れたプロトコルであり、さまざまなBIツールやWebアプリケーションからの取り扱いも容易です。これらは、権限管理なども適切に実装されており、セキュリティなどのガバナンス面でも安心して利用できます。

しかし、OLTP製品であるRDBは行単位でデータブロックを保持するため、特定の列だけを高速に取得して分析する用途には適していません。たとえば、OLTP製品で数億件に及ぶ大量データを処理する場合、ある閾値を境に急激に性能が低下することが知られています。この性能低下を回避するため、シャーディングなどの手法でデータを複数データベースに分散し、アプリケーション側で取得する実装もありますが、昨今のテラバイトやペタバイトクラスのデータを処理可能なビッグデータ製品を考慮すると、コストパフォーマンスは非常に悪いといえます。

もちろん、ビジネスの最初期などで、比較的少量のデータを低コストで分析したい場合はその限りではありませんが、大量データの分析用途としては、次項で解説するOLAP製品の列指向データベースが有利です。

1-2-2 列指向データベースの登場

従来のRDBは行指向で処理するため、特定の列だけを高速に取得する用途には適していません。行指向のRDBによる検索は、クエリ対象ではないカラムも一緒に行単位でデータを読み込むため、レコード量が大きなテーブルや多くのカラムを持つテーブルでは、処理効率が低下します。テーブルにインデックスを設定し高速化することも可能ですが、ビッグデータで取り扱う数億行のテーブルに対してインデックスを貼る処理はコストが掛かり、検索効率の面でも不利といえます。

これに対して、列指向データベースは必要な列（カラム）のみをロードして検索する挙動となります。通常のデータベースのテーブルは複数カラムが定義されますが、検索時に必要なカラムに限定してデータをロードするため検索効率の面で有利です。ただし、**SELECT * FROM TABLE**のようにアスタリ

スクで全カラムを対象とする検索では、全カラムが読み込まれてしまうため、不必要なデータの読込による性能低下が問題視されるケースがあります。

アプリケーションログから何らかの検索を実行する場合、ほとんどのケースですべての列を対象とする検索は稀です。たとえば、WebサーバのアクセスログにユーザーエージェントやOS名などの列が含まれ、使用ブラウザやアクセス元のOSを検索する場合、対象となるブラウザ種別やOS名が記述された列だけをロードすればよく、他の列は必要ありません。列指向データベースは必要な列だけをロードすることから、行指向と比較して処理速度が劇的に高速になります。

Amazon Redshiftに代表される列指向データベースでは、大量データの検索を前提としており、クラスタ構成の修正が容易です。たとえば、Amazon Redshiftは画面上でノード数を指定すると、自動的にクラウド上にクラスタリングされたデータベースを構築できます。データ量増加に伴うノード数の調整もコンソール画面で操作でき、クラスタ内でデータが一部のノードに偏らないようにするなど、専門的な知識がなくともクエリのパフォーマンスを考慮したデータ分散も実現できます。また、通常のRDBと同様にJDBCやODBCなどを経由してSQLによるデータ操作が可能なため、通常のRDBと同様にアプリケーションからの接続も可能です。

1-2-3 列指向データベースの問題点

列指向データベースは、列単位の検索に特化しており、分析用途に利用されるためOLAP（Online Analytical Processing）製品とも呼ばれます。OLAP製品である列指向データベースは検索性能で有利であるといわれていましたが、コンピューティングとストレージが分離しないことに起因する問題が発生しています。

アプリケーションログは、時間の経過と共に蓄積されるデータ量が指数的に増加します。列指向データベース製品は、分散された各サーバ内のディスクにデータを格納します。そのため、ディスク容量が逼迫した際にデータ領域を増強するには、ノード（サーバ）を追加する必要があります。

たとえば、データ容量の不足に伴いノード用のサーバを追加すると、追加したノードが持つCPUリソースは本来不要です。また、逆に計算力を増やしたくてノード用のサーバを追加した場合、追加したノードが持つディスクは本来不要のはずです。コンピューティングかストレージのどちらか一方が必要なのに、両方の機能を追加しないといけない状態は経済的とはいえません。これはコンピューティングとストレージが分離されていない場合の問題といえます。

Amazon Redshiftを利用している場合、ノードを追加すると既に保存されているデータを再分散する必要があります。データベースの実装次第ですが、データの再分散には24時間以上を要し、再分散の実行中はデータ書き込みができないなどシステムの可用性が低下します。ちなみに、従来のDC2イン

スタンスではストレージ拡張にノード追加が必要でしたが、RA3インスタンスの登場で単独でストレージを拡張でき、より柔軟なデータ拡張が可能になっています。

OLTPやOLAPの各製品は、コンピューティングとストレージを一体化することで、高性能化している場合があります。しかし、データプラットフォームの全体設計として考えると、コンピューティングとストレージが分離していない状況は、任意のミドルウェアにロックインされることと同義であり、新しい技術への移行が困難となったり、拡張性に問題があるなど、さまざまな問題の原因となります。

したがって、データプラットフォーム技術を選択する際の指針として、コンピューティングとストレージが分離されている製品を選択する方がよいといえます。

1-2-4 コンピューティングとストレージの分離

コンピューティングとストレージが一体化した構成を起因とする問題を解決するために、これらを分離した分散型アーキテクチャが登場しています。

ストレージには、クラウドの場合はAmazon S3やGoogle Cloud Storageなどのオブジェクトストレージ、オンプレミスの場合はHDFS（Hadoop Distributed File System）などが利用されます。近年の分散処理システムは、クラウドサービスの利用がスタンダードとなっており、分散処理システムのストレージにAmazon S3やGoogle Cloud Storageが利用されます。クラウドベンダーが提供するオブジェクトストレージは、どのようなファイルフォーマットでも自由に格納でき、高いパフォーマンス、スケーラビリティ、可用性、そして耐久性を兼ね備えており、運用上の数多くのメリットがあります。

コンピューティングには、Apache SparkやTrino（旧PrestoSQL）など、データ変換や集計処理を分散できる分散計算エンジンが利用されます。分散計算エンジンは、Parquetなどの列指向フォーマット、CSVやJSONLなど文字ファイル、OLTP製品（MySQLなど）などのさまざまなデータをオンメモリで高速に処理できることが特徴です。分散計算エンジンの各ノードは、必要に応じてデータソースからデータを取得するため、一度にすべてのデータがメモリ上にロードされる訳ではありません。

つまり、Amazon S3などのように無制限に保存できるデータストレージと、Apache SparkやTrinoなどの無制限に拡張可能な分散計算エンジンであるコンピューティングを組み合わせることで、コンピューティングとストレージの分離を実現しています。したがって、分散計算エンジンやオブジェクトストレージの登場により、コンピューティングとストレージのいずれも無制限に拡張可能になるため、理想的なデータプラットフォームの構築が可能な状態になりました。

1-2-5 世代別データプラットフォームとLakehouseの登場

データプラットフォームのコンピューティングとストレージの分離まで、さまざまな試行錯誤がなされています。コンピューティングとストレージの一体化を起因とする問題を解決するために、データレイクのデータを直接参照するLakehouseプラットフォームが有効であると、Databricks社やAmazon Web Services社が主張しています。Databricks社の「Lakehouse: A New Generation of Open Platforms that Unify Data Warehousing and Advanced Analytics[1]」では、データプラットフォームを3種類のモデルに分けて説明しています。

図1.2.5.1：Evolution of data platform architectures[2]（引用）

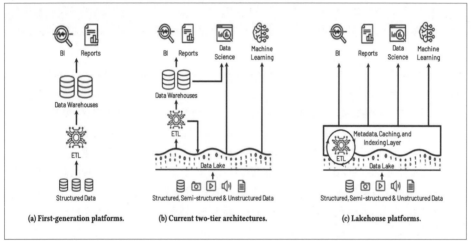

第一世代データプラットフォーム
構造化データをETL処理でデータウェアハウスに転送後、レポートにBIツールを利用するモデル
- 長所：データウェアハウスにデータを集約すればSSOTを満たす
- 短所：データウェアハウスの計算リソースやストレージ容量がボトルネックになり得る

2層型データプラットフォーム
構造化データや半構造化データ、非構造化データをETL処理でデータウェアハウスに転送し、BIツールやレポートなどで利用、データサイエンスや機械学習はデータレイクのデータを利用するモデル
- 長所：第一世代データプラットフォームの長所に加えて、半構造化・非構造化データも扱える
- 短所：データの保存場所がデータレイクとデータウェアハウスに散在してSSOTを満たさない

---

1 https://databricks.com/wp-content/uploads/2020/12/cidr_lakehouse.pdf
2 「Lakehouse: A New Generation of Open Platforms that Unify Data Warehousing and Advanced Analytics」より引用

Lakehouseプラットフォーム
構造化データや半構造化データ、非構造化データのETL処理、メタデータやキャッシュ、インデキシングをデータレイク上で実行し、BIツール、レポート、データサイエンス、機械学習や統計モデルなどのデータをデータレイクから直接利用するモデル
- 長所：取り扱うデータすべてがデータレイク上にあり、同じ処理系で高速に処理できる
- 短所：データレイク上のデータを直接ETL処理する場合、執筆時点で実現可能なのはApache Sparkのみ（Databricks、AWA Glue、Google Dataprocなど）

上記の第一世代データプラットフォームと2層型データプラットフォームにおけるデータウェアハウスとは、Amazon AthenaやAmazon Redshift、Redshift Spectrum、Google BigQuery、Treasure DataなどのSQLエンジンが該当します。

現代的なデータプラットフォームでは、第一世代データプラットフォームや2層型データプラットフォームが採用されるケースが増えてきています。2層型データプラットフォームは、構造化データに加えて半構造化データや非構造データも利用できることがメリットです。しかし、計算リソースやストレージ間のデータパイプラインの複雑化により、機器構成やデータ管理が非常に煩雑になり、データプラットフォーム全体構成の見通しが悪くなる問題があります。

データパイプラインが複雑化する問題を解決するため、Lakehouseプラットフォームが登場します。Lakehouseプラットフォームとは、ストレージにAmazon S3やGoogle Cloud Storageなどのデータレイクを利用して、データレイク上から直接データを読み込んでBIツールなどから利用する仕組みです。データパイプラインのシンプルにすることで、しばしば問題となる計算リソースの最適化が進み、より効果的なデータプラットフォーム管理が可能となっています。

1-2-6 データフロー概要

データプラットフォームにはさまざまなデータが投入されます。前項でデータプラットフォームの歴史を紹介していますが、過去から現在に至るまでデータプラットフォームの要素は変わっていません。その要素とは「生成」「収集・転送」「格納・集計」「可視化・活用」の4点で、要素間のデータの移送をデータフローと呼びます。
ちなみに、データフローに類似した概念にデータパイプラインがあります。データパイプラインはETL処理などの処理ステップであり、データフローはデータの生成から消費に至るまで、より広範囲で全体的なプロセスのことです。本項ではデータフローの概要を説明します。

生成

生成とは、データを発生させるふるまいのことです。たとえば、Webアプリケーションなどのログ出力する処理や、アプリケーションサーバがデータベースなどにデータを永続化する処理を指します。これらのデータは、システム上で実行される何らかの処理を経て、最終的にデータプラットフォームに転送されます。ここで重要なことは、どこで生成されたデータであるか、データプラットフォームの開発者や運用者はあらかじめ知識として知っておく必要がある点です。

たとえば、データプラットフォームの開発者や運用者は、データ取得元であるWebアプリのデータベースやログなどの構造を詳細に把握しておく必要はありません。しかし、対象となるWebアプリの分析要求が発生すると、データベースのER図やログ定義の資料や実装を把握して、どのような分析が可能であるか、判断する必要があります。

収集・転送

生成されたデータは、何らかの方法でデータプラットフォームに転送する必要があります。Webアプリのアクセスログやイベントログを分析する場合、RDBなどのOLTP製品のデータベースに保存することは、データ量や検索性能などの観点から不適切です。そこで、Fluentd、Embulk、Apache Spark、Amazon Kinesisなどのミドルウェアを用いてログを収集し、データプラットフォームに転送する必要があります。

Fluentdは発生したログをストリーミング処理でデータプラットフォームに転送するログコレクタ（詳細は「Chapter 3 ログ転送」で解説）で、Embulkはバッチ実行版のFluentdとして開発されたバルクローダ（詳細は「4-4 バルクローダ（Embulk）」で解説）です。

Apache Sparkは、「Unified Analytics Engine for Big Data」をコンセプトに開発されたデータ処理基盤で、ビッグデータの収集や転送に利用されます（詳細は「4-5 実践的なETL処理」で解説）。Amazon Kinesisはストリーミング処理基盤ですが、大規模なストリーミング処理でデータプラットフォームにデータ転送する際に利用されます（詳細は「5-3 分散メッセージキュー」で解説）。

格納・集計

データの格納先として、データレイクではAmazon S3やGoogle Cloud Storage、データウェアハウスではAmazon RedshiftやGoogle BigQueryなどが利用されます。Lakehouseプラットフォームを利用する場合、データウェアハウスは不要で、DatabricksやAmazon Athenaなどのコンピューティングとストレージが分離可能な製品が利用されます。

データ格納時は、重複や欠損の除去などデータ品質を担保するデータクレンジングと呼ばれる処理や、格納データを利用可能な形式に変換する集計処理が必要となります。これらの処理は、ETL処理（Extract：抽出、Transform：変換、Load：格納）や、データ格納後に変換処理を実行するELT処理と呼ばれる手法で実現されます。

ETL処理とELT処理では、ETL処理はデータプラットフォームへのデータ格納前に変換し、ELT処理はデータ格納後に変換処理が実行される違いがあります。なお、ETL処理やELT処理の詳細に関しては、後述の「Chapter 4 データ変換・転送 バッチ編」で解説します。

可視化・利活用

データプラットフォームに格納された集計済みのデータは、最終的に何らかのビジネス上に役に立つ形に可視化され利活用されます。BIツールなどで図表のデータ可視化を提供するソフトウェアや、統計モデルや機械学習などのインプットデータとして利用されます。

これらの上流から下流まで伝達されるデータの流れをデータフローと呼びます。また、データフローを実現するミドルウェアなどの機器を、水道管やガス管などになぞらえてデータパイプラインと呼びます。データプラットフォームの運用では、データパイプラインの機器構成や、データパイプラインを流れるデータフローの把握が極めて重要です。

また、データ利用価値を高めるには、データ概要などの全体感を大局的に把握することが重要です。データパイプラインやデータフローを適切に設計して交通整理することで、データ分析の工程でもっとも時間が掛かるとされる、データ前処理が効率化されるなど、さまざまな方面に好影響をもたらします。データパイプラインが煩雑になっている場合、分析対象のデータが存在しないことに気付くのに時間を要することも珍しくありません。

リバースETLの登場

データプラットフォームに格納されているデータの利用用途は、基本的に分析やレポート作成に限定されていましたが、近年は他のシステムと連携して利用するケースも増えてきています。たとえば、分析結果を顧客管理システム（CRM）やマーケティングオートメーション（MA）、広告管理システム（Ads）などと連携して、そのシステム内でデータを利用するケースです。この連携処理は、通常のETL処理とは逆向きであるため、リバースETLと呼ばれています。

近年、アプリケーションが出力するログデータをデータプラットフォームに転送し、ログ分析から得られた結果をアプリケーションに利用するケースが増えてきています。たとえば、データレイクに格納されているデータを加工して、ElasticsearchやOpenSearchなどの全文検索エンジンに転送する場合などが該当します。これはリバースETLの一種として捉えられ、データプラットフォーム活用の幅を広げるために重要な技術となっています。

1-3 データの活用

データプラットフォームを構築する目的は、データプラットフォームに保存されるデータを利用して、ビジネス上の意義を見いだして収益を上げることです。すなわち、データプラットフォームはビジネス価値を創出する金脈を探し出す装置であり、データプラットフォームに保存されるデータはビジネス価値そのものといえます。

データプラットフォームに保持されているデータは従来、データアナリストやデータストラテジスト、データサイエンティスト、データエンジニアなどデータ系の専門家が開発と運用を担い、アプリケーションのグロースに寄与するように利用されてきました。しかし、近年ではデータ民主化といわれる通り、ビジネス職であるマーケターやセールス、企画、広報、人事など、さまざまな職種の利用者がデータプラットフォームにアクセスして、必要なデータを分析して利用するケースが増えています。

多くの企業組織では、ビジネス施策の実施や改善などの意思決定は、ビジネス職の責任のもとで実行されます。担当するビジネス職は、マーケターならば広告効果測定、営業ならば売上や顧客との関係性など、データから得られる考察で生産性の向上を求めます。このようにデータを活用して業務を遂行している組織は、データドリブン組織とも呼ばれます。本節では、組織的なデータ利活用について紹介します。

1-3-1 DIKWフィードバックループの確立

DIKWフィードバックループとは、Data（データ）→Information（情報）→Knowledge（知識）→Wisdom（知恵）→Data（データ）の順番で、情報の意味や価値を増幅するフィードバックループのことです。DIKWフィードバックループの確立は、データドリブン組織を構築する上で重要ですが、Knowledge（知識）とWisdom（知恵）の違いを理解しておく必要があります。

Knowledge（知識）とWisdom（知恵）の関係は、スポーツを例に説明すると理解しやすいでしょう。たとえば、プロサッカーチームの監督は、相手チームの過去の試合映像を分析し、戦術やフォーメーションの傾向を把握します。これはチームの勝利に向けた知識の収集といえます。この分析に基づき、チームの状態や選手のコンディションを考慮して、最適なスターティングメンバーを選出します。これは知恵による判断であり、もっとも勝利に近づく可能性が高いと考えた結果です。

監督は試合中のチームや相手チームの動きをリアルタイムに確認しながら知識を得て、知恵による判断力から戦略の変更はもとより、選手交代やフォーメーション変更などを指示します。選手たちもまた同

様に、試合の流れを読み取り相手の動きから知識を得て、決定機を最大化すべく行動します。
プロサッカーの試合はダイナミックで状況が流動的であるため、監督と選手は知識と知恵を組み合わせて、リアルタイムに状況を判断して適切に行動を修正しながら勝利を目指します。この例から分かる通り、Knowledge（知識）とWisdom（知恵）はフィードバックループする関係にあります。

データプラットフォームとは、事業成長の材料となるデータを提供する基盤ともいえます。データプラットフォームに売上やマーケティング、ユーザーの行動ログなどの情報を格納し、事業成長のドライバーとして企業活動の価値を生み出す源泉としています。近年のアプリケーション運営の現場では、BIツールを利用してアプリケーション成長の進捗を確認しながら事業を運営することはもはや常識です。

データプラットフォームの開発者、運営者、そしてアプリケーションの運営者は、一般的に所属する部署が異なり、組織的な分断が発生しがちです。たとえば、プロダクトマネージャーとデータサイエンティストがアプリケーションのグロースを担当しているとします。
プロダクトマネージャーはアプリケーションを企画して実現し、ユーザー動向を観測しながら次の施策の検討に主眼を置きます。有効な施策であったかどうかを判断をするためには、Knowledge（知識）領域のデータを検証する必要があります。Wisdom（知恵）は判断力であり、Knowledge（知識）領域のデータの検証結果を踏まえて、DIKWフィードバックループを繰り返し、次のアクションプランを立てるために利用します。
一方、データサイエンティストはその職責として、無数に存在するデータからビジネス上に役立つデータの形態を見出すことに主眼を置きます。そのため、前処理されたInformation（情報）領域のデータを利用し、アプリケーション利用者の関心がどこにあるか、Knowledge（知識）領域のデータを探すことを目的とし、統計モデルや機械学習、効果検証などの手法を用いて因果関係を考察します。

この通り、同じデータであっても職種や職責によって、扱うデータ領域が異なります。DIKWモデルにおける知恵と知識の違いは、知恵は将来的に役に立つ可能性への模索であり、知識とは過去から得られた知見です。

知識と知恵の差をより具体的にいうと、知識とは「天気がいいと売上が上がる」という統計的な定量情報であり、知恵とは「悪天候の日はアルバイトの人数を削減し、晴れの日にはアルバイトの人数を増やそう」などの経験に基づいた定性的な情報となります。
そのため、プロダクトマネージャーとデータサイエンティストは、数値的な情報である「知識」と人間の感覚や経験である「知恵」から、定性的かつ定量的な情報を利用してビジネスの方向性を決める事業運営が必要となります。
また、近年はデータを専門に扱うデータサイエンティストなどに限らず、エンジニア職やビジネス職でもデータ分析による施策を洞察する能力が求められています。次図に示す通り、データを中心に置き、データ専門チーム、開発エンジニアチーム、ビジネスチームは相互に密接に関わります。

図1.3.1.1：データプラットフォームを中心とする組織

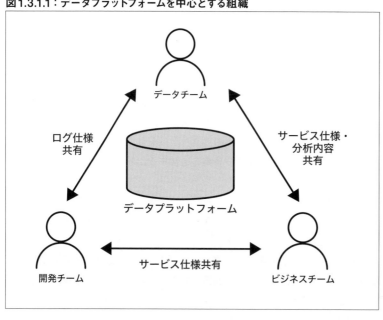

ビジネスチーム、開発チーム、データチームは、それぞれが独自の役割を持ちながらも、共通の目標に向かって協力しながらプロダクトを作る関係にあります。

ビジネスチームは施策の仕様を定義し、その施策がビジネスに与える観測可能な評価指標となるKPIを策定します。実際の施策では評価指標が明確ではないケースも多く、データチームが統計情報などから因果関係の根拠となるKPIの策定に協力します。

開発チームは、施策の仕様に沿って設計したログ仕様をデータチームと共有し、ビジネスチームやデータチームが定義する評価指標を観測できるか協議します。評価指標の中には実装や集計が困難なログもあり得るため、別の評価方法で観測可能かどうか、各チームと代替手段の検討を迫られるケースがあります。たとえば、スマートフォンアプリでは、オンライン時の行動ログによるアプリ内行動のファネル分析などが考えられますが、オフライン時やアプリケーションが削除された場合のログ出力は不可能です。そのため、一定期間以上アプリケーションが起動されない場合は、削除されたとみなすなどの集計可能な分析方法に代替する必要があります。この他にも、行動ログをすべてトラッキングすると、集計側のリソースやストレージなどコスト的な理由から許容できなくなる可能性もあります。

このように代わりとなる手段が存在しないか、代替手段の実装コストが許容できるかなどを検討する必要があります。

データチームは施策リリース後にデータ分析の結果をビジネスチームに共有し、その結果からビジネス上の施策の改善点を洞察します。A/Bテストなどによる施策の効果検証のために、対象となるユーザー群の選定などをビジネスチームと調整し、検証結果をビジネスチームに報告します。

データを中心としたチーム間のコラボレーションは、事業価値を高めるためには必須です。もっとも可

能性の高い選択をするには、複数のチームが情報を持ち寄り、チーム間でWisdom領域の知恵を共有することが重要です。企業内の異なるチームが情報交換をおこない、知恵の検討によるDIKWフィードバックループを回すことで、価値ある情報になる可能性があります。

データは処理や学習を経ることで知識から知恵に昇格し、情報ネットワークが高密度化することで、意味や価値がある情報として利用可能になります。情報ネットワークとは、DIKWモデルにおける各領域と領域間にある関係性のことで、ある情報と別の情報を結びつける情報間の繋がりのことです。また、知識は過去から得られた知見であり、知恵とは将来の役に立つ可能性を見いだす判断力や行動力です。行動によって得られた知見である知識を知恵に凝縮し、知恵を次の行動に還元することで知識が得られ、情報ネットワークの高密度化が図られます。つまり、知識と知恵の間にはネットワークが存在し、その情報ネットワークが最適化されることで、情報の利用価値が生じます。

1-3-2 データ民主化と分断

平成29年 情報通信白書[1]によると、データ主導経済（Data-driven Economy）では、多種多様なデータの生成・収集・流通・分析・活用を徹底的に図ることで、あらゆる社会経済活動の再設計から、社会が抱えるさまざまな課題を解決できるとされています。指数的に増加するビッグデータをスムーズに流通させることが第四次産業革命のトリガーとなるとされています。

第四次産業革命とは、「極端な自動化、コネクタビリティ」による産業革新を指し、IoTの発展であらゆるものがインターネットに繋がることで、新たな経済発展や社会構造の変革を誘発するとされます。ちなみに、インターネットの登場はビジネスの限界費用をゼロに近くさせたことで知られています。倉庫を持たずに商品を販売できる電子書籍や、実店舗を持たずに済むeコマースと同様に、IoTの発展でさらなる産業革命が期待されています。

データ民主化

企業組織において、飛躍的に増加するビジネス活動で発生するデータに対して、適切な処理時間で「誰でも」「どこでも」「いつでも」自由にアクセスできる、ユビキタスなデータプラットフォームを提供することをデータ民主化といいます。データ民主化を実現するデータプラットフォームは、次の条件を満たす必要があります。

- データプラットフォームが信頼できる唯一の情報源（SSOT）である
- データプラットフォームのデータは高い信頼性があり、必要な情報を容易に抽出できる
- さまざまな職種の利用者が情報リテラシーに関係なく、データの取得が可能である

---

1 https://www.soumu.go.jp/johotsusintokei/whitepaper/ja/h29/html/nc131100.html

データ民主化を実現しているデータドリブン組織は、価値あるデータを適切に読み解き、データに基づく意思決定やビジネスを発展させる着想を自在にできる状態です。データドリブン組織は、データが中心にあり、データをもとに事業運営に活かすプロセスがビジネス活動に根付いています。

しかし、現実のデータを読み解くことが困難であることも珍しくありません。データ分析チームはデータの信頼性を担保し、データの考察方法を指南するなど、データ分析が専門ではない利用者でも簡単にデータを扱える環境を整える必要があります。そのため、データプラットフォームの運営者に課せられた重要な責務は、データプラットフォームの利用者がデータで価値を生み出す環境を作ることであるといえます。

データプラットフォームを構築する目的は、データから何らかの収益を創出することです。データプラットフォームの利用者は、何らかの形でデータからビジネス上の付加価値を見いだし、付加価値から収益に転換する方法を発見する必要があります。たとえば、営業の担当者はクライアント向けの提案資料を作成するときに、商品の価値を定量評価や定性評価で説明できることが求められます。

データ活用の際には、本当にその商品が顧客の課題解決に役立っているかが問題となります。顧客が商品を選択するときは、商品が課題を解決するかを厳しく検討して結論を出します。

営業活動における提案資料に示されたデータが、顧客の課題を解決できることを定量的に示すKnowledge領域のデータと、定性的に説明するWisdom領域のデータを併せて説明すると、説得力が増すことはいうまでもありません。したがって、定量評価と定性評価のデータを誰でも自由に利用可能な環境を用意することが、営業活動の起爆剤となり日々の業務で利用される文化の土壌となります。このように、データを空気のように活用する組織をデータドリブン組織といえます。

一般的にデータプラットフォームの運営チームから距離が離れるほど、データに対する親和性が低くなる傾向があります。データ分析のリテラシーが低い利用者は、BIツールの操作やデータを考察する方法が分からないなど、さまざまな問題を抱えています。また、データ閲覧権限などの管理が杜撰だと、データガバナンスが統制されず、データの利活用への障壁が高くなりがちです。

こうした課題を解消するためにも、データプラットフォームを運営するチームが「越境型組織」となり、すべてのチームがデータを自由に利用できる状況を作り上げる必要があります。データ民主化の実現には、全職責の利用者にデータリテラシーの向上を働きかけ、データへの心理的障壁を取り除き、日々の業務に組み込むように誘導する必要があります。

データのサイロ化

データ民主化に対して、組織の一部でしかデータが利用されず、組織全体では利用されない状態を、データのサイロ化と呼びます。企業組織の多くは部署ごとの縦割り型の構造で、コミュニケーションが上下関係のみと横の繋がりが希薄で、情報交換が分断することがあります。このほかにも、部署間の利害関係から事業運営上の対立など、分断が発生する理由はさまざまです。

情報交換の分断はデータ分析のガラパゴス化を引き起こし、各部署で似たようなデータ分析がおこなわれたり、他部署にとっても有益な情報が共有されない状態となります。つまり、データのサイロ化は、

企業組織の構造など組織構成を原因として引き起こされるケースが多いといえます。
データのサイロ化は、特定の部署に偏ったデータ分析がなされることによって、全体として統制されず整合性のない状態を招きます。各部門が管理するデータは時間と共に膨れあがることから、対策を施さない限りデータのサイロ化が進み、解決しない限りカオス化は無限に拡大を続けます。
データのサイロ化を防ぐには、全方面で企業組織の状態を観測可能とするデータガバナンスの策定が必要です。また、データガバナンスの運用には、役員や各部署の管理職がデータドリブンな組織運営を心掛けるように働きかける必要があります。

全体最適と部分最適の問題のように、組織の一部で有効なデータ分析が、組織全体のデータ分析としては有効であるとは限らない場合があります。たとえば、担当者が自らの部署の運営に手一杯で、他部署の活動に関心を持つことが難しいために発生するケースがあります。このような状況を避けるためにも、組織的なデータ利用を行動指針として、データ活用を業務プロセスに組み込む必要があります。したがって、データプラットフォームを運用するチームは、各部署の担当者が滞りなくデータを活用できるように、全部署のデータを網羅する形でデータプラットフォームに格納すべきです。
各部署のデータがデータプラットフォームに格納されて、どこからでも俯瞰可能な可視化が始まると、組織的にデータを振り返る機会が生まれ、データを利用して他部署とのコラボレーションや改善に繋がるフィードバックループが発生します。つまり、データのサイロ化を防ぐには、ビジネス活動において組織全体でデータ活用を業務プロセスに組み込む、データガバナンスの策定・運用が重要といえます。

1-3-3 データガバナンス

書籍『データマネジメント知識体系ガイド 第二版[2]』によると、データガバナンスは次の通りに定義されています。

> データガバナンスの定義は、データの管理（マネジメント）に対して、職務権限を通し統制（コントロール）することである。統制とは計画を立て、実行を監視し、徹底させることを指す。正式なデータガバナンス機能を持っているかどうかにかかわらず、組織というものはデータに関する何らかの意思決定をしているむ正式なデータガバナンス・プログラムが導入されれば、より明確な意図のもとに職務権限と統制を行使できるようになる。

ここで注意しなければならないのは、データガバナンスとデータマネジメントは違うものであるということです。データガバナンスは「統治する」ことであり、データマネジメントはデータガバナンスにより決定されたルールを「管理する」ことです。データガバナンスを遂行するためには、国家統治における三権分立、立法（ポリシー、規定、アーキテクチャ決定）、司法（課題管理と報告）、行政（データ提供と保護）の考え方が参考になります。

---

[2] DAMA International 著、『データマネジメント知識体系ガイド 第二版』、DAMA日本支部訳、2018、日経BP

立法

組織にとって、公開することが広報活動で有利に働くデータや逆に不都合に働くデータの流通規制など、データに関するポリシーやルールを策定する機構です。データプラットフォームの利用に際して、データに法的な問題がないかなども含めて審査しルール化します。

典型的な企業組織では、取締役会や経営会議などの重要な会議体で策定されることになります。

司法

立法で定義されたポリシーやルールに従い、データの利活用がルール上の問題と違反していないか審査する機構です。ルールに従いデータが適切に利活用されているかを監視し、問題があれば適切に対処するように働きかけます。課題管理はデータプラットフォームを運営するチームが担います。

行政

立法で定義されたポリシーやルールにしたがってデータの利活用を推進します。データ信頼性の担保やデータ保護、データ利活用に関する教育などを実行します。ビジネスチームがデータを利用しますが、そのサポートはデータプラットフォームを運営するチームによっておこなわれます。

データ利活用のためには、法律に基づいたコンプライアンスの遵守やデータ利活用に関する内部規程の整備が必要です。データプラットフォームに格納される多種多様なデータに、パーソナルデータといわれる個人情報や保護対象の著作権などが含まれる場合、法令に遵守したデータの利活用が求められます。データガバナンスによる統制がおこなわれると、低品質なデータがもたらす事業リスクを最小限に抑えるように適切な対策や管理がなされるため、より安全で信頼性のあるデータの利活用が可能となります。また、データ利用者にとっては、どのようにデータをビジネス上の価値に繋げるか、そのルールが明確になることで、データの利活用に対する心理的な障壁が低くなります。組織に所属するメンバーすべてのデータリテラシーに差がない状態で、データ利活用を推進することが理想ですが、現実の組織では、データリテラシーの高いメンバーと低いメンバーが混在しており、組織的なデータリテラシーを一定以上の水準に引き上げることが課題となります。データガバナンスによるルールを策定すると、データリテラシーが低いメンバーのデータ利活用を促進することが容易になります。

データガバナンスによる統制は、データ利用時の依頼ルールや活用対象のデータ領域が明確になるなど、さまざまな面で企業活動に有利に働きます。企業内のデータ利用者のデータリテラシーが一様でなくとも、すべての人にデータの価値をもたらしリスクを最小化するには、データガバナンスの策定が極めて効果的です。データプラットフォームの利用を促進するには、データの利用者が信頼性の高いデータを安心して利用できる環境が不可欠です。データの利用者は、データガバナンスで定義されたルールを理解すれば、ビジネス上の洞察を得ることができます。

このように、データガバナンスとしてある程度の制度を策定するだけでも、自然の流れでデータ民主化やデータドリブン組織が実現できますが、その一方で、データガバナンスが働いていないと起こる不都合もあります。近年、その重要性が叫ばれるデータ民主化は、すべてのデータが幅広く利用されること

を意味しますが、データ民主化の名の下に無秩序にデータが利用されてしまうと、不利益を引き起こすケースがあります。
たとえば、営業担当者が企業全体で不利に働くデータを誰の許可も取らずに顧客に求められて提示し続けるケースです。仮にそのデータが企業価値を損なうデータであると、企業にとって致命的なリスクとなり得ます。また、データプラットフォームの責任者がデータ品質を保証していない信頼性の低いデータを顧客に提供した場合、信用問題に繋がるかもしれません。

データ民主化とデータガバナンスはセットとなって、はじめて真価を発揮します。データプラットフォームの利用者からのフィードバックを適切に管理し、課題の創出と解決とのフィードバックループを回すことで、データプラットフォームの付加価値はさらに高いものとなります。
データプラットフォームと利用者とのフィードバックループを回し、データドリブン組織やデータ民主化の実現のためにも、三権分立に基づくデータガバナンスを定義することは重要です。他のデータ利用者と知識や経験を共有し、相互にデータの利用に関する課題を解決することで、データドリブン組織として機能します。

1-3-4 データプラットフォームとドメイン知識

データプラットフォームで取り扱うデータには、ドメイン知識と呼ばれる対象領域の解析で得られる知識が含まれているものと含まれないものがあります。ドメイン知識を含まないデータとは単体では意味をなさない文字列や数値で、さまざまな処理を施すことでドメイン知識を含むデータとなります。
DIKWモデルは、Data（データ）、Information（情報）、Knowledge（知識）、Wisdom（知恵）の順にデータ抽象度の領域が階層となっています。生ログはそれ自体では意味を持ちません。クレンジング処理や集計処理などの工程を経て、情報が高密度化しドメイン知識を保持するデータに統合されます。ドメイン知識を持つデータとは、ビジネス上で何らかの役に立つ可能性のあるデータです。
つまり、抽象度の低いData領域のデータから集計処理などの工程を経て、Information領域のデータとして集計や利用可能になり、最終的にはKnowledge領域のデータとして可視化されることになります。Wisdom領域のデータは、Knowledge領域のデータを複数組み合わせて、さらに情報を高密度化した抽象度の高いデータであり、主観的な判断を可能とするデータです。

DIKWモデルの階層では、Knowledge領域やWisdom領域のデータを活用してビジネス活動をおこないます。複数のKnowledge領域のデータを束ねて考察したり検証したりすることで、最終的には抽象度の高い知恵としてWisdom領域のデータに統合される可能性があります。Wisdom領域は人間の知恵である主観や判断を含むため、さまざまな状況において必要なデータとは何かを判断し、Data領域のデータを生成するための材料となります。各データ領域とドメイン知識の有無の関係は次表の通りです。

表1.3.4.1：DIKWモデルとドメイン知識の有無

対象領域	情報源となるデータ領域	ドメイン知識の有無
Data領域	Wisdom領域	無
Information領域	Information領域とData領域	有
Knowledge領域	Information領域とKnowledge領域	有
Wisdom領域	Knowledge領域とWisdom領域	有

DIKWフィードバックループを回すためには、ビジネス要件から考えられる最上位のWisdom領域が開始点としてData領域のデータの検討が始まります。Data領域を例外として、Information領域、Knowledge領域、Wisdom領域の各データは、それより抽象度の低い領域のデータを情報源として生成されます。

Wisdom領域は高密度化した情報の集合体であり、人間の知恵や経験に基づく主観的な判断力を含みます。そのため、Wisdom領域のデータは必ずしも言語化されず、極めて属人的で主観的な情報である可能性もあります。したがって、Wisdom領域に関与するデータは、データプラットフォームに格納されるデータとしては管理の範疇外になります。

たとえば、特定の人物がビジネスの成功を何度も再現する場合、その人物の知恵はWisdom領域の能力として本人の中に存在します。現在の技術では、その人物の判断力や知恵をそのままの形でデータプラットフォームにデータとして取り込むことができません。しかし、Wisdom領域にある判断力は、人から人に伝承することは可能であり、知恵としてチームや組織に浸透させることが可能です。これらの能力は、データガバナンスやデータマネジメントに教育として取り込まれ、チームメンバーの知恵としてWidsom領域に蓄積されます。

ビジネス上の判断に利用されるWisdom領域にある知恵としての判断力は、再現性があるべきです。不確実性が高いビジネスでは、共通項やパターンを見いだすことで不確実性を低減させることが可能です。共通項やパターンの発見は、Knowledge領域のドメイン知識において、異なるデータセットやデータソースから得られる情報を統合し、意味のある情報を抽出する必要があります。情報を抽出する過程では、Wisdom領域にある人の判断力が求められますが、判断力は人の能力であるため、データプラットフォーム上の記録物には表れません。

したがって、データプラットフォームに求められる役割は、ドメイン知識が含まれるKnowledge領域のデータを提供することにあります。Knowledge領域のデータは、人によるWisdom領域の知恵や判断力を支援するための材料となります。

ドメイン知識収集の具体例

SNS運用を担う担当者からデータプラットフォームの運用を担う部署に、「(SNSの)自社アカウントに対するユーザーの反応を調査したい」と依頼が入った場合を考えてみましょう。SNS上のデータを分析するにはデータ集計の実装工数が必要となり、その他にもAPI利用料金やクラウドサービスの利用料金

などのさまざまなコストが発生します。
この場合、DIKWモデルで各領域のデータ材料を整理すると次の通りになります。DIKWモデルは、Data（データ）領域、Information（情報）領域、Knowledge（知識）領域、Wisdom（知恵）領域の順で、データの抽象度が上がります。各データ領域が抽象度の低い方から高い方に向けて、ドメイン知識を生成する構造であることが分かります。
しかし、現実世界のデータでは、Wisdom（知恵）領域から必要となるData（データ）領域の検討をおこないます。Wisdom（知恵）領域から検討を進めていきましょう。

Wisdom領域
- SNS上の自社アカウントに対するユーザーの反応

Data領域
- Wisdom領域の指示にしたがって、自社および自社アカウントに関して言及している部分の生ログを、SNSが提供するAPIアクセスを利用して取得したデータ

Information領域
- Data領域のデータから取得した、「投稿日付」「いいね」「コメント本文」「ユーザーアカウント名」を抽出したデータ
- Information領域の「コメント本文」から、機械学習を利用して「ネガティブコメント/ポジティブコメント」（ネガ/ポジ）それぞれのコメント数を集計したデータ

Knowledge領域
- Information領域より取得した、投稿日付ごとの「いいね」数を集計したデータ
- Information領域より取得した、投稿日付ごとの「ネガ/ポジ」の回数を集計したデータ
- Information領域より取得した、自社アカウントに対して何らかの意思表示があった回数を集計したデータ（ユーザーアカウント単位）
- Knowledge領域の投稿日付ごとの「いいね」と「ネガ/ポジ」を集計したデータ

SNSの運用担当者から、「今回限りの調査で継続的には利用しない」と指示された場合も考えてみましょう。対応工数の割に投資効果が低いと明らかになった場合、どのような判断が必要になるでしょうか。SNS運用担当者にとって重要度の高い関心は、SNS内で自社アカウントをフォローするユーザーの反応を知ることです。データプラットフォームの運用者は、データプラットフォーム全体を見渡したときに、全体として対象領域のドメイン知識が重要であるか適切に判断する必要があります。
全体として高い投資効果を生むものであるか、データガバナンスに基づき適切に決断し、意思決定する局面であるといえます。「SNS（でのユーザーの状態）を分析したい」という要求とは別軸の論点ですが、投資効果が薄いと判断される場合はデータの収集がそもそも不要になるかもしれません。

データプラットフォームはドメイン知識の収集とビジネスでの利活用が目的です。収集データが持つドメイン知識からは、何らかのビジネス上の付加価値を生むことが期待されます。投資に相応しいと判断された場合はデータを収集することはいうまでもありませんが、逆に投資効果として低いと判断された場合は諦めるなど、要所要所でビジネス上の意思決定が必要となります。

データプラットフォーム運営では、利害関係者間における施策要求とドメイン知識の重要度の非対称性が常に発生します。データプラットフォームに収集するデータの重要度を判断することと、その収集データの取捨選択は常に発生する課題といえます。

1-3-5 データ可視化

データプラットフォームに格納されるデータは多種多様であり、データの種類ごとに性質が異なります。データにはDIKWモデルの抽象度に応じて保持するドメイン知識の量に違いがあり、その領域に応じた役割があります。一般的に抽象度が低いデータほど情報が多く、抽象度が上がると情報量がより少なくなる一方で情報量が高密度化し、意味を持つ情報として意味領域が広がります。
意味領域とは、情報が持つ概念の色彩、数量、時間、空間などの関係性から導かれるカテゴリーのことで、DIKWモデルに照らし合わせると、抽象度が上がるにつれて意味領域の範囲が広がることが分かります。
データ可視化の観点から、DIKWモデルに沿って領域ごとにその内容を整理しましょう。

Data領域
- 生ログなどそれ自体では意味を持たない数字や記号などのシンボル、集計されることで意味を持つデータ
- APIサーバログやイベントログ、アクセスログなど、データプラットフォームに格納しただけでまとまりがないデータ

Information領域
- Data領域のデータを整理して、目的ごとにカテゴリー化することで意味付けされたデータ
- データ全体をイベントごとに分割し、ユーザー属性の付与など所定のドメインごとに整理・格納されたデータ

Knowledge領域
- Information領域における体系化や構造化によって、ビジネス上のHowの答えとなり得るデータ
- イベント単位やユーザー属性で集計して、どのイベントやユーザー属性のCTR（Click Through Rate）やCVR（Conversion Rate）などの指標が効果的であったか判断できるデータ

Wisdom領域
- 知識を正しく認識して価値観として昇格し、ビジネス上のWhyの答えとなり得るデータ
- 季節や時勢、社会情勢などを判断基準に含め、CTRやCVRなどの結果から何らかの解釈が可能なデータ

上記の通り、データを抽象度で分解すると、その役割を明確に定義できることが分かります。次表に各領域ごとに可視化の目的と利用するツールを整理しておきます。

表1.3.5.1：DIKWモデルと可視化

対象領域	可視化の目的	可視化ツール
Data領域	生ログの出力確認など	SQLエンジンのコンソールやBIツール
Information領域	中間テーブルの出力確認など	BIツール
Knowledge領域	ビジネス上の価値となる広告効果の確認など	BIツール、Excel、Googleスプレッドシートなど
Wisdom領域	経営会議や顧客への報告など	Googleスライドなどのプレゼンテーションツール

たとえば、Wisdom領域のデータ可視化は、経営会議や株主総会などのプレゼンテーションやプレスリリースなどで利用されます。また、視覚的に分かりやすいように、Knowledge領域のデータを根拠とするインフォグラフィックを作成する場合もあります。
データが保持する抽象度の領域によって、その可視化の表現手法に違いがあると知っておくとよいでしょう。

1-3-6 データを取り巻く市場環境

データを取り扱う企業の成長には、データプラットフォームの存在はもはや必須といっても過言ではありません。データのサイロ化を解消し、データ民主化を達成して、データドリブンな事業体を作り上げるためには、データプラットフォームの構築が必須です。

データプラットフォームの価値は、企業規模が大きくなるほど高まります。特に大企業では、組織の縦割り化をはじめ経営の多角化に伴う複数事業の存在などから、組織の分断が避けられないことがあります。分断された組織では、仮に他部署の持つデータが役立つと分かっていても活用は困難です。企業規模が大きくなればなるほどこうした状況は頻発し、データプラットフォームの需要が高まります。
しかし、データの価値は企業内部の改善にとどまるものではありません。データ自体をビジネス化してマネタイズすることも可能です。決して規模が大きくない企業であっても、データプラットフォームを構築してビジネスに活かすことも可能です。

バーティカルマーケット

データビジネスでは、資産価値の高いデータを持つことが何よりも強みとなります。組織内ではその価値を十分に発揮できないデータでも、他の企業に売却することで高い価値を発揮することがあります。そのため、自分たちの保持するデータがどこでどのような価値を持つのか、組織内だけではなく市場全体を俯瞰して考えることが重要です。たとえば、資産価値の高いデータを生み出す事業領域の1つに、バーティカルマーケットがあります。バーティカルマーケットは特定のニーズや産業に特化した市場のことでニッチ市場とも呼ばれます。

特にバーティカルという言葉はSaaS業界でよく使われています。バーティカルマーケットをターゲットとして展開するSaaS事業をバーティカルSaaSといい、米国ではIndustry Cloudと呼ばれています。たとえば、ANDPAD[3]は建築業界に特化した、日本国内で代表的なバーティカルSaaSです。

ちなみに、業種に関係なく広い市場に対して価値を提供するSaaS事業をホリゾンタルSaaSといいます。たとえば、Salesforce（世界最大のCRM）、Microsoft（Office 365などのソフトウェアの提供）、Slack（オンラインチャット）、Zoom（オンラインビデオ会議）、Dropbox（クラウドストレージやファイル共有）などがホリゾンタルSaaSに相当します。

Allied Advisorsが2023年に公開した資料[4]によると、米国で株式が公開されているSaaS企業を比較した場合、ホリゾンタルSaaSに比べてバーティカルSaaSの方がバリュエーション（企業価値評価）は小さいものの、利益率が高く株式公開までの資金調達が少ないというデータがあります。すなわち、バーティカルSaaSの方が企業規模が小さくとも成功する事例が多いということです。

一般的に、バーティカルSaaS事業は、ホリゾンタルSaaSと比べるとターゲット市場における専有率が高い傾向にあります。バーティカルSaaSは特定の市場や事業課題に絞って事業展開するため、ホリゾンタルSaaSよりも高速に展開できます。

また、網羅性が高いデータは、特定の市場において非常に高い価値を持ちます。たとえば、ホテルの客室稼働率といったトレンド情報などは、ホテル業界に特化したバーティカルSaaS事業者であれば、自社のデータから簡単に抽出できます。抽出されたデータはコンサル企業やデータ分析企業に販売され、分析されたデータがホテルチェーン事業者のコンサルティングなどに利用されます。ここでの分析データはDIKWモデルのWisdom領域の情報であり、ホテルをチェーン展開する事業者にとって「将来の可能性への模索」となり得る情報です。

データを購入する目的は多岐にわたります。企業経営では競合情報や投資対効果の測定など、学術領域では研究テーマの新規性や信頼性を調査する目的などがあります。特定市場に展開している事業であれば、このような価値の高いデータを保持している可能性があり、データ販売事業者からデータを購入することも有力な選択肢です。

インターネット上のデータや学術論文などに掲載されるデータは、有利な情報を探り当てるリサーチに

---

3 https://andpad.jp/
4 https://www.alliedadvisers.com/post/flavors-of-saas-1h-2023-update

も膨大なコストが掛かります。バーティカルマーケットでデータビジネスを展開する場合、自社でのデータ調査とデータ購入のバランスを取ることが重要です。これらのデータが他社からの収集が難しいものであるほど、競争力を維持できることはいうまでもありません。

データビジネス

データビジネスには、ビジネスインテリジェンス、データバータリング、データブローカリング、インサイトバータリング、データマーケットプレイスなどがあります。自社のビジネス戦略に合わせて、データビジネスを展開する企業との連携が必要になりますが、どのようなデータビジネスであるのか、それぞれの特徴を紹介しましょう。

ビジネスインテリジェンス

ビジネスインテリジェンスは、データ可視化から得られる洞察を幅広い職種の利用者に提供できるようにするデータビジネスです。ビジネスデータから有益な情報を引き出し、よりよい意思決定に活かすためのデータ分析を可能とするツールやソフトウェアを提供するビジネスモデルで、BIツールとも呼ばれます。

BIツールには、単にデータウェアハウスに接続して可視化を支援するだけではなく、データの加工や分析など含む包括的な機能をパッケージとして提供する製品も存在します。たとえば、TableauやLooker、Domoなどが該当します。

データバータリング

データバータリングとは、自社データの提供と引き換えに他企業のデータやサービスを受け取り、自社のビジネスに活用するビジネスモデルです。このビジネスモデルを通じて、企業間は相互に有益な情報交換を通じて、新たなビジネスチャンスを創出することを目的とします。

たとえば、スーパーマーケットなどの消費者行動データを持つ企業が、料理レシピサイトなどの企業とデータバータリングをおこなうと、双方のマーケティング戦略を強化できると期待されます。

データブローカリング

データブローカリングとは、異なるデータソースから集めたデータを分析や加工を施し、ニーズのある企業に販売するビジネスモデルです。企業や行政などが公開しているオープンデータを収集・統合して、Webサービスやアプリケーションの API として提供するビジネスモデルも、データブローカリングの一種といえます。オープンデータのほかに他企業からデータ購入することもあります。また、データクレンジングなどのデータ加工は施さずに、カテゴリごとにまとめて販売するデータアグリゲーターと呼ばれる事業者も存在します。企業がビジネス運営で必要となるデータを自社で収集するコストと比較して、データアグリゲーターからデータを購入するば、コストを削減できる場合があります。

インサイトバータリング

インサイトバータリングとは、データを提供する代わりに、データから導き出される洞察や分析結果を受け取ることで、自社のビジネスに活用するビジネスモデルです。データバータリングは直接的なデータ交換であるのに対し、インサイトバータリングはデータとデータ分析の結果となる情報を交換します。

たとえば、Uber Movementは都市計画を支援する目的でデータを公開しており[5]、インサイトバータリングを成立させているといえます。Uberが持つ配車情報を匿名化して交通情報を可視化し、都市計画の担当者や研究者などに提供しています。これにより、Uberは行政と協力的な関係を築き、効率的な都市計画や研究成果の恩恵を受けることが期待されます。

インサイトバータリングは企業間のみならず、行政との連携や産学連携などでもおこなわれます。

データマーケットプレイス

データマーケットプレイスは、データの買い手と売り手がデータを販売したり購入したりするオンラインプラットフォームです。多くのクラウドベンダーがこの分野に参入しており、プラットフォーム上でデータ提供事業者がデータを販売しています。たとえば、AWS Data Exchangeでは、金融サービスやヘルスケア、ライフサイエンス、地理情報などの商用データが購入できます。学術機関をはじめ、政府機関や研究機関、民間企業が提供する無料のオープンデータも含まれています。クラウドベンダーが提供するデータマーケットプレイスは、セキュア環境でユーザーフレンドリーなデータ取得が可能となります。たとえば、ニュースなどのデータ提供者がタイムリーなデータを即時公開すれば、利用者はほぼリアルタイムでデータを購読できます。これらのデータを事業に活用したい企業や開発者にとっては貴重な情報源であり、データを販売する企業にとっては収益源となります。

データプラットフォームを取り巻く市場環境には、さまざまなビジネスモデルやサービスがあります。データプラットフォームの構築にあたっては、自社のビジネス戦略を整理して、どのようなデータ戦略をとるか検討することが重要です。

たとえば、ある公開情報を取得するためにクローラーを開発してデータ収集することもできますが、データブローカリングやデータマーケットプレイスを利用すると、より低コストで高品質なデータを収集できるかもしれません。また、収集済みのデータを分析するために、インサイトバータリングを利用して専門家の力を借りることもできるかもしれません。

データプラットフォームの運用では、自社のリソースでは難しい部分で外部の力を借りれば、より効率的にビジネスを展開できる可能性があります。しかし、他社に優位性のあるデータを自社で確保するビジネス戦略では、外部の力を借りない方がよい場合もあります。いずれの場合も、ビジネス戦略やデータの性質を理解し、データプラットフォームに格納するデータをどのような方法で入手するかを検討することが重要です。

---

[5] https://www.uber.com/jp/ja/community/supporting-cities/data/

1-4 データプラットフォームとプライバシー

データプラットフォームのデータを活用する際には、プライバシーに対する厳重な配慮が必要です。たとえば、ユーザーに関連するデータを活用する場合、ユーザーの識別子となるIDが欠かせません。各ページのアクセス数を測定するだけでは、データの持つ可能性を十分に活かしきれているとはいえません。対象データの幅を広げてユーザーの行動パターンを分析し、より効果的な戦略を立てることが重要です。ユーザーが離脱してしまう理由や購入に結び付かない要素を見つけるために、関連する要因分析をおこないビジネスの改善に繋げることが大切です。因果関係（原因と結果）の解析には、各ユーザーの行動データを分析して、行動パターンの原因を把握する必要があります。

ちなみに、原因と結果の双方に関連する交絡因子と呼ばれる要素が存在することがあります。交絡因子には、年齢や性別、社会的地位、デバイス種類などが影響するなどの例があります。

因果関係における交絡因子を明らかにするには要因分析が必要です。要因分析では、データの収集と仮説の形成、分析と評価、根本原因の特定などのステップを踏み、原因と結果の関係を明らかにします。アプリケーションにおける因果関係の解析には、一意識別子としてユーザー固有のIDを対象となる各ユーザーに発行する必要があります。一意識別子となるIDをユーザーの行動ログに含めることで、ユーザー行動の一連の流れが分析可能となります。しかし、日本国内ではユーザーIDなど個人情報と容易に紐付けられる一意識別子も、個人情報とみなされ法規制の対象となります。

アプリケーションのデータベースに氏名やメールアドレスなどが存在する場合、個人情報との結び付けが可能になるユーザーIDも個人情報として扱われます。したがって、ユーザーIDそのものが匿名であっても、個人情報として厳重に扱うデータプラットフォームの運用が求められます。

個人情報は国内の個人情報保護法（個人情報の保護に関する法律）をはじめ各国の法律で保護されているため、取り扱いには細心の注意を払い、適切なセキュリティ対策や情報管理を講じる必要があります。本節では、データプラットフォームとプライバシーに関する基本的な考え方を説明します。

1-4-1 個人情報保護法における個人情報

「個人情報の保護に関する法律」（以下個人情報保護法）は、2005年4月に全面施行された個人の権利利益を保護するための法律です。個人情報保護法は3年ごとに見直されており、2022年6月にも改正されています。今後も国内外の動向によって見直されることが予想されるため、個人情報を扱う事業者は特に注視すべきです。

2023年現在における個人情報保護法では、生存する個人を識別できる情報が個人情報であると定義されています。個人情報には、氏名や生年月日、顔写真などの「基本情報」および「個人識別符号」も含まれます。さらに、これらの個人情報に紐付く行動情報も個人情報として扱われます。

基本情報は、氏名、性別、住所、生年月日など、特定個人の識別においてもっとも重要となる基本的な情報です。マイナンバーや顔写真、電話番号なども基本情報に含まれます。また、個人識別符号とは、個人情報保護法に定められている単体で個人を特定できる情報です。指紋や静脈、音声（声紋）などの身体的データ、パスポートや運転免許証などの公的な番号が定義されています。

基本情報や個人識別符号は単体で個人情報に該当しますが、単体では個人情報とされないデータであっても容易に個人情報と紐付けできるものは、個人情報とみなされることがあります。たとえば、民間企業システムの会員IDなどは、単体では個人情報にはあたりません。しかし、会員マスタに会員IDと氏名などの基本情報が紐付いて保存されている場合は、個人情報に該当します。さらに、「115歳以上の人」や「エベレストに登頂したボストン生まれの日本人」など、明らかに対象が限定されるものも同様に個人情報として扱われます。

これらの情報を取得する際は、情報を収集する個人に対して目的を伝えて同意を得る必要があります。また、情報収集に対する同意を得ていたとしても、他社に譲渡する場合は、個人情報を加工して「匿名加工情報」にするか、本人の同意を得る必要があります。ちなみに、事業者がユーザーに対して、個人情報を含む情報の収集や譲渡に対して同意を得ることを、オプトインといいます。

このほかにも、個人情報保護法では、人種、信条、病歴、前科など「要配慮個人情報」が定義されています。これらの情報は不当な偏見や差別に繋がる可能性があるとして、データ取得時には本人の同意を取る必要があります。

これらの法律が適切に運用されているかは、個人情報保護委員会が監督しています。個人情報保護委員会のホームページ[1]には、法令やガイドラインの詳細、データ漏洩時の対応、オプトインや匿名加工情報のガイドラインなどの情報が掲載されています。

1-4-2 匿名加工情報

匿名加工情報は、個人情報を含むデータを特定の個人として識別できないように加工した情報です。個人情報を保護しつつ、個人情報の有用性を活かすために、加工や運用方法について個人情報保護法で定められています。匿名加工情報を適切に利用することで、他社へのデータ提供が可能になり、データビジネスに繋げられます。

データを匿名加工情報にするためには、次の5つの処理が必要です。

[1] https://www.ppc.go.jp/

- **特定の個人を識別できる情報の削除**
  氏名や住所などの基本情報を削除したり、一部をマスキングして識別不可能な状態にします。
- **個人識別符号の削除**
  パスポート番号や運転免許証、指紋や静脈などの身体的データを削除します。
- **個人情報と他の情報を連結する符合の除去**
  他のデータベースとの連結によって個人情報となり得るIDなどを除去します。
- **特異な記述の削除**
  「115歳以上の人」など、容易に数名に限定できる情報を削除します。
- **その他の適切な措置**
  情報の粒度が細かい場合など、扱う情報によっては特異な記述でなくとも、個人を識別できる可能性があります。たとえば、踏破した登山のコース情報をすべて保持している場合、対象の個人を知る人は個人を推定できてしまう可能性があります。こういった情報は、マスキングやサンプリングなどの処理を施し、簡単に個人を識別できないようにする必要があります。

このような匿名加工情報を作成したり取り扱ったりする事業者には、匿名加工に加えてさらに3つの義務が課されます。

- **安全管理措置**
  匿名加工情報を作成する事業者は、安全管理のために必要な措置を講じる義務があります。たとえば、匿名加工を施したデータが漏洩して個人情報を復元できる可能性がある場合、匿名加工情報の漏洩を防ぐ措置をとる必要があります。また、適切なデータガバナンスのもとで匿名加工情報や元情報を運用管理していることを公表し、利用者からの苦情など問い合わせに適切に対応する義務があります。
- **公表義務**
  匿名加工情報を作成したり、第三者に提供する際、ホームページなどで対象の匿名加工情報に含まれる項目などを公表する義務があります。
- **識別行為の禁止**
  匿名加工情報を作成する事業者のみならず取り扱う事業者は、匿名加工情報から個人情報を復元することが禁止されています。たとえば、匿名加工されたユーザーの位置情報を扱う際に、自社システムで取得している位置情報と照合して個人を推定する行為は禁止されています。

仮名加工情報

個人情報保護を目的とした匿名加工情報は、その匿名性の高さからデータの有用性が失われ、イノベーションの促進を阻むとする議論がありました。そこで2022年4月施行の個人情報保護法改正では、新たに「仮名加工情報」が定義されています。
仮名加工情報とは、「他の情報と照合しない限り特定の個人を識別できないように加工された個人に関

する情報」と定義されており、対照表と照合すれば本人と分かる程度までに加工されたものとされています。

モバイルデバイス上でユーザー行動を追跡するターゲティング広告配信や効果測定で利用される広告識別子は、個人情報として取り扱われるか否か議論がありました。プライバシー保護に関する法律や規制は国や地域で異なるため、広告配信ではユーザーの同意を得ることや、プライバシーポリシーの遵守が重要です。こうした問題に対処するために新たに設けられた仮名加工情報ですが、2023年4月に施行されたばかりであり、今後の動向に注目する必要があります。

なお、個人情報保護委員会が仮名加工情報と匿名加工情報に関する「個人情報の保護に関する法律についてのガイドライン（仮名加工情報・匿名加工情報編）[2]」を発表しています。詳細に関しては同ガイドラインを参照してください。

1-4-3 個人情報に関する海外の代表的な法令

国内では個人情報保護法が施行されていますが、個人情報に関する法令は海外にも数多く存在します。著名な法令として、GDPR（General Data Protection Regulation：EU一般データ保護規則）やCCPA（California Consumer Privacy Act：カリフォルニア州消費者プライバシー法）があります。

GDPRでは、国内の個人情報保護法では個人情報とみなされていないIPアドレスやクッキー、広告識別子も個人情報として取り扱われます。この個人情報を収集する際にオプトインによる許諾が必要となり、利用者に十分に利用目的を説明する必要があります。さらに、法令に違反した際の罰則は大きく、数十億円規模の罰金が科されます。ちなみに、2019年にGoogleがオプトイン時に表示する個人情報の利用目的が分かりづらいなどの理由で、5,000万ユーロの制裁金を科された経緯があります。
CCPAは、大規模な組織や一定以上のカリフォルニア州民の個人情報を処理する企業に限定されますが、個人情報として定義される範囲が前述のGDPRよりもさらに広くなります。たとえば、位置情報やインターネットの閲覧履歴なども個人情報として扱われます。

近年のインターネットビジネスではグローバルに展開するケースも少なくなく、対象地域からアクセスが可能な場合は法令の対象になることがあります。たとえば、Yahoo! JAPANは、2022年4月より欧州経済領域（EEA）とイギリスへのサービス提供を中止する決定を下していますが、その理由は、GDPRが背景にあるとみられています。そのため、海外からアクセスされる可能性がある事業者は、代表的な諸外国の法令に関しても概要を把握しておく必要があります。

2　https://www.ppc.go.jp/personalinfo/legal/guidelines_anonymous/

1-4-4 トラッキング

Webサイト内外でのユーザーの行動や位置情報を収集することをトラッキングと呼びます。Webサイトのトラッキングでは、従来サードパーティクッキーと呼ばれる方法が利用されてきました。サードパーティクッキーは任意のドメインから設定可能なクッキーで、トラッキングサーバでランダムなIDをユーザーに対して付与し、そのIDを利用してユーザー行動のトラッキングを可能とする仕組みです。

サードパーティクッキーの設定は、トラッカー事業者がWebサイトの運営事業者に提供する、JavaScriptタグを埋め込むことで実現します。JavaScriptタグを一括管理するタグマネージャーと呼ばれるツールがGoogleなどから提供され、Webサイトの運営事業者はトラッキング対象方法の変更などを容易に実施できます。サードパーティクッキーで割り振られたIDは、複数サイトを横断したユーザー行動の追跡が可能となるため、プライバシー保護の観点で大きな批判を浴び、規制される方向で進んでいます。また、サードパーティクッキーに対して、ファーストパーティクッキーと呼ばれるクッキーがあります。Webサイトのドメイン運営者が自身のサイトに直接設定するクッキーを指し、同じドメイン上で設定されるため、サイトを横断したトラッキングはできません。

プライバシーへの配慮が厳格に求められるようになるにつれ、GDPRやCCPAなどは厳格化する方向に法改正され、従来は個人情報ではないとされていた情報が個人情報として認定されるなど、さまざまな規制が進んでいます。代表的なものが、ITP（Intelligent Tracking Prevention）です。ITPはiOSやmacOSのWebブラウザであるSafariに搭載されているトラッキング防止機能です。ITP 2.0では、4つ以上のドメインからリダイレクトされるなどの不審な挙動を持つサイトは、ファーストパーティクッキーもサードパーティクッキーと同じ扱いとなり無効化されています。また、ITP 2.3ではクッキー以外のスクリプトで書き込み可能なデータは、最終アクセスから7日後に削除されることになるなど、制限の範囲が広がっています。

ほかにも、GDPRでは利用者からデータ取得の同意を取得することが必須とされるなど規制範囲は広がっています。クッキーの取り扱いにおける法整備の結果、同意取得管理ツール（Consent Management Platform）と呼ばれる、ユーザーの利用目的ごとに本人の同意を取得管理するツールも登場しています。このツールはデータ保護とプライバシーを守るために必要な機能であり、同意しないユーザーのデータを記録しない機能や、ユーザーの同意取得状況を記録する機能などが含まれます。

トラッキング規制と経緯

個人情報を容易にトラッキングできるスマートフォンアプリやブラウジング環境は、スマートフォン黎明期から消費者保護の観点で望ましくないと批判に晒されてきました。2017年にAppleが発表したITP 1.0では、サードパーティクッキーは24時間で無効化されるようになり、24時間以内に再度アクセスがない場合は、次のアクセス時では別ユーザーとして判別されます。

2018年に発表されたITP 2.0では、サードパーティクッキーが即時無効化されるように変更され、ファーストパーティクッキーも4つ以上のドメインからリダイレクトされている場合は、サードパーティクッキーと同様の扱いとなっています。この流れを受けて、他のブラウザでもサードパーティクッキー設定時に警告が表示されたり、初期設定でサードパーティクッキーを無効化する対策を取られるようになっています。

また、2019年に発表されたITP 2.3では、トラッカーとして判定されたドメインのローカルストレージ有効期限が7日間に制限されるなど、制限の範囲が広がり、2020年の「Full Third-Party Cookie Blocking and More[3]」では、すべてのサードパーティクッキーをブロックするように変更されています。

2020年、Appleに追随してGoogleも「2022年までにGoogle Chromeからサードパーティクッキーを段階的に廃止する」と発表していましたが、2023年以降に延期後、2024年7月にはサードパーティクッキーの廃止を撤回しました。その背景には、Googleの独自技術であるプライバシーサンドボックスへの英国競争・市場庁の懸念や、広告業界からの反発があったといわれています。
サードパーティクッキーによるトラッキングは終焉を迎えたように見えますが、その廃止はいったん撤回された状況です。個人情報を取り巻く環境は常に変化しており、社会情勢や企業動向による影響も大きいため、今後も流動的であることに留意すべきでしょう。

クッキー以外のトラッキング技術

クッキー以外のトラッキング技術で代表的なものは、デバイスフィンガープリント技術があります。デバイスフィンガープリント技術は、IPアドレスなど一般的に取得できる情報から同一ユーザーを推定する技術です。IPアドレスやリファラーなどの、ユーザー行動によって発生するサーバ上のログから機械学習などのAIを用いて同一ユーザーであると推論します。
近年のデバイスフィンガープリントを利用した技術は、数日以内の期間内であれば9割以上の精度で推論可能な実装も登場しています。この技術の問題点は、同一ユーザーを別ユーザーと認識したり、逆に別ユーザーを同一ユーザーと認識したりするなど、誤検知の可能性があることです。
また、誤検知以上の大きな問題として、サードパーティクッキー以上にプライバシー上の懸念があるといわれています。ユーザーの端末にトラッキングの痕跡を一切残さないため、ユーザーに無断でトラッキングが可能であることです。このプライバシー上の懸念をGoogleやAppleなどブラウザを開発している企業が問題視し、デバイスフィンガープリント技術への対策を強化しています。

たとえば、2021年に発表されたiOS 15のPrivate Relayでは、デバイスフィンガープリント技術で頻繁に利用されるIPアドレスが暗号化の対象となっています。主要な情報源がIPアドレスであることもあり、デバイスフィンガープリント技術によるトラッキングも事実上困難となりました。
スマートフォンアプリのトラッキングでは、広告識別子と呼ばれるIDが利用されています。広告識別子には、iOSならばIDFA（Identifier for Advertisers）、AndroidにはADID/AAID（Android

---

[3] https://webkit.org/blog/10218/full-third-party-cookie-blocking-and-more/

Advertising ID）やGAID（Google Advertising ID）と呼ばれるIDがあります。iOSのIDFAは、2021年まではほとんど問題なく利用できていましたが、2021年にリリースされたiOS 14.5以降は取り扱いが変更されています。それまではデフォルトでトラッキング許可の設定であったものが、アプリがユーザーにトラッキング許可を求めるポップアップを表示するようになっています。

この変更で、IDFAもクッキーと同様に規制しようとするAppleの姿勢は明白です。2021年以降はIDFAの代替として、SKAdNetworkと呼ばれる技術が利用されています。SKAdNetworkは、Appleがプライバシーを保護しながらコンバージョンデータを提供する仕組みで、個人が特定されないように設計されています。

ほかにも、CNAMEを利用したサードパーティドメインをファーストパーティドメインに偽装する方法など、いくつかトラッキング方法が考案されていますが、AppleのSafariに実装されるITPをはじめとする技術的な制限により、その利用が困難となってきています。

トラッキング規制は強化され、トラッキングは法的かつシステム的な観点の双方から塞がれている状況です。しかし、これまでのトラッキングで取得していた個人情報を利用せず、ユーザーとサイト運営者の双方に望ましい広告提案もできるはずです。たとえば、Googleはサードパーティクッキー終了の代替案として、2019年にプライバシーサンドボックス構想を発表しました。プライバシーサンドボックスは、主にデジタル広告向けに、クッキーやフィンガープリントなどを利用せずに最適な広告をユーザーに届ける構想で、規格の検討や実証実験が進められています。

プライバシーサンドボックスの代表的ものとして、2019年よりGoogleが開発を進めていたFLoC（Federated Learning Of Cohorts）と呼ばれる規格があります。FLoCは、ブラウザでのユーザーの行動情報を分析して、似たような興味を持つ人々にグルーピングして、広告事業者にグループ内のID（コホートID）を提供します。コホートID自体はランダムな文字列であり、コホートIDからユーザー行動や興味を割り出すことはできません。しかし、コホートIDがデバイスフィンガープリントの精度を高めてしまうなどの危険性が猛烈に批判され、2022年初頭にGoogleは突如FLoCの廃止を発表しています。その後、GoogleはTopics API[4]と呼ばれる新たな規格を発表しています。Topic APIは、FLoCとは異なりブラウザの閲覧履歴に基づいて、「フィットネス」や「アニメ」「ゲーム」などのあらかじめ定義されたトピックに分解し、利用者のトピックを広告事業者と共有して広告を配信する仕組みです。ユーザーはトピックの追加や削除ができ、トピック自体の無効化も可能であるため、透明性の高い広告配信が期待されています。

プライバシーサンドボックスは、現状ではGoogle Chromeだけに実装されていますが、W3Cで標準化が進められており、今後多くのブラウザに実装されていく可能性もあります。しかし、プライバシーサンドボックスを取り巻く周辺環境はめまぐるしく変化しており、検討中の規格が突如廃止されるなど、実装の見通しが立っているとはいえない状況です。

4　https://github.com/jkarlin/topics

1-4-5 プライバシー技術のこれから

プライバシーを巡る情報交換が法的に厳しく制約されている昨今の状況下で、新たにデータクリーンルームが注目されています。データクリーンルームとは、複数の企業がデータを共有する際に、匿名加工したデータを安全に共有するための仕組みです。

たとえば、企業Aと企業Bがそれぞれの顧客データを共有して、顧客の属性や購買履歴などを分析したいとします。しかし、メールアドレスなどの個人情報や広告識別子などの識別子を含むデータをそのまま共有すると、法規制や社内規定に抵触する可能性があります。そこで、各々が匿名化したデータをデータクリーンルームに格納し、データクリーンルーム内で分析することで、個人情報の共有を防ぎながらデータの相互分析が可能となります。

データクリーンルームは、AWSやGoogle Cloud Platform（GCP）、Databricks、Snowflake、Treasure Dataなどのクラウドサービスが提供しています。ちなみに、一般にインフラストラクチャなど基本的なデータ処理サービスを提供するクラウドサービスは、顧客であるデータ事業者のビジネスや経営戦略には直接干渉せず、データビジネスに中立的な立場を取ることが多いとされています。しかし、中立性の保証が完全だとはいえないため、クラウドサービスが提供するデータクリーンルームを利用する際には、各社のプライバシーポリシーや利用規約をよく確認する必要があります。

データクリーンルームを利用する企業間は、クラウドサービスが提供するデータの安全な取扱環境を利用することで、お互いのファーストパーティデータ（自社で収集した顧客データ）を共同活用することが可能となります。それぞれ、どのようなビジネス上の課題があるか見てみましょう。

広告業界

広告業界は、GDPRやCCPAなどの法規制で厳しいプライバシー規制環境に置かれており、データの匿名化や厳格な管理を求められています。

しかし、広告効果では、ビュースルー計測など消費者が購入に至った影響を調べることで、ユーザーの意思決定や行動にどのような影響を与えたか、広告クリック数を計測せずに確認したいケースがあります。ビュースルー計測では、異なる広告媒体やDMP（データマネジメントプラットフォーム）から得られるデータを統合して、ユーザーの行動変化を分析する必要があります。

データクリーンルームを活用すると、個人情報を含むデータを安全に処理して分析することが可能となります。たとえばA社が、自社のサービスを利用しているユーザーが、B社の広告サービスを経由して自社商品を購入したかを分析したい場合、A社とB社がデータクリーンルームで情報交換することで広告効果の改善に繋がる可能性があります。

金融サービス業界

金融サービスもGDPRとCCPAなどの個人情報保護法だけに留まらず、銀行法などの関係法令の元、共有可能なデータが厳しく制限されています。法規制に準拠しつつプライバシー保護とデータ活用のバランスを取ることは、不正検知やマネーロンダリング防止、クレジットリスク管理などで

重要な課題となっています。
金融サービスでは、コンプライアンスに配慮しつつ個人情報を保護することが可能となるため、データクリーンルームによるデータ利活用が期待されています。

ヘルスケア業界

病院や医療機関は患者のプライバシー保護や厳しい規制により、他の医療機関とのデータ共有が困難です。米国ではHIPAA法（Health Insurance Portability and Accountability Act：医療保険の携帯性と説明責任に関する法律）があり、機密性が高い患者の健康情報を患者の同意なしに開示されないように保護することを目的に制定されています。HIPAAの遵法では、医療分野での治療や支払、その他の医療業務に関わるあらゆる立場の人が、患者の医療情報を適切に保護することが必要とされます。

患者のプライバシーを保護しつつ医療データの価値を最大化することで、治療法の開発、疾病の予防、患者ケアの質向上、医療費の適正化など、さまざまなメリットが考えられます。医療サービスのイノベーションを阻害しないためにも、大学病院や薬局などの医療機関間での情報交換でデータクリーンルームによるデータ利活用が期待されています。

小売業界

スーパーマーケットなどの小売業界は、顧客へのオムニチャンネルやサプライチェーン最適化のためにデータ利活用が進んでいます。オムニチャンネルとは、オンラインとオフラインを融合したOMO（Online Merges with Offline）のように、店舗やECサイト、SNS、店頭サイネージなどあらゆるメディアを活用して顧客との接点を作り、販売促進に繋げる戦略のことです。

ちなみに、小売業の事業者が自ら広告媒体やマーケティングなどのメディアを運営する場合、リテールメディアと呼ばれています。リテールメディアとして展開されるECサイト上のオンライン広告や店舗内のデジタルサイネージが購買決定に影響を与え、顧客の行動を分析することで販売促進に繋げることが期待されています。

サプライチェーンとは原材料の調達から配送、販売に至るプロセスを指します。サプライチェーンを最適化するには、需要予測による在庫管理の適正化、サプライヤー（仕入元や製造元）との価格や納期などの透明性向上、RFID（識別番号などを記録したICチップ）を利用したリアルタイム在庫管理、クーポンを利用した消費者行動分析などがあります。

サプライチェーン上の各プロセスでデータクリーンルームを活用すると、顧客のプライバシーを保護しながら、利害関係者間での情報交換を通してさまざまな課題解決に繋がる可能性があります。たとえば、リテールメディア上に広告ターゲティングして反応した利用者をサプライヤーに提供し、新商品開発を促進するなどの活用が期待されています。

国際的にプライバシーや知的財産権に対する厳しい規制が進む中、イノベーションを阻害することなくデータ利活用を促進するために、Data Free Flow with Trust[5]（DFFT：信頼性のある自由なデータ流

5　https://www.digital.go.jp/policies/dfft/

通）という概念も出現しています。DFFTとは、「プライバシーやセキュリティ、知的財産権に関する信頼を確保しながら、ビジネスや社会課題の解決に有益なデータが国境を意識することなく自由に行き来する、国際的に自由なデータ流通の促進を目指す」という考え方です。情報交換はイノベーションの源泉であり、データクリーンルームを利用すると企業間の適切な情報交換を促進し、新たな価値の創造に繋がると期待されています。

このように、これからのデータプラットフォームの運用は、プライバシーやセキュリティなどのガバナンスを適切に確保することを前提とした取り組みが必要となるでしょう。

デジタルトランスフォーメーションとは

デジタルトランスフォーメーション（DX）とは、「Digital：デジタル」と「X-formation（Transformation）：変革」を組み合わせた用語です。DXはデジタル技術を通じて、企業や社会の在り方を変革することを目指しています。

IPA（独立行政法人情報処理推進機構）が発表している「DX白書2023[1]」では、デジタル化は進みはじめていることに対して、トランスフォーメーション（変革）が遅々として進んでいないとし、トランスフォーメーションとは組織の文化やビジネスの在り方を含めた経営の問題であり、デジタルは経営変革のリソースでしかないと指摘されています。

データプラットフォームの目的は、データの格納や分析だけではなく、そのシステムを運用することで企業全体の生産性を向上させることにあります。単純にデータを格納する（デジタル化）だけでなく、データを活用する（トランスフォメーション）ことが格段に重要です。トランスフォーメーションとは、企業内の経営、人事、経理、広報、教育、営業などのビジネス活動が、データ活用によって生産性が向上することを指します。

本書では、随所でDIKWモデルをベースとするトランスフォーメションにフォーカスした解説をしています。データ活用はデジタルを運用する人の能力に強く依存し、デジタル人材の育成が重要な課題となっています。したがって、デジタルトランスフォーメーションの達成には、情報から因果を把握するメタ認知能力の獲得が重要な鍵となるでしょう。

---

[1] https://www.ipa.go.jp/publish/wp-dx/dx-2023.html

Chapter 2

データプラットフォームの構成要素

データプラットフォームは収集されたデータを
データレイクと呼ばれるストレージに保存し、
加工して可視化します。

本章では、データプラットフォームの構築に必要となる要素を紐解き、
さまざまな要求や要件を実現するための
データプラットフォームの要素技術を幅広く紹介します。

2-1 データプラットフォームの全体像

NCSA MosaicやNetscape Navigatorの開発者として知られるマーク・アンドリーセン(Marc Andreesen)が、2011年に「Software is eating the world」という言葉を残しています。10年以上が経過した現在、これを模倣して「Data is eating the world」といわれており、データの重要性がますます高まっています。また、大規模言語モデルの飛躍的な発展により、「AI will eat all of software」(AIがすべてのソフトウェアを食べるようになる)という言葉も登場しています。

最近では、DatabricksやSnowflakeなどデータファーストを掲げるData/AI企業が、未公開株式市場での評価額を急速に高めています。シリコンバレーではData/AI企業による産業の破壊が予想されており、データ利活用に成功した企業が勝者になると当然のように語られています。たとえば、Starbucks Coffeeなどのコーヒーショップやamazonなどの物流サプライチェーン、YouTubeやNetflixなどの動画系メディア、私たちが日常的に利用するほとんどのサービスが、データファーストでAIによる事業判断を実行しています。

これらの企業活動を加速させる装置として、データプラットフォーム関連技術は日に日に影響領域を拡大し続けており、その技術的思想の根底にはDIKWモデルやSSOTなど重要な概念が存在します(「1-1 データプラットフォームとは」参照)。本節では、データプラットフォームやその周辺技術を把握する上で必要な各技術のアーキテクチャを解説します。

2-1-1 データフロー

データプラットフォームを理解するには、データプラットフォームでのデータフローにどのような工程があるかを把握する必要があります。データフローとはデータの流れを意味し、データは「生成」、「収集・転送」、「格納・集計」、「可視化・活用」の順番で伝達されます。

生成

データ生成とは、アプリケーション上で発生する何らかの振る舞いにより、データが生成されることです。たとえば、Webサーバやスマートフォンのアクセスをきっかけに生成されるログはアクセスログと呼ばれ、JSONやCSVなどのテキスト形式で生成されます。広義では、アプリケーションの実行に伴い、データをデータベースに保存することもデータ生成と見なせます。

収集・転送

生成されたログファイルやデータは、収集用のサーバに転送されてデータプラットフォームに格納されます。たとえば、Webアプリのログは、Fluentdなどのストリーミングログコレクタが利用されます。

Amazon Kinesisを利用する場合、Data StreamsではAWS LambdaやApache Sparkなどの実装によって制御されます。また、類似製品のAmazon Data Firehose（旧Amazon Kinesis Data Firehose）は、Amazon S3やAmazon Redshiftなどに自動的に転送されるように制御されます。

格納・集計

データプラットフォームに転送されたデータは、欠損値の補完や重複値の除去などさまざまな処理が施されたあと格納され、ビジネス上の意義あるデータに変換する集計がおこなわれます。

DIKWモデルで説明される通り、データはその種類によって保持する性質や抽象度が異なります。そのため、生ログであるData領域からドメイン知識を保持するKnowledge領域に変換する集計処理をおこないます。

可視化・活用

集計されたデータは、BIツールや機械学習などの入力データとなります。これらのデータは、何らかのビジネス上のドメイン知識を有するKnowledge領域のデータで、可視化することでビジネス上の意思決定を可能とするデータ活用を実現できます。

以上を図で示すと、次図の流れとなります。
この例では、Amazon Web Services（以下AWS）のサービスを利用し、FluentdとApache Sparkを利用してデータ収集を、Apache Sparkを利用してデータを集計して、最終的に可視化されたりや大規模言語モデルで利用されたりします。

図2.1.1.1：データフロー

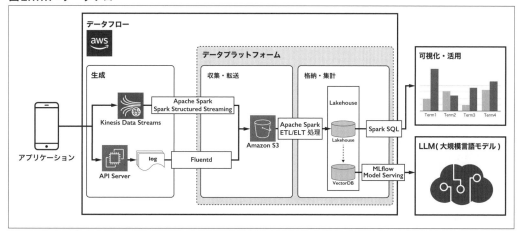

2-1-2 データの生成

昨今は情報爆発の時代といわれる通り、データソースは、Webサーバや外部プラットフォーム、スマートフォンアプリ、IoTデバイスなど非常に多岐に及びます。スマートフォンやIoTデバイスの急速な普及により、データの種類や量はさらに拡大を続けています。

ビジネスの目的からどのようなデータを生成するべきかが決定されます。ピーター・F・ドラッカー（Peter Ferdinand Drucker）によると、ビジネスの目的とは「顧客創造（create a customer）」と定義されています。ここでドラッカーによる原文の「顧客」が単数形の「customer」と定義される点に着目すると、一人ひとりとの関係性構築が重要であるという示唆を含んでいると想像できます。すなわち、顧客の集合がマーケットであり、顧客の一人ひとりから生成されるデータから、マーケット全体を俯瞰して洞察できることが重要です。

たとえば、スマートフォンアプリのある機能内のボタンが、どれほどのクリック率であるかを示すCTR（Click Through Rate）を計測したいと仮定します。CTRの計算方法は「クリック数/セッション数」なので、該当する機能のセッション数とクリック数のデータを生成する必要があります。このように、クリックは顧客一人ひとりの行動ですが、それらを集計したCTRによりマーケット全体を俯瞰した洞察ができます。

ちなみにスマートフォンアプリで生成されたデータは、計測ツールと呼ばれる外部プラットフォームからデータを取得して、そのデータを利用しても構いません。この場合、スマートフォンアプリに計測ツールのSDKを組み込み、計測ツール側の管理画面で計測結果を確認します。多くの計測ツールは生ログも抽出可能であるため、データプラットフォームに取り込んで独自に分析することも可能です。

Webアプリやスマートフォンアプリ、IoTデバイスなど、その種類によってデータソースは異なります。データがどこで発生して、どのようなデータパイプラインで転送されるかを意識して設計しましょう。

2-1-3 データの収集と転送

代表的なログデータの発生源には、次の3種類があります。

- スマートフォンアプリやIoTデバイスのセンサーなどの機器が生成するログ
- アプリケーションのサーバログ
- OSやミドルウェアなどのシステムログ

近年のログデータの収集は、いくつかの標準的なパターンがあります。たとえば、スマートフォンアプリのクリックなどのイベントログは、Firebase AnalyticsのSDK経由でGoogle BigQueryに転送する

ケースや、Amazon KinesisのSDK経由でAmazon S3に転送するケースがあります。また、IoTデバイスなどのセンサーデータのイベントログは、AWS IoTを利用するとAmazon Data Firehose経由でAmazon S3に収集できます。ただし、これらの方法は時間の経過と共に革新的な方法が登場することが珍しくないため、最新情報の把握が重要です。

アプリケーションサーバは、nginxなどのWebサーバのアクセスログなどドメイン知識をほとんど持たないデータだけではなく、ドメイン知識を持つイベントログを出力する場合があります。
アクセスログとは、UserID、ユーザーエージェント、アクセス元のIPアドレスやアクセス時間などの情報です。また、イベントログとは、課金やログインなどアプリケーション特有のイベントを記録するログです。これらのデータは、Fluentdなどのストリーミングログコレクタを利用して、Amazon S3に収集されます。
この他にも、ログデータの記録や測定を外部プラットフォームに委譲する場合があります。たとえば、モバイルマーケティングではAdjustやAppsFlyerなど、スマートフォンアプリの広告効果測定ツールがあります。これらのツールはデータ提供元が用意するAmazon S3などに生ログを自動的に保存する機能を利用し、コールバックと呼ばれる転送データをリアルタイムで任意のWebサーバに転送する機能が用意されています。データ転送後は、データプラットフォームに転送するデータパイプラインの転送処理が必要となります。

ログの収集や転送にはさまざまな実装方法があるため、状況に応じて適切なパターンを検討する必要があります。近年ではデータレイクの容量あたりの価格が安価となり、大量データを高速に集計できる計算機の発展から、発生するデータは基本的にすべて収集することが当たり前となっています。
多くの利用者が存在するスマートフォンアプリやIoTデバイスの場合、大量データとなることも珍しくないため、スケーラブルなデータ収集や転送が可能な処理基盤が必要です。なお、このフェーズで発生するデータには、ログの発生時刻やIPアドレスなどを付与するケースはありますが、原則として集計処理はしません。そのため、DIKWモデルではドメイン知識を持たないData領域のまま格納されます。

2-1-4 データの格納と集計

転送されたデータには、保存するための格納場所が必要となります。スマートフォンアプリやIoTデバイスから転送されるデータは、一日当たりテラバイト単位の大量データとなることも珍しくないため、格納先もスケーラブルであることが求められます。
オンプレミスであればHDFS、データレイクであればAmazon S3、Google Cloud Storageなどに格納されます。また、データウェアハウスであれば、Amazon RedshiftやGoogle BigQueryなどへの格納になります。その後、必要に応じてPostgreSQLなどのリレーショナルデータベースを利用したデータマートに格納します。

表2.1.4.1：データレイク、データウェアハウス、データマートの格納先の比較

名称	内容	主な保存先
データレイク	大量データを格納できるストレージ	Amazon S3、Google Cloud Storageなど
データウェアハウス	大量データが格納できるストレージとSQLエンジンを提供し、データ検索が可能な格納先	Amazon Redshift、Google BigQuery、Snowflake、Treasure Data、Databricksなど
データマート	事前に計算されたドメイン知識を含む比較的少量のデータを格納して、高速に応答するSQLエンジン	PostgreSQL、MySQLなど

データレイクとデータウェアハウス、データマートの違いを説明しましょう。データレイクとは、テーブルデータなどの構造化データ、JSONなどの半構造化データ、画像などの非構造化データなどを一元的に格納するAmazon S3などのデータストレージです。なお、最近はデータレイクから直接検索が可能なApache SparkやTrino（旧PrestoSQL）などのミドルウェアも登場しています。

データウェアハウスとは、構造化データが保存されるストレージと、SQLエンジンを兼ね備えた検索エンジンです。原則として構造化されたデータを格納し、大量データを高速に検索可能なGoogle BigQueryなどの製品を指します。

データマートとは、目的別に分析結果だけを保存するSQLエンジンで、データウェアハウスから検索した結果を保存し、比較的少量のデータを処理する検索エンジンです。データウェアハウスだけでは対応が困難であるコストや処理時間、セキュリティ、ガバナンスなどの問題に対処するため、PostgreSQLなどのリレーショナルデータベースが使用されるケースもあります。

データレイク、データウェアハウス、データマートの順にデータが伝達します。データ処理方式は、Extract（抽出）、Transform（変換）、Load（格納）の頭文字をとりETL処理と呼ばれます。また、データウェアハウスにデータを格納してからTransform（変換）とLoad（格納）を実行する、ELT処理と呼ばれる方式も登場しています。

データレイク、データウェアハウス、データマートとデータ伝達のステージが進むごとに、ドメイン知識が蒸留されよりドメインに特化したデータに集計されていきます。

2-1-5 データの可視化と分析

データプラットフォームを構築する目的は、データを用いてビジネスの洞察を獲得することです。データ内に保持されるドメイン知識を、可視化や分析に利用します。

データを可視化するツールは、BIツールと呼ばれます。BIツールは集計済みのInformation領域とKnowledge領域のデータを対象に、SQLなどを用いて検索して可視化します。格納先が、データレイク、データウェアハウス、データマートのいずれの場合も、BIツールが対応していれば検索可能です。BIツールには、次に挙げる種類があります。

- 直接SQLを記述するもの（Redash、Metabaseなど）
- データプラットフォームの独自言語で記述するもの（Looker、Metabase、Kibanaなど）
- Excelなど表計算ソフトのようにデータを操作するもの（Tableau、Googleスプレッドシートなど）

このほかにも、ノートブック形式でデータ分析を実装できるJupyter NotebookやDatabricksなどがあります。ノートブック形式とは、プログラミングコードのスニペットを記述して、スニペットごとに順序立てた実行を可能にする形式です。数行程度のコード断片で実行された結果を即座に確認できるため、データサイエンティストから強く支持されています。コードには、PythonやScala、R、SQLなどのプログラミング言語が利用できます。

データプラットフォームの利用促進には、心理的な抵抗が少ないツールを利用者が柔軟に選択できることが重要です。データリテラシーがさまざまな利用者すべてのニーズを満たすことは困難ですが、利用者にとって利用しやすいツールとは何かを日々検討しながら、最善の選択をする必要があるでしょう。

2-1-6 データプラットフォームの技術スタック

データプラットフォームのデータパイプラインには、「生成」、「収集・転送」、「格納・集計」、「可視化・分析」の4ステージがありますが、各ステージでは、プロダクトチームやメンバーのスキル習熟度など、環境に沿った最善の技術を選択する必要があります。また、それぞれの技術スタックがプロダクトにフィットするか、PoC（Proof of Concept：実証実験）をおこない、施策の実装と改善サイクルを回して、適切に判断する必要があります。

各ステージの技術スタックで例を挙げると、以下のものがあります。

生成
スマートフォンアプリ、IoTデバイス、Firebase Analyticsなどの計測ツール、Webサーバやアプリケーションサーバなど

収集・転送
Fluentd、Embulk、Amazon Kinesis、Apache Sparkなどのデータ転送ツール

格納・集計
Amazon S3やGoogle Cloud Storageなどのストレージ、Amazon RedshiftやGoogle BigQueryなどのデータウェアハウス

可視化・分析

Redash、Metabase、Looker、Tableau、Google Data Studio、Jupyter Notebookなどの可視化ツール

このほかにも、データリネージュと呼ばれるパイプライン中のデータの流れを把握するツール、ELT処理などの品質向上を目的とするツール、データガバナンスやデータセキュリティの向上、データカタログの整備を目的とするツールなどが登場しています。データプラットフォームを構築する際には、これらの多彩なツールをどのように組み合わせるかが重要であり、技術スタックの選択はプロダクトの成否に大きく影響します。採用時点では最善の選択であっても、技術的特異点の発生によって時代の流れが大きく変わってしまうと、一気に陳腐化してしまう可能性もあります。

そのため、常々から技術トレンドを把握し、適切な技術スタックを比較検討しながらプロダクトの改善を続けましょう。技術トレンドとは、特定の時期や時代で注目されたり、急速に発展する技術や方法論の動向を指します。たとえば、2010年代後半から2020年代前半にかけては、データレイクやデータウェアハウスの登場で、データプラットフォームの構築が容易になりました。今後の技術トレンドは、LLMに代表されるAI技術の発展により、さらにデータ利活用が容易になると予想されています。

技術トレンドとリスク管理

革新的な技術の登場によって、技術トレンドは諸行無常に変化します。トレンド技術が変化する理由はさまざまですが、経済危機による影響を強く受けることで知られています。たとえば、シリコンバレーには約10年に一度大きな不況が訪れるといわれており、2000年のドットコムバブル崩壊や2008年のリーマンショック、2019年末以降の新型コロナウイルス感染症（COVID-19）の流行などが挙げられます。

データプラットフォーム関連のSaaSは、スタートアップ企業による新規参入が相次いでいますが、参入企業の経営破綻でサービスが突然終了してしまうことも珍しくありません。オープンソースとしてセルフホスティングが可能なツールであれば、サービス終了のリスクをある程度回避できると考えられますが、クラウドサービスとして提供されている場合、サービス終了により機能が一切利用できなくなるリスクがあります。トレンド技術を選択する際は、事業継続性も考慮したリスク管理が必要といえます。

2-2
収集と転送

現在のスマートフォンアプリやWebアプリケーションのイベントログは、ほとんどのケースでデータレイクやデータウェアハウスに保存されます。膨大なデータに対する高速な検索を提供するには、ストレージとコンピューティングを分離したデータレイク・データウェアハウス・データマート構成や、データ分析処理用のデータウェアハウスを利用するのが一般的です。

旧来のアプリケーションは、分析対象となるログをリレーショナルデータベースなどに保存していました。イベントログの保存場所が、リレーショナルデータベースからデータレイクなど大量データを保存できるストレージに置き換えられた理由は複数あります。

行指向のリレーショナルデータベースは検索性能に向かないことや、格納できるデータ量に上限があることなどが原因として挙げられます。PostgreSQLやMySQLなどのリレーショナルデータベースは、トランザクション処理に特化した行指向型のOLTP（Online Transaction Processing）製品であり、検索性能に特化したOLAP（Online Analytical Processing）製品ではありません。

大量データの高速な検索を実現するには、列指向（カラムナ）データベースなどのOLAP製品にデータを投入するログコレクタが必須です。これらの収集や転送に加え高速な検索性能を得るために、OLAP製品であるデータウェアハウスやデータレイクに置き換えが進みました。

本節では、ログ収集や転送を担うミドルウェアやアーキテクチャについて解説します。

2-2-1 ログの収集と転送

ログ収集・転送用のミドルウェアはログコレクタとも呼ばれ、アプリケーションとは別プロセスとして実行され、ログの収集や転送の処理を担います。アプリケーションとログコレクタを別プロセスとする理由は、ログの欠損を回避するためです。

アプリケーションの多くはログをファイルとしてローカルディスクに保存し、ログコレクタがファイルを回収してデータプラットフォームに転送します。万が一、意図しない障害が発生してサーバを停止せざるを得なくても、ファイルに保存されていればログの回収が可能です。また、ネットワーク経由でデータプラットフォームに転送する方法も考えられますが、ネットワーク障害などを考慮した転送バッファを持つログコレクタの利用が必須といえます。

本項では、一般によく利用されるログコレクタを紹介しましょう。

Fluentd

Fluentd[1]はTreasure Data社がオープンソースとして開発しているデータ収集・転送ライブラリです。開発コミュニティも活発で、2016年にCloud Native Computing Foundation[2]（CNCF）のGraduatedプロジェクトになっており、2019年にCNCFから卒業しています。

最近は、AWSのfirelensやGoogle Cloudのgke-cluster-with-customized-fluentdにも採用され、ログコレクタのデファクトスタンダードといえます。多くの日本人開発者がいるため、日本語による解説記事も多いことも特徴の1つです。

Fluentdの本体は、ログの読み込みや転送、リトライ処理のベース部分だけが実装されており、データ取得元や転送先などの機能は、InputプラグインやOutputプラグインなど9種類のプラグイン形式で開発されています。プラグインを柔軟に組み合わせ、利用者のユースケースに応じて必要な機能を利用可能です。なお、Fluentdの詳細は「Chapter 3 ログ転送」で解説します。

logstash

logstash[3]は、Elasticsearchを開発しているElastic社がオープンソースとして提供しているデータ収集・転送ライブラリです。Fluentdと同じく、本体にはメイン機能となるログの読み込みや転送のみが実装されており、Input、Output、Filter機能はプラグイン形式で提供されています。公式でサポートされるプラグインが多いことも特徴です。

logagent

logagent[4]は、監視ツールを開発するsematext社のデータ収集・転送ライブラリです。軽量であることを強みとしており、ログの解析と構造化が可能なため、公式サイトではlogstashの代替として最適としています。Input、Output、Filterプラグインをnodejsで開発できます。

flume

flume[5]はApache Software Foundationで開発されている分散型のログコレクタです。マスターノード、コレクターノード、エージェントノードの各ノードが連携して動作します。各ノードは、データ入力（Source）、データ保存方法の指定（Chanel）、データ保存先（Sink）で構成されます。

flume自体は複数台のノードで運用されることを前提に設計されていますが、シングルノードでも動作可能です。Fluentdなどの単体で動作するログコレクタとは異なり、分散型のためマスターノードの設

---

1 https://github.com/fluent/fluentd
2 https://www.cncf.io/
3 https://github.com/elastic/logstash
4 https://github.com/sematext/logagent-js
5 https://github.com/apache/flume

定だけで各ノードに設定が伝達されます。flumeはプラグイン形式で実装されており、Javaで開発できます[6]。

rsyslog

rsyslog[7]はLinuxディストリビューションで採用されているsyslogベースのログコレクタです。2004年から開発されている歴史あるログコレクタで現在も活発に開発が続いています。また、Ubuntuなど一部のディストリビューションでは、公式パッケージが公開されているため導入は容易です。
rsyslogは、Input、Parser、Outputの各ライブラリがmodule構成で動作しており、定義体でInputやOutputを切り替え可能です。複雑な転送処理を実現したい場合も、rsyslogで収集したログをFluentdに転送するなどの構成が可能です。

2-2-2 ストリーミング

Fluentdなどのログコレクタはストリーミング処理（データ発生源から流れるように転送処理がおこなわれること）で転送を実行しています。
ストリーミングで順次処理されるデータは、ログ発生から数分以内などのニアリアルタイムでデータプラットフォームに転送を完了する特徴から、迅速な分析結果を必要とするビジネス要求や異常検出などで利用されます。ストリーミング処理は継続的に転送されるデータをFIFO（First-In First-Out）で順次処理する性質から、次に挙げる制約があります。

- 異常停止時における転送状態の把握が困難
- 急激なデータ量増加が発生しても処理が破綻しないように流量制御が必要
- データ完全性がバッチ処理よりも低く、後続の処理でケアが必要な場合が多い

データ完全性はデータインテグリティとも呼ばれ、データがすべて揃っており、欠損や重複などの不整合がないことを意味します。また、データ転送時のデータの重複や欠損をどのように扱うかは、デリバリセマンティクス（delivery semantics）と呼ばれます。

デリバリセマンティクス

ストリーミング処理のデリバリセマンティクスには、次の4つがあります。

---

[6] https://flume.apache.org/FlumeUserGuide.html
[7] https://github.com/rsyslog/rsyslog

- at-least-once： 少なくとも1回実行される。データは重複する可能性があり、欠損はしない。
- at-most-once： 最大1回実行される。データは欠損する可能性があるが、重複はしない。
- exactly-once： 必ず1回実行される。データは欠損も重複もしない。
- effectively-once： 再送によりデータが重複しても、可能な限り重複を除去する。

データプラットフォーム全体のデータパイプラインでは、各デリバリセマンティクスが複雑に絡まりますが、最終的なデータの完成形では可能な限りデータ完全性を高める必要があります。データ完全性を高めるためには、重複除去や欠損補完、名寄せなどのデータクレンジング処理が必要です。

データパイプラインの一部でexactly-onceで処理されていても、他の部分でat-least-onceなどのデリバリセマンティクスの場合、データ完全性が高いデータとはいえなくなります。そのため、at-least-onceのログコレクタを選択してデータ欠損がない状態にして、後続の処理で重複除去をする方法がとられます。重複除去後のデータはeffectively-onceとなり、データ分析に利用できるデータとなります。ちなみに、exactly-once以外のデリバリセマンティクスを持つ転送方法は、データの完全性が重要視される課金などを扱う業務で利用してはいけません。データ完全性を必要とする処理は、ACID特性を持つRDBなどを利用したトランザクション処理が必要となります。ACID特性とはデータベースのトランザクションにおける、原子性（Atomicity）、一貫性（Consistency）、独立性（Isolation）、永続性（Durability）の4つの特性です。これらの特性によって、データの一貫性や完全性を保ちつつ信頼性の高いデータベース操作が可能になります。

ストリーミング処理は、原子性（完全に成功するか、完全に失敗するか）の保証が困難なため、部分的な再処理が必要となる場合があります。また、データの一貫性保持が難しいため、充分に時間が経過したあとに、一貫性を保つ結果整合と呼ばれる性質を取り入れる場合があります。前述の通り、ストリーミング処理では完全なACID特性を持つことが難しく、データ完全性の保証は難しいとされています。

ストリーミング処理のデータパイプラインは複雑化するケースが多いため、なるべくシンプルな構成のパイプラインを組むように心掛けましょう。

データ処理の方式

ストリーミング処理の方式には、マイクロバッチ方式とネイティブストリーミング方式があります。マイクロバッチ方式は、バッチ処理を一定の短い時間ごとにレコード群を区切り、その区間ごとに小さいバッチ処理をすることで擬似的なストリーミング処理を実現する処理方式です。ネイティブストリーミング方式は、継続的に生成されるストリームデータを、レコード件数や時間窓単位の処理を定義できるものです。

マイクロバッチ方式

たとえばApache SparkのSpark Structured Streamingは、標準ではマイクロバッチ方式が採用されており、100ミリ秒単位までのexactly-onceあるいはat-least-onceを保証しています。デリバリセマンティクスは転送先（Sink）に応じて流動的で、公式ドキュメントによるとexactly-onceはFile Sinkのみに限定されます。詳細は、公式ドキュメントoutput-sinks[8]を参照してください。Apache Spark 3.5.0の時点ではExperimentalですが、「Continuous Processing」と呼ばれる低遅延処理モードが導入され、エンドツーエンドの遅延を1ミリ秒まで短縮したat-least-onceを保証しています。

Apache SparkのSpark Streamingは、大量データを比較的簡単に処理できる反面、デフォルトのマイクロバッチモードではレイテンシも大きくなるため、より短いレイテンシを必要とするケースではネイティブストリーミング方式を採用する必要があります。

ネイティブストリーミング方式

ネイティブストリーミング方式は、Amazon KinesisやApache Kafkaなどの分散データストリーミングプラットフォームとストリーミングプラットフォームにデータ入力をトリガーとして、データ処理系を組み合わせて実現されます。Amazon Kinesisの場合は、データ処理系としてAWS LambdaやAkka Streamsなどが利用できます。

ストリーミング処理は、大量データをよりリアルタイムに近い状態で利用できます。従来のバッチ処理と比較して、ビジネス上の必要性から判断して検討しましょう。

2-2-3 アーキテクチャパターン

ビッグデータを処理するデータフローのアーキテクチャパターンには、Lambdaアーキテクチャ、Kappaアーキテクチャ、Deltaアーキテクチャの3つがあります。ストリーミング処理を理解するには重要な概念であるため、各アーキテクチャの仕組みを説明しましょう。

Lambdaアーキテクチャ

通常のバッチ処理は大規模データの集計に適していますが、データ量が多くなると処理結果が返却されるまでの応答時間が長くなる問題があります。この問題を解決するために、ネイサン・マッツ（Nathan Matz）が、ホットパスとコールドパスを分離して処理系統を2系統に分けるLambdaアーキテクチャ[9]を提唱しています。

---

[8] https://spark.apache.org/docs/3.5.0/structured-streaming-programming-guide.html#output-sinks
[9] https://www.manning.com/books/big-data

図2.2.3.1：Lambdaアーキテクチャ

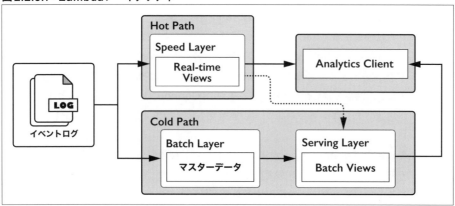

- コールドパス：過去分の集計をバッチで処理するライン
- ホットパス：リアルタイム集計をストリーミングで処理するライン

ストリーミングデータは、処理が実行されると再実行が難しいため、コールドパスを持つことで必要に応じて再計算を可能にします。Lambdaアーキテクチャの欠点は、ホットパスとコールドパスそれぞれがデータを参照する必要があり、アーキテクチャの全体管理が複雑になることです。

Kappaアーキテクチャ

前項のLambdaアーキテクチャの欠点に対応するために、ジェイ・クレップス（Jay Kreps）がKappaアーキテクチャ[10]を提唱しました。

図2.2.3.2：Kappaアーキテクチャ

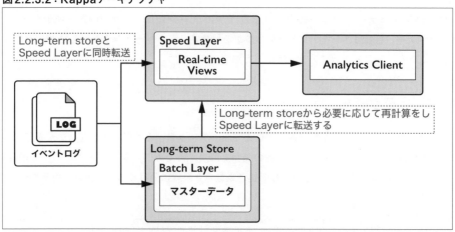

---

10 https://milinda.pathirage.org/kappa-architecture.com/

Kappaアーキテクチャでは、すべてのデータをストリーム処理のパスに集約して、アプリケーションからの使用を単純化しています。ストリーム処理で問題が発生した場合は、データ遅延などで過去データから再集計する必要があるため、次の2点を考慮する必要があります。

- Lambdaアーキテクチャのようにバッチレイヤーを保持し、必要なタイミングでデータを戻す
- 定期的なスナップショットを取り、そのスナップショットから復旧する

Uber社がKappaアーキテクチャの本番環境での実装例[11]を公開しています。Uber社では、Kafkaの代わりにHiveテーブルをSpark Streamingのデータソースとして利用しており、2時間単位のウィンドウごとの集計結果をバッチレイヤーによって更新しています。これによって、データ量が巨大になる全期間のバッチを実行せずに、各ウィンドウの集計結果を更新可能にしています。

Deltaアーキテクチャ

LambdaアーキテクチャやKappaアーキテクチャでは、データが一度書き込まれると不変であることが前提です。しかし、これらはストリーム処理系とデータバッチ処理系が2系統になり、データパイプラインが冗長になる可能性があります。そこで、ストリーム処理とバッチ処理を統合してデータの差分を補完するDeltaアーキテクチャが考案されました。

Deltaアーキテクチャを実装するためのライブラリであるDelta Lakeは、Databricks社が主体となって開発しており、その概要図が公式サイト[12]に掲載されています。開発当初はApache Sparkから利用されていましたが、現在はTrino（旧PrestoSQL）など他のミドルウェアからも利用可能です。

図2.2.3.3：Deltaアーキテクチャ（公式サイト[12]から引用）

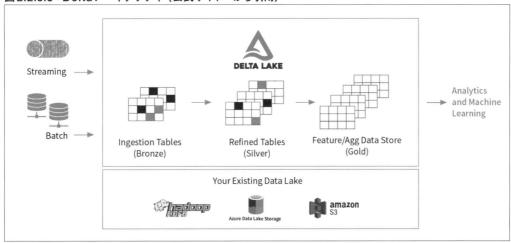

---

[11] https://www.uber.com/en-JP/blog/kappa-architecture-data-stream-processing/
[12] https://delta.io/

Deltaとは、スキーマ情報を保持するメタデータはJSON形式、データ本体はApache Parquet形式で保存されるデータレイク用のデータフォーマットです。

ストリーム処理やバッチ処理など複数の処理系から書き込まれるデータ処理は、一般的なリレーショナルデータベースのようなトランザクションシステムが持つACID特性が必要となりますが、DeltaもACID特性を保持します。このACID特性により、データの更新系操作であるInsert（挿入）とDelete（削除）、Update or Merge（更新）が可能となり、バッチ処理系のコールドパスとストリーミング処理系のホットパスを統合する実装が可能です。

また、データレイクに一般的なデータベース操作と類似する実装が可能です。この特性を利用すると、データレイク上でも比較的容易にデータクレンジングやデータの集計処理が可能となります。データを抽象度で3段階に分割するメダリオンアーキテクチャの実装も容易です。Bronze（生ログ）、Silver（クレンジングした中間テーブル）、Gold（目的別に特化したテーブル）と、ドメイン知識がステージ間で分離されるため、実装やデータのカオス化を抑止できます。

データ指向プログラミングとデータフレーム

オブジェクト指向プログラミング言語（OOP）では、クラスの中に「データ（インスタンス）」と「手続き（メソッドや関数）」を混在した定義が可能で、継承やポリモーフィズムなどの機能を利用して、データと手続きを一体化したプログラムを作成できます。

近年では、データ指向プログラミング（DOP[1]）と呼ばれるコード設計が注目を集めており、これはデータとコードの分離による抽象化によってデータの再利用性を高める手法です。古典的なOOPはクラスによるカプセル化で変数とメソッドを閉じ込めて、データの安全性と隠蔽を重視しますが、DOPではデータをステートフルなクラスとしてカプセル化は禁じられており、データはすべてイミュータブルな専用のクラスとして扱います。

手続きを実行するクラスにデータを与えて、イミュータブルな結果値を受け取ることを原則として、関数型プログラミング（FP）に近い設計をおこないます。ただし、FPはレキシカルスコープによるデータの隠蔽が可能で、DOPはFPとは異なると定義されています。

DOPの考え方はデータプラットフォームのデータフレーム処理の設計にも応用できます。Apache SparkやPandasなどに代表されるデータフレームは、データを表形式で扱うためのデータ構造です。データフレームと操作する関数を分離して、データフレームをイミュータブルに返却することは、データ操作の汎用性や柔軟性の向上に繋がります。

ETL処理では、`def convert(df:DataFrame):DataFrame`のように、データフレームを引数にとりデータフレームを返却するメソッドが頻出します。データと手続きの分離は汎用性や柔軟性に寄与するため、DOPのコンセプトはデータプラットフォーム上のプログラミングでも有効でしょう。

---

1 DOP：Data-Oriented Programming

2-3 データプラットフォームを構成する技術

データプラットフォームを取り巻く技術は進化を続けており、その対象となる技術領域は拡大を続けています。これらの技術で必要となる周辺知識を学び、データプラットフォームの全体像を把握しておかなければ、各技術がどのように作用するかを理解することは容易ではありません。

データプラットフォームを構成する技術は、データレイク、データウェアハウス、データマートの3層に大別されます。データプラットフォームはデータを収集して最終的に可視化し、ビジネスで役に立つデータを提供する装置といえます。

本節では、データプラットフォームの全体像を把握すべく、構成する技術の概要を紹介します。

2-3-1 データストレージ

最近のデータプラットフォームでは、HDFSやAmazon S3などに代表されるオブジェクトストレージがデータストレージとして採用されるケースが多くなっています。本項では、データプラットフォームで利用されるストレージの概要を説明します。

HDFS

ビッグデータ処理基盤では、ビッグデータの分散処理や管理を効率的におこなうApache Hadoopと呼ばれるミドルウェアがあります。Apache Hadoopを構成する二大要素として、「HDFS」と呼ばれる分散ファイルシステムと、「MapReduce」と呼ばれる分散処理プログラミングモデルがあります。

HDFSは、OSが管理するファイルシステムではなく、ファイルを一定サイズで分割して（初期設定では64MB）、記録装置の台数に応じて並列に配置します。ファイルを複数のブロックに細分化して、読み書きを高速化する仕組みです。また、MapReduceは、入力を細かい処理単位に分割するMapと呼ばれるステージと、Mapの処理結果を集約して目的の値を取得するReduceと呼ばれるステージで構成されるプログラミングモデルです。従来は、オンプレミス用のデータストレージとしてHDFSが主流でしたが、オンプレミスを保有している企業においても、クラウドベンダーが提供するクラウドストレージのデータ信頼性や利用の容易さから、HDFSからAmazon S3やGoogle Cloud Storageへの移行が進んでいます。オンプレミスでデータ信頼性を担保するコストと、クラウドストレージを利用するコストを比較すると、相対的にクラウドストレージを利用するコストが低いユースケースが多いためです。

クラウドサービスが普及する以前は、各企業がデータセンターを保持し、オンプレミス上のHDFS以

外にデータストレージの選択肢がありませんでした。現在では、数千台規模のクラスタが稼働するデータセンターを所有する企業でなければ運用コストの方が大きいため、クラウドサービスの選択が主流になっています。

Amazon S3（Simple Storage Service）

Amazon S3（Simple Storage Service）は、AWSが2006年に提供を開始したオブジェクトストレージです。Amazon S3の耐障害性は高く、データの耐久性は99.999999999%（ナインイレブン）を実現しています（執筆時）。これは、1年間で10億個のオブジェクトにおいて1個のファイルが失われる可能性を意味します。また、SLA（Service Level Agreement）には、S3標準は99.99%の可用性を目指した設計（SLAは99.9%）とあり、最大で年間で約53分サービスが停止する可能性があります。

AWSのサービス群はAmazon S3の利用を中心とする設計となっており、RDSなどのバックアップやECRなどのレポジトリ、Amazon Redshiftのストレージなどさまざまなサービスのストレージとして利用されています。また、Amazon S3は、AWS上で構築されたApache SparkやTrino（旧PrestoSQL）などのストレージとして利用できます。近年では、AWS上でApache SparkやTrino（旧PrestoSQL）などのHadoop環境を構築する場合、ほとんどのケースでAmazon S3がストレージとして選択されています。

Google Cloud Storage

Google Cloud Platformがサポートするクラウドのオブジェクトストレージです。Amazon S3と同様にオブジェクトストレージで、Apache SparkやHadoopのHDFSの代替として利用できます。
Amazon S3と比較して、若干の機能差分や各機能の価格差はありますが、利用する上で大きな差別化はありません。Google BigQueryなどGoogle Cloud Platformのサービスを利用する場合は、データの転送などの処理効率が高く積極的に選択するべきです。

2-3-2 データフォーマット

データプラットフォームがデータをデータストレージに保存する際には、さまざまなデータフォーマットが利用されています。それぞれ、どのような特徴があるか紹介しましょう。

CSV

アプリケーションからエクスポートされるデータや連携するパートナー企業から提供されるデータで、

頻繁に利用されるデータ形式はCSV（Comma Separated Values）形式です。1行を1データとして、要素をカンマで区切ってデータを表現します。要素内にカンマを含む場合は要素を「"」（ダブルクォーテーション）で囲い、ダブルクォーテーションそのものが要素に含まれる場合は「""」と2つ繋げて表記するなど、細かく仕様が定められています。カンマ以外の区切り文字で区切った拡張もあり、代表的なものにTSV（Tab Separated Values）があります。

CSVの最大の利点は、Microsoft ExcelやGoogleスプレッドシートなど、ビジネス職が日常的に使用するツールで簡単に利用できる点です。また、他のフォーマットと比べると、データサイズが小さく可読性が高い点も利点です。

しかし、データ処理の観点では、CSVには数多くの欠点があります。たとえば、CSVはデータ内に列情報を持たないため、途中で列が増えた際はすべてのデータを修正する必要があります。これは比較的サイズが大きいデータを扱うケースでは大きな問題となります。

また、CSVの標準仕様ではデータ内に改行を含められますが、他のフォーマットとは異なり改行自体はエスケープされません。そのため、単純な行数だけでデータの件数を数えられないなど、ビッグデータを処理する上では数多くの問題を抱えたデータフォーマットといえます。

JSON

JSON[1]（JavaScript Object Notation）は、数値、文字列、真偽値、配列、オブジェクトといったデータ型をもち、構造的に表現できます。可読性が高く、プログラムでも取り扱いが容易なフォーマットです。キー情報をすべてのデータに持つためデータ容量が大きくなりやすく、処理時に文字列を解析する必要があります。文字列解析は、バイナリデータの解析と比較してCPUリソースを消費するため、大量のデータを処理する際は、カラムナフォーマットなどと比較すると、処理効率が悪いことで知られています。また、レコードごとにスキーマを持つ非構造化データであるため、1ファイルに複数のJSONを記述する場合、ファイル内で複数のスキーマが存在することになります。そのため、集計などで利用される最終的な保存形式として、最適なフォーマットであるとはいえません。

しかし、これらのデメリットを上回るメリットとして、JSONは単純な文字列で可読性が高く、データ構造の柔軟性からデータ変換が容易であることも挙げられます。単純な文字列編集で型の変換や値の変更が可能であるため、現在も処理過程の中間データフォーマットとして広く利用されています。

Apache AVRO

AVROフォーマットはデータ処理におけるJSONの欠点を補っており、最大の相違点はバイナリフォーマットである点が挙げられます。また、類似するバイナリフォーマットには、Fluentdなどで使われているmsgpackやgRPCなどで使われるProtocol Buffersなどがあります。

---

1 https://www.json.org/

AVROのデータ形式は、ファイルの冒頭で一度だけスキーマを定義し、以降のデータにはスキーマを保持しません。そのため、ファイル単位でデータが構造化されており、データ処理に向いています。列を追加する場合でも、データのスキーマ部分のみを修正するだけでよく、フォーマットの変更にも容易に対応できます。

これらの特徴から、大規模データ処理基盤であるHadoopやApache Spark、Google BigQuery、ストリーミングデータ基盤のKafkaなど、ビッグデータ処理でよく利用されるフォーマットとなっています。また、データ構造で利用可能な型は、int、boolean、string、mapやlistだけではなく、enumやbyteなども用意されています。次のコードに、AVROのスキーマ定義例を示します。

コード2.3.2.1：AVROのスキーマ定義例

```
{
  "type": "record",
  "name": "LongList",
  "fields" : [
    // each element has a long
    {"name": "value", "type": "long"},
    // optional next element
    {"name": "next", "type": ["null", "LongList"]}
  ]
}
```

Apache ParquetとApache ORC

Apache Parquet[2]とApache ORC[3]は、バイナリフォーマットです。いずれのフォーマットも列指向（カラムナ）と呼ばれる特徴があります。行指向フォーマットはデータをレコード単位で持つのに対し、列指向フォーマットは列単位でデータを持ちます。列指向フォーマットは、必要なカラムのみに限定した抽出処理が可能で、対象外の列を読み込まないため高速に実行できます。ヘッダーやフッターにメタデータとしてスキーマ情報やレコード数などを持ち、ファイル内の不要なデータを読み飛ばせるため、高速な読み込み処理を実現できます。

そのため、Apache SparkやAmazon Athenaなどのビッグデータ処理基盤に適しているとされるフォーマットの1つです。また、一般的なデータプラットフォームでは、集計処理の対象となる最終的な保存形式として、もっとも利用されるフォーマットとなっています。

前述の通り、アプリケーションログやクライアントから連携されるデータなどは、その多くがCSVやJSONフォーマットで渡されます。これらのデータをETL処理で、Apache ParquetやApache ORCに変換した上で、データ集計などの処理に利用するデータフローがよく見られます。

---

2 https://parquet.apache.org/
3 https://orc.apache.org/

従来の列指向フォーマットは、ストリーミング処理の書き出しには列情報が確定しないため不向きとされていましたが、次に紹介するDelta Lakeなどの内部実装では、列情報を持つメタデータとApache Parquetを組み合わせることで、ストリーミング処理の内部実装でも利用されるようになっています。

Delta Lake

Delta Lake[4]は元々Databricks社が開発し、2019年にLinux Foundationプロジェクトとしてオープンソースで開発されるようになりました。前述のAVROやParquetとは異なり、Delta Lakeはファイルフォーマットではなく、Apache ParquetとJSONを利用したストレージの実装です。

データの本体はApache Parquetにより保存され、Auditログなどを保持するメタデータはJSONで保存されます。Apache Sparkからの書き込みと、Apache SparkやTrino（旧PrestoSQL）などからの読み込み、ScalaやPythonなどのプログラミング言語からの直接読み込みが可能です。

Delta Lakeは、データ更新時のコミットログをJSONファイルに書き込み、データ本体をParquetファイルで追加することで、ACIDトランザクションをサポートします。メタデータの保存先である`_delta_log`を削除すれば、Apache Parquetとしても利用できる柔軟なデータフォーマットです。

また、更新や削除、ACIDトランザクションがサポートされているため、UpdateやDeleteの実現とMerge文のサポート、バージョン管理や過去データの参照なども可能です。ほかの方法では、更新を続けるとファイルが増え続け、ファイルリードが遅くなりますが、Delta Lakeでは、checkpointファイルを設けて、それ以前のファイルを読み込まないようにしています。スキーマの自動マージ機能やストリーミングデータのサポート、不要データの自動削除（Vacuum）など、ETL処理で必要となる機能はおおよそ兼ね備えています。

後述のApache Icebergの開発者が創業したTabular社は、Apache Icebergをベースとしたマネージドサービスを提供していました。Delta Lakeの開発元Databricks社は、2024年6月にTabular社を買収し、Apache IcebergとDelta Lakeを連携して、将来的に相互運用を可能とするように取り組むと発表しています。また、Delta Lakeでは、同時にApache IcebergやApache Hudiなど他のフォーマットからDelta Lakeテーブルを読み取る、Delta Lake Universal Format（Uniform）と呼ばれる機能が実装されています。この通り、Delta Lakeの周辺では、複数の異なるファイルフォーマットを統一的に扱い、データプラットフォームの標準化やコモディティ化を進める取り組みが進んでいます。

Apache Hudi

Apache Hudi[5]は元々Uber社が開発し、Apache Foundationに寄贈されたオープンソースフレームワークです。前述のDelta Lakeと同じく、ファイルフォーマットではなくApache Parquetとメタデータファイルを利用したストレージを実装しています。Apache SparkとApache Flinkからの書き込みと、Apache Spark、Trino（旧PrestoSQL）やAmazon Athenaなどからの読み込みが可能です。

4　https://delta.io/
5　https://hudi.apache.org/

ワークロードによって更新速度を優先する「Merge on Read」と、読み込み速度を優先する「Copy On Write」のデータ処理方式が用意されています。検索、保存、更新などクエリ処理速度の性能特性が異なる処理ごとに、データ処理方式を選択でき、通常のテーブルデータ取得の他に更新されたデータだけを取得するクエリ方式の種類をサポートするなど高機能です。利用ケースとしては、リアルタイムに近いデータ処理、データ削除のサポート、ETLによる単一データの逐次更新が挙げられます。

Apache Sparkから利用する際は、Hudiと指定するだけでユーザーはそのフォーマットを意識しなくて済みます。Apache Sparkのエコシステムと統合され簡単に利用できるDelta Lakeに対して、Apache Hudiはよりストリーミング処理のワークロードに特化しています。ストリーミング処理は、検索性能特性やデータ即時性など、考慮が必要となる領域が広く、これらを便利に活用できるような工夫がされているといえます。

Apache Iceberg

Apache Iceberg[6]は元々Netflix社が開発し、Apache Foundationに寄贈されたオープンソースです。Delta LakeやApache Hudiと同じく、ファイルフォーマットではなく、Apache Parquetとメタデータファイルを利用したストレージの実装です。Apache SparkやApache Flink、Apache Hive、Trino(旧PrestoSQL)などから書き込みが可能です。

テーブルスキーマがメタデータを管理するため、追加や削除に加えカラム名の変更なども可能です。また、テーブルパーティションに関しても、直接ディレクトリを参照せずメタデータで管理しているため、パーティション構成の変更も可能です。加えて、Delta Lakeと同じく、過去データへのロールバックもメタデータのバージョンを変更するのみで容易に実行できます。

Apache Icebergの特徴として、メタデータにスキーマやパーティションの統計情報があるため、SQLエンジンのプランニングを高速に実行できます。また、同時書き込みに対しても楽観的ロックが導入されており、クラウドのオブジェクトストレージでの正しさを保証するよう設計されています。

2-3-3 データレイク

データレイクとは、その規模に関わらず、すべての構造化データと非構造化データを一元的に管理するストレージです。SSOT(Single Source of Truth)を実現する場合、データレイクに格納されているデータをその情報源として扱います。

データレイク上のデータをデータウェアハウスに転送し、ビジネスで使えるように新たなデータ形式を作成したり、可視化やアプリケーションで使用できるデータ形式に変換したりします。そのため、データレイクとして選択されるストレージには、信頼性の高い分散ストレージが必要です。

これまでデータレイク上にデータを保存する場合、原則的に追記だけに留め、更新や削除はおこなわな

---

[6] https://iceberg.apache.org/

いことが前提でしたが、近年はデータフォーマットの進化により、データレイク上に更新履歴を保持し、CRUD操作やスキーマ変更の自動追随が可能となるファイルフォーマットも登場しています。

これらの技術の登場により、Lakehouseプラットフォームと呼ばれる技術が実現可能となりました。Lakehouseプラットフォームとは、データウェアハウスやデータマートを利用せず、データレイクに直接データを入出力する技術です。本項では、データレイクで利用されるミドルウェアを紹介します。

Apache Spark

Apache Sparkは、「Unified engine for large-scale data analytics」をスローガンとする、オープンソースのデータ処理用ミドルウェアです。データレイクやデータウェアハウスなど、いずれも構築できる非常に汎用性の高いプロダクトで、Lakehouseアーキテクチャを支えます。

RDD（Resilient Distributed Dataset）と呼ばれるデータ構造を利用しており、データを扱うAPIとしてRDD、DataSet、DataFrameの3点が用意されています。また、DataFrameは、Spark SQLによるSQLが利用可能となため、より柔軟なデータ処理を実現できます。

従来、Apache SparkはHadoopと共に語られることが多かったのですが、必ずしもHadoop基盤を必要とせず、Kubernetesで動作する実装も存在します。オンプレミスで動作する場合は、Hadoop基盤であるYARN（Yet Another Resource Negotiator）などのクラスタリソース管理と、HDFSのような分散ストレージシステムが必要です。

クラウドサービスでは、AWS、Google Cloud、Azure、Databricksは、それぞれApache Sparkのホスティングサービスを提供しています。

PrestoとTrino

Prestoは、Meta社（旧Facebook社）が開発したオープンソースの分析SQLエンジンです。元々はFacebook社の「PrestoDB」として開発されていましたが、Facebookと同社を離職した元開発者による係争が発生し、元開発者のプロダクトは「PrestoSQL」に名称変更されました。この係争を解決すべく、2020年12月に元開発者のプロダクトであるPrestoSQLはTrinoに名称変更されています。

Trino（旧PrestoSQL）は、Amazon S3やHDFSなどのデータソースから集計できるSQLエンジンで、多種多様なファイルストレージやデータベースなどの入出力をオンメモリで高速に処理できます。HiveはMapReduceの計算途中にディスクに書き込む処理があるためレイテンシが大きくなりますが、Trino（旧PrestoSQL）はメモリ上で処理され、クエリ中の各ステージをパイプライン化してデータを処理する設計であるため、高速な実行が可能です。AWSのEMRやGoogle CloudのDataProcを使用して、クラウド上で動作可能です。ちなみに、AWSでは、フルマネージドなTrino（旧PrestoSQL）のサービスであるAmazon Athenaが提供されています。

Amazon Athena

Amazon Athenaは、Amazonが提供しているフルマネージドの分析SQLエンジンです。ストレージを持たず、コンピューティング機能しか持たないフルマネージドサービスになっています。ストレージは、AWS Glueのデータカタログを作成することで、任意のAmazon S3上に配置されたファイルを検索可能です。内部ではTrino（旧PrestoSQL）が利用されているためANSI SQL標準が利用できます。

2-3-4 データウェアハウス

データウェアハウスとは、大容量のデータを格納でき、さらにそれを分析するエンジンを搭載している分析基盤です。データレイクとの大きな違いは、分析エンジンであるSQLエンジンを搭載しており、格納と分析を可能とするデータ分析基盤であることです。
しかし、データを格納する際にテーブル構造を事前に定義して、格納時にどのような分析をするか想定したスキーマやテーブルを設計しておく必要があります。また、計算リソースが付属している点でデータレイクよりも高価となる場合がありますが、一度データウェアハウスにデータを投入してしまえば高速に検索でき、利用者としては便利に扱える製品が揃っています。

データウェアハウスを構築するオープンソース製品は多くありません。オンプレミスであればオンプレミス向けのデータウェアハウス製品を導入し、クラウドであればクラウドサービス各社が提供しているデータウェアハウスを利用することになります。
近年では、データウェアハウスという言葉自体が曖昧となっており、一部のサービスではSQLエンジンのみをデータウェアハウスと呼ぶサービスもあります。本項では、データウェアハウスの製品とその特徴を紹介しましょう。

Amazon Redshift

Amazon Redshiftは、AWSが提供しているフルマネージドのデータウェアハウス製品です。Amazon Redshiftを利用する際は、CPUやメモリ、ストレージなどの条件によるノードタイプを選択して、ノードを立ち上げる必要があります。ノードの種類には、DC2（第2世代高密度コンピュートノード）やRA3（第3世代）などがあります。
第2世代のDC2は、コンピューティングとストレージが一体化しているため、ストレージを増やすために課金対象のノードを増やす必要がありました。そこで登場した第3世代のRA3は、コンピューティングとストレージを個別に拡張でき、高いクエリのパフォーマンスを発揮するAQUA（Advanced Query Accelerator）や、保存されたデータ量に基づいて課金される課金形態のRedshiftマネージドストレージ（RMS）などを利用できます。

また、Amazon Redshiftの外部ストレージであるAmazon S3上のファイルに対して直接クエリを実行できる、Redshift Spectrumと呼ばれる機能があります。内部的にはAmazon Athenaの機能を利用しており、Athena上のデータと結合や集約が可能です。

2022年に登場したAmazon Redshift Serverlessでは、コンピューティング性能ごとの利用時間に応じて料金が発生する機能がリリースされています。DC2とRA3は起動しているノードごとに課金されるため、利用頻度が少なくともアイドルタイムが課金対象ですが、Amazon Redshift Serverlessを利用すると、ワークロードに基づいて自動的にスケールアップとスケールダウンするため、夜間バッチなどの常時起動が必要ないワークロードのコスト最適化に有効です。

Amazon Redshiftの開発は活発で新機能の更新頻度が高いため、ワークロードをより最適なものに合わせていくとよいでしょう。

Google BigQuery

Google BigQueryはGoogle Cloudが提供するフルマネージドの分析データウェアハウスです。もともとGoogle社内で利用されていたもので、クラウドのデータウェアハウスとしては最初期に登場したサービスです。

データ処理を非常に高速に実行できることが特徴で、ペタバイト規模のデータをANSI SQL標準で高速に検索できます。また、BigQuery MLと呼ばれる機械学習モデルの構築や運用、BigQuery GISと呼ばれる位置情報分析機能など、機能拡充が進んでいます。

Snowflake

Snowflakeは、クラウド上で起動するデータウェアハウス製品です。Snowflakeが管理するストレージにデータを投入し、マシンパワーごとに利用料金が設定された仮想データウェアハウスと呼ばれるコンピュートリソースを起動してクエリが処理されます。

Amazon S3などのファイルストレージから定期的にデータを投入する、Snowpipeと呼ばれる機能が提供されています。また、データ取得にはSQLの他に、Snowparkと呼ばれるApache Sparkに類似する文法で取得できる方法が提供されています。

また、Unistoreと呼ばれるOLTP[7]とOLAP[8]を同時に満たす機能があります。従来のデータプラットフォームでは、OLTP（MySQLなど）とOLAP（BigQueryなど）が個別に構築され、データが重複するサイロ化が発生する構造で問題視されていました。そこで登場したUnistoreは、データウェアハウスとデータベースを統合して、データベースからデータプラットフォームへのETL処理が不要となる可能性のある興味深いアプローチです。データのサイロ化防止のためにトランザクションシステムと分析システムを統合すれば、アーキテクチャ全体の簡素化が期待されます。

7　OLTP：Online Transaction Processing＝オンライントランザクション処理
8　OLAP：Online Analytical Processing＝オンライン分析処理

Treasure Data

Treasure Dataは、クラウド上で起動するフルマネージドのデータウェアハウス製品です。数多くの外部ツールとの連携機能、機械学習などのデータ分析や企業間のデータ連携機能など、さまざまなデータ活用を可能とするサービスです。

事前に契約したコンピューティングとデータ量に準ずる課金体系で、FluentdやEmbulk、Apache Spark、APIなどからデータを投入してクエリを処理します。Webコンソール上ではPrestoとHiveが利用でき、BIツールと接続してSQLによる分析が容易です。また、Apache Sparkのプラグイン「td-spark[9]」が提供されており、データの入出力が高速であることも特徴の1つです。

近年のTreasure Data社は、カスタマーデータプラットフォーム（CDP）のリーディングカンパニーとして、Snowflakeとの連携を発表するなど、データウェアハウス単独での利用は少なくなっています。

Apache Hive

Apache HiveはFacebookが開発したオープンソースの分析SQLエンジンです。

従来のHadoopはMapReduceの分析処理をJavaで実装する必要がありましたが、HiveはSQLライクなHiveQLと呼ばれるクエリ言語を記述してMapReduceを実行する計算エンジンです。HiveはMapReduceを置き換えるDSLとしてHiveQLを利用できるため、Hadoopのエコシステムの中で人気を得て大きな地位を占めています。

その一方、MapReduceは処理中のファイルを書き出してメモリに乗り切らない量のデータを一度に処理できるため、処理時間が数分から数時間程度のバッチ処理に利用されていますが、最近では、近年安価に大量のメモリが利用可能になったので、バッチ処理もTrino（旧PrestoSQL）やApache Sparkのようなオンメモリ型の分散計算エンジンに置き換えられています。

ElasticsearchとOpenSearch

ElasticsearchはElastic社が開発したNoSQLの全文検索エンジンです。Elasticsearchをデータウェアハウスとして分類できるかは微妙かもしれませんが、ログ分析やテキスト検索、ビジネス分析などの幅広い分野で利用されているため、本書ではデータウェアハウスとして分類します。

Elastic社が提供するElasticsearch周辺のエコシステムは、全文検索エンジンのElasticsearch、ログ転送のLogstash、可視化ツールのKibanaの頭文字から、ELKスタックと呼ばれる構成を取ります。ただし、日本国内においては、ログ転送のLogstashの代わりにFluentdが利用されるケースが多いです。ElasticsearchはApache Luceneを基盤として構築されており、インデックス（索引）やトークナイズ（単語分割）の仕組みもLuceneの仕組みを利用して構築されます。LuceneのAnalyzerはプラグイン形式なので、Elasticsearchも同じくプラグインでAnalyzerを拡張できます。

---

9 https://treasure-data.github.io/td-spark/

Elastic社は2021年2月の7.11リリース時に、改良点やバグ修正などについて、Amazonからのコミュニティへの還元が少なかったことなどを理由に、ライセンスをElastic License v2（ELv2）およびServer Side Public License（SSPL）に変更しました。このライセンス変更に伴い、AmazonはElastic社とコラボレーションをしない限りElasticsearchを利用できなくなり、AWSはOpenSearchと呼ばれるプロダクトを公開しています。OpenSearchは、ElasticsearchとKibanaのバージョン7.10.2からのフォークであり、ElasticsearchがOpenSearch、KibanaがOpenSearch Dashboardsとリブランドされています。

この際、AmazonはElastic社が公開するElasticsearchは、オープンソースコードとプロプライエタリコードが混在し、サポートが困難であることを公開の理由としています。また、Elastic社は、ElasticsearchとOpenSearchの比較は有意義ではないとしつつも、OpenSeachの多くの機能はElastic社が投資し発展させた機能であると強調しています。

なお、2024年8月、Elastic社はAGPL（GNU Affero General Public License）を追加すると発表し、Elasticsearchをあらためてオープンソースとしています。前述のELv2とSSPLへのライセンス変更から3年間の歳月を経て、Amazonとのパートナーシップが強化されたことを理由としています。

クラウドベンダーのOSS戦略は、前述のPresto（Trino）と同様に企業活動の状況に大きく左右されるため、ElasticsearchやOpenSearchも動向を見極める必要があるでしょう。

2-3-5 データマート

データマートは、各部署単位のニーズに合わせたデータ分析基盤です。集約済みの分析データだけを格納するため、比較的少量のデータとなります。集計済みのデータをデータマートに格納して、より短いレイテンシでの応答が求められるケースで構築されます。一般的には、PostgreSQLなどのRDBMSによってデータマートを構築します。

データマートには、主に以下の2点があります。

- 独立型データマート：アプリケーションから直接データをロードするデータベース
- 従属型データマート：データウェアハウスからデータをロードするデータベース

データウェアハウスが作られていない組織などでは、各部署が独自にデータストアを作ることで、独立型データマートが乱立します。データウェアハウスに比べデータマートは規模が小さく設計も容易であるため、初期フェーズなどはこの設計を選択される場合があります。

独立型データマートは組織ごとに乱立することや、データマートに格納できるデータ量や処理性能などのスケーラビリティに欠くことが問題となります。したがって、データウェアハウスを構築した上で、従属型データマートに移行するのが理想的といえるでしょう。

2-4
データ処理とデータ可視化

データプラットフォームを構築するミドルウェアは、前節までで取り上げたもの以外にも、さまざまなミドルウェアが存在します。データプラットフォームにデータを格納するための処理としてのETLやELT、ジョブスケジューラなどは、データプラットフォームの処理に必要不可欠なミドルウェアです。また、格納されたデータを可視化するためのBIツールや、データプラットフォームを支援するツールなど、幅広いミドルウェアが存在します。

本節では、データ処理とデータ可視化を支援するミドルウェアを紹介します。

2-4-1 データ処理を支援するミドルウェア

データプラットフォームのデータ処理には、大別するとETL処理とELT処理と呼ばれる処理方式があります。ETL処理は、Extract（抽出）、Transform（変換）、Load（格納）の頭文字で、抽出→変換→格納の順番に処理する方式です。また、ELT処理は、Transform（変換）、Load（格納）を逆にした処理で、データプラットフォーム後に処理する方式です。

本節では、ETL処理やELT処理で利用される代表的なツールやミドルウェア、それらを制御するジョブスケジューラを紹介します。なお、ETL処理やELT処理の具体的な実装方法は、「Chapter 4 データ変換・転送 バッチ編」で解説します。

ETL処理

ETL処理とは、Extract（抽出）、Transform（変換）、Load（格納）のフェーズごとに分けて、データウェアハウスやデータレイクにデータを格納する処理方式です。

表2.4.1.1：ETLの各ステージ

ステージ	処理内容
Extract	データベースやストレージなど外部の情報源からデータを抽出する
Transform	抽出したデータを情報や知識に転換する上で変換・加工する
Load	変換・加工済みのデータを最終的なターゲットに格納する

ETL処理をサポートするツールは数多くありますが、本項では代表的な3点を取り上げます。

Apache Spark

「2-3-3 データレイク」でも紹介しているApache Spark[1]は、ETL処理でも利用されます。

たとえば、データレイクのデータがJSON形式で、検索性能の向上を目的にParquet形式などの列指向フォーマットに変換するケースなどで利用されます。入力データをSQLでDataFrame化しながらETL処理を組めるため、複雑なETL処理でも比較的容易に実装できます。

複雑なETL処理でデータ品質を保証するために重要となる、テストツールやテスト手段も提供されています。たとえば、Apache Sparkにビルトインされているspark-testing-baseはユニットテストの記載を可能とするモジュールです。また、PySparkを利用するとApache SparkのDataFrameをPandasのDataFrameに変換できるため、Pandasのテストツールであるpandas.testingの利用も可能です。

近年ではクラウドサービスの発展によりメモリが低コストになったため、テラバイトクラスのETL処理でも容易に実装できます。

AWS Glue

AWS Glue[2]はAWSのマネージドETLサービスで、内部ではApache Sparkも利用されています。AWS Glueは非常に高機能で、ETL処理だけでなく次の項目も可能です。

- フルマネージドなApache Sparkで大容量データを処理するジョブが実行可能
- データベース定義、テーブル定義であるHiveメタストアと互換性のあるGlueデータカタログを管理可能
- データソースであるAmazon S3やJDBC接続可能なRDBMSなどをクロールして、Glueデータカタログを更新するクローラーを設定可能
- 開発エンドポイントを作成し、SageMakerやZeppelinのノートブックから利用する開発環境を作成可能

分析、機械学習、アプリケーション開発のためのデータ検出、準備、結合など、AWS Glueは高機能かつ多機能なので、フルマネージドなApache Sparkであると考えると理解しやすいでしょう。

Embulk

Embulk[3]はオープンソースでメンテナンスされているバルクローダと呼ばれるツールです。ETL処理の中でもデータベースなどへのロード処理では、エラーハンドリング、失敗した際のリトライ処理、データの読込や書き込みなど、類似の処理が頻出します。

Embulkには典型的な処理はプラグイン形式で用意されており、利用者はプラグインの定義体を記

---

1 https://spark.apache.org/
2 https://aws.amazon.com/jp/glue/
3 https://www.embulk.org/

述して使用します。プラグインは、インプット、アウトプット、パースなどの部分が提供されて、それぞれを組み合わせて利用できます。

また、Embulkを利用したデータプラットフォームへのデータ投入に特化したTROCCO[4]と呼ばれるサービスも登場しています。TROCCOは、EmbulkのサーバやE義体を記述せずWebの管理画面で定義できるため、日本国内では採用される事例が増えています。EmbulkによるETL処理の詳細は、「4-4-4 Embulkを利用したETL処理」で解説します。

ELT処理

ELT処理とは、データウェアハウスにデータを格納し、データウェアハウス上でデータ変換処理を実行して最終的に必要となるデータを得る処理方式です。データ変換処理は、主にSQLが利用されます。

ELT処理はその仕組み上、自然言語や画像などの非構造化データや、JSONやCSVなどのスキーマ情報が複雑化している半構造化データを、構造化データとなるテーブルデータに変換する前処理が必要です。すなわち、Apache SparkやEmbulkなどのミドルウェアでETL処理を実施し、構造化データに変換する必要があります。

ちなみに、近年のデータウェアハウスは、JSONなどで表現できる多次元構造である半構造化データへのSQLクエリをサポートしますが、画像などのバイナリや自然言語などの非構造化データの検索をサポートしているものはありません。

ELT処理が優れているのは、データウェアハウスに投入すると、標準機能としてサポートされている高速なSQLクエリの実行やジョブスケジューラによる処理が可能となり、手軽にデータ処理が実行できる点です。その反面、データウェアハウスはSQL準拠のクエリ言語以外をサポートしていない場合が多いです。SQLはクエリの単体テストが難しく、データ品質が問題となる場合があります。

ELT処理は良くも悪くもデータウェアハウス製品の機能に左右されるアーキテクチャで、ELT処理をサポートするツールは多くありません。ここでは代表的なdbt(data build tool)とAirbyteを紹介します。

dbt (data build tool)

ELT処理特有のSQLに起因する問題が叫ばれる中で、ELT処理のデータ品質を解決するdbt (data build tool) と呼ばれるツールが登場しています。OSS版はCLIで基本機能となるdbt Core[5]が提供されています。また、クラウド版はOSS版の機能に加え、Web管理画面やデプロイなどの機能が追加されたdbt Cloud[6]が提供されます。

dbtは、SQL文をモデルと呼ばれる構造に分解してコーディングし、各モデルのロジックのテストやドキュメント生成を可能とします。dbt Coreは、一般的なSQLのwith句中で記載されるViewなどのコードをモデルとして切り出し、各モデルを組み合わせて実行するSQLにコンパイルする仕組みです。

4　https://trocco.io/
5　https://github.com/dbt-labs/dbt-core
6　https://www.getdbt.com/

この仕組みは、コンパイラによるSQL文法の正確性、モデルの再利用化、単体テストの実行、ドキュメント生成など、従来のSQLに起因する多くの問題を解消してくれます。

dbtは、Google BigQueryやSnowflake、Databricks SQL Warehouse、Amazon Redshiftなどの主要なデータウェアハウス製品をサポートしています。ELT処理中でデータ品質や生産性などに課題がある場合は、dbtの利用を検討してみましょう。

Airbyte

2020年に公開されたAirbyte[7]は、データパイプライン作成に特化したデータ転送ツールで、オープンソースで提供されています。公式ブログ[8]によると、AirbyteはExtract・Load用のツールであるとしています。GitHubで開発されており[9]、コネクタ数が350以上と多く、コネクタの開発も活発です。Dockerで起動するWebコンソールを通じて、コネクタの設定や実行管理に加え、dbtとの連携やスケジューリングも可能です。

コミュニティが活発で、新しいコネクタや機能追加が積極的におこなわれています。ただし、コア部分がElastic License v2（ELv2）でライセンスされており、製品をマネージドサービスとして他者に提供することは禁止されているため注意が必要です。

Airbyteは柔軟性や拡張性を備えたツールであり、多数のデータソースとの入出力をサポートしています。ELT処理の場合は、dbtとAirbyteの組み合わせを検討するとよいでしょう。

ジョブスケジューラ

ジョブスケジューラは、ETL処理やELT処理の実行を制御するツールです。ジョブスケジューラの登場以前は、crontabの定期実行機能で制御する場合が多く、実行中や実行済みのジョブが一覧で分からないなどの問題がありました。

現在幅広く利用されるジョブスケジューラの多くは、ジョブ間の依存関係をDAG（有向非巡回グラフ）で実行制御する設計となっています。DAGスケジューラとは、開始点から無限ループなどを起こさずに、必ず終了点が存在する処理系です。一般的なプログラミング言語の場合は、無限ループ処理などで終了点の存在しないコードも実装できます。

DAGによるジョブの制御は、再処理しても同じ結果を得る冪等性の保証や再実行の容易さなど、数多くの恩恵があります。近年開発されているジョブスケジューラの多くはDAGを強制する実装となるように設計されています。ジョブスケジューラは数多くありますが、代表的なツールを紹介しましょう。

Jenkins

Jenkins[10]は、CI/CD（継続的インテグレーション/継続的デリバリ）を実現するオープンソースのツールです。CI/CDツールとして開発されたものですが、データパイプラインのジョブ管理も可能であるため、ジョブ管理ツールとしても利用されるようになりました。開発当初はDAG（有向非

7　https://airbyte.com/
8　https://airbyte.com/blog/why-the-future-of-etl-is-not-elt-but-el
9　https://github.com/airbytehq/airbyte
10　https://www.jenkins.io/

巡回グラフ）を表現できるミドルウェアが少なく、CI/CDのユースケースを応用したジョブの依存関係を構築できたためです。

しかし、近年ではWeb画面を前提とする複雑な依存関係のメンテナンスコストが高く、Pythonなどのプログラミング言語や定義ファイルでDAGを構築できるタイプのジョブスケジューラへの移行が進んでいます。

なお、複雑化する依存関係を解決できるJenkins Blue Oceanの登場で、データ処理のパイプライン構築も容易になっていますが、JenkinsはCI/CDを目的として開発されたミドルウェアのため、原則的にはビルドやデプロイなどのCI/CD用として利用するのが適切といえます。

Rundeck

Rundeck[11]は、PageDuty社が提供するオープンソースのジョブスケジューラです。Unix系OSに搭載されているcronと同様に一定間隔での起動や起動時刻の指定が可能で、crontabコマンドでは分かりづらいジョブの管理や操作が可能です。

シンプルなUIが特徴で、ジョブの実行順序となる依存関係の定義や実行証跡のログ可視化など、ジョブスケジューラに必要な機能が揃っています。Webコンソール上でシェルスクリプトを記述できるほか、ローカルやAmazon S3上に保存されているシェルスクリプトも実行できます。また、複数のサーバからなるRundeck Clusterを組んだり、所定ノードで繰り返し処理を実行したりするなどの定義も可能です。

ジョブ定義はRundeckからImport/Export用の定義ファイルを生成できます。しかし、Rundeckは基本的にGUI操作での作成を前提に設計されており、定義ファイルのコードルールは難解なフォーマットとなっています。

Digdag

Digdag[12]はTreasure Data社が開発したオープンソースのワークフローエンジンです。DAG（有向非巡回グラフ）となるワークフローを定義体で記述する目的で開発されたものです。

YAMLをベースとしたdigファイルで記述すると、自動的にジョブの依存関係がDAGとなるように設計されています。ジョブの依存関係を細かく制御でき、オペレータと呼ばれる実行処理を記述して、各ワークフローの処理やリトライ、エラーハンドリングを制御できます。

標準のオペレータには、digファイルを実行する`call`や、Treasure DataにSQLを発行する`td`、Amazon RedshiftにSQLを発行する`redshift`などが用意されています。プラグインによる拡張にも対応しているため、独自のオペレータを開発でき、容易に拡張できる点も特徴の1つです。

Apache Airflow

Apache Airflow[13]は、Airbnbが開発したオープンソースのワークフローエンジンです。前述のDigdagと同様、ジョブの依存関係はDAG構造であり、PythonでDAGの定義を実装して、所定の

---

11 https://www.rundeck.com/open-source
12 https://digdag.io/
13 https://airflow.apache.org/

ディレクトリに配置することで動作します。

数多くのオペレータが用意されており、Pythonのコードを実行するPythonOperator、Bashを実行するBashOperator、AWSやGoogle Cloudなどを操作するオペレータやSlack通知を実行するオペレータなど、多彩な処理をサポートしています。

Airflowのフルマネージドサービスは、AWSではMWAA（Amazon Managed Workflows for Apache Airflow）、Google CloudではCloud Composerという製品名でそれぞれ提供されています。各クラウドサービスが提供するAmazon S3やGoogle Cloud Stroageなどのストレージに定義ファイルを保存するだけで、ジョブ定義のCI/CDを容易に構築できます。

ストリーミング処理

アクセスログやインフラメトリクスなど、終端のないデータをストリーミングデータといいます。このストリーミングデータをストリーミングデータのまま処理することをストリーミング処理といいます。ストリーミング処理に対応したミドルウェアやプラットフォームは数多くありますが、代表的なものを紹介しましょう。

Spark Structured Streaming

Apache Sparkはバッチだけでなくストリーミング処理にも対応しています。Apache Sparkのストリーミング処理エンジンであるSpark Structured Streamingは、Sparkのバッチ処理エンジンに近いAPIを用いて、ストリーミングデータを処理できます。

Spark Structured Streaingを用いたストリーミング処理は、「5-5 大規模ストリーミングアーキテクチャ」で取り上げます。

Apache Flink

Apache Flinkは、Apache Sparkと同じく代表的なストリーミングデータに対応した分散データ処理基盤の1つで、Apache Sparkとよく比較検討されるサービスです。

Apache Sparkがバッチ処理からストリーミングへと拡張しているのに対して、Apache Flinkは最初からストリーミングデータのサポートを前提に開発されています。そのため、以前はストリーミングデータ処理ではApache Sparkよりも優位といわれてきましたが、現在はSpark Structured Streamingも機能が充実し、パフォーマンス改善が進んでいるため、状況に応じて使い分けられています。

また、Apache Flinkは、Google Cloud DataflowやKinesis Data Analyticsなどクラウドサービスのストリーミングデータ処理基盤でもサポートされています。すなわち、オンプレミス環境で開発したApache Flinkのジョブを、そのままクラウドサービスに移行できます。

こういった柔軟性も、Apache FlinkとSpark Structured Streamingのどちらを採用すべきか検討する際は考慮すべきでしょう。

Amazon Managed Service for Apache Flink

Amazon Managed Service for Apache Flink（旧：Kinesis Data Analytics）は、AWSが提供するフルマネージドストリーミングデータ分散処理基盤です。Apache Beamとの連携に加え、Java、Scala、SQLのいずれかを利用したストリーミングデータ処理システムを構築できます。

Amazon Manged Serviceであるため、他のAWSのサービスとの親和性が高く、Kinesis Data StreamsやAmazon Data Firehoseからデータパイプラインを容易に構築できます。さらに、フルマネージドサービスのため、クラスタ管理やスケールアウトなどの運用管理が不要です。実行時に必要なリソースを自動的に割り当て、使用した分だけ課金されます。

Apache Beam

Apache Beamは、2014年にGoogleが公開し、2016年にApache Software Foundationに寄付された、バッチとストリーム両方の分散処理を定義するフレームワークです。Batchの「B」とStreamの「eam」を合体させて「Beam」と命名されています。

Spark Structured StreamingやApache Flinkは分散データ処理基盤ですが、Apache Beamは実行環境に依存しないストリーミングデータ処理フレームワークです。
Apache Beamで定義されたプログラムは、Spark Structured StreamingやApache Flinkなどの分散データ処理基盤上で動作します。Google Cloud Dataflowでは標準プログラミングモデルとして採用されており、Google Cloud Platform上でデータプラットフォームを構築する際はよく利用されています。

Google Cloud Dataflow

Google Cloud Dataflowは、GCPが提供するフルマネージドデータ処理基盤です。Apache Flinkの実行環境としても利用できますが、標準ではApache Beamを用いたプログラミングモデルを採用しています。

Google Cloud Dataflowは、Google Cloud Dataprocと比較されます。Google Cloud DataprocがApache SparkおよびApache Hadoopクラスタを効率よく利用するためのサービスであるのに対し、Google Cloud Dataflowはサーバレスなストリーミングデータの実行環境です。既にApache SparkやHadoopの資産があったり、詳細なクラスタ設定を指定したいケースではGoogle Cloud Dataprocを利用し、それ以外ではGoogle Cloud Dataflowを利用するといった使い分けをするとよいでしょう。

2-4-2 データ可視化を支援するミドルウェア

データ可視化の目的は、ビジネス状況の理解を補助することです。データ可視化ツールを利用すれば、複雑なデータや情報を視覚的な表現でより理解しやすくなり、データのパターンや傾向を容易に把握でき、外れ値などイレギュラーなデータを迅速に発見可能になります。
DIKWモデルの各領域に対応する可視化の目的と可視化ツールを取り上げますが、本項では、Knowledge以下の領域で利用されるツールに限定して紹介します。

表2.4.2.1：可視化ツールとDIKWモデル

対象領域	可視化の目的	可視化ツール
Data領域	生ログの出力確認など	SQLエンジンのコンソールやBIツール
Information領域	中間テーブルの出力確認など	BIツール
Knowledge領域	ビジネス上の価値となる効果の確認など	BIツール、Excel、Googleスプレッドシートなど
Wisdom領域	ビジネスの将来的な可能性を示す展望の確認など	Googleスライドなどプレゼンテーションツール

DIKWモデルのWisdom領域は可視化ツールだけでは表現が難しい領域です。Wisdom領域とは「将来の可能性への模索」であり、データから考えられる洞察などの情報が該当し、人の頭で考える知恵を要する領域です。したがって、この領域はプレゼンテーションツールなどで表現された図や表、そこに対する考察が該当します。

可視化ツールのデータ取得方式

データ可視化ツールのデータ取得方式を大別すると、SQLで記述するもの、独自言語で記述するもの、表計算ソフトのようにデータ操作するものの3種類があります。

SQLで記述する可視化ツール

SQLで記述する可視化ツールとは、可視化ツール上でSQLを実装してデータ取得する方式のデータ可視化ツールで、RedashやMetabaseなどが該当します。データ分析用のSQLは、Window関数や集計関数など、データ分析に必要となる関数はひととおり揃っています。また、学習コストが低く容易に習得できるため、エンジニア以外の職種でも利用されるようになってきています。

独自言語で記述する可視化ツール

可視化ツール上でSQL以外の独自言語で実装して、データを取得する方式のツールで、LookerやKibanaなどが該当します。SQLのように幅広く利用されているデータベース言語ではないため、学習コストが必要となります。エンジニアなどSQLに慣れ親しんでいる利用者は、SQLを記述する可視化ツールの方が開発効率が高いと感じることもあります。

表計算ソフトのようにデータ操作する可視化ツール

「表計算ソフトのようにデータ操作」とは、Microsoft ExcelやGoogleスプレッドシートに代表される表計算ソフトと同様な操作感でデータ取得する方式をとるデータ可視化ツールです。表計算ソフトはビジネスのあらゆるシーンで利用されており、データ分析にも利用されます。

データプラットフォーム内のデータを表計算ソフトのように操作できるため、表計算ソフトに慣れ親しんでいる利用者にとっては学習コストが低く利用できる特徴があります。

現在、幅広く利用されるデータ可視化ツールはこれらのいずれか、あるいは複数の特徴を併せ持つことが多く、利用者のニーズに合った可視化ツールを選択する必要があります。たとえば、Redashの場合は、SQLによるデータ取得だけでなく、Pythonによるデータ取得、Elasticsearchなど独自のクエリ言語によるデータ取得も可能です。また、可視化ツールで要件を満たせない場合、DashやStreamlitなど、データレンダリング用のWebアプリケーションフレームワークを利用し、独自の可視化ツールの開発を検討するケースもあります。

いずれの可視化ツールを利用する場合でも、単純なパラメータの指定だけで必要データが取得できるダッシュボードを提供して、データプラットフォームの利用促進を促すことが重要です。

可視化ツール

データ可視化ツールは、データを収集、整理、分析して、ビジネス上の意思決定をサポートするための可視化やレポートを提供するソフトウェアです。代表的なデータ可視化ツールを紹介しましょう。

Redash

Redashは、各種データソースに接続してSQLやNoSQLを用いて分析するオープンソースのデータ可視化ツールです。2020年にDatabricks社に買収されましたが、オープンソースとしての開発は継続されており、必要に応じてセルフホスティングが可能です。データサイエンティストやデータアナリストが必要とするデータの可視化をサポートします。

データソースに関して幅広く対応しており、SQLやNoSQLを実行できるデータソースが62種類で(本書執筆時)、たとえば、Amazon Athena、Amazon Redshift、Google BigQuery、Elasticsearch、Databricks、Treasure Data、Google Analyticsなど主要なデータソースをサポートしています。データソース接続モジュールは実装難度が低いため、新しいデータソースへの対応も比較的容易です。

可視化できるグラフは多岐にわたり、Table(表)、Chart(グラフ:Line=線グラフ、Bar=棒グラフ、Area=エリアグラフ、Pie=円グラフ、Scatter=散布図)、Map(地図)、Counter(カウンタ)、Pivot Table(ピボットテーブル)など、さまざまな形式で描画できます。

データソースへのクエリ同時実行数制限や役割に応じたサーバの分散化(Server、scheduler、scheduled_worker、adhock_worker)などが用意されているため、高負荷な環境でも安全に動作するように設計されています。メタデータはPostgreSQLに保存され、メタデータのクエリによっ

て、スローログや編集履歴などのダッシュボードも作成できます。日本国内では数多くのユーザーが支持する人気のプロダクトです。

Metabase

Metabaseは、各種データソースに接続してSQLを用いて分析するオープンソースのデータ可視化ツールです。データソースはAmazon Athena、Amazon Redshift、Google BigQueryなどがサポートされています。Questionと呼ばれるデータ問い合わせの定義と、Answerと呼ばれる可視化の定義を組み合わせて、可視化を実現します。

描画できるのは、Chart（グラフ：Line＝線グラフ、Bar＝棒グラフ、Histograms＝ヒストグラム、Pie＝円グラフ、Area＝エリアグラフ、Combo＝コンボチャート、Scatter＝散布図）、その他にTable（表）やGauge（ゲージ）など多岐にわたり、さまざまな形式で出力できます。スタイリッシュなUIが特徴で、データの可視化まで直感的に操作できます。

SQLを利用せずに分析する機能が用意されており、画面操作で簡単なデータ抽出やグラフを描画できます。複雑なデータ取得が必要となる場合は、SQLによるデータの問い合わせも可能です。

また、Segment（フィルター定義）/ Metrics（集計結果）と呼ばれる機能を利用すると、事前に定義したフィルター条件を変更して探索的なデータ分析ができ、SQLに詳しくない利用者にも優しい設計です。

メタデータは、H2 Database、PostgreSQL、MySQLのいずれかに保存されます。H2 Databaseはインメモリデータベースのため実運用で採用されるケースはまずありませんが、H2 DatabaseからMySQLやPostgreSQLへのマイグレーションをサポートするなど、ミニマムスタートができるように作られています。また、プラグインを開発して、標準ではサポートされていないデータソースも利用できます。

日本国内では前述のRedashと人気を二分するプロダクトです。RedashとMetabaseのどちらを採用するかは、接続データソースの種類やクエリ言語を利用するのを避けたいかなどの状況に応じて判断するとよいでしょう。

KibanaとOpenSearch Dashboards

Kibanaは、Elastic社が開発しているオープンソースの可視化ツールです。ELKスタック[14]の1つでElasticsearchの可視化にフォーカスしている製品です。

ElasticsearchをKibanaから利用する場合、LuceneクエリもしくはKibanaクエリと呼ばれる独自言語を利用して検索を実行します。KibanaはElasticsearchを利用して、ログ分析、インフラのメトリクス、コンテナ監視、アプリケーションパフォーマンス監視、地理空間データ分析と可視化、セキュリティ分析、ビジネス分析などさまざまな可視化をサポートします。用語の出現頻度やデータの新しさ、閲覧回数の多さなど、Elasticsearchの検索機能を利用する場合は、有力な選択肢となります。

AWSでは、Amazon Elasticsearch Service中にKibanaがホスティングされていましたが、

---

[14] Elasitc社の主たる3製品（Elasticsearch、Logstash、Kibana）

2021年にElastic社が発表したライセンス変更により、Amazon Elasticsearch ServiceはAmazon OpenSearch Service（AOS）に名称が変更されました。AOSには、KibanaをフォークしたOpenSearch Dashboardsが内包されています。

Looker
Lookerはデータガバナンスを強化し、各部署に正確なデータ分析とビジネスインサイトの提供を目指しており、2020年にGoogleに買収された後はGoogle Cloudの一部として統合されています。LookerはLookMLと呼ばれる独自のクエリ言語を採用しており、コードの再利用や保守性の向上を前提に設計されています。具体的には、SQLの文法を部品化して、たとえば、カラム名やfrom、joinなどを個別のコードブロックとして抽象化できます。そのおかげで、一度作成したコードブロックは他のビューやモデルでも再利用が可能となり、開発効率が大きく向上します。

LookMLを利用すれば、設定パラメータを調整するだけでビジネスチームが必要とするデータを容易に取得でき、データ分析作業の効率が飛躍的に向上します。

Tableau
Tableauはプログラミングを必要としない、ドラッグ＆ドロップでインタラクティブなデータ分析をおこなえるツールです。下記の通り、用途別に複数の製品が提供されており、目的に応じて各ツールを利用する必要があります。

- Desktop：すべての分析機能を利用可能
- Public：JSONやExcelなどのファイル分析および管理画面での可視化
- Server：Tableau Desktopで分析したレポートを共有するサーバインストール製品
- Online：Tableau Desktopで分析したレポートを共有するSaaS、閲覧や可視化の用途
- Mobile：Tableau Server・Tableau Onlineへモバイルからアクセス可能
- Reader：Tableau Desktopで作成されたグラフなどをオフラインで閲覧
- Prep：データ分析しやすくするための整形ツール

Tableauが対応しているデータソースは、Amazon Athena、Amazon Redshift、Google BigQuery、Treasure Data（Trino）などのデータウェアハウス、JSONやExcelファイルなどのファイルデータに加え、Google Analyticsなどの分析サービスとも連携できます。

Googleスプレッドシート
Googleスプレッドシートは、Google社が提供しているオンライン編集可能な表計算ソフトで、Microsoft Excelに似たUIで操作できます。操作感や利用可能な関数はほとんどExcelと同じですが、内部処理はクラウド上で実行されるため、操作するコンピュータのスペックに依存しないのが特徴の1つです。複数ユーザー間で単一ファイルを共有でき、変更が閲覧者全員に即時反映されたり、API経由で機械的なデータ更新ができたりするなど、高機能なデータ可視化ツールです。

Googleアカウントで細かく権限を管理できるため、セキュリティ的にも安心です。Google BigQueryを使っている場合、集計結果をそのままスプレッドシートに反映させたり、スプレッドシートからGoogle BigQueryにアクセスしたりできます。

また、Google Apps Scriptと呼ばれる、JavaScriptベースの言語でマクロ処理を組み込めます。JavaScriptベースであるため、エンジニア以外の利用者でも比較的簡単に記述できることも強みです。また、Googleデータポータルを利用すると、Googleスプレッドシートで作成したデータとBigQueryなどを連携させたダッシュボードが作成できます。

ちなみに、標準で用意される関数である**IMPORTDATA**を利用すると、指定したURLのデータをCSV(カンマ区切り値)形式またはTSV(タブ区切り値)形式で読み込めます。この機能を利用して、CSVやJSONを返却するRedashなどのAPIと組み合わせた可視化は、ビジネスの現場では広く利用されています。

データプラットフォームと生成AI

2022年にOpenAI社が発表したChatGPTの登場から、大規模言語モデルの進化が加速しています。LLMは生成AIの一種で、自然言語による文書生成を実現する技術です。

たとえばGitHub Copilotは、AIによるコード生成を実現するためGitHub社とOpenAI社が共同で開発したプロダクトです。自然言語で記述されたコードコメントや前後のコード断片から、LLMによる自動補完が可能で、コーディング時の生産性向上に貢献しています。

また、2023年にDatabricks社は、生成AIの技術を用いてApache Sparkのデータフレームに、英語で記述された命令文でクエリ発行や可視化が可能なEnglish SDK[1]を発表しています。従来のデータ可視化では、BIツール上でSQLやPythonなどのプログラミング言語や可視化用の設定を記述することで可視化を実現していましたが、English SDKでは、以下のような英語による命令でデータフレームの可視化が可能です。

コード：English SDKによるデータ可視化

```
auto_df.ai.plot("pie chart for US sales market shares, show the top 5 brands
and the sum of others")
```

データプラットフォームを構成するプロダクトはさまざまですが、生成AIの進化により構築に掛かる工数の削減やデータ分析の効率化が期待できます。

---

1 https://pyspark.ai/

2-5 分散データ処理

データプラットフォームにおいて、ビッグデータを処理する分散データ処理基盤はもっとも重要な基幹技術です。分散データ処理基盤でバッチやストリーミングを用いたETL処理を実装する上で、アーキテクチャの理解は適切なデータ設計に必要な知識です。

一方、データの可視化やデータ転送などは単一の責務として担うことが多く、最低限の知識を有するだけで十分に実装できるケースも多いです。分散データ処理の理解が浅くとも容易に実装できるミドルウェアは、さまざまな種類の製品が登場していますが、深く理解しているほど、性能面や実装面で有利に働くことはいうまでもありません。

分散データ処理基盤はApache HadoopやApache Sparkをはじめ、Trino（旧PrestoSQL）やFlinkなどさまざまな製品があります。それぞれに利点や欠点があり、組織や要件に応じて使い分けるべきです。

本書では多くのユースケースに適合するApache Sparkを用いて解説しています。また、Apache Sparkを深く理解することは、データプラットフォーム構築の理解にも繋がります。Apache Sparkのアーキテクチャ概要と利用方法を紹介しましょう。

2-5-1 Apache Sparkのアーキテクチャ

Apache Sparkは、「Unified engine for large-scale data analytics」をスローガンに掲げる、ビッグデータを高速に分散処理するミドルウェアです。データをメモリ上で処理する設計を採択し、より高速に動作するため、多くの利用者に支持されています。まずは、Apache Sparkがどのように実行されているかアーキテクチャを見ていきましょう。

Apache Sparkは、Driver Program、Executor、Cluster Managerの3種類の主要コンポーネントで構成されます。各コンポーネントの機能概要は次の通りです。

Driver Program

Driver Programの役割は、起動指示（submit）されたプログラムの指示内容となるSpark Contextを作成して制御することです。実行プログラムからジョブの実行計画を立て、Cluster Managerに対してExecutorを要求します。その後、Executorからタスクの実効状況と実行結果の回収し、ドライバとしての役割を担います。

Executor

Executorはワーカーノードで動くプロセスで、タスクと呼ばれるジョブの最小単位を実行する計算リソースです。Cluster Managerの指示によりリソースが割り当てられます。また、リソースの割り当て後にDriver Programからの要求に基づき起動されます。

Cluster Manager

Cluster Managerは、Driver ProgramとExecutor間のやり取りを仲介し、Executorへのリソース管理を担います。主に次の3種類のリソース管理方法が提供されています。
- Standalone：Spark自体に内包、単一ノードで動かす際に利用されるリソースマネージャー
- YARN：　　　Hadoop2系から追加されたリソースマネージャー、分散環境での主流
- Kubernetes：次世代のリソースマネージャーとして期待されている

図2.5.1.1：Spark Architecture（公式サイト[1]から引用）

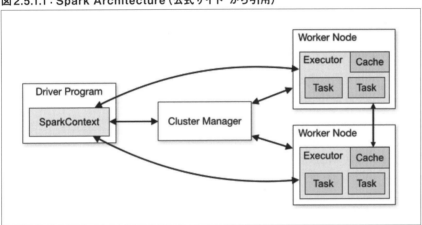

Apache SparkにジョブがSubmitされると、Driver Programが受け取りSpark Contextオブジェクトを作成します。Spark ContextはSparkクラスタへの接続を制御する重要なインスタンスで、Apache Sparkを操作するための入口です。その後、Driver ProgramがSubmitされた実行プログラムを解釈して、Cluster Managerに対してジョブの実行をリクエストします。

2-5-2 分散データセット

Apache Sparkでは、ユーザーが利用するAPIのデータ構造として、RDD、DataFrame、Datasetの3種類が提供されています。RDD（Resilient Distributed Datasets）はApache Sparkのための耐

---

[1] https://spark.apache.org/docs/3.5.0/cluster-overview.html

障害性を持つ分散データセットです。DataFrameはリレーショナルデータベースのように、各カラムに名前と型のメタ情報を持つ構造データで、静的型付けやラムダ関数などが利用可能です。RDDやDataFrameに変換可能なDatasetがあります。

RDD（Resilient Distributed Datasets）

RDDはApache Sparkのための耐障害性がある分散データセットです。後述のDatasetやDataFrameから利用される、Sparkでは最下層のデータセットで、型安全で一度生成されたら不変（イミュータブル）な並列処理が可能な配列です。近年はDatasetやDataFrameの機能拡充により、エンドユーザーがプログラミング上でRDDを直接利用するケースは少なくなってきています。

下記コード例に示す通り、SparkContextを用いて、配列をRDDに変換できます。

コード2.5.2.1：配列データのRDD化

```
val data = Array(1,2,3,4,5)
val rddData: org.apache.spark.rdd.RDD[Int] = sc.parallelize(data)
```

RDDに変換されたデータセットは分散環境で分割して保持するため、並列で計算処理可能です。
また、大量データが格納されているAmazon S3などから、テキストファイルなどを入力として利用することも可能です。

コード2.5.2.2：テキストファイルのRDD化

```
val data = sc.textFile("data.txt")
```

DataFrame

DataFrameは、リレーショナルデータベースのように各カラムに名前と型のメタ情報を持つ構造データです。ParquetやJSONなどの構造化データや半構造データが定義されたファイル、Hiveテーブル、外部データベースやRDDなど、さまざまなデータソースからDataFrameを構築できます。
DataFrame APIは、Scala、Java、PythonおよびRから使用できるため、実際のプログラミングコードに多く登場します。
次に示すコードは、配列化されたScalaのcase classからDataFrameを作成する例です。

コード2.5.2.3：DataFrame化（インスタンス）

```
case class User(id:Int, name: String)
val data = Seq(User(1, "Taro"), User(2,"Jiro"), User(3, "Saburo")).toDF
df.select("name").show()
```

```
// +------+
// |  name|
// +------+
// |  Taro|
// |  Jiro|
// |Saburo|
// +------+
```

また、ParquetやJSONなどのファイルを読み込む場合は、次の通りに記述します。読み込まれたデータはDataFrameとして取得されるため、case classを事前に用意する必要はありません。複数を指定する場合はアスタリスクでワイルドカード指定も可能です。

コード2.5.2.4：DataFrame化（ファイル読み込み）

```
val jsonDF = spark.read.json("s3://event_log/json/dt=20210101/event_1.json")
val parquetDF = spark.read.parquet("s3://event_log/parquet/dt=20210101/*")
```

DataFrameは、SparkSQLでSQLを利用したデータ取得が可能で、case classなどの事前定義は必要なく、容易なデータアクセスを可能とします。このデータアクセスの容易性から、Apache Sparkで実装されるコードの多くは、DataFrameとSparkSQLを組み合わせて実装されています。

Dataset

DatasetはSpark 1.6で追加された構造データで、静的型付け、Scalaのコレクション関数であるmap、flatMap、filterなどのラムダ関数が利用可能なインターフェイスを持ち、RDDやDataFrameへ変換できます。なお、PySparkはサポートされずPythonでは利用できません（本書執筆時）。

次に示すコード例では、Scalaのcase classを利用してDatasetを作成しています。

コード2.5.2.5：DataSet化（インスタンス）

```
case class User(id:Int, name: String)
val data = Seq(User(1, "Taro"), User(2,"Jiro"), User(3, "Saburo"))
val ds: org.apache.spark.sql.Dataset[User] = data.toDS
```

Datasetはオブジェクト指向言語との親和性や型安全から、プログラミングコードの記述が容易と考えられていましたが、ビッグデータの操作では必ずしも型安全がデータを扱いやすくするとは限りません。最近はデータアクセスの容易性からDataFrameが選択されるケースが多い状況です。

2-5-3 SparkSQL

SparkSQLは、DataFrameにSQLでのアクセスを可能にするインターフェイスです。Delta TableやRDBMSなどから生成されるDataFrameに対してSQLを実行可能で、低い学習コストでApache Sparkの分散処理を実装できます。
下記に、DataFrameからSpark SQLを利用して抽出するコード例を示します。

コード2.5.3.1：SparkSQLによるDataFrameのデータ取り出し

```
val data = Seq(User(1, "Taro"), User(2,"Jiro"), User(3, "Saburo")).toDF
df.createOrReplaceTempView("users")
spark.sql("select * from users").show()

// +---+------+
// | id|  name|
// +---+------+
// |  1|  Taro|
// |  2|  Jiro|
// |  3|Saburo|
// +---+------+
```

SparkSQLにはANSI SQL Standardに準拠するモードが搭載されており、Apache Spark上で一般的なSQLと同等にデータを抽出できます。また、ユーザー定義関数やWindow関数など集計処理もサポートされ、SQLによるデータ処理を高速に実行できる環境が整っています。
Apache Sparkのアーキテクチャと基本的なデータ操作を説明しましたが、Apache Sparkでは、DataFrameとSparkSQLの導入でデータ処理の容易性が向上しています。DataFrameのデータマネジメントを支える技術として、テストや運用においても重要な役割を果たします。なお、詳細は「Chapter 7 データマネジメントを支える技術」やApache Spark Documentation[2]を参照してください。

2-5-4 パフォーマンスチューニング

Apache Sparkは、複数のノードにデータを分散して、I/O、CPU、メモリなどのリソースを効率よく使い大量のデータを処理できます。しかし、分散コンピューティングによって大量のデータを効率的に処理できるとはいえ、パフォーマンスチューニングを意識しないと、想定以上に処理時間が掛かったり、場合によっては、メモリ不足（Out Of Memory）などリソースの限界に到達して処理が失敗することがあります。そのため、ある程度の大きなデータを処理する際は、パフォーマンスを考慮して適切なパラ

2　https://spark.apache.org/documentation.html

メタ設定やクエリを最適化する必要があります。

基本的にSparkのエンジンは自動的に最適化をおこないますが、すべてのジョブに対して最善のパフォーマンスを発揮するわけではありません。早すぎる最適化は諸悪の根源であり、特定のパターンで処理時間に膨大な時間が掛かるなど、パフォーマンス的な問題を引き起こす可能性があります。しかし、多くの場合ではSparkのエンジンによる自動的な最適化に任せるのがよいでしょう。本項では、最低限押さえるべき基本的な監視およびチューニング項目を説明します。

データパーティショニング

パフォーマンスを向上させるには、まずは処理対象のデータ量を減らすことが効果的です。たとえば、直近1カ月分のデータを集計したいときに、過去のユーザー行動情報すべてが含まれているテーブルを全件スキャンするのは非効率です。このようなケースでは、データを日付でパーティショニングすれば、スキャンするデータ量を減らせます。

もちろん、スキャンするデータ量を減らすために、闇雲にパーティショニングを実行するのは適切ではありません。ファイルの検索やオープンにも一定のオーバーヘッドが伴い、細かすぎるパーティショニングは逆にパフォーマンスを低下させる場合があります。理想的なパーティションサイズがどの程度かは、利用するプラットフォームやデータ特性によって変わりますが、いずれにしても、一定以上の大きさのパーティションを作成すれば、パフォーマンスを向上させられます。

パーティショニングは、実行時ではなくデータ設計時に設定するものです。データ設計はある程度データに対する専門性を持つエンジニアが担うのが望ましいです。データ利用に関しては、できる限り専門性がなくても利用できるようにすべきです。データ特性を十分に検討し、適切なパーティショニングによって、利用者がより高速にデータを利用できるようになります。ちなみに近年では、Databricksのリキッドクラスタリングなど、データパーティショニングとは異なる最適化手法も登場しています。

クラスタの最適化

ジョブの種類によって、処理するデータ量や必要なリソースは大きく変わります。もっとも単純なクラスタの最適化はオートスケールを有効にすることです。オートスケールを有効にすることで、Sparkは処理するデータ量や処理内容に応じて、自動的にクラスタのノード数を増減させます。ノードが増加すればそれだけデータの分散度が上がり、処理速度が向上しますが、当然それに伴いインフラコストも増加するため、コストパフォーマンスを考慮する必要があります。

また、ノード数だけではなくノードタイプも重要です。たとえば、読み込みコストが高い処理では、大量のメモリを搭載したノードを利用すれば、読み込みデータをキャッシュして処理を高速化できます。一方、機械学習など複雑な処理では、GPUノードやCPUコア数が多いノードを利用すると、処理速度が向上します。さらに、データの書き込みが多く発生する処理では、I/O性能が高いノードを利用すべきです。実行するジョブの種類に応じて最適なノードタイプを事前に選択すれば、パフォーマンス向上が期待できます。

しかし、処理を実際に実行してみると、リソースの利用状況が想定とは異なるケースもあります。たとえば、書き込み負荷がボトルネックになると想定してたジョブでも、実行してみるとメモリが不足し、スワップが発生してしまうケースがあります。こういったケースにできるだけ早く気付くためには、ノードのメトリクスを監視する必要があります。

上記の例では、メモリとCPU、I/Oの3つのメトリクスを監視し、想定とは異なるボトルネックが発生した場合、適切なノードタイプに変更しましょう。利用するライブラリやデータ特性などで検討すべきノードタイプは変わります。状況に応じて適切なノードタイプを選択しましょう。

クエリプラン

スキャンするデータ量とクラスタを最適化しても、実行時間が想定よりも長くなってしまうケースもあります。この場合、Sparkの実行エンジンが想定外の処理を実行している可能性があります。こういったケースに事前に気付くために、多くの分散データ処理基盤では、実際に処理を実行せずに、実行計画を確認する機能が搭載されています。この機能を利用して、実行されるクエリプランを確認すれば、どのようにデータが処理されているか分かります。

Apache Sparkでクエリプランを確認するには、`explain`関数を使います。Apache SparkにはLogical PlanとPhysical Planの2つの実行計画があり、どちらも`explain`関数で確認できます。Logical PlanはSparkエンジンがクエリをもとに作成するもので、実際にはデータを読み込みません。一方、Physical Planは実際に処理が実行された際に、データを読み込んだ上で最適化したものです。そのため、Logical PlanとPhysical Planで異なる結果になる可能性があります。

クエリプランを参考にパフォーマンスチューニングをおこなうためには、ある程度の専門知識が必要となります。Spark SQLクエリを作成するためのSQL知識だけでなく、実際にクエリがどのように実行されるのかを理解し、高精度のチューニングを実施するには専門的なデータエンジニアリング知識が必要です。そのため、データ民主化を推進するためには、データエンジニアがトラブルシューティングをおこない、クエリの最適化を手伝うのがよいでしょう。なお、もっともパフォーマンスへの影響が大きいと考えられるものの1つである、データ結合アルゴリズムに関しては次項で解説します。

2-5-5 データ結合

複数テーブルの結合はビッグデータ分析では基本的な処理です。SQLにおいてもJOINはよく利用され、バックエンドやデータエンジニアであれば一度は書いたことがあるクエリでしょう。しかし、特に大きなデータセットを扱うケースでは、データの結合処理はコストが非常に高い処理になります。

本項では一般的に利用される結合アルゴリズムの特徴や実装方法に、Apache Sparkを用いて解説しますが、紹介するアルゴリズムはApache Sparkで採用されている代表的なものであり、リレーショナルデータベースや他の分散データ処理基盤で採用されているアルゴリズムとは異なることがあります。

Broadcast Hash Join

Broadcast Hash Joinは、大きなデータセットと小さなデータセットを結合する際に利用される結合アルゴリズムです。小さい方のデータセットをすべてのワーカーノードに配布した上で、大きい方のデータセットを各ノードに分散し、各ノードでハッシュ結合を実行します。この結合アルゴリズムは、データが増加しても比較的安定したパフォーマンスが得られます。ただし、結合データがいずれも巨大な場合は、メモリ不足やネットワークトラフィックの増加などの理由で適さないケースがあります。

図2.5.5.1：Broadcast Hash Join

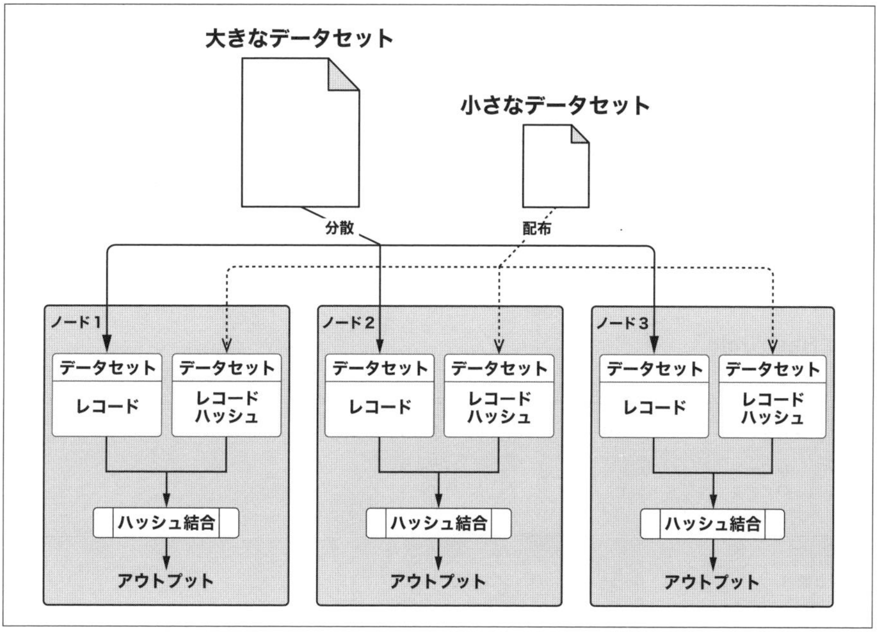

Broadcast Hash Joinが利用できる条件には、以下の3つがあります。

小さい方のデータセットが、各ノードのメモリに収まるサイズである

ブロードキャストするテーブルのデータが、各ノードのメモリに十分収まるサイズである必要があります。さらに、Apache SparkがBroadcast Hash Joinを選択するための閾値が設定されています。標準設定では10MB未満で選択されますが、最大で8GBまで利用可能です（本書執筆時）。

ハッシュ結合が可能である

ハッシュ結合は、結合キーをハッシュ値に変換し、ハッシュ値が一致するデータ同士を結合します。そのため、結合条件が等価条件である必要があります。文字列の部分一致や不等号などを用いて結合するケースでは利用できません。

Full Outer Joinではない

ハッシュ結合は片方のテーブルをハッシュ化し、もう一方のテーブルをスキャンしながら一致するデータを探すアルゴリズムです。Full Outer Joinの場合は両方のテーブルをスキャンする必要があるため、Broadcast Hash Joinは利用できません。

また、Broadcast Hash Joinは事前にすべてのノードに小さい方のデータセットを配布する必要があります。そのため、小さい方のデータセットが大きくなりすぎると、各ノードのメモリを圧迫してしまい、データの準備に時間が掛かりすぎるなど、パフォーマンスが悪化する可能性があります。

Shuffle Hash Join

Broadcast Hash Joinが利用できず、Shuffle Hash Joinが選択される場合があります。
Shuffle Hash Joinは、データセットをシャッフルして各ノードに分散した上で、各ノード上でハッシュ結合を実行します。シャッフルとは、データをハッシュ値に変換し、同じハッシュ値を持つデータを同じノードに集約する処理です。結合対象の両データセットの中で、同じハッシュ値を持つデータが同じノードに存在することが保証され、各ノードでハッシュ結合の実行が可能となります。

図2.5.5.2：Shuffle Hash Join

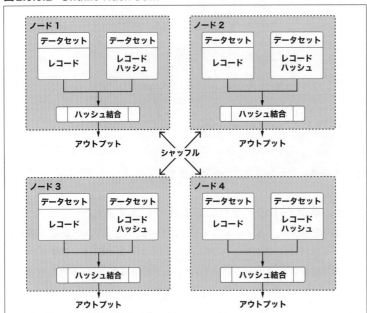

Shuffle Hash Joinが利用できる条件には、次の2つがあります。

ハッシュ結合が可能

ハッシュ結合は、結合キーをハッシュ値に変換し、ハッシュ値が一致するデータ同士を結合します。そのため、結合条件が等価条件である必要があります。文字列の部分一致や不等号などを用いて結合するケースでは利用できません。

Full Outer Joinではない

Shuffle Hash Joinもハッシュ結合のため、Broadcast Hash Joinと同じくFull Outer Joinは利用できません。

Shuffle Hash Joinはデータのシャッフル処理が必要になるため、Broadcast Hash Joinと比べて低速な結合方法となります。

Sort Merge Join

Sort Merge Joinは、まず両方のデータを結合キーでシャッフルし、同じ結合キーを持つデータを同じノードに集約させます。続いて、各ノード上でデータをソートし、ソートされたデータをマージします。すなわち、データをソートしてからマージによって結合するため、Sort Merge Joinと呼ばれます。
前述のBroadcast Hash JoinとShuffle Hash Joinは、いずれも片方のテーブルを完全にロードし、ハッシュ作成後に処理を開始します。そのため、両方のテーブルが非常に大きいと、処理の開始まで時間を要してしまいます。しかし、Sort Merge Joinはハッシュ化する必要がありません。そのため、両方のテーブルが非常に大きくとも、処理開始までの時間が短くなります。その代わり、事前に両方のテーブルを結合条件でソートする必要があります。
大きなデータセット同士を結合する際、Shuffle Hash JoinとSort Merge Joinのどちらを選択するかは、結合するテーブルが持つデータの特性によります。たとえば、定期的にテーブルを最適化し、ほとんどのデータが結合条件でソートされている場合は、事前のソート処理のコストが低いため、Sort Merge Joinの方が高速です。しかし、データがソートされておらず、結合する2つのテーブルサイズが大きく違う場合は、Shuffle Hash Joinの方が高速です。
事前に結合するデータの特性が判明している場合は、結合ヒントなどを利用してSparkエンジンに結合方法を指定して、最適な結合方法を選択させられます。

Sort Merge Joinが利用できる条件は次の1項目だけです。

等価条件での結合である

Sort Merge Joinは、最初に結合キーを用いてソートします。そのため、結合キーでのソートが可能であり、結合条件が等価条件である必要があります。文字列の部分一致や不等号などを用いて結合するケースでは利用できません。

Shuffle Hash JoinではFull Outer Joinを利用できませんが、Sort Merge Joinでは両方のテーブルをスキャンしながら結合するため、Full Outer Joinも利用可能です。

図2.5.5.3：Sort Merge Join

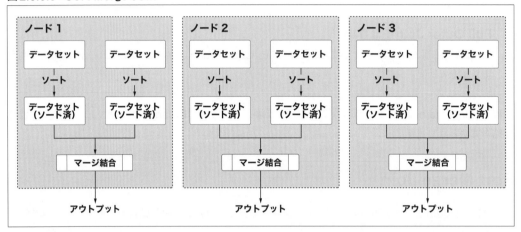

Nested Loop Join

Nested Loop Joinは、前述のいずれの結合アルゴリズムも利用できない場合に選択されます。結合方法はシンプルで、片方のテーブルを1行ずつ読み込む度に、もう片方のテーブルをすべてロードし、結合条件に合致する行を探します。そのため、結合コストは両方のテーブルの行数をかけ合わせた値となり、テーブルのサイズが大きくなればなるほど、結合コストは膨れあがります。

万が一、ジョブ実行に想定以上の時間が掛かってしまう場合は、このアルゴリズムが使われていないか確認するとよいでしょう。相応の理由がない限り、この結合アルゴリズムを使うべきではありません。

結合アルゴリズムの選択

結合アルゴリズムに何も指定しなかったとしても、一定のルールに基づき、Sparkエンジンは自動的に最適なアルゴリズムを選択します。しかし、事前にすべてのデータ特性を把握していても、Sparkエンジンが最適なアルゴリズムを選択できないケースもあります。

たとえば、ストリーミングで結合を利用するケースでは、少なくとも片方は終端のないデータであるため、データ特性の把握は困難です。こうしたケースでは、Sparkエンジンにアルゴリズムを指定すれば、最適な結合アルゴリズムを選択させられます。

Sparkエンジンに結合アルゴリズムを指定するにはJoin Hintを利用します。Join HintはSparkエンジンに結合アルゴリズムを推奨するための機能です。ただし、Join Hintはあくまで推奨であり、Spark

エンジンの読み取ったデータ量やデータ特性、クラスタのパラメータによっては、別のアルゴリズムが選択される場合があります。

Spark SQLでJoin Hintを利用する場合、下記コード例に示す通り、コメントで推奨アルゴリズムを指定します。Join HintにBROADCASTを与えて、Broadcast Hash Joinの利用を推奨していますが、他のアルゴリズムを指定することも可能です。具体的な指定方法は、Apache Sparkの公式ドキュメントを参照してください。

コード2.5.5.4：Join Hintによる推奨アルゴリズムの指定

```
SELECT /*+ BROADCAST(t1) */ * FROM t1 INNER JOIN t2 ON t1.key = t2.key;
```

また、Join Hint以外にも、Sparkクラスタに対していくつかのパラメータを設定して、結合アルゴリズムの選択方法を指定できます。たとえば、`spark.sql.autoBroadcastJoinThreshold`を設定すれば、Broadcast Hash Joinを利用する際のデータサイズの閾値を指定できます。しかし、これらのパラメータはApache Sparkの開発状況に応じて、変更や追加の可能性があるので注意しましょう。

2-5-6 Databricks

Databricks社はApache Sparkの開発者によって2013年に創業された企業です。Databricks社のサービスは、AWSやGoogle Cloudなどのクラウド上で、Apache Sparkを容易に実行可能とするホスティングサービスです。

Apache Sparkを分散環境向けに構築するには、Apache HadoopやYARNなど高い専門知識が必要になります。しかし、Databricksは比較的容易にクラスタ管理やワークロードを管理できるため、インフラ層の深い理解がなくとも、容易に分散処理環境の構築が可能です。

Databricksの全体像は、公式サイト「Databricksドキュメント[3]」内の［Databricksとは］→［アーキテクチャ］を参照すると理解が容易です。次図に示す通り、利用者がDatabricks Cloudにアクセスして、利用者のクラウドアカウント上で、Apache Sparkが起動する構成となっています（図2.5.6.1）。

Databricksは最新のオープンソース版Apache Sparkだけではなく、Photon[4]のような高速なSQL実行環境など、独自機能を搭載したApache Sparkも容易に利用できます。AWSにDatabricksを起動する設定が必要ですが、公式サイトのドキュメントや構築自体もTerraformスクリプトなどが提供されるため、比較的簡単にクラスタの構築が可能です。独自機能を搭載したApache Sparkを利用できるため、オープンソース版との機能差分が企業活動に有利に働く可能性があります。

---

[3] https://docs.databricks.com/ja/getting-started/overview.html
[4] https://databricks.com/jp/product/photon

環境構築後は、Web上のクライアントからDatabricksの管理画面にアクセスして、Apache Sparkのクラスタを操作します。また、REST APIを用いて、Databricksアカウント内のSparkクラスタやメタ情報の操作も可能です。

図2.5.6.1：Databricksのアーキテクチャ（公式サイトから引用）

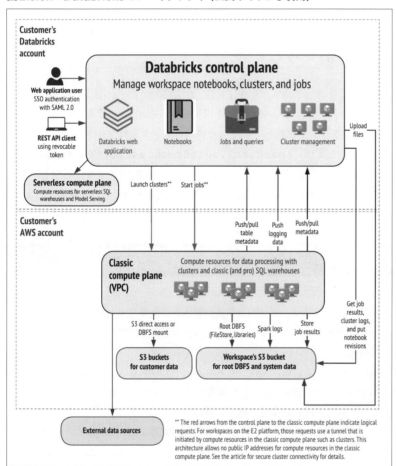

ちなみに、Databricksは無償で利用できるCommunity Edition[5]が用意されています。利用可能なコンピュータリソースが限定的ですが、Databricksの概要を知りたい場合は試してみるとよいでしょう。DatabricksはApache Sparkを容易に利用できるサービスです。ノートブック形式で容易にETL処理が実装できるため、データ分析や機械学習などの実装の生産性向上に寄与するでしょう。

---

5 https://databricks.com/product/faq/community-edition

Chapter 3

ログ転送

ビッグデータを処理するデータプラットフォームでは、
ログファイルを転送する処理は分析の第一歩であり、
ログ転送そのものもスケーラブルである必要があります。
また、データ量をはじめデータ転送先の種類やデータ加工などが拡張可能であることは、
より平易で簡易な分析が可能なデータプラットフォームの提供と同義です。

本章では、さまざまなログ転送のアーキテクチャとその特徴を解説します。

3-1 アプリケーションログの転送

本節で解説するログ転送の「ログ」は「航海日誌（logbook）」を語源とする用語です。かつて船の航行速度を測るために「ログ」と呼ばれる木片を海に投げ込み、その流れる速さを記録したことが由来となり、航海の記録を記す「ログブック（logbook）」という言葉が生まれました。ソフトウェアにおけるログも、プログラムの実行に伴い順序よく記録されるため、航海日誌と同様に時系列データとして扱われます。たとえば、アプリケーションでは、ユーザーの行動をログとして記録して、アプリケーションの利用状況を把握できます。また、ログにはアプリケーションサーバへのアクセスを起点として発生するものや、iPhoneやAndroidなどスマートフォンのアプリやWebアプリケーションでのイベントを起点として発生するものがあります。

データプラットフォームに保存されるデータは、絶え間なく保存され続け膨大になるため、ビッグデータと呼ばれます。データを転送する処理はデータパイプラインとも呼ばれ、その転送処理はスケーラブルでさまざまな形式のデータを転送可能である必要があります。

本節では、アプリケーションから発生するログが、どのようなライフサイクルを経てデータプラットフォームに転送されるかを説明しましょう。

3-1-1 アプリケーションログのライフサイクル

題材とするアプリケーションはAPIサーバとして、Linuxマシン上でデーモンとして稼働し、**/var/log/**配下にログファイルを保存することを前提とします。APIサーバはさまざまな言語やフレームワークで実装されますが、一般的なアプリケーションでも同様の構成となるケースがほとんどです。

APIサーバに保存されるログファイルは、アプリケーションが稼働を続ける限り増え続けるため、定期的に削除してディスクの逼迫を回避する必要があります。ログファイルは次のライフサイクルを経て、最終的にはサーバ上から削除されます。

1. アプリケーションがログを所定のファイルに書き込む（ログの発生）。
2. ログファイルをデータプラットフォームに転送する（ログの転送）。
3. 時間単位やファイルサイズ単位で、ログファイルをgzなどで圧縮して名前を変更（ログの格納とローテート）。
4. 一定期間が経過したファイルは削除（ログの削除）。

ちなみに、ログのローテートを実現するソフトウェアには、crondと組み合わせて利用するlogrotateコマンドや、JVM言語で利用可能な「logback[1]」などのライブラリがあります。

APIサーバが予期せずシャットダウンしてしまった場合も、ログファイルがストレージに保存されていれば、未転送の部分から転送を再開できます。そのため、特段の理由がない限りは、ログデータは一度ローカルに書き込んでからデータプラットフォームに転送して、転送完了後の削除が必要になります。これらのデータプラットフォームへの転送処理は、Fluentdと呼ばれるストリーミングログコレクタを利用して、中断位置からの再送やリトライなどが可能な、信頼性の高いログ転送を実現できます。

3-1-2 ストリーミングログコレクタFluentd

Fluentdは、Treasure Data社が中心となり開発されたオープンソースのログコレクタです。「Unified Logging Layer（統合されたロギングレイヤー）」を設計思想として、スケーラブルで高速かつ確実なログ転送を目的に開発されています。

2016年にCloud Native Computing Foundation[2]に採択された後、同財団の卒業条件を満たしたとして2019年に卒業し、現在ではストリーミングログコレクタの標準とみなされています。スケーラブルで高速かつ確実な転送を実現するために、次のコンセプトで実装されています。

- プラグイン機構： さまざまなデータの入出力や加工を担うプラグインを容易に実装できる
- ストリーミング方式： アプリケーションのログデータを、可能な限りリアルタイムで転送できる
- バッファリング機構： 転送データのバッファリングと未転送・転送済みなど、状態管理によって障害発生からのリカバリを実現している

Fluentdでは、RubyGemsで提供されるFluentd本体とfluent-packageの2通りが用意されています。FluentdはRubyGemsでパッケージ化されて配布されています。fluent-packageは元々td-agentと呼ばれていましたが、Fluentdの安定版をパッケージ化して導入を容易にしたものです。安定版を利用したい場合はfluent-package、コミュニティに貢献したい場合や新機能を利用したい場合はFluentdを選べばよいでしょう。

ちなみに、Fluent Bit[3]と呼ばれる、Fluentdから派生した軽量なログコレクタもあります。C言語で実装されており、メモリ使用量の削減やCPU負荷の低減が重要視される、IoTデバイスやコンテナなどの分散環境に特化して開発されています。利用できるプラグインがFluentdと比較すると限定されますが、1MB以下のメモリとZero-Dependgencies（依存なし）で動作するため、軽量なログコレクタが重要視される環境に最適です。

---

1 https://logback.qos.ch/
2 https://www.cncf.io/
3 https://fluentbit.io/

3-1-3 デリバリセマンティクス

ストリーミングログコレクタの利用には、ストリーミング処理に関連するデリバリセマンティクスの理解が必要不可欠です。前述の「2-2-2 ストリーミング」でも説明しましたが、デリバリセマンティクスとはメッセージングの信頼性とも言い換えられ、データの転送における信頼性を表現するものです。

- at-least-once：少なくとも1回実行される。データは重複する可能性があり、欠損はしない。
- at-most-once：最大1回実行される。データは欠損する可能性があるが、重複はしない。
- exactly-once：必ず1回実行される。データは欠損も重複もしない。
- effectively-once：データが再送で重複しても、可能な限り重複を除去する。

Fluentdは、上記デリバリセマンティクスのat-least-onceとat-most-onceをサポートしています。通常のアプリケーションログは、決済ログなど厳密に管理すべきデータとは異なり、重複や欠損が問題とならない場合がほとんどです。重複や欠損が許されない場合は、リレーショナルデータベースやメッセージキューイングなどのミドルウェアを利用する必要があります。

Fluentdで転送されるデータの集計結果は、重複や欠損が完全に許されないユースケースで利用するべきではありません。たとえば、顧客や経営層、官公庁などに正確に報告する必要があるデータは、RDBMSなど信頼性がより高いストレージを利用すべきです。
近年のデータプラットフォームではSQLの実行が可能であり、集計側の処理で重複の除去が比較的容易となっています。したがって、Fluentdは「at-least-once」であるため、重複の発生を前提として集計側で重複を除去する実装が一般的です。また、「exactly-once」が求められるユースケースでは、利用しないなどの判断が必要です。

3-1-4 データプラットフォームへの転送

データプラットフォームへの転送は、データ転送がスケーラブルであることが必須です。データ転送がスケーラブルであるとは、同時に大量のデータを処理できるだけではなく、さまざまなデータフォーマットに対応し、さまざまな転送先に転送可能であることを指します。

企業内で維持管理されるデータプラットフォームに格納されるデータは、アプリケーションが出力するログファイルだけではありません。Adjust、Zendesk、Shopify、SalesforceなどのSaaS（サービスとしてのソフトウェア）事業者から転送される場合もあります。
SaaSから転送されるデータは、各事業者で統一された記法は存在せず、JSONやCSV、XMLなど多

様なデータフォーマットが扱われています。各事業者ごとで統一されないフォーマットを持つデータを、データプラットフォームで取り扱いやすい形式に変換して転送する必要があります。データプラットフォーム上で取り扱いやすい形式とは、行列で表現可能な2次元データとなる「構造化データ」です。JSONやXMLは、3次元以上の多次元構造を表現できるため、「半構造化データ」と呼ばれます。
SaaSの立場からすると、3次元以上のデータ構造を表現できるフォーマットの方が、一度の問い合わせで返却可能な情報量が多くなり、処理の効率化の観点から合理的だといえます。しかし、データプラットフォームからの視点では、3次元以上のデータを処理するには、2次元データと比較して複雑な処理が必要となり、必ずしも合理的であるとはいえません。

データプラットフォームで利用可能なSQLは、その歴史から行列形式の2次元データの処理に特化しており、3次元以上のデータを処理する場合は**JSONPath**や**XPath**の利用が必要になるなど、処理時間のボトルネックとなり得るケースがあります。
したがって、データプラットフォームにデータを転送する際には、3次元以上の半構造化データを可能な限り、2次元の構造化データに変換する必要があります。しかし、現実的には、データプラットフォーム周辺を取り巻くさまざまな事情から、すべてのデータを構造化データとして転送する実装は難しく、一旦はデータプラットフォームに転送後、ETL処理やELT処理を利用して構造化データに変換する戦略を採るケースもあります。

3-1-5 データ転送後の重複除去

データをデータプラットフォームに保存する際には、重複や欠損を可能な限り回避する必要があります。しかし、データプラットフォームは分散システムとして構成されており、データ転送自体も分散システムであるがゆえ、重複や欠損を完全になくせません。
しかし、データプラットフォームにデータを1回以上転送するat-least-onceのケースでは、データプラットフォーム内で重複を除去できます。もしくは、データの転送前にリレーショナルデータベースなどで処理すれば重複除去が可能です。

利用者にとって使いやすいデータプラットフォームとは、関心事に集中して分析できるもので、重複データの除去など本質ではないクエリの実装は意外にストレスが掛かるものです。そこで、可能な限り重複データを事前に除去してデータプラットフォームに転送するように努める必要があります。

3-2 ログ転送を担うFluentd

Fluentdは高速に動作するオープンソースのストリーミングログコレクタで、さまざまなデータソース（データ転送元）とデータシンク（データ転送先）を選択できます。また、ログデータの転送処理内でUUID（Universally Unique Identifier）の付与などデータ加工が可能であったり、同時に複数のデータソースとデータシンクへの転送ができたりするなど、スケーラブルで安定したログデータの転送を実現できます。

本節では、Fluentd v1系を利用して、Fluentdのアーキテクチャとその利用方法、設定ファイルの記述を解説します。基本的に公式サイト[1]に準拠して説明しますが、必要に応じて公式ドキュメントや関連書籍[2]などを参照してください。

3-2-1 Fluentdのアーキテクチャ

Fluentdはプラグイン機構と設定ファイルのおかげで、プログラミング不要でさまざまなデータソースの入出力が可能です。Fluentdは任意のサーバで稼働しているアプリケーションのアクセスログを、Amazon S3などのファイルストレージ、MySQLやMongoDBなどのデータベースに転送できます。また、プラグインを利用してさまざまなデータ転送が可能です。もちろん、データプラットフォームであるGoogle BigQuery（以下BigQuery）やAmazon Redshift、Treasure Dataにも転送できます。
まずは、Fluentdのアーキテクチャを理解して、ログの欠損や重複を防ぐ信頼性の高いログ転送方法を学びましょう。

Fluentdは何らかの入力データを受け付けるたびに、event（イベント）と呼ばれる概念でデータの内部処理を開始します。イベントには、tag（タグ）、time（時間）、record（レコード）と呼ばれる3種類の情報を付与します。timeはログが入力された時刻、recordは転送データの実体です。また、tagは入力の瞬間や指定タイミングで付与され、処理をルーティングする用途で利用されます。
次図に示す通り、Fluentdはイベントの生成から出力までをストリーミング処理でおこないます（図3.2.1.1）。また、ストリーミング処理における各ステージは、プラグインによる任意の実装ができるよう交換可能（プラガブル）に設計されています。

---

[1] https://docs.fluentd.org/
[2] 田籠聡著『Fluentd実践入門――統合ログ基盤のためのデータ収集ツール』、2022、技術評論社（Fluentdコミッターによる書籍）

図3.2.1.1：Fluentdのアーキテクチャ（公式サイト[1]から引用）

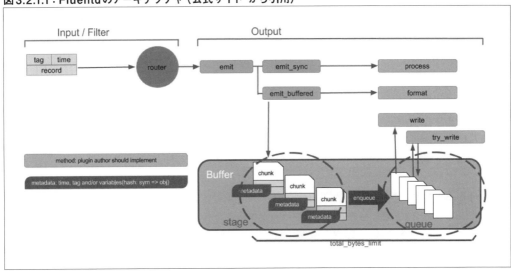

3-2-2 Fluentdのプラグイン

Fluentdには次に挙げる9種類のプラグインが用意されており、プラグインを設定ファイルで制御して柔軟なデータ転送を実現しています。必ずしも9種類すべてのプラグインを利用するとは限りませんが、より高品質なデータ転送のためにも概要を理解する必要があるでしょう。

- **Input**プラグイン
  ファイルシステムやソケット通信などのデータソースからの入力を制御する。
- **Filter**プラグイン
  イベントへの変更を制御するプラグイン。タグの付与やフィールドの**grep**など。
- **Parser**プラグイン
  Inputプラグインから入力されたJSONなどの値をFluentdのイベントにパースする。
- **Formatter**プラグイン
  イベントをOutputプラグインが出力する際に、JSONなど任意の出力フォーマットを指定する。
- **Output**プラグイン
  任意のストレージや標準出力など、イベントの出力先を指定する。
- **Buffer**プラグイン
  Outputプラグインが出力する際に利用するバッファを制御する。標準でオンメモリまたはファイルのBufferプラグインが用意されている。

- **Storage プラグイン**
  Fluentd プラグインが保持するインスタンスの値や状態の保存先を制御する。Fluentd のプラグイン内で処理中のデータを永続したい場合、Storage プラグインを利用して KVS などに保存可能。
- **Service Discovery プラグイン**
  v1.8.0 で追加された新しいプラグイン。データ送信先ホストや受信元などを管理する。Input プラグインや Output プラグインの定義から外部リソース情報の管理を切り離す。
- **Metrics プラグイン**
  v.1.14.0 で追加された新しいプラグイン。Fluentd の Input/Filter/Output プラグインなど、内部メトリクスをメモリや influxdb、prometeus などに保存する場合に利用する。

標準で組み込まれているプラグインだけではなく、オープンソースソフトウェアとして公開されているプラグインも利用でき、さまざまなデータプラットフォームへの転送が可能です。利用できるプラグインは公式サイト[3]に掲載されています。必要に応じて適切なプラグインをインストールしましょう。

Fluentdプラグインのインストール

標準で組み込まれているプラグインの他に、RubyGems のパッケージとしてインストールできます。Fluentd を本番環境で利用する場合は td-agent の利用が推奨されていましたが、td-agent は fluent-package にリブランドされています。元々は Treasure Data がパッケージを提供していましたが、Fluentd コミュニティがパッケージを提供するようになったためです[4]。ちなみに、fluent-package では Linux 用として RHEL/CentOS、Ubuntu/Debian、Amazon Linux の他に、macOS 用と Windows 用のパッケージが用意されています。本章では利用の手軽さから、Ubuntu/Debian 向けの DEG パッケージを利用して解説します。fluent-package は標準で **/opt/fluent/** 配下にインストールされます。同梱される各モジュールのバージョンは次の通りです。

コード3.2.2.1：モジュールのバージョン（fluent-package 5.0.2）

```
$ which fluentd
/usr/sbin/fluentd

$ fluentd --version
fluent-package 5.0.2 fluentd 1.16.3 (d3cf2e0f95a0ad88b9897197db6c5152310f114f)

$ /opt/fluent/bin/fluentd --version
fluentd 1.16.3

$ /opt/fluent/bin/td --version
0.17.1
```

---

3 https://www.fluentd.org/plugins/all
4 https://www.fluentd.org/blog/upgrade-td-agent-v4-to-v5

コード3.2.2.2：Fluentdプラグインのバージョン（fluent-package 5.0.2）

```
$ fluent-gem list | grep fluent-plugin
fluent-plugin-calyptia-monitoring (0.1.3)
fluent-plugin-elasticsearch (5.4.0)
fluent-plugin-flowcounter-simple (0.1.0)
fluent-plugin-kafka (0.19.2)
fluent-plugin-metrics-cmetrics (0.1.2)
fluent-plugin-opensearch (1.1.4)
fluent-plugin-prometheus (2.1.0)
fluent-plugin-prometheus_pushgateway (0.1.1)
fluent-plugin-record-modifier (2.1.1)
fluent-plugin-rewrite-tag-filter (2.4.0)
fluent-plugin-s3 (1.7.2)
fluent-plugin-sd-dns (0.1.0)
fluent-plugin-systemd (1.0.5)
fluent-plugin-td (1.2.0)
fluent-plugin-utmpx (0.5.0)
fluent-plugin-webhdfs (1.5.0)
```

Ubuntu 22.04.4 LTS（Jammy Jellyfish）では、下記のコマンドを利用してfluent-packageをインストールします。

コード3.2.2.3：fluent-packageのインストール

```
$curl -fsSL \
    https://toolbelt.treasuredata.com/sh/install-ubuntu-jammy-fluent-package5-lts.sh | sh
```

他のOSやバージョンを利用する場合は、Fluentdの公式サイト[5]を参照してください。
また、fluent-packageには便利なコマンドが用意されており、Fluentdのプラグインのインストールや一覧表示などが可能です。

コード3.2.2.4：Amazon Web Services S3転送用のプラグインをインストールする例

```
$ fluent-gem install fluent-plugin-s3
```

コード3.2.2.5：利用可能なFluentdのプラグインを一覧表示するコマンド

```
$ fluent-gem search -r fluent-plugin
```

---

[5] https://www.fluentd.org/

コード3.2.2.6：インストール済みのFluentdのプラグインを一覧表示するコマンド

```
$ fluent-gem list
```

fluentdはサービスとしてsystemctlを利用して起動します。インストールしただけではfluentdは起動されず、新規でインストールした場合はサービスへの登録が必要です。

コード3.2.2.7：インストール直後のサービスの状態

```
$ sudo systemctl status fluentd.service
● fluentd.service - fluentd: All in one package of Fluentd
    Loaded: loaded (/lib/systemd/system/fluentd.service; enabled; vendor preset: enabled)
    Active: active (running) since Sun 2024-03-03 12:38:49 JST; 9min ago
      Docs: https://docs.fluentd.org/
   Process: 5722 ExecStart=/opt/fluent/bin/fluentd --log $FLUENT_PACKAGE_LOG_FILE
--daemon /var/run/fluent/fluentd.pid $FLUENT_PACKAGE_OPTIONS (code=exited>
   Main PID: 5728 (fluentd)
(以下略)
```

パッケージをインストールしただけではデーモンとして常駐しません。

設定ファイルを**/etc/systemd/system/**ディレクトリに移動して、fluentdを起動します。

コード3.2.2.8：サービスへの登録

```
$ sudo cp /lib/systemd/system/fluentd.service \
  /etc/systemd/system/fluentd.service

$ sudo systemctl enable fluentd
$ sudo systemctl start fluentd
```

コード3.2.2.9：起動後のサービスの状態

```
$ sudo systemctl status fluentd
● fluentd.service - fluentd: All in one package of Fluentd
    Loaded: loaded (/etc/systemd/system/fluentd.service; enabled; vendor preset: enabled)
    Active: active (running) since Sun 2024-03-03 12:38:49 JST; 15min ago
      Docs: https://docs.fluentd.org/
(以下略)
```

3-2-3 Fluentdの挙動を制御するディレクティブ

Fluentdの設定ファイルには次表に示す7種類のディレクティブがあり、ディレクティブを利用してプラグインを制御します。データ入力や出力などの挙動を制御するディレクティブを組み合わせて、柔軟なデータ処理フローを構築できます。たとえば、ログファイルを読み込み、所定のデータだけを抽出し、加工してAmazon S3に転送するような処理を実現できます。

表3.2.3.1：Fluentdのディレクティブ一覧

名称	説明
source	データソース定義。InputプラグインやParserプラグインを設定する。
match	転送先となる定義の設定。Outputプラグイン、Bufferプラグイン、Formatterプラグインを設定する。
filter	イベント処理パイプラインの定義。Filterプラグインを設定する。
system	Fluentdのシステム設定。
label	アウトプット、フィルター、内部ルーティングなど、一連のディレクティブをグループ化する。
worker	マルチプロセス利用時にワーカー数を制限する（「3-2-5 Fluentdのマルチプロセスサポート」で後述）。
@include	他の定義ファイルからインクルードする。

sourceディレクティブ

データの入り口となるデータソースをsourceディレクティブで選択します。sourceディレクティブは、InputプラグインやParserプラグインを設定するディレクティブです。データソースをInputプラグインで、入力データのパース方法をParserプラグインで設定します。
Fluentdには標準inputプラグインとしてhttpとforwardが含まれています。httpプラグインは、FluentdがHTTPのエンドポイントとして稼働して、HTTPによる入力が可能となります。forwardプラグインは、TCPのエンドポイントとしてTCPによるパケットが入力可能となります。また、複数プラグインの同時利用に対応しており、httpとforwardを同時に利用できます。もちろん、他のプラグインも同様です。

コード3.2.3.2：sourceディレクティブの定義

```
# Receive events from 24224/tcp
# This is used by log forwarding and the fluent-cat command
<source>
  @type forward
  port 24224
</source>
# http://this.host:9880/myapp.access?json={"event":"data"}
<source>
  @type http
  port 9880
</source>
```

前述のコード例では、port 24224がTCPパケットによる受け入れ、port 9880がhttpによる入力が可能となります。Fluentdのsource forwardへの入力は、別のサーバで稼働するFluentdからの入力、あるいはFluentd Protocol Specificationに準拠するロガーからの入力と考えて問題ありません。

また、内部処理でさまざまな転送先やデータ加工をするアーキテクチャとして、Routing（ルーティング）と呼ばれる機構が用意されています。各イベントに任意のタグを付与して、データを振り分けることが可能になります。

コード3.2.3.3：tagの設定

```
<source>
  @type http
  tag myapp.access
  # ...
</source>
```

たとえば、上記コード例に示す定義のイベントを入力した場合、Fluentd内部では次に示すイベントに変換されます。

コード3.2.3.4：イベントとレコードの関係

```
# generated by http://this.host:9880/myapp.access?json={"event":"data"}
tag: myapp.access
time: （現在時刻）
record: {"event":"data"}
```

matchディレクティブ

イベント内のタグに与えられた文字列に対して、matchディレクティブでパターンマッチをおこないます。イベントに付与されたタグとmatchディレクティブのタグが一致する場合、後続の処理を実行します。matchディレクティブの挙動をコード例で紹介します（コード3.2.3.5）。

コード3.2.3.5：matchディレクティブの定義

```
# http://this.host:9880/myapp.access?json={"event":"data"}
<source>
  @type http # HTTP(Port:9980)から入力を受け取る
  port 9880
  tag myapp.access # タグにmyapp.accessと付与する
</source>
<match myapp.access> # タグがmyapp.accessに一致するイベントを選別
```

```
  @type file # /var/log/fluent/access に書き込む
  path /var/log/fluent/access
</match>
```

所定の入力に対してタグを与えると、後続のmatchディレクティブにパターンマッチされて処理が継続されると理解しておくとよいでしょう。

filterディレクティブ

filterディレクティブはmatchディレクティブと同様の文法で、一致するタグのイベントにデータ処理をパイプラインとしてチェインできます。filterディレクティブに対応するfilterプラグインを追加すると、イベントへのデータ付与やパースなどを連続的に処理できます。
下記にfilterプラグインの1つであるrecord_transformerプラグインを利用したコード例を示します。

コード3.2.3.6：filterディレクティブの定義

```
# http://this.host:9880/myapp.access?json={"event":"data"}
<source>
  @type http
  port 9880
</source>
<filter myapp.access>
  @type record_transformer
  <record>
    host_param "#{Socket.gethostname}"
  </record>
</filter>
<match myapp.access>
  @type file
  path /var/log/fluent/access
</match>
```

入力時点では`{"event":"data"}`として入力されたイベントが、filterプラグインである`record_transformer`を経由して`host_param`フィールドが付与されます。
出力時点では、`{"event":"data","host_param":"webserver"}`となり、matchディレクティブで定義されたファイルに出力されます。

systemディレクティブ

systemディレクティブはシステム設定のために使用します。次表の設定項目が用意されています。

表3.2.3.7：systemディレクティブの設定項目

名称	説明
log_level	Fluentdのログレベル設定：trace, debug, info（初期値）、warn、error、fatal
suppress_repeated_stacktrace	エラーメッセージの抑制
emit_error_log_interval	エラーログの間隔設定
suppress_config_dump	configファイルの設定
without_source	inputプラグインを利用せずに起動可能にする
process_name	プロセス名の指定（FluentdのOptionでは設定不可）

たとえば、プロセス名を指定したい場合のコード例を示します（Ruby 2.1以降で可能）。

コード3.2.3.8：systemディレクティブの定義

```
<system>
  process_name fluentd1
</system>
```

コード3.2.3.9：systemディレクティブを定義した際のプロセス名

```
% ps aux | grep fluentd1
foo       45673   0.4  0.2  2523252  38620 s001  S+    7:04AM   0:00.44 worker:fluentd1
foo       45647   0.0  0.1  2481260  23700 s001  S+    7:04AM   0:00.40 supervisor:fluentd1
```

labelディレクティブ

labelディレクティブは、イベントをグループ化するために利用します。イベントのグループ化は、複雑になりがちなタグをハンドリングしやすくするために使用します。

コード3.2.3.10：labelディレクティブの定義

```
<source>
  @type forward
  tag access.forward
</source>
<source>
  @type tail
  @label @SYSTEM
  path /var/log/httpd-access.log
  pos_file /var/log/fluent/httpd-access.log.pos
  tag var.log.middleware.tail
  <parse>
    @type json
  </parse>
</source>
<filter access.**>
```

```
  @type record_transformer
  <record>
    hostname "#{Socket.gethostname}"
  </record>
</filter>
<match **>
  @type stdout
</match>
<label @SYSTEM>
  <filter var.log.middleware.**>
    @type grep
    <regexp>
      key status
      pattern OK
    </regexp>
  </filter>
  <match **>
    @type stdout
  </match>
</label>
```

上記コード例の定義で、**forward**はfilterディレクティブの**record_transformer**にルーティングされます。一方、**tail**は**label @SYSTEM**と定義されており、**<label @SYSTEM>**内のfilterディレクティブとmatchディレクティブにルーティングされます。このようにlabelを利用すれば、タグを利用することなく簡潔にイベントフローを定義できます。

@ERRORラベル

@ERRORラベルは、Fluentdプラグインがエラーとなったイベントを出力するAPI、**emit_error_event**をハンドリングします。**<label @ERROR>**と定義すれば、不正なレコードやバッファが溢れた際に、エラーログを任意のOutputプラグインでファイルに出力するなどの処理が可能です。

@includeディレクティブ

@includeディレクティブは設定ファイルを分割するために利用します。分割された設定ファイルの再利用は容易になります。@includeディレクティブはワイルドカードを利用して複数のファイルを指定できますが、アルファベット順に読み込まれるため依存関係に注意してください。

コード3.2.3.11：@includeディレクティブの定義

```
@include a.conf
@include config.d/*.conf
```

3-2-4 パターンマッチの挙動

Fluentdの挙動を理解するには、特にパターンマッチと呼ばれる機構を把握しておく必要があります。パターンマッチとは、データが特定のパターンと一致するかを判定する処理です。matchディレクティブに記述したタグとイベントに付与されたタグのパターンが一致した際に処理を実行します。
前項「3-2-3 Fluentdの挙動を制御するディレクティブ」でmatchディレクティブを解説していますが、ワイルドカードを利用するとより柔軟なイベント転送を実現できます。
次表は、ワイルドカードの一覧です(表3.2.4.1)。

表3.2.4.1:ワイルドカードの定義

ワイルドカード	説明
*(アスタリスク)	1つのパートにパターンマッチします たとえば、a.*は「a.b」にパターンマッチしますが、「a」や「a.b.c」にはパターンマッチしません
**(アスタリスク2個)	一致なしまたは複数のパートにパターンマッチします たとえば、a.**は、「a」、「a.b」または「a.b.c」にパターンマッチします
{}(中括弧)	{X,Y,Z}は、「X」、「Y」または「Z」にマッチします また、{a,b}は「a」または「b」にパターンマッチしますが、「c」にはパターンマッチしません a.{b,c}.*やa.{b,c.**}など、ワイルドカードの*や**との併用も可能です
#{~(文字列)~}(Ruby表記)	#{...}のように記述すると、Ruby表現で表記できます app.#{ENV[FLUENTD_TAG]}の記述で、環境変数(FLUENTD_TAG)から値を取得できます

パターンマッチの使用例を紹介しましょう。次のコード例では、ワイルドカードを利用して複数のパターンマッチ先を設定しています。

コード3.2.4.2:パターンマッチの定義例

```
<match log.*>
  @type file
  path /var/log/fluent/access1
</match>

# log2.aやlog2.b、log2.a.cなどがパターンマッチ
<match log2.**>
  @type file
  path /var/log/fluent/access2
</match>

# log3.a.bやlog3.b.c などがパターンマッチ
<match log3.{a,b}.*>
  @type file
  path /var/log/fluent/access3
</match>

# log4.(環境変数で定義された値(FLUENTD_TAG))がパターンマッチ
<match log4.#{ENV['FLUENTD_TAG']}>
```

```
  @type file
  path /var/log/fluent/access4
</match>
```

3-2-5 Fluentdのマルチプロセスサポート

Fluentdではマルチプロセスモードがサポートされています。マルチプロセスサポートを利用すると、Fluentdを複数のプロセスで実行し、データ収集や処理の並列化が可能です。標準のFluetndは、Fluentdの1インスタンスで起動し、CPUが1コアしか利用できず、スループットが上がらずボトルネックになる可能性があります。2プロセス以上のFluentdを起動すれば、ログ流量が多いハイトラフィックでも、マルチコアによるCPUリソースを有効に活用できます。

Fluentdのマルチプロセスモードでは、SupervisorとWorkerがソケット通信をおこない処理します。マルチプロセスWorkerで起動されたFluentdでは、次図に示す通り、Fluentdの1インスタンス内に1つのSupervisorと複数のWorkerが起動されます。ただし、マルチプロセスをサポートしないプラグインの存在や、ロードバランスが正常に動作するとは限らないという報告[6]があるため、実際に運用する場合は注意が必要です。

図3.2.5.1：FluentdのマルチプロセスWorker（公式サイトから引用）

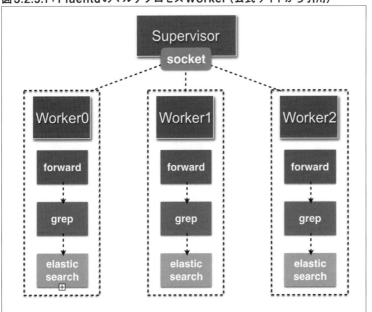

---

[6] https://github.com/fluent/fluentd/issues/3346

マルチプロセスWorkerの定義

Fluentd Workerの起動数は、systemディレクティブのworkersパラメータで制御します。Inputプラグインでは、tailプラグインなど一部マルチプロセスで利用できないものがあるため注意が必要です。

コード3.2.5.2：マルチプロセス利用時の定義

```
<system>
  workers 4
</system>
```

マルチプロセスで稼働するinputプラグインには、次の3種類があります。

- Server helper basedプラグイン（マルチプロセスサポート）
- Plainプラグイン（マルチプロセスサポート）
- マルチプロセスサポート外のプラグイン

Server helper basedプラグイン（マルチプロセスサポート）

Server helper basedプラグインは設定されたPortを共用します。たとえば、`forward`では転送先に複数のPortを必要としないため、Portは各Workerでシェアされます。

コード3.2.5.3：Server helper basedプラグイン利用時の定義

```
<system>
  workers 4
</system>

<source>
  @type forward
  # 4 worker共に同一の24224ポートに転送
  port 24224
</source>
```

Plainプラグイン（マルチプロセスサポート）

前述のServer helper basedプラグインではない場合、各Workerのソケット/サーバを設定して機能します。たとえば、`monitor_agent`ではマルチプロセスで複数のポートを要求するため、基本的にPortは連番となります。

コード3.2.5.4：Server helper based以外のプラグイン利用時の定義

```
<system>
  workers 4
</system>

<source>
  @type monitor_agent
  port 25000 # worker0 25000 ポート, ... worker3 25003 ポート
</source>
```

マルチプロセスサポート外のプラグイン

tailプラグインのように、原理的にマルチプロセスとして稼働できないプラグインがあります。この場合は、後述の<worker N>ディレクティブで制御し、1 Workerとして稼働させる必要があります。

マルチプロセスWorkerプロセスの起動設定

いくつかのinputプラグインは自動的にマルチプロセスワーカーで動作しません。そのため、Workerディレクティブを利用し、プロセスの起動状況を制御する必要があります。

<worker N>ディレクティブによる制御

次のコード例は、<worker N>ディレクティブを利用してWorker 4プロセスに対して、1プロセスを`tail`、全4プロセスに`forward`を与える設定です。マルチプロセスサポート外である`tail`プラグインに`worker 0`を設定しています。

コード3.2.5.5：Workerの起動状態の定義（forwardとtailプラグインの例）

```
<system>
  workers 4
</system>
# worker 0～3 までの4プロセスが forward プラグインを起動
<source>
  @type forward
</source>
# worker 0 の1プロセスが tail プラグインを起動
<worker 0>
  <source>
    @type tail
  </source>
</worker>
```

<worker N-M>ディレクティブによる制御

Fluentd v1.4.0から**<worker N-M>**シンタックスがサポートされています。このシンタックスでは、起動したワーカーに対して、どのプラグインを割り当てるかを指定できます。

コード3.2.5.6：Workerの起動状態の定義（実行するワーカーの指定）

```
<system>
  workers 4
</system>

# worker 0 の1プロセスがtailプラグインを起動
<worker 0>
  <source>
    @type tail
  </source>
</worker>

# worker 1-3の3プロセスがForwardプラグインを起動
<worker 1-2>
  <source>
    @type forward
  </source>
</worker>
```

worker_idによる出力制御

マルチプロセスで稼働するOutputプラグインによっては、出力のコンフリクトを避けるために**worker_id**が必要となるケースがあります。出力先が同一ディレクトリでコンフリクトによる不都合がある場合は、**worker_id**を定義で利用するか、乱数を含めるようにします。

コード3.2.5.7：Workerによる起動設定（worker_idの指定）

```
# s3 pluginを利用した場合の例
<match YOUR_TAG>
  @type s3
  # worker_idごとに出力先を変更している例
  path "logs/#{worker_id}/${tag}/%Y/%m/%d/"
  # Bad on multi process worker!
  path logs/${tag}/%Y/%m/%d/
</match>
```

3-3 Fluentdによるデータ転送

Fluentdには柔軟なプラグイン機構が搭載されているため、プラグインをインストールして平易な設定ファイルを記述して、各データプラットフォームへの転送を簡単に実現できます。
実際の開発現場では、Amazon S3に代表されるデータ消失がほとんど発生しないクラウドストレージと、Amazon RedshiftやBigQuery、Treasure Dataなどのデータプラットフォーム双方に、同時転送するケースが多々あります。クラウドストレージとデータプラットフォーム双方に転送する構成を採用する理由は、検索可能になるまでの時間を短縮でき、データ消失の心配がない耐久性の保証を実現できるためです。

本節も前節と同様に、Fluentd v1系を利用してデータプラットフォームへの転送で利用する主要なFluentdプラグインを紹介します。Fluentdのプラグインは、転送先のミドルウェアが変更されるなど、バージョンアップによる互換性の問題が発生する場合があります。プラグインのバージョンを明示し、公式ドキュメントに記述されている設定例を紹介します。

3-3-1 Amazon S3

Amazon S3への入出力は、Input/Outputプラグインである「fluent-plugin-s3」を利用します。インプットとアウトプットの双方をサポートしていますが、アウトプットの利用が主たるユースケースとなっています。Amazon S3を入力とする処理は、EmbulkやApache Sparkなどの他のミドルウェアから利用される場合が多く、FluentdがAmazon S3を起点とするユースケース自体があまりないためです。

プラグインのインストール

fluent-plugin-s3をインストールするには、下記のコマンド例に示す通り、fluent-gemコマンドを利用します。

コード3.3.1.1：プラグインのインストール

```
$ sudo /usr/sbin/fluent-gem install fluent-plugin-s3
```

Amazon S3への書き込み権限

Amazon S3に書き込む権限を与えるには、IAMユーザーのアクセスキーを利用する方法と、インスタンスに直接設定するインスタンスプロファイルを利用する方法があります。IAMユーザーのアクセスキーを利用する場合は、Amazon Web Servicesへの外部からのアクセスが可能となる反面、セキュリティ的な観点からアクセスキーの厳重な管理が必要となります。

FluentdをAmazon Web ServicesのEC2やFargateなどで起動する場合、特段の理由がなければインスタンスプロファイルの利用が安全です。EC2インスタンスにIAMロールを紐付けるものがインスタンスプロファイルです。Fluentdが書き込むAmazon S3バケットにインスタンスプロファイルでアクセス許可を与えると、Fluentdの設定ファイルに`aws_key_id`と`aws_sec_key`を設定する必要がなくなります。ちなみに、Amazon Web Services内のセキュリティで重要な認証認可に関する情報は、「AWSセキュリティ認証情報[1]」として用意されています。Amazon S3への書き込み設定の詳細は、このドキュメントで必要な項目を参照してください。

Outputプラグインの利用

Amazon S3にはいくつかのストレージクラスが用意されており、いずれも99.999999999%（イレブンナイン）のデータ耐久性を持つ分散データストレージです。

ストレージクラスは、「S3 標準」、「S3 標準-低頻度アクセス」、「S3 1ゾーン - 低頻度アクセス」、「S3 Glacier」、「S3 Glacier Deep Archive」など、可用性やサービスレベルアグリーメント（SLA）、データ取り出し時間などに応じて、利用するユースケースごとに違いがあります。各クラスの特性は「Amazon S3ストレージクラス[2]」に記述されています。
データプラットフォームのデータを障害や脅威から保護する観点からも、Fluentdが処理するデータはS3標準に転送することを推奨します。

- `aws_key_id`：AWS access key id[3]を指定する。
- `aws_sec_key`：AWS secret key[3]を指定する。
- `s3_bucket`：保存するAmazon S3のバケットを指定する。
- `s3_region`：保存するAmazon S3のリージョンを指定する。
- `path`：保存するAmazon S3のパスを指定する。
- `store_as`：保存するファイルフォーマットを指定する（初期値：gzip）。
- `s3_object_key_format`：Amazon S3上のオブジェクトキー（ファイル名）を指定する。

1　https://docs.aws.amazon.com/ja_jp/general/latest/gr/aws-security-credentials.html
2　https://aws.amazon.com/jp/s3/storage-classes/
3　インスタンスプロファイルでIAMロールを付与している場合、aws_key_idとaws_sec_keyは共に不要です。

`s3_object_key_format`で設定可能なパラメータを記述しましょう。

- `path`：`/log`など保存するパスを設定する。
- `time_slice`：`time_slice_format`で指定された日時フォーマットを元に日時を設定する。
- `index`：`0`から始まるシーケンス番号で、同じタイミングで複数のファイルをアップロードする際に適宜付与される。
- `file_extention`：`store_as`で指定するファイルフォーマットから拡張子が設定される。

S3 Outputプラグインの設定例を紹介しましょう。

コード3.3.1.2：S3 Outputプラグイン（v1.7.2）の設定例[4]

```
<match YOUR_TAG>
  @type s3
  aws_key_id YOUR_AWS_KEY_ID
  aws_sec_key YOUR_AWS_SECRET_KEY
  s3_bucket YOUR_S3_BUCKET_NAME
  s3_region ap-northeast-1

  path logs/${tag}/%Y/%m/%d/
  s3_object_key_format %{path}%{time_slice}_%{index}_%{hex_random}.%{file_extension}

  <buffer tag,time>
    @type file
    # 以下のディレクトリにバッファファイル作成
    path /var/log/fluent/s3
    # 1時間ごとにパーティションが区切られる
    timekey 3600
    timekey_wait 10m
    # タイムキーにUTCを利用する
    timekey_use_utc true
  </buffer>
  <format>
    @type json
  </format>
</match>
```

上記の設定で、次に示すオブジェクトキーを持つファイルが保存されます。

コード3.3.1.3：S3のオブジェクトキー名の例

```
# %{path}%{time_slice}_%{index}_%{hex_random}.%{file_extension}
logs/tag/2021/10/12/2021101207_0_3d7b.gz
```

---

[4] https://github.com/fluent/fluent-plugin-s3/blob/v1.7.2/docs/output.md#configuration-output

Inputプラグインの利用

fluent-plugin-s3には、Amazon S3からのインプットとしての機能も用意されています。Fluentd単体だけでは動作せず、Amazon Simple Queue Service（SQS）が必要となります。Amazon S3にファイルが保存されたときに発行されるPUTイベントをSQSに発行し、Fluentdは該当のSQS内のキューを元に転送されます。

下記にてInputプラグインで設定する主な項目を説明します。

- `add_object_metadata`：指定時はレコードにAmazon S3のバケットとキーを付与する。
- `match_regexp`：S3オブジェクトのキーが正規表現にマッチする場合のみ処理する。
- `queue_name`：SQSキュー名を指定します。S3バケットと同じリージョンにSQSキューを作成して名前を指定する。

コード3.3.1.4：S3 Inputプラグイン（v1.7.2）の設定例[5]

```
<source>
  @type s3

  aws_key_id YOUR_AWS_KEY_ID
  aws_sec_key YOUR_AWS_SECRET_KEY
  s3_bucket YOUR_S3_BUCKET_NAME
  s3_region ap-northeast-1
  add_object_metadata true
  match_regexp production_.*

  <sqs>
    # S3のPutイベントを保存するSQSのキューを指定
    queue_name YOUR_SQS_NAME
  </sqs>
</source>
```

3-3-2 Amazon Kinesis

Amazon Kinesisは、ストリーミングデータをリアルタイムで収集、処理、分析するストリーミングストレージです。Amazon Kinesis Data StreamsまたはAmazon Data Firehose（旧Amazon Kinesis Data Firehose）には、Outputプラグインaws-fluent-plugin-kinesisを利用します。

Amazon Web Servicesへの`aws_key_id`や`aws_sec_key`などのクレデンシャルは、fluent-plugin-s3と同等です。

---

[5] https://github.com/fluent/fluent-plugin-s3/blob/v1.7.2/docs/input.md#configuration-input

プラグインのインストール

fluent-plugin-kinesisをインストールするには、下記コマンド例に示す通り、fluent-gemコマンドを利用します。

コード3.3.2.1：プラグインのインストール

```
$ sudo /usr/sbin/fluent-gem install fluent-plugin-kinesis
```

Outputプラグインの利用（kinesis_streams）

kinesis_streamsは、Kinesis Data Streamsに転送するOutputプラグインです。Kinesis Data Streams（以下KDS）は、リアルタイムに近いストリーミング処理を実現する基盤です。KDSに転送後は、Apache SparkやAWS LambdaなどでETL処理などをおこないます。

このプラグインはKinesis Streamsの`partition_key`を設定できます。`partition_key`はKinesis Streamsのどのシャードにレコードを追加するかを指定するパラメータです。このパラメータを利用すれば、指定された`partition_key`を持つレコードは、同一のシャードに書き込まれることが保証されるため、順序性の保証や効率的なデータ読み取りが可能となります。設定ファイルで指定された`partition_key`と異なる値を保持するレコードは処理されません。

下記にOutputプラグインで設定する主な項目を説明します。

- `stream_name`：KDSのストリーム名を指定する。
- `partition_key`：KDSのどのシャードに割り当てるか、JSONからパーティションキーを抽出するためのキー値を指定する。指定しない場合はランダム値が設定される。

コード3.3.2.2：kinesis_streams Outputプラグイン（v3.4.2）の設定例[6]

```
<match YOUR_TAG>
  @type kinesis_streams
  region ap-northeast-1
  stream_name YOUR_STREAM
  partition_key YOUR_JSON_KEY
  <format>
    @type json
  </format>
</match>
```

---

[6] https://github.com/awslabs/aws-fluent-plugin-kinesis/tree/v3.4.2#getting-started

Outputプラグインの利用（kinesis_streams_aggregated）

kinesis_streams_aggregatedは、Amazon Kinesis Producer Library（以下KPL）を利用して、Kinesis Streamsへの転送スループットを高める実装です。

KPL Aggregated Record Format[7]を利用して複数のイベントをまとめて投入します。前述のkinesis_streamsと同様に、Apache SparkやAWS Lambdaなどの実行基盤が必要です。kinesis_streamsと比較すると、一度に複数レコードを転送するため、実行基盤ではレコードを分解して処理する必要があります。データ流量が比較的多く高いスループットを要求されるケースで、特段の事情がないときはkinesis_streams_aggregatedを利用するとよいでしょう。
下記にOutputプラグインで設定する主な項目を説明します。

- `stream_name`：Kinesis Data Streamsのストリーム名を指定する。
- `fixed_partition_key`：固定パーティションキーの値を指定する。指定しない場合はランダム値が設定される。

コード3.3.2.3：kinesis_streams_aggregated Outputプラグイン（v3.4.2）の設定例[8]

```
<match YOUR_TAG>
  @type kinesis_streams_aggregated
  region ap-northeast-1
  stream_name YOUR_STREAM
  # kinesis_streamsとは異なりパーティションキー指定する方法はないため、
  # fixed_partition_key(固定値)または未指定(ランダム)を利用すること
</match>
```

Outputプラグインの利用（kinesis_firehose）

kinesis_firehoseは、Amazon Data Firehose（旧Amazon Kinesis Data Firehose）に保存するOutputプラグインです。ちなみに、Amazon Kinesis Data Firehoseは、2024年2月にAmazon Data Firehoseにブランド名が変更されています。Amazonの発表[9]によると、ブランド名以外の変更はないとされています。
Amazon Data FirehoseはKDSとは異なり、処理基盤が不要で自動的にAmazon S3やAmazon Redshift、Amazon OpenSearch Serviceに転送します。
平易な設定でコードを記述することなく大容量データの転送が可能な反面、データロードの間隔が最低60秒であり、リアルタイムでデータ分析が必要となる用途には適していません。アプリケーションログ転送など、リアルタイム性を要求されない大容量データを扱うケースでの利用が適しています。

---

[7] https://github.com/awslabs/amazon-kinesis-producer/blob/master/aggregation-format.md
[8] https://github.com/awslabs/aws-fluent-plugin-kinesis/tree/v3.4.2#getting-started
[9] https://aws.amazon.com/jp/about-aws/whats-new/2024/02/amazon-data-firehose-formerly-kinesis-data-firehose/

下記にOutputプラグインで設定する主な項目を説明します。

- `delivery_stream_name`：Amazon Data Firehoseのストリーム名を指定する。

コード3.3.2.4：kinesis_firehose Outputプラグイン（v3.4.2）の設定例[10]

```
<match YOUR_TAG>
  @type kinesis_firehose
  region us-east-1
  delivery_stream_name your_stream
</match>
```

3-3-3 OpenSearch

OpenSearchは、Elasticsearchからフォークされた全文検索エンジンです。Amazon Web Servicesでは、Amazon OpenSearch Service（AOS）として提供されています。ElasticsearchにはKibanaと呼ばれるダッシュボードがありますが、OpenSearchではKibanaがOpenSearch Dashboardsの名称に変更されています。

OpenSearchには、OpenSearch Dashboardsと呼ばれるログや時系列の分析・モニタリングなどの調査ツールがあります。OpenSearch Dashboardsは、データ可視化のためのリアルタイムログ監視やモニタリングに利用されています。FluentdからOpenSearchにデータ転送するには、Outputプラグインfluent-plugin-opensearch[11]を利用します。

プラグインのインストール

fluent-plugin-opensearchをインストールするには、下記のコマンド例に示す通り、`fluent-gem`コマンドを利用します。

コード3.3.3.1：プラグインのインストール

```
$ sudo /usr/sbin/fluent-gem install fluent-plugin-opensearch
```

---

10 https://github.com/awslabs/aws-fluent-plugin-kinesis/tree/v3.4.2#getting-started
11 https://github.com/fluent/fluent-plugin-opensearch

Outputプラグインの利用（fluent-plugin-opensearch）

fluent-plugin-opensearchは、OpenSearchにデータを転送するOutputプラグインであり、Elasticsearch用のプラグインではないことに注意してください。
続いて、Outputプラグインで設定する主な項目を説明します。

- `host`：OpenSearchのホスト名を指定する。デフォルト値はlocalhost。
- `port`：OpenSearchのポート番号を指定する。デフォルト値は9200。
- `index_name`：OpenSearchに登録するindex名を指定する（初期値：fluentd）。

コード3.3.3.2：fluent-plugin-opensearch Outputプラグイン（v1.1.4）の設定例[12]

```
<match YOUR_TAG>
  @type opensearch
  host localhost
  port 9200
  index_name fluentd
</match>
```

3-3-4 Treasure Data

Treasure Dataは、Webやモバイルアプリケーション、IoT、SaaSをインプットとして、さまざまなデータソースを統合分析できるクラウドデータウェアハウスです。Treasure Dataへデータ転送する際には、Outputプラグインfluent-plugin-tdを利用します。

プラグインのインストール

fluent-plugin-tdは、fluent-package（5.0.2）のインストール時に同梱されています。
ただし、td-agentからfluent-packageへのリブランドに伴い、tdプラグインが同梱されなくなる可能性もあるため、本項ではインストールコマンドを記載します。

コード3.3.4.1：fluent-plugin-tdプラグインのインストール

```
$ sudo /usr/sbin/fluent-gem install fluent-plugin-td
```

---

[12] https://github.com/fluent/fluent-plugin-opensearch/tree/v1.1.4#usage

Outputプラグインの利用（fluent-plugin-td）

Tresure Data上でデータベースとテーブルの書き込み権限を持つAPIキーを取得する必要があります。下記にOutputプラグインで設定する主な項目を説明します。

- `apikey`：Treasure Dataへ保存する際のAPIキー。対象のデータベースに書き込み可能なWriteキーをTreasure Dataの管理画面で取得して設定する必要がある。
- `database`：保存するデータベースを指定する。
- `table`：保存するデータベース内のテーブルを指定する。
- `auto_create_table`：保存先のデータベースに対象のテーブルが存在しない場合、自動的に作成する。

コード3.3.4.2：tdlog Outputプラグイン（v1.2.1）の設定例[13]

```
<match YOUR_TAG>
  @type tdlog
  apikey YOUR_API_KEY_IS_HERE
  auto_create_table
  use_ssl true
  <buffer>
    @type file
    path /var/log/fluent/buffer/td
  </buffer>
</match>
```

3-3-5 Google BigQuery

Google BigQueryは、Googleが提供するフルマネージドのクラウドデータウェアハウスです。BigQueryには、ストリーミング入力と一括入力、BigQuery Storage Write APIの3種類の入力方法があります。本項で説明するfluentd-plugin-bigqueryは、ストリーミング入力と一括入力をサポートしています。ストリーミング入力 `Streaming inserts(tabledata.insertAll)`はデータを数秒以内に取得可能ですが、ログの流量に応じた料金が発生します。また、ログが大量にある場合は、一括入力としてBigQueryのバッチ読み込みを使用する入力が可能です。

一括入力（Batch Loading）の場合はデータが利用可能となるまでに若干時間を要しますが、共有スロット（BigQueryが利用する仮想CPU）範囲内の利用であれば料金は発生しません。ただし、実行できるAPI数に時間当たりの制限があるため、大量のデータを何度も繰り返し転送する場合は注意が必要です。

---

[13] https://docs.fluentd.org/how-to-guides/http-to-td#treasure-data-output

BigQueryに関する各種の制限は「割り当てと上限[14]」、価格は「BigQueryの料金[15]」に記載されています。なお、BigQueryへの入力方法は多岐にわたるため、設定方法の詳細はfluent-plugin-bigqueryのリポジトリ[16]を参照してください。

プラグインのインストール

fluent-plugin-bigqueryをインストールするには、下記コマンド例に示す通り、fluent-gemコマンドを利用します。

コード3.3.5.1：プラグインのインストール

```
$ sudo /usr/sbin/fluent-gem install fluent-plugin-bigquery
```

Outputプラグインの利用（fluent-plugin-bigquery）

FluentdからBigQueryにデータを転送するにあたり、Google Cloud Platform上でBigQueryにデータを書き込む権限を持つサービスアカウントとキーファイルが必要となります。サービスアカウントとは、アプリケーションや仮想マシンのインスタンスで利用される特別なアカウントです。

FluentdをGoogle Cloud PlatformのCompute Engineで利用する場合、Compute Engineに与えるサービスアカウントにBigQueryへの書き込み権限を与えます。Amazon Web ServicesのEC2の場合は、サービスアカウントから取得可能な認証キー`private_key`または`json_key`が必要となります。

- `auth_method`：認証方法を指定する（初期値private_key）。
- `project`：プロジェクト名を指定する。
- `dataset`：データセット名を指定する。
- `table`：テーブル名を指定する。
- `auto_create_table`：テーブルを自動的に作るか否かを指定する（初期値false）。
- `fetch_schema`：trueを指定した場合、スキーマ定義をBigQueryから自動的に検出する（初期値false）。
- `schema`：スキーマを指定する場合はJSONで記述する。`fetch_schema`と`schema_path`を指定する場合は不要。
- `schema_path`：スキーマを指定する場合はJSONファイルのパスを指定する。

ストリーミング入力の場合は、`bigquery_insert`を利用します。

---

14 https://cloud.google.com/bigquery/quotas
15 https://cloud.google.com/bigquery/pricing
16 https://github.com/fluent-plugins-nursery/fluent-plugin-bigquery

コード3.3.5.2：bigquery_insert Outputプラグイン（v.3.1.0）の設定例[17]

```
<match YOUR_TAG>
  @type bigquery_insert

  auth_method private_key
  email YOUR_SERVICE_ACCOUNT_EMAIL_ADDRESS
  private_key_path YOUR_SERVICE_ACCOUNT_PRIVATE_KEY_PATH

  project yourproject_id
  dataset yourdataset_id
  table   tablename

  # スキーマ定義(JSON)を指定します。
  schema [
    {"name": "time", "type": "INTEGER"},
    {"name": "remote", "type": "RECORD", "fields": [
      {"name": "host", "type": "STRING"},
      {"name": "ip", "type": "STRING"},
      {"name": "user", "type": "STRING"}
    ]},
    {"name": "loginsession", "type": "BOOLEAN"}
  ]
</match>
```

一括入力の場合は、`bigquery_load`を利用します。

コード3.3.5.3：bigquery_insert Outputプラグイン（v.3.1.0）の設定例[17]

```
<match YOUR_TAG>
  @type bigquery_load

  <buffer>
    path bigquery.*.buffer
    flush_at_shutdown true
    timekey_use_utc
  </buffer>

  auth_method json_key
  json_key json_key_path.json

  project yourproject_id
  dataset yourdataset_id
  auto_create_table true
  table yourtable%{time_slice}
  schema_path bq_schema.json
</match>
```

---

17 https://github.com/fluent-plugins-nursery/fluent-plugin-bigquery/tree/v3.1.0#streaming-inserts

3-4
Fluentdによる構造化ロギング

SQLなどが処理しやすいログは、テーブル構造などに構造化されている構造化ログ（Structured Log）と呼ばれます。ミドルウェアが出力するログは必ずしも構造化されているわけではないため、パーサーなどを利用して構造化しつつログを転送する処理を構造化ロギング（Structured Logging）と呼びます。また、データ転送の際に、UUIDやホスト名などのメタデータを付加情報として付与し、集計時に利用したいケースもあるでしょう。

本節では、Fluentdによる構造化ロギングと、付与情報を与える目的やその方法を解説します。

3-4-1 構造化ロギング

Fluentdには、Apache HTTP Server、nginx、syslogなどの出力ログを構造化するParserプラグイン[1]が標準で用意されています。

標準搭載のParserプラグインを使い、非構造化データや半構造化データを整形して構造化データに変換すれば、データプラットフォームでの処理が容易になります。つまり、Fluentdの構造化ロギングを利用して、ある程度データ取得時に整形すれば、データ処理の効率化が期待できます。

in_tailプラグイン（syslog）

syslogのパースは、td-agentに標準で用意されているin_tailプラグインで処理します。

次に示す通り、syslogが出力するログはスペース区切りの文字列であるため、そのままではSQLで処理できません。

コード3.4.1.1：syslogが出力するログの例

```
<6>Feb 28 12:00:00 192.168.0.1 fluentd[11111]: [error] Syslog test
```

parseディレクティブで`message_format`パラメータを与えると、レコード構造に変換されます。

---

[1] https://docs.fluentd.org/parser#list-of-built-in-parsers

コード3.4.1.2：プラグインの設定例 ― syslogのパース

```
<source>
  @type tail
  path /var/log/syslog
  tag syslog
  <parse>
    @type syslog
    message_format rfc3164   # rfc3164/rfc5424/autoから選択可能
  </parse>
</source>
```

FluentdのParserプラグイン「syslog」が、自動的に構造化ロギングをおこないます。

たとえば、syslogイベント内の`host = 192.168.0.1`などに構造化されており、SQLなどでの処理が容易になります。

コード3.4.1.3：構造化ロギングされたsyslogのイベント

```
time:
1362020400 (28/Feb/2013:12:00:00 +0900)

record:
{
  "pri"    : 6,
  "host"   : "192.168.0.1",
  "ident"  : "fluentd",
  "pid"    : "11111",
  "message": "[error] Syslog test"
}
```

in_tailプラグイン（nginx）

nginxのパースは、fluent-gemに標準で用意されているin_tailプラグインで処理します。parseディレクティブで、`@type nginx`のパラメータを与えるとレコード構造に変換されます。

コード3.4.1.4：プラグインの設定例 ― nginxのパース

```
<source>
  @type tail
  path /var/log/nginx/access.log
  tag record
  <parse>
    @type nginx
  </parse>
</source>
```

前述のsyslogと同様に、次に示す通り、nginxが出力するログは構文解析が難しい文字列です。

コード3.4.1.5：nginxの出力データ

```
127.0.0.1 192.168.0.1 - [28/Feb/2013:12:00:00 +0900] "GET / HTTP/1.1" 200 777 "-"
"Opera/12.0" -
```

FluentdのParserプラグイン「nginx」が、自動的に構造化ロギングをおこないます。

コード3.4.1.6：構造化ロギングされたnginxのイベント

```
time:
1362020400 (28/Feb/2013:12:00:00 +0900)

record:
{
  "remote"              : "127.0.0.1",
  "host"                : "192.168.0.1",
  "user"                : "-",
  "method"              : "GET",
  "path"                : "/",
  "code"                : "200",
  "size"                : "777",
  "referrer"            : "-",
  "agent"               : "Opera/12.0",
  "http_x_forwarded_for": "-"
}
```

この通り、ログに出力された文字列を分解する処理を構造化ロギングと呼びます。後続のデータプラットフォームでは、構造化ロギングの際に分解された列がそのままテーブルのカラムになります。文字列パーサーをSQLで実装する必要がなくなり、分析が容易になります。

3-4-2　ネスト構造の分解

Fluentdに転送されるデータには、内部構造にキーと値を持つディクショナリ構造や複数の値を持つ配列など、ネスト構造の半構造化データであるケースもあります。
ネスト構造のデータは、そのままでもSQLで処理できる場合がほとんどですが、単純なテーブル構造のデータに比べてSQLが複雑になりがちです。そのため、データプラットフォームに転送する際にネスト構造を分解した方が、ETL処理やELT処理が不要になるメリットがあります。

たとえば、JSONなどの多次元構造の表現が可能なフォーマットで、深いネストを含むJSON文字列の場合、JSONPathで分解して必要データを取り出すクエリを記述する必要があります。JSONPathはJSONの構造を検索して指定した要素を取得するクエリ言語であり、入れ子構造や配列などの複雑な構造を持つJSONを検索できます。

JSONを分解する処理は一般的に負荷が高く、通常のテーブルデータよりもコンピュータリソースを必要とします。また、多次元構造を表現できるJSONは複雑な構造を取る場合があり、JSONPathでの検索クエリの記述が難しく、データ分析担当者の心理的な負荷になりがちです。

そのため、Apache SparkやEmbulkなどを利用してクレンジングを実行した方が、処理やデータ分析の効率面で有利なケースがあります。一方で、Fluentdでデータプラットフォームに転送する際にデータ構造を平坦化（Flatten）すると、ETL処理やELT処理で平坦化処理が必要なくなることが期待されます。ただし、データを加工して平坦化すると、発生時点でデータの意味が失われる可能性があるため注意が必要です。

Fluentdなどのログコレクタで平坦化する方がよいかどうかはケースバイケースです。ちなみに、複雑度が高い構造を持つ入力データは、一旦データプラットフォームのストレージ（Amazon S3など）に転送し、Apache Sparkなどで加工するETL処理を利用する方が適切です。

fluent-plugin-flatten-hashプラグイン

fluent-plugin-flatten-hashはネスト構造を持つデータを平坦化するプラグインです。

ログコレクタに入力されるログデータは、しばしばネスト構造を持つデータであり、そのままデータプラットフォームに投入すると、複雑なクエリの記述を強いられてしまいます。

fluent-plugin-flatten-hashをインストールするには、下記コマンド例に示す通り、`fluent-gem`コマンドを利用します。

コード3.4.2.1：fluent-plugin-flatten-hashプラグインのインストール

```
$ sudo /usr/sbin/fluent-gem install fluent-plugin-flatten-hash
```

ネスト構造の平坦化は、Output/Filterプラグインflatten-hash[2]の利用で実現できます。

コード3.4.2.2：fluent-plugin-flatten-hash（v0.5.1）の設定例

```
<filter message>
  type flatten_hash
  separator _
</filter>
```

---

2 https://github.com/kazegusuri/fluent-plugin-flatten-hash/tree/v0.5.1

データ構造の推移

fluent-plugin-flatten-hashを利用すると、データ構造は次に示す通り変換されます。

コード3.4.2.3：フィルタ処理実施前のデータ構造
```
message.foo: {
   "message":{
      "today":"good day",
      "tomorrow":{
         "is":"more good day"
      }
   },
   "days":[
      "2019/09/29",
      "2019/09/30"
   ]
}
```

コード3.4.2.4：フィルタ処理後のデータ構造
```
message.foo: {
   "message_today":"good day",
   "message_tomorrow_is":"more good day",
   "days_0":"2013/08/24",
   "days_1":"2013/08/25"
}
```

データプラットフォーム上のデータウェアハウスやレイクハウスでは、SQLを利用した分析が頻繁におこなわれます。そのため、データ転送時には、SQLが容易に取り扱える形式に変換しておくことが重要です。

ネストの深い半構造化データは、SQLの可読性が低く実装の難度が高くなりがちです。そこで、多次元構造の半構造化データを2次元構造の構造化データ（テーブルデータ）に変換する（平坦化する）方がよい場合があります。

Trino（旧PrestoSQL）で動作する、平坦化しない場合と平坦化した場合のコード例を示します。平坦化した場合はカラムから直接データを取得できるため、処理効率がよいことが明白です。

コード3.4.2.5：平坦化処理を実施しない場合のSQL例
```
WITH dataset AS (
   -- JSONを文字列として分解処理する
   SELECT '{
```

```
    "message":{
       "today":"good day",
       "tomorrow":{
          "is":"more good day"
       }
    },
    "days":[
       "2019/09/29",
       "2019/09/30"
    ]
}'
    AS blob
)
SELECT
  json_extract(blob, '$.message.today') AS message_today,
  json_extract(blob, '$.message.tomorrow.is') AS message_tomorrow_is,
  json_extract(blob, '$.days[0]') AS days_0,
  json_extract(blob, '$.days[1]') AS days_1
FROM dataset
```

コード3.4.2.6：平坦化処理を実施した場合のSQL例

```
SELECT
  message_today,
  message_tomorrow_is,
  days_0,
  days_1
FROM
  dataset
```

3-4-3 UUIDによる重複除去

Fluentdはストリーミングログコレクタであるため、ログの重複が発生する可能性を捨てきれません。Fluentdがデフォルトのデリバリセマンティクスにat-least-onceを採用していることがその理由です。at-least-onceは少なくとも一度はログが転送されることを保証するもので、システムの負荷状況によっては複数回転送される可能性を否定できません。また、ログの発生源とログコレクタ間で通信障害による重複が発生する可能性があります。

たとえば、スマートフォンアプリとログコレクタの関係を考えてみましょう。データの発生源であるスマートフォンアプリから、ログコレクタにデータを転送中に、WiFiやモバイル通信の接続が切断されたと仮定します。スマートフォンアプリはログ転送の再送を試みる場合がありますが、通信状況によってはログコレクタに転送済みかもしれません。

ログが重複する問題に対処するためには、データ発生源に近い位置でのUUID付与が有効な手段となります。スマートフォンアプリでは、アプリ内でのUUID付与がデータ発生源に近いため望ましいといえます。また、サーバサイドログでは、FluentdのFilterプラグインを利用すればUUIDの付与が可能です。本項では、Fluentdを利用したUUIDの付与を解説しましょう。

fluent-plugin-addプラグイン

Fluentdには、UUIDを付与を可能とするプラグインfluent-plugin-add[3]が用意されています。
プラグイン内部ではレコードの処理ごとに、`SecureRandom.uuid.upcase`を利用してバージョン4のUUID（Universally Unique IDentifier）を使用しています。
fluent-plugin-addをインストールするには、下記コマンド例に示す通り、`fluent-gem`コマンドを利用します。

コード3.4.3.1：Flutterロゴを表示するアプリケーション

```
$ sudo /usr/sbin/fluent-gem install fluent-plugin-add
```

fluent-plugin-addはUUIDの付与だけではなく、イベントへのプレフィックスの付与や固定キー値の挿入も可能です。

コード3.4.3.2：fluent-plugin-add（v0.0.7）の設定例

```
<match YOUR_TAG>
  @type add
  add_tag_prefix debug
  uuid true
  <pair>
    foo bar
  </pair>
</match>
```

データ構造の推移

fluent-plugin-addプラグインを利用すると、データ構造は次のように変換されます。

コード3.4.3.3：入力されたデータ構造

```
message.foo: {"data":"world"}
```

---

3 https://github.com/yu-yamada/fluent-plugin-add/tree/v0.0.7

コード3.4.3.4：フィルタ処理後のデータ構造

```
debug.message.foo: {"data":"world", "foo": "bar", "uuid":"82B0B4DD-DD91-1303-DC12-B973791CB467"}
```

ログデータ転送先のデータウェアハウスでは、次に示すSQLで重複除去が可能です。データ転送中に何らかの理由で重複が発生しても、ETL処理で重複データを除去できます。このような処理は、一般的にデータクレンジングやデータ前処理と呼びます。

コード3.4.3.5：重複除去をおこなうSQLの実装例

```
SELECT
  DISTINCT *
FROM
  foo f
WHERE
  -- 保存時点から一定時間以内の以内のデータを対象とする
  time BETWEEN ...
```

いかなるログコレクタを利用した場合でも、「完全に重複がない状態」にすることは困難です。そのため、本項で紹介したUUIDの付与に加え、後続の処理で重複データを除去するのが現実的といえるでしょう。

3-4-4 システム構成パターン

Fluetndはアプリケーションサーバと協調して動作するミドルウェアです。Fluentdにアプリケーションログを回収させるには、どのような構成が望ましいのでしょうか。本項では、ログ転送方式、コンテナログの転送、アグリゲーターの利用など、Webサーバのアクセスログをなるべく欠損なくデータレイクに送信するシステム構成パターンを、実例とともに紹介します。

ログ転送方式

Webサーバをインスタンスで稼働させ、そのアクセスログをFluentdで転送する実装を検討してみましょう。Fluentdの構成例には、次の組み合わせが考えられます。

- ログをファイルに出力して、in_tailプラグインで受け取る
- アプリケーションから直接Fluentdに転送する
- ログをファイルに出力してin_tailプラグインで受け取り、Fluentdアグリゲーターに転送する

出力したログファイルをin_tailプラグインで受け取る

ログをファイルに出力する構成がもっとも標準的なパターンです。
ストレージに保存されたファイルを経由するため、アプケーションサーバはログをファイルに出力するだけでログを回収できます。また、Fluentdの意図しないクラッシュでもログが欠損しないため、ログ転送の可用性向上も期待できます。ただし、ログが際限なく増えてしまう状況を防ぐため、回収済みログのローテーションと削除を実施し、ストレージの領域不足に注意する必要があります。

図3.4.4.1：ログをファイルに出力してin_tailプラグインで受け取る

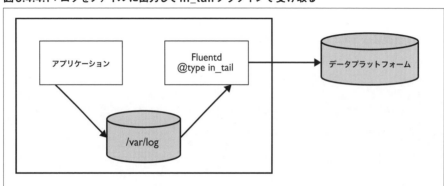

アプリケーションから直接Fluentdに転送する

アプリケーションログをFluentdにバイナリ転送する構成で、ログのローテーションやストレージの容量不足を心配する必要がありません。
アプリケーションサーバのログ処理がオンメモリで実行されるため、アプリケーションのクラッシュ時はログが揮発して欠損の原因となります。また、ネットワーク経路のどこかが遮断されると、想定外のメモリを消費するリスクがあるなど、選択には慎重になるべきパターンです。

図3.4.4.2：アプリケーションから直接Fluentdに転送する

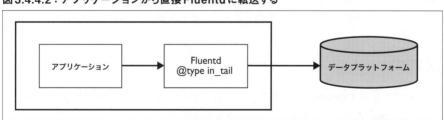

ログファイルをin_tailプラグインで受け取り、Fluentdアグリゲーターに転送する

Fluentdアグリゲーターとは、複数のFluentdノードからFluentdアグリゲーターとなるノードに向けて転送するFluentdの多段構成で、高負荷環境のログ転送で推奨されるパターンです。

高負荷環境では、スロットリングと呼ばれる制限やフラグメンテーション（断片化）が発生する可能性があります。スロットリングとは、Amazon S3への1秒あたりの同一プレフィクスのリクエストに対して、3,500のPUT/COPY/POST/DELETEリクエスト、または5,500のGET/HEADリクエストを上限とする制限です。また、フラグメンテーションとは、コンテナあたりの時間単位のログが少ない場合、Amazon S3に小さなファイルが大量に発生する現象です。フラグメンテーションによる大量ファイルのリスト化や読込リクエスト数の増加で、データ読込時のコスト高騰を招く可能性があります。

Fluentdアグリゲーターを経由すると、Amazon S3への出力ファイル数が削減（ただしファイルサイズは増加）されるため、スロットリングやフラグメンテーションの発生を回避できます。

Fluentd以外でデータ最適化処理（ファイル数のコンパクションなど）をおこなわないのであれば、Fluentdアグリゲーターの利用を推奨します。Fluentdアグリゲーターを利用しないのであれば、Amazon Data Firehoseなどのストリーミングパイプラインを利用して、データを束ねてAmazon S3に保存するなど別の方法が必要です。

なお、Fluentdアグリゲーターから別のFluentdアグリゲーターへの転送も可能ですが、データパイプラインが複雑になるため、必要性を吟味した上で採用しましょう。

図3.4.4.3：ログファイルをin_tailプラグインで受け取り、アグリゲーターに転送する

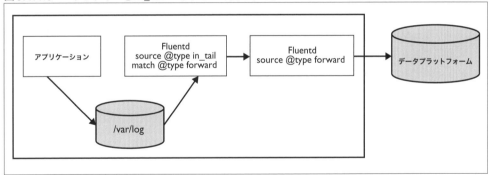

転送方式それぞれの長所と短所をまとめると、次表の通りです。

表3.4.4.4：ログ転送方式の比較

転送方式	長所	短所
出力したログファイルをin_tailプラグインで受け取る	標準プラグインなので簡単	fluentdシャットダウン時、ログローテートが発生すると欠損する
アプリケーションから直接Fluentdに転送する	標準プラグインなので簡単	アプリケーションに複数の責務が任され、耐障害性が低下する
ログファイルをin_tailプラグインで受け取り、Fluentdアグリゲーターに転送する	高負荷環境で有利	fluentdの多段構成でメンテナンスが複雑になる可能性がある

コンテナログの転送

Dockerコンテナから、アプリケーションログを転送する方法を考えてみましょう。
Dockerコンテナの原則には、「1コンテナ1プロセス」の原則があります。これは、プログラミングの「単一責務の原則」(SRP：Single Responsibility Principle)に基づき、1つのプロセスに特定の責任だけを持たせると、変更に対する耐性が高くなるという知見に由来しています。この原則に準拠して、アプリケーションとFluentdがそれぞれ別のコンテナで稼働するパターンを考えてみましょう。

- アプリケーションコンテナからFluentdサーバに転送する
- アプリケーションコンテナからサイドカーのFluentdに転送する
- アプリケーションコンテナから共有ストレージにログファイルを書き込み、サイドカーのFluentdからtailして転送する

ちなみに、上記のサイドカーとは、メイン機能を提供するコンテナと補助機能を提供するコンテナを2つ組み合わせて、必要に応じてストレージを共有する構成です。

アプリケーションコンテナからFluentdサーバに転送する

アプリケーションコンテナからFluentdサーバに向けて、Forwardプラグインで転送する構成です。アプリケーションから直接ログデータをFluentdに転送するため、コンテナ特有の事情を考慮せずに利用できます。
Fluentdサーバは複数の異なるアプリケーションで共有する構成となり、転送設定が煩雑となるケースもあります。また、このパターンはネットワーク障害が発生すると未転送ログでメモリが溢れ、アプリケーションコンテナが異常終了する危険があります。

図3.4.4.5：アプリケーションコンテナからFluentdサーバに転送する

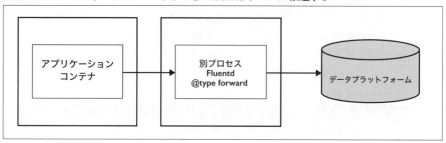

アプリケーションコンテナからサイドカーのFluentdに転送する

アプリケーションコンテナからサイドカーのFluentdに、Forwardプラグインで転送する構成です。アプリケーション専用のFluentdコンテナのため、目的別に特化した転送設定が可能です。

コンテナが分離しているため、アプリケーションコンテナがクラッシュしても、ログ転送を担当するFluentdコンテナは影響を受けづらい構成です。しかし、Fluentdコンテナに何らかの問題が発生すると、メモリ上のデータが揮発してログ欠損の可能性があります。

図3.4.4.6：アプリケーションコンテナからサイドカーのFluentdに転送する

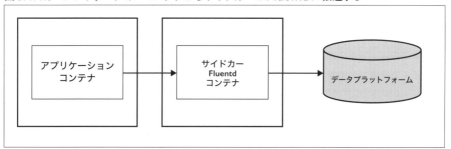

アプリケーションコンテナから共有ストレージにログファイルを書き込み、サイドカーのFluentdからtailして転送する

アプリケーションコンテナとFluentdコンテナのボリュームを共有する構成です。アプリケーションコンテナは共有ボリュームにログファイルを書き込み、Fluentdコンテナはログファイルを回収して転送します。

アプリケーションコンテナとFluentdコンテナ、いずれのコンテナがクラッシュした場合でも、ファイルにログが保存されているため、ログ欠損が発生しづらい特徴があります。

図3.4.4.7：サイドカーのFluentdからtailして転送する

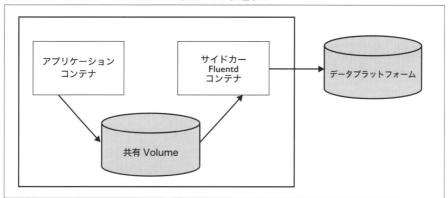

監視ツールの活用

システム運用では、システム監視や障害発生時にアラートを発報するためのログ監視ツールが有効です。Fluentdで収集したログは、KibanaやGrafanaなどの可視化ツールと連携して、CPUやメモリの使用率、アプリケーションのレスポンスタイムなど、システム状況のモニタリングで活用できます。

複数のサービスが協調して連携するマイクロサービスアーキテクチャを採用した場合、各サーバと連動する複数のリクエストを1つのリクエストとみなす監視システムは、実装が非常に困難です。そこで、マイクロサービスで構成されたサーバを監視する場合、分散トレーシングツールが有効です。たとえば、DataDogやHoneycombなどの分散トレーシングツールは、トレースIDと呼ばれるIDを利用して、複数のサービスを跨ぐリクエスト経路や処理時間などを横断して監視できます。

また、アプリケーションのエラーログを監視する場合、エラーログ監視ツールが有効です。エラーログはシステムの異常を検知し、該当行のスタックトレースを表示するなど、問題の原因特定に繋がる重要な情報が得られます。何らかの異常が発生した場合、同じ該当行のエラーがリクエストごとに発生し、同じログが爆発的に発生するケースがあります。Sentryなどのエラーログ監視ツールでは、エラーログの統計やグルーピング（同一エラーの重複とみなす）処理のおかげで、エラーを効率的に監視できます。分散トレーシングツールやエラーログ監視ツールなどは、メールやSlackなどのチャットツールにアラートする機能が提供するものが大半で、効率的なシステム運用を支援します。たとえば、次に挙げる監視体制を構築すれば、システムの安定運用が実現可能です。

- 分散トレーシングツールによるマイクロサービス間の透過的な監視
- エラーログ監視ツールによるエラー検知と原因特定
- Fluentdでデータプラットフォームに転送されたログから統計情報の取得と可視化

現代的なアプリケーションの機器構成によっては、単純にログを転送するだけでは判断が難しいため、ログの意味や内容に着目したセマンティックス監視と呼ばれる手法も登場しています。セマンティックス監視とは、従来のログ監視やメトリクス監視に加えて、ビジネスの視点を取り入れて、システム全体の状況をより深く理解するための監視手法です。ログやメトリクスの監視で得られる情報に加えて、ユーザーの行動パターンや機能の利用状況、エラー遭遇時のユーザー反応、セッション継続時間などを総合的に分析し、システムの健全性やビジネスへの影響を評価します。
これらのツールを適切に組み合わせれば、複雑なシステム環境であっても効果的なセマンティックス監視を構築できます。目的に応じて適切な監視ツールを選定して、システムの安定運用を実現しましょう。

Chapter 4

データ変換・転送
バッチ編

データソースから取得するデータはそのままでは扱いにくい場合が多く、
利用しやすい形式に変換する必要があります。
この処理は、Extract（抽出）、Transform（変換）、Load（格納）の3工程から成り立ち、
頭文字を取ってETL処理と呼ばれます。
データウェアハウスやデータレイクでは、
ETL処理を施したデータが分析やレポーティングなどに利用されます。
近年では、ETL処理の工程を管理するジョブスケジューラと呼ばれるミドルウェアや、
データエンジニアリングからデータサイエンスまでを
同一プラットフォームで処理可能なSaaSなど、さまざまな処理基盤が整っています。

本章では、データ変換・転送のバッチ編として、
ETL処理の理論から実践的なステップまでを紹介します。

4-1 抽出・変換・格納（ETL）

データを利用しやすい形式に変換することは、データ利活用の促進に繋がります。データの抽象度を表すDIKWモデルに適用すると、どのようなデータがプラットフォームで利用しやすいか明確になります。より実用的なETL処理を実現するためにも、まずはDIKWモデルを復習しましょう。

DIKWモデルの最下層であるData領域では、データは単なるシンボルで特に意味を持ちませんが、その上層のInformation領域では、データは組織化または構造化されます。ETL処理とは、シンボルに過ぎないData領域の生データをInformation領域より上層の構造化されたデータに変換し、データプラットフォームで検索可能にする処理です。つまり、次図に示す通り、ETL処理やELT処理は、データの受領場所であるLanding（着地点）からKnowledge領域へ向けて、データ変換を担います。

図4.1.0.1：DIKWモデルとETL処理

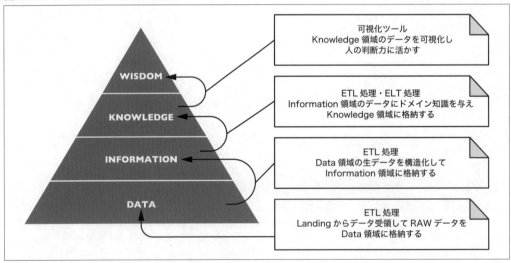

この処理は、次表に示す通り、Extract（抽出）、Transform（変換）、Load（格納）の3つから成り立ちます。

表4.1.0.2：ETLの各ステージ概要

処理ステージ	内容
Extract	データベースやストレージなどのデータソースからデータを抽出する
Transform	抽出したデータを情報(Information)や知識(Knowledge)に変換するため変換・加工する
Load	変換・加工済みのデータを最終的なターゲットに格納する

ETL処理は、Extract（抽出）からTransform（変換）、そしてLoad（格納）の順に実行されます。

図4.1.0.3：ETL処理の概念図

組織内のデータはさまざまな場所に存在し、複数のシステムやストレージにファイルとして格納されています。たとえば、リレーショナルデータベースやクラウド上のGoogleスプレッドシート、共有ストレージなど、そのフォーマットも保存される形式もさまざまです。この散在するデータをSSOT（Single Source of Truth）化し、統一されたアクセスを可能にすると、すべての情報を結合した分析が可能となります。複数のシステムに断片的に保存されている情報を結合すれば、知識や知恵の発見を促進することが期待できます。

また、近年ではデータウェアハウス技術の発展から、データウェアハウスへの格納（Load）後に変換（Transform）する、ELT処理と呼ばれる処理方式も出現しています。本節では、ETL処理ならびにELT処理の周辺技術を解説しましょう。

4-1-1 ETL処理とその歴史

データ分析におけるETL処理は、従来Apache Hadoopと呼ばれるオープンソースソフトウェアで実行されてきました。Apache Hadoopは、2004年の論文「Simplified Data Processing on Large Clusters[1]」で発表されたGoogle社内の基盤技術をオープンソースとして公開したもので、2006年にダグ・カティング（Doug Cutting）が米国Yahoo!社に入社し、Hadoopプロジェクトが誕生したことがその始まりとされます。

Apache Hadoopを構成する二大要素には、HDFSと呼ばれる分散ファイルシステムと、MapReduceと呼ばれる分散処理プログラミングモデルがあります。それぞれ説明しましょう。

1　https://static.googleusercontent.com/media/research.google.com/ja//archive/mapreduce-osdi04.pdf

HDFS

HDFSはOSが管理するファイルシステムではなく、ファイルを一定サイズで分割して（初期設定では64MB）、記録装置の台数に応じて並列に配置する、つまり、ファイルを複数ブロックに細分化して、読み書きを高速化する仕組みです。ちなみに、近年はHDFSはApache Hadoopクラスタを必要とする上に、利用面での煩雑さに加え、信頼性や耐久性などの観点から、Amazon Web ServicesのS3やGoogle Computing PlatformのGCSがその代替として利用される傾向があります。

オンプレミスのシステムを保有している組織においても、クラウドベンダーが提供するクラウドストレージのデータ信頼性や利用のしやすさの観点から、HDFSからAmazon S3やGCSへの移行が進んでいます。オンプレミスでデータ信頼性を担保するコストと、クラウドストレージを利用するコストを比較したときに、相対的にクラウドストレージの利用コストが安価であるユースケースが多いためです。

MapReduce

MapReduceは、Mapと呼ばれる入力を細かい処理単位に分割するステージと、Reduceと呼ばれるMapの処理結果を集約するステージに分けて、データ集計を実行するプログラミングモデルです。

MapとReduceを繰り返し実行し、テラバイト規模のデータを分割して並列処理を施して、迅速に結果を得ることを目的に開発されています。しかし、MapReduceは実装の難度が高いと指摘されており、Apache Hiveと呼ばれるSQLライクなインターフェイスで実装可能にするプロダクトも誕生しています。また、MapReduceの仕組み上、ステージ別の処理結果をファイルストレージに書き込むため、必ずしも処理効率が高いとはいえません。

そこで、Apache HadoopのMapReduceを置き換えるために、データ処理をオンメモリ処理で処理するApache Spark、Apache Impala、Trino（旧PrestoSQL）が開発され、その普及が進んでいます。メモリ単価の低下によって大容量メモリが利用可能になり、オンメモリによる低レイテンシが分析効率の向上に繋がるためです。オンメモリでの処理が難しいデータ量を処理する場合は、MapReduceやApache Hiveを利用するケースもありますが、テラバイトクラスのメモリも容易に確保できるようになり、その頻度は下がっている状況です。

Hadoopファミリー

Hadoopファミリーと呼ばれるプロダクトを紹介しておきましょう。Apache HiveやMapReduceは処理途中の断面をファイルストレージに書き出すため、一度に大量のデータを処理でき、Apache Spark、Apache Impala、Trino（旧PrestoSQL）は、オンメモリで高速に動作する処理特性を持ちます。そのため、従来は大量データのバッチ処理はApache Hive、即応性（BIツールなど）が求められる処理はオンメモリ系と、用途ごとに棲み分けられていました。しかし、近年ではクラウドの潤沢なリソースが利用可能になり、バッチ処理もオンメモリ系のApache Sparkを利用するケースが増えてきています。

たとえば、Apache Sparkは、「Unified Analytics Engine for Big Data」をコンセプトとして開発されたビッグデータ処理基盤です。ファイルから読み込んだデータや計算結果をメモリにキャッシュするため高速に動作します。高速なCPUやメモリを複数台束ねるクラスタ化ができるため、テラバイト規模の処理も可能です。典型的なバッチ処理で利用するデータ構造は、日付パーティションなどで処理区画が分けられており、ほとんどのケースで一度に扱うデータ量はテラバイト規模で収まります。

2016年にリリースされたApache Spark 2.0では、DataFrameと呼ばれるAPIが標準となり、ANSI SQL（SQL 2003）対応の標準SQLによる処理も可能となったため、SQLを利用したETL処理やELT処理も可能です。また、複数のデータソースから取得したデータを束ねて集計し、リレーショナルデータベースやAmazon S3などのストレージに格納できます。たとえば、Apache HiveやTrino（旧PrestoSQL）の処理結果、MySQLやPostgreSQLなどのRDB、RedisなどのNoSQLから取得したデータなどを束ねてDataFrame化して、その処理結果を保存できます。

この通り、Apache SparkはETL処理におけるデータソース間のデータパイプライン構築が容易であり、オンメモリで高速に動作するため、広く受け入れられています。

4-1-2 ETL処理の各工程

ETL処理は、Extract（抽出）、Transform（変換）、Load（格納）の頭文字で、抽出→変換→格納の順番に処理する方式です。しかし、ETL処理の実装方法によっては、各工程の境界線が曖昧で明確に分離できない場合もあります。Extract/Transform/Loadの各工程の目的と代表的な処理を解説しましょう。

Extract（抽出）

ETL処理の最初の工程は、Extractと呼ばれるデータを抽出する処理です。企業内で管理されているデータは無数であり、そのデータフォーマットもさまざまな形式です。

代表的なデータ抽出の対象は次の通りです。

- アプリケーションが出力するCSVやJSON、LTSV[2]などのログファイル
- PostgreSQLやMySQLなどのリレーショナルデータベース
- Amazon Redshift、BigQuery、Treasure Dataなどのデータウェアハウス
- Amazon S3やGCSなどのストレージに保存されたファイル（Parquet、Deltaなど）

ファイル形式やデータフォーマット、ストレージは多種多様です。これらのデータを読み込むことがExtract工程の処理であり、後続のデータ変換処理（Transform）工程に遷移します。

---

2 LTSV = Labeled Tab-separated Values

Transform（変換）

Transformとは、Extract工程で取得したデータに一定の秩序や規則を与える変換処理の工程です。CSVファイルなど型が存在しないフォーマットに数値型や文字列型などのメタ情報を付与したり、データ構造を変換したりする処理です。

代表的なTransform処理の一例をあげると、半構造化データを構造化データに変換する処理があります。たとえば、JSONやParquetなどは、1つのキー値にネスト構造や配列など、多くの情報量を含む表現が可能です。ネスト構造を維持したまま後続のデータウェアハウスに転送してしまうと、データウェアハウスでネスト構造の分解に複雑なSQLクエリが必要になり、処理効率や開発効率の観点で望ましくありません。したがって、Transform処理の工程で非構造化データを2次元構造のテーブルデータに変換することで、後続のデータプラットフォームでの計算効率向上が期待できます。

また、無秩序なデータに所定のドメイン知識となるキー項目を付与する処理もあります。たとえば、スマートフォンが持つ広告識別子などの一般的なIDに対して、アプリケーション固有のユーザーIDを与える処理などです。ユーザーIDは利用者の特定を可能とするIDであり、匿名の広告IDしか持たないデータに同定可能とするIDを付与する処理です。ユーザーIDはデータプラットフォームで幅広く利用されるIDであり、元の匿名データに対してユーザーIDを与えると扱いやすいデータ構造になるのはいうまでもありません。

Transform処理は、データの一貫性、信頼性、価値を向上させるデータクレンジングの工程であるともいえます。データクレンジングは、一般に不正確なデータを是正する欠損値の補完や重複除去、さらには、データ自身に意味付けさせる正規化や集約などもその責任範囲です。ちなみに、欠損値や誤入力されたデータを含むものは「ダーティデータ」とも呼ばれますが、このダーティデータを利用可能にする工程も、Transform処理と定義してもよいでしょう。広義のTransform処理には、機械学習や統計データの計算などの処理も該当します。何らかのデータ変換に責任を持つ処理として理解しておきましょう。

Load（格納）

Loadとは、前述のTransform処理で変換したデータを後続のデータレイクやデータウェアハウス、データマートに格納する処理です。Load処理では、GoogleスプレッドシートやSNSなどが提供するAPIを経由して、外部システムに保存する場合もあります。保存先は多種多様であり、その保存方法の手続きもさまざまです。

上記のExtract・Transform・Loadの3工程を経て、データ集約や正規化、データクレンジングが実行され、最終的に利用可能な形式になります。

4-1-3 ELTアーキテクチャ

近年ではデータウェアハウスの発展により、ETL処理のTransformとLoadを入れ替えたELT処理もおこなわれるようになっています。ELT処理とは、データ抽出（Extract）の実行後に、データウェアハウスに格納（Load）、変換（Transform）するアーキテクチャです。このELT処理は、変換処理（Transform）がボトルネックとなりやすい問題を解決できる可能性があります。データ変換を分散計算環境が担うと、計算のスケール化が可能となるためです。

ちなみに、ELT処理を積極的に活用できるデータウェアハウスとして、Amazon Redshift、BigQuery、Treasure Data、Snowflakeなどが知られています。

次図に示す通り、あらかじめデータウェアハウスにデータをすべて転送し、データウェアハウス上で変換すれば、目的のデータを取り出せます（図4.1.3.1）。

図4.1.3.1：ELT処理の概念図

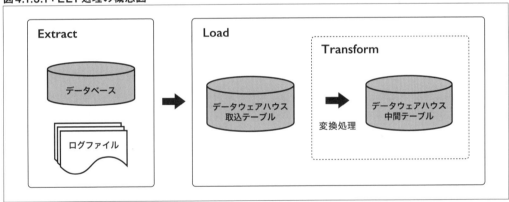

しかし、ELT処理は良くも悪くもデータウェアハウス製品の機能や性能に左右されるアーキテクチャです。データウェアハウスに投入すると、手軽にデータ処理が実行可能になる反面、データ取得方式がSQLに限定されたり、品質管理が難しくなるなどの問題があります。

4-1-4 ETL処理とELT処理の長所・短所

ETL処理とELT処理には、それぞれ長所と短所が存在します。ETL処理は従来のデータ処理手法で、データを取り出した後（Exstract）、変換（Transform）に続いて格納（Load）をおこなう処理です。ELT処理は比較的新しいデータ処理手法で、データウェアハウスにデータを格納（Load）した後に、変換する（Transform）処理です。それぞれの長所と短所を理解し、ユースケースに応じて使い分けましょう。

ETL処理の長所・短所

ETL処理は、抽出（Extract）対象となるデータストレージを自由に選択できたり、データ変換処理にPythonやScalaなどのプログラミング言語を利用できたりするなどのメリットがあります。データストレージを自由に選択できるためデータのポータビリティが高く、どのようなデータウェアハウスやデータプラットフォームに対しても入出力が容易です。

一方、計算エンジンやデータストレージなど、実行基盤であるインフラの構築が必要です。また、データストレージに保存するファイル構造を適切に設計しなければ、データスワンプ（沼）と呼ばれる状況に陥る可能性があります。データスワンプとはその名の通り、保存されたデータに一貫性がなく、どこに何が保存されているか分かりづらく、データアクセスの透明性が悪い状況を指します。

また、多くのミドルウェアを組み合わせて構築する必要があり、大規模で複雑になりがちです。相応のスキルを持つエンジニアの確保や、既存メンバーのスキルアップが必要となる可能性もあります。

ELT処理の長所・短所

ELT処理は、データウェアハウスに一度データを取り込んで処理する方式です。良くも悪くも、データウェアハウスの処理性能に左右されるアーキテクチャです。前述のETL処理でデメリットとして挙げたインフラ構築がほとんど必要ありません。現代的なデータウェアハウスは内部でスケーラブルなインフラ構成を採用しているため、利用者はスケーラブル性を意識する必要がないケースがほとんどです。

たとえば、BigQueryやTreasure Dataなどのクラウドベンダーは、マシン性能や転送時間、処理速度などをほとんど意識する必要がありません。データ分析に集中できるため、インフラ構築などにコストが掛からないことは大きなメリットです。ただし、クラウドベンダーが提供するデータウェアハウスには、「データのロックイン」と呼ばれる問題があります。

データのロックインとは、データのポータビリティが低く、データ移動が難しくなる問題です。データ移動に高額なコストや多大な計算時間を要するなど、データのロックインが発生する要因は多種多様ですが、データ移動が難しいことは、他社製品への切り替えが困難となるベンダーロックインと同義になります。データは企業価値の源泉であり、その資産を安全に保存するために、分散したデータのバックアップが必要になるケースもあります。

他にも、ELT処理はSQLに依存しているため、データ品質の維持や管理が難しいなどの問題もあります。近年では、dbt Cloud[3]などの登場で、SQLをモデル化してデータ品質を強化する動きもあります。しかし、データウェアハウス製品によってはサポートされないものもあるため、データ品質を強化するツールの選定には注意が必要です。

ちなみに、近年はBigQuery[4]やTreasure Data[5]でも、技術的なデータのロックインを回避するApache Sparkのコネクタが提供されています。

3　https://www.getdbt.com/
4　https://cloud.google.com/dataproc/docs/tutorials/bigquery-connector-spark-example?hl=ja
5　https://treasure-data.github.io/td-spark/

4-1-5 ETL処理とELT処理の組み合わせ

前述のdbt Cloudなどのツールが登場したとはいえ、データ処理の可用性やデータ完全性が求められるケースでは、Apache Sparkを利用するETL処理を積極的に利用した方がよいと考えられます。
Apache Sparkは、PythonやScalaなどのプログラミング言語を利用するETL処理が可能です。ScalaやPythonからApache Sparkのデータフレームを操作でき、PySparkからはデータ分析で頻繁に使われるPandasも利用できます。したがって、データフレームの操作にScalaTestやpytestなどのユニットテストフレームワークを利用でき、PySparkの場合はPandasのユニットテストも可能です。そのため、早期の問題発見や変更が容易になるなど、一般的なアプリケーション開発のユニットテストと同様の効果が期待できます。しかし、ETL処理は自由な設計や実装が可能となる反面、適切に設計しなければデータスワンプ（沼）と呼ばれる技術的負債の温床となり得るので注意が必要です。
一方、データウェアハウスが高機能になってきたとはいえ、ELT処理はデータウェアハウスの状況に左右されるアーキテクチャです。ELT処理は、SQLやSQLマクロによるSQLの自動生成が中心の宣言的な処理であり、Pythonなどのプログラミング言語に比べると手続き的な処理が難しいところがあります。宣言型はコードの全体像が把握しやすく「何をするか」を明示する反面、「どのように達成するか」は抽象化され把握しにくいのが特徴です。たとえば、反復的な処理や条件分岐が複雑に絡み合う実装は、プログラミング言語を利用するETL処理の方が適しています。また、データウェアハウスによっては前述のdbtがサポートされていなかったり、テスト用データセットの準備に難があるなど、データ品質を管理する上でさまざまな問題があります。したがって、ETL処理と比較するとまだまだデータ品質の保証が難しいといわざるを得ない状況です。
複雑なビジネスロジックでデータ品質を求められる場合は、Apache Sparkで前処理となるETL処理し、データウェアハウスに投入後にdbtでELT処理するなど、柔軟な構成を検討するとよいでしょう。

図4.1.5.1：ETL処理とELT処理の組み合わせ

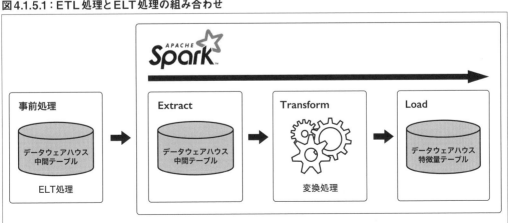

4-1-6 横断組織のETL/ELT処理

さまざまなプロダクトを抱える大規模な組織では、開発チームが複数のラインにまたがり、各プロダクトが利用するデータウェアハウスは各チームが個別に管理している場合があります。また、プロダクトごとに異なるデータウェアハウス製品を採用しているケースも珍しくありません。

データウェアハウスは、基本的に1つのデータウェアハウス内で完結することが前提であり、別製品のデータウェアハウスのデータセットは、一旦データを移動しなければデータ結合はできません。すなわち、そのままでは複数の異なるデータウェアハウスを横断したデータ分析はできません。

また、Google BigQueryやTreasure Dataにそれぞれペタバイトクラスの巨大なデータセットが存在する場合、いずれかを他方のデータウェアハウスに移動させることは困難です。このような問題に対処するミドルウェアとして、Apache Sparkがあります。

Apache Sparkのコンセプト、「Unified Analytics Engine for Big Data」から分かる通り、さまざまな場所に点在するデータを統一的に処理できます。たとえば、Google BigQueryとTreasure DataのデータセットをApache SparkでDataFrame化し、SQLでUNIONやJOINなどの処理を実装できます。

組織内でサービスを運営する特定の1部署が、独自のデータウェアハウス製品を利用してサービスを急激に発展させたケースを考えてみましょう。サービスを運営する部署は、独立した運営を優先するあまり、データ統合の優先度を軽視しがちになり、データ統合を担当する部署にとっては、積極的な協力が得られないがために、データ統合が困難になるケースがあります。

また、サービス独自のデータウェアハウスに投入されたデータ量や集計クエリは、時間の経過と共に膨大になるため、移行コストが膨れあがってしまい、データ統合を諦めるケースもあります。

このような状態はデータのサイロ化といわれ、データ管理コストの増大や機会損失を生む可能性があるため忌避されています。しかし、サービスの独立運営の観点では成長スピードを落とさないことが最優先とされ、データのサイロ化が黙認される場合も珍しくありません。そこで、複数の部署やサービスを横断するデータ処理のニーズの広がりから、Apache Sparkを利用する企業が急速に増加しています。

企業内のデータ分析では、複数の異なるデータウェアハウス製品のデータを結合したり、ビジネス職が分析したGoogleスプレッドシートのデータを結合したりするなど、多くのユースケースが存在します。そのような場合、サービス内でELT処理されたデータウェアハウスから、さらにApache Sparkを利用したETL処理が必要になる場合もあります。

データのサイロ化は、組織内のデータが分散しているため、データ管理の効率性や意思決定の遅延、データ一貫性の低下などの問題が生じます。解消するためには組織内のデータを統合して一元管理することが重要です。データのサイロ化に対する対抗策として、データウェアハウスを横断したデータ分析も可能にするApache Sparkの利用は強力な武器となるでしょう。

4-2
ETL処理とELT処理

データ分析の現場では、「データ分析は前処理の時間が8割を占める」と揶揄されるように、標準化や重複除去などのデータクレンジングが工数の大半となる報告があります。また、品質の悪い不完全なデータを入力すると最終的な分析結果の品質が悪くなることを「Garbage In, Garbage Out[1]」といいます。逆に高品質なデータであると保証されていれば、データサイエンティストやデータアナリストなどデータ分析の担当者はデータ分析業務に集中できます。

データが高品質であるとはどのような状態を指すのでしょうか？
高品質なデータとは、欠損や重複がなくデータ完全性が高いことを意味します。データ完全性とはデータインテグリティとも呼ばれ、RDBMSならば一意制約やCHECK制約、参照整合性などで一貫性が保証されます。しかし、データ伝達経路の生成・収集・転送の時点では、RDBMSと同様の制約を課せません。
データプラットフォームに投入されるデータは、非構造化データや半構造化データであるケースが大半です。そのため、格納時点でデータクレンジング処理をおこない、データ構造に一貫性を持たせる必要があります。したがって、データクレンジングと構造化データ化の2点が重要なトピックといえます。

データクレンジング

データクレンジングとは、データ内の表記揺れの是正、ノイズ除去、粒度の統一化、重複除去などをおこなう処理です。データクレンジング処理が実行されたデータは、結果として「データが再送されたとしても、可能な限り重複を除去」されたデータになります。これはデータパイプラインのデリバリセマンティクスがeffectively-once化されることと同義であり、データ品質の向上に繋がります。
データクレンジングの主な処理である重複除去は比較的容易に実現できますが、欠損値の補完は慎重になるべきです。欠損値補完が難しい理由は、データ配送中の欠損なのか、生成時点で存在しなかったデータなのかなど、欠損理由の因果関係が不明なためです。そのため、明らかに欠損していると判断できない場合は、ほとんどの場合そのままの値として扱います。

構造化データ化

JSONなどネスト構造となっている半構造化データはデータ分析クエリの記述が難解で、SQLが複雑化することで知られています。しかし、RDBMSなどテーブル構造の構造化データはSQLが単純となる

---

1 ゴミを入力するとゴミが出力される。「Rubbish In, Rubbish Out」（RIRO）と同義。

ため、クエリ作成の工数が削減されると期待できます。したがって、半構造化データを平坦化し、さらにデータクレンジングを実施すると、データ品質の向上から高効率なデータ分析を実現できます。

また、データプラットフォームに投入されるデータは、画像や自然言語の文書など非構造化データであるケースもあります。その場合は、非構造化データにその特徴となるメタ情報を付与して、容易に解釈できる構造化データに変換する必要があります。画像であれば画像解析、文書ならば形態素解析などをおこない、その結果を構造化データとして格納します。メタ情報を付与すればSQLでの検索が容易になります。

本節で解説するETL処理やELT処理の目的は、データクレンジングと構造化データへの変換です。データ分析のアジリティ（俊敏性）は向上し、データを中心とする生産性向上に寄与できるはずです。

4-2-1 データ種別

データクレンジングや構造化データ化を実現する上で、データ種別にどのようなものがあるかを把握しておきましょう。ビッグデータで扱うデータは、次表に示す通り、構造化データ、非構造化データ、半構造化データの3種類に分類できます（表4.2.1.1）。

表4.2.1.1：データ種別

データ種別	説明	データ形式の例
構造化データ	2次元の表形式になっているか、行列への変換が容易なデータ構造を持つ	CSV、固定長データ、リレーショナルデータベース、Excel
半構造化データ	データに一定の規則性があるものの、一部分からは行列形式の2次元データへの変換が可能か不明	HTML、XML、JSON、MsgPack
非構造化データ	データ内に区切りや規則性がなく、2次元表形式に変換できない	自然言語のテキスト、PDF、音声、画像、動画

データ分析では、データ形式が構造化データ、半構造化データ、非構造化データのいずれの場合でも、データを整理したり変換したりするなど、データ分析が容易なデータ構造にする必要があります。

ちなみに、データが不明瞭で理解し辛いのは、非構造化データや半構造化データの存在に起因するケースがほとんどです。また、構造化データであってもテーブルの関係性が複雑でカオスなケースもあり、単純に構造化データにすればよいというわけではありません。

いずれのデータ種別でも、コンピュータが処理しやすく、人が理解しやすい形式に変換するために、データを整理し意味付けして明解にすることが、ETL処理やELT処理における本質的な課題といえます。

4-2-2 データの標準化

ビッグデータが保存されるデータプラットフォームには、複数のアプリケーションや外部の事業者などさまざまなデータソースからデータが入力されますが、入力されるデータには、データの標準化（Normalize）が必要になるものもあります。
データの標準化処理は、キーの標準化、値の標準化、型の標準化の3種類に分類できます。

キーの標準化

キーの標準化とは、同じ意味を持つものを統一した名称に変換する処理です。たとえば、広告識別子を指す`advertiser_id`がAndroidでは`adid`、iOSでは`idfa`と異なる名称で定義されています。
データプラットフォーム上では、個別ではなく単一の`advertiser_id`と統一する方が、データ分析の品質向上が期待できます。
その他でも、ユーザーIDを示すキーには、`user_id`、`userid`、`userId`、`UserId`、`USER_ID`、`User_Id`など、さまざまな表現があります。また、アプリケーションのログ実装に不具合があり、`UerId`などタイポ（誤記）されたキーが入力されるかもしれません。しかし、データプラットフォームはキー項目の名称を指定できない場合が多いため、同じ意味を持つキー項目に統一する、キーの標準化処理が必要です。
たとえば、以下のキーを標準化するとよいでしょう（表4.2.2.1）。

表4.2.2.1：キー標準化の種類

標準化の内容	代表的な処理
キャメルケースやスネークケースの標準化	`UserId`を`user_id`に変更するなど
データプラットフォーム内のルールによる名称の標準化	`account_id`を`user_id`に変更するなど
誤記やバグによる異常値の標準化	`UsrId`などの表記を`user_id`に変更するなど

キーの標準化とは、データプラットフォームのSQLでアクセスする列名の標準化と同義です。概念的に同じものは同じキー名でSQLや分析コードを実装した方が、生産性の向上が期待できます。
また、キーの記述は、ローマ字の大文字小文字を意識しなくて済む、スネークケースが望ましいです。スネークケースはcase in-sensitiveであり、大文字から小文字に変換されても区切り文字が失われません。しかし、キャメルケースは意図しない大文字小文字変換で区切り文字を失うため、予期しない不具合を生む可能性があります。
ちなみに、キャメルケースは「`camelCase`」のように単語の先頭を大文字にして区切り、スネークケースは「`snake_case`」のようにアンダースコア（`_`）で単語間を区切る文字列です。

データプラットフォームで利用されるデータベースには、大文字と小文字が区別されないものも存在します。現代的なデータプラットフォームは、ストレージとコンピューティングが分離されているものが

多く、同じデータソースに複数種類のミドルウェアからアクセスする場合があります。
たとえば、Apache SparkやTrino（旧PrestoSQL）から、Amazon S3上の同じオブジェクトファイルにアクセスするケースも珍しくありません。この観点からも、case in-sensitiveであるスネークケースで定義しておくのが安全です。
概念モデルが同じものは同じ名称にキーの標準化を施すことが、よりストレスのないデータプラットフォームの提供に繋がります。

値の標準化

値の標準化とは、「㈱」や「（株）」などの株式会社を意味する文字列を「株式会社」に統一する変換処理などです。他にも電話番号や郵便番号でハイフンの有無を統一する処理などが必要となる場合があります。また、値の標準化は「名寄せ」とも呼ばれます。名寄せには、システム間の表現の差から発生するものと、自然言語の表現の差から発生するものがあります。

表4.2.2.2：値標準化の種類

標準化の内容	代表的な処理
システム間の表記揺れを統一	同じ意味を持つ複数の属性情報に対してハッシュを付与するなど
自然言語の表記揺れを統一	「㈱Foo」を「（株）Foo」にして「㈱」を利用しないなど

値の標準化は、集計処理の重複除去に必要となる場合があります。
システム間の統一表現としては、iPhoneやAndroidなどスマートフォンのユーザーIDなどがその一例です。スマートフォンアプリでは、再インストールなどで一時的に新しいユーザーIDが付与される場合があります。
データ分析では、同じ利用者の行動として分析したいため、広告識別子など別のID体系を利用し、元のユーザーIDを辿る名寄せが必要となる場合があります。その際は、同じ利用者であると分かる共通のハッシュ値などを付与しておくと、同一利用者に対する一貫性した集計や分析が可能です。

自然言語の表記揺れには、物、人物名称の漢字表記、法人、住所などがあります。日本語の住所表記や氏名を取り扱う場合、「半角や全角が混在している」「外字が利用される（文字種が異なる）」「誤字・脱字・衍字・誤植がある」など、同じものを示す複数の表現方法があります。
住所表記には、「霞ヶ関1丁目1番地」は「霞が関1-1」や「霞ヶ関1-1」など、「ヶ」と「が」の混在や丁番地表記が不統一な場合があります。たとえば、これらの表記を「霞が関1丁目1」と統一すると、表記の一貫性が実現されます。
システム間や自然言語、いずれの表記揺れも統一すると、精度の高い集計が可能となります。

型の標準化

型の標準化とは、異なるシステムから入力を受け付ける場合、システム間で異なる値の型を統一する処理です。たとえば、スマートフォンのiOSやAndroidは、32bit OSだった時代では64bitの数値を扱えませんでした。そのため、サーバでは64bit数値型、スマートフォンアプリでは文字列型と、同じ値の型が一致しない場合がありました。データプラットフォームで統一的な分析処理を提供するには、数値型あるいは文字列型への変換が必要です。

プログラミング言語の変数には文字列型などの型があるように、データプラットフォームに転送される値にも型があります。論理的に同値を示す数値であっても、型表現が異なる場合があります。JSONを例にすると、下表の型が用意されています（表4.2.2.3）。

表4.2.2.3：JSONの値が保持する型

型	説明
文字列	ダブルクォーテーション「"」で囲まれた文字列
数値	123、12.3、123e4など、IEEE 754で定義される64bit相当の数値
Null	値がないことを示すnull値
真偽値	真偽を示すtrueまたはfalse
オブジェクト	階層構造を表現する値
配列	文字列、数値、Null、オブジェクトの配列

たとえば、真偽値の場合、文字列型やBool型の「true」、数値型の「1」のような3種類の表現方法があります。転送元のシステムによっては、文字列型の「はい」や「yes」などの自然言語も該当するかもしれません。これらをデータプラットフォーム側の処理で統一した型に再定義して、適切な型表現に変換することを型の標準化といいます。

型の標準化を実施しない場合の問題点は、主に集計処理の煩雑さにあらわれます。次のコード例に示す通り、コンバージョン数（CV）を文字列型と数値型で表現する値があるとします（コード4.2.2.4～5）。

コード4.2.2.4：文字列型(JSON)

```
{ cv: "100" }
```

コード4.2.2.5：数値型(JSON)

```
{ cv: 100 }
```

これらをSQLで合計すると、次のような違いがあります（コード4.2.2.6～7）。

コード4.2.2.6：文字列型（JSON）を処理するSQL

```
SELECT
  SUM(CAST(cv AS INTEGER)) -- 数値型にキャストが必要
FROM
  foo
```

コード4.2.2.7：数値型（JSON）を処理するSQL

```
SELECT
  SUM(cv) -- 数値型にキャストが不要
FROM
  foo
```

上記のコード例から分かる通り、同じ値を示す型を適切な型に変換する事前処理は、分析担当者がSQLクエリを記述する際の煩わしさをなくすためにも重要です。

また、型が曖昧なデータを、ミドルウェアの型の自動判定を利用して読み込む場合は注意が必要です。たとえば、型情報が含まれないCSVやレコードの型情報が確定しないJSONLなどのフォーマットが該当します。これらのデータをParquetなどのカラムナフォーマットを利用した場合、日付などのパーティションごとに異なる型で保存してしまうと、データが読み込めなくなる不具合を発生します。

ちなみに、Delta Lakeなどのストレージの実装やスキーマオンリード[2]型のデータウェアハウスでは、この問題に対して型をマージするなどの処理が実装されています。しかし、同じテーブルの値に文字列型と数値型が混在する場合、集計処理の挙動は予測できません。数値型として定義されるスキーマ内に、文字列型の値が紛れ込むと「Null」や「0」扱いされるかもしれません。

このように、データプラットフォームはストレージ側の実装でハンドリングしてくれる場合もあるとはいえ、統一したアクセスを可能にする型の標準化が必要です。

4-2-3 重複除去

データプラットフォームに転送されるデータは、データ発生源のデリバリセマンティクスを意識する必要があります。Fluentdに代表されるログコレクタの多くは、デリバリセマンティクスにat-least-onceを採用しているため、重複の発生を前提とする必要があります。

データのログ仕様を内製できる場合、データ送信時にUUIDを付与することが有効です。しかし、UUIDが付与されていないデータもあります。たとえば、利用しているSaaSからの提供データや外部データ事業者から購買するデータには、UUIDが存在しないケースがあります。このような場合は、転送データのキーを一意キーとみなすハッシュ値を生成して、ハッシュ値を利用して重複を除去します。

2　データの読み取り時にスキーマを自動推論や指定して決定する方式。

商品購入を記録したログデータで、UUIDを付与できる場合とできない場合に分けて説明します。ログデータは、いつ、どのユーザーが、どのアイテムを何個購入したかを記録した内容を想定します。UUIDがない下記のデータには、**unix_time = 1574900000**かつ**user_id = 1**のデータが2件存在します（コード4.2.3.1）。デリバリセマンティクスなどのシステム構成から、同一**unix_time**の衝突（コリジョン）が起きるかなど、機械的に重複を削除してよいかは慎重な判断が必要です。

コード4.2.3.1：重複データの例（UUIDなし）

```
{ "unix_time": 1574900000 , "user_id": 1 , "item_id": 1 , "amount": 1 }
{ "unix_time": 1574900000 , "user_id": 1 , "item_id": 1 , "amount": 1 }
{ "unix_time": 1574904283 , "user_id": 2 , "item_id": 2 , "amount": 5 }
```

ごく稀であるとはいえ、同一ユーザーが同一時間に同一アイテムを複数個購入するケースもあり得るからです。UUIDなしの場合、重複除去は次のコード例で示すクエリで可能です（コード4.2.3.2）。

コード4.2.3.2：重複除去のSQLクエリ（UUIDなし）

```sql
SELECT
  unix_time,
  user_id,
  item_id,
  amount
FROM
  foo
GROUP BY
  1,
  2,
  3,
  4
```

UUIDが付与されている下記のデータには、**unix_time = 1574900000**かつ**user_id = 1**、**UUID = A**のデータが2件存在します（コード4.2.3.3）。UUIDが同一の場合は同じ購買であると明確にみなせるため、機械的に重複を削除しても大丈夫でしょう。

コード4.2.3.3：重複データの例（UUIDが与えられる場合）

```
{ "unix_time": 1574900000 , "user_id": 1 , "item_id": "1" , "amount": 1 , "UUID": "A" }
{ "unix_time": 1574900000 , "user_id": 1 , "item_id": "1" , "amount": 1 , "UUID": "A" }
{ "unix_time": 1574900000 , "user_id": 1 , "item_id": "1" , "amount": 1 , "UUID": "B" }
{ "unix_time": 1574904283 , "user_id": 2 , "item_id": "2" , "amount": 5 , "UUID": "C" }
```

UUIDありの場合、重複除去は次のコード例で示すクエリで可能です（コード4.2.3.4）。
DISTINCTを利用しても重複除去が可能ですが、全カラムが対象となってしまいます。**UUID**が重複除

去に利用できると分かっている場合は、**GROUP BY**の方が性能的に有利です。ちなみに不具合などで「UUIDが同一で他に複数の異なる値を持つ場合」は、重複除去ができないため注意が必要です。

コード4.2.3.4：重複除去のSQLクエリ（UUIDあり）

```
WITH log AS(
  SELECT
    UUID
  FROM
    foo
  GROUP BY
    1
)
SELECT
  f.uuid,
  unix_time,
  user_id,
  item_id,
  amount
FROM
  foo f
  INNER JOIN log l ON f.uuid = l.uuid
GROUP BY
  1,
  2,
  3,
  4,
  5
```

この通り、重複除去にはミドルウェアが採用しているデリバリセマンティクスの把握に加え、データ内のドメイン知識から重複を除去して大丈夫か判断するなど、慎重な対応が求められます。前述の「コード4.2.3.1：重複データの例（UUIDなし）」でも、機械的に除去してよいかはデータガバナンスのポリシー次第です。したがって、ドメイン知識から判断される重複を考慮して実装する必要があります。

ETL処理やELT処理の格納段階でデータ内の重複を除去しておくと、**GROUP BY**や**DISTINCT**などの煩雑なクエリを記述する必要がなくなります。また、ドメイン知識上の重複が事前に除去されているため、信頼性の高いデータ分析が期待できるでしょう。

4-2-4 データ構造の2次元化

SaaSなどのインターネットサービスには、JSONを利用して3次元以上の多次元構造のデータを返却するものがあります。多次元構造データは内包する情報量が多く、APIリクエストを単純化し、実行回数を減らせるなどのメリットがあります。しかし、3次元以上のデータは、データ構造の複雑性から全

体像の把握が難しくなりがちです。そこで、これらのデータのドメイン知識が分かりやすい2次元構造に変換すると分析が容易となります。

データプラットフォームの多くで利用されるクエリ言語はSQLで、原則として2次元構造のテーブルデータを入出力するために開発されたデータベース言語です。近年のSQLは、3次元以上の多次元構造のデータ解析も可能になっていますが、多次元構造のデータ解析は計算コストが高かったり、実装が複雑であったりするなどのデメリットがあります。そのため、ETL処理やELT処理で多次元構造データを2次元構造データに変換すると、クエリの単純化や計算コストの削減が期待できます。

多次元構造を2次元構造に変換する例を紹介しましょう。下記のデータは3次元以上のデータ構造を持ちます(コード4.2.4.1)。**data**フィールドに配列として、各ユーザーのデータを保持するデータ構造で、インターネットサービスでは頻繁に採用されているフォーマットです。

コード4.2.4.1：半構造化データ

```
{
   "data":[
      {
         "unix_time":1574900000,
         "user_id":"1",
         "cv":"1"
      },
      {
         "unix_time":1574900000,
         "user_id":"2",
         "cv":"2"
      }
   ]
}
```

データプラットフォームでは、上記の3次元構造を2次元構造に分解すれば、計算コストを減らせます。ちなみに、3次元以上の構造を持つデータを分解する処理は、SQLエンジンごとに表現方法が異なるため、SQL方言(SQLエンジンごとに微妙に異なる文法の差異)を考慮する必要があります。

コード4.2.4.2：多次元構造を分解するクエリ ― SparkSQL

```
SELECT
 data.unix_time,
 data.user_id,
 data.cv
FROM
 foo
```

コード4.2.4.3：多次元構造を分解するクエリ ― Trino（旧PrestoSQL）

```
SELECT
  json_extract(data, '$.data[*].unix_time') AS unix_time,
  json_extract(data, '$.data[*].user_id') AS user_id,
  json_extract(data, '$.data[*].cv') AS cv
FROM dataset
```

分解後のデータは次の通りで、シンプルな構造であるため分析が容易になります。

コード4.2.4.4：構造化データである2次元データに変換した結果

```
{ "unix_time": 1574900000 , "user_id": 1 , "cv": 1 }
{ "unix_time": 1574900000 , "user_id": 1 , "cv": 2 }
```

直感的に分かりづらいクエリは計算量の増加をもたらすなど、メンテナンス性を損なう可能性があります。しかし、多次元構造のデータを2次元構造に分解すると、クエリの単純化や計算コストの削減に繋がります。

ちなみに、多次元構造データを2次元構造に変換すると、データ行の増加から極端なデータ量（バイト数）の増加を招く可能性もあります。データ量の増加と計算コストの削減は矛盾するため、対象列を2次元に変換してしてよいか、適切に検討する必要があるでしょう。

4-2-5 ELT処理の活用

ELT処理とは、データウェアハウス内にデータを格納し（Extract/Load）、その後のデータ処理をデータウェアハウス上で変換（Transform）する処理方式です。Amazon Redshift、BigQuery、Treasure Data、Snowflakeなどクラウド上で処理するデータウェアハウス製品の登場で、ELT処理が容易になりました。それでは、ELT処理にどのようなメリットやデメリットがあるか紹介しましょう。

ELT処理のメリット

ELT処理は、格納されたデータをSQLによって変換・加工して目的のデータを得る処理で、プログラミングや分散処理に必要な実装を把握しておく必要がないメリットがあります。データプラットフォームにデータを転送するだけでSQLで分析できるため、データのユビキタス化やデータ民主化を促進しやすい側面があり、さまざまなBIツールから利用できる恩恵も受けられます。

一方、ETL処理では、PythonやScala、SQLなどを組み合わせたプログラミング言語で変換や加工を

おこないます。そのため、プログラミングスキルに加えてインフラ構築が必要になるなど、環境構築や運用などのハードルが高い側面があります。しかし、従来はETL処理に特化したApache Sparkは、ACID特性を持つDelta Lakeなどのファイルフォーマットの登場で、データレイク上でELT処理が可能になりました。

クラウドベンダーが提供するデータウェアハウス製品のなかには、ジョブスケジューラと呼ばれるSQLなどのジョブを容易に制御する機能も提供されています。複数のSQLを逐次的に実行するジョブを作成して、SQLだけで最終的に必要となるデータを生成する環境も整っています。

ELT処理のデメリット

ELT処理の最大のデメリットは、処理系がSQLに限定されるケースが多いことです。SQLはその言語仕様から、with句などのコードブロックやウィンドウ関数など単体テストが困難であったり、データ取得元が増加するとクエリの複雑化が進んだりするなどのデメリットがあります。
たとえば、with句を含む次のクエリの問題を確認してみましょう（コード4.2.5.1）。

コード4.2.5.1：with句を含むクエリの問題

```
WITH log AS( -- logと命名されたビューの中の実行結果をテストできない
  SELECT
    UUID
  FROM
    foo
  GROUP BY
    1
) SELECT
  unix_time,
  user_id,
  item_id,
  amount
FROM
  foo f INNER  -- INNER JOINされたカラムが、正しいか目視以外で確認できない
JOIN
  log l
  ON f.uuid = l.uuid
```

しかし、上記のシンプルなクエリであっても、コード内のコメントで示す2つの問題が存在する通り、ELT処理にはSQL実行結果の品質管理で懸念があります。
スタートアップ企業などでは、データ品質の懸念を軽視し、ビジネスの可視化に掛かる時間（リードタイム）を最優先にするケースが多々あり、品質を犠牲にしてでも可視化を急ぐ場合があります。しかし、品質の低い分析結果は、徐々にそのビジネス価値の毀損を招きかねません。
これらの問題を解決するために、「2-4-1 データ処理を支援するミドルウェア」で紹介したdbt（data

build tool）と呼ばれるツールも登場しています。dbtはSQL文をモデルと呼ばれる構造に分解してコーディングし、各モデルのロジックテストやドキュメントを生成するなど、ELT処理に関連するさまざまな課題を解決するツールです。近年では、ELT処理で品質を管理する場合は必須ツールといわれていますが、任意のジョブスケジューラとの共存が難しいケースがあり注意が必要です。

また、ELT処理で利用可能な言語はSQLに限定されるため、SQLで実現できない処理は実行できません。たとえば、画像や自然言語などの非構造化データの解析はPythonよる機械学習ライブラリなどの利用が適しています。
ちなみに、SQLでもユーザー定義関数を利用すれば可能ですが、SQLは原則として行単位で処理されるため、機械学習などの複雑な処理の最適化には不向きな可能性があります。

ELT処理で利用するデータウェアハウス製品は、従来のデータベースから進化して生まれた背景があります。機能面のデメリットが挙げられたとしても、プロダクトの反復開発の中で改善される可能性があります。そのため、データウェアハウス製品へのユーザ側からのフィードバックは、プロダクトの改善要望として積極的に提供することが重要です。

データインポートツールの利用

ELT処理は、データウェアハウスに格納（Load）して変換（Transform）するため、データの格納（Load）が容易であることが重要です。しかし、格納後に変換できるとはいえ、格納時にテーブル形式を構造化データに変換する必要がある場合もあります。
たとえば、スマートフォンアプリの運営で利用されるAppsFlyerやAdjust、Zendesk、Shopify、SalesforceなどのSaaSは、それぞれ千差万別なフォーマットやレイアウトを採用しており、これらの千差万別な取得データを標準化してデータプラットフォームに転送するツールが登場しています。SaaSではTROCCO[1]やFivetran[2]、OSSではAirbyte[3]などです。
これらのツールはデータインポート時の煩雑な処理が抽象化されており、APIバージョン対応に追随するなどデータインポートに関する工数削減が期待できます。
データソースがSaaSなどであるデータパイプラインは、ETL処理やELT処理を構築する際に煩雑な処理が多く、対応工数が積み重なると、プロジェクト運営の重荷となりかねません。そのような場合は、データインポート用ツールの採用を検討するのもよいでしょう。

---

1 https://trocco.io/
2 https://www.fivetran.com/
3 https://airbyte.com/

4-3 データパイプラインの構築

ワークフローエンジンとは、ETL処理やELT処理などのジョブを「いつ」「どのように」実行するかを制御するミドルウェアです。たとえば、ジョブAのSQLを実行して正常終了したらジョブBのファイル転送を実行するケースでは、ジョブAやジョブBで異常終了した場合は自動的にエラー処理を実行するなど、結果に応じた処理を定義できます。

旧来のジョブ制御では、ジョブスケジューラと呼ばれるCRONTABを利用して、時間単位でジョブ実行を制御していましたが、この方法では、CRONTABが起動しているサーバ以外では実行状況の把握が困難であったり、複数ジョブを連携させて実行する制御には煩雑なシェルスクリプトが必要になったりするなど、さまざまな問題があります。こうした問題に対処するため、データ処理の流れを整理して、ジョブの実行を制御するワークフローエンジンと呼ばれるミドルウェアが登場しました。

現代的なワークフローエンジンには、ジョブ実行状況の一元管理や可視化、宣言的なコーディングスタイル、ETL処理やELT処理で頻繁に利用される共通モジュールなど、ジョブ制御で必要となる機能が揃っています。本節では、データパイプラインの構築には必須ともいえるワークフローエンジンへの理解を深めるべく、その概念と周辺環境を紹介します。

4-3-1 データパイプラインと有向非巡回グラフ

データパイプラインの設計には、有向非巡回グラフ（Directed Acyclic Graph：以降DAG）と呼ばれる概念の理解が必要です。DAGとはグラフ理論における閉路のない有向グラフを指し、開始点に対して必ず終了点のあるグラフです。

図4.3.1.1：有向非巡回グラフの処理

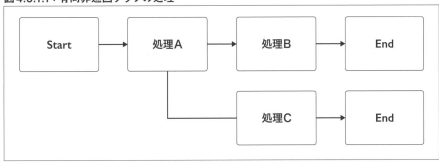

ETL処理やELT処理の実装ではDAGとなるように、何らかの処理と開始点と終了点を保持して、無限ループや無限待ち受けなどを発生させない必要があります。DAGで実装されたジョブは、開始から終了状態までの経路において、後戻りせずに処理が先に進むため、例外ハンドリングや再実行などが容易になります。

DAGは、（開始点から）開始された処理は必ず終了すること（終了点の存在）を保証しており、処理の分岐や合流も表現できます。また、条件によって実行タスクの変更も可能です。終了点が存在しないグラフは無限ループや無限待ち受けなどが発生するため、DAGではありません。

このデータ処理の開始点から終了点までの経路を、「データパイプライン」と呼びます。データパイプラインの処理がDAGではない場合、無限待ち受けなどの待ち状態が発生するため、失敗時にジョブのどこから再実行すべきか判断できません。したがって、取り扱うデータ量や処理の規模に関わらず、必ず終了点が存在するDAGとして定義すれば、堅牢なデータパイプラインを構築できます。

4-3-2 ワークフローエンジン

データパイプラインのDAGを実現する代表的なミドルウェアには、AirbnbのApache AirflowやTreasure DataのDigdag、SpotifyのLuigiなどがあり、ワークフローエンジンと呼ばれています。いずれも、データパイプライン構築やジョブの依存管理をサポートするミドルウェアです。

ジョブ実装の観点でシェルスクリプトなどのプログラミング言語と比較すると、ワークフローエンジンはジョブの構築に特化しており、下記のメリットがあります。

- ジョブ実行における共通処理が提供され、ジョブの実装が容易
- ジョブ依存管理をワークフローエンジンに任せられる
- 宣言的な実装でDAGを実現できる
- ジョブの実行状況やデータリネージュなどを俯瞰的に確認できる

このため、ジョブ定義の際は、DAGでジョブを管理できるワークフローエンジンの利用が適切といえます。

タスクの粒度

ワークフローエンジンに定義するジョブやタスクの粒度は、データパイプライン設計では特に重要なポイントです。次図に示す通り、ジョブ設計の指針として、概要レベルのタスクが各詳細レベルのタスクを束ねるように、ジョブをタスクに分解して設計していく必要があります。

図4.3.2.1：データパイプラインとタスクの流れ

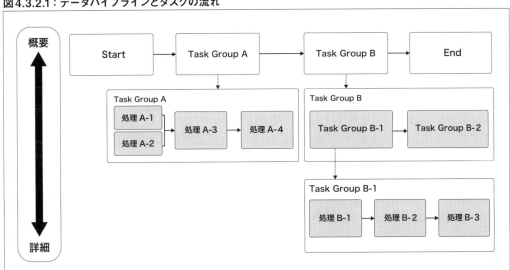

タスク分割とは、タスク群を束ねる大きなタスクが、小さなタスク群を呼び出す構造です。大きなタスクは抽象度がより高く、小さなタスクは抽象度がより低いタスクです。タスク粒度では、抽象度を意識してジョブフローを設計すれば、より変更に強いジョブを定義できます。

表4.3.2.2：タスクと抽象度

抽象度	内容	処理の例
高	機能名を持つ処理	ユーザーグルーピング処理
中	機能内の各集計処理	ユーザー行動単位の集計や機械学習、統計情報取得
低	データI/O処理	対象データの取得、集計結果の保存

ワークフローエンジンにおけるタスク定義では、各タスクをそれぞれ何らかの機能のドメインと結び付ける必要があります。タスクが持つ責務に集計対象のイベントが持つドメイン知識を結び付けます。

たとえば、スマートフォンアプリ内のある機能に対して効果測定を実施したいケースを考えてみましょう。画面内では、ボタンタップや画像タップなど、さまざまなイベントがあります。これらのイベントをタスクグループとして「効果検証」と定義し、そこから呼びされるタスクは「ボタンタップ」や「画像タップ」などの集計処理です。さらに、業務要求によっては、統計情報を計算する分析処理も必要になるかもしれません。

このように、ジョブ設計では、タスクの抽象度と関連性から粒度に応じた適切なグループ化が重要です。グループとそれに内包されるタスクが持つ意味に一貫性を与えると、より直感的で変更に強いジョブ設計が可能となります。

タスクの設計例

たとえば、次に挙げるユーザー行動分析を求めるビジネス要求があるとしましょう。

- 1-A：アプリケーション全体で前日起動した全ユーザー数を知りたい
- 1-B：1カ月以内に一度でも起動したユーザーの前日の継続率を知りたい
- 1-C：ユーザーに関連する属性情報を集計で随時知りたい
- 1-D：前日における、ある機能の画面内のボタンタップ数を知りたい

データ分析へのビジネス要求とは何らかの分析結果を知りたいことであり、ビジネス要求とはDIKWモデルにおけるKnowledge（知識）領域の情報を知りたいということです。一方で、タスクを設計するエンジニアの視点ではどのように見えるでしょうか。

- 2-A：要求の1-A、1-B、1-Cはアプリケーション全体のユーザー軸における関心事
- 2-B：要求の1-Dは、機能軸における関心事

データエンジニアの関心事はInformation領域であり、この領域は何らかの集計をまとめたものです。2-Aと2-Bでタスクの分割単位は機能単位であり、このタスクの抽象度は同じです。
したがって、2-Aと2-Bがタスクグループとなり、それぞれのタスクグループ配下により詳細なタスクが実装されます。
この通り、タスクの分割を設計する際には、タスクにおける関心事の分離と各タスクの共通項の適切な配置が重要です。タスク分割はDIKWの領域を前提として、該当タスクがどの抽象度に存在するのかを意識して設計する必要があります。オブジェクト指向のクラス設計やリレーショナルデータベースのテーブル設計に類似しています。

データウェアハウスを構築するデータパイプラインのタスク設計では、処理対象のまとまりを見つけ、対象を適切な抽象度となるタスク粒度に分割して定義することが重要です。

4-3-3 Digdagによるジョブスケジューリング

ワークフローエンジンのDigdag[1]によるジョブスケジューリングで、ETL処理やELT処理がどのように実行されるかを説明しましょう。
Digdagは、YAMLを利用して定義体を記述すると、タスクの実行順序が自動的にDAGとなる設計です。ワークフローエンジンにはDAGの実装を意識する必要があるものもありますが、DigdagはDAGを意

---

1 https://docs.digdag.io/architecture.html

識した実装は不要です。また、標準で用意されているオペレータの他にも、各種プラグインによる拡張がGitHubなどで公開されており、その拡張も可能です。

Digdagのコンセプト

公式サイト[2]に「SIMPLE, OPEN SOURCE, MULTI-CLOUD WORKFLOW ENGINE」とある通り、Digdagはシンプル・オープンソース・マルチクラウドでの動作をコンセプトとするワークフローエンジンです。複雑なデータパイプラインでの直列実行や並列実行を実現し、データ処理で数多くの問題を引き起こすCRONTAB（定時実行のスケジュール管理ツール）を置換します。

ワークフローエンジンを利用しない場合、CRONTABによるバッチ処理の定期的な実行が慣例でした。しかし、実行順序が複雑なバッチ実行や並列実行の実装はCRONTABでは困難で、スケーラブルとはいえない側面があります。
たとえば、タスクの実行順序が「A→B→C」となることでデータ整合性を保つバッチ処理があるとします。CRONTABによりA、B、Cの各バッチ処理を定期実行を管理する場合、それぞれの実行結果を確認するシェルスクリプトなどの記述が必要です。仮に実行中のどこかで処理が失敗すると、Aの処理が失敗したならばAから、BならばBからなどと、失敗したジョブからの再実行が必要です。このように、前に実行されたジョブに対して状態管理や検証を必要とすることを「ジョブ間の依存」と呼びます。
したがって、タスクとは複数のジョブ間の依存が複雑に絡み合い、最終的にデータが結果整合性を保持するように実装されます。

Digdagは、実行するタスク間の依存を俯瞰して管理できるように、以下のコンセプトを包括するミドルウェアとして開発されています。

- Easy deployment（簡単にデプロイ可能である）
- Simple Configuration（シンプルな定義である）
- Dependency resolution（依存が解決される）
- Multi-Cloud（マルチクラウドで動作する）
- Error handling（エラーハンドリングが可能である）
- Modular（各タスクがモジュール化される）
- Extensible（拡張可能である）
- Admin UI（管理画面がある）
- Secure Secrets（鍵の管理がセキュアである）
- Docker support（Dockerによるタスク実行が可能である）
- Version Controlled（ワークフローのバージョンコントロールが可能である）

2　https://www.digdag.io/

Digdagのインストール

Digdagのインストールには、Javaの実行環境（JRE）のインストールが必要です。事前に「Java SE JDK/JRE 8 Update 72」よりも新しいバージョンのJREあるいはJDKをインストールしてください。

コード4.3.3.1：Digdagのインストール

```
$ curl -o ~/bin/digdag --create-dirs -L "https://dl.digdag.io/digdag-latest"
$ chmod +x ~/bin/digdag
$ echo 'export PATH="$HOME/bin:$PATH"' >> ~/.bashrc
```

下記コマンドを実行し、実行結果が取得できればインストールに成功しています。

コード4.3.3.2：Digdagのインストール確認

```
$ digdag --version
0.10.5
```

次のコマンドで、Digdagに用意されているサンプルとなるワークフローを実行してみましょう。`digdag init <dir>`を実行すれば、サンプルコードが自動的に生成されます。このサンプルのワークフローを実行すると、「Success」と示す実行結果が得られます。

コード4.3.3.3：Digdagのサンプルワークフロー実行

```
$ digdag init mydag
$ cd mydag
$ digdag run mydag.dig
```

実行内容は、次のコード例に示す通り、digファイルと呼ばれるYAMLの定義体で定義します（コード4.3.3.4）。定義内容がワークフローエンジンのDigdag上で実行されます。

コード4.3.3.4：サンプルワークフローのコード（mydag.dig）

```
## UTCにて制御する
timezone: UTC

## setupタスクを実行する
+setup:
  ## メッセージを出力するechoオペレータ
  echo>: start ${session_time}

## disp_current_dateタスクを実行する
```

```
+disp_current_date:
  ## メッセージを出力するechoオペレータ
  echo>: ${moment(session_time).utc().format('YYYY-MM-DD HH:mm:ss Z')}

## repeatタスクを実行する
+repeat:
  ## _do以下の処理を繰り返すfor_eachオペレータ
  for_each>:
    order: [first, second, third]
    animal: [dog, cat]
  ## for_eachで実行する処理内容
  _do:
    ## メッセージを出力するechoオペレータ
    echo>: ${order} ${animal}
  ## 並列に実行する
  _parallel: true

## teardownタスクを実行する
+teardown:
  ## メッセージを出力するechoオペレータ
  echo>: finish ${session_time}
```

Digdagとプログラミングとの違いは、YAMLの定義体で定義すると必ず終了点があり、タスクが失敗しても失敗時点から再開可能なところです。

上記のサンプルワークフローでは、ワークフローでは**setup**から始まり、**teardown**で終了する終了点があります。また、仮に**disp_current_date**や**repeat**などのタスクが失敗した場合でも、失敗時点からの再実行が容易です。

この通り、Digdagはdigファイルの定義体でジョブスケジューラの実行計画を各オペレータと組み合わせて定義して、YAMLの定義体で再実行可能なDAGを自動的に実行します。

Digdagにおけるワークフローの自動化

Digdagは、ワークフローをdigファイルに定義体で記述すると、一連の処理を実現できます。digファイルはYAMLに準拠し、所定の規約に従った実装で、プログラミング言語と同様の開発が可能です。ワークフロー内では、タスクと呼ばれる処理を組み合わせて処理の流れを実装できます。タスク内には、オペレータと呼ばれる命令で具体的な処理の内容を記述します。オペレータはプラグイン形式で提供されており、必要に応じて拡張が可能です。この通り、Digdagはタスクとオペレータを組み合わせて、ワークフローの処理を定義できるフレームワークです。

Digdagはタスク実行に起因するさまざまな面倒なことを自動化して、ワークフローを実装する開発者がワークフローの処理内容に集中できるように設計されています。たとえば、タスク失敗時にアラートメールを送信したり、ワークフローが想定時間内に終了しなかった時に通知したりするなど、ワークフ

ロー処理で頻出する煩雑な処理を定義できます。
なお、Digdagの実行環境は、開発者が利用するローカルマシンで動作するローカルモードと、分散環境で動作するサーバモードが用意されています。開発時はローカルモード、本番時はサーバモードで実行するとよいでしょう。

タスクのグループ化

ワークフロー処理の実装では、タスク定義が複雑になりがちです。Digdagはこの問題を解決するために、ワークフローを構成するタスクをタスクグループにまとめて整理できます。ワークフローは各タスクグループに分解して実装され、タスクの実行状況を各タスクグループごとに確認できます。したがって、本番環境でも問題が発生した箇所の同定や修正が容易です。

前述の「図4.3.2.1：データパイプラインとタスクの流れ」に示した通り、Digdagはタスクを各タスクグループに分解して実行します。タスクに子タスクがある場合は子タスクを逐次実行します。すべての子タスクの実行が完了すると親タスクが完了します。
仮にタスク内の子タスクが失敗した場合、親タスクも失敗したことになりワークフローは失敗になります。ワークフローの終了は、タスク全体の完了か失敗により、その状態が判断されます。

変数の受け渡し

タスクグループ間では実行結果など変数の受け渡しが可能です。また、各変数はUNIXシェル内での環境変数と同様に、親タスクから子タスクに引き継げます。変数の引き継ぎは、次の3種類が利用できます。

_exportによる変数

digファイル内で**_export**ディレクティブで変数を定義できます。たとえば、データベースのホスト名やテーブル名など定数を定義するケースなどに利用するとよいでしょう。
_exportディレクティブには、変数が有効となるスコープがあります。次のコード例では、変数**foo=1**と**bar=2**が定義されていますが、それぞれ変数の有効範囲が異なります（コード4.3.3.5）。
fooはタスク内に限定されない定義となっており、タスク全体のグローバル変数として機能します。一方、**bar**は**analyze**タスク内で定義されているため、**analyze**タスクでのみ有効となるローカル変数として機能します。

コード4.3.3.5：_exportディレクティブと変数のスコープ

```
## foo=1はジョブ全体のグローバル変数して機能する
_export:
  foo: 1
```

```
+prepare:
  py>: tasks.MyWorkflow.prepare
+analyze:
  _export:
    ## bar=2はanalyzeタスク内でのみ有効なローカル変数として機能する
    bar: 2
  +step1:
    py>: tasks.MyWorkflow.analyze_step1
```

digdag.env.storeによる変数

digdag.env.storeは、定義した後続タスクで有効となる変数を設定できるAPIです。Language API（PythonやRubyを実行するAPI）を利用すると、プログラミング言語による計算結果を変数に利用できます。

コード4.3.3.6：ファイル構成

```
├── mydag.dig
└── tasks
    └── __init__.py
```

コード4.3.3.7：prepareメソッドとanalyzeメソッド（Python）

```python
import digdag

class MyWorkflow(object):
  def prepare(self):
    # my_param=2を設定する
    digdag.env.store({"my_param": 2})

  def analyze(self, my_var):
    # my_paramを表示する
    print("my_param should be 2: %d" % my_param)
```

コード4.3.3.8：mydag.dig

```
timezone: UTC

+step1:
  ## Python APIでmy_param=1を設定する
  py>: tasks.MyWorkflow.step1

+step2:
  ## Python APIでmy_param=2を表示する
  py>: tasks.MyWorkflow.step2
```

前述のファイル構成（コード4.3.3.6）で、コード例に示すmydag.dig（コード4.3.3.8）を実行すると、step1で設定した変数がstep2で標準出力されます。

digdag.env.exportの利用

digdag.env.exportは定義した子タスクで有効となる変数を設定するAPIです。前述の**digdag.env.store**とは異なり、子タスクでのみ有効です。

コード4.3.3.9：ファイル構成

```
├── __init__.py
├── child.dig
├── mydag.dig
└── tasks
    └── __init__.py
```

コード4.3.3.10：export_and_call_childメソッドによる子タスクの呼び出し

```python
import digdag
class MyWorkflow(object):
  def export_and_call_child(self):
    # my_param=2を設定する
    digdag.env.export({"my_param": 2})
    # child.digを呼び出す
    digdag.env.add_subtask({'_type': 'call', '_command': 'child.dig'})
```

コード4.3.3.11：親タスク（mydag.dig）

```
timezone: UTC

+step1:
  # Python APIを経由してchild.digを呼び出す
  py>: tasks.MyWorkflow.export_and_call_child

+step2:
  # 変数my_paramはstep1のスコープ内だけで有効なため、エラーが発生
  echo>: ${my_param}
```

コード4.3.3.12：子タスク（child.dig）

```
+step1:
  # 変数my_paramが2として表示される
  echo>: my_param should be 2: ${my_param}
```

上記ファイル構成のPythonファイルとdigファイルの場合を考えてみましょう。mydag.digは全体を制御する親タスクです。親タスク内step1のPython APIで設定された変数は、step2ではスコープ外のためエラーとなります。

ワークフローの起動パラメータ

Digdagでは、ワークフロー実行時の起動パラメータで変数を与えられます。**_export**ディレクティブによる変数定義と同様に、**-p KEY=VALUE**の形式で変数を定義できます。

コード4.3.3.13：ワークフローの起動パラメータ

```
$ digdag run mydag.dig -p my_param=foo
```

コード4.3.3.14：mydag.dig

```
timezone: UTC

+step1:
  # fooが表示される
  echo>: ${my_param}
```

タスクの抽象度

本節で解説した通り、Digdagの各タスクにETL処理やELT処理などの処理を組み込めます。データパイプラインの設計では、各処理に与える責務の抽象度を意識して、概要（Overview）と詳細（Detail）の抽象度を揃えたタスク設計が重要です。

タスクの抽象度の概念は、オブジェクト指向のクラス設計やリレーショナルデータベースのテーブル設計に類似しています。タスクとは処理の単位であり、タスクの抽象度とは処理の抽象度といってもよいでしょう。タスクの抽象度を揃えるとタスクの再利用性が高くなり、変更に強いデータパイプライン設計が可能となります。

抽象度を揃えるとは、「データ取得」に続く処理を「データ変換」「データ格納」などの概要レベルを親タスクとして定義して、具体性を伴う抽象度の低いタスクは定義しないことです。仮に子タスクとしての抽象度を持つタスクを親タスクのレイヤーで定義すると、抽象度が混在してしまいデータパイプライン全体の見通しが悪くなります。

たとえば、「PostgreSQLのテーブルAを読み込む」の次に「データ格納」などのタスクを定義するケースは、抽象度が混在しているといえます。親タスクとして「データ取得」を定義し、その子タスクに「PostgreSQLのテーブルAを読み込む」を定義すれば、タスクの抽象度を揃えられます。仮に、テーブ

ルBを読み込むタスクが必要になった場合でも、親タスクの「データ取得」の子タスクとして新たに設置するだけで済み、変更に伴う影響範囲を最小限に留められます。

しかし、現実のデータパイプライン処理では、必ずしも抽象度を揃えられないケースも発生します。たとえば、ELT処理を利用する場合、データ変換と格納を同時に処理するケースがあります。この場合はデータ変換とデータ格納を1つにまとめたタスクとして定義し、「データ変換・格納」とする必要があります。

ほかにもドメイン知識の理解不足から、適切なデータ処理の抽象度が不明な場合もあります。たとえば、データ変換後のデータを中間テーブルとして格納して再利用性を高めるべきか、一時的なビューとして格納しない方がよいかなど、状況によりさまざまなケースが考えられます。

一概にすべての処理で抽象度を揃えるのが最善とは限らないため、抽象度を揃えることを意識しつつも、現実解としては妥協できる範囲内で設計することが重要です。

Apache Airflow

Apache Airflowは、2015年にAirbnb社がオープンソースとして公開したワークフローエンジンです。Digdagと同様に人気のあるワークフローエンジンです。

PythonによりワークフローをDAG（有向非巡回グラフ）で定義し、タスク間の依存関係やビジネスロジックを制御できます。DAGの定義をPythonでおこなうため、実行順の制御のみならず、機械学習などビジネスロジックの実装など、柔軟なプログラミング制御が可能です。Eメール送信やデータウェアハウスでSQL実行などのオペレータが提供されており、ユーザーはオペレータを組み合わせてワークフローを定義します。

本節で紹介したDigdagはワークフローをYAMLで定義するため、プログラミング経験の少ないユーザーでも簡単に定義でき、プログラミングの専門知識が少ないチームや、複雑な記述を必要としないワークフローにおいては有効です。

一方、AirflowはPythonによるプログラミングを活用し、高度なワークフローや複雑なデータパイプラインの管理に適しています。大規模なプロジェクトや複雑なビジネスロジックを持つプロジェクトにおいて有効です。

シンプルで直感的なDigdagに対して、柔軟で複雑な実装が可能なAirflowですが、それぞれ一長一短があります。プロジェクト要件やチームのスキルセットに合わせて、適切なワークフローエンジンを選択しましょう。

4-4
バルクローダ（Embulk）

バルクローダとは、大規模なデータのロードを可能にするミドルウェアでETL処理で利用されます。たとえば、PostgreSQLなどのRDBからGoogle BigQueryなどのデータウェアハウスに、一括でデータ転送する際に利用します。

バルクロード処理には、エラーハンドリングやリトライなどの実行方法、データ内のNULL値表現の取り扱いなど、さまざまな課題があります。これらの問題を解決するミドルウェアとして開発されたのがEmbulk[1]です。本節では、バルクローダのEmbulkによるETL処理を解説します。

4-4-1 Embulkのアーキテクチャ

Embulkは、オープンソースとして開発されているバルクローダです。ビッグデータ処理を担うデータプラットフォームにデータを一括して転送する目的で、Fluentdのバッチ版として開発が開始され、現在もコミュニティベースによる開発が続けられており、多くのプラグインが提供されています。

Embulkのアーキテクチャは、公式サイトの記述でも分かる通り、さまざまな入出力やデータ変換をサポートしており、目的別のプラグインを組み合わせて、ETL処理のExtract（抽出）、Transform（変換）、Load（格納）を実装できます。

さまざまなプラグインを組み合わせてETL処理を実現でき、入出力のスキーマが事前に確定している構造化データの転送を得意としています。Fluentdとは異なり、ある程度まとまったデータをバッチ処理で転送する処理に特化しており、1日や1時間など一定のタイミングでまとめてデータを転送する処理に適しているミドルウェアです。多彩な入力元や出力先、ファイルフォーマット、圧縮方式、データ構造変換などもプラグインを使って拡張可能です。

ちなみに、1つのデータの途中で構造（スキーマ）が変わることがあるJSONLなどのデータ転送は、Embulkではプラグインの組み合わせが煩雑になってしまい、実装が難しい場合があります。定義体を用いる宣言的なプログラミングで複雑な手続きを意識せずに記述できますが、複雑な構造を持つデータの変換処理に必要な条件分岐やループ処理は、Embulkでは実装が困難なためです。

スキーマの変更や集計など複雑な変換処理が必要なケースでは、データレイクやデータウェアハウスにデータを転送後、Apache SparkやTrino（旧PrestoSQL）などに任せるとよいでしょう。

1　https://www.embulk.org/

4-4-2 Embulkのプラグイン

Embulkのプラグインには役割に応じた8つのカテゴリがあり、各カテゴリを担当するプラグインを組み合わせて柔軟なデータ転送が可能です。転送時にすべてのプラグインを利用するとは限りませんが、それぞれの概要を理解しておきましょう。

- Inputプラグイン：データの入力元（取得元）を制御する。ファイルからデータを入力するプラグインはFile Inputプラグインと呼ばれ、File DecoderプラグインやFile Parserプラグインと組み合わせて利用する。ファイル入力以外（RDBMSなど）のDecoderやParserが不要な入力元の場合は、Inputプラグインだけで利用する。
- Outputプラグイン：データの出力先を制御する。ファイルにデータを出力するプラグインはFile Outputプラグインと呼ばれ、File FormatterプラグインやFile Encoderプラグインと組み合わせて利用する。ファイル出力以外（RDBMSなど）のFormatterやEncoderが不要な出力先の場合は、Outputプラグインだけで利用する。

- File Decoderプラグイン：圧縮ファイルの解凍などデータ処理の前段となるデコード処理を制御する。
- File Parserプラグイン：JSONやXML、MsgPackなどの入力データをパースする。
- File Formatterプラグイン：フィルター処理済みレコードを任意のフォーマット処理（変換）する。
- File Encoderプラグイン：フォーマット処理済みのデータを圧縮するなどエンコード処理を担う。
- Filterプラグイン：不要データの除去や時刻付与、データ変換などのフィルタリングを担う。
- Executorプラグイン：Embulkの実行方法を制御する（ただし、現在開発されているプラグインで利用可能なものはビルトインされているLocalExecutorのみ）。

プラグインは次図に示す通り、Inputプラグイン、Decoderプラグイン、Parserプラグイン、Filterプラグイン、Formatterプラグイン、Encoderプラグイン、Outputプラグインの順番で処理されます（図4.4.2.1）。

利用するInputプラグインやOutputプラグインの種類によっては、Parser/Formatter/Decoder/Encoderを使用しない場合もあります。たとえば、Amazon S3などのストレージにtar.gzなどのファイルでデータを入出力する場合、ファイルの種類によってはDecoder/Encoder/Parser/Formatterの定義が必要です。一方、MySQLなどのデータベースへのI/Oプラグインは、入出力時にデコードやエンコード処理が必要ないため、Decoder/Encoder/Parser/Formatterは不要です。
この通り、Embulkはデータ入出力に応じて各種プラグインを組み合わせて、さまざまな入出力先やデータフォーマットなどをサポートします。

図4.4.2.1：Embulkのプラグインアーキテクチャ

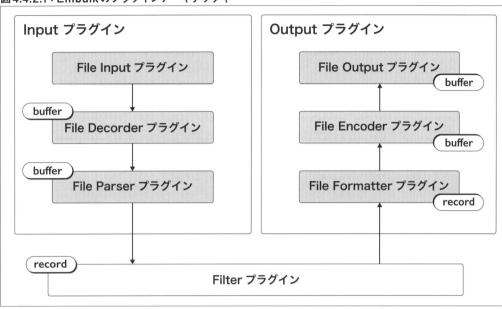

4-4-3 Embulkのインストール

Embulkにはv0.9系の旧安定版と最新のv0.11系があり、バージョン間で一部互換性が失われています。v0.11系はv1.0正式リリースに向けた安定版としてリリースされています（本書執筆時ではv0.11.4が最新）。これから新たにEmbulkを利用する場合は、v0.11系を採用するとよいでしょう。変更内容の詳細は、公式サイトのドキュメントに記載されています。「For Embulk users: What will change in v0.11 and v1.0?[2]」と「Embulk v0.11 is coming soon[3]」を参照してください。

本項ではv0.11.4系を利用したEmbulkのインストール方法を紹介します。Embulk v0.11.4の時点では、Java 8のみで起動するとアナウンスされています。Java 11やJava 17などのバージョンでは動作が保証されていないため、現時点ではJava 8を利用しましょう。

Embulk v0.9系の安定版は、コンパイル済みのjarファイルを`embulk`にリネーム後、`chmod +x`コマンドで実行権限を与えれば起動可能ですが、v0.10.48以降ではこの方式は非推奨となり、javaコマンドとjarオプションを利用する起動方式への変更が予定されています。

コンソールでの起動を容易にするため、エイリアスとして`embulk`コマンドを作成します。

---

[2] https://www.embulk.org/articles/2021/04/27/changes-in-v0.11.html
[3] https://www.embulk.org/articles/2023/04/13/embulk-v0.11-is-coming-soon.html

コード4.4.3.1：Embulkのインストールとエイリアスの設定

```
$ mkdir -p ~/.embulk/jar
$ curl --create-dirs -o ~/.embulk/jar/embulk-0.11.4.jar \
    -L "https://github.com/embulk/embulk/releases/download/v0.11.4/embulk-0.11.4.jar"
$ echo 'alias embulk="java -jar ~/.embulk/jar/embulk-0.11.4.jar"' >> ~/.bashrc
$ source ~/.bashrc
```

また、embulkコマンドの起動には**embulk.properties**と呼ばれる設定ファイルが必要です。JRubyやRubyGems、Mavenなどのプラグインやさまざまな設定を記述します（コード4.4.3.2）。

コード4.4.3.2：JRubyのインストールとembulk.propertiesの作成

```
$ curl --create-dirs -o ~/.embulk/jar/jruby-complete-9.1.15.0.jar -L "https://repo1.maven.
org/maven2/org/jruby/jruby-complete/9.1.15.0/jruby-complete-9.1.15.0.jar"
$ touch ~/.embulk/embulk.properties
$ mkdir -p ~/.embulk/gem
$ cat << EOF > ~/.embulk/embulk.properties
jruby=file://$HOME/.embulk/jar/jruby-complete-9.1.15.0.jar
gem_path=$HOME/.embulk/gem
gem_home=$HOME/.embulk/gem
m2_repo=$HOME/.m2/repository
EOF
```

次のコマンドを実行して実行結果が取得できれば、インストールは成功しています（コード4.4.3.3）。

コード4.4.3.3：Embulkのインストール確認

```
$ java -version
openjdk version "1.8.0_292"

$ embulk --version
Embulk 0.11.4
```

ちなみに、Embulk v0.9系以前はJRubyが同梱されており、Rubyプラグインの動作やRubyGemsを利用したプラグインのパッケージ管理で利用されます。しかし、Embulk v0.10.48以降では、Mavenを利用するMaven CentralなどJava用中央リポジトリが利用可能となっており、今後はMaven方式への移行が予定されています[4]。

そのため、RubyGemsによるプラグイン機構のサポートは縮小される可能性もありますが、現時点ではRubyGemsの後方互換性があるため、本書ではRubyGemsを利用する方式を解説します。将来のバージョンアップの際には、変更点に注意してください。

---

[4] https://www.embulk.org/articles/2024/06/13/installing-maven-style-embulk-plugins.html

exampleコマンド

インストールに続いて、Embulkで用意されている主要なコマンドを紹介します。
Embulkに用意されているサンプルコードを実行してみましょう。**embulk example <dir>**を実行すると、サンプルコードが自動的に生成されます。サンプルコードは、gzで圧縮されたcsvファイルを標準出力するまでがゴールです。

コード4.4.3.4：Embulkのサンプル実行

```
$ embulk example ./try1
```

出力されたファイルを確認しましょう。**seed.yml**は、embulkの動作確認を目的とする定義ファイルです。このファイルはサンプルとして用意されているシードファイルで、不完全な定義体を適切な形に修正する必要があります。

コード4.4.3.5：シードファイル（seed.yml）

```
in:
  type: file
  path_prefix: '/home/me/embulk/./try1/csv/sample_'
out:
  type: stdout
```

サンプルとして出力されるCSVファイルは次に示すフォーマットです。1行目にカラム名、2行目以降にデータが記録されています（コード4.4.3.6）。

コード4.4.3.6：サンプルとして読み込む圧縮済みcsvファイル（sample_01.csv.gz）

```
$ gzip -dc ./try1/csv/sample_01.csv.gz | head -n 5
id,account,time,purchase,comment
1,32864,2015-01-27 19:23:49,20150127,embulk
2,14824,2015-01-27 19:01:23,20150127,embulk jruby
3,27559,2015-01-28 02:20:02,20150128,"Embulk ""csv"" parser plugin"
4,11270,2015-01-29 11:54:36,20150129,NULL
```

guessコマンド

Embulkには、読み込むファイルとシードファイルから定義体を推定して生成するguessコマンドが搭載されています。**embulk guess <seed file>**で指定すると、起動可能な定義ファイルを生成できます（コード4.4.3.7）。

コード4.4.3.7：guessコマンドの実行

```
$ embulk guess ./try1/seed.yml -o config.yml
(中略)
Created 'config.yml' file.
```

次のコード例に示す通り、guessコマンドで生成されたconfig.ymlファイルには、定義体が生成されます（コード4.4.3.8）。生成された定義体は、所定のディレクトリに保存された圧縮済みのcsvを標準出力に出力します。プラグインは、Input（File）、Decoder（gzip）、Parser（csv）、Output（stdout）の4種類が利用されています。

コード4.4.3.8：guessコマンドで生成した起動可能な定義ファイル（config.yml）

```yaml
# Inputプラグインの定義(file)
in:
  type: file
  path_prefix: /home/me/embulk/./try1/csv/sample_
  # Decoderプラグインの定義(gzip)
  decoders:
  - {type: gzip}
  # Parserプラグインの定義(csv)
  parser:
    charset: UTF-8
    newline: LF
    type: csv
    delimiter: ','
    quote: '"'
    escape: '"'
    null_string: 'NULL'
    trim_if_not_quoted: false
    skip_header_lines: 1
    allow_extra_columns: false
    allow_optional_columns: false
    # Guessコマンドによりカラムが推論され定義される
    columns:
    - {name: id, type: long}
    - {name: account, type: long}
    - {name: time, type: timestamp, format: '%Y-%m-%d %H:%M:%S'}
    - {name: purchase, type: timestamp, format: '%Y%m%d'}
    - {name: comment, type: string}
# Outputプラグインの定義(stdout)
out: {type: stdout}
```

このコマンドはあくまでもサンプルであるため、比較的単純なファイルから定義体を生成していますが、実運用でプラグインを組み合わせたETL処理を実現する場合は、作成された定義体を編集する必要があります。あくまでも、**embulk guess**コマンドは、動作をサポートする補助コマンドとして利用するとよいでしょう。

previewコマンド

Embulkにはpreviewコマンドと呼ばれるdry-runモードが用意されています。previewコマンドの実行でエラーが発生する場合、定義体の記述に間違いがある可能性があります。

コード4.4.3.9：previewコマンドによるプレビュー（一部省略）

```
$ embulk preview config.yml
(中略)
+--------+------------+--------------------+--------------------+---------------------------+
|id:long|account:long|     time:timestamp |  purchase:timestamp|             comment:string|
+--------+------------+--------------------+--------------------+---------------------------+
|     1 |     32,864 | 2015-01-27 ~~ UTC  | 2015-01-27 ~~ UTC  |                     embulk|
|     2 |     14,824 | 2015-01-27 ~~ UTC  | 2015-01-27 ~~ UTC  |               embulk jruby|
|     3 |     27,559 | 2015-01-28 ~~ UTC  | 2015-01-28 ~~ UTC  | Embulk "csv" parser plugin|
|     4 |     11,270 | 2015-01-29 ~~ UTC  | 2015-01-29 ~~ UTC  |                           |
+--------+------------+--------------------+--------------------+---------------------------+
```

runコマンド

Embulkは定義体に記述された処理をrunコマンドで実行します。下記コード例のrunコマンドは、圧縮済みのcsvファイルを標準出力に出力します（コード4.4.3.10）。

コード4.4.3.10：runコマンドによる実行

```
$ embulk run config.yml
(中略)
1,32864,2015-01-27 19:23:49,20150127,embulk
2,14824,2015-01-27 19:01:23,20150127,embulk jruby
3,27559,2015-01-28 02:20:02,20150128,Embulk "csv" parser plugin
4,11270,2015-01-29 11:54:36,20150129,
(以下略)
```

4-4-4 Embulkを利用したETL処理

Embulkには多数の対応プラグインが用意されているため、必要なプラグインを組み合わせるだけでETL処理を容易に実装できます。たとえば、ETL処理の一例にストレージやデータベースに保存されているデータセットを、新たなストレージやデータベースに転送する処理があります。

ビッグデータの処理では、転送元データのフォーマットを加工することなく、そのまま転送できるケースは稀です。データプラットフォームに転送されたデータは、SQLで処理可能な状態が望ましいため、

JSONなどの半構造化データを、事前に2次元の構造化データに変換する方針を採る場合があります。本項では、リレーショナルデータベースやAmazon S3のデータに対して、Embulkを利用してどのようにETL処理を実現するか、事例を参考に紹介します。

Amazon S3からBigQueryへのデータ転送

Embulkを利用したETL処理で、Amazon S3にあるデータを定期的にBigQueryに転送するケースを考えてみましょう。ログファイル名に時刻やサーバ名を組み合わせる命名規則を使い、Amazon Sのパケット内に`access_log/%{time_slice}_%{inbox}_%{hostname}.gz`のように時刻で区切られたログファイルを転送する方式は、比較的多く採択される設計です。ログファイルをログの発生日時ごとのディレクトリに配置し、定期的にBigQueryに転送する例を検討してみましょう。

コード4.4.4.1：Amazon S3上のオブジェクト名

```
access_log/2020/07/20/00_0_0a1f89751d99.gz
access_log/2020/07/20/00_0_2fa8d4e85d11.gz
access_log/2020/07/20/00_1_8a0ca3ac5223.gz
...
access_log/2020/07/21/00_1_8a0ca3ac5223.gz
```

コード4.4.4.2：保存されるJSONの内容

```
{ "unix_time": 1574900000 , "data": {"user_id": 1 , "item_id": 1 , "amount": 1.5} }
{ "unix_time": 1574904283 , "data": {"user_id": 2 , "item_id": 2 , "amount": 5.0} }
```

上記のデータをBigQueryに転送する際は、BigQueryの検索性能向上やコスト削減のために、次の変換処理が必要となります。また、ETLで処理されるデータは一般的に大量となるため、パーティション分割テーブルの利用が適しています。

- 入力データの`data`に対して、ネスト構造を分解して平坦化処理を実施
- 転送先のBigQueryに`date`カラムを追加（パーティションカラムとして利用）

変換処理後のデータは、次の形式となります。

表4.4.4.3：BigQuery上の表イメージ

Time	user_id	item_id	amount	date
1574900000	1	1	1	2019-11-28
1574904283	2	2	5	2019-11-28

表4.4.4.4：スキーマ情報

フィールド名	型	モード
time	INTEGER	NULLABLE
user_id	INTEGER	NULLABLE
item_id	INTEGER	NULLABLE
amount	INTEGER	NULLABLE
date	DATE	NULLABLE

コード4.4.4.5：スキーマ情報定義のクエリ

```
CREATE TABLE
  YOUR_DATASET.YOUR_TABLE
(
    time INT64,
    user_id INT64,
    item_id INT64,
    amount FLOAT64,
    date date)
PARTITION BY
  date
OPTIONS
  (
    -- 10年分のデータを保持する
    partition_expiration_days = 365 * 10
    -- パーティションフィルタを無効にする
    , require_partition_filter = false
  )
```

Embulkの定義

このユースケースにおけるEmbulkのETL処理では、以下のデータ加工が必要です。

1. JSON内の**data**フィールドのデータを平坦化して、トップレベルのカラムに移動する
2. JSON内の**unix_time**フィールドをtimeカラムに名称を変更する
3. JSON内の**unix_time**フィールドをunixtimeからdateに変換する

データ転送では、入力データから出力データに変換して、出力先で検索が容易なデータ構造に変換して転送する必要となります。上記の処理を実現するには、次の3種類のEmbulkプラグインを利用します。

コード4.4.4.6：必要なEmbulkプラグインのインストール

```
embulk gem install embulk-input-s3
embulk gem install embulk-filter-add_time
embulk gem install embulk-output-bigquery
```

Embulkの定義は下記コード例の通りです（コード4.4.4.7）。

コード4.4.4.7：Embulkの定義

```
in:
  type: s3
  bucket: YOUR_BUCKET
  path_prefix: YOUR_PATH
  path_match_pattern: \.gz$
  auth_method: profile
  # Decoderプラグインの定義(gzip)
  decoders:
  - {type: gzip}
  # Parserプラグインの定義(json)
  # この定義で、「data」フィールドの平坦化を行っています
  parser:
    type: json
    columns:
      - {name: time, type: long, element_at: "/unix_time"}
      - {name: user_id, type: long, element_at: "/data/user_id"}
      - {name: item_id, type: long, element_at: "/data/item_id"}
      - {name: amount, type: double, element_at: "/data/amount"}
# Filterプラグインの定義(add_time)
# この定義で「time」フィールドを「date」カラムに変換しています
filters:
- type: add_time
  to_column:
    name: date
    type: timestamp
  from_column:
    name: time
    unix_timestamp_unit: sec
# Outputプラグインの定義(bigquery)
out:
  type: bigquery
  mode: append_direct
  auth_method: service_account
  json_keyfile: YOUR_KEYFILE_PATH
  project: YOUR_PROJECT
  dataset: YOUR_DATASET
  table: YOUR_TABLE
  time_partitioning:
    type: DAY
  column_options:
    - {name: date, type: DATE, timezone: "Asia/Tokyo"}
```

この定義ファイルを実行すると、BigQueryにデータが転送されます（コード4.4.4.8〜9）。

コード4.4.4.8：BigQueryへの転送確認

```
SELECT * FROM YOUR_PROJECT.YOUR_DATASET.YOUR_TABLE
```

コード4.4.4.9：転送確認の実行結果

```
+------------+---------+---------+--------+------------+
|    time    | user_id | item_id | amount |    date    |
+------------+---------+---------+--------+------------+
| 1574900000 |       1 |       1 |    1.5 | 2019-11-28 |
| 1574904283 |       2 |       2 |    5.0 | 2019-11-28 |
```

ジョブスケジューラの活用

前述のEmbulkの定義体は、Amazon S3上の所定のパスを読み込む命令です。実際のログデータは時系列データであり、時間の経過と共に発生し続けるため、処理時間で区切ってデータを取得し続ける逐次処理が必要になります。EmbulkとDigdagを組み合わせて逐次処理をおこなう方法を紹介します。

たとえば、1時間に一度、直近1時間のデータを転送する場合を想定すると、次図の通り、「2020年7月20日00時」に発生するデータは、「2020年7月20日01時」以降に確定すると分かります（図4.4.4.10）。したがって、「2020年7月20日00時」のデータを処理する場合は、「2020年7月20日01時」以降に処理する必要があります。

図4.4.4.10：時系列データの取得

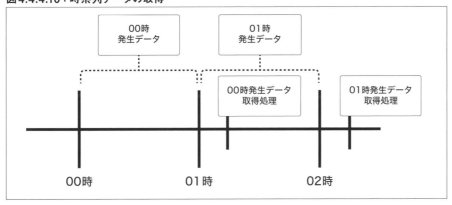

時系列データの処理は、Embulkに組み込まれるliquidと呼ばれるテンプレートエンジンとDigdagを組み合わせれば実装可能です。Embulkのliquidは、環境変数や起動オプションで指定した変数をパラメータとして定義体に与えて実行します。また、Digdagは毎時10分にEmbulkを起動するように設定し、Embulkのliquidに実行時刻をパラメータで与えて逐次データを転送します。

Digdagの定義は次の通りです（コード4.4.4.11）。

コード4.4.4.11：Digdagの定義（biqload.dig）

```
timezone: Asia/Tokyo

# 毎時10分に実行する
schedule:
  hourly>: 10:00

+load_bigquery:
  # 環境変数{env.file_path}に、実行時間 − 1時間を設定する
  # 実行時間が2020年8月10日21時の場合、
  # file_pathには、"access_log/2020/08/10/20"などの値が設定される
  _env:
    file_path: access_log/${moment(session_time).add(-1, 'hours').format('YYYY/MM/DD/HH')}
  # embulkを実行する
  sh>: embulk run embulk.yml.liquid
```

Embulkの定義は次の通りです（コード4.4.4.12）。
環境変数で与えられた文字列が、定義体の**{{env.file_path}}** に変数として埋め込まれます。

コード4.4.4.12：Embulkの定義（embulk.yml.liquid）

```
in:
  type: s3
  bucket: YOUR_BUCKET
  # digdag上で定義される、環境変数{env.file_path}を読込、embulkの定義に設定する
  path_prefix: {{env.file_path}}
(以下略、「コード4.4.4.6：Embulkの定義」と同様)
```

このDigdagを実行すると、次の通り、成功したと分かります。

コード4.4.4.13：Digdagの実行結果

```
$ digdag run bqload.dig --session "2020-07-20 01:00:00"
2020-08-10 21:03:40 +0900: Digdag v0.9.42
（中略）
2020-08-10 21:04:23.317 +0900 [INFO] (main): Committed.
2020-08-10 21:04:23.317 +0900 [INFO] (main): Next config diff: {"in":{"last_path":"access_log/2020/07/20/00_0_0a1f89751d99.gz"},"out":{}}
Success. Task state is saved at /home/me/mydag/.digdag/status/20200720T010000+0900 directory.
  * Use --session <daily | hourly | "yyyy-MM-dd[ HH:mm:ss]"> to not reuse the last session time.
  * Use --rerun, --start +NAME, or --goal +NAME argument to rerun skipped tasks.
```

この例からも分かる通り、EmbulkとDigdagを組み合わせると、時系列データの逐次処理が可能です。テンプレートエンジンを利用するジョブスケジューラとバルクローダを組み合わせれば、宣言的なETL処理を実装できます。

自然言語のETL処理とLLMの活用

自然言語を含むテキストデータを利用する場合、数値型への変換などの標準化が必要です。たとえば、年収の表記には、「n万円」と「nnn,nnn円」、「n万円〜」と「n万円以上」などの表記揺れがあります。また、表記揺れだけではなく、誤字や脱字、同意語、類義語なども標準化の対象です。従来のETL処理における標準化では、正規表現や形態素解析などを用いる必要があり、実装や検証に要する工数が課題となっていました。

OpenAI社のChatGPTに代表される大規模言語モデル（LLM：Large Language Model）の登場で、自然言語の標準化に大きな変化が起きました。頻出するパターンの正規表現や形態素解析の辞書作成にLLMを用いると、実装工数の削減が期待できます。
しかし、日本語には同意語や類語が多く、事前にすべての表記が分かっているわけではないため、変換パターンの網羅はできません。たとえば、年収データでは数値型への変換に失敗したデータや、相場から大幅に乖離したデータが非適正値に該当します。変換精度を向上させるには、非適正値となった元のテキストをLLMに与えて、正規表現や形態素解析の辞書への追加が有効です。ただし、相場から乖離した明らかな誤入力と思われる非適正値は、そのまま除外するなどの対応が必要です。

LLMはその原理上、ハルシネーション（幻覚）の発生により、誤った情報を生成する可能性があります。ハルシネーションを抑制する方法は研究されていますが、現時点の技術では完全に解決されたわけではありません。プロセスに人が介在するHuman-in-the-loop（HITL）などの手法を用いて、生成された情報を検証することが重要です。また、LLM-as-a-Judgeと呼ばれる手法では、LLMの出力結果を別の異なるLLMにより検証し、ハルシネーションの発生をスコアリングして検出する方法も提案されています。

LLMの活用は実装工数の削減には有効ですが、出力された正規表現や形態素解析の辞書が完璧に動作することは保証されません。そのため、通常の開発工程と同様に、テストや検証が必要なことを忘れないようにしましょう。

4-5 実践的なETL処理

実践的なETL処理とは、ビジネス上の変更に強いETL処理であるといっても過言ではありません。本節では、架空のアプリケーションを使用して、メダリオンアーキテクチャを基にした実践的なETL処理と、ETL処理に適している理由を説明しましょう。

メダリオンアーキテクチャとは、ETL処理におけるデータ抽象度の概念を導入し、データを変換しながらビジネス価値を徐々に高めるためのアーキテクチャです。具体的には、データを抽象度に応じてBronze、Silver、Goldの3つのステージに分け、（もっとも抽象度が低い）Bronzeステージから（もっとも抽象度が高い）Goldステージへと段階的にデータを変換していきます。

「1-1-3 DIKWモデル」で触れた通り、データはさまざまな抽象度を持っています。データは抽象度が低く具体的な文字列などから、分析や機械学習の入力として利用される抽象度が高いデータまでさまざまです。抽象度を高くするためには、ドメイン知識の付与が不可欠であり、どのようにETL処理に実装するかが鍵となります。

4-5-1 Apache SparkによるETL処理

前節のEmbulkを利用したETL処理に続き、本項ではApache Sparkを利用したETL処理を解説します。Apache Sparkは、オンメモリで動作するビッグデータ向け統合分析ツールですが、Amazon Web Servicesなどのクラウドベンダーで安価にメモリが利用可能になったため、ETL処理でも積極的に利用されるようになっています。

旧来はHadoopなどのインフラ構築が必要であったり、パフォーマンスチューニングに高い専門性を要したりするなど、利用までの敷居が高い問題がありましたが、Amazon Web ServicesのAWS Glue、Google CloudのDataproc、Databricksなどの登場で、その構築や運用の難度は下がってきています。「4-4-4 Embulkを利用したETL処理」で紹介した処理を、Apache Sparkで実装するケースを紹介しましょう。下記に示す通り、Amazon S3上のオブジェクトは前節と同様です。

コード4.5.1.1：Amazon S3上のオブジェクト名

```
access_log/2020/07/20/00_0_0a1f89751d99.gz
access_log/2020/07/20/00_0_2fa8d4e85d11.gz
access_log/2020/07/20/00_1_8a0ca3ac5223.gz
...
access_log/2020/07/21/00_1_8a0ca3ac5223.gz
```

コード4.5.1.2：保存されるJSONの内容（Inputデータ）

```
{ "unix_time": 1574900000 , "data": {"user_id": 1 , "item_id": 1 , "amount": 1.5} }
{ "unix_time": 1574904283 , "data": {"user_id": 2 , "item_id": 2 , "amount": 5.0} }
```

Amazon S3上のデータを読み込むには、次のコードを実行してApache Sparkにロードします（コード4.5.1.3）。

コード4.5.1.3：JSONの読み込み（Scala）

```scala
// JSON読込
val df = spark.read.json("s3://{BUCKET}/{PATH_TO_INPUT}/*.tar.gz")
```

読み込んだJSONのスキーマを出力すると、次の通りとなります（コード4.5.1.4）。JSON内のキー**data**が**struct**に変換され、内部構造を自動判定してカラム化されています。

コード4.5.1.4：JSONスキーマの表示（Scala）

```
df.printSchema

// root
//  |-- data: struct (nullable = true)
//  |    |-- amount: double (nullable = true)
//  |    |-- item_id: long (nullable = true)
//  |    |-- user_id: long (nullable = true)
//  |-- unix_time: long (nullable = true)
```

次にSparkSQLを利用して、この多次元構造データを2次元のテーブルデータに変換してみましょう（コード4.5.1.5）。

コード4.5.1.5：JSONスキーマ構造変更（Scala）

```
df.createOrReplaceTempView("record")

val output = spark.sql("""
SELECT
  unix_time,
  data.amount,
  data.item_id,
  data.user_id
FROM
  record
""")
```

変数**output**で生成したDataFrameのスキーマは2次元構造に変換されています（コード4.5.1.6）。

コード4.5.1.6：JSONスキーマ構造変更後のスキーマ（Scala）

```
output.printSchema

// root
//  |-- unix_time: long (nullable = true)
//  |-- amount: double (nullable = true)
//  |-- item_id: long (nullable = true)
//  |-- user_id: long (nullable = true)
```

SQLを実行してデータを参照すると、2次元構造に変換されたデータを取得できます（コード4.5.1.7）。

コード4.5.1.7：出力データの表示（Scala）

```
output.show

// +----------+------+-------+-------+
// | unix_time|amount|item_id|user_id|
// +----------+------+-------+-------+
// |1574900000|   1.5|      1|      1|
// |1574904283|   5.0|      2|      2|
// +----------+------+-------+-------+
```

前節ではBigQueryの利用を解説していますが、Apache Sparkにビルトインされてるparquetメソッドを利用して、Amazon S3への書き込みを実装します。

ちなみに、BigQueryに書き込む場合でも、Google Cloudから提供されるspark-bigquery-connector[1]を利用すれば容易に実装できます。

コード4.5.1.8：データ書き込み（Scala）

```
output.write.parquet("s3://{BUCKET}/{PATH_TO_OUTPUT}/")
```

コード4.5.1.9：出力結果の確認

```
$ aws s3 ls s3://{BUCKET}/{PATH_TO_OUTPUT}/
2020-06-20 07:16:41          0 _SUCCESS
2020-06-20 07:16:41        123 _committed_4952109236050611404
2020-06-20 07:16:40          0 _started_4952109236050611404
2020-06-20 07:16:40        935 part-00000-tid-4952109236050611404-9e6046b7-c409-4796-9173-a625dd6bf1a2-12-1-c000.snappy.parquet
```

この通り、Apache SparkではJSONファイルを読み込み、データ構造の変化を確認しながらETL処理を実装可能です。

Embulk（バルクローダ）を利用すると、比較的少ない工数で実装できるトレードオフとして、複雑な変換処理が困難なケースがあります。一方、Apache Sparkを利用すると、複雑な変換処理も平易なSQLとユーザー定義関数で処理できるメリットがあります。EmbulkとApache Sparkのどちらを採択するかは、状況にしたがって判断するとよいでしょう。

4-5-2 メダリオンアーキテクチャ

メダリオンアーキテクチャとは、次の通り、役割ごとにデータ構造を分離した論理構造です。

- Bronzeステージ：Ingestion Tablesと呼ばれる、生ログを保存する領域
- Silverステージ：Refined Tablesと呼ばれる、Bronzeテーブルをクレンジングした中間テーブル
- Goldステージ：Feature/Aggregation Data Storeと呼ばれる、データの利用目的ごとのドメイン知識に特化したテーブル

Bronzeステージ

Bronzeステージは、ストリーミング処理ならばAWS Kinesis、バッチ処理ならばAmazon S3に転送

---

[1] https://github.com/GoogleCloudDataproc/spark-bigquery-connector

済みのJSONやParquetなど、それ自体は意味を持たない生ログが保存される領域です。生ログで未集計のデータが保存される、DIKWモデルのData（データ）領域です。

この領域に投入されるデータは、原則として送信元のデータがそのまま保存される生ログに加えて、ログ投入時刻などのメタ情報が付与されます。

Bronzeステージのデータは、入力データに重複や欠損が存在する可能性があり、そのままの形ではデータ分析に利用できません。したがって、次の領域であるSilverステージでデータクレンジングして、利用可能な形式に変換する必要があります。

Silverステージ

Silverステージは、GoldステージとBronzeステージの中間に位置する中間テーブルを定義する領域です。Bronzeステージのデータに対してデータクレンジングやテーブル分割、ステージ内のテーブル結合や集約が実行されるため、DIKWモデルのInformation（領域）と同義です。

Bronzeステージ内に含まれる情報量が多すぎる場合、生ログからイベント単位など、適切な粒度となるテーブルに分割します。また、データクレンジングでは、Bronzeステージを入力データとして重複除去や追加情報の補完をおこないます。

これらの処理を実行すると、データ処理のデバッグが容易になり、高いデータ品質が保証されるため、データ分析の高品質化が期待できます。

Goldステージ

Goldステージは、BIツールや機械学習から参照されるなど、用途が限定的な目的別のテーブルを定義する領域です。Goldステージのデータは機械学習やレポートの入力データとなるため、DIKWモデルにおけるKnowledge（知識）領域といえます。ちなみに、Goldステージのテーブルは、時間の経過と共にビジネス要求の分析に追随できなくなるケースがしばしば発生します。その場合は、ビジネス要求に沿うようにGoldステージのテーブルを新しく構築し直す必要があります。

各ステージのデータ保存場所

データレイク、データウェアハウスとデータマートを組み合わせる場合は、次の方式が考えられます。

- データレイク：Bronzeステージのデータ
- データウェアハウス：Silverステージのデータ
- データマート：Goldステージのデータ

Lakehouseを利用する場合は、BronzeからSilver、Goldの全領域のデータが、Amazon S3などデータレイクとして利用されるデータストレージから入出力されます。Apache SparkやTrino

（旧PrestoSQL）は、データがどのような場所にあっても永続化や取得を高速に処理できるため、Lakehouseが実現可能となっています。

高機能なデータウェアハウスやデータマートが提供するメリットとデメリット、Lakehouseによる効率化などのメリットとデメリットを秤に掛け、適切な選択を検討するとよいでしょう。

DIKWモデルとETL処理

ETL処理によるデータプラットフォームを構築する上で、データ抽象度を表すDIKWモデルを復習しておきましょう。DIKWモデルとは、Data（データ）、Information（情報）、Knowledge（知識）、Wisdom（知恵）の頭文字とったデータ抽象度を示すモデルです。何らかの記録物であるデータはそれ自体に抽象度が存在し、抽象度の階層ごとに具体性あるいは抽象性を持つ性質があります。

たとえば、ある地域で何らかの商品が流行した際に、どのような傾向で購入されているか把握したいケースを考えてみましょう。Data領域は単純な文字列や数値の列挙ですが、それ自体の情報が具体的すぎるため、単体での意味は理解が困難です。ある商品を購入した人の年齢で20歳、性別は女性といった情報は、それ自体にドメイン知識が含まれないため全体像の把握はできません。続くInformation領域は、目的ごとに性別や年齢などでカテゴリー化され意味付けされた情報です。カテゴリー化によって、SQLなどによる集計が容易になり、情報の全体像を把握しやすくなります。

Knowledge領域は、何らかの目的を達成するために役立つ判断力の助けとなり得る情報です。Infomartion領域のデータを集計し、年齢や性別などの割合を図示化すると可視化データとなります。たとえば、性別で購買傾向に差がないのかなど、判断力の助けとなる情報がKnowledge領域といえます。DIKWモデル最上位にあるWisdom領域の情報とは判断力であり、経営層やプロダクトマネージャなど、何らかの決断を担う人の脳内に存在します。判断力とは、人が考えて答えを導く行為で、経験や知識、直感などが該当します。この通り、DIKWモデルは、データを判断する上で便利な概念です。データプラットフォームのETL処理やELT処理では、DIKWモデルの考え方を参考に設計するとよいでしょう。

4-5-3 システム前提条件

スマートフォンなどのアプリでは、「コホート分析」と呼ばれる、ユーザーをグループに分類して各グループの行動や継続率を計測する分析がおこなわれます。本項では、メダリオンアーキテクチャの実例として、このコホート分析を題材に解説します。

スマートフォンアプリのビジネスユースケースとKPIの例

コホート分析を実施するために、次のビジネスユースケースを持つ架空のニュース系アプリを題材としましょう。

ビジネスユースケースからサービスの事前条件となるマスターデータやイベントログを定義します。

- ユーザーは、ニュースを購読できる
- ユーザーは、ニュースをお気に入りに追加できる

上記のビジネスユースケースからKPIは以下の2点とします。

- アプリケーションを利用したユーザーの継続率
- ニュースをお気に入りに追加したユーザーの継続率

イベントログやマスターデータは、メダリオンアーキテクチャのBronzeステージ、SilverステージやGoldステージのテーブルを設計するための材料となります。
KPIを定義する際は、DIKWモデルにおける最上位であるWisdom（知恵）の階層から、ビジネスサイドのメンバーと適切に協議して設計します。そこで、本項ではインストール後のユーザー継続率など、架空のKPIを例に説明しましょう。

データ定義

スマートフォンアプリで管理対象となるデータを大別すると、マスターデータとクライアントログ、サーバログの3種類があります。クライアントログとサーバログはいずれもイベントを記録するログであるため、イベントログと名称を統一します。
マスターデータはAmazon RDS（MySQL）、イベントログはAmazon S3にJSONLで保存されているものとします。
データとその保存場所および内容をまとめると、次表の通りです。

表4.5.3.1：データ種別の保存場所と内容

内容	主な記録する対象	保存先	保存内容
マスターデータ	管理対象のデータベース	Amazon RDS（MySQL）	ユーザー情報など
クライアントログ	クライアントのイベント実行時に発行するログ	Amazon S3（JSONL）	ボタン押下、画面遷移など
サーバログ	API実行時に発行するログ	Amazon S3（JSONL）	お気に入り登録、意見投稿など

システム構成

このアプリのシステム構成は、次図の通りです（図4.5.3.2）。
スマートフォンアプリからは、Amazon Web Services内のサービスを組み合わせて、API通信やクライアントログの転送を実装しているとします。

図4.5.3.2：システム構成図

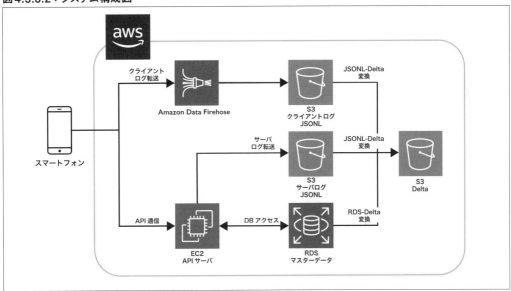

マスターデータ

イベントログの分析では、サービスのデータベースにどのようなマスターデータが保存されているか把握しておくことが重要です。実際のサービスにおけるデータベース設計では、テーブルが正規化されているなど複雑なケースもありますが、本項ではデータモデルを簡略化して、次の2つのテーブルで定義されているとします。

- ユーザーテーブル（users）：ユーザー情報を定義するマスターテーブル
- ニューステーブル（news）：ニュース情報を定義するマスターテーブル

ユーザーテーブル（users）

ユーザー情報を保持するマスターテーブルです。ユーザーがスマートフォンアプリを起動してログインするごとに、デバイスの種類やOSバージョンを最新の状態に更新します。

表4.5.3.3：ユーザー情報のマスターテーブル

カラム名	内容	型	備考
id	ユーザーID	String	初回ログイン時に付与するユーザーごとに一意となるID
gender_kind	性別	Int	0：男性、1：女性、2：その他
job_kind	職業	Int	0：学生、1：社会人、2：その他
created_at	作成日時	Datetime	ー
updated_at	更新日時	Datetime	ー

ニューステーブル（news）

ニュース情報を保持するマスターテーブルです。スマートフォンアプリの運営者がニュースを投稿した際に作成されます。

表4.5.3.4：ニュース情報のマスターテーブル

カラム名	内容	型	備考
id	ニュースID	String	ニュースごとに付与するID
category	ニュースカテゴリ	Int	0：男性向け、1：女性向け、2：その他
title	ニュースタイトル	String	「日米首脳24日に電話会談へ」などのタイトル
caption	ニュース文言	String	ニュース記事の文字列
created_at	作成日時	Datetime	—
updated_at	更新日時	Datetime	—

ちなみに、イベントログの解析する際に、過去の特定時点でのマスターデータを利用して分析したい場合があります。サービスのデータベースのマスターデータは上書き保存で管理されるケースが多く、最新データ以外は取得できないことも珍しくありません。

たとえば、イベントログが発生した時刻で利用していたマスターデータの値は、分析時点のマスターデータの値とは異なる場合があります。ユースケースによっては、定期的にマスターデータのスナップショットを取得しておいた方がよい場合もあるでしょう。

イベントログ（クライアントログ・サーバログ）

イベントログとは、スマートフォンアプリ上で発生するイベントを記録したログで、DIKWモデルにおけるData領域に該当します。Data領域に対して重複や欠損の除去などデータクレンジングをおこなうと、Information領域のデータとして統合され集計可能になります。さらにInformation領域のデータを集計するとKnowledge領域に統合され、サービスKPIとして観測可能となります。

イベントログの設計には、「1-3-1 DIKWフィードバックループの確立」で解説したDIKWフィードバックループの考え方が役に立ちます。Data領域をKnowledge領域に統合するには、ビジネスの要求であるWisdom領域に沿ったデータ設計が必要です。Wisdom領域とは判断力であり、Knowledge領域とは判断力を支える知識といえます。ユーザー満足度を判断するKnowledge領域の数値は、次の2点が考えられます。

- アプリケーションを利用したユーザーの継続率
- ニュースをお気に入り登録したユーザーの継続率

この2つのKPIから逆算して、Data領域のイベントログを設計すると、次の3点のイベントログが必要となります。

表4.5.3.5：イベントログの定義

イベント	定義内容	記録の目的
access	アクセス	ユーザーがアクセスした日に記録する
read_news	ニュースを読んだイベント	拡張性の判断
added_liked	ニュースをお気に入りに追加したイベント	満足度の判断

イベントログの記録タイミング

アプリ内の各画面遷移と各イベントの実行タイミングは、アプリ起動、トップ画面、ニュース画面、お気に入り追加の順番に推移します。また、各イベントログはトップ画面はaccess、ニュース画面はread_news、お気に入り追加はadded_likedとして記録されます。

アクセス (access)

アプリへのアクセスを記録するログです。
記録タイミング：何らかのAPIがアクセスした時点で記録

表4.5.3.6：アクセスログ (access) のログ定義

カラム名	内容	型	必須	備考
user_id	ユーザーID	String	○	ユーザーに付与される一意のID
time	アクセス時間	Long	○	アクセスした時間（unixtime）
os	OS種別	Int	○	1：iOS、2：Android

ニュース既読イベント (read_news)

ニュースの閲覧を記録するログです。閲覧件数が多い記事ほど、拡散性が高いニュースであると判断できます。
記録タイミング：ニュースページが表示された際に、表示時間などの状況に応じて記録

表4.5.3.7：ニュース既読イベント (read_news) のログ定義

カラム名	内容	型	必須	備考
user_id	ユーザーID	String	○	ユーザーに付与される一意のID
time	アクセス時間	Long	○	アクセスした時間（unixtime）
news_id	ニュースID	String	○	ニュースに付与される一意のID
staying_seconds	滞在秒数	Long	○	ユーザーが記事に滞在した秒数、最大値を10秒とする

お気に入り追加イベント (added_liked)

ニュースのお気に入り追加を記録するログです。ユーザーがお気に入りに追加した件数が多い記事ほど、満足度の高いニュースであると判断できます。

記録タイミング：ニュースがお気に入りに追加された際に記録

表4.5.3.8：お気に入り追加イベント（added_liked）のログ定義

カラム名	内容	型	必須	備考
user_id	ユーザーID	String	○	ユーザーに付与される一意のID
time	アクセス時間	Long	○	アクセスした時間（unixtime）
news_id	ニュースID	String	○	ニュースに付与される一意のID

実際に運用されるサービスの現場では、観測対象のKPIの種類は時間の経過と共に増えていきます。その主な理由は、サービスを成長させたい願望は、観測対象を増やしてより多角的に判断したい要望と方向が一致するためです。また、運用時間の経過と共に記録したいイベントログも増えていきます。

データ全体設計と逆算思考

ここまでシステム前提条件を解説しましたが、メダリオンアーキテクチャをおさらいしてみましょう。メダリオンアーキテクチャは、Bronze→Silver→Goldの順にデータの集計処理を進め、逆向きのSilverからGold、BronzeからSilverやGoldのデータを参照することはありません。
ファイル保存場所を事前に次の通りに定義すると、データリネージュ（流れ）を一方向に実装しやすくなると期待できます。

表4.5.3.9：各ステージとファイルの保存場所

ステージ	ファイルの保存場所
Bronze	{PATH_TO_DELTA}/bronze/
Silver	{PATH_TO_DELTA}/silver/
Gold	{PATH_TO_DELTA}/gold/

テーブル設計の全体像

テーブル設計の全体像をBronze/Silver/Goldの各ステージで整理すると、次図の通りになります（図4.5.3.10）。データプラットフォーム内のデータ構造を検討するときは、データフロー全体のテーブル構造を俯瞰することが重要です。メダリオンアーキテクチャの原則に基づくと、Bronze→Silver→Goldと順番に処理されます。各ステージのデータは集計されるに従いデータの抽象度が上がり、順を追ってビジネスの要求を満たすデータになるように意味付けされます。
Goldステージにある抽象度の高い情報は、Bronzeステージにある抽象度の低い情報の集積により生成されます。したがって、DIKWフィードバックループが示唆するように、「ビジネス要求で必要なデータとは何か」という問いの答えは、データ生成とは逆向きに情報伝達されます。

近年のビジネスや教育の現場では、目標から逆算する逆算思考が有効とされていますが、適切なプロセスを想定する点でメダリオンアーキテクチャでも同様です。

図4.5.3.10：テーブル設計の全体像

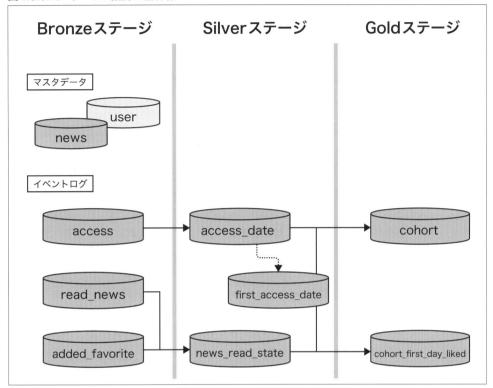

逆算思考を前提とすると、メダリオンアーキテクチャは、Gold→Silver→Bronzeとデータが生成される順番とは逆向きに思考を働かせ、より精度の高いデータ設計が可能となるアーキテクチャです。
次項以降は、本項のシステム前提条件を元に、メダリオンアーキテクチャのBronze/Silver/Goldステージの各ステージごとのETL処理を解説しましょう。

4-5-4 Bronzeステージ

Bronzeステージは、マスターデータやイベントログのデータを、取得元の状態を維持して保存する領域です。DIKWモデルでは、それ自体は意味を持たないシンボルであるData領域です。
Bronzeステージにデータ転送する際、原則的に集計処理はおこなわず、日付パーティションを与えたり適切な命名規則に従うテーブル名に変更したりする以外の処理は実装しません。そのため、データ転送元から伝達されるマスターデータやイベントログは、なるべくそのままの状態で保存します。情報源から伝達されるフォーマットはJSONLやデータベース、APIなどさまざまな形式が想定されますが、データプラットフォーム上ではDelta Lakeなどのフォーマットに変換して保存します。

データプラットフォーム用に設計されたフォーマットのDelta Lakeは、列指向とZ-Orderによる高い検索性能、効率的なファイル圧縮、データ入力のリビジョンによるロールバック機能、自動的なスキーマ変更の追従など、多くのメリットを持っています。

データベースでは、仕様変更などでスキーマ変更によるテーブルやカラムの追加・削除がしばしば発生します。旧来のJSONLなどのフォーマットでスキーマが変更された場合は、データプラットフォーム側のテーブル情報を保持するメタストアへの更新が必要でしたが、データプラットフォームの運用では、これらのメタデータを自動判定するフォーマットを利用すれば、データ分析の生産性向上に繋がります。

ちなみに、RDBMSのようなスキーマが確定している構造化データは、Silverステージに直接転送する場合があります。RDBMSのテーブルデータのような構造化データは、BronzeをスキップしてSilverステージに保存しても問題にならない場合もあります。型情報が確定しない半構造化データや非構造化データや、それらの判断に迷うデータは、Bronzeステージに保存するとよいでしょう。本項では解説の分かりやすさを優先して、データ内に重複や欠損がないことを前提にして解説を進めます。

マスターデータの保存

通常のアプリケーションのマスターデータは、MySQLやPostgreSQLなどのRDBMSに保存します。RDBMSは通常、オンライン処理やバッチ処理から実行されるDELETEやUPDATEのトランザクション制御で過去のデータが失われます。

データプラットフォームの分析要求では、過去のマスターデータを利用して分析したいケースもしばしば発生します。そこで、1日に一度などの頻度でスナップショットを取得する方法を解説します。

なお、データレイク上のマスターデータのファイル配置位置は、`/bronze/master`配下に保存しておくと識別が容易です。

表4.5.4.1：マスターデータの配置

テーブル名	配置場所
users	{PATH_TO_DELTA}/bronze/master/users/
news	{PATH_TO_DELTA}/bronze/master/news/

次にusersテーブルを保存するコード例を示します（コード4.5.4.2）。`partitionBy`を利用して、実行した日付ごとの保存を実行する処理です。

本処理中ではユーザー定義関数（UDF）として、UNIX時間を日本標準時の日付型に変換する処理を`udf_to_date`として登録しています。UDFは任意のSQL中でデータフレームに対して呼び出し可能なため、標準のSQLで提供されていない関数を定義したい場合に有効です。

コード4.5.4.2：usersテーブルからのデータ取得

```scala
// RDBMSからusersテーブルのデータを取得
val users = spark.read
  .format("jdbc")
  .option("url", "PATH_TO_URL")
  .option("dbtable", "schema.users")
  .option("user", "username")
  .option("password", "password")
  .option("partitionColumn", "id")
  .load()

// Spark上でView化
users.createOrReplaceTempView("users")

import java.time._

// UDFの定義
val udfToDate = udf((epochMilliUTC: Long) => {
  val dateFormatter = format.DateTimeFormatter.ofPattern("yyyy-MM-dd").withZone(ZoneId.of("Asia/Tokyo"))
  dateFormatter.format(Instant.ofEpochMilli(epochMilliUTC * 1000))
})

// SparkSQL上で呼び出し可能とする
spark.sqlContext.udf.register("udf_to_date", udfToDate)

// DataFrameを日付を付与してDelta Lake上のテーブルに永続化
spark.sql("select *, udf_to_date(unix_timestamp()) as date from users")
  .write
  .mode("overwrite")
  .format("delta")
  // 一日に一度だけ転送するため日付を指定
  .partitionBy("date")
  // カラムを追加された際に自動的に付与する
  .option("mergeSchema", "true")
  // バッチをリトライした際に自動的に実行日付のデータを削除する
  .option("replaceWhere", s"date = '$date'")
  .save(s"$PATH_TO_DELTA/bronze/master/users/")
```

イベントログの保存

イベントログはJSONL形式で、データ生成の日付ごとに各ディレクトリに保存されており、このファイルをインプットとしてDelta Lakeに保存します。
イベントログは、ファイル配置場所を`/bronze/event`配下に保存すると、実装時に識別が容易です。マスターデータとイベントログを区別するために、ディレクトリを明示的に分ける工夫はデータ分析の生産性向上に繋がります。

表4.5.4.3：イベントログの配置

テーブル名	配置場所
access	{PATH_TO_DELTA}/bronze/event/access/
read_news	{PATH_TO_DELTA}/bronze/event/read_news/
added_liked	{PATH_TO_DELTA}/bronze/event/added_liked/

前述のマスターデータとほとんど同じ実装ですが、accessテーブルのデータ取得は次に示すコード例となります（コード4.5.4.4）。

JSONLの保存ディレクトリを示す変数**$PATH_TO_JSON**の値は、**accesss/YYYY/MM/DD/**のようにアクセスログが保存される日付になります。

コード4.5.4.4：accessテーブルからデータ取得

```
// RDBMSからaccessテーブルのデータを取得
val access = spark.read.json(s"$PATH_TO_JSON")

// Spark上でView化
access.createOrReplaceTempView("access")

// DataFrameを日付を付与してDeltaテーブルに永続化
spark.sql("select *, udf_to_date(time) as date from access")
  .write
  .mode("overwrite")
  .format("delta")
  // 1日に一度だけ転送するため日付を指定
  .partitionBy("date")
  // カラムを追加された際に自動的に付与する
  .option("mergeSchema", "true")
  // バッチをリトライした際に自動的に実行日付のデータを削除する
  .option("replaceWhere", s"date = '$date'")
  .save(s"$PATH_TO_DELTA/bronze/master/users/")
```

4-5-5 Silverステージ

SilverステージはBronzeステージとGoldステージの中間にあるレコードを作成する領域です。DIKWモデルでは、データを整理して意味付けされたInformation領域に相当します。データ分析に利用するデータは、重複除去や欠損値補完、ノイズ補正、エラー処理など、適切な前処理がなければ分析の精度を上げられません。Bronzeステージのデータはほとんど未加工ですが、Silverステージはデータクレンジングなどの前処理や意味付けされたデータが保存される領域です。

Silverステージのテーブルでは、Silverステージ内の複数テーブルを組み合わせて集計した結果を中間テーブルとして生成するケースもあります。この集計は、複数のシステム間で所定のキーを利用した名寄せや、プライマリーキーを利用したデータ結合などが考えられます。

名寄せには、広告識別子（IDFA/ADID）やSNSアカウント、メールアドレスなどを利用して、複数の情報発生源から取得したデータを結合するケースも頻繁に発生します。本項の名寄せは、解説を簡略化するために`user_id`を用いた方法で解説します。

Silverステージのテーブル設計と実装

SilverステージはGoldステージのデータを作る土台になる領域です。前述の通り、Goldステージにある抽象度が高い情報は、より抽象度が低いSilverステージの情報から生成されます。Goldステージにあるデータの目的から逆算して、どのようなデータセットがSilverステージに必要かを検討して実装する必要があります。

Silverステージのデータを設計する場合は、Goldステージ内のデータからKPIを集計できるかという観点が重要です。したがって、Knowledge領域とそれよりも抽象度の低いData領域の両軸から、Information領域で最適なデータ構造か模索して、データ設計の方向性を探ります。

今回のシステム要求における可視化対象となるKPIは、インストール後のユーザー継続率と、インストール初日にお気に入り登録したユーザーの継続率です。

インストール後のユーザー継続率

ユーザー継続率とは、インストール初日を起点として、その後も継続してアクセスしているユーザーの割合です。一定期間が経過しても継続的に利用しているユーザーは、アプリのファンとなった可能性が高いと見なせます。

Silverステージに保存するデータは、各ユーザーの初回アクセス日（インストール日）とアクセス日を管理するテーブルから計測可能です。

インストール初日にお気に入り登録したユーザーの継続率

インストール初日にお気に入り登録したユーザーの継続率とは、初日行動でニュースをお気に入りに登録したユーザーの継続率です。任意の初日ユーザー行動（お気に入り登録の有無など）では、行動の差異によってユーザー継続率に差が見いだせる場合があります。ちなみに本項では、お気に入り登録の有無を計測対象としますが、他にもさまざまな機能で継続率の測定を検討できます。

Silverステージに保存するデータは、各ユーザーが何のニュースをいつお気に入りしたかを記録するテーブルがあれば計測可能です。

上記をまとめると、次表にあげる3テーブルが必要と分かります（表4.5.5.1）。

表4.5.5.1：Silverステージのテーブル構成

テーブル名	定義内容	算出されるKPI
access_date	ユーザーアクセス日テーブル	インストール後のユーザー継続率
first_access_date	初日アクセス日テーブル	インストール後のユーザー継続率
news_read_state	ユーザーニュース既読テーブル	ニュースをお気に入り登録したユーザーの継続率

ファイル配置場所を次表の通り**silver**配下に保存すると、該当するテーブルがSilverステージのデータと識別できます（表4.5.5.2）。

表4.5.5.2：Silverステージのファイル配置

テーブル名	配置場所
access_date	{PATH_TO_DELTA}/silver/user/access_date/
first_access_date	{PATH_TO_DELTA}/silver/user/first_access_date/
news_read_state	{PATH_TO_DELTA}/silver/user/news_read_state/

また、各テーブルのスキーマは次の通りです（表4.5.5.3〜5）。

表4.5.5.3：ユーザーアクセス日テーブル（access_date）

カラム名	内容	型	必須	備考
user_id	ユーザーID	String	○	ユーザーに付与される一意のID
date	アクセス日	Date	○	アクセスした日
os	OS種別	Int	○	1：iOS、2：Android

表4.5.5.4：ユーザー初日アクセス日テーブル（first_access_date）

カラム名	内容	型	必須	備考
user_id	ユーザーID	String	○	ユーザーに付与される一意のID
date	アクセス日	Date	○	アクセスした日
os	OS種別	Int	○	1：iOS、2：Android

表4.5.5.5：ユーザーニュース既読テーブル（news_read_state）

カラム名	内容	型	必須	備考
user_id	ユーザーID	String	○	ユーザーに付与される一意のID
date	アクセス日	Date	○	アクセスした日
news_id	ニュースID	String	○	ニュースに付与される一意のID
is_liked	お気に入り追加	Boolean	○	お気に入りに追加したか

これらのテーブルを集計するには、次の実装になります。ユーザーアクセス日テーブルは、Bronzeステージのaccessテーブルから次に示すコード例で集計できます（コード4.5.5.6）。必要となるカラムを抜き出して、日付パーティションで保存するだけの簡単な処理です。

コード4.5.5.6：ユーザーアクセス日テーブル（access_date）の作成

```
// Bronzeステージのaccessよりデータ取得
val userAccessDates = spark.sql(s"""
select
  user_id,
  date,
  os
FROM
  delta.`{PATH_TO_DELTA}/bronze/event/access/`
WHERE
  date >= '$date'
""")
  .load()

// ユーザーアクセス日テーブルをDelta Lake上のテーブルに永続化
userAccessDates
  .write
  .mode("overwrite")
  .format("delta")
  // 1日に一度だけ転送するため日付を指定
  .partitionBy("date")
  // カラムを追加された際に自動的に付与する
  .option("mergeSchema", "true")
  // バッチをリトライした際に自動的に実行日付のデータを削除する
  .option("replaceWhere", s"date = '$date'")
  .save(s"$PATH_TO_DELTA/silver/user/access_date/")
```

前述のユーザーアクセス日テーブル（表4.5.5.3）を利用すると、各ユーザーがアプリケーションを利用した初日のレコードを抽出できます。Silverステージのテーブルを集計した結果をSilverステージの別テーブルに保存するものに該当します。

このテーブルは「ユーザーがアクセスした初日」の情報しか保持しない、情報が限定的なテーブルです。すなわち、このテーブルが保持するドメイン知識は「ユーザーのアクセス初日」であり、それ以外の情報は保持しません。

コード4.5.5.7：初日アクセス日テーブル（first_access_date）の作成

```
// Silverステージのaccess_dateよりデータ取得
val firstAccessDates = spark.sql(s"""
select
  user_id,
  os,
  MIN(date) as date
FROM
  delta.`{PATH_TO_DELTA}/silver/user/access_date/`
WHERE
  -- 既に保存済みのユーザーは除去する
  user_id NOT IN (
    SELECT user_id FROM delta.`$PATH_TO_DELTA/silver/user/first_access_date/`
```

```
  )
GROUP BY
  1,2
""")
  .load()

// ユーザー初日アクセス日テーブルをDelta Lake上のテーブルに永続化
firstAccessDates
  .write
  .mode("overwrite")
  .format("delta")
  .option("mergeSchema", "true")
  .save(s"$PATH_TO_DELTA/silver/user/first_access_date/")
```

最後に、ユーザーニュース購読テーブルを作成します。
このテーブルは、Bronzeステージのマスターデータとイベントログを集計しています。

コード4.5.5.8：ユーザーニュース既読テーブル（news_read_state）の作成

```
// Bronzeステージのread_newsとadded_likedよりデータ取得
val newsReadState = spark.sql(s"""
SELECT
  r.date,
  r.user_id,
  r.news_id,
  CASE
    WHEN f.news_id IS NOT NULL THEN TRUE
    ELSE FALSE
  END AS is_liked
FROM
  read_news r LEFT
JOIN
  added_liked f
  ON r.user_id = f.user_id
  AND r.news_id = f.news_id
WHERE
  r.date >= '$date' AND
  f.date >= '$date'
""")

// ユーザーアクセス日テーブルをDelta Lake上のテーブルに永続化
newsReadState
  .write
  .mode("overwrite")
  .format("delta")
  // 1日に一度だけ転送するため日付を指定
  .partitionBy("date")
  // カラムを追加された際に自動的に付与する
  .option("mergeSchema", "true")
```

```
// バッチをリトライした際に自動的に実行日付のデータを削除する
.option("replaceWhere", s"date = '$date'")
.save(s"$PATH_TO_DELTA/silver/user/news_read_state/")
```

4-5-6 Goldステージ

Goldステージは、BIツールや機械学習の入力データとして使用されるテーブルを作成する領域で、DIKWモデルの情報をまとめて体系化するKnowledge領域です。DIKWモデルの最上位にあるWisdom領域はビジネス要件の「Why」の答えとなり得るもので、「将来の可能性への模索」となる情報です。そして、その1つ下の領域であるKnowledge領域は過去から得られた知識に相当します。

不確実性の高いビジネスの現場では、可視化や分析の対象は固定化されず、対象の変更が頻繁に発生します。Goldステージのデータは目的別のドメインに特化した情報を保持するが故に、分析用としては柔軟性に欠けます。

したがって、有効であったはずのGoldステージのテーブルが時間の経過と共に要件を満たさなくなり、新たな要件を満たすには、Silverステージのデータをインプットとする集計処理の変更に迫られます。また、場合によっては、Silverステージのデータでは情報量が不足するため、新しいBronzeステージのデータが必要となるケースもあります。

たとえば、Goldステージのレコードが月単位（yyyyMM）で集計されていた場合、「日時」の情報が欠落しているため日時推移は分析できません。また、「何曜日にアクセスが多いか？」と問われた場合は、BronzeステージやSilverステージから再集計する必要があります。

一般的に細かい情報が含まれる抽象度の低いデータほど、レコード量が増える傾向にあります。逆に情報の抽象度が高くまとまったデータは、レコード量が少ない傾向になります。たとえば、「月単位」の集計から「日単位」の集計に変更する場合、情報量が増える代わりにデータ量や集計時間が増加します。一方、「日単位」の集計の方がより細かく分析できますが、ビジネス要求で「日単位」の集計が存在しないケースでは、計算量やデータ量の問題で「月単位」のデータしか保持しない方がよい場合もあります。つまり、Goldステージで定義するデータにおいて、ビジネス要求の拡張性と処理速度はトレードオフの関係にあり、集計対象の粒度を見極めることが重要です。

Goldステージのテーブル設計と実装

GoldステージはSilverステージのテーブルを利用して、目的のドメイン知識に特化するKPI算出や機械学習などのインプットに利用するレコードを作成する領域です。ちなみに、Goldステージのテーブルは、要求の似た類似テーブルが増殖する傾向にあります。

原則的にGoldステージのレコードは、利用者が日付や性別などの区分で絞り込める程度のシンプルなクエリで検索できるデータセットです。たとえば、ユーザー属性情報に性別しかなく、年齢層を分析したい要求が発生した場合、既存のGoldステージのテーブルに年齢層を追加するかテーブルを新設するか検討する必要があります。

今回のビジネス要求では、前項で解説した通り、次の2点のKPIの算出が必要です。

- インストール後のユーザー継続率
- インストール初日にお気に入り登録したユーザーの継続率

Goldステージのテーブル構成は次表になります（表4.5.6.1）。

表4.5.6.1：Goldステージのテーブル構成

テーブル名	定義内容
retention_rate	インストール後のユーザー継続率
retention_rate_first_day_liked	インストール初日にニュースをお気に入り登録したユーザーの継続率

ファイルの配置場所を**gold**配下に保存すると、該当するテーブルがGoldステージのデータであると識別できます。

表4.5.6.2：Goldステージのファイル配置

テーブル名	配置場所
retention_rate	{PATH_TO_DELTA}/gold/retention_rate/
retention_rate_first_day_liked	{PATH_TO_DELTA}/gold/retention_rate_first_day_liked/

表4.5.6.3：インストール後のユーザー継続率（retention_rate）

カラム名	内容	型	必須
date	日付	Date	○
day_number	経過日数	Int	○
os	OS種別	Int	○
count	件数	Int	○
total_count	全体の件数	Int	○

表4.5.6.4：初日にお気に入り登録したユーザー継続率（retention_rate_first_day_liked）

カラム名	内容	型	必須
date	日付	Date	○
day_number	経過日数	Int	○
count	件数	Int	○
total_count	全体の件数	Int	○

ユーザーの継続率を算出する処理は若干複雑で、Silverステージのテーブルを集計処理を3回経て、目的のデータを取得できます。

コード4.5.6.5：アプリケーションを利用したユーザーの継続率（retention_rate）の集計

```
// Silverステージのfirst_access_dateよりデータ取得
val userFirstAccessDates = spark.sql(s"""
select
  user_id,
  date,
  os
FROM
  delta.`$PATH_TO_DELTA/silver/user/first_access_date/`
WHERE
  date >= '$date'
""")
  .load()

userFirstAccessDates.createOrReplaceTempView("first_access_date")

// Silverステージのaccess_dateよりデータ取得
val userAccessDates = spark.sql(s"""
select
  user_id,
  date,
  os
FROM
  delta.`$PATH_TO_DELTA/silver/user/access_date/`
WHERE
  date >= '$date'
""")
  .load()

userAccessDates.createOrReplaceTempView("access_date")

// アプリケーションを利用したユーザーの継続率をDelta Lake上のテーブルに永続化
spark.sql("""
SELECT
  total.date,
  datediff(
    a.date,
    f.date
  ) AS day_number,
  CASE
    WHEN datediff(
      a.date,
      f.date
    ) = 0 THEN total.cnt
    ELSE count(distinct a.user_id)
  END AS cnt,
  total.cnt AS total,
```

```
      f.os AS os
  FROM
    access_date a INNER
  JOIN
    first_access_date f
    ON a.user_id = f.user_id INNER
  JOIN (
      SELECT
        date,
        os,
        COUNT(DISTINCT user_id) AS cnt
      FROM
        first_access_date
      GROUP BY
        1,
        2
    ) AS total
    ON f.date = total.date
    AND f.os = total.os
  GROUP BY
    1,
    2,
    4,
    5
  """)
    .write
    .mode("overwrite")
    .format("delta")
    .save(s"$PATH_TO_DELTA/gold/retention_rate/")
```

次に、インストール初日にニュースをお気に入り登録したユーザーの継続率の実装を見ていきましょう。この処理も前述のユーザー継続率と同様に、Silverステージのテーブルを集計して目的のデータを取得しています。

コード4.5.6.6：初日にお気に入り登録したユーザーの継続率（retention_rate_first_day_liked）集計

```
// Silverステージのnews_read_stateとfirst_access_dateより
// 初日ログイン日にお気に入りをしたユーザーをデータ取得
val firstDayLikedUsers = spark.sql("""
SELECT
  fa.user_id,
  fa.date
FROM
  news_read_state nr INNER
JOIN
  first_access_date fa
  ON fa.user_id = nr.user_id
  AND fa.date = nr.date
WHERE
```

```
    nr.is_liked = TRUE
GROUP BY
  1,
  2
""")

firstDayLikedUsers.createOrReplaceTempView("first_day_liked_users")

// インストール初日にニュースをお気に入りしたユーザーの継続率をDelta Lake上のテーブルに永続化
spark.sql("""
SELECT
  total.date,
  datediff(
    a.date,
    f.date
  ) AS day_number,
  CASE
    WHEN datediff(
      a.date,
      f.date
    ) = 0 THEN total.cnt
    ELSE count(distinct a.user_id)
  END AS cnt,
  total.cnt AS total
FROM
  access_date a INNER
JOIN
  first_day_liked_users f
  ON a.user_id = f.user_id INNER
JOIN (
    SELECT
      date,
      COUNT(DISTINCT user_id) AS cnt
    FROM
      first_day_liked_users
    GROUP BY
      1
  ) AS total
  ON f.date = total.date
GROUP BY
  1,
  2,
  4
""")
  .write
  .mode("overwrite")
  .format("delta")
  .save(s"$PATH_TO_DELTA/gold/retention_rate_first_day_liked/")
```

メダリオンアーキテクチャでは、Bronze、Silver、Goldと順を追って各ステージ内にドメイン知識が蒸留され、最終的にGoldステージの情報が生成されます。たとえば、追加のユーザー属性分析で性別

や職業による継続率を把握したい要求が発生したとします。その場合、Bronzeステージの**user**テーブルと、Silverステージの**access_date**と**first_access_date**を集計すれば分析可能です。

実業務では、可視化対象のKPIを増やしたいなどの要求が続々と表れます。メダリオンアーキテクチャを利用すると、抽象度に応じて保持する情報が明確に分解されます。また、ドメイン知識とデータ位置などの関係が分かりやすいほど、分析対象となるデータを探しやすくなり、実装がカオスになりがちなETL処理に明解さをもたらします。これらを踏まえると、メダリオンアーキテクチャは、突発的な要求に俊敏に対応できデータのカオス化を防ぐ効果があるといえます。

一般にETL処理などのデータ処理は、実装とデータ配置のいずれもカオス化しやすく、適切な設計を求められます。実践的なETL処理の実装を実現できるメダリオンアーキテクチャは、将来的なカオス化の回避にとどまらず、新規要求への俊敏な対応も可能にします。

ちなみに、DatabricksのUnity Catalogでは、「カタログ名.スキーマ名.テーブル名」の3層構造でメタデータを定義できます。たとえば、**producution.bronze_event.access**は本番環境のブロンズステージのイベントログ内に保存されるアクセステーブルです。本節ではAmazon S3を利用したパスやファイルを通してメダリオンアーキテクチャを実装していますが、Unity Catalogを利用する場合は、カタログ名やスキーマ名を通してメダリオンアーキテククチャの実装も可能です。

メダリオンアーキテクチャとスタースキーマ

データウェアハウスでは、スタースキーマと呼ばれるデータモデルが多くの用途で利用されています。スタースキーマとは、中心となるファクトテーブルに対して、その周囲に配置される複数のディメンションテーブルからなるデータモデルです。

メダリオンアーキテクチャにおけるSilverステージのテーブルは、スタースキーマでの構成が適している場合があります。ファクトテーブルはデータの発生日付と各ディメンションテーブルとの結合IDを保持し、ディメンションテーブルはファクトテーブルと結合可能なIDおよびその属性情報を保持する方式です。属性情報とはマスターデータとトランザクションデータを結合した情報で、購買情報では製品IDとその名称や販売個数などが該当します。

スタースキーマは、各IDが持つドメイン知識を必要とするため、データを取得するクエリが難解になる傾向がありますが、Goldステージを用意してデータを集約すれば、目的に特化する平易なデータモデルを提供可能です。

Chapter 5

データ変換・転送 ストリーミング編

ストリーミングは直訳すると、水などの流体が流れることを意味します。
上流（データソース）から下流（データシンク）へと連続的に流れるように
データを処理する方式をストリーミング処理と呼びます。
既に保存されている完全なデータを処理するバッチ処理とは異なり、
ストリーミングではデータの発生に応じて順番に処理するため、
データの発生から参照まで最短かつ
リアルタイムに近い速度でデータを利活用できます。

本章では、ストリーミングに関連する概念や技術を解説し、
どのように活用していくかを説明します。

5-1 ストリーミング概論

「ストリーミング」という言葉は、動画や音楽などのストリーミング再生で一般的に認知されています。ストリーミング再生とはメディアデータをダウンロードしながら再生するという意味です。これに対して、ダウンロード再生ではデータをすべてローカルデバイスにダウンロードしてから再生します。

データエンジニアリングにおけるストリーミングと音楽のストリーミング再生は類似しています。音楽のストリーミング再生では、楽曲を非常に小さい単位のデータに分割し、連続的にダウンロードしながら音楽を再生します。データエンジニアリングにおけるストリーミングも、データを小さい単位に分割して連続的に処理する点で、この2つの技術は類似する概念をもっています。

音楽のストリーミング再生が主にダウンロードと再生、この2つの処理を並行して連続的に実行しているのに対して、データエンジニアリングにおけるストリーミングは、逐次流れ込むデータに状況に応じてさまざまな処理を実行します。したがって、音楽のストリーミング再生も似たようなストリーミング技術を用いて実現されているといえます。

ストリーミング処理では、最上流であるデータソースから下流に向けてデータが流れるように処理されます。データソースとはデータが発生する元となった現象ではなく、データが発生する場所です。たとえば、アクセスログの場合は、Webアプリケーションによってログが出力される場所がデータソースです。アクセスログはファイルに出力される場合もあれば、TCP通信で直接Fluentdなどログコレクタから渡されるケースもあります。ストリーミング処理エンジンによる加工や集計などを経て、ログは転送されたり可視化されたりするなど、データ活用がおこなわれます。

ストリーミングでは、この処理を流体の流れになぞらえ、データソースに近い方を上流（upstream）、逆を下流（downstream）と表現します。そのため、ストリーミング処理はデータが上流から下流へ流れていくとも表現できます。本節では、源流から最下流までストリーミング処理の手順を辿りながら、ストリーミング処理に関する技術を紹介します。

5-1-1 ストリーミングデータ

ストリーミングでは、連続的に発生するデータを扱います。たとえば、Webサイトのアクセスログは、ユーザーがWebサイトにアクセスする度に発生します。アクセスログは、ユーザーがWebサーバにアクセスする限り出力され続けるデータであり、このような連続的に発生するデータをストリーミングデータと呼びます。

アクセスログのほかにもゲームやアプリのアクティビティログ、ユーザーの位置情報を収集する地理空

間情報ログ、インフラやデバイス監視のテレメトリデータなどが、ストリーミングデータに該当します。一方、国勢調査などによる人口統計情報やマスターデータなど、連続的に発生し続けないデータはストリーミングデータに該当しません。また、同じアクセスログでも先月1カ月間の収集データなど、一定期間データレイクに格納されたアクセスログはストリーミングデータではありません。

ストリーミングデータは、リアルタイムまたはほぼリアルタイムで処理され、即座に分析したり処理したりするために利用されます。一方、ストリーミングデータに対して、蓄積データはデータプラットフォームに格納されたあと、バッチ処理などで分析や参照先として使用されます。また、ストリーミングデータとして利用されたデータをデータプラットフォームに格納し、あとから蓄積データとして利用できます。

ストリーミングデータと蓄積データの例を挙げます。

ストリーミングデータの例
- Webサイト上のユーザー行動に応じて発生するアクセスログ
- ゲームやアプリのアクティビティログ
- ユーザーの位置情報を収集するための地理空間情報ログ
- インフラやデバイス監視のテレメトリ

蓄積データの例
- データレイクに格納されたアクセスログ
- 国勢調査等による人口統計情報
- 過去の受注履歴
- マスター情報

一般的なストリーミング処理エンジンは、ストリーミングデータだけではなくデータレイクに格納済みのデータも処理可能です。そのため、ストリーミングとバッチを併用するLambdaアーキテクチャやKappaアーキテクチャを構築する際に、同一のソースコードを利用できるメリットがあります。

5-1-2 分散メッセージキュー

データソースで発生したデータは、ストリーミング処理エンジンで加工されますが、そのままストリーミング処理エンジンが扱うことは多くの場合で困難です。アクセスログを例に考えてみましょう。
アクセスログを出力するWebサーバは、アクセスされる量に応じて適切にスケーリングされます。そのため、複数のサーバに分散して保存されます。また、アクセスログがファイルに出力されている場合、下流のストリーミング処理エンジンがネットワーク越しにWebサーバのログファイルに直接アクセスするには、セキュリティや管理上の観点でさまざまな考慮が必要であり、一般的ではありません。

さらに、一般的なストリーミング処理エンジンでは、自身が処理可能になり次第、上流からデータをプルします。しかし、データソースでは、ユーザーがWebサーバにアクセスすると同時にデータをプッシュします。必要に応じてデータをプルする下流の要求と、必要に応じてデータをプッシュする上流の要求は符合しません。そこで、上流と下流を仲介する存在が必要になります。

この役割は、Amazon S3などの分散ストレージもしくは分散メッセージキューが担えます。Amazon S3を利用する場合、上流は一定量のデータをバッファリングしてAmazon S3へと出力し、下流はAmazon S3にプッシュされたデータを必要に応じてプルします。このように上流の要求と下流の要求を仲介し、データフローを接続します。しかし、この方法を用いてレイテンシ（データ投入後に参照可能になるまでの時間）を小さくするためには、データをプッシュする頻度とプルする頻度を高くする必要があります。したがって、レイテンシを小さくするには更新頻度は高くなり、処理データのサイズが小さくなるため、I/Oのオーバーヘッドが大きくなります。

データ処理には、リアルタイム処理（トランザクションなどを用いた同期処理）、ニアリアルタイム処理（ストリーミング処理）、バッチ処理の3種類があります。それぞれの処理データが参照可能になるリードタイム（準備期間）は、リアルタイム処理は1秒以下、ニアリアルタイム処理は1〜5分以内、バッチ処理は1日以内などの目安があります。

リアルタイム性を向上させるためには、上流でデータをプッシュする頻度を高くする必要がありますが、そうすると、Amazon S3にアップロードされるファイル数が非常に多くなります。下流の処理はデータをプルする際に新しいデータがアップロードされているか、毎回対象パス内をスキャンする必要があります。しかし、格納されたファイル数が多くなると、ファイルリストの取得に時間を要するだけでなく、ファイル取得APIのコール回数も増えてしまいコストが嵩みます。そのため、この方法を利用せざるを得ないケースでは、頻度を低くしてリアルタイム性を犠牲にする方が好ましいでしょう。

こういった課題の解決には分散メッセージキューを利用します。分散メッセージキューは、上流からプッシュされたデータをキューに保存し、下流の要求に応じてキューからデータを取り出します。一般的に、分散メッセージキューはストリーミング処理に最適化されており、高いパフォーマンスを発揮します。代表的な分散メッセージキューとして、Apache Kafka（以下Kafka）があります。Kafkaはオープンソースの分散メッセージキューであり、ストリーミング処理で非常に高いパフォーマンスを発揮します。また、クラウド環境では、AWSのAmazon Kinesis Data Streams（以下Kinesis）やGCPのPub/Subなどがあります。詳細は「5-3 分散メッセージキュー」で後述します。

5-1-3 緩衝材としての分散メッセージキュー

分散メッセージキューは、上流のプッシュ要求と下流のプル要求を仲介し、ストリーミング処理を接続する役割を担いますが、接続以外にも、ストリーミングの緩衝材としての役割もあります。

たとえば、スマートフォンアプリのアクセスログの場合、時間帯によってログの量が大きく増減します。

アプリのサービス特性によって異なりますが、一般的には平日朝の通勤時間帯や睡眠前の時間帯に増加し、それ以外の時間は大きく減少します。ほかにもニュースアプリやSNSなどでは、大きな事件や地震などが発生した際にアクセスが集中します。このようなアクセスの集中は、アクセス数の時系列推移を表すグラフが釘のように尖った形状になるため、スパイクと呼ばれます。突発的な事象によるアクセス増であるスパイクは事前の予測が難しく、例外的な外的要因によって発生します。

スパイクが発生すると、Webサーバからは大量のアクセスログが出力され、大量のデータが下流に押し寄せます。下流におけるデータ処理の内容によっては時間を要するケースもあり、データを処理しきれずオーバーフローしてしまいます。ストリーミングの全工程において、スパイクに対応できる万全なサーバリソースを準備しておくことは不可能です。ある程度まで耐えられる余剰リソースを確保するだけでも、大変なコストが掛かります。

スパイクなどの予測不可能なアクセス集中に対して、分散メッセージキューは緩衝材としての役割を果たします。上流からプッシュされたデータを受け取り一時的に保持し、下流側は自身が処理可能なタイミングで分散メッセージキューから取り出して処理します。そのため、スパイクが発生すると一時的に分散メッセージキューの保持するデータ量が増えますが、オーバーフローが発生することはありません。スパイクが収まると徐々に処理が進み、分散メッセージキューが保持しているデータ量も減少します。このとき、処理のオーバーフローは発生しませんが、一時的にレイテンシは大きくなります。ストリーミングでは、データのスループットとサーバリソースには相関関係があります。より多くのサーバリソースを用意しておけば、処理できるデータ量すなわちスループットは増加します。

図5.1.3.1：緩衝材としての分散メッセージキュー

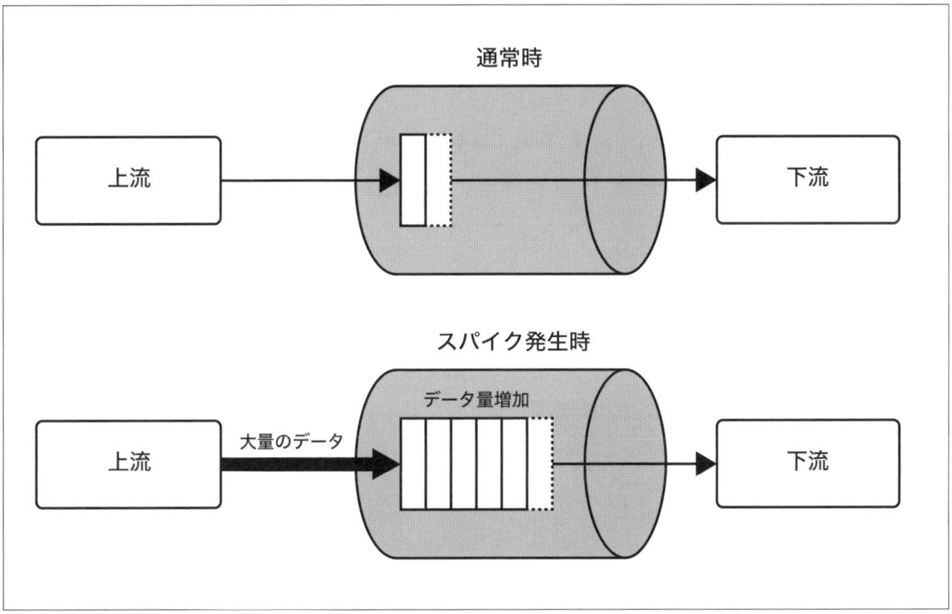

この定格スループットが10MB/分だったとしましょう。しかし、スパイクが発生して一時的に20MBのデータが1分間に押し寄せたと仮定します。データ発生時の1分間で処理できるのは10MBだけであり、残りの10MBは分散メッセージキュー内に残り、次の1分間で残った10MBのデータが処理されます。すなわち、通常時であればレイテンシが1分以内であるのに、スパイクの発生によってレイテンシが2分に増加します。

上記から、データストリームが本来処理できる定格スループットを超過した場合、データのレイテンシと分散メッセージキュー内に存在するデータ量が変化すると分かります。これを応用すると、分散メッセージキューに存在するデータ量やメッセージキューに入力された時刻をチェックすれば、ストリーム内をデータが円滑に流れているのかを監視できます。
KafkaやKinesis、Pub/Subなど、代表的な分散メッセージキューでは、保持しているデータ量や入力時刻と現在時刻のタイムラグを監視するメトリクスが用意されています。入力時刻と現在時刻のタイムラグを示すメトリクスは、Kafkaの場合はコンシューマーラグ、Kinesisの場合はIteratorAgeMillisecondsなどの名称で定義されています。タイムラグが長くなるほど、ストリーミングデータの滞留を示しており、ストリーミング処理の状況を把握するための重要なメトリクスです。

5-1-4 ストリーミングETL

ストリーミングETLとは、ストリーミングプラットフォームにおいてニアリアルタイムなETL処理を実現する方式で、上流で発生したデータをニアリアルタイムで加工・整形し、下流へとデータを引き渡します。
ストリーミングETLを実現する手段にはリアクティブストリームやマイクロバッチなどがあります（詳細は「5-2 ストリーミングETLの技術」で後述）。バッチ処理のETLは定期実行など時間単位で処理しますが、ストリーミングETLはデータの発生をトリガーとして処理を実行します。ストリーミングETLを利用する場合、サーバレスで実行できるコンピューティングサービスのLambdaなど、ストリーミング処理が可能なミドルウェアに限られます。

Lambdaはフルマネージドサービスのため、自前でサーバを用意する必要がありません。さらに、KinesisやSQSなどストリーミングデータソースの入力に対応し、Node.jsやPython、Javaなど多くのプログラミング言語をサポートしており、手軽にストリーミングETLを実現できます。しかし、実行時間やストレージに制限があるなど、システム要件によっては不適切なケースもあります。
ストリーミングデータ処理のために、セルフホスティングサーバを独自に構築するケースもあります。オンプレミスのサーバだけではなく、Amazon Web ServicesのEC2などのクラウドコンピューティングサービスも含みます。求められるシステム要件に応じて、メモリやストレージなど必要なサーバリソースを自由に用意できますが、当然ながらLambdaなどのフルマネージドシステムとは異なり、上流

からのデータ受け渡しなどストリーミングシステムを要件に合わせて構築する必要があります。

大規模データをストリーミング処理する場合、ビッグデータ用の分散処理エンジンが利用されます。代表的な分散処理エンジンには、Spark Structured StreamingやApache Flinkなどがあります。クラウド環境では、AWSのAmazon EMRやAWS Glue、Google Cloud Platform（以下GCP）のDataflow、Dataproc、マルチクラウド（AWS、Azure、GCP）で利用可能なDatabricksなどがあります。いずれのサービスも高いスケーラビリティがあり、大量データを処理するストリーミングシステムの構築が可能となる一方、運用コストが高額になる可能性があります。

クラウド上で実行する一般的な分散処理エンジンの場合、クラスタの起動時間に応じて課金されますが、ストリーミング処理ではクラスタの常時起動が必要となります。一方、バッチ処理では実行時のみに限定してクラスタを起動できるため、コストを節約できます。一部のサービスではフルマネージドなサーバーレスに対応しはじめているため、ストリーミング処理でも上手に活用すればコストを抑えられますが、バッチ処理と比較すると一般的に高額になりがちです。また、クラスタの管理やストリーミングシステムの構築には専門知識が必要であり、サーバレスサービスと比較してどちらがよいか、システム要件に応じて検討する必要があります。要件に応じてアーキテクチャを選択しましょう。

5-1-5 ストリーミングの終着点

さまざまな工程を経て加工・整形されたデータは、ストリーミングの終着点となるデータレイクやデータベースなどのデータシンクに格納されます。たとえば、集計されたデータはRedashなどのダッシュボードツールを用いて可視化されたり、レコメンドデータに加工されてデータベースに保存されます。ストリーミングの終着点で利用される技術も、ストリーミングETLと同様です。ストリーミングパイプラインの中間と異なるところは、引き渡す下流の処理が存在しないことです。

基本的なストリーミングデータパイプラインの例を次図に示します。

図5.1.5.1：ストリーミング処理の流れ

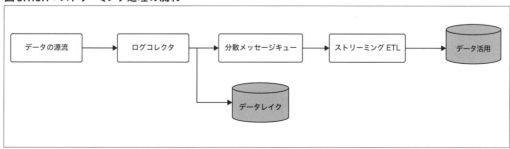

データソースで発生したデータは、Fluentdなどのログコレクタによって分散メッセージキューに転送されます。分散メッセージキューへの格納によって、下流のストリーミングETLと接続できるだけではなく、スパイクなどによる突然のデータ量増加にも耐えられるようになります。

また、ログコレクタは収集したログデータをそのままデータレイクへ保存します。元データを保存することで、想定している結果が得られなかった際の調査、さらに品質の高いモデルに変更するための開発などに利用できます。一方、メッセージキューに格納されたデータは、下流のストリーミングETLに加工され、データ活用がなされます。

レイテンシとスループット

データの発生からデータパイプラインを経て活用できる状態になるために必要な時間をレイテンシと呼びます。レイテンシはストリーミングに限らず、データ転送における指標の1つとして一般的な用語です。ストリーミング処理は、データの発生から連続的に処理して、データ利活用までの時間を短縮します。言い換えると、ストリーミング処理を利用すれば、データ利活用までのレイテンシを小さくできます。

また、近い意味の言葉としてスループットがあります。スループットは、一定時間内に処理できるデータ量を表します。すなわち、大量のデータを短時間で処理できることを、高いスループットを持つと表現できます。

ストリーミングパイプラインの性能を改善し、スループットが増加すると、一定のレイテンシが保たれます。逆に処理対象のデータ量が増え、ストリーミングパイプラインのスループットを超えると、レイテンシは徐々に増大します。このように、レイテンシとスループットは基本的には反比例の関係にあり、ストリーミング処理における重要な指標となります。

しかし、スループットを改善してもレイテンシが改善しない場合もあります。一度に大量のデータを処理できたとしても、一度のデータ処理で多くの時間を要する場合は、その時間以上にレイテンシは改善しません。

たとえば、1分間に10MBのデータを処理できるストリーミングパイプラインがあったとします。しかし、仮に1KBのデータを入力したとしても、出力までに1分間を要する場合は、レイテンシを1分未満に下げられません。この場合、レイテンシを改善するには、アルゴリズムの改善やハードウェアのスケールアップなどでデータ処理時間を短縮する必要があります。

5-2
ストリーミングETLの技術

ETL処理とは、Extract（抽出）、Transform（変換）、Load（格納）の3フェーズに分けて、抽出→変換→格納の順番で処理する方式です。

ストリーミングでETL処理を実装するには、バッチとは異なる技術スタックが求められます。特にExtract（抽出）はバッチとストリーミングで大きく異なります。バッチでは、ファイルやテーブルなどのデータソースをオープンして順番に読み出しますが、ストリーミングにはデータの始端と終端がなく、処理開始時にデータが存在しない場合もあります。そのためデータの発生を検知した際に、できるだけ早く読み込み処理を開始する方式としてストリーミングETLが必要となります。

ストリーミングETLを実現する技術に、リアクティブストリームとマイクロバッチがあります。リアクティブストリームは一般的にライブラリ形式で提供されており、安全かつ高速に動作させるストリーミングを実現させる技術として広く利用されています。一方、マイクロバッチは、Apache Sparkなどの分散処理エンジンを利用しています。

本節ではストリーミングETLを実現する技術として実用されているリアクティブストリームとマイクロバッチを解説します。

5-2-1 リアクティブストリーム

リアクティブストリーム（Reactive Streams[1]）は、ノンブロッキングなバックプレッシャーが可能な非同期ストリーム処理の仕様で、Reactive Streams SIG（Special Interest Group）が策定しています。リアクティブストリームのインターフェイス仕様だけが策定されており、具体的な実装にはJava 9によるFlow APIやRxJava、Akka Streamsなどがあります。

インターフェイス仕様はGitHub[2]で公開されおり、その実装であるRxJavaやAkka Streamsなどのモジュールを用いると、リアクティブストリームを利用したアプリケーションを構築できます。

リアクティブストリームは、前述のモジュールを利用するだけでデータを連続的かつ非同期に処理できます。複数サーバで起動する負荷分散を考慮してリアクティブストリームを利用したい場合は、複数の

---
[1] https://www.reactive-streams.org/
[2] https://github.com/reactive-streams

ノードで起動するクラスタ構成が必要となります。たとえば、Akka ClusterとAkka Streamsを組み合わせれば、ストリーミングクラスタの構築が可能です。また、クラスタのリソースやレイテンシを監視するためには、Grafanaなどのモニタリングツールと連携する必要があります。

5-2-2 ノンブロッキング

リアクティブストリームには、ノンブロッキングとバックプレッシャーという重要な要素があります。まずはノンブロッキングについて説明しましょう。

ノンブロッキングはプログラミング用語で、処理スレッドをブロックしないことを表します。一般的にファイルやデータベースなどの入出力処理には待ち時間が発生します。しかし、ノンブロッキングでは、入出力処理を実行している間も処理スレッドは停止しません。

ノンブロッキングではない処理はブロッキング処理と呼ばれます。ブロッキング処理では、I/Oなどに依存する処理が終わるまで、処理スレッドを待機させます。この場合、待機中のスレッドは停止してしまうため、パフォーマンスの低下を招く可能性があります。ノンブロッキングな実装では、待機中であっても他の処理を進められるため、リソースを有効活用できます。

データベースやファイルを操作するライブラリは、ノンブロッキングと明記されていない限り、ブロッキング処理で実装されています。ブロッキング実装のデータベースアクセス用のライブラリで検索クエリを実行する場合、検索結果が返却されるまでアプリケーションの処理スレッドは待機します。検索クエリが実行結果を返却するまで、アプリケーションの処理スレッドが待機して他の処理を受け付けないことをブロッキングと呼びます。

ノンブロッキングな実装では、ライブラリからの戻り値の型はCompletableFutureやFuture、Promiseなど言語によって異なりますが、非同期処理APIで返されます。この場合、ライブラリ内部では待機用のスレッドでデータベースからの応答を待ち、処理スレッドはブロックされません。

ブロッキング処理とは実行結果を待つ同期処理であり、同期部分でロックが発生するため、先行の処理が終わるまで待機が発生します。そのため、待機によるパフォーマンス低下のため悪しきものと捉えがちですが、処理の流れをシンプルにできるメリットがあります。

ノンブロッキング処理では、前述のFutureなど非同期処理APIを使って処理するため、非同期処理APIを処理するためのコードを記述する必要があります。たとえば、配列の全要素に対してノンブロッキングなHTTPリクエストを発行した場合、次のコード例に示す通り、配列とFutureがネストします。そのため、これを扱うためのコードを記述して、プログラマーが非同期処理に精通している必要があります。しかし、ブロッキング実装ではネストが発生することはなく、シンプルに記述できます。

コード5.2.2.1：ブロッキングとノンブロッキング

```
// ブロッキング処理
val resultArray: List[Response] = array.map { elem => blockingIO(elem) }

// ノンブロッキング処理
val futureResultArray: List[Future[Response]] = array.map { elem => nonBlockingIO(elem) }
```

ファイルやデータベース、HTTPなどのI/O処理では、必ず対象の処理が完了するまで待機する必要があります。ここでの問題は、結果を待つことに伴いスレッドが停止し、パフォーマンスの低下を招くことです。しかし、処理スレッドと待機用スレッドを分離すれば、パフォーマンス低下を最低限に抑えられます。そして、処理スレッドをCPUの個数だけ用意し、このスレッド内では必ずノンブロッキング実装にして、最大限の性能を発揮できるようにし、I/Oなどブロッキング処理が求められる場合は、処理スレッドとは別に待機専用のスレッドを用意します。

ブロッキング処理を盲目的に排除するのではなく、適切なバランスを鑑みて全体のパフォーマンスを向上させることを考えるとよいでしょう。

図5.2.2.2：ブロッキングとノンブロッキング

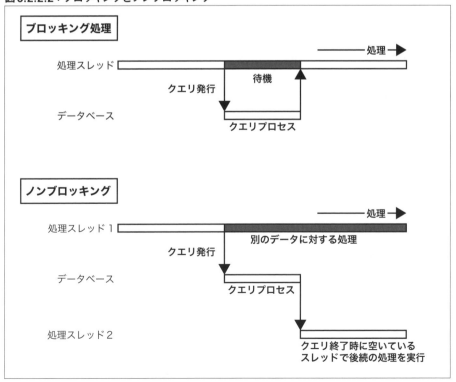

5-2-3 バックプレッシャー

流体力学におけるバックプレッシャー制御とは背圧制御を意味します。背圧制御は、ポンプなどに設置されている背圧弁（圧力調整弁）でおこなわれ、定格量より過大に流体が吐出されることを防ぎます。これと同様に、リアクティブストリームにおけるバックプレッシャーは、定格量以上のデータが流れることを防ぎます。上流側の処理が定格量以上のデータを送信してしまうと、下流側が処理できずオーバーフローが発生してしまいます。そこで、下流の処理能力に応じて、上流側がデータ送出量を調整する必要があります。このデータの流量を制御する仕組みを、流体力学になぞらえてバックプレッシャーと呼びます。

ストリーミングパイプライン全体では、この役割を分散メッセージキューが担います。定格量以上のデータが流れてきた際に、一時的にデータを溜め込んで送出量を抑えます。リアクティブストリームのバックプレッシャーを組み込んだシステムは、オーバーフローが発生しないように下流側の要求に合わせて、上流側がデータの流量を制御します。

バックプレッシャーの実装には、ブロッキングな手法とノンブロッキングな手法がありますが、ブロッキングな実装の方が容易です。たとえば、すべてのデータの処理が完了するまで新しいデータを読み込まなければ、ストリーミングパイプラインは絶対にオーバーフローしません。バックプレッシャーは定格量以上のデータが流れ込まないようにして、オーバーフローを防ぐことを目的としています。

そこで、分散メッセージキューから読み込むデータは常に定格量に留め、読み込んだデータの処理完了後に次のデータを読み込み、バックプレッシャーを実現しています。しかし、この実装ではデータを読み出している間は下流の処理は実行されませんし、下流の処理が実行中は読み出し処理も実行されません。そのため、処理待ちのリソースが発生してしまい、サーバリソースを十分に活用できていません。一方、リアクティブストリームは、ノンブロッキングなバックプレッシャーが実装されていると仕様に明記されています。ノンブロッキングなバックプレッシャーのおかげでサーバリソースを十分に活用して、高いパフォーマンスを発揮できるストリーミングパイプラインを構築できます。なお、ノンブロッキングなバックプレッシャーの実現方法は後述します。

5-2-4 リアクティブストリームの構成要素

リアクティブストリームは、Publisher、Subscriber、Subscription、Processorの4要素から構成されています。これらを組み合わせて、ノンブロッキングなバックプレッシャーが可能な非同期ストリーム処理を実現しています。

いずれもGitHub上にJavaのソースコードが公開されており、リアクティブストリームが実装されたライブラリでは、これらのインターフェイスが用意されています。

Publisher

Publisherはリアクティブストリームにおけるデータソースです。Subscriberの要求に応じて、データが存在しない場合は待機し、データが存在する限り送り続けます。

Subscriber

Subscriberは1つのPublisherを購読します。そして、Subscriberが処理可能な状態になり次第、購読中のPublisherに対してデータを要求します。Publisherがデータを送出すると、データを受け取って消費します。

Subscription

PublisherとSubscriberを1対1で関連付けます。SubscriberがPublisherを購読すると、PublisherはSubscriptionを発行してSubscriberに渡します。Subscriberは、Subscriptionを通してPublisherにデータを要求します。

Processor

ProcessorはPublisherとSubscriber両方の機能を持ちます。単体で、上流から流れてくるデータを変換する役割を担います。

図5.2.4.1：リアクティブストリームの構成

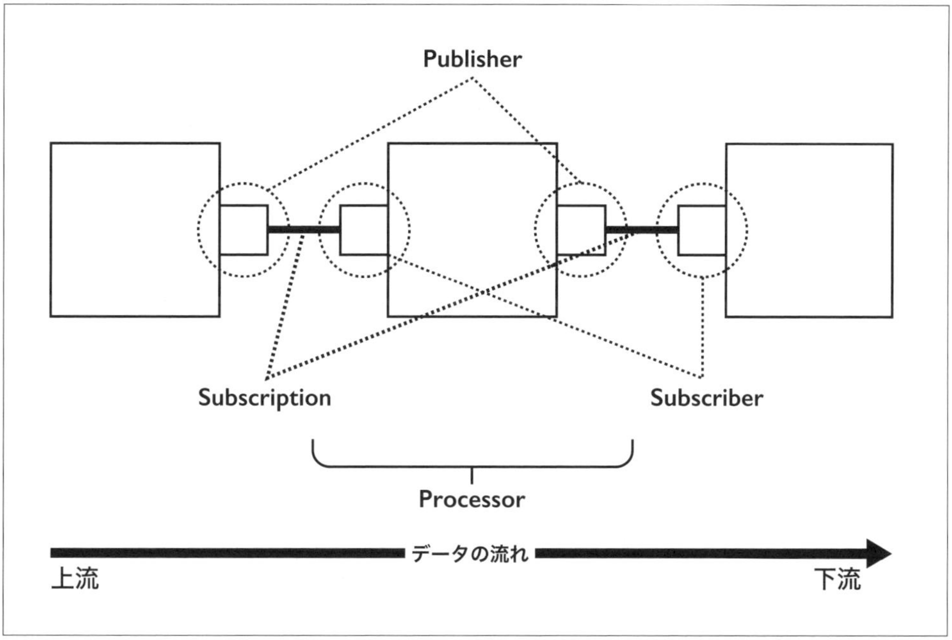

5-2-5 リアクティブストリームの動作

前項で説明した構成要素がどのように連携して、データ処理を進めていくか、リアクティブストリームの流れを説明しましょう。最初にSubscriberが購読対象のPublisherに対してデータを要求します。このデータ要求は、購読時にPublisherから発行されたSubscriptionを通じておこなわれます。もし、このデータ要求を受け取ったPublisherがProcessorである場合は、自分自身のSubscriberからさらに上流のPublisherに対してデータを要求します。この要求の連鎖によって、最上流のPublisherまでデータ要求が到達します。

最上流のPublisherは、さらに上流のシステムからデータを取得します。たとえば、分散メッセージキューやAmazon S3などの分散ストレージです。これらの上流プロセスからのデータ取得は、処理の高速化のために事前に取得し、キャッシュしておくケースもありますが、基本的にはデータ要求が届いてから取得します。なぜなら、下流プロセスの処理速度以上のデータを取得し続けると、メモリがオーバーフローするためです。
データの準備が完了したPublisherは、Subscriberに対してデータを送ります。ここでPublisherは一度データを送ると、次にデータ要求が届くまでデータを送りません。未送付のデータが残っている場合も、自分自身にデータを保持したまま、次のデータ要求が届くまで待機します。
一方、Subscriberはデータを受け取ると、変換や加工など必要な処理を実行します。もし、データを受け取ったSubscriberがProcessorである場合、自分自身のPublisherを通じて、さらに下流のSubscriberにデータを送付します。そしてもっとも下流のSubscriberがデータを処理すると、データの保存や外部への送付、ストリームパイプラインの下流プロセスへのデータ送付などをおこないます。

これらの動作は、すべて非同期かつ独立して実行されます。あるPublisherが、接続されているSubscriberに対してデータを送付しているときでも、同時に別のSubscriberは、上流のPublisherに対してデータ要求を送ります。また、それぞれのProcessorは他のProcessorの状態に影響されません。あくまでも自分自身がデータ処理可能なときに、直接接続しているPublisherに対してリクエストを送り、直接接続しているSubscriberからデータ要求が来たときにデータを送付します。
したがって、ある要素の視点で考えたとき、2つ下流の要素でデータが詰まっていてもその状態は検知しません。単に下流からのデータ要求が届いておらず送っていないだけです。各要素の非同期かつ独立した実行によって、ノンブロッキングなバックプレッシャーを実現しています。

次図にリアクティブストリームの動作例を示します（図5.2.5.1）。
この例では、要素3の処理にもっとも時間を要しています。そのため、要素2は自分自身の処理が終了したあとデータ要求待ち状態に遷移しています。そして、要素3の処理が終了して、データ要求を受け取るとすぐに処理が終了したデータを送付します。一方、要素3がデータを処理している間も、要素1と要素2の処理は停止していません。仮にブロッキングなバックプレッシャーの場合は、要素3の処理

が完了するまで要素1と要素2は待機する必要があります。すべての要素が独立し並行して動作できる、ノンブロッキングなバックプレッシャーが実装されていることが、リアクティブストリームの特徴です。

図5.2.5.1：リアクティブストリームの動作例

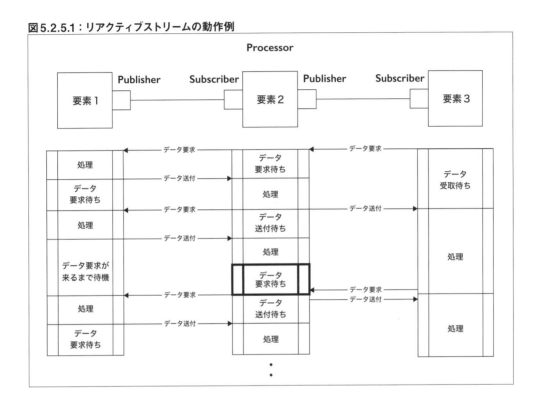

5-2-6 リアクティブストリームの特徴

リアクティブストリームは、各要素同士が連携しながら効率的なストリーミング処理を実行できる仕組みです。後述のマイクロバッチを含め、他の実装では何らかのブロッキングな処理が発生したり、要素間で一時的にデータを保存する必要があります。さらに、それぞれのストリーミングプロセスが自律的に動作することで、疎結合で高凝縮というプログラミングのベストプラクティスを実現しやすい構造となっています。1つのアプリケーション内でストリーミングを実装するケースでは、リアクティブストリームは重要な選択肢となるでしょう。

しかし、リアクティブストリームをプラットフォームとして利用するケースではいくつか問題があります。まず、リアクティブストリームは先にストリーミングパイプラインを構築して、効率的にデータを処理する方法です。そのため、常に変動するアクセス量に応じて、リアクティブストリームのストリームパイプラインを動的に組み替えることは容易ではありません。

リアクティブストリームを実装しているAkka Streamsでは、Balancerと呼ばれるクラスを用いて複数のストリームパイラインに枝分かれさせて負荷分散を実現しています。また、mapAsyncなど非同期プロセス用の関数も用意されており、CPUスペックに合わせてチューニングが可能です。しかし、急激にデータが増大した際、データ量に応じてBalancerの分散数を変化させられません。

そもそも、単一のサーバで実行するアプリケーションに動的なスケーリングを実装したところで、CPUやメモリなどのハードウェアリソースの制約を受けます。アクセス数に合わせてノード数を増減させる方法もありますが、リアクティブストリームとは別の仕組みを用いてデータ量を監視し、動的にスケールする仕組みを構築する必要があります。

Apache SparkやFlinkなどの一般的なストリーミングプラットフォームは、執筆時点ではリアクティブストリームで定義された仕様を厳密に実装しているわけではありません。これは複数ノードで構成されるクラスタでは、各要素の自律的な動作とパイプライン全体の監視・制御を両立させることが難しく、マイクロバッチなど他の方法で十分なパフォーマンスを実現できるため、リアクティブストリームを実装するモチベーションが高くないためだと考えられます。

リアクティブストリームの特徴である各要素が自律的に動作することは、ハイパフォーマンスと疎結合、高凝縮を実現する一方、ストリームパイプライン全体を俯瞰した制御を困難にしているといえます。

5-2-7 マイクロバッチ

ストリーミングを実現するもう1つの方法がマイクロバッチです。Apache Sparkなどの一般的なストリーミングプラットフォームで採用されており、現代の大規模ストリーミング処理ではもっとも一般的な方法です。マイクロバッチはその名が表す通り、バッチETLを極限まで細分化し、非常に小さな単位でバッチ処理を実行することによって、擬似的にストリーミング処理を実現する方法です。マイクロバッチでは、処理と処理の間に一時的なデータを保持しておく必要があるため、完全にシームレスなストリーミング処理を実現しているわけではありません。しかし、ストリーミングデータをできるだけ早く活用したいという要求を、十分に満たせるものといえるでしょう。

リアクティブストリームとマイクロバッチでは、サポートするレイテンシとバックプレッシャーの有無といった2つの違いがあります。マイクロバッチを実装する代表的なプラットフォームであるSpark Structured Streamingの公式ドキュメントでは、100ミリ秒程度のレイテンシを実現すると記載されています。ここで実現されるレイテンシはプラットフォームによって異なりますが、ほぼリアルタイムを実現しているリアクティブストリームよりは大きな値となるでしょう。

また、ノンブロッキングなバックプレッシャーが基本概念としてサポートされているリアクティブストリームと違って、マイクロバッチ方式はバックプレッシャーに関するポリシーを持ちません。Spark Structured Streamingでは独自にバックプレッシャーを実現するオプションが用意されていますが、

こちらもプラットフォームによって実装有無やその方法に差異があります。

マイクロバッチはリアクティブストリームと違い、中間にデータストアさえあれば、上流と下流の密な通信が必要ありません。また、上流と下流のジョブ数が一致している必要はなく、中間データの量に応じて途中でスケールしても、上流や下流のプロセスに影響を与えません。このようなシンプルな仕組みでストリーミングを実現できるため、多くのストリーミングプラットフォームで採用されています。

5-2-8 マイクロバッチの動作

マイクロバッチがストリーミングデータをどのように処理するのか、順を追って説明しましょう。
マイクロバッチは多数の小さなプロセスを連続して動作させることで、1つのストリームを構成しています。最上流のプロセスは、分散メッセージキューやファイルなど、さらに上流のサービスからデータを取得します。取得したデータは、2番目のプロセスの処理待ちとしてキューイングされます。
2番目のプロセスは直前にキューイングされたデータを一括で処理します。マイクロバッチでは、データを上から順番に処理するのではなく、蓄積されたデータを一括で処理します。これは、多くのデータプラットフォームにおいて、データを1件ずつ処理するよりもまとめて処理した方が、データ件数あたりの処理効率が高いためです。

ジョブの起動には、処理フローの構築をはじめとして、データ結合などの実行計画の作成、データ量に基づくリソースの割り当て、場合によってはノードの起動など、多くのオーバーヘッドが発生します。この特徴を踏まえて、マイクロバッチの構築では、データをまとめて処理する方が効率よくなるように工夫すべきでしょう。たとえば、KinesisやKafkaなど下流の分散メッセージキューにデータを送付する際、1件ずつ登録するよりも一括登録するAPIを利用する方が効率が高くなります。リレーショナルデータベースにインサートするケースでも、複数行を一括で登録する方が高い効率となります。
仮にこうした工夫が十分になされていなかったり、流入するデータ量が圧倒的に大きかったりした場合、レイテンシが無制限に大きくなります。
一度のマイクロバッチで処理するデータ量は増え続け、キューに保存されるデータ量も増え続けます。それだけでなく、中間データを保持するためのストレージ容量が不足し、ストリームそのものがエラー終了します。こうした事態に陥る前に、適切にノード数や増やしたり、処理の効率化を図ったりするべきでしょう。
ちなみに、Spark Structured Streamingでは、こうしたデータ量の増加に対して安全にストリーミング処理をおこなうために、バックプレッシャーや流入量の制御などいくつかのオプションが用意されています。詳細は、後述の「5-5 大規模ストリーミングアーキテクチャ」で説明します。
マイクロバッチ処理は、直前にスタックされたデータを処理して後続の処理へデータを渡していくことで、ストリーミング処理を実現しています。データの流入量に対して処理速度が十分で、低レイテンシ

で処理できているときは、1回当たりのデータ処理量は小さくなります。しかし、大量のデータが流入して処理が追い付かなくなったときは、データを一括処理して流入速度に追い付こうとします。この場合、スタックされる中間データの量が増え、データがスタックされている期間が長くなるため、データ処理のレイテンシは大きくなります。

図5.2.8.1：マイクロバッチ処理の流れ

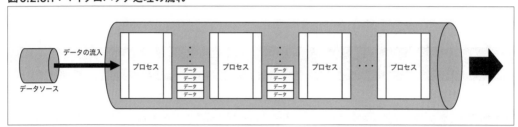

5-2-9 リアクティブストリームとマイクロバッチ

本節で説明した通り、リアクティブストリームとマイクロバッチはまったく異なる考え方です。リアクティブストリームでは、プロセス同士が自律的に連携し、安全なストリーミング処理を実現しています。それに対して、マイクロバッチでは、プロセス間での連携はほとんどなく、バッチの実行間隔を可能な限り細かくしてストリーミングを実現しています。いずれもストリーミング処理を実現するアーキテクチャですが、それぞれの特徴を活かせる場所で採用されています。

リアクティブストリームは、マイクロバッチと比較するとレイテンシを抑えられ、1つ1つの処理サイズを小さくしてもオーバーヘッドはあまり発生しない特徴があります。さらに、それぞれのスレッドを最大限効率よく使用でき、マイクロバッチと比べて理論的にCPU効率が高いストリーミング処理環境を構築できます。しかし、各プロセスが自律的に連携しながら動作するため、ストリーム全体の制御は容易ではありません。また、各プロセス間の接続も自律的であるため、動的なスケールアウトやスケールインには不向きです。さらに複数のデータソースを結合したり、**GROUP BY**や**ORDER BY**などのように複数のノード間でデータ共有が必要となる処理は、実装の難度が非常に高くなります。

リアクティブストリーム

こうした特徴があるリアクティブストリームは、一般に単独のアプリケーション内で動作するストリーミング処理で採用されます。動的なスケールインやスケールアウトがなく、1つのストリーミングデータソースのみで完結できる処理に適しています。

たとえば、クライアントから送信されたHTTPリクエストを起点に、Webサーバ内で非同期処理

を実行するケースには最適です。クライアントにはレスポンスを先に返して、非同期でログを書き込んだり計算処理を実行したりする場合、通常のスレッド処理だけでは、適切なバックプレッシャーを用意できません。その結果、スレッドプールのキューに想定以上のデータが蓄積されたり、予期せぬ数のスレッドが起動したりするため、パフォーマンスの低下を招いてしまう可能性があります。一方、リアクティブストリームを利用して適切なバックプレッシャーを用意すれば、非同期処理に割り当てられるリソースを制御下においた安全なストリーミング処理を実装できます。

マイクロバッチ

マイクロバッチは、中間にデータストアがあればよいシンプルなストリーミングの構造であるため、全体的な制御が容易です。データの増減に応じたスケールアウトやスケールインが可能で、大規模なストリーミングデータにも対応できます。データは処理と処理の間のキューに保管されているため、異常終了した際のデータリカバリも比較的容易に実装できます。処理の途中でデータをシャッフル（再分散）して同じハッシュ値を持つデータだけを集めれば、**GROUP BY**などの集計処理も実現できます。

しかし、データの分散などマイクロバッチの起動でオーバーヘッドが発生する場合もあり、リアクティブストリームと比べると、CPU効率が悪くパフォーマンスの面で劣ります。このような特徴から、Spark Structured Streamingなど大規模ストリーミングプラットフォームではマイクロバッチが多く採用されています。

リアクティブストリームは、集計や集約などの処理はおこなわず対象データを独立して処理でき、低レイテンシが求められるケースに適しています。たとえば、SNSのタイムラインの生成やチャットアプリのメッセージ送受信など、レイテンシが重要なリアルタイム処理です。

一方、マイクロバッチは、レイテンシが大きい代わりに集約が主な処理であるETLやデータ分析に適しています。なお、近年のマイクロバッチ方式のストリーミングプラットフォームは、レイテンシが大幅に改善されており数秒以内で処理されるため、ニアリアルタイム処理とも呼ばれるようになっています。実アプリケーションのシステム構成では、Akka Streamsなどを用いたリアクティブストリームでKinesisやKafkaにデータを投入し、マイクロバッチで投入したデータを集計する構成などが考えられます。たとえば、Webアプリケーションのログをリアクティブストリームで転送し、レコメンデーションに必要なデータを集計する処理をマイクロバッチでおこなう構成です。

リアクティブストリームやマイクロバッチはいずれも、ストリーミングETLを実現するための重要なアーキテクチャです。ビジネスユースケースに応じて、リアクティブストリームやマイクロバッチを利用したストリーミングETLを実現するとよいでしょう。

5-3 分散メッセージキュー

ストリーミングETLは、前節で説明したリアクティブストリームやマイクロバッチで実装されます。しかし、ほとんどのストリーミングパイプラインは単一のETLで構成されることはなく、ストリーミングETLを含む複数のストリーミング処理が組み合わせられています。

このストリーミング処理をシームレスに接続しているのが分散メッセージキューです。たとえば、オープンソースではApache KafkaやRabbitMQ、クラウドサービスではKinesisやAmazon SQS、GCPのPub/Subなどが該当します。

本節では、ストリーミングパイプラインの構成には欠かせない、分散メッセージキューの役割とその利用方法を解説します。

5-3-1 分散メッセージキューの挙動と役割

分散メッセージキューは、ストリーミング処理とストリーミング処理を接続する形で利用されます。上流のストリーミング処理が分散メッセージキューにデータをプッシュし、下流のストリーミング処理がデータをプルします。上流からのデータを受け取り、要求に応じて下流へデータを送出するシステムがメッセージキューですが、特に複数ノードに分散し、大量のデータに対応したスケーラブルなものを分散メッセージキューと呼びます。

図5.3.1.1：分散メッセージキュー

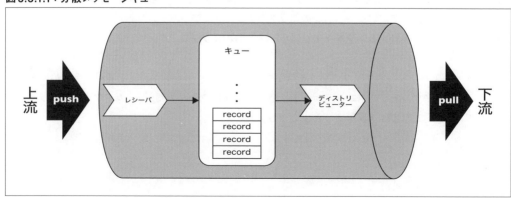

前図に示す通り、上流のストリーミング処理がメッセージキューにデータをプッシュすると、分散メッセージキューのレシーバーがデータを受け取ります。データを受け取ったレシーバは内部のキューにデータを保存します。データの取り扱いは分散メッセージキューの実装によって異なりますが、一般的には可能な限りオンメモリで処理され、アクセス頻度が低いデータはストレージに格納されます。
下流のストリーミング処理がデータを要求すると、分散メッセージキューのディストリビューターがその要求に応じてデータを送出します。

分散メッセージキューは、ストリーミングパイプラインに対して、次の3つの役割を担います。

ストリーミング処理の結合

分散メッセージキューは、複数のストリーミング処理を仲介して接続する役割を果たします。上流のストリーミング処理は、処理が完了した順番でストリーミングデータを分散メッセージキューへ送出します。分散メッセージキューは受け取ったデータを内部に保存し、下流のストリーミング処理からのリクエストに応じて、保存しているデータを順番に送出します。
ここで重要なことは、上流のストリーミング処理も下流のストリーミング処理も、それぞれのタイミングでデータのプッシュやプルが可能なことです。上流のストリーミング処理は下流の処理状況を考慮する必要はなく、自分自身のタイミングでデータをプッシュできます。また、下流のストリーミング処理も、新たなデータ処理が可能となった時点で分散メッセージキューからデータをプルできます。
分散メッセージキューは、上流や下流のストリーミング処理の状態に依存せず非同期で動作しており、データの流れを阻害しません。

ストリーミングパイプラインの緩衝材

スマートフォンアプリケーションは、一般的に朝と夜にアクセス数が増加します。その時間帯以外でも、ソーシャルゲームのイベント開始やチケットの販売開始、タイムセールなどさまざまな理由で、アクセス数が一時的に増加する場合があります。このアクセス数の増加に伴い、アクセスログやアプリケーションログも増大します。
一般的にアクセス数が大きく変化するWebシステムでは、スケールアウトやアクセス制限など、アクセス数の増減に対応するシステムが組み込まれています。しかし、ストリーミングETLなどバックエンドプロセスまで、同様の仕組みでスケールすることは困難です。また、多くの場合はアクセス数が増加したときに必ずしもリアルタイム性を担保する必要はありません。アクセスが多い時間帯はレイテンシを多少犠牲にしてでも安定してデータ処理を続け、ピークを過ぎてから追い付くのが理想です。

こういったケースでは、分散メッセージキューはストリーミングパイプラインの緩衝材としての役割を果たします。アクセスが集中する時間帯は、まだ下流に送出されていないデータを内部に蓄積し、下流のオーバーフローを防ぎます。

一方、アクセスが少ない時間帯は、下流の要求に応じて低レイテンシでデータを送出します。これにより、各ストリーミング処理のオーバーフローを防ぎながら、処理能力を最大限に活かせます。

分散メッセージキューを利用すると、ストリーミングパイプライン全体の遅延具合を監視できます。ストリーミングパイプラインが順調に流れているときは、分散メッセージキューは上流から受け取ったばかりのデータを即座に下流に送出します。しかし、遅延している際は、上流から受け取ったデータをなかなか下流に送出できません。したがって、上流のデータを受け取ってから下流に送出するまでのレイテンシが、ストリーミングパイプライン全体の遅延具合を表します。

障害からの早期復旧

分散メッセージキューは上流から受け取ったデータを内部に蓄積します。このデータを利用すれば障害発生時の早期復旧にも役立ちます。

たとえば、下流の処理に何らかのバグが含まれており、誤ったデータ処理を実行してしまったケースです。下流のプログラムを修正するだけでなく、バグが混入した地点まで巻き戻して、データを再処理する必要があります。しかし、分散メッセージキューにデータが蓄積されていれば、障害発生時点のデータから処理を再開できます。

5-3-2 Apache Kafka

Apache Kafkaは、オープンソースの分散メッセージキューでは代表的な存在であり、LinkedIn社が2011年に公開し、Apacheソフトウェア財団に寄贈されたものです。AWSやGCPなどクラウドプラットフォームに依存することはなく、Kubernetesなどでも構築できるため、非クラウド環境ではよく採用されています。

もちろん、AWSでもAmazon MSK（Amazon Managed Streaming for Apache Kafka）が提供されており、マネージドサービスとしてKafkaを利用できます。しかし、AWSの場合は一般的にKinesis（詳細は「5-3-5 Amazon Kinesis Data Stream」で後述）を利用するケースが多く、Kafkaを利用する明確な理由がない限りはあまり使われません。たとえば、意図的にAWSへの依存を減らしたいケースや、オンプレミス環境で運用していたKafkaをそのままクラウドに移行するケースが考えられます。

KafkaはKinesisと比較すると、設定の自由度や柔軟性が高い反面、運用コストが高くなる傾向があります。たとえば、Kafkaはオープンソースのためデバッグが容易で、多岐にわたる設定項目が用意されているため、技術要件に合わせてきめ細かく調整できます。

もちろん、ストリーミング処理中に後からノードを追加してスループットを向上させることも可能です。また、クラスタ内で自動的にデータをコピーするため、ノードで障害が発生してもデータを失うことなく処理を継続できます。どちらを選択するかは、ストリーミング処理の規模や運用体制、技術要件などによって異なるため、慎重に検討する必要があります。

5-3-3 Apache Kafkaの構成要素

Kafkaはブローカーやトピックなどのいくつかの要素で構成されています。Kafkaの動作を理解する上で必要となる要素を説明しましょう。

ブローカー
Kafkaでは、クラスタを構成する各ノードをブローカーと呼びます。そのため、ブローカーはブローカーノードやブローカーサーバと呼ばれる場合もあります。

クラスタ
クラスタは複数のブローカーによって構成されます。そのため、ブローカークラスタとも呼ばれます。Kafkaのプロデューサーおよびコンシューマーライブラリでブローカークラスタを指定すると、自動的に内部で計算して適切なブローカーへアクセスします。なお、プロデューサーは送出側であることに対し、コンシューマー（詳細後述）は受取側を表します。

トピック
トピックはデータの保存先を表し、リレーショナルデータベースにおけるテーブルのようなものです。トピックはブローカークラスタに対して設定され、設定されたパーティション数に応じて、各ブローカーに分散して保存されます。
ちなみに、クラスタとブローカーが物理構成を表現する要素であることに対し、トピックとパーティションはデータの論理構成を表現します。

パーティション
パーティションは、トピックを複数のブローカーに分散して保存する、データ集合の最小単位です。

データレプリカ
Kafkaが受信したデータを複製して、複数のパーティションに分散したものをデータレプリカといいます。Kafkaではデータをトピック単位で管理しますが、トピックごとにデータレプリカの分散件数を指定できます。

オフセット
オフセットは、パーティション内のメッセージの位置を表します。パーティション内に追加されたメッセージは、オフセットに過去に割り当てたことのない大きな番号を割り当て、コンシューマーがどこまでデータを読み出したかを表します。

プロデューサー

Kafkaに対してデータを送信するクライアントライブラリです。公式では、Javaや.NET、C/C++、Python、Goなどの実装が用意されていますが、その他のプログラミング言語でも数多くのクライアントライブラリの実装が存在します。

プロデューサーはKafkaの上流に位置するプログラムが利用するライブラリで、ブローカーから定期的にメタデータを取得し、適切なブローカーへデータを送付します。

コンシューマー

Kafkaからデータを取得するクライアントライブラリです。プロデューサーと同様、さまざまなプログラミング言語で実装されています。コンシューマーがKafkaからデータを取得する際は、データを取得するトピックとパーティションのリストに加えて、パーティションごとにオフセットも送ります。Kafkaは、コンシューマーからリクエストが送られた際、送られてきたオフセットより大きなオフセットを持つデータを返します。

なお、パーティションは自分自身ではオフセットを管理しません。その代わり、このオフセットを管理するために、`__consumer_offsets`の名前でトピックが自動的に作成され、コンシューマはこのトピックにオフセットを保存します。

図5.3.3.1：Apache Kafkaの構成

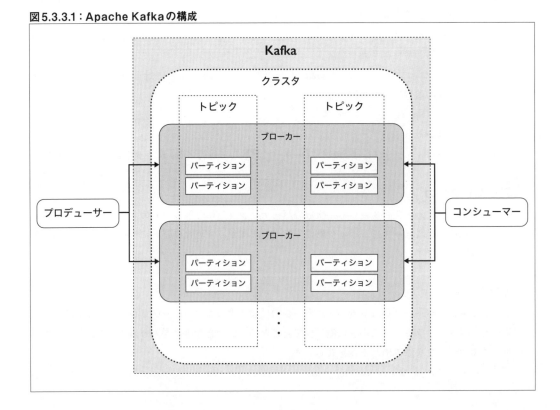

前図に示す通り、プロデューサーがクラスタからメタデータを取得して、適切なブローカーへとデータをプッシュします。ブローカーはデータを受け取ると、まずは自分自身のページキャッシュにデータを保存します。パフォーマンス向上のため、ブローカーは直接ストレージには記録せずページキャッシュに保存し、定期的にストレージに格納します。一定期間アクセスがないデータはページキャッシュから削除されます。

そして、データ保存先のトピックの設定に従い、データレプリカを各パーティションに保存します。このパーティションへの保存が同期実行であるか非同期実行であるかは、プロデューサーのリクエストパラメータに依存します。

また、コンシューマーからのデータ要求をブローカーが受け取った際は、対象のパーティションから指定されたオフセットよりも大きなオフセットを持つデータを取得して返します。

5-3-4 Apache Kafkaの利用

Amazon MSKなどの例外も存在しますが、Kafkaはマネージドサービスではなく、サーバ上に構築するケースが一般的です。もちろん、サーバに直接ログインしてインストールすることはほとんどなく、TerraformやAnsibleなどのIaC（Infrastructure as Code）やKubernetesを用いて構築するケースがほとんどです。

しかし、いずれの場合もブローカーノードの台数やサーバのハードウェア構成を十分に吟味する必要があります。Kafkaのシステム構成を誤ると十分な性能を引き出せなかったり、データの安全性が損なわれ、最悪のケースではデータを消失したりする可能性があります。

本項では、Kafkaの構成で考慮すべき点を紹介します。

データレプリカ数

プロダクション環境では、一般的にデータレプリカを3つ以上にするとよいといわれています。データレプリカが2つの場合、1つのノードがダウンするともう一方のノードにアクセスが集中し、連鎖的にサーバがダウンしてしまう可能性があります。

もちろん、確率的にサーバ障害が発生すると仮定した場合、レプリカ数が大きければ大きいほどデータの安全性は高くなります。しかし、レプリカ数を増やすと必要となるストレージ容量も増え、コスト増を招きます。そのため、データレプリカ数はシステム要件を考慮して決定するとよいでしょう。

ブローカーノード数

Kafkaに登録されるデータは、トピックに設定されているデータレプリカ数だけコピーされ、各パーティションに分散して配置されます。パーティションは、クラスタ内の別々のブローカーノードへと可能な

限り分散して配置されます。しかし、ノード数がデータレプリカの数より大きくないと、データの安全性は担保されません。データレプリカを4つ作成しても、ブローカーノードが2台であれば、実質2つのデータレプリカを作成するのと変わりません。

もし、データレプリカを3つ作成するケースでは、ブローカードノードはそれよりも多く、4つ以上を用意するとよいでしょう。仮にサーバの1台がダウンしても、再分散してデータレプリカ数を3つに保つことが可能であるためです。

メモリ

ブローカーノードのメモリ容量を決定する際に考慮すべきは、想定されるレイテンシです。Kafkaをメッセージキューとして利用するとき、下流側の処理が時間を要するほどKafkaへのアクセス頻度が下がります。そして、Kafkaへのアクセス頻度が下がると、それだけKafkaから未送信のデータを多く保持することになります。すなわち、ストリームのレイテンシが大きくなるほど、Kafka側は未送信のデータが増加します。

また、KafkaはディスクにアクセスするOSのページキャッシュを利用します。登録されたばかりのデータはキャッシュに存在し、キャッシュが一杯になるとアクセス頻度の低い順に削除されます。もちろん、Kafkaが下流側へとデータを送信する際、送信するデータがメモリ上に存在している方が高速に動作します。すなわち、Kafkaの性能を最大限発揮するためには、コンシューマーが未受信のデータを保持しておけるだけのメモリを用意する必要があります。

たとえば、100MB/sでデータが書き込まれるときに、5分間のレイテンシを許容する場合は、100MB×5分×60秒=30GBのメモリが必要になります。これに加えて、Kafka本体やOSが利用するメモリが、ブローカーで必要となるメモリ容量となります。

上記項目の他にも、Kafkaには多種多様な設定項目があり、データやビジネス要件によって最適な設定が異なります。本番運用前にじっくりと検証し、十分にチューニングして利用しましょう。

5-3-5 Amazon Kinesis Data Streams

代表的なクラウドプラットフォームの1つであるAWSも、分散メッセージキューをサポートしています。前述の通り、AWSではKafkaのフルマネージドサービスであるAmazon MSKが用意されています。しかし、より柔軟にスケール可能でAWSの他のサービスとの連携が充実している、Amazon Kinesis Data Streamsを利用するケースが多いでしょう。

Kinesisは、AWSで動作するサーバレスストリーミングサービスで、ストリーミングパイプラインでは、Kafkaなどと同様に分散メッセージキューの役割を果たします。フルマネージドサービスでもあるため、事前にサーバなどを準備する必要はなく、AWSコンソールもしくはAPIからすぐに起動できます。

さらに、小規模なサービスであっても冗長化され、安定したプラットフォーム上で利用できるため、小規模なビジネスからスタートするケースにも適しています。

5-3-6 プロビジョニングモードとオンデマンドモード

Kinesisには、プロビジョニングモードとオンデマンドモードの2つのモードがあります。プロビジョニングモードでは、シャード数を事前に指定して、そのシャード数に応じて課金されます。シャードごとに定格データ容量が決まっており、ワークロードに合わせてシャードを準備します。1つのシャードで、2MB/秒の読み取り、1,000レコード/秒および1MB/秒の書き込みをサポートしています（本書執筆時）。そのため、最大10MB/秒程度のデータ流量が想定されるケースでは、滞りないデータ書き込みを担保するには、10個のシャードを準備する必要があります。

シャードは1つのシャード当たりの処理可能な能力が確定しているため、処理量に対して余裕のあるシャード数が必要となります。もし、曜日や時間帯、マーケティングキャンペーンなどの要因で、データ量が大きく変動する場合は、データ量に応じてシャードを動的に追加する仕組みを用意する必要があります。たとえば、Kinesisにインプットされるデータ量を監視し、データ容量の80%を超える場合は新しくシャードを追加するような仕組みです。もちろん、AWSのサービスを組み合わせて、データ量に応じてシャードを追加する仕組みを構築できます。

図5.3.6.1：CloudWatch Alarmを利用したKinesisのリシャーディング

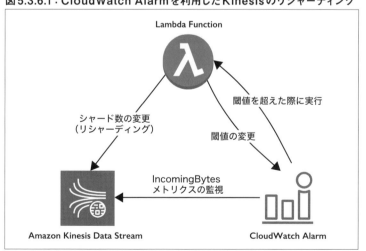

上図に実装の一例をあげましょう。Amazon CloudWatch（以下CloudWatch）のアラーム機能で、KinesisのIncomingBytesメトリクスを監視します。この値が一定以上になったら、Amazon Simple Notification Service（以下Amazon SNS）のトピックに連携するようにしておき、Amazon SNSか

らAWS Lambda（以下Lambda）を起動します。Lambdaでは、対象のKinesisシャード数を変更して、対象のCloudWatchアラームの閾値を変更します。もちろん、一定の閾値以下になったらシャードを減らす実装も可能です。

このようにシャード数を変更してデータ量の変化に対応することをリシャーディングといいます。リシャーディングによってデータ量の変化に追従すれば、Kinesisのコストを削減できます。しかし、Kinesisの設定次第では、リシャーディングに数日を要するケースもあります。
その理由は、リシャーディングの際に変更した数だけシャードを新しく作り直す必要があるためです。新しいシャードが作られると、古いシャードに割り当てられていたハッシュは、新しいシャードへと分割もしくは結合され、古いシャードはデータを受信しなくなります。一方で、古いシャードから新しいデータはコピーされず、データの保存期間が経過するまで古いシャードは存在し続けます。

Kinesisにインプットされたデータは、シャードの持つハッシュ値に応じて、それぞれのシャードへと分散されます。シャード数が変更されたとき、Kinesisは指定された数のシャードを新たに作成し、既存のシャードから分割もしくは結合処理を実行します。分割処理では、親シャードとなる既存シャードが扱うハッシュ値を2つに分割し、新たに作成された子シャードへと割り当てます。
逆に結合処理では、2つのシャードが持つハッシュ値を、新しい子シャードへと割り当てます。その後、親シャードをClosed状態へと移行させ、新しくデータがインプットされないようにします。
この通り、分割もしくは結合処理を用いてリシャーディングを実行するため、リシャーディングの範囲は既存シャードの半分～2倍の間に限られます。
しかし、親シャードに含まれているデータは新しいシャードに再分散されず、新しいシャードはリシャーディング以降のデータのみを扱います。そのため、シャードの移行がおこなわれても、親シャードはすぐに削除されるわけではなく、既に登録されたデータを保持し続けます。したがって、親シャードが存在し続ける期間は、Kinesisに設定されているデータの保持期間に依存します。
データの保持期間はデフォルトでは1日に設定されていますが、動的に変更が可能です。仮に1日以上のデータ遅延が発生したり、障害発生時に複数日前のデータから復旧する場合は、データの保持期間を長めに設定する必要があります。しかし、リシャーディング時の移行期間でもシャード料金が発生するため、保持期間の設定はコストとのトレードオフになります。

一方、オンデマンドモードの場合はシャードを意識する必要がありません。オンデマンドモードでは、データの容量に応じて適切なリソースが割り当てられ、シャード数ではなくデータ量に応じて課金されます。そのため、データ量に応じてリシャーディングするシステムを構築したり、リシャーディング時の移行コストを考慮する必要はありません。しかし、管理コストが低減する分、プロビジョニングモードよりも高額になる可能性があります。計算上は、プロビジョニングモードでシャードの定格データ容量を使い切った場合、オンデマンドモードの半分以下の金額で利用できます。そのため、データ流量が比較的予想しやすく、データ量が頻繁に変化しないケースでは、プロビジョニングモードの方がコスト的に有利といえます。

5-3-7 Kinesisとデータプロデューサー

Kinesisにデータを登録するサービスがデータプロデューサーです。データプロデューサーは、Kinesisに登録するストリーミングデータを新しく生み出したり、上流から受け取って加工したりする役割を担います。データプロデューサーがKinesisにデータを登録する際は、プログラミング言語ごとのライブラリを利用するのが一般的で、Kinesis Producer Libraryを利用する方法と、Kinesis Data Streams APIを利用する方法があります。

Kinesis Producer Library

Kinesis Producer Library（以下KPL）の利用は、後述のKinesis Data Streams APIと比べると、さまざまなメリットがあります。まず、C++で記述されており、メインユーザープロセスの子プロセスとして動作するため、KPLが何らかの理由でクラッシュしても、メインプロセスに影響しません。さらに、Kinesisへのデータ登録処理は独自でスレッド管理されており、シャード数や実行環境に応じて、もっともパフォーマンスを発揮できるように実装されています。また、機能としてもレコードの集約が提供されています。

レコードの集約は、複数レコードを1レコードにまとめてKinesisへプッシュする機能です。前項「5-3-6 プロビジョニングモードとオンデマンドモード」で説明した通り、Kinesisのシャードは1,000レコード/秒および1MB/秒の書き込みをサポートしています。仮に1レコードの平均サイズが100バイトであると、1,000レコードを送信すると100KBとなります。レコード数の制限からこれ以上の送付はできなくなりますが、1MBの送付制限にはまだまだ余裕があります。そこで、レコード集約機能を利用して複数レコードを1レコードにまとめると、シャード効率を最大化できます。
しかし、レコード集約機能を利用する場合、プロデューサー側だけではなくコンシューマー側の対応も必要となります。コンシューマー側のライブラリには、KPLのバージョンに対応しているKinesis Client Library（以下KCL）を利用する必要があります。万が一、対応していないバージョンであると正しくレコードを読み取れないので、公式ドキュメントに記載されている対応バージョンを事前に確認しましょう。

Kinesis Data Streams API

Kinesis Data Streams APIは、直接Kinesisへデータをプッシュすることになります。そのため、パフォーマンス向上を狙ってスレッド管理を実施する場合は、独自に設定する必要がありますが、前述のKPLと比べて設定項目は少なく、一般的なAWS SDKの作法にしたがって実装されているため、AWS SDKの利用経験があれば、比較的簡単に実装できます。また、Java以外のプログラミング言語も公式にサポートされています。

ちなみに、FluentdのKinesisプラグインやApache Sparkなどのミドルウェアでは、これらのAPIやライブラリを利用してKinesisへ書き込む機構が提供されています。Kinesisに書き込むための実装はミドルウェア内でカプセル化されているため、前述のKPLやKCLなどを意識する必要がありません。

5-3-8 Kinesisとデータコンシューマー

Kinesisにデータを登録するデータプロデューサーに対して、Kinesisからデータを取得するサービスはデータコンシューマーと呼びます。
LambdaやAmazon Data Firehose、Amazon Managed Service for Apache Flink（旧Amazon Kinesis Data Analytics）などのAWSサービスと連携して、Kinesisはデータコンシューマーを構築できます。また、Apache SparkのSpark Structured Streamingにも対応しており、直接連携することが可能です。

前項で紹介したKinesis Data Streams APIには、Kinesisからデータを取得する関数がありますが、データ取得時のチェックポイントを管理する機能が用意されていないなど、単体でのデータコンシューマー構築は困難です。もちろん、Kinesisに登録されているデータを確認する目的であれば、Kinesis Data Streams APIも有効です。
Javaなどを利用してスクラッチからデータコンシューマーを構築するには、KCLを利用します。データコンシューマーを構築するために必要な機能が一通り搭載されています。

チェックポイント管理

データの取得は、シャードごとにデータがどこまで取得されたかを示すチェックポイントで自動的に管理され、まだ読み取られていないデータのみが対象となります。したがって、KCLを利用するデータコンシューマーは、チェックポイントを意識する必要はありません。また、チェックポイントは定期的にAmazon DynamoDB（以下DynamoDB）に記録され、再起動時には自動的に前回の続きから処理が再開されます。

集約解除

KPLは複数レコードを1レコードにまとめるレコード集約の機能を提供しており、その逆の複数レコードを適切に分解する処理を集約解除と呼びます。
KCLを利用すると自動的に集約が解除されますが、KPLとKCLのバージョンの組み合わせによっては、集約ロジックの不整合で集約を解除できないケースもあります。そのため、公式ドキュメントを参照して、KPLとKCLのバージョンは合わせるのがよいでしょう。

リシャーディングの追従

KCLは定期的にKinesisのメタデータを取得しており、Kinesis側のシャード設定が変更された場合は、メタデータに基づいて自動的に追従します。

また、読み取り効率を上げるために、シャードごとにワーカーを作成して専用のスレッドで処理しますが、リシャーディング発生時には新しいシャードに対応して新たにワーカーを作り直します。そして、移行前のシャードに残っている全データを処理し終えた後、ワーカーインスタンスを終了します。

カスタムメトリクス収集

KCLで収集したカスタムメトリクスは自動的にCloudWatchに登録されます。

CloudWatchのメトリクスを監視すれば、KCLのワーカー作成やデータ取得回数、リシャーディングへの追従が正常に動作しているかなどを確認できます。しかし、シャード数が増えるとシャードごとのカスタムメトリクスが増加し、CloudWatchのコストが増加する可能性があるので、注意が必要です。

5-3-9 拡張ファンアウト

単独のKinesisに対して複数のデータコンシューマーを設定するケースがあります。しかし、シャード1個につき2MB/秒の読み取りしか提供されていないため、ボトルネックになる可能性があります。

たとえば、データプロデューサーがシャード1個につき1MB/秒ぎりぎりまでデータをプッシュし、3個のデータコンシューマーが接続されていると、読み取り容量3MB/秒が必要になるため必然的に処理が遅延していきます。仮にデータコンシューマーが2個の場合でも、まったく遅延が発生しなければ問題ありませんが、万が一遅延が発生すると対応できません。遅延が発生すると、各データコンシューマーは一時的に1MB/秒以上のデータを処理して遅延を解消しようと試みるため、2MB/秒の制限がボトルネックになってしまいます。

こうしたケースに対応するために、拡張ファンアウトと呼ばれる機能が提供されています。データコンシューマーごとに専用のデータ配信ストリームを配信する機能です。元々シャードは2MB/秒の読み取りキャパシティを持ちますが、拡張ファンアウトを利用すれば、専用の2MB/秒のキャパシティを確保できます。この拡張ファンアウトは、複数のデータコンシューマー間で共有しないため、他のデータコンシューマーとは競合せず、高いパフォーマンスを発揮できます。

しかし、拡張ファンアウトの利用には、シャードとは別に追加コストが発生します。KCL 2.0を利用する場合、標準で拡張ファンアウトが有効な設定になっているため特に注意が必要です。

データコンシューマーが単独であったり、データ量がシャードに対して十分に少なく競合しても問題にならなかったりする場合は、拡張ファンアウトの設定を無効にするとよいでしょう。

5-3-10 Simple Queue Service (SQS)

前項まで、ストリーミング処理プラットフォームとして開発されたKafkaやKinesisについて説明しましたが、通常の分散キューイングサービスを利用するストリーミング処理も紹介しましょう。
AWSのフルマネージド分散キューイングサービスとして、Simple Queue Service（以下SQS）が提供されています。Kinesisとは異なり、シャード管理は不要な上に必要なリソースは自動的に割り当てられるなど便利なサービスです。

前述のKafkaやKinesisと大きく異なるのは、レコード処理の管理方法です。KafkaやKinesisは、メッセージキュー側ではレコード処理を一切管理せず、リクエストされたチェックポイントの値に応じてレコードを送付します。しかし、SQSではSQSに存在するデータはすべて処理対象となります。処理が完了すると、クライアントから削除リクエストが送付され、対象データが削除されます。SQSのレコード管理に関しては、次項で詳細に解説します。
また、SQSはKinesisと比較すると、AWSサービスとの連携が豊富です。SQSの下流プロセスとしてLambdaやAmazon SNSに接続できるだけではなく、各種イベントに応じて上流プロセスとしても結合可能です。たとえば、Amazon S3にファイルが追加されたときにSQSにレコードをプッシュしたり、Amazon SNSをサブスクライブして通知を受け取ることも可能です。

上述のSQSの特徴から、KinesisやKafkaと同様に、複数のストリーミングを接続する役割を果たせますが、異なる使い方をされるケースも多々あります。たとえば、ストリーミング処理では、SQSを用いたバッチデータのストリーミングデータへの変換も可能です。詳細は「5-3-13 SQSを用いたストリーミングデータへの変換」で後述します。

5-3-11 SQSのレコード管理

KafkaやKinesisはメッセージキューでレコードの処理状況を管理していません。クライアントがレコードのチェックポイントを管理し、データ取得時にチェックポイントを含めてリクエストすると、メッセージキューはチェックポイント以降のデータを返します。クライアントが取得レコードの1件だけで処理に失敗したとしても、メッセージキューは関与しません。クライアント側が独自にexactly-onceやat-least-onceなどのデリバリセマンティクスを定義し、それに応じた実装を用意する必要があります。

これに対して、SQSのレコード管理は決定的に異なり、SQS内にある全レコードが未処理のデータとして捉えられるように設計されています。
まず、クライアントからのリクエストに応じてSQS自身が保有するレコードを送信します。送信され

たレコードは一定期間不可視状態となり、クライアントからは取得できなくなります。クライアント側の処理が完了すると、SQSから該当レコードが削除されます。もし、クライアント側から削除指示がないまま一定期間が経過すると、そのレコードは再び可視状態となります。

再び可視状態になるのは、クライアント側で処理が失敗した際に自動的に再処理可能にするためです。可視状態に戻ったレコードは、次回のリクエストでクライアントへと送付されます。

送信されたレコードが不可視状態になる期間は、SQSキュー作成時に設定できます。この値にはクライアントが十分にレコードを処理できる期間を指定するとよいでしょう。仮に短い値に設定してしまうと、正常に処理が進んでいるにも関わらず、処理中に可視状態に移行して、別クライアントによって処理されてしまう可能性があります。

図5.3.11.1：SQSのレコード管理サイクル

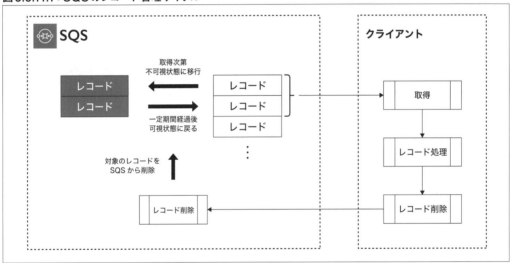

このライフサイクルをクライアント側の視点で解説すると、まずクライアントはSQSからレコードを取得して処理します。続いて、クライアントがレコードの処理を終え次第、SQSから対象レコードを削除します。つまり、クライアントはチェックポイントや処理済みステータスを管理する必要なく、ただSQSからデータを取得して処理するだけです。

この仕様の前提には、「1つのレコードを一度しか処理しない」ことがあります。KafkaやKinesisは、複数のサブスクライバーを接続して、同じデータをそれぞれのサブスクライバーで処理します。しかし、SQSは送信したデータを不可視状態にするため、別のサブスクライバーが送信済みのデータを処理することはできません。複数のサブスクライバーを接続する場合は、別のSQSキューを用意してレコードを複製しておく必要があります。

同一データを複数のサブスクライバーが処理できない仕様であるため、処理の分散が容易です。SQS内のレコードは取得されると不可視状態となり、別のサブスクライバーが取得できません。そのため、サブスクライバーの数を増やせば、増やしただけレコード処理速度が速くなります。

SQSキューにはデッドレターキューを指定できます。仮にあるレコードに想定外のデータが含まれており、クライアントが処理できなかった場合は、クライアントは正常に処理を終了できず、SQSへ削除リクエストを送付しません。不可視状態の対象レコードは、一定期間経過後に再度可視状態に移行して、SQSから再度クライアントに送付されます。しかし、クライアント側が再処理しても、問題があるため正常に終了できず、SQSからも削除されません。

削除できないレコードは最大受信数（maxReceiveCount）に設定された回数を上限に、SQSキューに残り続けます。問題のあるレコードが蓄積してしまうと、クライアントに負荷が掛かるだけではなく、正しいデータのレイテンシが悪化してしまいます。

こうした状態を防ぐために、最大受信数を越えたデータは自動的に別のキューへと移動するように設定可能です。この移動先のキューがデッドレターキューです。デッドレターキューに移動されたレコードは、すぐさまストリームに戻すのではなく、システム監視サービスへ送付したり定期的に収集したりするなど、処理できなかった原因を個別に分析して対応するのがよいでしょう。

5-3-12 SQSの標準キューとFIFOキュー

SQSには、標準キューとFIFOキューの2種類が用意されています。それぞれの特徴を解説しましょう。標準キューは、ほとんど無制限に近いスループットとスケーラビリティを保証しますが、デリバリセマンティクスがat-least-onceであるため、後続の処理で重複除去が必要になります。つまり、標準キューに複数のサブスクライバーを接続して、同時にリクエストを送った場合、稀に同一メッセージを受け取ってしまう可能性があることを意味しています。

また、標準キューには順序保証がありません。特に複数のサブスクライバーを登録している場合は、ベストエフォートで順番通りに送るものの、順序が入れ替わってしまう可能性があります。

FIFOキューは、処理の順序が重要なトランザクションであるケースや、重複メッセージを処理するとシステムに影響があるケースで利用します。電子商取引注文管理システムや金融関連のシステムなど、メッセージの重複や順序変更がサービスに致命的な影響を与えるユースケースです。

順序保証の問題を解決するために2016年にFIFOキューが登場しています。FIFOキューはexactly-onceのデリバリセマンティクスをサポートし、メッセージの順序も保証します。しかし、標準キューと比較すると、利用料金が高額でスループットも制限されます。

標準キューとFIFOキューのどちらを利用するかは、システム要件で異なるため、ユースケースに応じて適切な選択を心掛けましょう。

5-3-13 SQSを用いたストリーミングデータへの変換

SQSの活用方法の1つに、バッチデータのストリーミングデータへの変換があります。バッチデータは静的なデータであり、ファイルなどに格納されています。たとえば、本来はストリーミングパイプラインを利用して可能な限り早くデータを活用したいにも関わらず、データ送付元のシステムが静的データの出力にしか対応していないケースを考えてみましょう。

特にストリーミングデータの取り扱いがほとんどない他社からデータを受領する際、自社のKafkaやKinesisにプッシュするのは、相応の開発コストを要します。さらにネットワークトンネリングの設定が求められるケースも多く、セキュリティの懸念もあります。

こうしたケースでは、一定の頻度でデータファイルをAmazon S3などにアップロードしてもらえば、容易にデータ連携を実現できます。Amazon S3に格納されたデータはストリーミングデータではなく、ファイルとして静的に格納されたものですが、Amazon S3のイベント通知とSQSの組み合わせによってストリーミングデータへの変換が可能です。

まず、ファイルが新たに格納され次第、Amazon S3バケットのプロパティからSQSに通知するように設定します。続いて、SQSのメッセージをトリガーにしてLambdaを起動します。Lambdaでは、SQSから渡される情報を元に、新たに追加されたファイルをAmazon S3から読み込み、Kinesisへ送付します。読み込んだデータをKinesisにプッシュすることで、後続のストリーミング処理で処理可能となり、ストリーミングデータへと変換できます。

次図に処理のデータフローを示します。なお、万が一ファイルサイズが大きすぎてLambdaでの取り扱いが困難な場合は、直接Apache Sparkなどの大規模データ処理基盤で実行するのがよいでしょう。

図5.3.13.1：ストリーミングデータへの変換

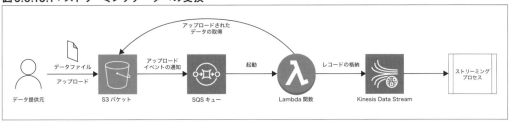

プロセス全体を通じてexactly-onceをサポートする必要がある場合は、SQSのFIFOキューを組み合わせます。Amazon S3から受け取ったイベントにLambdaで一意の識別キーを付与して、FIFOキューに送付します。仮に同じデータを重複して処理しても、FIFOキューが重複レコードを自動的に除去してくれます。しかし、この方法ではデータ処理の順序を保証できません。たとえば、Amazon S3に格納されたデータのサイズに偏りがあり、Lambdaの処理時間が異なるケースが該当します。

ファイルサイズの大きいデータが先に到着し、小さいデータが後に到着した場合、ファイルサイズが小

さいデータの処理が先に完了してキューに送付される可能性があります。データ処理時間の長短で、データの到着順序と送出順序が異なることが起因です。

順序制御が必要なケースでは、Lambda上でULID（Universally Unique Lexicographically Sortable Identifier）など、ソート可能な分散ID生成器で生成したIDを付与する方法が考えられます。ソート可能なIDを付与すれば、後続するApache Sparkなどのデータ処理基盤で順序性を考慮した処理が可能です。もっとも、ソート可能な分散ID生成器は各ノードのマシンタイムを用いてIDを生成するため、マシンタイムが完全に同期していない限り完全な順序性を保証できません。完全な順序性が必要となるシステム要件では、RDBMSを用いたバッチ処理など、別のアーキテクチャを検討するとよいでしょう。

5-3-14 メッセージキューを利用しないストリーミングETL接続

ストリーミングETLは、KinesisやKafka、SQSなどの分散メッセージキューを利用しなくとも結合可能です。たとえば、Delta Lakeが提供するDelta Tableは、ストリーミングソースとして利用できます。上流のストリーミング処理でDelta Tableに書き込み、下流のストリーミングソースでサブスクライブすれば、分散メッセージキューと同様、ストリーミング処理の中継が可能です。

Delta Tableは、タイムトラベル機能を提供するためバージョン管理機能が搭載されています。データの挿入や更新のたびに新たなバージョンを作成し、同時に更新の差分を下流プロセスに引き渡すことによって、バージョンを管理しています。どのバージョンまで読み込んだかは、チェックポイントを用いて管理しています。チェックポイントは処理が完了した最新バージョンを保持しており、ストリーミング処理の再起動が発生した場合でも、前回の続きから処理を再開できます。

また、Delta Tableは前述の分散メッセージキューとは異なり、永続的なデータ保管が前提です。分散メッセージキューでは、古いデータからストリーミング処理を開始する際は、過去データを改めてインプットし直しますが、Delta Lakeでは、もっとも古いデータも含めすべてのデータが保管されているため、データの再投入は必要ありません。

ただし、Delta Tableへのデータ書き込みやストリーミング接続が可能なプラットフォームはApache Sparkのみです。2023年6月発表のDelta Lake 3.0.0 Previewでは、Apache Flinkのサポートも発表されていますが、安定リリース版までしばらく時間が掛かる見込みです。そのため、FluentdなどのログコレクタやApache Spark、Apache Flink以外のプラットフォームとは接続できないため、分散メッセージキューに頼らざるを得ません。

ちなみに、Delta Table以外でも、Databricksが提供するAutoLoaderがAmazon S3に存在するファイルをストリーミングソースとして扱えます。また、Apache Flinkでは、ストリーミングソースとしてファイルシステムやRDBMSのテーブルにも対応するなど、プラットフォームによってはさまざまなストリーミングソースがサポートされています。

分散トレーシングによるストリーミング処理の監視

ストリーミングのパフォーマンス監視を実現する手法として、「5-3-1 分散メッセージキューの挙動と役割」では分散メッセージのレイテンシを計測する手法を紹介していますが、「5-4 イベント駆動アーキテクチャ」で紹介するイベント駆動アーキテクチャやシンプルなストリーミングパイプラインでは、分散トレーシングを利用できる可能性があります。分散トレーシングは、マイクロサービスアーキテクチャでよく利用される方法で、複数のサービスに分散して処理されるデータを一貫して追跡し可視化します。分散トレーシングを利用するためには、ストリーミングパイプライン内の各処理で分散トレーシングに対応するフレームワークを組み込む必要があります。

代表的な分散トレーシングフレームワークにオープンソースのOpenTelemetry[1]があり、AWSやDatadogなどメジャーなクラウドサービスでサポートされています。他にも、AWSのAWS X-Rayや、DatadogのDatadog Application Performance Monitoring (APM)[2]などが提供されています。

さらに、2023年にDatadogはストリーミングパイプラインの監視に特化した、Datadog Data Streams Monitoring (DSM) を発表しています[3]。DSMは分散メッセージキューやストリーミング処理内のプログラムからリアルタイムに情報を収集し、ダッシュボード上に可視化します。DSMによって、ストリーミングパイプライン全体の監視が用意になり、異常やボトルネックが発見しやすくなります。

---

1 https://opentelemetry.io/
2 https://www.datadoghq.com/ja/dg/apm/benefits/
3 https://www.datadoghq.com/ja/blog/data-streams-monitoring/

5-4 イベント駆動アーキテクチャ

ストリーミング処理では、データの発生に応じて非同期かつ連続的にデータを処理していきます。しかし、データの処理内容によって最適なアーキテクチャは異なり、どのようなユースケースにも適用できるアーキテクチャはありません。

アーキテクチャ選定の際は、ユースケースに適用できる可能性が高いアーキテクチャを選択し、ユースケースにフィットするように調整することが重要です。そこで、ストリーミング処理にどのようなアーキテクチャパターンがあり、どのようなケースにマッチするのか、少しでも多くのパターンを知っておくことが、さまざまな状況に応じて的確なアーキテクチャを選択するために必要です。

本節では、ストリーミング処理で頻繁に利用されているアーキテクチャの1つである、イベント駆動アーキテクチャを説明しましょう。なお、イベント駆動アーキテクチャはさまざまなクラウドプラットフォームで採用されますが、本節ではAWSを題材にします。

5-4-1 イベント駆動アーキテクチャのデータフロー

イベント駆動アーキテクチャは、機能ごとに個別のサービスが担当するマイクロサービスで構成されます。すべてのデータをイベントとして扱い、SQSやKinesisなどの分散メッセージキュー、Amazon EventBridgeなどによってイベントを伝播させていきます。

たとえば、ECサイトで商品を購入した際、バックグラウンドでは商品代金の支払に伴う決済処理をはじめ、在庫管理データの登録や倉庫への配送指示などさまざまな処理が実行されます。実際にはさらに細かく処理が分割され、一度の注文で数十個のマイクロサービスが動作するケースも珍しくありません。原始的なマイクロサービスアーキテクチャでは、これらの各サービスはRESTやgRPCなどのプロトコルで接続されています。しかし、新機能を追加する際は、新しいサービスを開発するだけでなく、新サービスへデータを送付するサービスにも改修が必要になります。さらに、新しいサービスに何らかの問題が発生しても、既存のサービスに影響を与えないように配慮する必要もあります。

イベント駆動アーキテクチャでは、個々のサービスの問題が他に波及しないように、サービス間の接続を疎結合にします。まず、商品購入を1つのイベントとして扱い、SQSやKinesisなどの分散メッセージキューに登録します。後続はこの分散メッセージキューをサブスクライブしてそれぞれ処理します。この場合、AWS Lambdaなどが直接サブスクライブし、データの変換処理やデータベースへの登録処

理などを実行するケースもあれば、Amazon EventBridgeを経由して複数サービスでパイプラインを構築するケースもあります。

たとえば、Kinesisに登録されたイベントを処理するサービスを新たに追加する場合、対象のKinesisをサブスクライブすれば、既存システムに一切影響を与えずに処理を追加できます。Amazon EventBridgeを利用している場合、新しいサービスの追加や削除をAWS管理画面で処理できます。
仮に1つのサービスで問題が発生しても、サービス同士が疎結合であるため影響は最小限に抑えられるでしょう。イベント駆動アーキテクチャの導入によって、高速なデリバリに加えて問題発生時の影響を低減できます。

図5.4.1.1：イベント駆動アーキテクチャ

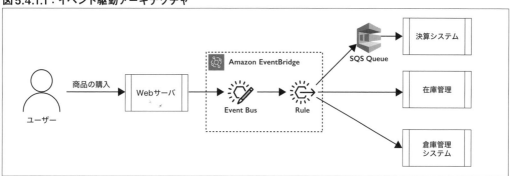

また、イベント駆動アーキテクチャは、一般にフルマネージドサービスを中心に実装されます。フルマネージドサービスを利用すれば、コンピューティングリソースのスケーリングやインフラストラクチャの管理をクラウドプラットフォームに任せられます。
AWS Lambdaなどのフルマネージドコンピューティングサービスを利用した場合、ソースコードをデプロイするだけですぐに実行でき、インフラストラクチャなどの下位レイヤーでの設定はほとんど必要ありません。また、同時実行数に制限はあるものの、理論上AWSのリソース条件までスケールできます。多くのサービスではほとんど上限を気にする必要はないでしょう。
イベント駆動アーキテクチャは、高速かつ安全なデリバリと強力なスケール性を実現できます。

5-4-2 イベントソース

イベント駆動アーキテクチャでは、データ処理の起点となるサービスがイベントソースです。各マイクロサービスは、イベントソースに登録されたデータを取得して、それぞれの役割を果たします。
ECサイトの場合では、注文を受け付けるWebサーバが注文イベントをイベントソースに登録し、決済

システムや在庫管理システムなど、それぞれのサービスへイベントを送付します。前節で紹介した分散メッセージキューも主要なイベントソースです。

たとえば、Kinesisを利用すると、大量のイベントを低レイテンシで後続サービスへと伝播でき、SQSは重複実行や順序などの制御が求められる高品質なトランザクションに適しています。

また、メッセージングに特化した、Amazon Simple Notification Service（以下Amazon SNS）もあります。Amazon SNSは配信者からメッセージを受け取り、受信者へメッセージを配信するサービスです。配信者がSNSトピックと呼ばれるアクセスポイントにメッセージを登録すると、対象トピックをサブスクライブしている受信者に対して、即時にメッセージを配信します。1つのトピックに対して複数の受信者がサブスクライブすることも可能です。この場合、サブスクライブしている複数の受信者に対して、同一メッセージをブロードキャストします。

Amazon SNSはKinesisやSQSと異なり、過去のメッセージを保持しません。新たにサブスクライブする場合は、サブスクライブ以降のメッセージのみを受信できます。過去のメッセージを利用する必要があるケースでは、KinesisやSQSと組み合わせて利用するとよいでしょう。このほかにも、NoSQLデータベースであるDynamoDBにも、DynamoDB Streamsと呼ばれる機能があり、ストリーミングデータソースに対応しています。

前節で紹介した分散メッセージキューやAmazon SNSなどを利用する場合、データソースとなるサービスはイベント駆動アーキテクチャを意識した実装である必要があります。たとえば、ECサイトの場合は、Webサーバが注文イベントを作成して分散メッセージキューやAmazon SNSに登録する必要があります。

Amazon SNSがデータを保存しない通知サービスであることに対して、DynamoDBはデータを格納するデータベースです。Webサーバは、DynamoDBに対してイベント駆動アーキテクチャを意識することなく、保存や読み込みなど一般的なデータベーストランザクションを実行しますが、DynamoDB Streamsはその追加や変更データをキャプチャして、後続のサービスへと伝播します。

たとえば、DynamoDB Streamsを用いると、変更の監視や変更に基づきAWS Lambdaの関数を起動できます。DynamoDB Streamsへのデータ保存をトリガーとしてAWS Lambdaを起動し、AWS Lambdaによるデータの変換や他のデータベースの保存などを実行できます。

5-4-3 Amazon EventBridge

Amazon EventBridge（以下EventBridge）は、前述のAmazon SNSやDynamoDB Streamsと比較して、さらに柔軟なイベント伝播や総合的なパイプライン構築が可能です。以前はCloudWatch Eventsと呼ばれ、メトリクスが一定の閾値を超えた際に、メールなどで担当エンジニアに通知する目的で利用されていましたが、CRON形式のスケジュールやSQSとの連携、さらにはSalesforceや

OneLogin、Datadogなど外部システムとの連携とサポート対象を大きく広げ、2019年にAmazon EventBridgeへと名称変更されています。

AWS内外のあらゆるイベントを受け取り、さまざまなサービスにイベントを伝播可能な、まさに各サービス間でイベントを橋渡しする存在です。ちなみに、EventBridgeは、Amazon EventBridge BusとAmazon EventBridge Scheduler、そしてAmazon EventBridge Pipesの3つのサービスの総称です。

Amazon EventBridge Event Bus

Amazon EventBridge Event Bus（以下Event Bus）はあらゆるイベントを受信します。SQSやKinesisなどのAWSサービスだけでなく、Salesforceなど外部サービスからの通知など、すべてをイベントとして扱えます。各サービスから受け取ったあとはルールに基づきAWS内外のサービスへイベントを送付します。つまり、Event Busは上流と下流のサービスを繋ぐ役割を果たします。

Amazon EventBridge Scheduler

Amazon EventBridge Scheduler（以下EventBridge Scheduler）は、サーバレスのスケジューラサービスです。cronと同様に起動タイミングを設定し、指定時刻にサービスを呼び出します。

Amazon EventBridge Pipes

Amazon EventBridge Pipes（以下EventBridge Pipes）は2022年リリースの比較的新しいサービスです。EventBridge Pipesは、上流と下流のイベントをシームレスに接続できます。上流サービスのデータを、フィルタリングや変換を施した上で下流のサービスへ送信するまで、一連の流れをEventBridge Pipesで管理できます。

5-4-4 コマンドクエリ責務分離（CQRS）

イベント駆動アーキテクチャを利用したアーキテクチャとして、コマンドクエリ責務分離と呼ばれるものがあります。コマンドクエリ責務分離は、サービスのコマンド部分とクエリ部分を分離するアーキテクチャパターンで、一般にはCQRS（Command Query Responsibility Segregation）の名で知られています。

CQRSにおけるコマンドとは登録や更新などデータベースに変更を及ぼす作業で、クエリはデータの読み取りを表します。サービスによっては、コマンドとクエリで必要なデータ構造が異なっていたり、負荷が大きく異なるケースがあります。こういったとき、コマンドとクエリで扱うデータベースおよびサービスを分離し、それぞれの要件に適した形でシステムを構築します。

CQRSでは、コマンドとクエリで参照するデータベースが異なります。それぞれが参照するデータベースはストリーミングパイプラインによって接続されますが、完全には同期されません。コマンド処理でコマンド用データベースに保存後、イベント処理でコマンド用データベースからクエリ用データベース

に転送されてから参照可能になります。書き込み側（コマンド）と読み込み側（クエリ）のデータベースを分離すれば、それぞれに最適なデータ構造を選択でき、効率的なスケールアウトが可能になります。データ登録から参照までのリードタイムが許容できるケースで、CQRSの利用を検討できます。

たとえば、ホテルの宿泊予約サービスを考えてみましょう。
宿泊予約の際は、どの宿泊プランに、いつ、何人で宿泊するかを登録します。一方、予約内容を確認する際は、宿泊ホテルやプラン詳細、チェックイン時刻など、さまざまな詳細情報をチェックするでしょう。そのため、宿泊予約と履歴の参照では、必要なデータ構造が異なります。
さらに、宿泊を予約する際には、数多くのホテルやプランを検索し、比較検討するケースが多いため、コマンドに対してクエリの負荷が非常に高くなります。ホテルの空き状況などは、コマンドとクエリで参照するデータベースが完全に同期していると好ましいといえますが、数秒の遅れであれば許容できるケースと考えられます。

CQRSを導入する際、「5-4-2 イベントソース」で紹介したDynamoDB Streamsが役に立ちます。
更新系のコマンド処理を受け付けたDynamoDB Streamsが、AWS Lambdaを起動しLambda関数がクエリ用のリレーショナルデータベースへ登録します。この場合、DynamoDB Streamsはコマンドとクエリのデータベースは完全に同じタイミングで状態を同期しているわけではありません。
最新の状態を取得する際に、数秒の遅れが発生しても問題がないケースであれば、CQRSの導入を検討できるでしょう。

図5.4.4.1：CQRSの実装例

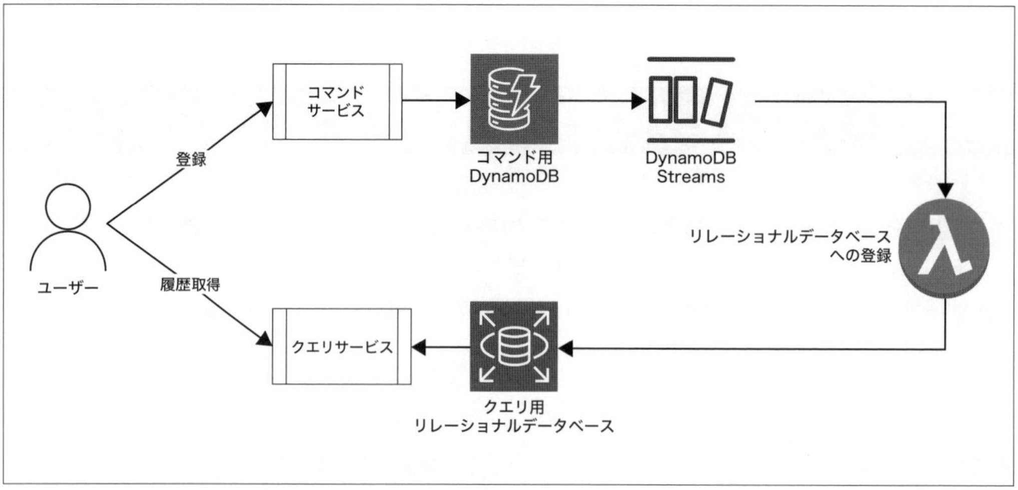

5-4-5 イベントソーシング

イベントソーシングは、アプリケーションで発生するさまざまなイベントを、他のマイクロサービスなどに伝播するためのデザインパターンの1つで、一般的に前項で紹介したCQRSと組み合わせたアーキテクチャとして利用されます。

CQRSにおけるコマンド処理の更新系データとなるイベントを更新系データベースに追記（INSERT）します。更新系データベースにはイベントは追記されるだけでそのままでは参照が難しいため、参照が容易な形式に変換して参照系のデータベースに登録し直します。コマンド処理は単純にイベントを追記するだけに留まり、更新系データベースの再集計によって参照系データベースを再構築できます。

このようにイベントソーシングとは、コマンド処理で実行されたイベントを積み上げた結果、再集計で結果整合する考えに基づいています。仮に参照系データベースのデータに不整合が発生したとしても、すべてのイベントログを最初から1つずつ取り込むことで最新の状態を復元できます。

ストリーミング処理ではデータの到達順序が保証されない場合があり、イベントソーシングではイベントの到達順序に依存しないように設計する必要があります。したがって、参照系データベースで一度登録されたデータが、後続のイベントで修正されて再度登録される場合があります。修正処理による参照系データベース内のデータの整合性を保つことを結果整合性と呼びます。

たとえば、GitHubのリポジトリを想像してみるとよいでしょう。GitHubでは、多数のコミットを積み上げることによって、リポジトリの状態を更新していきます。たとえ最新の状態を失ったとしても、すべてのコミットをゼロから再生すれば、最新の状態を取り戻せます。

イベントソーシングと対となる考え方としては、ステートソーシングがあります。ステートソーシングは、イベントではなく状態を中心に考えます。各イベントは状態を更新し、最新の状態のみをデータベースに保持します。古典的なシステム開発では、ステートソーシングを利用するケースが多いでしょう。システム利用時に必要となるものは、ほとんどのケースで最新の状態のみであるため、どのようなイベントによって現在の状態が成り立っているか、すべてのデータを保持しておく必要はありません。

イベントソーシングのメリットで代表的なものは、変更操作がすべて追加処理だけで実現するということです。一般にデータの更新処理には、対象データの検索、ロック、更新といった一貫性のあるトランザクションが必要となります。

比較的小規模なシステムであれば、これらのトランザクション処理は問題になりませんが、複数サービスにまたがる大規模なシステムであったり、1つのコマンドで複数のテーブルや大量のデータを追加したりする場合、広範囲にわたってロックが発生して、スケーラビリティのボトルネックになってしまいます。しかし、イベントソーシングを利用すれば、すべての処理を追加処理だけで実行でき、ロックせずにデータ更新が可能です。

CQRSやイベントソーシングの詳細は、書籍『エリック・エヴァンスのドメイン駆動設計[1]』や『実践ドメイン駆動設計[2]』に記述されています。

図5.4.5.1：イベントソーシングの実装例

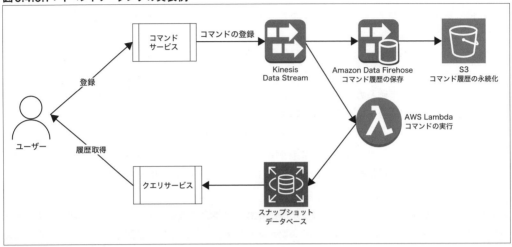

上図に、イベント駆動アーキテクチャを用いたイベントソーシングの実装例を紹介します。
コマンドサービスがリクエストを受け取ると、コマンドを生成してKinesisからAmazon Data Firehose（以下Firehose）に登録し、Firehose経由でAmazon S3にイベントを永続化します。イベントソーシングでは、このイベントを最初からすべて再生すればいつでも最新の状態を再現できるため、イベントを永続化するだけで登録処理は完了となります。
一方、現在の最新データを読み取るたびに、すべてのイベントを再生するのでは大きな負荷が掛かってしまいます。そのため、Kinesisは同時にLambdaへもイベントを送付し、データベースを更新します。このデータベースは、ある時点の状態を表しているデータベースであるため、スナップショットと呼ばれます。クエリサービスがデータを読み取る際は、このスナップショットデータベースからデータを読み取ります。
イベントソーシングは、巨大なシステムを構築する際には有用な方法です。しかし、ステートソーシングとは違い、技術的に困難な点もあります。たとえば、イベントテーブルが巨大になり、イベントの再生やイベントテーブルのスキャン自体が大きな負荷になる可能性があります。
また、同じイベントでも挙動の異なる機能を追加する場合は、細心の注意が必要です。たとえば、イベントソーシングは全イベントの履歴を時系列で記録するため、基本的に過去に発生したイベントの変更や削除はできません。そのため、既存イベントを拡張するか、新しいイベントとして追加するかは、影響範囲を検討して最適な選択をする必要があります。

---

1 エリック・エヴァンス著、『エリック・エヴァンスのドメイン駆動設計：ソフトウェアの核心にある複雑さに立ち向かう』、和智右桂訳、牧野祐子訳、2011、翔泳社
2 ヴォーン・ヴァーノン著、『実践ドメイン駆動設計』、高木正弘訳、2015、翔泳社

さらに、イベントソーシングのコマンド用データベースにRDBMS（リレーショナルデータベース）を利用しない場合は、RDBMSの強力なトランザクション制御機能を利用できません。たとえば、複数のユーザーが同時に操作する可能性のあるデータに対する重複チェックは、ACID特性のあるRDBMSの方が容易です。しかし、イベントソーシングでは、ユーザーリクエストとデータベースへの登録処理が非同期であるため、ユーザーリクエストとレスポンスの間でRDBMSのトランザクション制御機能を用いたチェックはできません。そのため、実装難度が高くとも、コマンドサービスすべてをチェックしたり、コマンド実行失敗時には別途キャンセルイベントを発行したりするなど、リカバリ処理を組み込む必要があります。

イベントソーシングは強力なスケーラビリティと柔軟性をもたらしますが、大規模なシステム構築が前提となるため、規模の小さいシステムでは過剰品質になる可能性があります。システム規模、実装難易度や運用コストなどを考慮して、イベントソーシング導入の可否を検討する必要があります。

5-4-6 イベント駆動アーキテクチャの欠点

イベント駆動アーキテクチャによって、高速なデリバリと強力なスケーラビリティが得られます。さらに、前述のCQRSとイベントソーシングを組み合わせるCQRS+ES呼ばれる手法を利用すれば、システムのボトルネックを解消して、スケーラブルなシステムを構築可能です。
しかし、イベントソーシングに伴い各イベントが独立して処理されることに起因する課題も存在します。たとえば、数多くのマイクロサービスが複雑に連携して動作するシステムでは、あるサービスにバグが混入した際は影響範囲の特定が困難です。障害の原因となっているサービスとはまったく別のサービスで問題が発生する可能性もあるため、原因特定に時間を要する場合があります。また、ストリーミングパイプライン全体を俯瞰する監視は難しく、ボトルネックの発見や解消が困難です。AWSのマネージドサービスであるため、理論上は際限なくスケール可能ですが、データベースへのアクセスや外部サービスとの通信などI/O処理は、一般的にボトルネックになりがちです。こうしたボトルネックになり得るものを事前に特定して、適切に監視する仕組みを構築しておく必要があります。

残念ながら、データ処理の観点ではイベント駆動アーキテクチャは貧弱といわざるを得ません。たとえば、複数のデータソースと結合するケースでは工夫する必要があります。イベントデータとマスターデータの結合であれば、Lambda上でマスターデータを参照してデータを付与すれば可能ですが、大量のデータが存在する場合は、データベースへのアクセスがボトルネックになる可能性も十分にあります。
また、集計処理でも工夫が必要です。たとえば、単純なカウントアップや合計値の算出では、複数のコンピューティングリソースから参照するキーバリューストアなどを用意して、キーごとに加算すれば可能です。しかし、複雑な集計処理はほとんど不可能です。大量データの集計や結合を実行するケースでは、次節で紹介する大規模ストリーミングデータを取り扱うアーキテクチャがよいでしょう。

5-5 大規模ストリーミングアーキテクチャ

イベント駆動アーキテクチャは、前節で説明した通り、軽量で強力なストリーミング手法ですが、ストリーミングデータの結合や集計処理はサポートされていない場合がほとんどです。大規模なストリーミングデータに対する複雑な加工処理を実現するためには、多様な処理をサポートし高い耐障害性や柔軟な拡張性を備えたプラットフォームが必要になります。

たとえば、Apache SparkやApache Flinkなどが、ストリーミング処理に対応するプラットフォームとして存在します。いずれもさまざまな加工処理に対応し、耐障害性も高く柔軟に拡張できるので、大規模なストリーミング処理を実現できます。

本節では、大規模ストリーミングアーキテクチャを実現する1つの手法として、Apache Sparkで実装されたストリーミングエンジンであるSpark Structured Streamingを例に、その概念と実装方法を解説します。

5-5-1 Spark Structured Streaming

Spark Structured StreamingはApache Sparkに実装されたストリーミングエンジンで、マイクロバッチ方式のストリーミングを採用しており、欠損も重複もないデリバリセマンティクスであるexactly-onceを保証しています。

レイテンシは最短で100ミリ秒程度と小さく、ほとんどのユースケースで十分ですが、さらに低レイテンシが要求される場合は、Spark 2.3から提供されているContinuous Processingを利用すれば、1ミリ秒程度の低レイテンシを実現できます。ただし、Continuous Processingは、少なくとも1回実行する（重複が発生する可能性を含む）デリバリセマンティクスのat-least-onceの保証にとどまります。また、バッチ処理と同様に高い耐障害性を備え、データ流量に応じたオートスケールとオートシュリンクも実装されているなど、大規模なストリーミング処理を実現するための機能が備わっています。

Spark Structured Streamingでは、バッチと同様にDataFrameを用いてストリーミングデータを処理します。そのため、基本的な操作はバッチと同じで、Spark SQLの機能は一通り利用できます。しかし、データの結合や集計処理ではいくつかの制約や考慮すべき事項があります（次項以降で説明）。

バッチ処理と決定的に異なるのは、データの読み込みと書き込みです。バッチ処理では蓄積されたバッチデータを読み取り、処理が終了すると自動的にSparkジョブも終了します。さらに、ノートブック上で結果を確認しながら、処理を1つ1つ進めていくことも可能です。しかし、ストリーミング処理では

ストリーミングデータを扱うため、同様のことはできません。
ストリーミング処理では、read関数の代わりにreadStream関数でストリーミングデータを読み込みます。バッチ処理とは異なり、readStream関数を実行しても即座にデータを読み込んだり、処理が開始されたりすることはありません。ストリームデータを書き込むwriteStream関数で、ストリーム処理の終端を定義し、start関数を呼び出せば処理が開始されます。

次のコード例に、基本的なストリーミング処理の流れを示します。
コード例では、Kafkaからデータを読み取り、加工処理後にparquet形式で出力します。データの読み取りや加工処理だけではストリーミング処理は開始されず、最後にwriteStream関数を用いて出力する際に、start関数を呼び出せば処理が開始されます。

コード5.5.1.1：基本的なストリーミング処理

```
// Kafkaからデータを読み込む
val sourceDF = spark
  .readStream
  .format("kafka")
  .option("kafka.bootstrap.servers", "localhost:9092")
  .option("subscribe", "kafka-topic")
  .load()

// 変換処理
val resultDF = sourceDF
  .select(
    $"key".cast(StringType) as "key",
    $"value".cast(IntegerValue) * 2 as "double_value"
  )
  .filter($"double_value" >= 0)

// parquet形式で出力
resultDF
  .writeStream
  .format("parquet")
  .option("path", "/mnt/path/to/output/")
  .option("checkpointLocation", "/path/to/checkpoint/dir")   // ①
  .start()
```

また、上記コード例の**checkpointLocation**で指定しているのは、ストリーミング処理の状態を保存するためのファイルパスです（「コード5.5.1.1」内①）。Spark Structured Streamingは指定されたファイルパスにデータをどこまで読み込んだかを記録しています。
障害やデータのリロードなど、何らかの原因でジョブが再起動した場合、このチェックポイントを読み込めば、前回処理を中断したところから再開できます。もちろん、別のチェックポイントを指定して、過去のデータから処理をやり直すこともできます。

5-5-2 ストリーミングにおける集計処理

バッチ処理における集計処理は、すべてのデータを読み込んでから合計値や偏差値の算出などを行います。しかし、ストリーミングデータは終端のないデータであるため、すべてのデータを読み込めません。その代わり、期間を区切って集計処理をおこなうことになります。たとえば、ストリーミングデータ全体でのユーザー数は集計できませんが、直近5分間に訪れたユーザー数などは集計可能です。

ストリーミングで扱う時間の概念には、データのタイムスタンプ（時刻）とデータを処理する時刻の2種類があります。データのタイムスタンプはデータ発生時刻を表し、これはデータ自体に含まれています。具体的には、ユーザーが端末にアクセスした時刻やインフラメトリクスが発生した時刻などが該当します。このデータのタイムスタンプは、ストリーミングデータのレコード内にも埋め込まれています。一方、ストリーミングエンジンが処理する時刻を処理時刻といいます。処理時刻はデータ自体には含まれておらず、ストリーミングエンジンがデータを処理する際に付与されます。

理想的な環境では、データのタイムスタンプと処理時刻の時間差は限りなく小さくなります。しかし、現実では端末でのバッファリングやネットワークによる遅延など、データはさまざまな要因で遅延するため、データのタイムスタンプと処理時刻が一致することはあり得ません。

さらに、データの発生順序にしたがって遅延するならまだしも、データのタイムスタンプと処理時刻で、データの順序が逆転するケースもあります。たとえば、あるデータは遅延が小さいのに対して、別のデータは遅延が大きい場合、データの発生順序に関わらず遅延の大きいデータの方があとで到着します。この場合、タイムスタンプと処理時刻の順序は逆転します。

ちなみに、データ遅延の原因はさまざまです。たとえば、データをパートナー企業から受信する場合は、その企業での実装方法によってどの程度遅延するかが変わってきます。さらに、端末の時計が正確に合わされてなかったり、タイムゾーンの変換処理などにシステム不具合があったりした場合、データ発生時の時刻を正しく取得できないケースがあります。このとき、処理時刻よりもデータのタイムスタンプが進んでいたり、想定の何倍もデータが遅延するケースがあります。こういったデータは、何らかの問題を含んでいる可能性が高いため、処理に移行する前に除去するのが望ましいでしょう。

5-5-3 処理時刻による集計処理

ストリーミングにおけるデータのタイムスタンプと処理時刻の不一致は、単純なデータ転送や静的なマスターデータとの結合など、シンプルなストリーミング処理では特に問題になりません。データのタイムスタンプと処理時刻がバラバラであったとしても、それぞれのデータが独立しているため、処理に要した時間の遅れがデータ処理に影響を与えることはありません。しかし、集計処理では注意すべき問題となります。

たとえば、直近5分間でWebサイトにアクセスしたユーザー数を集計するジョブを考えてみましょう。このジョブでは、データのタイムスタンプを用いるか処理時刻を用いるかで意味が大きく変わってきます。この要件を実現するもっとも簡単な方法は、直近5分間のデータを保持し、そのデータを集計する実装です。

この実装では、データ自体のタイムスタンプではなく処理する時刻を基準にしているため、処理時刻での集計になります。つまり、無制限に発生するストリーミングデータを、5分ごとに区切って処理することになります。この5分ごとにグループ化された要素をウィンドウといいます。

ウィンドウは、無制限に発生するストリーミングデータ、すなわちデータの流れを窓枠から覗き込むイメージと捉えると理解しやすいでしょう。ストリーミング処理では、このウィンドウから見えるデータを順番に処理することで集計処理を実現します。

処理ウィンドウには、固定ウィンドウとスライディングウィンドウ、セッションウィンドウの3種類があります。それぞれのウィンドウを説明しましょう。

固定ウィンドウ

固定ウィンドウは、データを重複なく処理時刻を基準に一定の時間間隔で分割するウィンドウで、タンブリングウィンドウとも呼ばれます。前述の直近5分間のデータを処理する方法は固定ウィンドウにあたります。この場合、5分ごとにマイクロバッチが起動され、直近のデータを処理して集計結果を下流に送ります。そのため、結果がおおよそ5分ごとに送出されます。

固定ウィンドウではデータを重複なく分割して一度だけ処理するため、メモリに保持するデータ量も最小限で済み、CPUやメモリなどのリソースに対してもっとも効率の高いウィンドウになります。

図5.5.3.1：固定ウィンドウによる集計

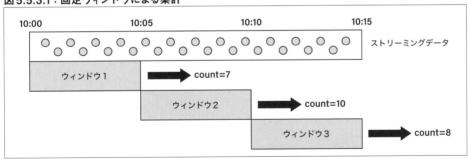

固定ウィンドウを用いた実装を次のコード例に示します（コード5.5.3.2）。

ウィンドウを用いて集計する場合、DataFrameのgroupByメソッドにwindow関数を用いて、ウィンドウを指定します。processing_timeが5分ごとに区切られたウィンドウを定義しています。

コード5.5.3.2：固定ウィンドウによる集計

```
val tumblingWindowDF = df
  .groupBy(window($"processing_time", "5 minutes"))
  .count()
```

スライディングウィンドウ

スライディングウィンドウは、固定ウィンドウと同様に一定の時間間隔で区切りますが、複数のウィンドウで処理するデータが重複します。たとえば、直近5分間のデータを集計した結果を1分ごとに集計するといったケースを、スライディングウィンドウと呼びます。この場合、5分間のウィンドウが1分ごとにスライドしながら進んでいきます。スライディングウィンドウでは、ウィンドウの重複により1つのデータを複数回処理することになります。

図5.5.3.3：スライディングウィンドウによる集計

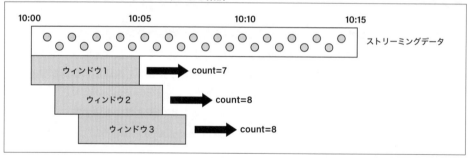

スライディングウィンドウを用いた実装方法を下記コード例に示します。スライディングウィンドウを定義するには、固定ウィンドウと同様にwindow関数を用います。しかし、固定ウィンドウと違って、第2引数にはウィンドウのスライド間隔を指定します。すなわち、第1引数にウィンドウのサイズである5分を指定し、第2引数にスライド間隔である1分を指定します。

コード5.5.3.4：スライディングウィンドウによる集計

```
val slidingWindowDF = df
  .groupBy(window("processing_time", "5 minutes", "1 minutes"))
  .count()
```

セッションウィンドウ

セッションウィンドウのセッションは、Webサービスなどで一般的に用いられるセッションと同義で、ユーザーがログインしてからの一連の行動を指します。セッションウィンドウは、前述の固定ウィンドウやスライディングウィンドウとは異なり、サイズが固定されていません。
ユーザーの入力に応じてウィンドウがスタートし、ユーザーが行動し続ける限り、動的にウィンドウサイズは拡張されます。そして、データが一定時間到着しないことをセッションの終了とみなします。セッションの終了を検知すると、そのセッションのデータを処理します。

図5.5.3.5：セッションウィンドウによる集計

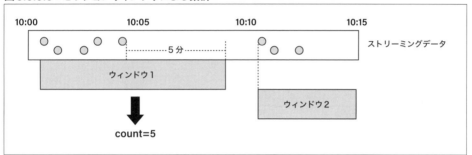

Apache Sparkのバージョン2系では、セッションウィンドウがサポートされていませんでしたが、バージョン3.2でsession_window関数が実装されサポートされています。下記のコード例では、session_idをキーにしてセッションウィンドウを作成しています。同一のセッションから5分間アクセスがなかったらセッションが終了したとみなし、該当のセッションウィンドウを処理します。

コード5.5.3.6：セッションウィンドウによる集計

```
val sessionWindowDF = df
  .groupBy($"session_id", session_window($"processing_time", "5 minutes"))
  .count()
```

5-5-4 発生時刻による集計処理

処理時刻をもとにした集計処理を紹介しましたが、前述の通りデータは必ず遅延します。処理時刻を基準にする集計であれば問題ありませんが、データの発生時刻（タイムスタンプ）を基準にすべき集計処理の場合は、データの遅延が問題となります。たとえば、直近5分間に発生したデータを集計する場合、このデータが完全に揃うのはいつになるのか分かりません。

前項の処理時刻を基準にした集計と同じ方法で、データのタイムスタンプをもとに集計処理を実行した場合、正しくない集計結果が出力されてしまいます。countやsumなど単純に加算するだけの処理であれば、下流のデータベースサーバで集計処理を実行するなど、いくつかの代替手段が考えられます。しかし、平均値や偏差値、パーセンタイルなど、少しでも複雑な集計となると、対応が難しくなります。この問題を解決するには、集計対象期間のデータが完全に揃うまで集計処理を待つ必要があります。ネットワークや端末のキャッシュなど、制御不能な要因によるデータの遅延は、完全にはコントロールできません。しかし、どこかで見切りをつけなければ、集計処理は永遠に実行できません。ここで、遅延をどこまで許容するかを指定する機能がウォーターマークです。

図5.5.4.1：ウォーターマークを使った集計

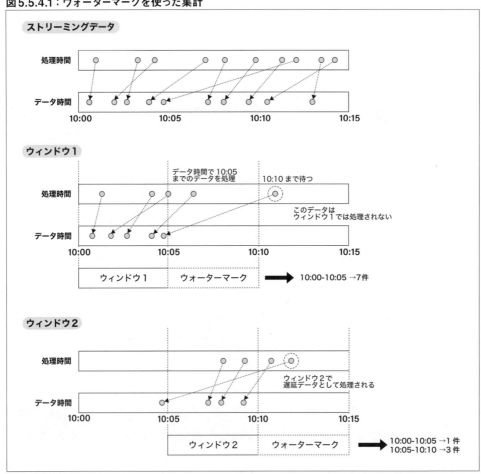

たとえば、データのタイムスタンプを基準に5分間のデータを集計する固定ウィンドウで、ウォーターマークを5分に指定します。この場合、集計対象となる5分間のデータが揃うまで、対象期間が終わったあと5分間待ちます。具体的には、10:00から10:05までに発生したデータを集計する際、10:10

までデータを待ったあとで集計処理を開始します。10:10以降に10:00から10:05のデータが到着した場合は、別のマイクロバッチで集計されます。

下記に固定ウィンドウでウォーターマークを設定したコード例を示します。
groupBy関数に5分間の固定ウィンドウを設定するだけでなく、withWatermark関数で5分間のウォーターマークを設定しています。

コード5.5.4.2：固定ウィンドウでのウォーターマークの設定

```
val tumblingWindowDF = df
  .withWatermark($"event_time", "5 minutes")
  .groupBy(window($"event_time", "5 minutes"))
  .count()
```

もちろん、ウォーターマークは固定ウィンドウでなくとも利用できます。スライディングウィンドウの場合は、対象ウィンドウの終了後、ウォーターマークに設定された期間だけ待ちます。たとえば、スライディングウィンドウに5分間のデータのタイムスタンプを設定し、スライド間隔を1分、ウォーターマークに5分を設定したとします。この場合、それぞれのウィンドウで5分ずつ待ち、対象期間のデータが揃うまで待ちます。

セッションウィンドウの場合は、セッションウィンドウに設定された一定期間に加えてウォーターマークの期間だけ待ち、セッションが終了したか確認します。たとえば、セッションウィンドウに5分間のデータのタイムスタンプを設定し、ウォーターマークに5分間を設定していた場合、最終アクセスから10分経過するまではセッションが完了したか判断できません。最終アクセスから10分後に最終アクセスから5分後のデータが到着した場合、セッションは終了せず、この5分後のデータを新たに最終アクセスとみなして、さらに5分待ちます。

下記にそれぞれのコード例に示します。いずれもwithWatermarkでウォーターマークを設定します。

コード5.5.4.3：スライディングウィンドウとセッションウィンドウにおけるウォーターマークの設定

```
// スライディングウィンドウ
val slidingWindowDF = df
  .withWatermark($"event_time", "5 minutes")
  .groupBy(window("processing_time", "5 minutes", "1 minutes"))
  .count()

// セッションウィンドウ
val sessionWindowDF = df
  .withWatermark($"event_time", "5 minutes")
  .groupBy($"session_id", session_window($"processing_time", "5 minutes"))
  .count()
```

5-5-5 ストリーミングデータとバッチデータの結合

バッチと同様に、ストリーミングでもデータの結合が可能です。本項ではストリーミングデータとバッチデータの結合を解説します。

ストリーミングも基本的にはマイクロバッチで処理されているため、それぞれのマイクロバッチでバッチと同様にジョインアルゴリズムを利用できます。しかし、ジョインアルゴリズムによってはレイテンシを高くしてしまう可能性があるため、ストリーミングでは利用するジョインアルゴリズムをよく吟味する必要があります。

たとえば、Nested Loop Joinは一般的にもっとも低速とされているジョインアルゴリズムです。このアルゴリズムをストリーミングに適用した場合、結合先のデータセットが巨大になるほどレイテンシが悪化してしまいます。一方、Broadcast Hash Joinはストリーミングでも高速に動作します。しかし、結合先のデータセットが巨大になるほどメモリを消費し、一定サイズ以上になると利用できません。8GBを超える設定はできないようにハードコーディングされており、8GBを超えるデータセットと結合するケースではBroadcast Hash Joinを利用できません（本書執筆時）。

ちなみに、Broadcast Hash Joinでは、データセットが8GBでワーカーノード数100台で処理する場合、800GB（8GB×100台）のネットワークトラフィックが発生します。このため、ネットワークの帯域がボトルネックになる可能性があります。したがって、Broadcast Hash Joinは、小さなデータセットと結合する場合に有効であると考えて差し支えないでしょう。

ストリーミングではバッチ以上にレイテンシを意識して実装する必要があるため、ジョインアルゴリズムの選択は重要です。可能な限り小さなデータセットとの結合に留めて、Broadcast Hash Joinを利用してレイテンシの悪化を防ぐのがよいでしょう。どうしても大きなデータセットと結合する必要がある場合は、データの特性に合わせてSort Merge JoinやShuffle Hash Joinを利用し、Nested Loop Joinにならないように注意しましょう。

下記にBroadcast Hash Joinを利用するコード例を紹介します。broadcast関数を利用して強制的にBroadcast Hash Joinを使用しています。そのため、masterDataが8GBを超えた場合はエラーが発生します。

コード5.5.5.1：Broadcast Hash Join

```
// broadcast関数による強制的なBroadcast Hash Joinの採用
val jointDF = streamingData.as("a")
  .join(
    broadcast(masterData.as("b")),
    $"a.item_id" === $"b.item_id",
```

```
      "left_outer"
    )
```

もし、複数のジョインアルゴリズムを指定したい場合は、ジョインヒントを利用するとよいでしょう。下記のコード例では、Broadcast Hash Joinが利用できない場合にSort Merge Joinを利用するように推奨しています。

しかし、ジョインヒントはあくまで推奨するだけであり、強制的なものではありません。たとえば、Sparkクラスタのパラメータで Broadcast Hash Joinの閾値が8GBよりも小さく設定されていた場合、結合先のデータが8GBに達する前にSort Merge Joinが利用されてしまうケースもあります。

アルゴリズムの切替はデータの巨大化によって発生してしまうため、数秒程度だったレイテンシがある日突然数時間に増大してしまうケースもあります。そのため、ジョインヒントを利用する場合は、レイテンシを監視する仕組みを構築しておくべきでしょう。また、レイテンシの極端な増大が発生した場合は、ジョインヒントの変更やアルゴリズムの直接指定などを検討しましょう。

コード5.5.5.2：ジョインヒントによるBroadcast Hash Join

```
// join hintによるBroadcast Hash Joinの推奨
val jointDF = streamingData.as("a")
  .join(
    masterData.as("b").hint("broadcast", "merge"),
    $"a.item_id" === $"b.item_id",
    "left_outer"
  )
```

5-5-6 ストリーミングデータ同士の結合

前項ではストリーミングデータとバッチデータの結合を紹介していますが、ストリーミングデータ同士の結合も可能です。たとえば、広告におけるコンバージョン計測をリアルタイムで実施する場合、ストリーミングデータ同士の結合が必要になります。ちなみに、コンバージョンは広告クリック後の一定期間内に購入された商品数を示す指標で、直接な売上をKPIとする広告キャンペーンでは特に重要とされています。

コンバージョン計測では、広告のクリックログと商品の購入ログをユーザー識別IDを用いて結合し、クリックログの発生から一定期間内に購入ログが発生したかどうかを判定します。しかし、コンバージョン計測に必要なクリックログと購入ログはいずれも、ユーザーが広告をクリックしたり、商品を購入したりする際に発生するストリーミングデータです。もちろん、これらのデータを蓄積しておき、バッチ

処理によってコンバージョンを集計することも可能ですが、コンバージョンを少しでも早く把握する要件がある場合、ストリーミングデータ同士の結合が必要になります。

ストリーミングデータ同士の結合では、結合に利用するデータの範囲を考慮する必要があります。片方がバッチデータの場合、もう一方のストリーミングデータに合わせてマイクロバッチを実行して結合できます。しかし、両方がストリーミングデータの場合、両方とも不完全なデータとなってしまうため、正しく結合できません。たとえば、片方のストリームでレイテンシが増加した場合、本来結合すべきデータがまだ到着していない可能性があります。

そのため、ストリーミングデータ同士の結合では、結合に利用するデータの範囲をウォーターマークで指定します。ウォーターマークは「5-5-4 発生時刻による集計処理」で説明した通り、データの遅延を考慮するために利用されますが、ストリーミングデータ同士の結合では、結合条件も考慮する必要があります。

たとえば、クリックから1時間以内の購入をコンバージョンとカウントする場合、少なくともクリックログを1時間分は保持しておく必要があります。そのため、クリックログのウォーターマークには、少なくとも1時間以上の値を設定する必要があります。

図5.5.6.1：クリックログ遅延時のストリーミングデータ結合（ウォーターマーク未設定）

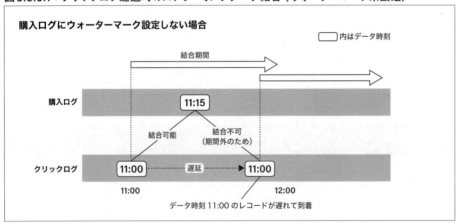

さらに、処理時刻ではなくデータ時刻で処理する場合、データの遅延を考慮する必要があります。たとえば、データ時刻が11:00のクリックログは、11:00から12:00のデータ時刻を持つ購入ログが結合対象となります。しかし、このクリックログが12:00に到着した場合、12:00時点で既に到着している11時台の購入ログとは結合できません。

図5.5.6.2：クリックログ遅延時のストリーミングデータ結合（ウォーターマーク設定）

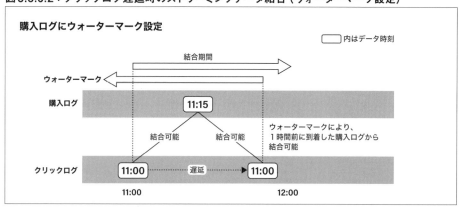

一方、11:00のデータ時刻を持つ購入ログが12:00に到着したとします。このデータの結合対象となるクリックログは、10:00から11:00ですが、ウォーターマークをきっちり1時間に設定していた場合、12:00時点では11:00以前のデータは既に破棄されています。そのため、データ時刻での結合では、結合条件に加えてデータの遅延を考慮したウォーターマークの設定が必要になります。

図5.5.6.3：購入ログ遅延時のストリーミングデータ結合

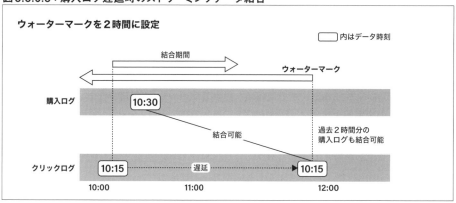

コンバージョン計測をストリーミングで処理するコード例を示します。クリックログに対して2時間、購入ログに対して1時間のウォーターマークを設定しています。結合条件としてクリックログに1時間のバッファを持たせているだけでなく、データソースが最大1時間の遅延する可能性も考慮しています。

コード5.5.6.4：ストリーミングでのコンバージョン計測

```
val clickLogWithWM = clickLogDF
  .withWatermark("timestamp", "2 hour")
val shippingLogWithWM = shippingLogDF
```

```
  .withWatermark("timestamp", "1 hour")

val cvLogDF = shippingLogWithWM.as("s")
  .join(
    clickLogWithWM.as("c"),
    $"s.user_id" === $"c.user_id"
    and
    $"c.event_time" < $"s.event_time"
    and
    $"s.event_time" <= $"c.event_time" + expr("interval 1 hour"),
    "inner"
  )
```

5-5-7 コンバージョン計測のアーキテクチャ

ストリーミングデータ同士の結合により、低レイテンシでコンバージョンを抽出できることは非常に有益ですが、もしデータが想定以上に遅延した場合はどうなるのでしょうか。また、購入ログが後日まとめてクライアントから送られてくるケースはどうでしょうか。いずれにおいても、ストリーミングデータ同士の結合では、遅延したデータを正しく処理できません。

この他にも、検索エンジンの巡回ロボットからのアクセス、ブラウザキャッシュによる重複や開発中のテストデータなど、不正なデータが含まれている可能性があります。これらのデータをリアルタイムで除去し、ストリーミングデータを常に正しい状態に保つことは困難です。

こうしたケースでは、デイリーバッチで不正なデータを除去した上で、コンバージョン値を再計算する要件が発生します。すなわち、ストリーミングで速報値を提供しつつ、バッチ処理で正しい値に補正する、という要件です。この要件を満たすために、LambdaアーキテクチャとKappaアーキテクチャ、この2つのアーキテクチャパターンが利用できます（「2-2-3 アーキテクチャパターン」参照）。

それぞれどのように適用できるか考えてみましょう。

Lambdaアーキテクチャ

Lambdaアーキテクチャは、データフローをホットパスとコールドパスの2つに分けて処理するアーキテクチャです。ストリーミングデータを2つに分けて、速報値をホットパスで計算し、確定値をコールドパスで計算します。

今回のケースでは、次図のデータフローが考えられます（図5.5.7.1）。

まずは購入ログとクリックログのストリーミングデータを2つに分岐します。1つはストリーミングコンバージョン計測処理へと送り、最短でコンバージョン値をデータマートに記録します。そして、もう一方はデータレイクへと保存し、不正データの除去を経てコンバージョン値を再計算します。データマー

トへと記録されたデータは、広告管理画面やRedashなどの可視化ツールによって可視化されます。

図5.5.7.1：Lambdaアーキテクチャ

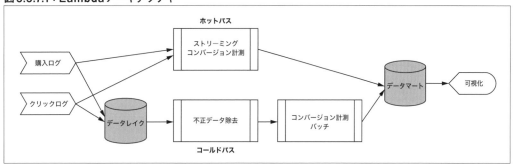

このとき、コンバージョンバッチからの書き込みでは、ストリーミングコンバージョン計測処理からの書き込みと競合しないようにする必要があります。一般的なLambdaアーキテクチャでは、ホットパスとコールドパスで別々のデータマートを用意したり、パーティションを分けたりして、データの競合を防ぎます。しかし、この場合は可視化ツールからの参照先が2つに分岐されてしまうため、可視化ツール側での対応が必要となります。

また、ホットパスとコールドパスで同一テーブルを更新する方法もあります。ホットパスで抽出された結果テーブルと同一のテーブルに、コールドパスからも書き込みます。コールドパスから書き込む際は、ホットパスから書き込まれたデータを削除し、コールドパスで再計算した結果で上書きします。
この場合、可視化ツールからは1つのテーブルだけを参照すればよく、可視化ツール側での対応が簡単になります。
しかし、データの大幅な遅延が発生した際、コールドパスで確定したデータをホットパスから上書きしてしまう危険性があります。これを回避するアイデアとしては、どこまでのデータが確定したかという情報を保持しておき、確定した情報を更新させないロジックをホットパスに組み込む方法と、データ自体に速報値か確定値かのフラグを付与して、確定値はホットパスから更新されないようにする仕組みが考えられます。
ただし、ホットパスで作成したデータは削除されてしまうため、ホットパスで何らかの障害が発生した際は調査が困難になります。そのため、どちらの方法を採用するかは、チームの練度や要件を考慮して決定するのがよいでしょう。

Kappaアーキテクチャ

Kappaアーキテクチャは、Lambdaアーキテクチャのホットパスとコールドパスを統合したアーキテクチャです。Lambdaアーキテクチャとは異なり、ストリーミング処理を利用してホットパスとコールドパスに分離しません。確定値の計算でもストリーミング処理を利用し、速報値の結果を上書きします。

図5.5.7.2：Kappaアーキテクチャ

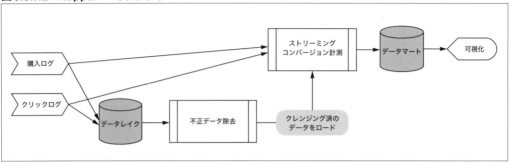

Kappaアーキテクチャのメリットは、ホットパスとコールドパスの処理を統合できるため、システムの複雑性が低くなることです。しかし、ストリーミングとバッチ両方の処理を1つのコードで実行する必要があるため、同一ソースコードでバッチ処理とストリーミング処理の両方を動作させられるプラットフォームで実装する必要があります。たとえば、Apache Beamは1つのソースコードでストリーミングとバッチ両方の処理を定義できるため、Kappaアーキテクチャの実装に適しています。

また、Apache Sparkもほとんど同じソースコードで、ストリーミングとバッチ両方の処理を定義できます。しかし、ウォーターマークやウィンドウなど、ストリーミングに特化した処理も一部あるため、完全に同一のソースコードで実装することは難しいでしょう。その代わり、ストリーミングとバッチ処理で異なる部分を別の処理として切り出し、できる限り処理を共通化すれば、Kappaアーキテクチャとほぼ同等のメリットを享受できます。

たとえば、Databricksのノートブックを使った場合、下記コード例で示す通り、部分的なソースコードの共通化が可能です。

まず、**Cmd1**でバッチ処理用のデータを読み込みます。そして、**Cmd2**でコンバージョン処理をおこなうノートブックを呼び出します。**Cmd2**では、**clickLogDF**と**shippingLogDF**を入力として受け取り、**conversionDF**を出力する、共通化されたコンバージョン抽出処理をおこないます。ここで、**Cmd2**ではウォーターマークやウィンドウなどストリーミングに特化した処理は一切おこなわず、結合などのコンバージョン抽出処理のみを実行します。そして、その結果を**Cmd3**で受け取り、対象の日付データを上書きします。

コード5.5.7.3：Spark Structured Streamingにおける疑似Kappaアーキテクチャ（1）

```
// --- Cmd1 バッチデータの読み込み ---

val targetDate = "2023-05-01"
val clickLogDF = spark.read.table("click_log")
  .filter($"event_date" === targetDate)
val shippingLogDF = spark.read.table("shipping_log")
  .filter($"event_date" === targetDate)
```

```
// --- Cmd2 コンバージョン計算の共通処理を呼び出す ---
%run ./conversion_process

// -- Cmd3 結果を記録 --
conversionDF.write.mode("overwrite")
  .option("replaceWhere", s"event_date = ${targetDate}")
  .saveAsTable("conversion_log")
```

同様に、ストリーミングでも**Cmd1**と**Cmd3**を工夫すれば、コンバージョン処理の共通化が可能です。ポイントは、ストリーミングに特化した処理を**Cmd1**と**Cmd3**に集約することです。

たとえば、ストリーミングデータの読み込みだけでなく、ウォーターマークの設定も**Cmd1**で行っています。共通化された**Cmd2**ではバッチ処理でサポートされている機能しか利用できず、ウォーターマークを設定できないためです。ストリーミングとバッチは、データフレームとしてほとんど同じように扱えますが、一部は記述方法が異なるため注意が必要です。

コード5.5.7.4：Spark Structured Streamingにおける疑似Kappaアーキテクチャ（2）

```
// --- Cmd1 ストリーミングデータ読み込み ---

val clickLogDF = spark
  .readStream
  .format("kafka")
  .option("kafka.bootstrap.servers", "localhost:9092")
  .option("subscribe", "click_log")
  .load()
  .withWatermark("timestamp", "2 hour")

val shippingLogDF = spark
  .readStream
  .format("kafka")
  .option("kafka.bootstrap.servers", "localhost:9092")
  .option("subscribe", "shipping_log")
  .load()
  .withWatermark("timestamp", "1 hour")

// --- Cmd2 コンバージョン計算の共通処理を呼び出す ---
%run ./conversion_process

// -- Cmd3 結果を記録 --
conversionDF.writeStream.format("delta")
  .start("conversion_log")
```

上記の方法は、厳密にはKappaアーキテクチャではないかもしれませんが、複数のコードベースを管理しなければならないというLambdaアーキテクチャの欠点をカバーした構成となっています。

5-6 ストリーミングの利用

本章で説明した通り、ストリーミング処理はデータ利用までのタイムラグを最小化できます。一般的には、データの発生から利活用までのタイムラグが短いほど、データ品質がより高いといえます。たとえば、営業活動を可視化するケースでは、先月までのデータを参考にするよりも、最新情報を含めた方がより的確に状況を把握できます。また、他社とデータ連携するケースでも、リアルタイム性が高い方が喜ばれます。それでは、連続的に発生するデータは、必ずストリーミング処理を利用するのがよいのでしょうか。

ストリーミング処理は、バッチ処理と同量のデータを処理するケースでも、より多くのサーバリソースを必要とします。また、データの増減に応じて必要となるサーバのスケールアップやスケールダウンは、バッチ処理に比べ技術的なハードルが高くなる傾向があります。この他にも、処理の遅延対策や障害発生時のリカバリが困難であるなど、バッチ処理と比べると技術的にも考慮すべき点が多くなります。したがって、無条件にストリーミング処理を選択することは危険です。ストリーミング処理であることのデメリットを打ち消せる、十分なビジネス価値への寄与が認められる場合に限り、ストリーミング処理を検討すべきでしょう。

本節では、どのようなケースでストリーミング処理を採用すべきなのか、いくつかの実例を紹介しながら解説し、さらにどのように実現するのか、アーキテクチャの例を紹介します。

5-6-1 ストリーミング処理のデメリット

ストリーミング処理のデメリットとして第一にあげられるのは、バッチ処理と比べてインフラコストが高くなりがちなことです。ストリーミング処理ではクラスタを常時起動させておく必要があり、データが流れていない時間帯でも一定のサイズのクラスタを維持する必要があるためです。

たとえば、次図のグラフに示す通り、深夜と正午頃にアクセスのピークを迎えるアプリを考えてみましょう。ある程度のレイテンシを維持しながら、一定のストリーミングクラスタで処理する場合は、75GB程度のデータを処理できるサイズのクラスタが求められます。なお、この場合でも12時台や深夜の時間帯ではデータを処理しきれず、ある程度はレイテンシが増加することが予想されます。逆に12時台と深夜以外では、データ処理能力に余裕があります。

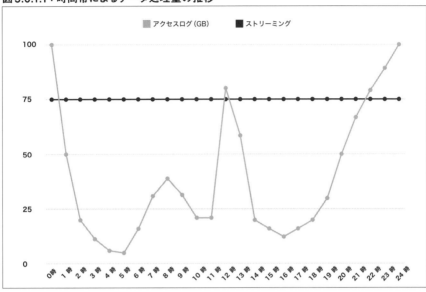

図5.6.1.1：時間帯によるデータ処理量の推移

一般的なクラウドプラットフォームを利用した場合、ノード数やノード種別などコンピューティングリソース×時間に応じたコストが掛かります。単純化するために、1GBのデータ量を1時間で処理するために必要なコンピューティングリソースを1としましょう。

計算すると、ストリーミング処理では、24時間クラスタを維持するために、75（GB）×24（時間）＝1,800のコストが必要になります。これに対して、バッチ処理ではクラスタの起動前に必要なクラスタサイズが分かっているため、最低限のノード数で処理できます。この例では、アクセスログの流入量を合計すると879となり、ストリーミング処理の半分以下のコストで済みます。

マイクロバッチなどを用いてデータを細かく分割して処理するよりも、データをまとめて処理する方が一般的に高い処理効率を期待できます。この効率の違いを無視したとしても、ストリーミングクラスタでは倍以上のコストが掛かることになります。

一部のプラットフォームでは、ストリーミング処理でもオートスケールとオートシュリンク機能が搭載されているケースもあります。この場合、データ量に追随してクラスタサイズを調整できるため、ある程度コストパフォーマンスの向上が期待できます。しかし、インプットとなるデータ量が予め決まっているバッチ処理と比べて、ストリーミング処理では実際に読み込んだデータ量から将来のデータ量を推測する必要があり、オートスケールによる処理効率向上は技術的に困難です。

また、ストリーミングETLだけではなく、分散メッセージキューのコストも必要になります。たとえば、Amazon S3へのデータ保存コストと比べて、同量のデータ量を扱う際のKinesisのコストは大きくなります。バッチ処理とストリーミング処理のコスト差分は、処理内容や環境で大きく異なるため、一概に何倍のコストを要するとはいえません。

しかし、執筆陣の体感では、同量のデータを処理する場合でもバッチ処理に比べて3〜4倍程度、場合

によっては10倍以上のインフラコストが必要になります。このコスト差は将来的に技術の進歩で改善されると期待したいところですが、バッチ処理と同等のコストで処理できるようになるには、まだまだ時間が必要だと考えられます。

単純にインフラコストだけではなく、メンテナンスに必要なエンジニアの人件費も増えます。ストリーミング処理は常時起動が前提であるため、障害などで停止すると即座に対応する必要があります。さらに、想定外のデータ流入やプログラムのバグなどの影響で処理が失敗した場合も、障害復旧に要するコストが大きくなります。

バッチ処理では、どの時点のバッチ処理が失敗したのか明白であるため、失敗した時点から処理しなおせば容易に復旧できます。しかし、ストリーミング処理では、どこまで正常に処理できているか調査する必要があり、内部的に保持しているチェックポイントを戻したり、場合によっては上流からデータを再投入したりするケースもあります。

5-6-2 ストリーミング処理の価値

コスト面で大きなデメリットがあるストリーミング処理は、どういったシーンで利用すべきでしょうか。これに対する回答は明白で、データ利活用までのレイテンシ短縮がビジネス価値に繋がり、十分に投資する価値があると見込める場合です。

たとえば、ストリーミング処理の代表的な利用方法である通知について考えてみましょう。スマートフォンアプリにおける通知処理は、通知するデバイスに対して個別に処理する必要があり、ユーザー数が増えるほど時間が掛かってしまいます。しかし、イベントが発生したら即座にユーザーに通知するのが好ましく、通知の遅延はサービスレベルの低下に直結してしまいます。こうしたケースではストリーミング処理の利用を検討すべきです。

一方、営業状況や経営状況をダッシュボードで閲覧するためのデータ集計は、多くの場合はストリーミング処理である必要はありません。もちろん、新鮮なデータが好ましく、より正しい判断が可能というメリットはありますが、一般的には勤務開始時に前日までのデータがまとまっていれば、業務上問題になることはありません。また、定期的に開催される経営会議のためにデータ集計が必要であれば、経営会議の日程に合わせて処理すれば十分でしょう。

しかし、ダッシュボードやレポーティングはすべて、ストリーミング処理を利用する必要がないわけではありません。たとえば、インターネット広告の管理画面では、最初のインプレッション（広告表示）を一刻も早く表示することが重要です。広告の入稿時、配信システムの種類によっては非常に多くの設定項目が用意されており、入稿作業のミスで想定通りに広告が配信されないケースも少なくありません。たとえば、ブランド意識が高いメーカーの広告をアダルトサイトの広告枠に表示してしまうと、受注打

ち切りや補填、場合によってはブランド毀損として賠償請求される可能性もあります。こういった問題にいち早く気付くためには、可能な限り配信結果をリアルタイムで届ける必要があります。

データの遅延に起因する受注減を試算したとき、ストリーミングの構築に十分な費用対効果があると判断できれば、ストリーミングの構築に取り組むべきでしょう。

5-6-3 新鮮な情報を提供するストリーミング

本項ではストリーミング処理を利用している代表的な例を紹介しましょう。

膨大なユーザー数を誇るSNS「X(旧Twitter)」もストリーミング処理を導入しています。同サービスは、以前は中央に巨大なデータベースを配する構成を採用していました。たとえば、あるユーザーがポストすると、ポストはデータベースに書き込まれ、タイムライン閲覧時に、すべてのフォロワーのポストをデータベースから検索する構成でした。しかし、これではデータベースへの負荷が非常に高く、読み込み遅延やサービス停止など、しばしばサービスレベルが低下する障害が発生していました。

現在のX(旧Twitter)はストリーミング処理を採用しており、あるユーザーがポストすると、そのユーザーのフォロワーのキャッシュに書き込む仕様となっています。100万人のフォロワーを持つ有名人がポストすると、100万人のフォロワーのキャッシュにポストの内容が書き込まれます。このおかげで、読み込み時に毎回データベースを参照する必要がなくなり、データベースの負荷が軽減しています。また、ポストの読み込み速度も上がり、全体のサービスレベルも向上しています。

たとえば、Tesla社とSpaceX社、そしてX社の社長として有名なイーロン・マスク(Elon Musk)は、2億人以上のフォロワーを抱えています。同氏がポストすると、2億人以上のタイムラインキャッシュへの書き込みが発生することになるため、非常に優れたストリーミング処理技術を用いて実装されていると想像できます。

「SmartNews」や「Gunosy」など、ニュースのキュレーションアプリも情報の新鮮さが重要です。ニュース記事が公開されてからできるだけ早く、ユーザーに通知したりアプリに表示したりすることが高評価に繋がる可能性が高くなります。もちろん、スピードだけにこだわってストリーミング処理を導入すると、誤った情報を公開してしまうリスクがあるため、ニュースのクオリティとスピードを両立させ情報品質を最大化すべく、各社さまざまな取り組みを行っています。

モビリティ領域でもストリーミング処理の利用は広がっています。数年前からコネクテッドカー[1]が急速に広まり、乗用車の新車販売台数に占める2023年のコネクテッドカーの比率は58.0%が見込まれ、2035年には85.4%になる[2]と見られています。世界的に見ても半数を超える車がコネクテッドカーとなっており[3]、今後はインターネットに繋がっていない車がマイノリティになっていくと想定されます。

1　常時インターネットに接続され、道路情報を受信したり、異常時に連絡する機能を搭載した自動車
2　https://www.fuji-keizai.co.jp/file.html?dir=press&file=23035.pdf
3　https://www.counterpointresearch.com/research_portal/

コネクテッドカーは常時インターネットに接続されているため、自動車の走行情報や位置情報、センサーから取得される気象情報や路面情報など、さまざまな情報を取得できます。これらは、実際に車が走っている場所で起きているリアルな情報であり、できる限り情報鮮度を保ったまま活用すれば、さまざまなシーンで活用可能な非常に価値の高い情報となり得ます。

イギリスのマンチェスターに本社を置く、コネクテッドカーデータビジネスを手掛けるWejoは、その代表的な例です。Wejoは、5,000万台のコネクテッドカーおよび人工衛星などからデータを取得し、渋滞緩和や事故の削減、安全警告や駐車場の稼働状況などの情報を、マーケットプレイスにて販売します。情報を受け取ってそのまま転送するわけではなく、さまざまな情報を結合し、ストリーミングETLや機械学習プロセスを経て、イノベーションに繋がる知見へと変換しています。

これらの情報は、1カ月あたり最大3兆件にのぼる膨大な情報量でありながら、データ取得からマーケットプレイスに情報を提供するまで40秒で実現しています。特に渋滞情報や路面情報、事故情報、駐車場情報などはライブ性が高く、情報の鮮度が非常に重要です。もし駐車場の空き状況が1時間前のものであった場合、空き情報を受け取って訪問しても、既に満車となっているかもしれません。これはまさに、ストリーミング処理だからこそ実現できるビジネスモデルだといえます。

5-6-4 ストリーミング処理を用いたサービスレベル向上

リアルタイムな情報の収集によってサービスレベルの向上に努める企業もあります。多種多様なエンターテイメントブランドを持つ企業、Paramount Media Network[4]（旧Viacom International Inc.）はストリーミング処理を用いて顧客体験を改善しています。同社は複数のケーブルテレビ局やビデオストリーミングサービスを展開しており、番組は世界160カ国以上の40億人以上に視聴されています。

一般的に、動画ストリーミングサービスでは、長時間動画を視聴し続けると動画プレイヤーや配信システムに負荷が掛かり、動画ストリームが途切れたり、ロードが終わらないなどといった不具合が生じる場合があります。これらの不具合は、もちろんシステムに問題がある可能性もありますが、Wi-Fi接続などユーザーが利用する視聴環境や外部の広告サーバによる問題など、配信側でコントロールできない問題も含まれます。これらを加味した上でユーザーの視聴体験を改善するため、プレイヤーからデータをリアルタイムに収集し、ユーザーの視聴行動をリアルタイムで推定し、サーバリソースや帯域を再配分したり、ユーザーの視聴行動に基づきライブ性の高いおすすめ情報を表示したりすることで、視聴体験の改善に努めています。その結果、映像の遅延は1/3に削減され、ユーザーロイヤリティの向上や広告収益の増加を実現しています。

また、リーグ・オブ・レジェンドなどのスマートフォンゲームを展開するRiot Games[5]も、ストリーミン

---
4 https://www.paramount.com/
5 https://www.riotgames.com/

グをユーザー体験の向上に利用しています。同社はネットワーク接続関連の問題を探るために、世界中の200,000以上の都市とインターネットプロバイダを監視して、独自にペタバイトクラスのストリーミングデータを監視しています。そして、リアルタイムにネットワークや接続性の問題を検知して、ユーザーに深刻な問題が発生する前に問題を解決します。

さらに、リアルタイムにユーザー同士のチャットや行動を監視し、荒らし行為や罵詈雑言をまき散らすユーザーをリアルタイムに排除しています。これらの施策によって、ユーザーのゲーム体験が向上し、LTV（Life Time Value：顧客生涯価値）の向上に繋がっています。

5-6-5 スポーツ領域におけるストリーミング処理の活用

スポーツ領域におけるストリーミング処理の活用も広がっています。

ヨーロッパ五大サッカーリーグの1つであるスペインのプロサッカーリーグ、ラ・リーガ[6]は、日本でもリーガ・エスパニョーラとして広く知られています。ラ・リーガは、スタジアムに設置された数百台ものカメラからストリーミングデータを収集し、このデータをもとに得られるインサイトに、チームの監督やコーチはもちろん、ファンもリアルタイムにアクセス可能にしています。カメラからは1試合あたりおよそ30万枚の撮影データが送られ、構造化データと非構造データも合わせると、一日あたり数ペタバイトのデータとなります。

これらの膨大なデータをストリーミング処理でさまざまな指標に分解し、監督やコーチに提供してリアルタイムな戦略変更に役立てたり、ユーザーの視聴体験を向上させたりしています。また、機械学習によって選手やボールの動きを予測し、選手のパフォーマンスやスピード、健康状態をゲームプレイ中でも分析しています。これらの取り組みにように、プロサッカーリーグにおいてもデータドリブンな戦略決定をおこなう文化が形成されています。

また、イングランドのサッカーリーグであるプレミアリーグ[7]でも、ストリーミング処理が活用されています。プレミアリーグは世界188カ国にわたる8億8,000万世帯にも及ぶ視聴者を抱える、世界でもっとも視聴されているサッカーリーグの1つです。

試合のライブデータや選手情報に過去の数千試合の結果なども加えて、さまざまなデータをリアルタイムに分析し、インサイトを世界中の視聴者に提供しています。プレミアリーグでも単純な統計情報を表示するだけではなく、機械学習を活用したインサイトが提供されています。

たとえば、チームのフォーメーションがゲームの進行に応じてどのように変化するのかを分析し、どのような戦略で戦っているのかを明らかにします。また、ホームかアウェイ、残り時間、レッドカードなどの枚数、スコア、選手の動きなど現在の試合から得られるライブ情報と、過去の試合結果から結果を予測します。さらにリアルタイムな分析としては、現在の選手のポジショニングや過去数千試合のデー

---

[6] https://www.laliga.com/
[7] https://www.premierleague.com/

タから、この後10分以内にゴールを決めるかを予測します。

これらのデータを提供することは、視聴者が単純にサッカーの試合を閲覧して応援するだけでなく、さまざまなデータを自ら分析し、プレーの裏にあるストーリーを語るのに役立ち、視聴体験の向上に繋がります。

本項ではサッカーの事例のみを紹介しましたが、他にもメジャーリーグベースボールでも投球フォームや試合の状況など、多彩なデータから投球の結果を事前に予測したり、選手のトレーニングメニュー作成に活用されたりするなど、スポーツ分野でのデータ活用は大きく広がりつつあります。

ストリーミング処理の登場により、これまで実現できなかったさまざまなビジネスが可能になっています。データ利活用までのタイムラグを最小化するだけでは、コストに見合うユースケースが見つからないと考える企業がほとんどでしょうが、ストリーミング処理は、これまで不可能だったデータの活用を実現可能にし、新たなビジネスへと繋げるツールとなり得ます。

現在のデータ活用方法の延長線だけではなく、思考の枠組みを取り払って新たな可能性を模索すれば、新たなストリーミング処理が活躍する場を見つけだせるかもしれません。

ノーコードによるストリーミング処理

ストリーミング処理の構築は、静的なデータに対するバッチ処理に比べて、技術的なハードルが高くなる傾向があります。しかし、近年では新たなサービスが次々と登場し、ノーコードでも構築できるようになってきています。

2020年、AWS GlueはストリーミングETLのサポートを開始しています[1]。AWS GlueはAWSコンソールのGUIでETL処理のコードを生成できましたが、ストリーミングに対応したことでストリーミング処理の構築もGUIで可能になっています。さらに同年、AWS Glue DataBrew[2]を発表しています。データをプロファイリングしてデータパターンを自動的に検出し、データのクリーニングや正規化をGUIで実現できるサービスです。これまで多くの時間を要していたデータの前処理を、一切コードを記述せずに実現でき、AWS公式によると、データのクリーニングと正規化に掛かる時間を80%削減できるとアナウンスされています。

AWS Glue DataBrew以外にも、2023年にGoogleが買収したデータ統合スタートアップであるEqualum社のサービスや、Microsoft社のAzure Stream Analyticsなど、ノーコードでストリーミング処理を実現できるサービスが増えてきています。このようなサービスの登場により、今後さらにストリーミング処理のハードルは下がっていくでしょう。

---

1 https://docs.aws.amazon.com/glue/latest/dg/add-job-streaming.html
2 https://aws.amazon.com/jp/glue/features/databrew/

Chapter 6

データプロビジョニング

データプロビジョニングとは、データや可視化ツールなどリソースを
提供、管理、配布するプロセスです。
データプロビジョニングの方法は多岐にわたり、
データ利用者のニーズやシステム環境、組織、データ種別など
状況に応じてさまざまな方針を取らざるを得ない場合もあります。
しかし、データプロビジョニングの基本的な考え方は
どのような状況であっても共通している部分があります。

本章では、汎用性が高い設計アプローチを説明します。

6-1 データプロビジョニング概論

プロビジョニングとは、リソースを提供、管理、配布するプロセスのことですが、本書ではデータ提供のためのプロビジョニングをデータプロビジョニングと定義しています。

組織やビジネスに応じてさまざまなデータ利用者が存在するため、全員が適切に利用できる形でデータ提供手段を用意する必要がありますが、データ提供手段は、技術的な進化や技術動向によって変化し続けます。また、グラフや図など整形されたデータが求められたり、CSVやJSONなど生データが要求されたりするなど、需要側(データ利用者)のニーズは多岐にわたります。

したがって、供給側(データプラットフォームを運用する担当者)は、需要側のニーズを満たすだけではなく、データ提供手段がカオス化しないように、秩序あるデータ提供環境を整備する必要があります。さらに、データの開示範囲を限定する権限管理なども必須です。

本節では、データを利用者に届けるプロセスについて、データプロビジョニングをテーマに説明します。

6-1-1 データプロビジョニングとは

最近では、データドリブンなマーケティングをはじめ、データドリブンな経営もごく当然のものと受け入れられています。また、経済産業庁やデジタル庁などがデジタルトランスフォーメーション(DX)を推進する[1]機運も高まっています。

データドリブンな経営やデジタルトランスフォーメーションでは、PoC(Proof of Concept:概念実証、戦略仮説・コンセプトの検証工程)を実施しますが、その成功可否の判断には、売上や利用者数など計測結果のデータが用いられます。しかし、特定の経営数字などのデータがCSVやスプレッドシートに散在しているだけでは、断片的な情報に留まり統合的な判断材料とならないことは珍しくありません。

データ可視化の観点では、経営層の判断材料となる主要KPIが蓄積データの集計処理によって得られ、適切に把握できる状態にすることが必須といえます。各職種の担当者が、それぞれの職務で必要となる指標を確認できる状態、すなわち可視化されている状態であれば、その情報に基づく意思決定や判断が可能となります。

---

[1] https://www.meti.go.jp/policy/it_policy/investment/dgc/dgc.html

職種別のデータ利用ユースケース

さまざまな職種の利用者が、担当職務を達成するためにデータを利用します。営業、マーケター、プロダクトマネージャーを例に、各職種ごとにデータを利用するビジネスユースケースを挙げてみましょう。

営業
顧客への提案や広告効果のレポート資料などの作成を目的として利用する。たとえば、デモグラフィクスやサイコグラフィクスなどが確認可能なダッシュボードを利用して、業界特性などを見極めた資料を作成する。

マーケター
サービス全体のLTV（顧客生涯価値：Life Time Value）や市場シェアなどの動向を確認する目的で利用する。たとえば、CRM（顧客関係性マネジメント：Customer Relationship Management）の観点で、インストール広告運用におけるCPI（インストールあたりの費用：Cost Per Install）やROAS（広告費用回収率：Return On Advertising Spend）など、数値によって状況を判断する。

プロダクトマネージャー
機能別の継続率やA/Bテストなどの施策効果を確認する目的で利用する。A/Bテストによる評価指標から、適切な事業運営がなされているかを数値で判断し、日々の進捗を確認する判断基準として利用する。

この通り、各職種ごとにデータ利用の目的は多岐にわたります。そのため、各担当者が自発的にデータを取得して、迅速に業務に適用できる環境が必要になります。

データプロビジョニングの目的は、データを必要とする利害関係者が、事業運営において迅速に意思決定できるようにすることです。したがって、データの提供先ごとに、適切な形式でデータプロビジョニングする配慮が必要になります。

データ提供方式

データ利用者ごとのデータプロビジョニング方式を整理してみましょう。各職種ごとにビジネスユースケースを整理すると、次表のデータプロビジョニング方式が考えられます。

表6.1.1.1：職種ごとのデータプロビジョニング

職種	内容	取得タイミング	データプロビジョニング
データサイエンティスト	探索的データ分析	随時	データ分析ツール（Jupyter Notebook、Databricksなど）
営業、マーケター、プロダクトマネージャー	資料作成	随時	BIツール、プレゼンテーションソフト、表計算ソフト、CSV
	KPIの定期確認	定期（毎朝など）	チャット（Slackなど）

前表の通り、特定ツールに限定されないデータプロビジョニング方式を検討することが重要です。各ツールは、ツールの提供機能を越えるビジネスユースケースは実現できません。たとえば、EDA（Explanatory Data Analysis：探索的データ分析）などでデータをさらに詳細に分析したい際に、BIツールの機能だけでは実現できない場合あります。

そのため、BIツールの出力データをJupyter Notebookなどのデータ分析ツールで分析するなど、複数のツールを組み合わせれば、より柔軟なデータプロビジョニング環境を実現できます。データ提供方式はツールごとの機能要件だけに留まることなく、どのような方法で提供すればよいかを十分に配慮して検討する必要があります。

6-1-2 DIKWモデルとデータ責務

データプロビジョニングの観点から、「1-1-3 DIKWモデル」で紹介したDIKWモデルを考えてみましょう。DIKWピラミッドとは、Data（データ）、Information（情報）、Knowledge（知識）、Wisdom（知恵）の順に連なるデータの抽象度による階層構造です。

DIKWモデルにおける各層の定義を改めて確認していきましょう。

Data

DIKWモデルにおけるDataは生データを表します。基本的にData単体では意味をなさず、利用可能な形式に変換するまでは役立たないものと考えて構わないでしょう。Dataは次に述べるInformationに整理された結果、はじめて意味をなすものです。生データでは意味をなさないため、それ自体を見るだけではビジネスに活かせません。

たとえば、Webページのアクセスログの各行はData領域のデータといえますが、アクセスログの1行に、何らかの意味を見いだしてビジネス上の決断を下すことはできません。しかし、一見して意味をなさないData領域のデータに対して、集計処理などでドメイン知識を与えればInformation領域に昇格します。

Information

DIKWモデルにおけるInformationは、組織化または構造化されたデータです。前述のDataはそれ単体ではほぼ意味をなしませんが、Informationとして特定のコンテキストに従って整理されると意味を持ちます。たとえば、Dataの例としてあげたWebページのアクセスログを集計したものなどが、DIKWモデルでのInformationです。1日のアクセス数などの情報を知りたいというコンテキストでは、Dataであるアクセスログを集計してInformationとすることで目的の情報を知り得ます。このことから、Data領域のデータが集合となりInformationとして意味を持つと分かります。

Information領域は、テーブル構造などのデータ定義から何らかのドメイン知識が付与される一方、データから何かを考察できるとはいえません。たとえば、あるアンケート情報が登録されたテーブルの性別や年齢など属性を示すデータの1行からは、特定人物を表す情報が得られますが、性別や年齢層の比率を示すデータではありません。したがって、Information領域のデータを集計しBIツールなどで可視化で考察できる状態になることで、Knowledge領域に昇格します。

Knowledge

DIKWモデルにおけるKnowledgeは、前述のDataやInformationとは違い、より抽象的な概念になるため定義が難しいといえます。知識マッピングを専門とするハイム・ジンズ博士[2]の言葉[3]を借りれば、一般的な分類ではKnowledgeとは普遍的なものではなく主観的なものであり、情報科学ではDataとInformationにフォーカスしており、Knowledgeは内部的な現象であるとされています。

内部的な現象とは、多くのコンテキストを必要とする経験則なども含む情報であり、読み手や聞き手により理解あるいは誤解される情報です。Knowledge領域のデータとは、「すべての三角形は3辺を持つ」などの論理的・数学的な知識、「神は存在する（あるいは存在しない）」などの宗教的知識、「我思う故に我あり」などの哲学的知識、個人や集団の経験的・非経験的な知識などが該当します。

これを踏まえると、Knowledgeは新たな価値や洞察を評価するために集約されたInformationと経験やルールの組み合わせと表せます。したがって、この領域の情報を得ることで、個人の主観から「知っている」と判断でき、普遍的な情報として認知可能となります。

たとえば、前述のInformation領域のデータからWebページへの1日あたりのアクセス数に加えて、同期間の広告売上額をKnowledgeとして集計すれば、1アクセスごとの売上を算出できます。この例では、アクセス数と売上といった複数の情報を組み合わせることで、各ページと売上の相関関係を把握でき、より多角的な考察を得ることが可能です。つまり、Knowledge領域では何らかの考察が可能ですが、その考察が実際に役立つ状態としてビジネス上の意義が与えられると、Wisdom領域に昇格します。

Wisdom

DIKWモデルにおけるWisdomは、前述のKnowledgeよりもさらに概念的なものになります。Wisdomに関して科学的に言及している論文や書籍などは限られていますが、知識を用いて判断する能力と表されます。たとえば、次に挙げる判断が可能なデータを指します。

- 顧客の課題を解決する判断基準となり得るデータ
- アクセス数を向上させるために、施策間の因果関係を示すデータ
- 定性調査や定量調査の結果を考察し、課題発見や課題解決となるデータ

---

2 http://www.success.co.il/is/zins_definitions_dik.pdf
3 that is, Information Science is focused on exploring data and information, whichare seen external phenomena. It does not explore knowledge, which are seen as internal phenomena.

もちろん、これ以外にもありますが、Wisdom領域はビジネスをデータから支える枠組みに相当します。これらのデータは往々にしてプレゼンテーションのスライドにまとめられて、経営会議などの場で報告され因果関係の考察のための議論の対象となります。

6-1-3 DIKWモデルと担当職種

前項では、DIKWピラミッドを構成するData、Information、Knowledge、Wisdomにおけるデータの役割を紹介しましたが、DIKWモデルによって各領域のデータを担当する職種が留意すべきことも表せます。本項では、各領域のデータがどのような担当者に作成され、利用されるかを見ていきましょう。

Data

Data領域のデータはJSONやParquetなどのファイルで抽象度の低いものであり、データパイプラインでログ欠損や重複などが発生していないかを管理します。

データ基盤を運用するインフラエンジニアやデータクレンジング処理を実装するデータエンジニアが、Data領域を担当します。たとえば、Apache Sparkなどのミドルウェア層に処理遅延がないことやミドルウェア上に実装されているバッチ処理など、アプリケーション層の正常動作、不備のない入力データに責任を持ちます。

Information

Information領域では、SQLなどを用いた集計可能なデータを管理します。

Information領域を扱う職種は、データ集計処理を実装するデータエンジニアやデータアナリスト、統計モデルを扱うデータサイエンティスト、KPI分析を扱うプロダクトマネージャーです。データの正確性が重要であるため、集計処理に不具合がなく、集計後のデータに不備がないことに責任を持ちます。

Knowledge

Knowledge領域では、Information領域のデータを用いて集計したデータを管理します。

事業ドメインに特化した指標に統合可能である深いドメイン知識を必要とするため、データサイエンティストやデータアナリストにより構築されます。

データサイエンティストは大量に存在するデータから価値あるデータを探索して集約し、データアナリストは集約されたデータを利用可能にするデータカタログを整備します。

データから得られた考察をプロダクトマネージャーや事業責任者が利用して、はじめてビジネス上の価値を発揮します。

Wisdom

Wisdom領域は、知識を用いて判断や意思決定が可能となるデータです。

この領域のデータが戦略として健全に機能するためには、データストラテジストによるデータ戦略の計画立案が重要です。データストラテジストはWisdom領域に内包されるビジネス上の意義から、Knowledge領域以下にあるデータをどのように構築すると効果的な事業運営になるかを検討します。

Wisdom領域のデータは、データによる事業運営の判断材料となり得るため、経営層やプロダクトマネージャーから利用されます。前述のKnowledgeを使って判断するレイヤーであり、分かりやすい形でのデータ提供になるとは限りません。

経営会議などで資料を確認しながら考察を述べあった結果である議事録が、Wisdom領域のデータであるケースもあります。メモや議事録などから想起される広範囲の集団的知性や、その知性を利用した識別や認識に対象領域が広がります。

同じデータでも、判断可能な世界の広さや深さが異なると、人によって最終的な判断がまるで異なるケースがあります。たとえば、ある経営者による経営判断の成功が何度も繰り返される様子を、「見ている世界が違う」などと表現されることがあります。特定個人が本人にしか見えない、成功する可能性の高い世界を見ている場合、それは極めて主観的な知性といえます。したがって、知性の本質とはこのWisdom領域にあり、ビジネス上の特定の目的に特化したデータに限定されず、何らかの発見をするための領域としての意味合いが強くなります。

6-1-4 DIKWモデルとデータカタログ

可視化されたデータを利用しやすい環境を構築するには、DIKWモデルの各層で表現されるデータの抽象度に応じたデータカタログを用意する必要があります。データカタログとは、カタログが意味する言葉の通り、データを整理して書き並べた一覧です。DIKWモデル各層でのデータカタログを整理してみましょう。

- Data：イベントログ定義やデータベース定義の設計書一覧など
- Information：データプラットフォームのデータ保存形式やスキーマ定義の一覧など
- Knowledge：BIツール上のクエリやダッシュボードの一覧など
- Wisdom：データ利用方法を示すガイドラインが記載されたWikiやNotionなど

DataやInformationのデータカタログは、エンジニアには馴染みがあるログ設計書やスキーマ定義などを指します。これらの定義書や設計書は、統制されているエンジニア組織であれば自己組織的に自然と作成され、メンテナンスもされるものです。この領域のデータカタログは、主にサーバエンジニアやフロントエンジニア、データエンジニアによってメンテナンスされます。

KnowledgeとWisdomのデータカタログは、BIツールのダッシュボード一覧やそれらをまとめたWikiなどのポータルサイトです。この領域のデータカタログは、主にサーバエンジニアやデータエンジニア、データストラテジストがメンテナンスを担います。

DIKWモデルの各層における抽象度に応じて、管理対象となるデータカタログは異なります。エンジニア職はより下層のデータに注目し、ビジネス職はより上層のデータに関心を持ちます。
最上位であるWisdomのデータカタログを見た利用者が、データの利活用方法で足りないものに気付いて、Data領域のデータベース定義を参照する場合があります。「1-1-3 DIKWモデル」で説明したDIKWフィードバックループの通り、WisdomからData、Information、Knowledgeの順に参照し、最後にWisdomへ戻るように循環する一例といえます。
各層から上の層へと上がる際に、低密度なデータに対してドメイン知識の付与など、情報の高密度化がおこなわれます。データカタログは、データ階層における上下の関係性を示すガイドラインとなるため、提供データの利用促進が期待できます。

6-1-5 データ処理の抽象度

DIKWモデルはデータに内包される抽象度を定義しているので、データ処理の抽象度も説明しましょう。データ処理にはDIKWモデルにおけるデータ抽象度に類似した、処理の抽象度ごとに階層化されたデータ処理層があります。データプラットフォームで指数的に増加するデータを適切に処理するためにも、それぞれのデータ処理の階層を理解しておきましょう。
Amazon Web Servicesが2021年4月に投稿したブログ「Build a Lake House Architecture on AWS[4]」によると、データ処理の階層は、「Data Souces（データソース）」と、「Ingestion Layer（取込層）」「Storage Layer（ストレージ層）」「Catalog Layer（カタログ層）」「Processing Layer（処理層）」「Comsumption Layer（消費層）」の5層に構造化されるとあります。
各層に与えられている役割を見ていきましょう。

データソース（Data Souces）

データソースとは、Webアプリケーションやモバイルデバイス、センサー、ビデオストリーム、ソーシャルメディアなど、データが発生する源を意味します。これらのデータソースから取得するデータは、半構造化データや非構造化データとして生成されており、多くの場合は連続的なストリームデータとして生成されます。

4　https://aws.amazon.com/jp/blogs/big-data/build-a-lake-house-architecture-on-aws/

図6.1.5.1：5層で構造化されたデータアーキテクチャ（AWS Big Data Blog[4]から引用）

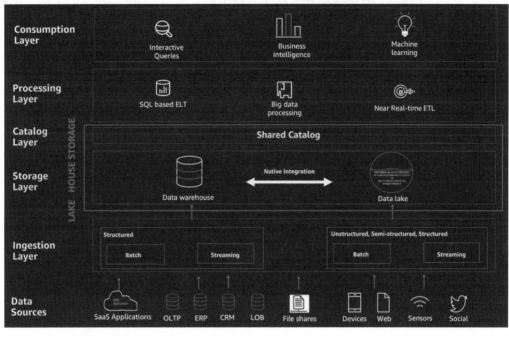

データ取込層（Data Ingestion Layer）

データ取込層は、さまざまなデータソースからデータを取得する方法論を定義する層です。たとえば、SaaSアプリケーションからREST-APIなどで取得するデータ、センサーデータのように連続的に発生するストリーミングデータ、WebサイトのようにHTMLで提供されるデータなど、データソースの種類や構造によって効率的なデータ取得の処理方法は異なります。

ちなみに、データ取込層における各データ（構造化データ、半構造化データ、非構造化データ）の取込方法は、バッチ処理とストリーミング処理に大別されます。

データストレージ層（Data Storage Layer）

データストレージ層とは膨大なデータを保存する層で、データウェアハウスあるいはデータレイクが該当します。データウェアハウスは大容量のデータを格納でき、さらにそれを分析するエンジンを搭載している分析基盤であり、データレイクとはすべての構造化データと非構造化データを一元的に管理するストレージのことです。

データウェアハウスとデータレイクはいずれもデータストレージ層に属しており、この層より上位層がデータプロビジョニングとして提供する対象となります。

データカタログ層（Data Catalog Layer）

前項「6-1-4 DIKWモデルとデータカタログ」でも解説した通り、データカタログ層はデータの種類をまとめて、データウェアハウスやデータレイクに存在するデータスキーマやデータバージョン、アクセス権などのメタデータを管理する役割を担います。

データの取得方法や参照権限、データ保存位置などが明文化されることによって、データストレージ層に存在するデータに秩序を与え、必要なデータの発見を容易にします。

データカタログは、誰にどのデータを提供可能かなどの権限管理や提供データのスキーマを管理するため、データガバナンスにおいて重要な層といえます。

データ処理層（Data Processing Layer）

データ処理層とは、データストレージ層にあるデータにデータカタログ層のメタデータを用いて、Apache SparkなどでETL処理やELT処理を実行する層です。多彩なデータの提供処理が実装され、データプロビジョニング先に向けたデータのETL処理やELT処理などが実行されます。

データウェアハウスではSQLを利用したELT処理で実行されますが、データレイクでApache Sparkなどを利用する場合、ELT処理の他にETL処理（バッチ処理・ストリーミング処理）も可能です。データプロビジョニング先で必要になるデータに応じて、個別のドメイン知識に応じた処理が定義されます。

データ消費層（Data Comsumption Layer）

データ消費層とは、データプロビジョニングのフロントエンドを担う層であり、RedashなどのBIツールやJupyter Notebookなどの統合開発環境が該当します。エンドユーザーがデータに直接触れるところであり、これより下位の層はエンドユーザーから隠蔽されます。

たとえば、データ消費層にRedashを採用した場合、データ処理層で利用されるミドルウェア（Trino、Apache Spark、BigQueryなど）は特に意識することなく、同じインターフェイスで利用可能です。また、データカタログ層で定義されるスキーマ情報は、Redash上で権限管理に応じた設定が可能となるため、利用者からは何のデータが利用できるか容易に確認できます。

この通り、データプロビジョニングとはデータを利用可能とするためのデータマネジメントの一環であり、データソースから取得したデータを適切な構造に変換し、効率的なデータ活用やデータ分析を可能にすることを目的とします。

データプロビジョニングの実現には、利用者の職種や業務に応じて関心となるデータ領域が異なることを踏まえて、秩序あるデータパイプラインの構築が必要です。

6-2 Redashの利用

データプラットフォームに格納されているデータは、可視化されることでその価値を発揮します。データの可視化にはさまざまな手法がありますが、データ理解やコミュニケーションの促進を目的とするデータプロビジョニング（データ提供）には、BIツールを用いることが一般的です。エンドユーザーが求めるデータ形式や手段はさまざまなものが考えられますが、データプラットフォームの運用上、どのような手段でデータを提供するか、システム的な観点から検討する必要があります。

RedashやMetabaseなどのBIツールを用意して、BIツール上で可視化されたグラフや表形式のデータを提供するだけでも、情報の「分かる化」を推進できます。しかし、ビジネスが成長しデータの利用者が増えると、部署ごとに必要な情報が細分化され、データプロビジョニング（データ提供）手法の要求も、BIツールの提供だけではニーズを満たせなくなるケースがあります。

たとえば、データ可視化により表示するグラフは、営業提案資料、企画資料、広報資料など、それぞれの場面で必要とされる見せ方は異なります。営業提案資料の場合はGoogleスプレッドシートを用いたグラフでも問題ないケースもありますが、広報資料の場合はインフォグラフィックスなどのデザイン性の高いグラフが求められるケースもあり、ビジネスユースケースによりさまざまです。

本節では、データ可視化のBIツールであるRedashを用いたデータプロビジョニング手法を解説しましょう。

6-2-1 Redashとは

Redash[1]は、オープンソースのデータ可視化用ダッシュボード作成ツールです。クエリエディタと呼ばれる入力インターフェイスが提供されており、Web画面上でSQLなどのクエリ言語を入力して可視化用データを取得できます。また、多種多様なデータソースに対応し、データベース（PostgreSQLやMySQLなど）をはじめ、データウェアハウス（Amazon AthenaやRedshift、BigQuery、Treasure Dataなど）、API（Google AnalyticsやGoogleスプレッドシートなど）といったさまざまなデータソースに接続できます。

Redashでグラフや表などで可視化されたデータはダッシュボードとしてチームメンバーや組織内で共有でき、データ分析や意思決定のプロセスを円滑に進められるため、BIツールと呼ばれます。近年はその手軽さからエンジニアのみならず、マーケターやプロダクトマネージャー、営業などにも利用が広がり、データ民主化の一役を担うプロダクトとして成長しています。

---

[1] https://github.com/getredash/redash

RedashはOSS版としてDocker上で起動するコンポーネントが提供されており、任意のサーバでセルフホスティングする必要があります（SaaS版のマネージドサービスが提供されていましたが、2021年末にサービス終了）。

ちなみに、RedashはDatabricks社が2020年に買収して、Databricks内の1機能であるDatabricks SQLに組み込まれていますが、Databricks SQLはDatabricksとの接続に限定されており、他のデータソースとは接続できません。買収に伴いOSS版開発の継続が懸念されましたが、現在も機能追加や修正は続けられており、2023年4月には、コミュニティ主導プロジェクトとして再始動するとアナウンスされています[2]。したがって、汎用的なデータソースとの接続が可能なBIツールとして、OSS版Redashを継続して利用可能です。

公式サイトの「Setting up a Redash Instance[3]」に起動方法が記載されており、Dockerなどを用いて起動できます。日本国内でも人気が高く、各環境に適した起動方法やアップグレード方法、コーナーケースなど、多くの技術ブログが公開されています。

Redashの活用方法

Redashはさまざまなデータソースへ接続できるため、データポータルとしての活用が期待できます。企業内で利用するデータベースやデータウェアハウスは多くの場合、複数の異なるシステムや機器構成で成り立っています。たとえば、企業内で可視化対象となるデータは、売上予測、マーケティング分析、運用監視、顧客分析、人事管理などが考えられます。

- 売上予測：ECサイト担当者が売上推移や売れ筋などから傾向分析をおこなう
- マーケティング分析：マーケティング担当者が、広告のパフォーマンス測定や傾向分析をおこなう
- 運用監視：システム運用者が、サーバ負荷状況やコストモニタリングをおこなう
- 顧客分析：営業担当者が法人顧客のニーズやウォンツから考えられる売上予測の分析をおこなう
- 人事管理：人事担当者や管理監督者が従業員の勤怠状況の把握や改善のための分析をおこなう

これらのデータは一般に複数のシステムやデータベースに分散しており、データ可視化にはそれぞれのシステムやデータベースに対してクエリを発行する管理画面が必要です。しかし、Redashでは、統一されたインターフェイスでデータの取得から可視化までを実現できるため、データ取得元が分散していると意識せずに済むのが最大のメリットです。

一般的に、データを1つのデータプラットフォームに統合することは、データ形式の多様性やレガシー環境の存在、コストやリソースなど、組織的な課題が多く困難です。Redashはデータポータルとして、データプラットフォームを統合せず、データのサイロ化を防ぐSSOT化ができるため、企業内のデータ民主化を促進するツールとしての活用が期待できます。

---

2 https://github.com/getredash/redash/discussions/5962
3 https://redash.io/help/open-source/setup

6-2-2 Redashの機能

Redashは、可視化対象となる集計クエリをクエリエディタに記述すれば、簡単に可視化を実現できます。また、複数クエリの集約機能やアラート機能、Redash APIも用意されています。

データ可視化で利用できるグラフ

Redashは、発行したクエリの結果をさまざまなグラフとして描画できます。また、複数のグラフを1つのダッシュボードとしてまとめることも可能です。
次表に可視化に利用できる主要なグラフを挙げます。

表6.2.2.1：可視化に利用できるグラフ

グラフ名	概要	主な用途
Charts	XY軸で表せるチャートグラフ	KPIの推移状況の可視化
Cohort	継続率などを時間軸で割合表示するグラフ	利用者継続率の可視化
Counter	任意の数値を表示する	日次KPIの可視化
Funnel	進行状況や割合の変化を確認する漏斗状（▽）のグラフ	ステップごとの遷移率や離脱率の可視化
Pivot Table	数種類の項目に着目してクロス集計する表	時系列による各カテゴリ集計値の可視化
Sankey	あるステップからステップへの流入量を示すグラフ	ユーザー行動における画面間流量の可視化
Word Cloud	単語の出現頻度を文字サイズで表すグラフ	検索ワードごとの多寡の可視化

WebサービスのKPIをRedashで可視化する場合、それぞれ次のグラフを利用するのが一般的です。

- DAU/MAUの推移：Charts
- アプリケーション継続率：Cohort、Pivot Table
- 利用機能継続率：Pivot Table
- インストール画面離脱率：Funnel
- 人気検索ワードランキング：Charts、Word Cloud

Redashには定期実行の機能があり、作成したグラフをダッシュボード化して、定期的に更新する設定も可能です。総務省統計局が公開しているサイト「なるほど統計学園[4]」には、各グラフの特徴が紹介されています。小学校高学年から高校生を対象とする学習サイトですが、グラフの種類をはじめ、統計手法や統計用語辞典など幅広い内容が掲載されています。
実際のアプリケーションにおける可視化対象はビジネスユースケース次第ですが、ダッシュボードを簡単に作成できるため、エンジニア以外の利用者でも心理的な負担が少なくデータ可視化が可能です。

---

[4] https://www.stat.go.jp/naruhodo/index.html

複数クエリの集約

Redashには、複数のデータソースに発行したクエリの結果を結合する、QueryResultと呼ばれる機能があります。たとえば、MySQLで集計した結果とRedshiftで集計した結果をJOINしたい場合など、QueryResultで容易に実現できます。

1. Settings画面でQueryResultを有効に設定する
2. 利用したいクエリのIDをメモする
3. そのクエリIDを用いたクエリを記述する

次にJOIN元のクエリを作成します。
たとえば、MySQLとRedshiftの結果をJOINしたい場合は、以下の手順になります。

4. MySQLでクエリを作成してクエリIDを取得
5. Redshiftでクエリを作成してクエリIDを取得
6. クエリIDから**query_{クエリID}**の名称でテーブルを作成
7. QueryResultのデータソースを選択

QueryResult上では**query_{クエリID}**のテーブル名で利用可能になります。下記コード例に実際のクエリ発行例を示します。

コード6.2.2.2：MySQLに発行するクエリID

```
-- クエリID: 1
SELECT id, name FROM users
```

コード6.2.2.3：Redshiftに発行するクエリID

```
-- クエリID: 2
SELECT user_id, action FROM events LIMIT 1000
```

コード6.2.2.4：QueryResultをデータソースに指定して集計

```
SELECT query_1.id, query_1.name, query_2.action
FROM query_2
LEFT JOIN query_1 ON query_2.user_id = query_1.id
```

テーブル名の指定にクエリIDが必要になりますが、Redash上でSQLライクな集計が可能です。ただし、QueryResult機能はRedash上でsqlite3を用いてオンメモリで処理する実装となっています。そのため、大量データ同士の集計には適しておらず、十分に注意して利用する必要があります。

アラート機能

定期的に集計クエリを実行して指定条件に合致した際に、EmailやSlack、PagerDutyなどにアラートを通知する機能があります。クエリの結果が、「greater than（閾値より大きい）」「less than（閾値より小さい）」「equals（閾値と一致）」の条件に一致する場合にアラート先に通知します。

このアラート機能は、データをモニターして想定外のデータが集計された場合に通知するなど、運用改善に繋げることが可能です。たとえば、サイトへの急激なアクセス数の増減を監視する場合、7日平均と当日のアクセス数を比較して、その差分が大幅に開いていれば通知するなどのアラートを作成できます。クエリやダッシュボードなどの機能と比較して目立たない機能ですが、Redashをモニタリングツールとしての活用したい場合は有効でしょう。

Redash API

Redashには、クエリの実行結果をAPIで取得できる機能が用意されています。API認証には次の2つがあります。

- **User API Key**
  ユーザー用のトークンで、ログインしている状態と同じ権限でクエリを閲覧実行できます。
- **Query API Key**
  該当クエリ専用のトークン。他のクエリの閲覧実行はできません。

User APIでは、クエリの作成編集やダッシュボードの作成編集など、画面上の操作をREST APIを経由して実行できます。たとえば、機械的に自動生成したクエリやダッシュボードを登録したい場合、User APIの利用するとクエリ登録のシステム化が実現できます。
Query API[5]は、実際に作成されたクエリの結果を取得できます。API経由ではCSVやJSONなどのフォーマットでダウンロードできます。
Query APIとGoogle Apps Scriptを併用すると、ダウンロードしたクエリ結果によるGoogleスプレッドシートのシート作成までを自動化できます。単純にRedashのダッシュボードでグラフを可視化するだけではなく、利用者が慣れ親しんでいるツールにCSVやJSONで簡単にデータを提供できることも、Redashの魅力の1つです。

---

5 https://redash.io/help/user-guide/querying/download-query-results

6-2-3 Redashによるデータプロビジョニング

Redashの活用方法が組織に浸透してくると、Redashに膨大な数のクエリや分析データが保存されるようになります。このデータを他のツールにAPI経由で提供すると、より柔軟なデータ可視化やデータ分析が可能になります。

Redashには、多彩なデータソースへのコネクタ、実行クエリのキューイングやアラートなど、データプラットフォームのデータ提供に必要な周辺技術が搭載されています。そのため、前述のQuery APIを利用してRedashをデータプロビジョニング用のサーバとして扱うと、クエリの集約やデータウェアハウスへのクエリ発行状況を確認できます。

図6.2.3.1：Redashを活用したデータ連携

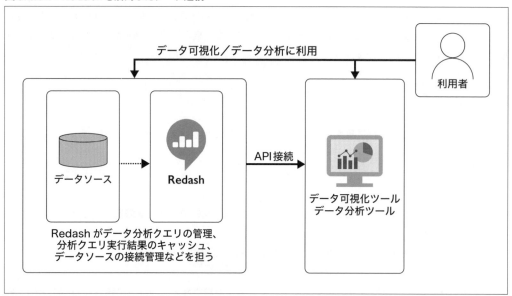

Googleスプレッドシートとの連携

Googleスプレッドシートは、表計算ソフトとしてビジネス職に人気のあるツールです。
Query APIで得られるトークン付きのURLを、`IMPORTDATA`関数やGoogle Apps Scriptの`Utilities.parseCsv`メソッドに与えると、Redashと容易にデータ連携が可能です。
RedashとGoogleスプレッドシートの連携はビジネス職のデータ利活用を容易にします。GoogleスライドやGoogle Data StudioなどGoogle製品とシームレスに連携できるため、プレゼンテーション用のスライド作成や特殊なデータ集計など、幅広いデータ利活用が可能です。

Jupyter Notebookとの連携

Jupyter Notebook[6]は、データサイエンティストなどのデータ系の職種で根強い人気があるツールです。GoogleはJupyter NotebookをベースとしたGoogle Colaboratory[7]を提供しています。
データ提供は、Jupyter Notebookのノートブックで、Pandasを利用した`read_csv`メソッドにQuery APIのURLを与えることで実現できます。
Redashを利用せずにJupyter Notebookを利用する場合は、データソースとのコネクタの用意やデータ取得の実装が必要になるなど、データ取得処理が煩雑になる問題があります。上記の`read_csv`にQuery APIのURLを与えると、データ取得用のコードがPandasの`read_csv`に限定されるため、データ取得のコードと分析コードを分離でき、コード全体の見通しがよくなります。

Dash/Streamlitとの連携

Dash[8]はPlotly社が提供するチャートライブラリで、Webサーバ上でデータレンダリングを容易に実現できるWebアプリケーションです。Plotlyは40種類以上の統計、財務、地理、科学、3次元データなどのレンダリング用ライブラリで、DashはPlotlyを利用したWebアプリケーションを作成できます。Streamlit[9]はSnowflake社が提供するデータレンダリング用のWebアプリケーションで、Plotlyとも連携できます。DashやStreamlitをデータプロビジョニングに利用する場合、Redashを単独で利用するより柔軟な探索的データ分析が可能なグラフを作成できます。前述のJupyter Notebookと同様に、Pandasの`read_csv`メソッドを利用して、Redashから可視化対象のデータをCSVで取得する仕組みです。

このように、Redash APIの利用で、可視化グラフや通知、CSVダウンロードなどのデータプロビジョニング環境を簡単に構築できます。たとえば、GoogleスプレッドシートはGoogleスライドやGoogle Data Studioなどとシームレスに連携でき、レンダリングしたグラフのSlackへの投稿も簡単です。

6-2-4 Redashの運用で考慮すべき問題

Redashによるデータプロビジョニングは多くの面で有利に働きますが、運用時に考慮しなければならない問題もあります。Redashが単一障害点となる問題、Redashでのクエリ品質の担保、データガバナンスの担保などへの考慮が必要です。

---

6 https://jupyter.org/
7 https://colab.research.google.com/
8 https://dash.plotly.com/
9 https://streamlit.io/

Redashが単一障害点となる問題

Redashを構成するサーバ群は高い稼働率を維持する必要があるほか、応答しないクエリを強制終了するなどレジリエンスへの考慮が必要となります。ほかにも、Redashが管理するメタデータで分析クエリごとに発行される`query_id`を他のサービスから利用すると、Redashの`query_id`を変更できなくなります。ミドルウェアが管理に利用するメタデータは、一般的にアップグレードや環境移行などのマイグレーション時に変更される場合があります。`query_id`はRedashの内部で管理されるメタデータであり、これらのIDに意図しない変更がないように慎重に操作する必要があります。

クエリ品質に関する問題

Redashは画面上でクエリを自由に記述できるメリットがある反面、発行したクエリの品質を担保する仕組みが用意されていません。そのため、実行結果が不正なクエリであっても、事業運営上の評価指標として利用される危険性があります。また、大量データをスキャンするクエリも容易に実装できてしまうため、クエリ発行先のデータウェアハウスなどで制限を掛けるなどの配慮が必要です。
事業運営的に高いデータ品質を保証する必要があるデータを出力するクエリは、事前にテストして適切なクエリだけをRedashに登録するなど、運用上の工夫が必要となるケースもあります。

データガバナンスに関する問題

Redashにはクエリ単位での認証認可の仕組みが用意されていないため、ユーザーごとに適切な認証認可を与えることができません。データアクセスに対する厳密なセキュリティ要件があるケースでは、Redash APIに認証認可を与えるミドルウェアを用意する必要があります。
RedashはBIツールとして利用するだけでも強力なデータ可視化ツールであり、Redash APIを利用すると弾力性や拡張性のあるデータ提供環境を構築できます。しかし、単独ではクエリ品質やデータガバナンスの担保が難しいため、要求に合わせたツールやサービスと組み合わせたシステム構築が必要です。

Redashの将来性

Redashは、2014年に「re:dash v0.3.2+b134」がリリースされて以来、長年にわたり多くのユーザーに支持されていますが、OSS版の開発が一時的に停滞したことで、将来の展開に不安を感じるユーザーも存在します。また、BIツールの保守運用の難しさから、Business Intelligence as Code という、新たなパラダイムも登場しています。これは、BIツールの設定や操作をプログラミングコードで管理する手法です。
技術のトレンドや標準は常に変化し続けます。どの技術を採用するかは、その時点で最適な選択をすることが重要です。

6-3 Googleスプレッドシートの利用

Googleスプレッドシート（Google Sheets）は、表計算ソフトとしてオンラインかつ複数ユーザーによる同時編集が可能なWebサービスで、インターフェイスはビジネス職が慣れ親しんでいるMicrosoft Excelと類似しています。DIKWモデルではBIツールと同様のKnowledge層に相当し、データエンジニアの手を借りずともデータ分析が可能です。

Excelと同様にピボットテーブルや数値計算関数など、表計算ソフトとしての機能をほぼ網羅しています。また、折れ線グラフをはじめとして、複合グラフや面グラフ、縦横グラフ、円グラフ、散布図、ヒストグラム、ローソク足チャート、組織図、ツリーマップ、マップチャートなど、さまざまなグラフも描画可能です。ちなみに、Google Apps Script（GAS）と呼ばれるJavaScript拡張言語で、データ集計や通知などのプログラミングが可能であり、サードパーティ製の連携モジュールを活用して、他のサービスとのデータ入出力も容易です。

本節では、Googleスプレッドシートを利用したデータプロビジョニングの手法を解説します。

6-3-1 Googleスプレッドシートによるデータプロビジョニング

Googleスプレッドシートは、エンジニアでなくとも手軽にデータ分析が可能な利便性の高いWebサービスです。データプロビジョニング先のエンドユーザーであるビジネス職のデータ利用者が、日頃から慣れ親しんでいるツールでもあります。スタートアップなどビジネスを開始して間もない企業では、Google Apps Scriptと組み合わせて、データ分析ツールとして代用するケースも珍しくありません。なお、Googleスプレッドシートの最大セル数は1,000万セルであり、**IMPORTDATA**などのデータ取得関数にも一定の制限が存在します。

Googleスプレッドシートそのものはよく知られたツールであるため、本項では基本機能は紹介せず、データプロビジョニングとして有用な関数を紹介します。

IMPORTDATA関数の利用

IMPORTDATA関数は、指定したURLのデータをCSV形式またはTSV形式で読み込む関数です。インターネット上に公開されているCSV形式やTSV形式のデータを直接読み込めるため、オープンデータやBIツールからの読み込みが可能です。

IMPORTDATA関数外部のデータをスプレッドシートに直接取り込める便利な機能があり、データ収集作業を簡略化できます。引数にURLを指定してデータを取り込み可能です。

> **コード6.3.1.1：IMPORTDATA関数の例**
>
> ```
> =IMPORTDATA("https://{URL}")
> ```

なお、類似する関数に、XMLやHTMLなどを読み込むIMPORTXML関数、別シートからデータを読み込むIMPORTRANGE関数があります。これらの関数を組み合わせると、より柔軟なデータ取得を実現できます。

IMAGE関数の利用

IMAGE関数は、Googleスプレッドシートのセル上にURLから取得する画像を表示する関数です。

> **コード6.3.1.2：IMAGE関数の例**
>
> ```
> =IMAGE("https://www.google.com/images/srpr/logo3w.png")
> ```

画像は表形式のデータや文字よりも直感的な判断が可能であり、視覚的に直接的なインパクトがあります。たとえば、ある商品の売上状況を表示する場合、商品名だけではどの商品か直感的に分かりづらいケースがあります。そこで該当商品の画像をセルに貼り付けて、売上状況に商品名に加えて商品画像を並べて表示すると直感的に判断できます。

SPARKLINE関数の利用

SPARKLINE関数は、Googleスプレッドシートのセルにミニグラフを表示する関数です。表形式のデータから、折れ線や積み重ね棒、縦棒などのグラフを簡易的に描画できます。

> **コード6.3.1.3：SPARKLINE関数の例**
>
> ```
> =SARKLINE(A1:A5, {"charttype","column"; "axis", true; "axiscolor", "red"})
> ```

表形式のデータの近くにグラフを配置して、視覚的なインパクトを与えたい場合に有効です。たとえば、曜日ごとや季節ごとの増減などの数値からは、数字の大小しか分からず直感的ではありません。数値と共にSPARKLINE関数で描画したグラフを同時に見比べられると、特に意思決定に繋がる判断を下す際に有効です。

Google Apps Scriptの利用

Googleスプレッドシートには、Google Apps Script（GAS）と呼ばれるスクリプトの実行環境が搭載されています。JavaScriptの拡張言語で、JavaScriptエンジンであるV8エンジンで動作する処理基盤です。GoogleスプレッドシートだけではなくGoogleカレンダーなど他のGoogle製品を操作するAPIも提供されています。単純なスプレッドシートを操作するコード例をいくつか紹介しましょう。

コード6.3.1.4：スプレッドシート上のセルにデータを追加する

```
function addValue() {
  const sheet = SpreadsheetApp.getActive();            // 対象のシートのインスタンス作成
  const cell = sheet.getRange('A1:B1')                 // A1からB1を指定
  cell.setValue(12);                                   // カーソル位置のセルに12をセット
  cell.setBackground('#ffd');                          // カーソル位置のセルの色を#ffffdに
  sheet.appendRow([2,3,'Example Data', 'css004']);     // 最終行の下にカラムを追加
};
```

コード6.3.1.5：A1からB15までのセルの値を合計してD1に書き込む

```
function sumValue() {
  const sheet = SpreadsheetApp.getActive();                    // 対象のシートのインスタンス作成
  const cell = sheet.getRange('A1:B15');                       // セルを選択
  const sum = cell.getValues()[0].reduce((a,c) => a + c);      // 選択セルの値を合計する
  sheet.getRange('D1').setValue(sum);                          // 合計した値を書き込む
};
```

コード6.3.1.6：SlackのWebhook URL経由でメッセージを送る

```
function postSlack() {
  // Slackの管理画面より Webhook URLを取得して設定
  const url = 'https://hooks.slack.com/services/xxxxxxxx';
  // Webhook URLに必要なパラメータをセット
  const params = {
    method: 'post',
    contentType: 'application/json',
    payload: '{' +
      '"text":"Hello, World!",' +
      '"channel": "random",' +
      '"icon_emoji": "smile"' +
    '}'
  };
  // HTTPリクエストを実行
  UrlFetchApp.fetch(url, params);
}
```

コード例に示す通り、Google Apps Scriptを利用するとスプレッドシートを簡単に操作できます（コード3.3.1.4〜6）。また、Google Apps Scriptにはトリガーと呼ばれるイベントが発生した際に、スクリプトを実行する機能があります。トリガーとして制御できるイベントは次の通りです。

- スプレッドシートの起動時
- スプレッドシートの編集時
- スプレッドシートの変更時
- スプレッドシートのフォーム送信時
- 任意の時刻（分、時間、日、週、月、カスタム）
- 指定ユーザーのカレンダーが変更されたとき

Google Apps Scriptの実行タイミングをトリガーで制御すると、「毎朝データをRedashから取得してSlackに通知する」などの運用が可能となります。

6-3-2 GoogleスプレッドシートとRedashの連携

Googleスプレッドシートは利便性が高く、データ分析に適したシステムですが、ビジネス職の利用者はGoogleスプレッドシートに頼りがちで、集計関数の乱用からシートの動作が極めて遅くなり、業務効率の低下を招くケースも珍しくありません。また、データソースの不明瞭化や集計関数のカオス化、データのサイロ化の促進など数多くの問題が発生することも事実です。
このようなシートは、俗にオブジェクト指向のアンチパターンである「神クラス[1]」や「大きな泥団子[2]」になぞらえて、「神シート」とも揶揄されることもあります。神シートが製造される背景には、ビジネス職の利用者がGoogleスプレッドシート以外のデータ分析方法を知らなかったり、Googleスプレッドシートが高機能であるが故に、過度に活用してしまうときがあります。
データプロビジョニングの観点では、「6-2-3 Redashによるデータプロビジョニング」で前述した通り、GoogleスプレッドシートからRedashなどのBIツールに移管すべきといえますが、Googleスプレッドシートは適切に活用することで強力な武器になるのも事実です。そこで、本項ではGoogleスプレッドシートに記録されたデータを適切に管理するべく、Redashとの連携を解説します。

Redashからのデータ読み込み

Redashは、前節「6-2 Redashの利用」で解説した通り、データプロビジョニングの観点で数々の有利な特徴を持つBIツールです。

---

[1] 神クラス：プログラム内で多くの責務や機能を持ち、コードの理解や再利用性、変更の容易性を損なって実装されたクラス。
[2] 大きな泥団子：明確な構造がないまま継ぎはぎで実装され、拡張や修正、管理が困難となったソフトウェア設計や実装を意味する。

前述の「6-2-3 Redashによるデータプロビジョニング」で説明した通り、さまざまなデータソースから取得したデータをGoogleスプレッドシートに取り込めます。たとえば、Googleスプレッドシートでグラフを作成して可視化している場合、Redash上のデータをGoogleスプレッドシートに転記するだけでも、豊富な情報が得られる可能性があります。

Redash上のデータをGoogleスプレッドシートに読み込むには、前項で説明したIMPORTDATAを利用する方法とGoogle Apps Scriptを利用する方法があります。
Redashでは、各クエリの画面上で発行される次のURLからクエリ実行結果をCSVとして取得できるため、URLをIMPORTDATA関数に与えると容易にデータ連携が可能です。

コード6.3.2.1：IMPORDATA関数を利用する場合

```
=IMPORTDATA("https://{RedashServer}/api/queries/{query_id}/results.csv?api_key={Query API Key}")
```

ただし、上記の方法では、Googleスプレッドシート側の制約で一度に大量のデータを取得できずエラーとなるケースや、値が参照扱いになり変更できないなどの制約があります。
そこで知っておきたいのが、Google Apps Scriptを用いてGoogleスプレッドシートにデータを書き込む方法です。下記にRedashのQuery APIを実行してスプレッドシートに値を書き込むコード例を示します。

コード6.3.2.2：Google Apps Scriptを利用する場合

```javascript
function write_data() {
  // シート取得
  const sheet = SpreadsheetApp.openById('{SheetID}').getActiveSheet();
  // 入力データの削除
  sheet.clear();
  // RedashのQuery APIからCSVデータ取得
  const res = UrlFetchApp.fetch('https://{RedashServer}/api/queries/{query_id}/results.csv?api_key={Query API Key}');
  // CSVから取得したデータを1行ごとに書き込む
  const data = Utilities.parseCsv(res.getContentText("UTF-8"));
  data.forEach(function(value) {
     sheet.appendRow(value);
  })
}
```

上記の手法を用いると、データソースやクエリ発行などの管理はRedashに役割を集約して、データ参照はGoogleスプレッドシートで実行する運用が可能です。

Redashへのデータ書き込み

GoogleスプレッドシートのデータをRedashに読み込ませる方法もあります。GoogleスプレッドシートはRedashが利用できるデータソースの1つであり、Redashの公式サイトでも解説されています[3]。公式サイトに記載されている通り、Google Service Accountから取得したトークンをRedashのデータソースに追加すると利用できます。

Redashが利用できるデータソースの多くはSQLを発行してデータを読み込みますが、Googleスプレッドシートの場合は、次のコード例に示す特殊なクエリを記述する必要があります。

コード6.3.2.3：Googleスプレッドシートからのデータ読み込み例

```
// {スプレッドシートID}|{シート番号(左から順に0,1,2,3}
// ※:Redash Spreadsheet Demo
1DFuuOMFzNoFQ5EJ2JE2zB79-0uR5zVKvc0EikmvnDgk|0
```

この方法はGoogleスプレッドシートで定義されているデータをそのまま読み込んでいるに過ぎません。複雑な検索を実行したい場合は、「6-2-2 Redashの機能」で紹介したQueryResultと組み合わせると、SQLを利用した分析が可能です。ちなみに、RedashではGoogleスプレッドシートの1行目がカラム名として設定されます。

コード6.3.2.4：QueryResult実行クエリ

```
-- データソースをQueryResultに指定し、RedashのクエリIDをFROMに設定
SELECT {カラム名1}, {カラム名2}   FROM query_{クエリID}
```

上記のコード例に通り、RedashでGoogleスプレッドシートの値を参照する方法も可能です。ただし、Googleスプレッドシートはその特性からデータの取得源や加工の実装が不透明となりやすく、データパイプライン全体の構成を考慮すると、多用しない方がよいでしょう。

Looker Studioとの連携

Googleスプレッドシートは他のGoogle製品と柔軟に連携でき、Googleが提供するLooker Studio[4]と呼ばれるBIツールとの連携も可能です。
Looker Studioは、2022年10月にGoogle Data Portalからプロダクト名称を「Looker Studio」に変更された、Googleが提供する無料のデータ可視化ツールです。洗練されたUIによるグラフを描画で

---

[3] https://redash.io/help/data-sources/querying/google-sheets
[4] https://cloud.google.com/looker-studio?hl=ja

き、GoogleスプレッドシートはもちろんGoogle CloudのBigQueryやSQLエンジンであるAmazon Redshiftなどとも接続可能です。

Redashは、クエリ発行のスケジューリングやキューイング、分散実行、SQLエンジンの負荷対策などが実装されているデータ可視化ツールですが、Redashには搭載されていない機能が必要になるケースもあります。たとえば、Redashには洗練されたUIと共にレポートをPDFでメール送信する機能はなく、これをはじめとした多くの機能が用意されているのがLooker Studioです。
そこで、RedashのデータをLooker Studio経由で提供する構成が考えられます。

図6.3.2.5：Looker Studioとの連携例

Googleスプレッドシートを介して、Redashからデータ取得した結果をLooker Studioに提供することは、データプロビジョニングの観点では強力な武器となるはずです。しかし、この手法を多用すると、前述の「Redashへのデータ書き込み」で解説した通り、データアクセスの実行計画やデータパイプラインの複雑化を招き、障害箇所が分かりづらくなる問題もあります。

ちなみに、データプロビジョニングツールで無秩序に分析クエリが量産されてしまうと、作成されたクエリの移行コストが膨れ上がったり、サポートされるデータソース数の制約などの影響で他のツールへの交換が困難になるロックインが発生します。
また、データストレージの観点において、Googleスプレッドシートはスキーマを意識せずにデータフレームを表形式で保存できて便利です。したがって、各データプロビジョニングツール間の連携に、Googleスプレッドシートをデータストレージとして利用することも設計上の一案といえるでしょう。

6-3-3 Googleスプレッドシートのリファクタリング

ビジネス職のデータ利用者は、Googleスプレッドシート以外のデータ分析ツールを活用していない場合があるでしょう。Googleスプレッドシートに大量データに対する処理性能を考慮しない関数を適用し、処理に非常に時間の掛かる重いシートを運用しているといったケースです。また、処理関数はシステム開発のテスト工程を通さずに利用されるケースが多く、意図する挙動であるとは限らないため、データ品質の観点でも懸念があります。

このようなシートは、実行時間やデータ品質の観点で、ビジネス上のアジリティ（俊敏性）を大きく損ないます。データ利用者の業務上のストレスが一定の閾値を超えると、エンジニアに修正が依頼されるケースがありますが、無数のセルから無秩序に実行される関数や関数実行前後の結果整合性など、その調査は骨の折れる作業です。

これらの問題を解消するためには、Googleスプレッドシートの用途を限定して、別の集計システムを利用することが望ましいでしょう。本項では、Googleスプレッドシートのリファクタリングで必要となる「手動入力の限定化」、「集計処理の外部化」、「データ可視化の外部化」の工程を解説します。

手動入力の限定化

「手動入力の限定化」とは、利用者が手動入力するデータを限定して、極力自動入力に変更する工程です。一般的なアプリケーションと同様に、Googleスプレッドシートに手動入力されるデータはマスターデータとトランザクションデータの、2つのデータ種別に分けられます。

マスターデータ

マスターデータとは商品名、送料などの固定費、集計対象期間といった、ビジネスで使う基本的なデータです。一般にマスターデータは媒体の管理画面で入力されますが、管理対象の媒体が複数にまたがる場合、Googleスプレッドシートに集約されることがあります。

トランザクションデータ

トランザクションデータとは、広告効果測定を例に挙げると、キャンペーンやクリエイティブごとの閲覧数などの蓄積データです。これらのデータは、ブラウザからダウンロードしてCSVインポート機能を利用して手動入力されることがあります。

トランザクションデータの場合、APIやスクレイピングなどの手法で自動取得が可能か調査し、Embulkなどミドルウェアや Fivetran などのデータ集約自動化ルールを利用し自動取得します。一方、マスターデータの入力は、Googleスプレッドシートを利用するか、ビジネスユースケースに応じた独自の管理画面が必要となります。

Googleスプレッドシートを利用する場合、管理画面を実装せずにマスターデータ入力が可能な反面、入力値チェックやフォーマットの固定が難しく、結果として管理画面の作成が必要となる場合もあります。そのため、どのタイミングで管理画面を作成するかビジネス上の見極めが必要です。

これらのデータをデータプラットフォーム上に保存すれば、よりデータ可搬性の向上が期待できます。原則としてスプレッドシートに手動で入力するデータはマスターデータに限定し、トランザクションデータの取得処理は別の処理系で実装することが望ましいでしょう。

集計処理の外部化

Googleスプレッドシートには、VLOOKUP、HLOOKUP、IMPORTRANGE、ARRAYFORMULAなどの関数が用意されており、これらの関数は強力なデータ分析環境を作成する一役を担っています。その一方、これらの関数を大量に適用すると、Googleスプレッドシートに多大な負荷が掛かり、シート上の処理が重くなる要因となり、シートを開いたりセルを更新したりする際に、極端に動作が遅くなるなどの問題が起きる場合があります。これは、セル値の変更がデータ変更のイベントとして認識され、その適用処理が連鎖的に実行されてしまうことが原因です。

この問題に対処するには、これらの関数で実行される計算処理をApache Sparkなどの分散計算環境に任せて、事前に計算した結果をGoogleスプレッドシートに反映させる必要があります。SQLを用いて大量データを分散処理できる、PySparkを利用した集計方法を紹介しましょう。

Pythonで記述されたOSSのgspread[5]を利用すると、次のコード例で簡単にPySparkのDataFrameに変換できます。gspreadを利用しない場合はREST-API経由でもデータ取得が可能です。シートに記載されているデータをgspreadを利用してPandas DataFrameで読み込み、PySparkのDataFrameに変換しています。

コード6.3.3.1：スプレッドシートをPySparkのDataFrameに変換

```
import pandas as pd

(中略)
## シートからPandas DataFrameに変換
pdf = pd.DataFrame(worksheet.get_all_records())
## PySpark DataFrameに変換
df = spark.createDataFrame(pdf)

(以下略)
```

PySparkのDataFrameへの変換後はSpark SQLを利用したETL処理が実装できます。次のコード例に示す通り、処理後はPandas DataFrameに再度変換してスプレッドシートに書き出す処理も容易です。

---

[5] https://github.com/burnash/gspread

コード6.3.3.2：Pandas DataFrameをスプレッドシートに書き込み

```
import pandas as pd

(中略)
## Spark DataFrameからPandas DataFrameに変換
pdf = df.toPandas()
worksheet.update([pdf.columns.values.tolist()] + pdf.values.tolist())
```

この方法の優位性は、スプレッドシート上に定義されていた複雑な集計処理を、Apache SparkのETL処理として処理できるため、シートの動作が極端に重くなる問題を回避できる点にあります。さらに、データ品質の担保が必要とされる場合は、PySparkやPandasを利用したプログラミングテストの実装も可能です。

前述の「手動入力の限定化」でデータプラットフォームにマスターデータが格納されている場合、集計処理で利用でき、さらなる高速化が期待できます。Googleスプレッドシートの関数は比較的小規模な分析では有利ですが、大規模な分析では関数の実行に時間を要するため、事前にPySparkで計算した結果をGoogleスプレッドシートに反映させるなどの工夫が必要です。

データ可視化の外部化

データ可視化の外部化とは、Googleスプレッドシートで可視化しているグラフをRedashなど別のツールに置換してレンダリングすることです。たとえば、可視化部分をBIツールに置換すれば、データソースやシートを統一して管理でき、データのサイロ化を防ぐことも期待できます。

手動入力の限定化や集計処理の外部化の工程を経ると、ほとんどのケースでGoogleスプレッドシートの主たる機能から脱却できます。Googleスプレッドシートは、複雑な集計関数を使ってデータを表現できる便利なツールである一方、データ品質やデータガバナンスの観点から、利用を避けるべきケースもあります。シート上の各セルに埋め込まれた関数の変更履歴を辿ることが容易ではなく、シートの制作者以外にはメンテナンスが不可能となるケースがあるためです。

Googleスプレッドシートを利用したデータ分析は、運用初期はスピード感を持って利用できますが、スプレッドシートの運用が長期化すると、複雑な関数が無秩序に実行されるなどのカオス化が発生して長時間の集計処理を要するようになる可能性を否定できません。ビジネスの現場で「最近スプレッドシートが遅い」といった傾向を知った場合は、なるべく早い段階で他のデータプロビジョニングツールへの移行を検討すべきでしょう。

もちろん、Googleスプレッドシートが便利なツールであることはいうまでもありません。しかし、データプロビジョニング手法としてデータ品質やデータガバナンスを考慮すると、最善とはいえないケースが多々あります。Googleスプレッドシートの機能を最大限活用した上で、データプロビジョニングをどこまでGoogleスプレッドシートに任せるか適切に判断する必要があります。

6-4 アナリティクスエンジニアリング

アナリティクスエンジニアリングとは、データ分析とエンジニアリングの中間に位置する専門分野です。データアナリストとデータエンジニアの中間に位置する、アナリティクスエンジニアと呼ばれる職種も登場しています。アナリティクスエンジニアが担う役割は、データ品質の担保と分析が容易な形でのデータ提供(データプロビジョニング)です。データプロビジョニングとは、データの収集、整形、格納、提供のプロセスを経て、データの利用者にできるだけ分かりやすい形でデータを提供することです。

アナリティクスエンジニアは、データの利用者となる営業職やマーケティング職、企画職などのビジネス部門と連携し、ビジネス課題を解決する目的でデータを提供します。しかし、ビジネス職の担当者は、自身の職務における課題を把握している反面、データによってどのような課題解決があり得るか把握していない場合も珍しくありません。
本節では、アナリティクスエンジニアリングによる、ビジネス課題解決のアプローチを紹介します。

6-4-1 データ課題の収集

データ課題を収集する目的は、ビジネスに内包される何らかの課題を把握して、データによる解決が可能か検討することです。また、データ課題の解決はデジタルトランスフォーメーションにおいても重要なテーマであり、データからトランスフォーメーション(変革)を促すためのヒントとなり得るものです。近年の企業活動では、データ基盤が経営リソースとして重要であると叫ばれる一方、トランスフォーメーションとは何かという問いに明確に回答できる企業は少ないといわれています。トランスフォーメーションは、企業活動のデータ利活用の文化的な変革を変革を指しますが、データ課題の発見とその解決が必要です。

アナリティクスエンジニアリングでは、データを経営リソースの重要な戦略的な資産として活用し、ビジネスに大きな価値をもたらすとされています。しかし、データの価値を正しく把握して、どのようなビジネスプロセスにデータ活用が有効であるか、その把握は容易ではありません。
本項ではシーナ・アイエンガー著『THINK BIGGER[1]』を参考に、アナリティクスエンジニアリングでもっとも重要である、データ課題発見のアプローチを紹介します。

---

1 シーナ・アイエンガー著、『THINK BIGGER「再考の発想」を生む方法:コロンビア大学ビジネススクール特別講義』、櫻井祐子訳、2023、NewsPicksパブリッシング

課題選択の基準

書籍『THINK BIGGER』では、課題を自明な物としてみなさず、課題の定義と見直しを繰り返し、さまざまな角度から再定義して、もっとも意味があり価値のある課題を選択することが重要だとされています。同書では、この工程はもっとも重要な工程であるにも関わらず、もっとも時間が掛けられていないプロセスだと指摘されています。解決すべき正しい課題が見つかれば、課題に対するデータ活用のためのアプローチが布石となり、データ利活用の成功に繋がります。

データプロビジョニングでは、ビジネス職の担当者との連携による、ビジネス課題の把握がもっとも重要な工程です。営業職やカスタマーサクセス職など、顧客と接して頻繁に会話する担当者は、顧客の課題を把握しているはずです。アナリティクスエンジニアには、顧客と接点を持つ社内担当者からヒアリングし、データによる解決が可能な課題であるか議論して、提供するべきデータを検討する方式があります。近年では、顧客とのオンラインミーティングをビデオ録画し、エンジニア職やプロダクトマネージャー職の担当者が録画を確認しながら議論して、より解像度の高い企画を創出することが可能となっています。アナリティクスエンジニアも同様のアプローチが可能です。

顧客とのミーティングでは、しばしば顧客が欲しがる機能や不満が提言されるケースがあります。しかし、求められる機能は実現が困難であったり、即座に解決が難しかったりする場合があります。課題の選択においては、顧客が提言する機能の背後にある課題を把握し、課題解決のアプローチを検討する必要があります。

イノベーションは「新規かつ有用なもの」と定義されていますが、課題の把握でも、解決時に「有用」になる課題を選択すべきです。また、ビジネスに内包される課題を把握して、データによる解決が可能か検討しますが、場合によっては、データを主体としてビジネスプロセスそのものを変革するケースがあります。

たとえば、新規営業を担当する営業職が、取引先リサーチに多くの業務時間を費やしている問題があるとします。営業職の業務プロセスにおいて、新聞や雑誌、Webサイト、SNS、プレスリリースなどさまざまな情報源をあたり、新規取引先候補をリストアップするのは骨の折れる作業で、企業情報のDXが遅れていることが問題です。

この問題は、「営業担当者の残業時間が長い」ことに内包される、「営業リスト作成」が課題の本質といえます。仮に企業情報を提供するデータブローカリングサービスを利用すると、受注確率が高い営業リストを入手できたり、余った時間を資料作成や新人育成などに割けたりするかもしれません。この例は、課題の把握から、手段としてのデータ活用が有効であると示しています。

企業内のデジタルトランスフォーメーションを促進するには、「データをどのように使うか？」と問い掛けるのではなく、まずはデータを利用して課題を分析し、課題の本質を把握する必要があります。

課題の発見

ビジネス活動で提言される課題は、多くの場合でビジネスの成長や利益の向上に関連するものです。しかし、これらの課題は簡単には解決できず、解決に多くの労力を要するケースがほとんどです。人は課題を定義するよりも解決策に魅力に感じてしまい、課題の定義をおざなりにする傾向があります。

課題の発見では可能性に関する議論が重要です。可能性とは1つの原因に対して複数の異なる結果を想定することで、可能性は常に複数存在します。課題を検討する上で「可能性」を重要視し、常に複数の可能世界を想定することが重要です。たとえば、1つの課題に対して、1つの答えしかないと想定すると、創造性が阻害され新しいアイデアが産まれにくくなります。逆に、常に複数の可能性が存在することを前提にすると、複数の答えを前提にした議論が進められ、より創造的な課題を発見できます。

アナリティクスエンジニアリングでは、ビジネス職や顧客との対話が課題の発見に重要な役割を担います。各部署との対話を通じてビジネス職の担当者が抱える課題を把握し、データによる解決策の提案が求められます。営業職とマーケティング職を例に、データ課題を発見するプロセスを紹介します。

営業

営業担当者が自社サービスの受注率が芳しくないと悩んでいる場合、データによる営業課題が解決可能か、ヒアリングで把握する必要があります。典型的なWebサービスの営業活動では、媒体資料と呼ばれる自社サービスの製品を紹介する資料をもとに、顧客に対してプレゼンテーションをおこないます。媒体資料中に記載されるデータに説得力がない場合、受注率が下がり、業績の低迷に繋がっている可能性があります。

媒体資料に記載されるデータに説得力を持たせるためには、ファクトに基づくデータの提供はもちろん、顧客が抱えている課題を解決できるか比較検討できるデータの提供が必要です。アナリティクスエンジニアは、営業職と連携して顧客の声を聞き、顧客がどのような期待や不満を抱えているか把握し、解決できる可能性を示すデータを提供します。

マーケティング

マーケティング職が自社サービスの広告効果が上がらないと悩んでいるケースでは、どのような課題が考えられるでしょうか。典型的なマーケティング活動では、自社サービスの魅力を広告として宣伝し、利用者数やファンの増大を目的に広告を出稿します。

しかし、そもそも自社サービスが魅力的ではない場合、サービス自体が顧客の課題解決にはなっておらず人気が低下しているため、広告効果が上がらない可能性があります。その場合、自社サービスのどの部分が顧客に不評なのかを分析してサービスを改善します。

アナリティクスエンジニアは、マーケティング職と連携してサービス内の機能にどのようなユーザーが反応や離脱をしているのかを把握し、反応したユーザーがどのような特徴を持っているかデータを提供する必要があります。マーケティング職は、これらのデータを元にサービス改善と広告活動の両軸から、自社サービスの魅力を高める施策を検討します。

このように、アナリティクスエンジニアはビジネス職の直面する問題に寄り添い、データ課題の発見を支援する役割を担います。

インタビューの実施

ビジネスの課題を把握するには、データを元に仮説を作り、インタビューを通じた仮説検証が有効です。ビジネス部署の担当者は、現状に対して何となく課題感を覚えるものの、いざ具体的な課題を求められると曖昧な回答を返すケースも珍しくありません。
したがって、より具体的な課題把握のためには、インタビューによって把握した課題感を具体化し、抽象度の高い観点から具体的な解決策を提示する必要があります。

ビジネス部署の担当者へのインタビューでは、「開いた質問」と「閉じた質問」を使い分けて、インタビューの精度向上を目指します。開いた質問とは、回答者により広範囲な議論を可能とする質問であり、「最近読んだ本で印象に残ってることはありますか？」などの質問が該当します。
また、閉じた質問とは、限定的な答えを示す質問であり、「利用しているスマートフォンは何ですか？」などの質問が該当します。開いた質問は話題の範囲を広げ、閉じた質問は話題を限定して具体的な情報収集に有用です。
回答者と対面するインタビューでは、まずは開いた質問によってテーマを把握します。続いて、開いた質問から導かれたテーマに従い、閉じた質問を投げかけて、具体的な課題が把握できます。たとえば、マーケター職からの「サービスの広告流入効果が悪化しており議論したい」というテーマでは、下記のロールプレイングが考えられます。

1. **質問（開いた質問）**：どの媒体の広告効果が悪そうですか？
2. **回答**：若い女性向けの媒体の反応率（CVR/CTR）が低いです
3. **質問（閉じた質問）**：その媒体の広告配信のオーディエンス設定はどのようになっていますか？
4. **回答**：媒体の画面上で設定可能な項目を選んで設定しています
5. **質問（閉じた質問）**：どのような設定値でしょうか？
6. **回答**：年齢層は20代、性別は女性に設定しています

上記インタビューでは、「年齢層が20代、性別が女性」「出稿している女性向け広告媒体の選択」の2点に問題がある可能性があります。しかし、本当にその仮説が正しいかは、類似メディアの反応率を比較する必要があります。仮に、他の類似メディアで「年齢層が20代、性別が女性」の反応率が高い場合、出稿している広告媒体の広告クリエイティブやキャッチコピーの改善が必要かもしれません。開いた質問と閉じた質問を使い分けは、インタビューを課題設定に落とし込む際に有用です。
回答者の役割によっては、開いた質問が不適切な場合もあります。回答者が多くの情報を持つ担当者には開いた質問が有効ですが、情報が乏しい場合は閉じた質問の方が効果的かもしれません。上級管理職は組織内の情報を多く持つ一方、現場担当者は自分のタスクに限定した具体的な情報を持つケースが多

いためです。そのため、現場担当者に対する課題を把握するインタビューは、次に示す閉じた質問が有効な場合があります。

1. **質問（閉じた質問）**：データ業務のどの部分に時間が掛かりますか？
2. 回答：BIツールのデータ取得に非常に時間が掛かります
3. **質問（閉じた質問）**：ボタンを押してから時間が掛かるということですか？
4. 回答：はい
5. **質問（閉じた質問）**：どの画面でしょうか？
6. 回答：サービスAの利用率の集計画面です

上記の例では、分析や考察に関する話題がなく、データ取得の集計処理に時間が掛かっている限定的な回答です。この場合の解決策は、データ収集ロジックの見直しや集計処理の自動化、スプレッドシートなどへの自動出力などが考えられます。

これ以外にも課題がないか、さらに考察して課題を探す必要があります。たとえば、単純にデータをまとめるだけの業務に従事している担当者は、データ分析や考察は自分の職務の範囲ではないと判断しているかもしれません。インタビューの回答者が作ったデータを顧客に説明する担当者は、与えられたデータの質が低いと考えているかもしれず、回答者からは聞き出せていない課題があるかもしれません。

この通り、インタビューで得られる回答はそのままでは課題解決のソリューションとはなりません。あくまで課題把握にすぎず、解決のアプローチを模索するヒントです。アナリティクスエンジニアリングでは、与えられたヒントを元に、より抽象度の高い観点から解決策を提示することが求められます。

目安箱の活用

インタビューでは、回答者が持つ情報量に応じて回答内容の質や量が異なります。また、インタビューに掛かる時間的な工数が多くなり、すべての担当者にヒアリングを実施することは困難というケースもあるでしょう。そのため、アンケートや目安箱を設置して、潜在的な課題を把握すると効率的です。

データメッシュが実現された組織では、各部署が独立したデータ基盤を持ちデータ活用が効率化されている一方、より包括的なデータ課題の把握が困難になるケースがあります。たとえば、労働集約型の業務自動化が実現されると、あらかじめマニュアルに記載された業務をマニュアル通りに遂行するに留まり、課題を課題と思わないビジネスプロセスが発生することでイノベーションの停滞を招きます。

NPS（Net Promoter Score）は、顧客の満足度を数値化して顧客満足度の把握を目的とするアンケート手法として知られています。また、自社の従業員に対して実施するNPSを、eNPS（Employee Net Promoter Score）と呼びます。従業員向けに、次に示すアンケートやeNPSなどの目安箱による情報収集で、データ課題に関する意見を集められます。具体的には、次の示すように「5点選択制」と「自由回答」を分けて質問するのが有効です。

1. **5点選択制**：BIツール上のデータは、分析やレポート作成に役立っていますか？
2. **5点選択制**：データによる意思決定は文化に根付いていると思いますか？
3. **5点選択制**：データ利活用に十分な教育がなされていると思いますか？
4. **自由回答**：他にどのようなデータがあれば担当業務に活かせると思いますか？
5. **自由回答**：データ利活用に関するご意見があればお書きください

上記1.から3.までの質問は、組織的にデータ活用やデータリテラシーの課題を把握するための質問です。また、4.と5.の自由回答は、従業員が直面している課題や業務効率に関する意見を把握するための質問です。回答の内容次第では、回答者へのインタビュー実施も有効です。

限られた時間内で多くの従業員からの意見を集めるためには、eNPS（目安箱）などの手法が有効です。ただし、データによる事業推進が進んでいない組織では、有効な回答数を得られなかったり、回答内容が曖昧で参考にはならない場合があります。

ちなみにアンケートは回答者に心理的負担を与える場合もあるため、アンケートの実施は慎重に配慮すべきです。たとえば、データ分析結果をビジネス部署の担当者に提出した直後にアンケートを実施すると、より具体的な意見を得られる可能性があります。分析結果のビジネスへの影響に対する感想を記憶が薄れないうちに聞き出せるためです。

ある程度データ利活用が進んでいる組織では、各ビジネス部署で分割統治されているため、全体の把握が困難なケースがあります。各部署の課題が局所最適化されがちで、全体としてまとまりのない方向に進みがちです。したがって、抽象度の高い俯瞰的かつメタ的な視点による課題把握が求められますが、各従業員の意見を抽象化する過程が必要であり、率直な意見が聞ける目安箱の設置やアンケートの実施が有効な手段となります。

6-4-2 データ課題の分類と解決策の提示

目安箱やインタビューなどで集めた意見は、課題を抽象度で分類して、抽象度の高いメイン課題と内包されるサブ課題の吟味が必要です。この工程は課題の分解と呼ばれ、MECE[2]（Mutually Exclusive and Collectively Exhaustive：相互に排他的で網羅的）などの手法が知られています。

しかし、現実世界の課題は相互に複雑に絡まって相互に依存するため、MECEだけでは不十分なケースがあります。MECEは一見して合理的に見えますが、因果と可能性の両方を考慮した課題の分解ではなく、MECEの限界を理解することが重要です。

たとえば、書籍『リーンスタートアップ[3]』でエリック・リースは、Build-Measure-Learn（構築-計測-学習）フィードバックループを回し、市場の反応を見ながら商品の品質や価格、プロモーション活動の比率を調整することが重要と主張しています。

2　MECEとは情報を相互に排他的かつ網羅的であることを指し、情報の整理に用いる手法です。
3　エリック・リース著、『リーンスタートアップ』、井口耕二訳、2012、日経BP

しかし、構築していないシステムは計測も学習もできないため、仮想のシステムが現実世界で実現されていたら何が起きるのか想定する必要があります。現実世界にシステムが実現したときに、顧客からのフィードバックが想定と異なるケースがあるため、課題抽出からの方向転換（ピボット）が重要とされています。したがって、はじめからMECEである状態を目指すのではなく、因果関係や可能性を考慮した課題の発見が必要です。

アナリティクスエンジニアリングでは、インタビューやアンケートによって集めた意見を元に課題を抽出し、その解決を目指す必要があります。各課題を理解するには、抽象度で分類して抽象度の高いメイン課題と内包されるサブ課題に分ける必要があります。メイン課題とサブ課題は必ずしも内包関係にあるとは限らず、別のメイン課題のサブ課題となり得るケースもあります。そのため、各課題をなるべく抽象度の高い視点から捉えて、課題間の関係を理解すべきです。

解決策を考える際は、課題解決時にどのような世界が実現されるのか想定する必要があります。解決策を実行すると新たな課題が発生する可能性も否定できず、その課題が大きな問題を引き起こさないか十分に検討する必要があります。

解決策は常に課題の外側にあります。課題の内側に解決策があると考えると、問題を複雑化する可能性があります。たとえば、データ課題を解決するために既存の分析データを活用しても、有益な考察が得られないケースが続いたとします。このような場合は、新しい観察軸を導入し、分析データの新設やデータの再収集を検討すべきです。

この通り、課題と解決のアプローチには、課題を抽象化して把握し、より具体的な解決策の提示が求められます。アナリティクスエンジニアリングでは、課題解決のデータが存在しないケースも珍しくありません。データによる解決策が存在しない場合は、新たな観測軸を考案したり課題を再検討したりする必要もあります。

課題の定義と選択

課題を定義するフェーズでは、Wisdom領域にある判断力から課題を把握し、課題解決によって実現する世界を想定することが重要です。課題の定義に必要な能力はメタ認知を伴う判断力であり、アナリティクスエンジニアやデータアナリストにとって非常に重要なスキルです。メタ認知とは、与えられた問い掛けに対して、複数の可能性を組み合わせて最終的な回答を導く能力です。

課題の定義では、インタビューで回答者から集めた回答を抽象化する作業が必要になります。回答は必ずしも問題の本質を示しているとは限らず、問題の本質を把握するためには、より抽象度の高い俯瞰的な視点が求められます。したがって、回答者が提示した課題をそのまま実現するのではなく、解決後によりよい世界の実現が想定できる課題を選択すべきです。

たとえば、データ分析の実行がダッシュボードのボタンを押してから時間を要するという課題を考えてみましょう。ダッシュボードの利用者は待ち時間を他の業務に割り当てており、業務時間の全体では大きな割合ではなく、この課題を解決しても業務効率が上がるわけではないとの意見があるとします。

この問題の裏側には、データモデルの複雑化による高い計算コストが原因となって、処理時間が延びている可能性があります。仮にデータモデルの変更で高速な応答が得られれば、思考を中断することなく考えることに時間を使えて、新たなデータ活用の着想が生まれるかもしれません。この場合、「低速な応答速度が判断力に悪影響がある」という課題であり、この課題の選択によってビジネスによい影響を与える可能性があります。この例のように、課題の定義と選択では、課題を抽象化して顧客や利用者が直接語らない真のニーズの把握が重要です。

解決策の提示

解決策の提示では、課題の裏側に多くの可能性が存在し、課題解決後に実現される世界の想定が重要です。このフェーズでは、課題を元に実現可能性の評価、投資効果やコストを見積もります。企業活動では投資効果（ROI：Return on Investment）が重要視されますが、想定されるコストに対してどの程度の対価が得られるか想定する必要があります。

たとえば、営業部署が、顧客とのコミュニケーション強化のため、データを活用したプレゼンテーションを実施したいと考えたとします。しかし、営業部署はデータ活用のリテラシーが高いとはいえず、データに対する苦手意識や不安を抱えている担当者が多いかもしれません。アナリティクスエンジニアは、データ課題の発見から分析の効率化、データガバナンスなど管理的な役割を担いますが、通常は他部門への教育指導は担当しません。

この場合、アナリティクスエンジニアだけでなく、各部門にデータスチュワード（データリテラシーの向上に関するプログラムを考案してデータ活用を支援する職域）の設置が有効かもしれません。そして、利用者のデータリテラシー向上によってデータ活用が進めば、ビジネス課題の発見とイノベーションに繋がる可能性があります。

一方、利用者がデータスチュワードの価値を理解せず、データ利活用の支援を拒否する可能性もあります。自身が扱えない技術によって自分の領域が侵略されると判断されてしまうと、強い拒否反応を示すかもしれません。この場合は具体的にデータ利活用の有用性を示すことが有効です。たとえば、営業職がマーケティング担当の顧客と商談する際に、アナリティクスエンジニアやデータアナリストが同席し、データに裏打ちされた説明で顧客から厚い信頼が得られれば、営業職も納得するでしょう。このように、目の前で利用シーンを実際に提示し、具体的な有用性を示すことが理解を得るためには有効です。

課題の再定義

解決策を提示して効果が得られたとしても、課題解決のプロセスは終わりではありません。課題の定義と解決のプロセスにおいて、新たな課題やよりよい解決策が発見されるかもしれません。

データスチュワードの設置により営業部署のデータリテラシーが向上し、データがビジネスに高い貢献を果たすようになったとします。データがビジネスに役立つと気付いた営業部署は、アナリティクスエンジニアやデータアナリストが想定しなかった方法でデータを活用してしまうかもしれません。たとえ

ば、機密情報を含むデータを顧客に求められ、営業部署の担当が目先の関係構築のために提供してしまうケースです。

顧客との情報交換に伴うリスクを周知して、データガバナンスとして適切に制御する必要があります。仮に厳しいデータガバナンスを制定した場合、営業担当者の負担が増し営業効率が悪くなる可能性もあります。このような課題は、解決策を実現したあとに発生する新たな課題です。その時点での問題解決策を模索するように、課題の再定義からビジネス部署に働きかけるとよいでしょう。

6-4-3 アナリティクスエンジニアリングとデータガバナンス

アナリティクスエンジニアリングでは、データ課題をもとに具体的なデータパイプラインの設計やデータプロビジョニングの方法を検討します。組織に合致する方法と判断できた場合、組織ルールとしてデータガバナンスにまとめられます。データガバナンスとは、データプラットフォームを取り巻く関係者の行動に焦点を当てたものです。本節では、データガバナンスの構築方法を解説します。

データアーキテクチャモデル

データアーキテクチャモデルには、大別してデータオーナー型とセルフサービス型の2種類があります。データオーナー型はデータファブリック型、セルフサービス型はデータメッシュ型とも呼ばれます。データオーナー型は一元管理する中央集権的なアプローチに対して、セルフサービス型は分散管理による地方分権型のアプローチです。

データアーキテクチャモデルの詳細は、「8-1-7 データオーナー型とセルフサービス型」で解説しています。ここでは、各アーキテクチャモデルにおけるデータガバナンスの構築方法を解説しましょう。

データオーナー型

データオーナー型のデータプラットフォームは、データをSSOTに一元管理し、横断的なデータ取得や管理を容易とするアーキテクチャモデルです。データは決められたデータウェアハウスやデータレイクに格納されるため、シームレスなデータアクセスと共有によってデータのサイロ化を解消するメリットがあります。

しかし、データオーナー型には、いくつかのデメリットがあります。特定のデータウェアハウスベンダーに強く依存する可能性があり、インフラストラクチャへの高額な初期投資や人材育成が必要です。また、組織全体で一貫したポリシーとプロセスを要求するため、組織文化としてのデータ共有と協業が求められます。組織によっては滞りない部門間の情報共有が困難なケースがあり、相互協力を積極的に求める文化的な変化を促進する取り組みが不可欠です。

そのため、データガバナンスの運用では、中央集権的なアナリティクスエンジニアやデータアナリストが各ビジネス部署に組織的なデータ活用を働きかける必要があります。

セルフサービス型

セルフサービス型のデータプラットフォームは、分散的な非中央集権で各事業ドメインごとにデータ管理の責務を持つアーキテクチャモデルです。厳密な意味でのSSOT（同じ場所にデータが存在すること）を要求せず、各ビジネス部署間の疎結合なデータ共有によって組織全体としてのSSOTを実現する方式です。

セルフサービス型は、ドメイン駆動設計やマイクロサービスを採用している組織にとっては比較的容易な拡張とされています。境界付けられたコンテキストごとに開発チームがあり、各チームが利用しやすいデータ製品を選択できるためです。また、セルフサービス型には、各ビジネスユニットが革新的な技術の登場に柔軟に対応できるメリットがあります。

しかし、セルフサービス型にもいくつかのデメリットがあります。SSOTの適応範囲が各ビジネスユニットの事業ドメインに限定されるため、組織構造によってはビジネス部署間のデータ交換やデータガバナンスの統合が困難なケースがあります。また、各事業ドメインが独自のデータガバナンスポリシーを設定し統治するため、組織全体で一貫したデータガバナンスの構築と運用が困難になる場合があります。仮にビジネス部署間の情報連携が困難な組織構造である場合は、組織構造の変更と情報交換を促進する文化的な変化を促す取り組みが不可欠です。

近年では、これらの困難を取り除くため、組織や技術的境界を越えてセキュアな情報共有を可能とする、Delta Sharingなどのオープンプロトコルが開発されています。

データガバナンスの運用では、全体に責任を持つCDO（Chief Data Officer）など、データ組織の責任者が全体のデータガバナンスを管理し、地方分権として各ビジネス部署に配置されたアナリティクスエンジニアやデータアナリストが担当部署のデータガバナンスを管理します。

理想的なデータガバナンスとは、ビジネス部署の利用者がデータを安全かつ有益に利用可能にし、組織の活性化を目的とします。データオーナー型、セルフサービス型、いずれの場合もビジネス部署との対話から得られた知見をもとに、データガバナンスを構築することが重要です。

アジャイル型データガバナンス構築

アナリティクスエンジニアリングでは、データガバナンスもアジャイル開発と同様の手法で構築します。利害関係者に積極的に関与して、反復的なアプローチから最終的なデータ管理を技術的な観点から支援し、組織全体のデータ品質やセキュリティ、利用方法の確立を重視します。

アジャイルマニフェスト[4]に「計画に従うことよりも変化への対応を価値とする」とある通り、不確実性の高いデータプラットフォームにおけるデータガバナンス構築でも有効です。ここでは、アジャイル型のデータガバナンス構築を説明します。

4　https://agilemanifesto.org/iso/ja/manifesto.html

あるサービスを展開している企業では、サービス内の広告表示回数が一定以上の基準値を上回ったら、契約先の広告主から広告費用を受け取る契約を結び、広告表示回数やCVR/CTRなどのユーザーの反応率をレポートするなど、広告効果を数値で説明しているとしましょう。このとき、ある日の営業職との課題検討のミーティングで次の発言があったとします。

- 営業担当者：顧客から御社に広告を出す価値が分からないため、次の広告は控えたいといわれた。何か価値を把握できる方法はないか？

アナリティクスエンジニアリングでは、営業職の発言から「サービスの広告価値」とは何かを再定義する必要があります。

広告には「流入」と「流出」の概念があります。流入とは、広告を通じて、新しい訪問者が広告主のサービスに魅力を感じて、購買や店舗往訪に到達することを指します。逆に流出とは、広告効果が低下して、顧客が他の競合他社や代替手段に移動してしまう現象を指します。これは、広告によるメッセージが届かない、競合他社の広告がより魅力的、顧客ニーズが変化するなど、さまざまな理由が考えられます。そのため顧客に「広告の価値が分からない」と言われた場合、流入数が少ない、あるいは、流出数が多いと捉えられます。このような課題を解消するため、アナリティクスエンジニアリングでは下記の項目の提示が考えられます。

- 流入ユーザーの属性情報（年齢、性別、趣味嗜好など）
- 同じ広告主の直近広告Aと過去広告Bでの流入/流出ユーザーの比較分析
- 反応しない（流出）ユーザー属性情報（年齢、性別、趣味嗜好など）の比較分析

もし自社サービスの広告効果として報告する指標に「流入・流出」がない場合、新設した指標が広告主にとって有益な情報（Knowledge）として、何らかの示唆（Wisdom）を与えるかもしれません。これらの情報を顧客に付加価値として提示（データプロビジョニング）すれば、顧客満足度の向上や継続受注に繋がる可能性があります。

アジャイル型のデータガバナンス構築では、新しく発見された有益な指標をデータガバナンスのルールとして追加することを容認します。これは一度は拒絶された顧客の態度に対する柔軟な対応であり、本質的な課題解決に対する適切な対応に繋がります。この通り、データプロビジョニングとアナリティクスエンジニアリングは密接な関係にあり、発見された課題とその解決方法がデータガバナンスの一部として反復的に改善を繰り返すアジャイル的なアプローチが有効です。

データプロビジョニングとサイバーレジリエンス

EUでは、デジタル関連製品のサイバーセキュリティを強化するための法律、欧州サイバーレジリエンス法（CRA）の施行が予定されるなど、サイバーセキュリティの重要性が高まっています。企業内の情報はデータプラットフォームに蓄積され、データプロビジョニングにより利用者に提供されます。たとえば、BIツールがサイバー攻撃を受けた場合、企業秘密が流出する可能性があります。サイバーレジリエンスを例に、ランサムウェアとソーシャルエンジニアリングを考えてみましょう。ちなみに、サイバーレジリエンスとは、サイバー攻撃や障害などのトラブルから回復し、元よりサイバー攻撃耐性のある状態に復旧する超回復性のことです。

ランサムウェアへの対応

ランサムウェアによる攻撃はサイバー攻撃の中でも特に破壊的なものであり、対応力はサイバーレジリエンスの強度を示す重要な要素です。サイバーセキュリティの強化には権限を限定する最小権限の原則（PoLP）が知られています。しかし、開発効率の都合で開発者に比較的強い権限を与えてしまうケースがあります。このような権限管理の運用は回避すべきですが、この状態でも抵抗力を高めることは可能です。

たとえば、開発者の端末が不正アクセスを受けて秘密鍵が流出して、攻撃者によるデータの暗号化や消去などの被害が発生したとします。その場合、別のクラウド環境にバックアップがあれば、データ復旧は比較的容易で抵抗力は高いといえます。

ソーシャルエンジニアリングへの対応

ソーシャルエンジニアリング的な手法で、企業内に忍び込んだ攻撃者が情報を盗み出す可能性もあります。たとえば、悪意のある従業員がBIツールの情報を取得して競合他社に売却する事例などです。この場合は、アクセス権の厳格な管理やデータ取扱の教育徹底、アクセスログによる追跡などが、サイバーレジリエンス的に有効です。

データプロビジョニングがデータ民主化の促進を支える一方で、サイバーレジリエンスのためのセキュリティ対策も忘れてはいけません。データ民主化は性善説を元に自由にデータにアクセスできる環境ですが、サイバーレジリエンスの観点では性善説がマイナスに働く可能性があります。悪意のある第三者に騙される可能性はゼロではなく、意図しない情報流出がビジネスに致命的なダメージを与えるリスクもあります。

サイバーレジリエンスの構築は、データプロビジョニングを組織のインフラとして下支えし、安心感のあるデータ利活用を促進するものです。データガバナンスを構築する際は、効果的なサイバーレジリエンスを検討してサイバー攻撃耐性を高め、データの堅牢性と利便性の両立を目指すものと考えましょう。

Chapter 7

データマネジメントを支える技術

データプラットフォーム構築の目的の1つは、KGIを支えるKPIの可視化です。
事業やプロジェクトなどの目標を定量的に示すKGI(Key Goal Indicator)は
データプラットフォームの活用でもっとも重要な指標ですが、
KGI算出の実現にはデータ品質や安全性などを保証するデータマネジメントが必須です。
つまり、限られた時間で信頼性の高いデータを収集・分析して
一貫性のあるデータを管理・維持する必要があります。

本章では、データマネジメントの活動を支える技術を解説します。

7-1
データプラットフォームの
アーキテクチャ検討

データプラットフォームのデータマネジメントを支えるためには、持続性のあるアーキテクチャを選定して長期的な運用に耐え得る状況を用意する必要があります。データプラットフォームのアーキテクチャ検討で考慮が必要になるのは、主に次に挙げる4項目です。

- クラウドサービスの料金体系とデータのロックイン
- 世代別データプラットフォームアーキテクチャ
- メダリオンアーキテクチャの優位性
- データガバナンスとデータマネジメント

書籍『社会科学のリサーチ・デザイン[1]』では、できるだけ多くの「観測可能な含意」に関するデータを集めた理論や仮説の検証が重要とされています。「観察可能な含意」とは表面上に現れている事象の背後にある本質的な意味の理解であり、ビジネス上の因果関係やロジックを考察する上では特に重要です。データプラットフォームとは、できるだけ多くの「観察可能な含意」を理解可能とするデータを収集し、観測可能とする装置です。本節では上記4項目から、データプラットフォームのアーキテクチャをどのように構築するか詳細に説明しましょう。

7-1-1 クラウドサービスの料金体系とデータのロックイン

データプラットフォームの構築には、クラウドサービスの活用が欠かせないものとなっていますが、クラウドサービスを利用する際は、料金体系とデータのロックインに対する考慮が欠かせません。いずれも、データプラットフォームの持続可能性に関係して、判断を誤ると後々に非常に苦しめられる問題です。本項では、この料金体系とデータのロックインをどのように考慮すべきか考えてみましょう。

料金体系

データプラットフォームはスケーラブルで、なおかつ誰でも自由に分析できる環境を提供する必要があります。プロダクト開発の調査やレポートのためには、分析クエリを無制限に発行できることが望ましく、ビジネス成長に伴いデータ量が増加したとしても、高速な応答が得られなおかつ予算内に収まる必

---

[1] G・キング、R・O・コヘイン、S・ヴァーバ著、『社会科学のリサーチ・デザイン — 定性的研究における科学的推論』、真渕勝監訳、2004、勁草書房

要があります。

その一方で、利用料金は慎重に検討する必要があり、要求に対して過剰品質となっていないかの見極めも重要です。Google BigQueryなどのデータウェアハウスでは、データ量の増加と共にクエリの料金が上昇する料金体系が採用されています。そのため、アプリケーションのログデータなど、継続的にデータ量が増加するデータへのクエリ実行の料金が、いつの間にかコストの大半を占めるケースもあります。

データプラットフォームの利用料金は、主にコンピューティングとストレージに関わるコストに分解されます。コンピューティングには、計算機の利用時間などに基づき課金されるオンデマンド料金と、事前に仮想CPUのスロットや事前予約として計算リソースを購入する定額料金があります。事前予約は、Amazon Web Servicesではサービングプランやリザーブドインスタンス、Google BigQueryではBigQuery Reservationsなどで提供されており、大幅なディスカウントが期待できるため、相応の利用が確定してる場合は有力な選択肢といえます。

プロジェクトの初期段階であればデータ量も少なくオンデマンド料金で問題ないかもしれませんが、ビジネスの成長と共にデータ量が増加すると、コストの上昇が事業運営で大きな問題となるケースも珍しくありません。Amazon Web ServicesのAmazon AthenaやRedshift Spectrum、Google BigQuery、Snowflake、Treasure Dataなどのデータウェアハウス製品では、コンピューティング部とストレージ部が分離される設計となっており、いずれもスケーラブルで分析クエリも無制限に発行できます。しかし、オンデマンドで実行した場合はデータ量に比例してコストが増加し、コスト削減のためにはデータ構造や発行クエリを制限するなどの工夫が必要になります。

実際問題として、データプラットフォームは複数のミドルウェアが複雑に絡み合うため、利用料金の全貌を事前に把握するのは困難です。しかし、データプラットフォームの設計時点でも、コンピューティングやストレージの料金など、運用にどの程度の費用が掛かるか意識する必要があります。実際の運用が始まると、当初は想定していなかった利用料金の増加に対して、経営層や管理職から極力利用を控えるように指示される場合があるためです。

そのような事態を招かないためにも、事前に見積もりやコスト削減の方法も想定しておく必要があります。もちろん、データプラットフォームの利用者には、コストを意識せずに自由に利用できる状態が理想です。しかし、データプラットフォームの管理者にとっては、自由な分析環境の提供と運用コストのバランスは、避けては通れない普遍的な課題といえます。

データのロックイン

クラウドサービスの利用で避けられない問題として、特定のクラウドサービスに利用を限定される「ロックイン」があります。データウェアハウスのSaaS運営事業者にとって、データのロックインはデータを容易に移動できなくするだけではなく、顧客固定化のためのビジネス上の重要な戦略とされています。ビッグデータを取り扱う場合、データ量がテラバイトからペタバイト単位へと巨大なデータセットに成長するケースがあり、特定のクラウドサービスを使い始めると、容易に移行できなくなるリスクがあり

ます。たとえば、従量課金のデータウェアハウスで、一度のSQL実行に数千〜数万円の費用が発生する状況となっても抜本的な変更が困難なため、高額な費用が発生し続けるケースも珍しくありません。これらは、データウェアハウスベンダーの顧客固定化戦略の一環として、データの移動を難しくするデータのロックインとして知られています。データのロックインは特定のデータウェアハウスからのデータ移動が困難で、データウェアハウスのデータ構造がカオス化し、データウェアハウスのスキーマ自体が技術的負債になる場合もあります。

ただし、近年のAmazon Web Servicesなどのクラウドベンダーは、コンピューティングとストレージの分離が促進されて、格納データを容易に取り出せるように改善されています。データプラットフォームを検討する際、格納済みの大量のデータを安価かつ高速にロードできることは、将来の技術的負債の被害を軽減するためにも考慮する必要があるでしょう。

また、データ保全の観点では、クラウドベンダーが突然サービス終了を発表するなど、不測の事態が発生しないとも限りません。そのため、データはなるべく取り出しやすい場所に保存し、複数のSQLエンジンからのアクセスを可能としておきましょう。

データのロックインを極力排除すると、新技術登場時にも追随しやすくなる利点があり、データプラットフォーム全体の健全化と継続的改善の促進に寄与するといえます。したがって、データのロックインは、データプラットフォーム運営上のリスクとして捉えておく必要があります。

7-1-2 データプラットフォーム設計の検討

前述の「1-2-5 世代別データプラットフォームとLakehouseの登場」でも説明していますが、データプラットフォームの形態として分類した3種類を再掲しましょう。

第一世代データプラットフォーム
構造化データをETL処理でデータウェアハウスに転送後、BIツールをレポートに利用するモデル

2層型データプラットフォーム
構造化データや半構造化データ、非構造化データをETL処理でデータウェアハウスに転送して、BIツールやレポートなどから利用し、一部のデータサイエンスや機械学習はデータレイク上のデータを利用するモデル

Lakehouseプラットフォーム
構造化データや半構造化データ、非構造化データのETL処理、メタデータやキャッシュ、インデキシングをデータレイク上で実行し、BIツール、レポート、データサイエンス、機械学習や統計モデルなどのデータをデータレイクから直接利用するモデル

第一世代データプラットフォームと2層型データプラットフォームにおけるデータウェアハウスとは、Amazon AthenaやRedshift Spectrum、Google BigQuery、Treasure Data、SnowflakeなどのSQLエンジンを指します。AWSのAmazon AthenaやRedshift Spectrumは、Amazon S3上のデータを直接読み込む設計となっており、ストレージとコンピューティングが分離されており、データをストレージから直接取り出せるためロックインされていないといえます。厳密にはAmazon S3にロックインされているともいえますが、サービス提供事業者の事業継続性を鑑みると、データのロックインは緩やかといっても差し支えないでしょう。

Google BigQueryやTreasure Data、Snowflakeなどのデータウェアハウスは、内部の詳細が分からないブラックボックスとして、データ処理機能を提供しています。これらのデータウェアハウスからロードする場合、データウェアハウスが用意するSQLやUNLOADなどの手続きを経る必要があり、ストレージから直接データを読み出せません。したがって、ストレージから直接ファイルを読み書きできるデータウェアハウスと比較すると、厳しくデータがロックインされているといえます。

一方、LakehouseプラットフォームとはAmazon S3やGoogle CloudのGCSなどのストレージをデータレイクとして利用して、コンピューティングがストレージから直接ファイルを読み書きする方式です。この方式はストレージとコンピューティングが完全に分離しており、コンピューティング用のミドルウェアの交換も容易であるため、データウェアハウスとデータレイクに同じデータを重複して格納するデータのサイロ化が発生しません。また、既に構築されているデータウェアハウスをデータソースとして利用できるため、データウェアハウスのマイグレーションも比較的容易です。

これらの状況を整理すると、データプラットフォーム構築で必要なポイントは次の項目が考えられます。

- データのロックインを極力排除できる
- データ処理がスケーラブルで、データ量や利用者が増加しても処理できる
- データ量増加とコスト増加の曲線が相似関係にある
- 開発初期コストが小さく、スモールスタートが可能である
- データプラットフォーム提供事業者の事業継続性が高く低リスクと想定される

Lakehouseプラットフォームは、上記の条件をほぼ完全に満たしているといえるでしょう。

7-1-3 メダリオンアーキテクチャの優位性

データプラットフォームはビジネスに関連するあらゆる情報を扱いますが、いずれの情報も時間の経過と共にドメイン知識のカオス化が進みます。ドメイン知識のカオス化とは、情報が乱雑に散らばり重要な知識が不透明になる状況で、いかなる組織でも多かれ少なかれ発生するものです。

データプラットフォームを運用するエンジニアの職務とは、乱雑さの中に秩序を見いだし何らかのモデルを構築することです。しかし、実際の運用現場では、自然の摂理と同様、刻々と変化する状況に伴い

秩序は崩れ去り、情報が散漫で乱雑になるカオス化が進みます。したがって、必ずやってくるカオス化を前提に、あらゆる状況でもドメイン知識を整理できる技術の導入が必要となります。

本項では「4-5-2 メダリオンアーキテクチャ」で紹介したメダリオンアーキテクチャと、関連する周辺技術の詳細を解説し、その優位性を紹介しましょう。

メダリオンアーキテクチャとドメイン知識

データレイク上のデータを取り扱うには、データ内のドメイン知識はもちろん、どこにどのような情報が存在しているかを把握している必要があります。エリック・エヴァンス（Eric Evans）の『ドメイン駆動設計』では、データモデルはユビキタス言語と呼ばれる組織内で幅広く使われる共通言語を材料に、ビジネス上の意味や意義となるドメイン知識を表現すると説明されています。

しかし、データプラットフォームに収集したアプリケーションのデータモデルや出力されたログは、そのままの形でドメイン知識となるとは限りません。ドメイン知識を含むデータとは、ビジネスの結果が凝集されたデータであり、これらのデータは必ずしもアプリケーションで実装される機能と一致しません。たとえば、アプリケーションの継続率やLTV（顧客生涯価値）などのKPIは、アプリケーションでのデータモデルとして出現しません。これらの指標は、アプリケーション運営者には、アプリケーションを成長させるKGIとなり得る数値ですが、アプリケーションの画面などには出現せず、アクセスログなどの集計で導き出されます。

したがって、アプリケーション運営者に必要な「観測可能な含意」とは、アプリケーションのマスターデータやトランザクションデータ、イベントログなど各種データの集計から導く必要があり、これらのデータは改善や仮説立案のヒントとなるものです。すなわち、データプラットフォームにおける「観測可能な含意」とは、ドメイン知識そのものです。

上記をメダリオンアーキテクチャの各ステージに分解すると下記となります。

Bronzeステージ（生ログ）：DIKWモデルData領域
- データソースから発生するデータの構造を極力変更しないデータ領域
- 基本的に最低限の構文解析だけに留まりドメイン知識を有さない

Silverステージ（クレンジング/一次集計テーブル）：DIKWモデルInformation領域
- データ構造の仕様変更などに追随するバッファとなるデータ領域
- BronzeステージとSilverステージのデータを集計対象とする
- イベントごとに分割するなど最小のドメイン知識を有する

Goldステージ（最終集計テーブル）：DIKWモデルKnowledge領域
- ビジネスの価値が観測できる多くのドメイン知識を有するデータ領域
- BIツールや機械学習などで利用し、データ利用者の知識や知恵となり得る

Silverステージでは、同ステージ内のデータ同士を集計して別のSilverステージのテーブルを生成したり、ドメイン知識に特化したGoldステージのテーブルを生成したりします。SilverステージとGoldステージの違いは、Goldステージは特化したドメイン知識で用途が限定的になることです。また、Goldステージのテーブルは原則的に他のテーブルとの結合はありません。

観測対象のデータをステージ別にまとめると、下記となります。

- **Bronze**ステージ： ドメイン知識を有さない生ログ
- **Silver**ステージ： 最小粒度のドメイン知識を有するデータ
- **Gold**ステージ： ビジネス上の何らかの価観を観測できるデータ

データが保持する抽象度をDIKWモデルにマッピングすると、Bronzeステージ＝Data、Silverステージ＝Information、Goldステージ＝Knowledgeとなり、各ステージはBronzeからGoldへと順を追って情報の抽象度が高くなります。メダリオンアーキテクチャにしたがって情報を整理すると、ドメイン知識が存在するデータの領域が明確となります。Bronzeはドメイン知識を持ちませんが、SilverとGoldはドメイン知識を保持します。

データの配置を明解にするだけでも、データ分析の際にどの領域のデータを調べるべきか分かるデータ構造を構築できます。したがって、この構造の維持に努めれば、情報のカオス化は進行が遅れ、修正時間の確保も容易になるでしょう。

メダリオンアーキテクチャとデータボルト

データボルト（Data Vault）とは、データモデルリングのデザインパターンの1つです。ハブ（Hub）、サテライト（Satellite）、リンク（Link）という3つのテーブルを組み合わせてデータを管理します。

- ハブ（Hub）
  製品（製品番号など）や顧客（顧客名など）など、ビジネスキー保持のテーブル
- サテライト（Satellite）
  ハブやリンクに関連する具体的なデータすべてを持つテーブルで、他のサテライトとは結合しません。ハブやリンクは1つまたは複数のサテライトを持ちます
- リンク（Link）
  ハブ同士を結合するためのテーブル

データボルトの利点は、データモデルが変更されたときのリファクタリングが容易である点です。たとえば、ビジネスモデルの追加でハブやサテライトが追加された場合でも、リンク以外のテーブルへの影響はほとんどありません。Databricks社のブログ[2]では、Lakehouse上でデータボルトを実装する方法が紹介されています（次図参照）。

2　https://www.databricks.com/blog/data-vault-best-practice-implementation-lakehouse

図7.1.3.1：Data Vault Model on the Lakehouse（前述の公式ブログより引用）

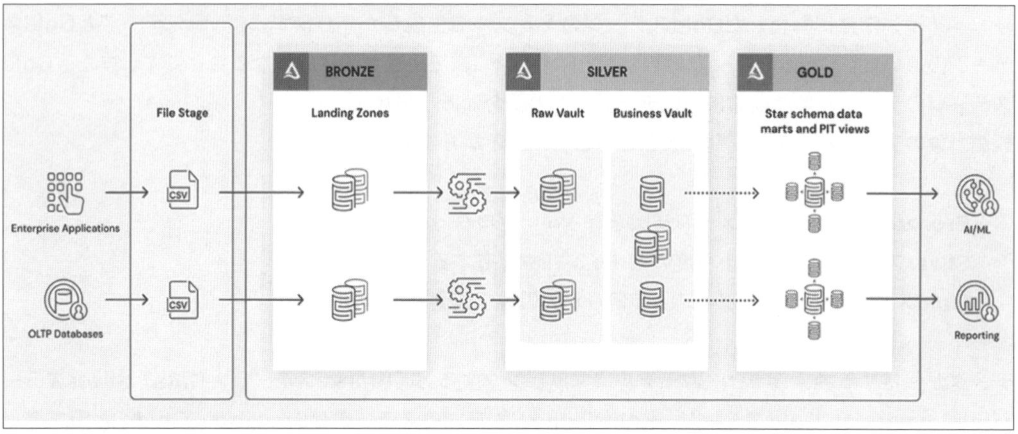

メダリオンアーキテクチャで実現するデータボルトの構成は下記の通りです。

Bronze（Landing Zone）
データソースから入手した各フォーマットをDelta形式に変換し保存する領域

Silver（Raw Vault）
Bronzeからデータを取り込み、ハブ、リンク、サテライトのテーブルを作成する領域

Silver（Business Vault）
Raw Vaultからデータを取り込み、ビジネス上のドメイン知識を与えてデータを整理する領域

Gold
データマート向けのスタースキーマやPIT（Point in Time）ビューを保持する領域

Lakehouseのデータボルトでは、Silverステージまでをデータボルトとして構築し、Goldステージのデータソースとして利用します。Goldステージでは、ワイドスキーマやスタースキーマなどのビジネスの目的に即したデータが提供されます。Silverステージのデータボルト構造で柔軟性を保ちつつ、Goldステージでは変更容易性や俊敏性が確保できます。

メダリオンアーキテクチャと利用者の関心

データプラットフォームには、抽象度やドメイン領域などが異なる、さまざまなデータが格納されますが、利用者の関心はその所属する組織や職能、職位などで異なります。メダリオンアーキテクチャのBronze、Silver、Gold各ステージに関心を寄せる利用者を挙げてみましょう。

Bronzeステージ（生ログ）
- データ入力部分の処理を担当するインフラエンジニア
- SaaSなどからの外部入力データの連携を担当するデータエンジニア

Silverステージ（クレンジング/一次集計テーブル）
- ドメインモデルを構築するデータエンジニア
- 担当アプリケーションの成果を確認するアプリケーションエンジニア
- 統計モデリングなどで探索的データ分析を担当するデータサイエンティスト
- 目的となるKPIを検討するプロダクトマネージャー

Goldステージ（最終集計テーブル）
- 機械学習のモデル精度をチューニングする機械学習エンジニア
- 顧客や経営層へのレポーティングを担当するデータアナリスト
- 日々のKPIを観測する事業責任者や経営者、プロダクトマネージャー

たとえば、機械学習モデルの精度を日々チューニングする機械学習エンジニアは、ドメイン知識が集約されたGoldステージのデータを元に機械学習モデルをチューニングします。生ログであるBronzeステージをデータソースとして、機械学習のモデルをトレーニングするのは、データ品質やデータ量の観点から効率的ではありません。また、日々のKPIは1日に一度集計されたデータを参照すればよく、Goldステージの集計済みデータを参照すれば処理量の観点から効率的でしょう。

一方、Goldステージのデータは、特定の目的以外のデータを保持しないため、集計可能な条件が限定的で分析できる範囲が狭まります。したがって、データから価値あるKPIの発見を目的とするデータサイエンティストは、広範囲で分析できるSilverステージのデータに対して探索的データ分析を実施します。Silverステージのデータ分析からKGIの達成に効果的なKPIを発見すると、そのKPIを算出するバッチ処理を実装し、Goldステージに保存します。BIツールなどはGoldステージを参照してKPIを可視化し、より高速なデータ分析を可能とします。

この通り、データサイエンティストは主にSilverステージに関心を持ち、事業責任者はデータ分析の結果であるGoldステージに関心を寄せます。指針のないままデータを収集するだけでは、データに含まれる意味の関連性やデータ間の依存関係が混沌として不透明です。

メダリオンアーキテクチャは、Bronze、Silver、Goldの各ステージごとに利用者の関心が分離し、これがデータ収集や格納の指針となります。データ管理は複雑な依存関係が発生しがちですが、メダリオンアーキテクチャによる関心の分離と依存の単純化は、データ分析に明解な秩序をもたらします。

7-1-4 データガバナンスとデータマネジメント

一般的に組織内の人事情報や機密情報は秘匿すべきですが、データプラットフォームではこうした機密性の高いデータも取り扱う場合があります。したがって、データプラットフォームでは、一般には公開できない情報も取り扱うことを前提に、データガバナンスを構築する必要があります。

データプラットフォームは組織全体でビジネス推進を目的として構築されますが、利害関係者にすべてのデータを公開して構わないとは限りません。利害関係者の職務権限に応じて開示可能・不可能など、データ資産を適切にコントロールし、データプラットフォームの利用状況を統制する必要があります。このようにデータ利用者を適切にコントロールすることをデータガバナンスといいます。

ちなみにデータプラットフォームを運用するチームが提供先に対して、情報提供の内容や品質に責任を持ち、滞りなく運用されていることをデータマネジメントといいます。データガバナンスと間違いやすい用語ですが、データマネジメントは管理全般であると理解しておくとよいでしょう。

データガバナンスの適切な運用は、組織やサービス自体を守ることに繋がり、データガバナンスで定めたポリシーは事業にとっては欠かせない存在になります。顧客データや個人情報の取り扱いが適切ではないと、コンプライアンス違反となり事業継続に致命的な影響を与えかねません。データガバナンスでデータの取り扱いや監督責任の基準を定めておくと、何らかのミスが発生しても適切に対処できます。

メダリオンアーキテクチャではBronze、Silver、Gold各ステージのデータ領域ごとに関心が分離するため、個人情報を含むデータを処理する場合、その格納場所が明確になります。データプラットフォームにおける個人情報の扱いはデータガバナンスのルールで制定されるケースも多く、匿名加工処理を求められる場合があります。たとえば、ユーザーアンケートなどの一次情報で個人情報を扱うケースでは、データ読み込み後に適切な匿名加工処理を実施して、Bronzeステージに保存する場合があります。

データパイプラインの上流にあるBronzeステージでは、取得データに個人情報が含まれている可能性を考慮する必要があります。また、より下流のSilverやGoldステージは、企業秘密となり得る重要な集計済みのデータを含む場合が多く、企業秘密などの機密情報の統制が必要です。外部に公開して構わないか、内部のみに留めておくかなど、秘密情報の取り扱いもデータガバナンスとして考慮すべきです。メダリオンアーキテクチャを採用すると、各ステージに存在するデータの抽象度とデータフローが明確となり、データガバナンスの運用が容易となります。データガバナンスを運用するためには、単純にアクセス可否の権限管理を設けたり、データを取りだす際に単純にマスキングすれば大丈夫なわけではありません。各ステージに存在する個人情報や機密情報が含まれるデータの配置場所を明確にして、適切なデータプラットフォーム運用が求められます。

データガバナンスの実運用

データガバナンスの運用では、利用者ごとにルールに則した認証認可を与えて、適切にアクセス権を管理する必要があります。ここでは、Apache Sparkによるデータプラットフォーム上のデータを、デー

タガバナンスによってどのように管理できるかを考えてみましょう。

利用者ごとにApache Sparkクラスタを分離
Apache Sparkは、EC2上で起動するクラスタに設定されたIAM Roleの権限で、Amazon S3上のファイルを読み書きできます。Amazon S3は、特定パスに限定したアクセス権も設定できるため、その権限を与えたポリシーをApache Sparkクラスタに与えて利用者ごとに適用します。しかし、この方法は利用者のポリシーに応じて、利用するApache Sparkのクラスタ割当が必要となり、運用が煩雑になる問題があります。

Apache Hiveによる各テーブルに権限設定
Apache Sparkには、利用者単位でアクセス権をコントロールする実装は存在しません。Apache Sparkでアクセス権を設定する場合、Apache Hiveを利用してHive Metastoreを利用する方法があります。Hive Metastoreはスキーマやテーブルを定義しテーブル単位のアクセス権設定が可能ですが、設定が煩雑でHadoop系ミドルウェアの詳しい知識を要します。

DatabricksのUnity Catalogの利用
DatabricksのUnity Catalogは、Databricksの利用者単位で、参照可能なデータカタログ、テーブル、ビューなどのレベルでアクセス権を設定できます。これまでデータレイクの運用では実現が難しかった、一度の設定でデータレイク全体のデータアクセスポリシーを設定することができ、セキュアでシンプルなデータマネジメントが可能です。権限の設定は、通常のRDBMSのようなSQLのGRANT構文が利用できるなど、簡単にデータガバナンスを実現できるように工夫されています。また、Unity Catalogは2024年6月にオープンソース化が発表されて、Databricks以外の環境でも利用可能となっています。データの相互運用性やオープン性を高め、ベンダーロックインを防ぎ、データガバナンスの簡素化への貢献が期待されます。

Apache Sparkに限らず、データプラットフォーム上のデータへのアクセス権は、複数のミドルウェアやインフラストラクチャーの組み合わせを要するため複雑といわれてきました。しかし、DatabricksのUnity Catalogなどのプロプライエタリソフトウェアは権限管理が容易であるため、Apache Sparkを積極的に活用したい場合は、Databricksの利用も一考すべきでしょう。

7-1-5 データレジリエンスの搭載

レジリエンス（Resilience）とは「回復力」であり、システム工学的にはシステム障害発生時に自動的に復旧して回復する能力を意味します。システム障害の多くは想定外であり、自然災害などが原因で不可避であっても、被害を最小限に抑えて重要なデータの破損を防ぎ、正常運用に復旧できる体制を構築す

る必要があります。データプラットフォームでもレジリエンスは重要な要素であり、運用でシステム障害が発生した際に、データを復旧できるデータレジリエンス（回復力）を組み込む必要があります。

システム障害が発生する要因には、データ破損をはじめ、システムクラッシュや人為的な運用ミスなど、さまざまな種類があります。また、広義的には、自然災害やサイバー攻撃、データ盗難、火災などによるデータセンターの機能停止など、その要因は無数に存在します。確率が低いとも考えられる障害でもいずれ発生すると仮定して、想定外の障害が発生したとしても臨機応変に対応できる、データレジリエンス機構の搭載は考慮すべきといえます。

データガバナンスやデータマネジメントの健全な運用では、データ破損が最悪な事故です。本項では、「ストレージ」、「コンピューティング」、「データパイプライン」、「異常値検出」の各観点から、データレジリエンスを解説しましょう。

ストレージ

レイクハウスで利用されるAmazon S3などオブジェクトストレージは、耐久性99.999999999％（イレブンナイン）、可用性99.99％を保証しており、Amazon S3ではデータが破損される可能性は低いといえます。しかし、そのままでは人為的ミスや運用上の手違いなどによる、オブジェクト削除や上書きした場合の復旧は不可能です。Amazon S3の機能の1つであるバージョニングを利用すると、同名のファイルが保存された場合でも過去のバージョンに戻すことが可能です。

また、ビッグデータ処理用のフォーマットであるDelta LakeやApache Hudi、Apache Iceberg などでは、チェックポイント用のファイルを用いた書き込み状況の管理機能、「Time Travel」と呼ばれる任意のバージョンへのロールバック機能、更新履歴を確認する機能などが実装されています。

これらのファイルフォーマットは、ミドルウェアからの操作を前提としており、データ分析に必要な機能が概ね実装されています。一方、CSVやJSON、Parquetなどのフォーマットはチェックポイントなどの機能を持たず、書き込み状況や更新履歴は確認できません。

データレジリエンスの観点から、誤った削除などの事故から復旧可能にするためにも、Amazon S3などの耐久性や可用性が高いストレージに加えて、ビッグデータ処理用のファイルフォーマットを積極的に活用するべきでしょう。

コンピューティング

近年では、Apache SparkやTrino（旧PrestoSQL）など、分散型の耐障害性があり複数のクラスタを束ねて実行するシステムが一般的となっています。各クラスタは原則的に状態を保持しないため、クラッシュしても再起動や再構築するだけで元の状態に戻ります。計算サーバの予期しないシャットダウンによるデータ破損の可能性は否定できませんが、前述のDelta LakeやApache Hudi、Apache Icebergなどの利用で回避できます。

CSVやParquetなど実行状態を持たないファイルフォーマットを利用する場合は、ファイルを保存す

るパスに**YYYY-MM-DD**などの処理実行時間を付与して、クラッシュした場合は該当のパスを削除して再実行する仕組みが必要です。

何回実行しても実行結果が同じ状態になることを冪等性（べきとうせい）といいますが、データ処理の冪等性を維持する設計もデータレジリエンスにおいては重要です。コンピューティングはクラッシュする可能性を前提に、何度処理を実行しても同じ結果が得られる工夫を施す必要があります。しかし、データの性質によっては実行した時点でしか取得できないスナップショットなどのデータがあり、冪等性を保証できない処理もあります。冪等性を保証できないデータ処理では、クラッシュ発生時に緊急対応できる運用体制が必要となります。

データパイプライン

データパイプラインとは、データを移動や変更する過程における処理の一連の流れです。目的や用途ごとに複数のインフラやストレージを組み合わせて実行されるため、データパイプラインにおける障害発生の原因は無数にあります。

データパイプラインのデータレジリエンスは、異常発生を監視する機構が必要となります。たとえば、Datadog[3]などによるインフラの監視や、Sentry[4]などを利用したログ監視によって、異常検出時にチャットやメール、電話などで通知して適宜対応する必要があります。

ちなみに、データプラットフォームの運用では、異常データの格納を原因に、後続のシステムが異常となるデータ障害も珍しくありません。データ障害を検出するためにも、バッチ処理内に適切なエラーログ出力を実装し、大量のログをまとめて通知できるSentryもデータレジリエンスには有効な手段です。

異常値検出

データパイプラインでは、正常に処理されたデータであっても、異常が発生するケースもあります。たとえば、通常ならば1日1,000件程度のデータが格納されるテーブルに対し、10件以下の日が数日続いたとします。この場合の「通常ならば1,000件」とは、何らかのビジネスユースケースを根拠に導かれており、その根拠に照らし合わせると「10件」は異常です。したがって、データパイプラインでの処理結果に何らかの異常があるケースと、外的要因により10件以下が正常であるケースの両軸から調査が必要となります。

データレジリエンスの観点では、データ分析における異常値検出などの機構を搭載して、異常値が発見された際は通知する機構が必要です。データプラットフォームに格納されるデータは無数にあり、すべての異常値の検出は困難です。しかし、メダリオンアーキテクチャにおけるGoldステージのデータはドメイン知識で特に重要であり、Goldステージのデータの異常値を検出すれば、何らかの異常の発見と対応が可能となります。たとえば、Goldステージには、何らかの集計結果に伴う比率や件数など格納されますが、これらの数値が前日や前月と大幅に異なる場合は、異常値の可能性があります。もちろ

3　https://www.datadoghq.com/ja/
4　https://sentry.io/

ん、数値が正常値である偽陽性の可能性はありますが、データプラットフォームの健全性を維持するデータレジリエンスに繋がります。

ちなみにRedashの場合は、「6-2 Redashの利用」で紹介したアラート機構を用いると、Goldステージでデータ異常値を検出した際、チャットへの通知が可能です。なお、異常値検出は統計上の振る舞いの異なるデータを検出する技術であり、データサイエンスの知識や実装が必要となる場合があります。

近年ではデータパイプライン全体の健全性を保証する、DRE（Data Reliability Engineering）と呼ばれる職種が登場しており、データ保護を目的とするデータレジリエンスを職責として担っています。データプラットフォーム開発の初期段階では、自動復旧などの大規模なものでなく、Slackなどのチャットツールでエラーメッセージを把握できるだけでも十分です。

何らかの異常事態が発生しても迅速に対応できるデータレジリエンスを、データプラットフォームのアーキテクチャに組み込むことが、データプラットフォームの健全な運用には必須といえるでしょう。

PoC（Proof of Concept）失敗時のマネジメント

データプラットフォームは、複数のミドルウェアやクラウドサービスを組み合わせて構築するエコシステムです。エコシステムの構築では、各サービスの利用法を深く理解しないまま、PoC（Proof of Concept）を進めることも珍しくありません。

PoCの失敗が予感される場面では、不穏な兆候や空気感を感じるはずです。たとえば、「データソースを追加してください」などの簡単なオーダーに対し、開発者が「難しいです」と答えるような場面です。開発者に理由を尋ねても要領を得なかったり、約束の期限が迫っても進捗がなかったりするなど、失敗の兆候はさまざまな形で現れます。

データプラットフォームのエンジニアリングマネージャーは大局観を把握し、失敗の兆候を見逃さないようにする必要があります。開発者が難しいと主張する理由が、「本当に難しい」「スキル的な理由による」「ミドルウェアの本来の利用法から逸脱している」など、何を意味するかを考察し是正方法を模索しなくてはなりません。失敗を繰り返してしまう場合は、自身や開発者では解決策を見出せない可能性が高く、有識者に相談して対策を練るのも有効な手段です。

PoCを失敗したと判断したときは、エンジニアリングマネージャーのリーダーシップが問われる場面です。As Is（現状）の失敗を認めて、To Be（目指すべき将来）の成功に向け、課題の棚卸しと再定義が求められます。失敗しても課題の再定義を通じて、To BeのPoC成功を目指しましょう。

7-2 データプラットフォームの構築

Lakehouseプラットフォームは、データレイクとデータウェアハウスの機能を統合したデータアーキテクチャです。従来のデータレイクは単純にデータの格納機能に限定されていましたが、Lakehouseプラットフォームの登場により、データレイクで直接クエリや分析、ETL処理などの実行が可能になりました。しかし、Lakehouseプラットフォームはストレージに格納されたデータをそのまま利用できますが、適切なデータガバナンスが必要となります。

データプラットフォームの効率的に運用する上で、Lakehouseプラットフォームとメダリオンアーキテクチャを組み合わせると次の優位性があります。

- 全システムで必要となるコストを予測しやすい
- データのロックインを排除できる
- ドメイン知識を集約しやすい
- 各利用者の関心が分離されている
- データガバナンスが容易

また、Lakehouseプラットフォームは、さまざまなデータソースをインプットとしてデータレイクに保存して、Apache Sparkでアクセス可能とするデータプラットフォームです。データプラットフォームに要求される、主なビジネス上のユースケースは次の通りです。

- リアルタイムに近いレイテンシでシンプルなメトリクスの確認
- BIツールからKPIを日々確認して経営会議などのレポートで利用
- データサイエンスを駆使した探索的データ分析
- 機械学習を駆使した予測からKPIの自動的な改善

本節では、Lakehouseプラットフォームを構築するにあたり、Amazon Web Servicesを利用するサービスを前提に考えてみましょう。ここでは、Amazon Web ServicesとApache Sparkの機能を利用して説明します。もちろん、Amazon EMRやGoogle Cloud Dataprocなど他のサービスを利用してもLakehouseプラットフォームは構築可能です。

7-2-1 データプラットフォームのシステム構成

データプラットフォームのシステム構成は、フルマネージドのクラウドサービスを利用してインフラ管理コストを意識しないで済む設計が理想です。
モバイル端末やWebアプリケーションを含めたシステムは、利用者の運用状況に応じてさまざまな構成が考えられますが、今回の要件を満たす構成として、Amazon Web Servicesの「Amazon Data Firehose（旧：Amazon Kinesis Data Firehose）」と「Kinesis Data Streams」の利用を比較してみましょう。

Amazon Data Firehoseによる構成

Amazon Data Firehoseを採用する構成では、次の通りの処理となります。

- Amazon Data Firehoseを利用して自動的にJSONでAmazon S3に格納
- APIサーバのログはFluentdあるいはFluent Bitを経由してJSONでAmazon S3に格納
- Amazon RDSはDatabase Migration Service（DMS）で自動的にParquetでAmazon S3に格納
- Amazon S3のJSONやParquetをApache SparkでDelta Lake（Amazon S3）に再格納

Amazon S3にJSONとParquetを自動保存するまではメリットですが、その後はApache SparkでJSONやParquetを読み出してDelta Lakeに再格納しているため、同じ内容のデータが二重に保存されるデメリットがあります。ただし、データはAmazon S3にJSONやParquetで保存されているため、Amazon AthenaやRedshift Spectrumによって読み出せます。データ保全の観点では有利といえるでしょう。
Amazon RDSはAmazon Database Migration Service（DMS）を用いると、CDC（Change Data Capture）と呼ばれる変更差分をAmazon S3やKinesis Data Streamsなどのストレージに格納できます。ニアリアルタイムで処理できるストリーミング処理を容易にするためには、Kinesis Data StreamsやKafkaなどのストリーミングパイプラインを利用する必要があります。

Kinesis Data Streamsによる構成

Kinesis Data Streamsを採用する構成では、次の通りの処理となります。

- APIサーバのログはFluentdあるいはFluent Bitを経由してKinesis Data Streamsに格納
- RDBMSは、Database Migration Services（DMS）を利用してKinesis Data Streamsに格納
- Kinesis Data Streamsを経由してApache SparkからAmazon S3にDelta Lakeで格納

前述のAmazon Data Firehoseを利用するパターンと似ていますが、サーバログとイベントログの転送でKinesis Data Streamsの利用を検討してみましょう。

Kinesis Data Streamsは、データ流量の把握とそれに伴うシャード数の管理が必要となり、ニアリアルタイムでのデータ処理が可能である反面、管理の難度がやや高いストレージです。2021年末には、流量に応じてシャード数が自動で増減し、シャード数管理が不要なサーバレスストリーミングサービスAmazon Kinesis Data Streams On-Demandがリリースされています。
この構成パターンは、ニアリアルタイムでのストリーミング処理である反面、Apache Sparkが停止するとKinesis Data Streams上に未処理のデータが滞留します。Kinesis Data Streamsはデータ保持期限がデフォルトで24時間であるため、連続でApache Sparkが24時間以上ダウンした場合は、未処理のデータが消失するリスクがあります。

ちなみに、Kinesis Data Streamsはデータの保存時間を最大7日間まで無償で延長できるので、特に問題がなければ7日に延長するとよいでしょう。

アーキテクチャパターンの比較検討

Amazon Data FirehoseとKinesis Data Stream、それぞれを利用するパターンの長所と短所は次の通りです。

Amazon Data Firehoseを利用するパターン
長所：フルマネージドでAmazon S3まで保存されるため、データ保全の面で管理が有利
短所：ニアリアルタイムでの処理が難しく、バッチ処理によるETL処理が必要

Kinesis Data Streamsを利用するパターン
長所：ニアリアルタイムで処理可能で、より迅速なデータ提供が可能
短所：Apache SparkやKinesis Data Streamsでの障害発生時、データロストへの対策が必要

上記のパターンそれぞれの長所・短所は、ニアリアルタイム処理の可否に尽きます。ビジネスユースケースでニアリアルタイム処理が重要な場合は、Kinesis Data Streamsを利用する必要があります。一方、ニアリアルタイム処理が重要でなければ、Amazon Data Firehoseを利用して管理面での楽さを選択するとよいでしょう。

Kinesis Data Streamsの利用を選択した場合、データ転送アーキテクチャは次の構成案が検討できます。フロントエンドとバックエンド、それぞれの軸から検討を進めましょう。

フロントエンドのデータ転送

フロントエンドからのイベントログなどのデータ転送では、API GatewayとAmazon Lambdaを介してデータ形式の変換、添え字埋め込み、転送先の変更など、必要に応じて柔軟に処理を変更できます。データの加工が必要ない場合はAmazon Lambdaを使用する必要はありません。

フロントエンドのイベントログにログ発生時刻を埋め込む際、利用者が操作する端末の時刻が埋め込まれる場合があります。しかし、端末の時刻は正確とは限らないため、サーバに転送された時点でイベントログにサーバ時刻を埋め込むなどの処置が必要です。

API Gatewayを経由する主な理由は、Amazon Route 53と組み合わせて、DNSによるルーティングで通信先の変更が可能なためです。運用中のデータパイプラインは頻繁に変更されるわけではありませんが、将来的にAPI GatewayとLambdaを停止して、別アーキテクチャに変更する可能性を考慮すると、DNSによるネットワーク管理を採用しておきたいところです。このパターンは、システム構成の変更が容易であるため、柔軟性が高いといえるでしょう。

図7.2.1.1：フロントエンドのデータ転送

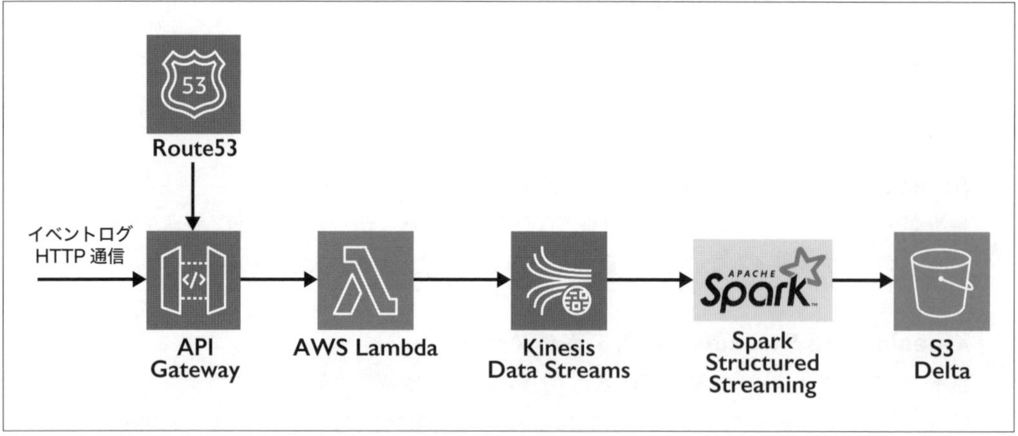

バックエンドのデータ転送

バックエンドのデータ転送では、FluentdあるいはFluent Bitを用いるイベントログなどのログ転送と、バックエンドが利用するRDMBSのデータ転送の2経路が必要です。

フロントエンドとバックエンドはいずれの場合も、クラウドで稼働するFluentd、API Gateway、Lambda、Kinesisなどのサービスを組み合わせてデータフロー処理をおこないます。

図7.2.1.2：バックエンドのデータ転送

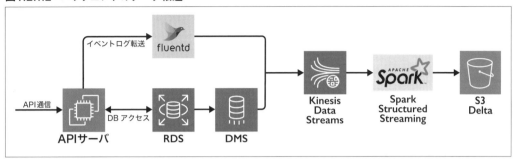

どの構成を選択しても、障害発生時にどこのポイントでデータロストが起こり得るか把握する必要があります。たとえば、決済システムなど欠損が絶対に許されない監査ログの場合、ACID特性を保証するRDBMSに保存するべきです。

データパイプライン内のミドルウェアは、複雑に絡まり合うエコシステム（生態系）の元に構築されます。どこのポイントでどのような障害が発生するかを想定し、障害が発生しても安全にデータを復旧できる設計がデータプラットフォームの可用性向上に繋がります。

また、システム構成は、クラウドサービスやミドルウェアのリリース状況の影響を強く受けます。設計時に最善の構成であっても、新たな革新的な技術の登場によって機器構成が陳腐化するケースも珍しくなく、もちろん本項で紹介したシステム構成も例外ではありません。ビジネスユースケースの重要性を軸としたアーキテクチャ面での利点と欠点を見極めて、どのようなアーキテクチャ設計を選択すれば将来の技術革新に問題なく対応できるか、十分に検討しましょう。

7-2-2 データ可視化のBIツール

データプラットフォームのデータを可視化するBIツールを実装する方法は、いくつかのパターンが考えられます。たとえば、BIツールからデータを取り出す方法にはさまざまな方式があるため、次のユースケースからBIツールとの接続方法を検討してみましょう。

1. 探索的データ分析を実行したい
2. A/Bテストの結果などの効果検証を実施したい
3. データ分析の結果を社内のレポートラインとして利用したい
4. データ分析の結果を一部だけ社外に公開したい

上記のユースケース（1）～（3）は、RedashやMetabaseなどのOSSのBIツールを採用すれば問題ありません。しかし、（4）の社外への情報公開は問題になるケースがあります。

OSSで公開されているBIツールの多くは、標準ではアクセス制御が難しいケースがあり、権限管理などのデータガバナンスの維持が困難です。たとえば、特定のユーザーや企業に開示したくない情報が含まれていたり、計算用クエリを公開したくなかったりするなど、データガバナンス的に問題になるケースはさまざまです。

データガバナンスとユースケースの観点から、社外向けデータ公開に必要な要求を整理してみましょう。

- データガバナンスによる権限管理を厳密にしたい
- 計算途中のスナップショットなど、内部状態データや命令を開示したくない
- なるべく高速に応答する仕組みで提供したい

これらを実現する構成を検討すると、次に示す図となります。

図7.2.2.1：メダリオンアーキテクチャのシステム構成図

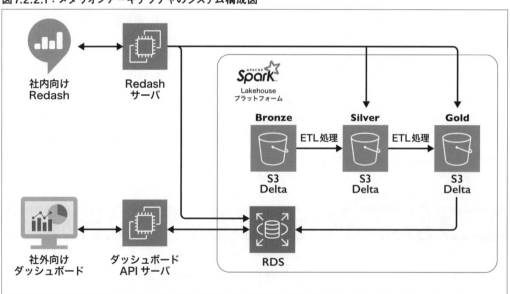

図の構成例では、ETL処理でApache Sparkを利用してメダリオンアーキテクチャを構築し、社外向けに公開するデータはAPIサーバ経由で提供しています。

社外へのデータ公開が必要な場合は、GoldステージにあるデータをRDS（RDBMS）に同期して、外部に公開しています。また、社内向けデータ提供のBIツールはRedashを採用し、より厳しいデータガバナンスが求められる社外向けは、専用Webアプリケーションのダッシュボードで提供する構成です。構成図ではRDSとなっていますが、ビッグデータの集計を含む計算基盤を共有する場合は、Google BigQueryやAmazon Athenaなどのデータウェアハウスの利用も検討すべきでしょう。

データウェアハウスはデータガバナンスを厳密に管理でき、無尽蔵といえる計算リソースと共に、APIサーバが不要になるなどのメリットもあります。社外公開で利用される計算リソースの想定が難しいケースでは、採用するメリットがあるでしょう。

しかし、データウェアハウスを採用した場合、低レイテンシで検索が応答しない問題があります。OLTPのRDBMSのように低レイテンシで応答し、OLAPのように高速な検索性能を併せ持つ製品はほとんどありません（執筆時）。

可視化用に生成したデータをBIツール以外のシステムから利用するケースなどでは、Google Cloud Spannerなどノード追加だけで無制限に拡張できる製品を選択する構成も考えられます。

ちなみに、Databricksを利用すると、Redashから直接Apache Sparkのクラスタに接続できるため、Spark SQLから直接クエリを発行できて便利です。Databricksを利用できないケースでは、SilverやGoldステージのテーブルをAmazon AthenaやGoogle BigQueryなど他のデータウェアハウスに保存して、データを提供するとよいでしょう。

集計結果を保存する側（コマンド側）と検索して利用する側（クエリ側）の機器を分ける設計は、CQRS（Command Query Responsibility Segregation）と呼ばれる設計パターンです。大量データの集計結果を1秒以内に応答するような厳しい検索性能を求められる場合、CQRSを採用すると性能要件を達成できる可能性があります。

Apache Sparkはビッグデータを処理する処理基盤であり、オンメモリで処理されるため高速な処理や応答が可能ですが、クエリの連続発行に対しても低レイテンシで応答する設計ではありません。一方、ElasticsearchやAmazon Auroraなどは大量データの集計処理を得意とせず、連続的に発行されるクエリを低レイテンシで応答するように設計されています。

たとえば、コマンド側をApache Spark、クエリ側をElasticsearchとした場合、集計済みのデータを低レイテンシで全文検索できる検索エンジンの構築が可能です。検索性能のチューニングは、一般に検索性能に有利となるデータ構造やインデックスの設定が必要です。Apache Spark側ではElasticsearchの検索性能に有利なデータ構造で集計しておき、Elastcsearch側に適切なインデックスを与えてデータを格納すれば、より高速な検索性能が得られると期待できます。

コマンド側とクエリ側のそれぞれの観点から、どのような機器構成がユースケースを満たせるか検討するとよいでしょう。

7-3 機械学習と効果検証

データプラットフォームに機械学習システムを組み込む際、いくつかの方法が考えられます。本節ではWebアプリケーションに機械学習を組み込むまでを対象に、その方法を考えてみましょう。データプラットフォームに機械学習を組み込む主なユースケースは以下となります。

1. 機械学習による継続的なビジネス指標となるKPIの改善
2. データプラットフォーム上で特徴量や教師データの収集
3. 教師データから構築した機械学習モデルの効果検証

それでは、機械学習をWebアプリケーションに組み込むにあたり、重要なユースケースは上記のうちどれでしょうか？ 正解は（3）の「教師データから構築した機械学習モデルの効果検証」です。特徴量変数やアルゴリズムによる予測精度の向上はテストできますが、プロダクトに搭載した際に予測通りの効果があるとは限りません。たとえば、季節変動や世相の変化など、機械学習の特徴量に含まれていない交絡因子となる未知の変数により、ビジネス上のKPIが大きく変動して予測できないためです。

ちなみに、交絡因子とは因果関係における原因と結果の双方に影響を与える変数で、原因と結果からは直接観測しづらい因子です。たとえば、新商品を売り出して、前月よりも売上高が倍増したとします。新商品の発売（原因）が売上高の倍増（結果）に繋がったとも見えますが、SNSで広がった口コミに起因するかもしれません。この場合の交絡因子はSNSの口コミになる可能性がありますが、SNSの口コミを適切に観測しなければ適切な因果関係は説明できません。したがって、機械学習をシステムに組み込む場合、効果検証を可能とする処理基盤が必要となります。

7-3-1 機械学習の組み込み

機械学習には「学習」フェーズと「推論」フェーズがあります。「学習」はデータを使って機械学習モデルのパラメータを最適化するフェーズで、「推論」は学習済みモデルを用いて新しく与えられたデータに対して予測や判断をおこなうフェーズです。「学習」には「オンライン学習」と「バッチ学習」があり、それぞれパラメータ更新時におけるデータの扱い方が異なります。

機械学習における「オンライン学習」は、刻々と流れてくるデータをリアルタイムで逐次的に学習する処理で、連続的に発生するデータの流れからリアルタイムでモデルを構築するため、「逐次学習」とも呼ばれます。しかし、現実的なシステムではモデルを即座に更新するケースは稀で、事前に学習したモデ

ルをある程度利用して、必要に応じて再構築するケースがほとんどです。入出力データフローの複雑化に加え、未学習データがある程度集まってから再度学習した方が効率が高いためです。

「バッチ学習」は学習データ全体を一度に投入して学習する手法で、「一括学習」とも呼ばれます。ちなみに、深層学習では、「一括学習」のなかでも「ミニバッチ学習」と呼ばれる手法が広く利用されています。ミニバッチ学習とは、学習データ全体をいくつかのグループに分割し、グループ単位で一括学習を繰り返す方法で、確率的勾配降下法（SGD）が有効と知られるようになってから急速に広まっています。学習データの量とモデルのパラメータ数が非常に大きく、GPUメモリ領域の制約などの理由で一度にデータすべてを投入できないケースに対する解決手段として採用されています。

いずれの手法も、利用するデータの性質やモデルの目的、計算リソースなどを考慮して、適切に選択する必要があります。ちなみに、機械学習システムのアーキテクチャパターンは、メルカリがGitHubで公開している「機械学習システム デザインパターン[1]」が参考になります。機械学習を本番環境に組み込む際に考えられる、さまざまなパターンとアンチパターンが紹介されています。

機械学習をシステムに組み込む際はMLflow[2]が有効です。MLflowは機械学習向けプラットフォームとしてオープンソースで開発され、機械学習の開発チームが直面するモデル管理やデプロイ、サービングなどの機械学習に関する一連のプロセスを支援します。また、Databricksを利用すると、ノートブック上でApache Sparkを経由してデータレイク上にある特徴量や教師データの収集が可能になります。ノートブック上でMLflowを利用し機械学習モデルの実験を管理できます。また、管理対象の機械学習モデルは、KServe[3]やAmazon SageMaker[4]などにモデルをデプロイして推論（サービング）することも可能です。

データプラットフォームに機械学習を組み込むにあたり、本項では「データベースを経由した事前予測結果のサービング」と「推論モデルのリアルタイム処理サービング」の2つのパターンを紹介しましょう。

データベースを経由した事前予測結果のサービング

データベースを経由した事前予測結果をサービングするパターンは、APIサーバとデータプラットフォームの通信をデータベース経由とするため、比較的簡単に実装できます。バッチ処理で機械学習モデルで推論した結果をデータベースに保存し、アプリケーションのAPIサーバから該当するキーのデータを参照するパターンです。データベースはRDBMSやKVSなど、低レイテンシで応答するストレージであれば、ユースケースに応じてどのようなものでも構いません。次図で示す構成では、以下のステップで処理されます（図7.3.1.1）。

1. Apache SparkでAmazon S3上のDelta Lakeよりログデータ中の特徴量を取得

Apache Sparkを利用し、Delta LakeのSilverやGoldステージのデータから特徴量を抽出します。SilverとGoldの両ステージでは、ドメイン知識に特化したデータをSQLで抽出できます。

---

1 https://mercari.github.io/ml-system-design-pattern/README_ja.html
2 https://mlflow.org/
3 https://kserve.github.io/website/0.11/
4 https://aws.amazon.com/jp/sagemaker/

2. MLflowを利用して、学習モデルの構築と結果を保存

Apache SparkのDataFrameをPandasのDataFrameに変換し、XGBoostやLightGBMなどの適切な機械学習アルゴリズムを選択して学習してモデルを構築します。構築されたモデルは、MLflow上で管理します。MLflowは、学習モデルの実験結果や精度などの世代管理ができるため、学習モデルの精度に問題が発生した際は前の世代への巻き戻しも可能です。PandasのDataFrameは、scikit-learnやPyTorchなどさまざまな機械学習ライブラリから利用できます。

3. MLflowを利用して、学習モデルから推論を実行

推論対象のデータをApache SparkのDataFrameから取得してPandas DataFrameに変換し、該当のデータをMLflowで管理されるモデルを利用して推論を実行します。

4. 推論モデルをデータベースに保存

推論結果をデータベースに保存し、アプリケーションサーバからその結果を利用します。図では利用するデータベースがRDS（RDBMS）となっていますが（図7.3.1.1）、RedisなどのKVSを利用する場合もあります。

図7.3.1.1：機械学習システム構成図（1）

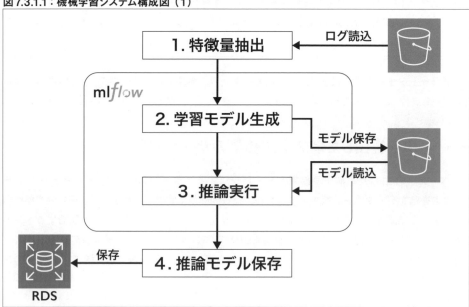

この通り、上図の構成ではモデルの構築と推論を連続して実行していますが、機械学習モデルを構築するバッチ処理と推論するバッチ処理を分けても問題ないでしょう。通常の機械学習モデルを構築するバッチ処理は、長い処理時間や多大な計算コストを要するため頻繁に更新できません。推論処理をなる

べく早くアプリケーションに反映させたい場合は、学習バッチと推論バッチを分けます。
なお、データベースを経由した推論の結果を反映するため、推論結果を利用するまでにリードタイムが発生し即時性に欠けるデメリットがあります。推論結果の更新が1時間など長時間掛かっても問題にならない場合は、このパターンを利用するとよいでしょう。

推論モデルのリアルタイム処理サービング

推論モデルをリアルタイム処理でサービングするパターンは、リアルタイムで推論処理を実行できるメリットがある反面、負荷状況などを考慮したスケーラブルな推論サーバが必要になります。バッチ処理で構築した学習モデルを推論サーバにデプロイし、アプリケーションサーバと推論サーバが通信しながら、リアルタイムで推論結果を返却するパターンです。

ちなみに、Amazon Web Servicesを利用する場合は、Amazon SageMakerを利用すると、オートスケールできる推論サーバを構築できます。

1. Apache SparkでAmazon S3上のDelta Lakeよりログデータ中の特徴量を取得
2. MLflowを利用して、学習モデルの生成と結果を保存
3. 学習モデルを推論サーバにデプロイ

MLflowのデプロイコマンドを利用し、(2)で構築した学習モデルをAmazon SageMakerなどの推論サーバにデプロイします。アプリケーションサーバは、推論に必要なパラメータをAmazon SageMakerに与えて結果を取得し、ユーザー体験に反映します。

図7.3.1.2：機械学習システム構成図（2）

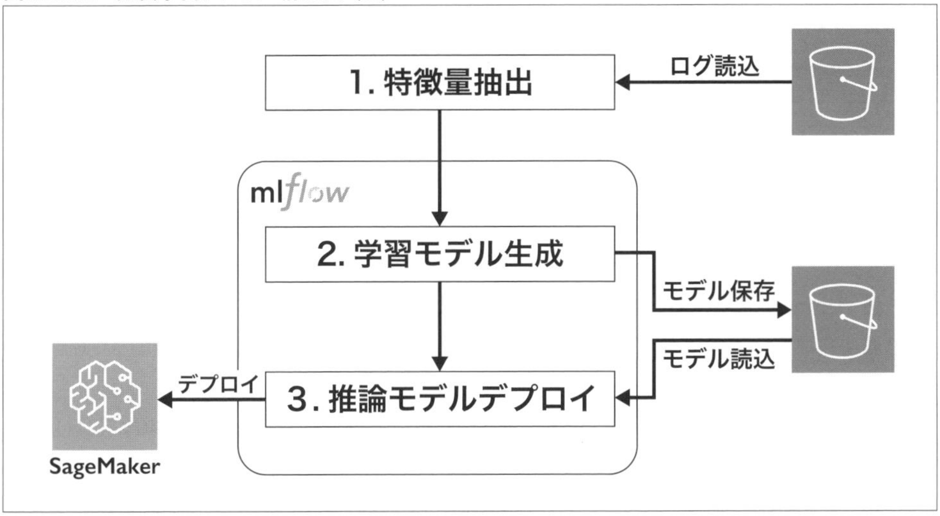

Amazon SageMakerは事前に学習した学習モデルを使って、アプリケーションサーバからの要求に応じてリアルタイムで推論結果を返却するため、より高速に推論結果を利用するケースで有効です。MLflowにはAmazon SageMakerへのデプロイコマンドも用意されているため、比較的簡単に実現できます。

一方、推論処理の負荷が高かったり、同じパラメータを何度も推論したりするユースケースでは、キャッシュサーバを挟んだり、非同期処理で結果を返却するサーバが必要になったりするケースもあります。このパターンではサーバ上で推論を実行していますが、IoTやスマートフォンなどのエッジデバイスに学習モデルを配備してリアルタイム処理するケースもあります。

この通り、学習モデルのデプロイや利用にはさまざまな方法があると覚えておくとよいでしょう。

7-3-2 効果検証の組み込み

アプリケーション運営においては、企画やプロモーションなどの施策はもちろん、機械学習モデルによるレコメンデーションなど、あらゆる領域において効果検証プロセスが必要とされます。

機械学習モデルによる推論で期待される効果は、必ずしもユーザーの反応と一致するとは限りません。たとえば、機械学習モデルでは高い効果が予想されたにも関わらず、ユーザーの反応が芳しくない場合などがあります。季節要因や市場動向（ブームの終焉）など、考えられる要因は無数に存在します。アプリケーション運営のような不確実性の高いオペレーションでは、施策のリリースで得られた反応から意思決定する方が健全といえます。そのため、ユーザの反応を適切に把握するには、効果検証と呼ばれる工程が必要です。

昨今のビジネス現場は、VUCAと呼ばれる将来の不確実性が高く予測困難な環境でのビジネス運営が必要といわれています。VUCAとは、1990年後半に軍事用語として、Volatility（変動性）、Uncertainty（不確実性）、Complexity（複雑性）、Ambiguity（曖昧性）の頭文字を取った言葉です。VUCAへの対応方法はOODAループと呼ばれ、VUCAの各状況を分解して適切に判断する行動が有効に働くとされます。OODAループとは、Observe（観察）、Orient（情勢への適応）、Decide（意思決定）、Act（行動）の頭文字をとった、不確実性の高い状況への対応を示す行動指針です。

ちなみに、意思決定を目的とするOODAループに対して、継続的な品質改善を目的とするPDCAサイクルがあります。頭文字のPDCAが表す、Plan（計画）、Do（実行）、Check（評価）、Act（改善）の通り、事前の計画（Plan）が成立する状況で有効な手段です。しかし、アプリケーション運営ではさまざまな要因が複雑に絡まり、交絡因子が不透明であるため、PDCAサイクルが成立する状況の方が少ないといえます。

データプラットフォームはビジネスの現場でOODAループを回す道具であり、効果検証はOODAループの観察（Observe）を支える上で極めて重要な役割を果たします。たとえば、アプリケーション運営の現場では、OODAループをA/Bテストと呼ばれるテストグループとコントロールグループに分けて

結果を観察する手法で効果検証プロセスを回しています。近年の効果検証プロセスでもっともスタンダードな手法はA/Bテストであり、効果検証を説明する上で避けては通れません。本項では、A/Bテストによる効果検証基盤をシステム的な観点でデータプラットフォームに組み込む方法を解説します。

ちなみに、A/Bテストの効果検証には、数理モデルなどデータサイエンスの領域が含まれます。A/Bテストの実施には、最適な評価基準や対象ユーザーの総数を決めるサンプルサイズの決定方法など、考慮するべき点があります。詳細は『A/Bテスト実践ガイド 真のデータドリブンへ至る信用できる実験とは』[5]などの書籍を参照いただくのがおすすめです。本書では、システムに効果検証基盤を組み込むまでを説明します。

A/Bテスト概要

A/Bテストとは、実験施策を展開しないコントロールグループと展開するテストグループに分けて、施策の効果を比較する実験手法です。A/Bテストの工程に「A/Aテスト」と呼ばれる手法を取り入れると、A/Bテストの信頼性を向上させられます。

A/Bテスト

A/Bテストとは、何らかの新しい施策を実施する際にビジネス上のリスクテイクが難しい場合、ランダムに選択された一部のユーザーに新しい施策を公開し、それ以外のユーザーには非公開として、公開したグループと非公開のグループで効果を比較する実験手法です。施策を展開しないグループをコントロールグループ、展開するグループをテストグループといいます。

A/Bテストは、Amazon、Facebook、Google、Microsoft、Netflix、X（旧Twitter）などの近年のオンラインサービスでは当然のように実施されており、A/Bテストで一部のユーザーに先行して公開された施策で、効果的だと判断されたものを一般公開する対応が頻繁におこなわれています。A/Bテストによる実験は、小さな施策の変更で大きな投資効果をもたらし、施策のアイデアに確信が持てなくとも小さなリスクで市場に投下できるため、FacebookやAmazonでは、常に数千から数万のA/Bテストが実施されていることが知られています。

A/Aテスト

A/Aテストとは、A/Bテストの実験対象者となる予定のテストグループが、許容範囲のバイアスに収まっていると確認する工程です。コントロールグループ候補とテストグループ候補が同じ体験をしていることを確認するために実施します。

A/Aテストは、コントロールグループとテストグループが同じ体験をするため、評価指標が本来同じ結果にならなければなりません。しかし、何らかの理由で偽陽性となったり、評価指標が統計的な分布に基づかない異常値となったりするケースがあります。仮にA/Aテストでコントロールグループ候補とテストグループ候補の評価指標に差がある場合、A/Aテストをやり直して、コントロー

---

[5] Ron Kohavi、Diane Tang、Ya Xu著、『A/Bテスト実践ガイド 真のデータドリブンへ至る信用できる実験とは』、大杉直也訳、2021、KADOKAWA

ルグループとテストグループを再選定します。

任意のA/Bテストの実験で、テストグループのユーザーに何らかの極端な体験をさせた場合、体験を元に戻してもしばらくはユーザーの評価指標が異常値となるケースがあります。この現象をキャリーオーバー効果といい、対象グループが分布上の誤差範囲内に戻るまで、暫く利用せず時間を置く必要があります。

この通り、A/Aテストは、A/Bテストの信憑性向上を目的として、コントロールグループ候補とテストグループ候補が相応しいかを検証する工程です。

A/Bテストに必要となる要素と実験手順

データプラットフォームがA/Bテストの効果検証基盤を支える上で重要な要素は、「総合評価基準」「テストグループの割り当て方式」「実験履歴管理」の3点になります。

総合評価基準

A/Bテストの評価基準は、OEC (Overall Evaluation Criterion：総合評価基準) と呼ばれる、短期的に実験結果を測定できる定量的な数値が適切です。ちなみに、ビジネスの現場ではA/BテストのOECはKPIと呼ばれる場合もあります。

OECとなり得る変数は、施策に関連するユーザーあたりのセッション数、視聴や収益などの成功を示す指数、またはこれらを組み合わせた指標がよいとされています。たとえば、施策に関連するCVR (Conversion Rate) やCTR (Click Through Rate)、組み合わせたCVR×CTRなどが採用されます。長期間の計測が必要となるMAU (Monthly Active Users) や60日継続率などの指標は、A/Bテストの実験と因果関係がはっきりしない場合が多く、OECとして適切ではありません。

テストグループの割り当て方式

A/Bテストを実施する際は、テストグループとして適切なユーザー群の割り当てを考慮する必要があります。テストグループとは、選択した対象に対して施策を適用し、施策の対象ではないコントロールグループと比較するグループです。テストグループに割り当てるユーザー群は、検証対象の施策に対してバイアスが掛からないように選択する必要があります。

過去の実験で利用されたテストグループは、キャリーオーバー（繰り返し）効果と呼ばれる現象が起きる場合があります。キャリーオーバー効果とは、過去の実験による影響が続けて実施される別の実験にも残存してしまう現象です。キャリーオーバー効果の回避に関して、Spotifyが2021年3月に投稿したブログ「Spotify's New Experimentation Coordination Strategy[6]」と、論文「Statistical Properties of Exclusive and Non-exclusive Online Randomized Experiments using Bucket Reuse[7]」で、テストグループの割り当てに関して言及されています。

ここで紹介されている仕組みでは、ユーザーIDに任意のsaltを与えたハッシュ関数からハッシュ

---

[6] https://engineering.atspotify.com/2021/03/10/spotifys-new-experimentation-coordination-strategy/
[7] https://arxiv.org/abs/2012.10202

値を生成し、ハッシュ値を整数Nで割った余り（Mod N）をBucketと呼ばれる値に割り当てます。整数Nは通常のユーザー数から判断可能なサンプルサイズで決定されますが、Spotifyでは1M（1,000,000）を採用し、100万個のBucketを利用している模様です。

前述のSpotifyの論文によると、統計的な観点からBucket内に在籍するユーザー群は一度Bucketが決定されると、ユーザーの再シャッフルは不要であり、したがって、施策ごとにユーザーが所属するBucketを再構築する必要はなく、施策間のBucketは変更せずに同じものを利用してよいとされています。その理由は、SpotifyのBucket方式ではキャリーオーバー効果が発生しても問題がないように設計されているためです。A/Bテストには、同一ユーザーが単一の実験を体験する排他実験と、複数の実験を同時に体験する非排他実験がありますが、排他実験においてはBucketの重複を避けるようにと説明されています。

排他実験と非排他実験で採用されるBucketは、次図の通りに定義されています（図7.3.2.1）。

図7.3.2.1：排他実験と非排他実験のイメージ図（公式ブログ[6]より引用）

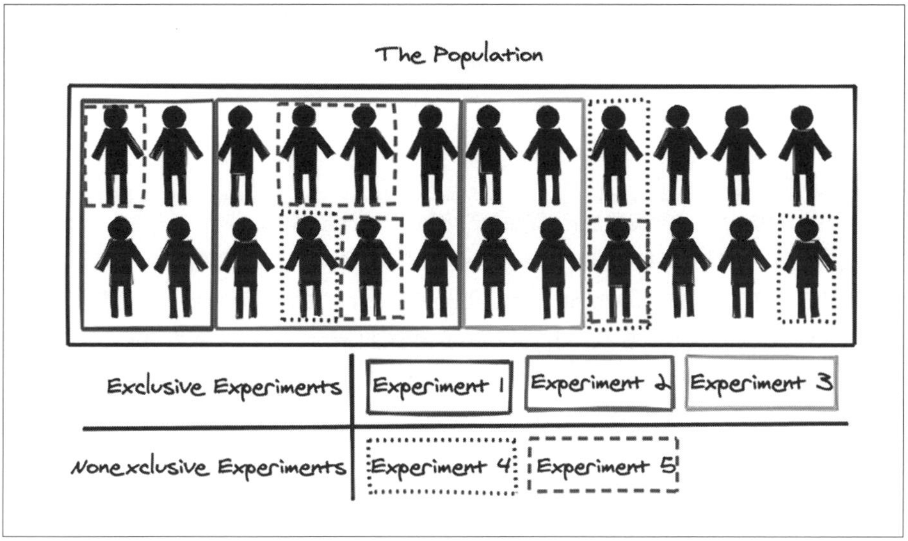

- 排他実験：　実験1、実験2、実験3
- 非排他実験：　実験4、実験5

上図で排他実験（Exclusive Experiments）の実験1、実験2、実験3のユーザー群はそれぞれが排他ですが、実験4と実験5のユーザー群は排他実験で利用されているユーザー群も利用されています。各実験で選択されているユーザー群を50％で均等に分割して、コントロールグループとテストグループとして定義します。各Bucketはランダムに割り当てられるため、選択されたBucketに偏りは起きませんが、実験に利用したBucketはキャリーオーバー（繰り返し）効果が発生する可能

性があります。

非排他実験では、全体からランダムにサンプリングされるため、コントロールグループとテストグループの比較でキャリーオーバー効果は問題になりません。一方、排他実験ではサンプリングが他の実験に依存するため、完全にランダムにならない場合があります。しかし、十分な空白期間を設ければ、バイアスが均一化され、キャリーオーバー効果は問題にならなくなります。

A/Aテスト集計で対象としたBucket内のバイアス有無を発見できるため、仮に対象となるグループに問題がある場合は、別のBucketを利用すればよいでしょう。排他実験と非排他実験の性質の違いを考えてみましょう。排他実験は、他の実験との間で矛盾が生じる実験で選択するとよいとされています。たとえば、実験のコントロールグループには施策を有料で体験させ、テストグループには無償で体験させるようなケースが該当します。非排他実験は一部ユーザーへのUI変更や文言の小さな変更など、ユーザー体験間に矛盾が生じないものに利用されます。機能を説明する画面内の小さなメッセージはマイクロコピーとも呼ばれ、理解されやすい文体を調査するためにメッセージの内容をわずかに変える場合などです。

アプリケーション運営の現場では、テストグループ割り当て方法によっては、他の実験との干渉が問題になるケースがあります。紹介したユーザー割り当ての仕組みを利用すると、実験間の干渉が発生しづらく、スケーラブルで柔軟なA/Bテストの運用をサポートできます。

実験履歴管理

A/Bテストの実施に際して、実験内容、実験対象のBucket番号、実験グループ（コントロールグループ or テストグループ）の3種類を事前に決める必要があります。これらの内容を履歴管理した上で、実験の開始日と終了日、OEC（Overall Evaluation Criterion：総合評価基準）による評価指標をデータベースに保存しBIツールから参照可能にすれば、利害関係者がいつでも意思決定に利用できます。実験は複数が同時に実行されるため、これらの結果をデータベースに保存しておくと、後から任意のタイミングで実験と検証の証跡を管理できます。

A/Bテストの実施手順は下記の通りです。

表7.3.2.2：A/Bテスト実施手順の全体

手順	内容	詳細
1	評価指標の決定	対象となる実験でもっとも観測対象となり得る評価指標を選択
2	テストグループ決定	1. サンプルサイズ決定 2. テストグループ割り当て 3. A/Aテスト集計（偏りがある場合はテストグループ割り当てを再実行） 4. テストグループ決定（テストグループの書き出し）
3	A/Bテスト・実験開始	1. 実験結果集計 2. 実験結果モニタリング
4	A/Bテスト・実験終了	テストグループの削除
5	レポーティング	BIツールで実験結果を確認

Lakehouseプラットフォームでの効果検証基盤の組み込み

アプリケーション運営の現場では、関連する機能ごとにチームが編成され、1つのアプリケーションを複数チームで開発するケースも多いです。
Spotify方式のA/Bテストは、排他実験や非排他実験の施策間での相互干渉が発生しづらいため、A/Bテスト運用のチーム間での情報連携に掛かるコストがほとんど発生しなくなります。複数のA/BテストによるOODAループを多数同時に回せるようになり、ビジネス課題の発見に大きく貢献します。本項では、Lakehouseプラットフォームとメダリオンアーキテクチャに、A/Bテストによる効果検証をどのように組み込むか説明しましょう。

A/Bテスト実行環境の構築

テストグループは、Bucket Noと呼ばれる値で決定されます。ユーザーIDを与えるとBucket Noを返す関数を用意して、リクエストしたユーザーがテストグループかコントロールグループかを判断します。たとえば、Bucket Noの下1桁が「0」の場合はテストグループ、それ以外の場合はコントロールグループなどの実装が考えられます。

図7.3.2.3：Bucket値の取得

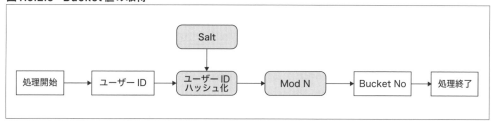

Bucket Noでテストグループに割り当てられたユーザーには、コントロールグループとは異なる体験を提供します。たとえば、コントロールグループには新しい機能を提供せず、テストグループには全ユーザーに向けてリリースするか判断に迷う機能を提供するなどです。APIサーバは、テストグループに割り当てられたユーザーのトラフィック分岐を受け持ち、コントロールグループとは異なるレスポンスを返却します。

次図に示す通り、ユーザーAのユーザーIDから算出されるBucket番号が「0」だったとして、実験がFooのテストグループに割り当てられます（図7.3.2.4）。これらの割当先はA/Aテスト基盤が対象者を選定するため、APIサーバはトラフィック分岐を実装するだけで良くなります。対象者がどのような体験をしたかは、データプラットフォームに転送されるログによって判断できます。

図7.3.2.4：APIサーバ

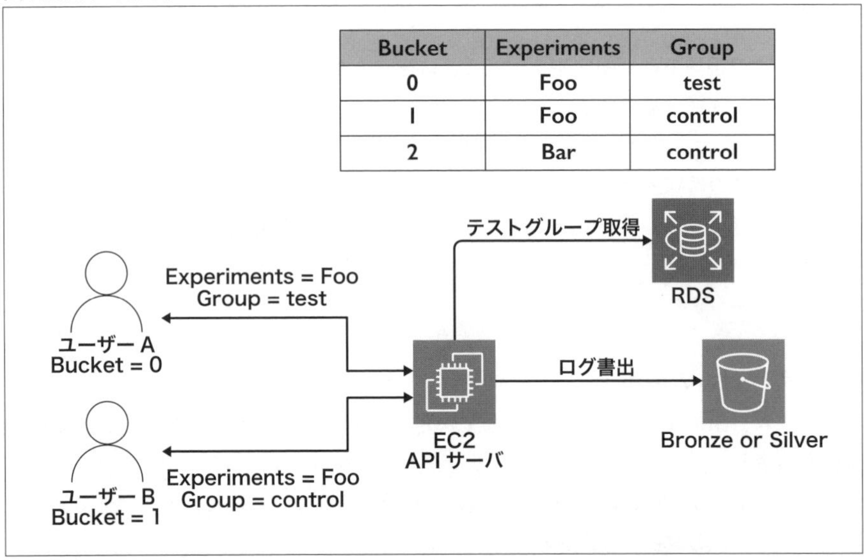

Bucket	Experiments	Group
0	Foo	test
1	Foo	control
2	Bar	control

ユーザーA Bucket = 0 ← Experiments = Foo / Group = test
ユーザーB Bucket = 1 ← Experiments = Foo / Group = control
EC2 APIサーバ → テストグループ取得 → RDS
EC2 APIサーバ → ログ書出 → Bronze or Silver

テストグループの選択（A/Aテスト）

テストグループの選択で実施するA/Aテストとは、A/Bテストの対象者となる予定のテストグループが、バイアスが掛かっていない許容範囲に収まっていると確認する工程です。A/Aテストは、A/Bテストの対象となるユーザー群が、テストグループとして相応しいかを検証する工程です。
プロダクトマネージャーは評価指標の策定まで関わり、データサイエンティストはテストグループの決定までを担当します。

表7.3.2.5：A/Bテスト実施手順（A/Aテスト部）

手順	担当者	内容	詳細
1	プロダクトマネージャー データサイエンティスト	評価指標の決定	対象となる実験でもっとも観測対象となり得る評価指標を選択
2	データサイエンティスト	テストグループ決定	1. サンプルサイズ決定 2. テストグループの割当 3. A/Aテスト集計（偏りがある場合はテストグループの割当を再実行） 4. テストグループ決定（テストグループの書き出し）

Lakehouseプラットフォーム上の計算リソースを利用した全体図は、次図の通りです（図7.3.2.6）。Apache SparkでSilverステージあるいはGoldステージからデータを参照して、評価指標決定やテストグループを決定してデータベースに保存します。
APIサーバには、対象のテストグループに準ずるトラフィック分岐を実装し、対象グループにはそれぞれ異なる体験を提供します。異なる体験とは、画面のレイアウト変更やボタン配色の変更、マイクロコピー（小さな文言）の変更などが該当します。

図7.3.2.6：A/Aテスト基盤

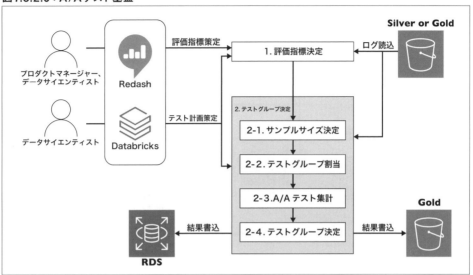

A/Bテストの実施

A/Bテスト基盤はアプリケーションのトラフィック分岐により発生したログを集計し、A/Bテストの結果をレポートする基盤です。

A/Aテスト基盤で対象者となったユーザーが発生させたログを、A/Bテスト基盤が評価指標を算出してレポートするまでを責務とします。

表7.3.2.7：A/Bテスト実施手順（A/Bテスト部）

手順	担当者	内容	詳細
3	プロダクトマネージャー データサイエンティスト	A/Bテスト 実験開始	1. 実験結果集計 2. 実験結果モニタリング
4	ー	A/Bテスト 実験終了	テストグループの削除
5	プロダクトマネージャー データサイエンティスト	レポーティング	BIツールで実験結果を確認

Lakehouseプラットフォーム上の計算リソースを利用したA/Bテスト基盤は次図の通りです（図7.3.2.8）。Apache SparkでSilverステージから読み込んだテーブルを、実験結果として集計処理（評価指標のコントロール/テストグループ間の対比結果）をGoldステージに書き込み、BIツールで実験終了までモニタリングします。

Goldステージのテーブルに実験結果の集計を定期的に書き出してモニタリングしていれば、仮に異常を検出した際に、A/Bテストの打ち切りなどを早期に決断できます。

A/Bテスト完了後にデータベースからテストグループを除去すると、APIサーバのトラフィック分岐が消滅して、すべてのユーザーがコントロールグループと同様の挙動となります。

図7.3.2.8：A/Bテスト基盤

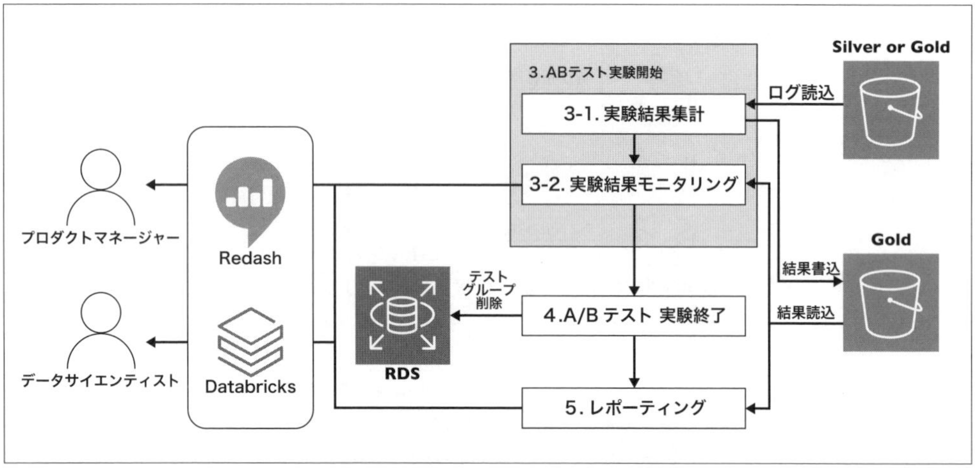

メダリオンアーキテクチャと評価指標

Lakehouseプラットフォームでメダリオンアーキテクチャを採用すると、評価指標のデータはSilverステージあるいはGoldステージに存在すると明確に分かります。

ちなみに、A/Aテストの評価指標を決定する際に、対象となる施策の評価指標をどのようにすればよいか議論されておらず、評価指標が未知な場合があります。その場合、どのようなログであれば施策を観測可能か、プロダクトマネージャーやデータサイエンティストなどの関係者間で適切に議論する必要があります。たとえば、本来のログ設計の議論は評価指標の決定を目的としますが、ログ設計を掘り下げて議論すれば施策側に示唆を与えるケースも少なくありません。つまり、観測対象の検討を進めると、ビジネス課題のドメイン知識に影響を与えるといえます。

総合評価基準（OEC）やサンプリング数は、Silverステージのデータを集計して算出します。Silverステージの集計は、膨大なイベントログを処理するケースが多く、大量の計算リソースが必要ですが、Apache Sparkであれば計算リソースは大きな問題とはならず、探索的データ分析によって評価指標の発見は比較的容易です。OECやサンプリング数の算出には相応の複雑な計算が必要となるため、BIツールだけでは困難です。これらの複雑な計算は、DatabricksやJupyterなどのノートブック形式の探索的データ分析ツールが有効です。

A/Bテストは、A/Aテストで選定されたバイアスのないユーザーグループに対して、実験や検証を繰り返せば成功の可能性が高くなります。また、コントロールグループとテストグループの実験結果がくっきりと分離され差異が明確なほど、結果の「分かる化」が進み、ビジネスにおけるドメイン知識の洞察が深まります。Lakehouseプラットフォームのメダリオンアーキテクチャに加え、前述のSpotify方式のA/Bテストを採用すると、質と量の両面において高品質でスケーラブルなA/Bテストによる効果検証基盤を構築できます。効果検証基盤はOODAループを支える重要な要素であり、データプラットフォームの活用を促進する重要な要素といえるでしょう。

7-4
データプラットフォームの信頼性

一般的なデータの利用者は、BIツールなどの情報は高品質かつ高い信頼性が担保されている前提で利用しており、信頼に欠ける情報の存在を想定していません。したがって、データプラットフォームの運営では、データは重複や欠損がなく、虚偽のない高い信頼性を保持する必要があります。万が一、データ集計の不具合から広告主に誤った数値を提出してしまうと、誤請求などが発生して大問題となります。しかし、バグのないソフトウェアは存在しないのと同様に、データプラットフォーム上のデータが完全に正確であるとは証明できません。そのため、データの信頼性とは、データ品質基準をデータガバナンスで定めて、その基準で問題にならない範囲での保証が必要になります。データ品質管理の定義は、書籍『データマネジメント知識体系ガイド 第二版[1]』が分かりやすいため、同書から引用して紹介します。

> * 組織が持つデータの価値を高め、それを利用する機会を増やす
> * 低品質データに伴うリスクとコストの削減
> * 組織の効率と生産性の向上
> * 組織に対する評判の維持と向上
>
> データから価値を引き出したい組織は高品質のデータの方が低品質なデータよりも価値が高いことを認識している。低品質なデータは危険をはらんでいる。組織の評判が損なわれ、罰金、収益の損失、顧客の損失、否定的にメディアに取り上げられる、といった事態を生む危険がある。
> (中略)
> 信頼性の高いデータはリスクを軽減し、コストを削減するだけでは無く、効率を向上させる。信頼できるデータを利用すれば、問合せに対して従業員は迅速かつ一貫して回答できる。データが正しいかどうか確かめようとする時間を減らし、納得した上で判断し、より多くの時間を顧客サービスに利用できる。

上記の定義を踏まえると、信頼性の高いデータとは、ビジネス上の意思決定を効率良く実行できるデータといえます。信頼性の高いデータはビジネス運営で多くの利益をもたらしますが、その状態を提供するデータプラットフォームは次の2点を満たす必要があります。

- 集計処理がテストケースの期待する結果の範囲内である
- データガバナンスの定める範囲内の品質を保持する

これらの2点を満たすには、データパイプラインにおけるETL処理やELT処理などのさまざまな工程で、入力値と期待結果との一致を保証するユニットテストや結合テストなどが必要です。また、集計処理は何度実行されても同じ結果を示す冪等性も、信頼性の向上には効果的です。たとえば、データ集計処理

---
1 DAMA International著、『データマネジメント知識体系ガイド第二版』、DAMA日本支部訳、2018、日経BP

に入力されるデータの不具合で再集計が必要となると、集計処理の後続処理に影響を及ぼします。影響を排除するためには、一部分のデータ修正だけでの対応は難しいケースがほとんどで、入力データを修正して全体の処理を再実行するのが現実的です。したがって、全体処理を何度実行しても同じ結果となるデータ処理結果の冪等性は、データ処理で不具合が発生した際のリカバリに有効です。

データ処理の不具合には、サーバの予期しないシャットダウンやネットワーク障害など、OS層のクラッシュに起因する場合があります。一般的なデータ処理システムは「アプリケーション層」「ミドルウェア層」「OS層」からなる3層構造ですが、ミドルウェア層より下位のOS層での障害は、ミドルウェア層の処理で自動復旧できない場合があります。そうすると、途中まで生成したデータを破棄して障害対応後に再処理を迫られるケースもあり、どの層の障害であっても再実行による結果が同一となる冪等性の担保は、データ処理のレジリエンスの観点からも極めて重要です。

データパイプラインの機器構成で、どのポイントで障害が発生するかを事前に予測することは困難です。仮に障害が原因でデータ処理が失敗したとしても、バッチ処理を再実行すれば同じ結果が得られる冪等性が担保されているのであれば、データプラットフォーム運用において迅速なリカバリが可能です。

一方、データプラットフォームで実装されるETL処理やELT処理に対するテストやデバッグの手法は意外と知られていません。通常のソフトウェア開発では、ユニットテストを実行する環境が用意され、テストコードで実装が期待通りの結果をもたらすか確認できます。しかし、データプラットフォームのミドルウェアは、ユニットテストを実行できる環境が用意されていない場合も多く、データセットの用意も難しいケースがほとんどです。「4-2-5 ELT処理の活用」で紹介したdbtなどの登場で、テスト環境の用意が容易になってきたとはいえ、依然としてデータ品質の担保は難しい状況といわざるを得ません。

次項以降ではデータプラットフォームが提供するデータの信頼性を担保する手法を紹介します。さまざまなデータをデータフレームにできるApache SparkとPandasを利用して、単体テストや結合テストの実装を紹介しましょう。

7-4-1 データ民主化とデータ信頼性

データ分析の現場では、ビジネスでの付加価値を生み出すために、データを幅広く公開する「データ民主化」が推進されています。ここでのデータ民主化とは、BIツールなどを代表的なデータ利用の入口として、営業職などビジネス職が容易に活用できるデータの利活用を企業文化に定着させる方法論です。

データ民主化が推進された組織は、ビジネス職の利用者がSQLを学習してデータを利活用する組織に成長する場合があります。しかし、ここでデータ民主化の暗黒面ともいえる大きな落とし穴があります。仮に入力されたSQLが文法的に正しく期待通りのデータを取得できたとしても、その結果が適切に解釈されているとは限りません。データ分析の目的とは、データから将来の可能性への考察を得ることで

あり、データの解釈が不適切な場合は誤った意思決定に繋がる可能性があります。したがって、データ民主化の運営では、正確なデータを提供するだけでなく、データ解釈のガイドラインが必要です。正確なデータとは、データ処理が期待通りの挙動を示し、不正なデータが含まれないデータを指します。しかし、仮に正確なデータを提供しても、その解釈を誤ると間違った意思決定に繋がり、ビジネス上の損失が生じる可能性があります。したがって、データ民主化の運営では、データガバナンスでデータ解釈のガイドラインも定めて運用する必要があります。データガバナンスが定める品質の基準を満たしたデータは、安全性が高く事故予防や機会損失の回避に繋がります。

データプラットフォームで扱うデータには、ビジネス上の重要度が高いものと、重要度が低いものがあります。重要度の高いデータとは、課金ユーザー数などのビジネスの経営判断に直結するものが該当します。また、逆に重要度の低いデータとは、API発行回数など、それ自体では大きな価値がないと考えられるものが該当します。重要度が高いデータほどその信頼性を失うと、データプラットフォームの評判を損ねたり、ビジネス上の大きな損失に繋がりかねない危険性があります。

データ民主化を推進すると、さまざま職種の利用者が日々の業務で分析クエリを作成し始めるため、すべての分析クエリに高い信頼性を与えるのは、工数的にも現実的ではありません。そのため、実際のデータプラットフォームの運用では、前述の重要度の高いデータに限定して品質保証するケースもあります。データ民主化とデータの信頼性の保持はセットで考え、工数と品質のバランスがとれた運用をすべきです。

7-4-2 分析クエリのデバッグ

データプラットフォームでよく利用されるSQLは柔軟で使いやすい反面、デバッグが困難でユニットテストの記述が難解です。Apache Sparkのデータフレームは、データ品質の向上に必要なユニットテストや実行時テストの記述が比較的容易です。たとえば、下記コード例のSQLを考えてみましょう。addressテーブルから、address_codeが**1**で、first_nameが**john**の件数をカウントする簡単なSQLです。

コード7.4.2.1：検証用クエリ（全体）

```
WITH target AS (
  -- address_codeが1のデータを取得する
  SELECT first_name, last_name, region FROM address WHERE code = 1
)
SELECT count(1) as count FROM target WHERE first_name = 'john'
```

上記コードの実行結果は次の通りです。

コード7.4.2.2：検証用クエリ（全体）の実行結果

```
|count|
|-----|
|    2|
```

このクエリは、with句内の**target**はCommon Table Expression（CTE）とも呼ばれますが、通常のSQLではCTEの処理内容を確認できません。そこでビューの中身を知りたい場合は、事前に以下のクエリを実行して確認しましょう。

コード7.4.2.3：検証クエリ（with句内）

```
SELECT first_name, last_name, region FROM address WHERE address_code = 1
```

この際に出力される結果は次の通り、4件のレコードが返却され、実行結果は2件が**john**で、残りの2件は**paul**だとします。

コード7.4.2.4：検証クエリ（with句内）の実行結果

```
|first_name|last_name|region|
|----------|---------|------|
|      john|      foo| tokyo|
|      john|      bar| tokyo|
|      paul|      foo| tokyo|
|      paul|      bar| tokyo|
```

出力結果を見ると、当初のクエリが求める内容の通り、`first_name = 'john'`でカウントすると2件であると分かります。

前述の通り、SQLではその文法の特徴上、with句に内包されるビューを生成するクエリが正しい結果であるか検証する方法がありません。実務で利用されるSQLには、他にもjoin句、union句、except句、窓関数を組み合わせる複雑な集計処理も珍しくなく、デバッグが難解で実装のどこに不具合があるか特定は困難です。SQLのデバッグが困難であると分析クエリ実装の生産性に影響するため、クエリをデバッグしやすい環境を用意する必要があります。

SQLエンジンの出力結果が疑わしい場合、Apache SparkとDatabricksを利用するノートブックでのデバッグが大変便利です。Apache Sparkは、Amazon Web ServicesのAmazon AthenaやAmazon Redshift、Google BigQuery、Treasure Dataなどさまざまなデータソースのデータをデータフレーム化できます。

次の例では、Scalaで**address**テーブルを生成してデータフレーム化していますが、任意のデータウェアハウスからデータ取得するケースも同様です。

はじめにApache Sparkのデータフレームを生成します。通常はデータベースなどからデータ取得しますが、説明を分かりやすくするためコード上で直接データフレームを生成しています。

コード7.4.2.5：データ定義

```
import java.time._

// 事前定義
val addresses = Seq(("john", "foo", "tokyo", 1),
                    ("john", "bar", "tokyo", 1),
                    ("john", "baz", "kyoto", 2),
                    ("paul", "foo", "tokyo", 1),
                    ("paul", "bar", "tokyo", 1),
                    ("paul", "baz", "kyoto", 2))
  .toDF("first_name", "last_name", "region", "code")

// address ビューを生成
addresses.createOrReplaceTempView("address")
```

この結果をデータフレームに次のSQLを発行すると、期待結果となる **count = 2** が返却されます。

コード7.4.2.6：SQL（全体）

```
%sql
WITH target AS (
  -- address_codeが1のデータを取得する
  SELECT first_name, last_name, region FROM address WHERE code = 1
)
SELECT count(1) as count FROM target WHERE first_name = 'john'
```

コード7.4.2.7：SQL（全体）の実行結果

```
|count|
|-----|
|    2|
```

上記クエリのwith句内で定義されるデータにもアクセスしてみましょう。Apache Sparkのデータフレームは、SQLのwith句内で定義されたデータも同様に参照できます。

コード7.4.2.8：SQL（with句内）

```
%sql
-- address_codeが1のデータを取得する
SELECT first_name, last_name, region FROM address WHERE code = 1
```

コード7.4.2.9：SQL（with句内）の実行結果

```
|first_name|last_name|region|
|----------|---------|------|
|      john|      foo| tokyo|
|      john|      bar| tokyo|
|      paul|      foo| tokyo|
|      paul|      bar| tokyo|
```

この通り、SQLで取得した結果を逐次データフレーム化して、挙動を1つ1つ確かめながらSQLを組み上げていく方法は、データ処理のユニットテスト化が可能なため、デバッグツールとして強力です。

7-4-3 データ処理のアサーション

Apache SparkのPython実装であるPySparkとPandasを組み合わせたアサーションによるテストを説明しましょう。アサーションとは、プログラム内で特定の条件が偽である場合に実行時例外を発生するチェック機構を指します。アサーションを用いてコードが満たすべき条件を明確にすれば、想定外の入力に起因するバグの早期発見や影響範囲の特定に役立ちます。

Apache Sparkの3.5以降では、PySpark Testing API[2]がサポートされており、PySparkのデータフレームの単体テストが可能です。このAPIは、ユニットテストに加えて、処理実行時のアサーションも実行できます。

前項のビュー部分をテスト対象に、SparkSQLで**data**としてビューを定義し、前提となるデータ検証を実行するテストを記述してみましょう。次に示すコード例では、Scalaによるデータ定義となっていますが、PySparkでデータ定義してもよいでしょう。

SparkSQLで取得したデータをPySpark上でデータフレーム化します。

コード7.4.3.1：SQL（全体）

```
val data = spark.sql("""
-- address_codeが1のデータを取得する
SELECT first_name, last_name, region FROM address WHERE code = 1
""")

data.createOrReplaceTempView("data")
display(data)
```

---

2 https://issues.apache.org/jira/browse/SPARK-44042

コード7.4.3.2：SQL（全体）の実行結果

```
|first_name|last_name|region|
|----------|---------|------|
|      john|      foo| tokyo|
|      john|      bar| tokyo|
|      paul|      foo| tokyo|
|      paul|      bar| tokyo|
```

assertDataFrameEqualを実行して、期待結果と一致するかどうかを検証します。次のデータフレームは、事前に定義した期待結果と一致するため正常に終了します。

コード7.4.3.3：assertDataFrameEqual（成功）の実行

```
%python
import pyspark.testing
from pyspark.testing.utils import assertDataFrameEqual

original_df = spark.sql("SELECT * FROM data")

expected_data = [{'first_name': 'john', 'last_name': 'foo', 'region': 'tokyo'},
    {'first_name': 'john', 'last_name': 'bar', 'region': 'tokyo'},
    {'first_name': 'paul', 'last_name': 'foo', 'region': 'tokyo'},
    {'first_name': 'paul', 'last_name': 'bar', 'region': 'tokyo'}]

expected_df = spark.createDataFrame(expected_data)

assertDataFrameEqual(original_df, expected_df)
```

assertDataFrameEqualの失敗例を示します。次のコード例では、期待結果とは異なるデータが入力されているため、テストに失敗してエラーを返します。

コード7.4.3.4：assertDataFrameEqual（失敗）の実行

```
%python
import pyspark.testing
from pyspark.testing.utils import assertDataFrameEqual

original_df = spark.sql("SELECT * FROM data")

# 1行目のfirst_name(john)に想定外のデータ(last_name、region)が入力されている
expected_data = [{'first_name': 'john', 'last_name': 'bar', 'region': 'kyoto'},
    {'first_name': 'john', 'last_name': 'bar', 'region': 'tokyo'},
    {'first_name': 'paul', 'last_name': 'foo', 'region': 'tokyo'},
    {'first_name': 'paul', 'last_name': 'bar', 'region': 'tokyo'}]

expected_df = spark.createDataFrame(expected_data)
```

```
assertDataFrameEqual(original_df, expected_df)
```

コード7.4.3.5:assertDataFrameEqual(失敗)の実行結果

```
PySparkAssertionError: [DIFFERENT_ROWS] Results do not match: ( 50.00000 % )
*** actual ***
Row(first_name='john', last_name='bar', region='tokyo')
Row(first_name='john', last_name='foo', region='tokyo')
Row(first_name='paul', last_name='bar', region='tokyo')
Row(first_name='paul', last_name='foo', region='tokyo')

*** expected ***
Row(first_name='john', last_name='bar', region='kyoto')
Row(first_name='john', last_name='bar', region='tokyo')
Row(first_name='paul', last_name='bar', region='tokyo')
Row(first_name='paul', last_name='foo', region='tokyo')
(以下略)
```

この通り、データパイプラインでのETL処理内のアサーションは、期待結果との突き合わせにより実行時例外を出力できます。仮に例外が発生した場合は、適切に対応すればデータの信頼性を高められます。

メダリオンアーキテクチャでは、BronzeステージからSilverステージに移行するクレンジング処理の際に、想定しないデータが紛れ込むケースがあり得ます。想定しないデータが流入した場合は、データの処理結果に不具合が発生する可能性が高く、アサーションにより実行時に検出して異常終了した方がよい場合もあります。

ユニットテストは原則として事前に想定したデータが期待結果と一致するかどうかを検証するため、事前に想定しないデータの流入は予想できません。本番データの処理中に想定しないデータが発生した場合は、適切にエラーとして処理を異常終了させると、データ品質維持に効果的といえます。

7-4-4 複雑な集計クエリの実装

本項では、より複雑な集計クエリの実装方法を説明しましょう。
Apache Spark 3.0以降では、PythonのPandas向けに定義された関数を直接Apache Sparkのデータフレームに適用できます。したがって、Apache SparkとPandasのデータフレームを相互に変換すれば、PandasのエコシステムをApache Sparkに容易に適用できます。ちなみに、Databricksのブログポスト「New Pandas UDFs and Python Type Hints in the Upcoming Release of Apache Spark 3.0[3]」

---

[3] https://www.databricks.com/blog/2020/05/20/new-pandas-udfs-and-python-type-hints-in-the-upcoming-release-of-apache-spark-3-0.html

に詳細が記述されています。

次の例に示す通り、Apache SparkのデータフレームをPandasのシリーズに変換してPandasUDFとして処理できます。

コード7.4.4.1：PandasでインクリメントするメソッドをApache Sparkに適用するコード例

```
from pyspark.sql.functions import pandas_udf, PandasUDFType

@pandas_udf('long', PandasUDFType.SCALAR)
def pandas_plus_one(v: pd.Series):
    return v + 1

spark.range(3).select(pandas_plus_one("id")).show()
```

出力結果は、各行（0,1,2）の値に1を加算して次の通りになります。

コード7.4.4.2：コード7.4.4.1の実行結果

```
+------------------+
|pandas_plus_one(id)|
+------------------+
|                 1|
|                 2|
|                 3|
+------------------+
```

また、Apache SparkのデータフレームもPandasのDataFrameとしてmapInPandasメソッドで処理できます。

コード7.4.4.3：Pandasで「id=1」を抽出するメソッドをApache Sparkに適用するコード例

```
from typing import Iterator
import pandas as pd

df = spark.createDataFrame([(1, 21), (2, 30)], ("id", "age"))

def pandas_filter(iterator: Iterator[pd.DataFrame]) -> Iterator[pd.DataFrame]:
    for pdf in iterator:
        # id=1のデータだけを抽出する
        yield pdf[pdf.id == 1]

df.mapInPandas(pandas_filter, schema=df.schema).show()
```

出力結果は、pandas_filterメソッドで定義した通り、**id=1**だけが取得されます。

コード7.4.4.4：コード7.4.4.3の実行結果

```
+---+---+
| id|age|
+---+---+
|  1| 21|
+---+---+
```

この通り、Pandas用として定義されたメソッドをApache Sparkに適用できます。

7-4-5 Pandasによる単体テスト

前項で紹介したApache SparkとPandasでDataFrameを相互変換できる仕組みを利用すると、複雑な集計処理をPandasで実行可能です。PySparkへの依存がなく、単独で動作するPandasのプロジェクトとして管理できます。PySparkへの依存がなくなるメリットは、単体テスト実行時にApache Sparkを起動する必要がなくなり、テスタビリティ（テスト容易性）が向上することです。

たとえば、次のコード例は、Pandasでageが20歳以上のレコードを抜き出す処理です。

コード7.4.5.1：Pandasでageが20歳以上のレコードを抽出する関数定義

```python
from typing import Iterator
import pandas as pd

from typing import Iterator, Callable

# Pandas Iteratorの関数生成メソッド
def pdf_iterator(it: Iterator[pd.DataFrame],
                 func: Callable[[pd.DataFrame], pd.DataFrame]) -> Iterator[pd.DataFrame]:
    for pdf in it:
        yield func(pdf)

def pandas_filter(pdf: pd.DataFrame) -> pd.DataFrame:
    return pdf[pdf['age'] >= 20]
```

上記コード例で分かる通り、PySparkへの依存はなく、Pandasのテストキットを利用したユニットテストを実装できます。

次に示すテストコードは期待結果の通りで、20歳以上の人を抽出できています。

コード7.4.5.2：コード7.4.5.1をPandasテストキットで単体テストするコード例

```
from pandas.testing import assert_frame_equal

# 入力値
input_test_df = pd.DataFrame({
  'id': [1,2,3],
  'age': [10,20,30],
})

# 期待結果
except_test_df = pd.DataFrame({
  'id': [2,3],
  'age': [20,30],
})

actual_test_df = pandas_filter(input_test_df)

assert_frame_equal(except_test_df.reset_index(drop=True),
                   actual_test_df.reset_index(drop=True),
                   check_dtype=False)
```

また、Pandasのテストキットでテスト済みのメソッド **pandas_filter** を、Apache Sparkの **mapInPandas** で利用できます。

次の結果に示す通り、Apache Sparkでも同様に20歳以上の人を抽出できます。

コード7.4.5.3：Apache SparkへのPandas関数（20歳以上の人を抽出）の適用

```
from functools import partial

df = spark.createDataFrame([(1, 10), (2, 30)], ("id", "age"))
df.mapInPandas(partial(pdf_iterator, func=pandas_filter), schema=df.schema).show()
```

コード7.4.5.4：コード7.4.5.3の実行結果

```
+---+---+
| id|age|
+---+---+
|  2| 30|
+---+---+
```

この通り、Pandasを利用するとApache Sparkに高いテスタビリティを与えられます。複雑な集計処理もPandasに集計関数に切り出すとテストコードの実装が容易になり、Apache Sparkには依存しないPythonとPandasの集計処理を専用のプロジェクトとして独立させられます。単独でGitHub ActionsなどのCI/CDツールでのpytestによる自動テストも可能となり、データ品質向上に有効です。

データプラットフォームはさまざまな要素技術の集合体であるため、テスタビリティの低さがしばしば問題になります。一般的にテスタビリティが低いと継続的インテグレーションが難しく、不具合の発見や是正が困難になる状況が発生します。この問題に対する対応策の1つとして、PySparkでPandasの集計関数を利用するのは有効な手段であるといえます。

ユニットテストやアサーションによるテスタビリティはデータ品質の信頼性を高めるために機能し、データエンジニアやデータサイエンティストが安心してデータ処理をおこなえる環境を提供します。本項では、その一例としてPandasを利用するパターンを紹介したように、データプラットフォーム設計の際はテスタビリティを意識した設計を心掛けましょう。

データ関連技術のPoC（Proof of Concept）範囲

データ関連技術のPoC（Proof of Concept）は、「インフラストラクチャ」「データモデル」「ETL/ELT処理」の3種類に大別できます。技術力に不安のある状況でのPoCは、次の観点から進めるとリスクを軽減できます。

- インフラストラクチャ：TerraformなどのIaC（Infrastructure as Code）で構築されており、データフロー全体を俯瞰できる。
- データモデル：メダリオンアーキテクチャ、データボルト、スタースキーマなど、適切なデータモデル設計。かつ、データモデルの変更が容易。
- ETL/ELT処理：単体テストや結合テストを実行できる処理基盤。

上記の要件は、採用するデータプラットフォーム技術が何であれ、最低限必要となるものです。ほかにも、BIツールでの可視化を求められる場合、ETL/ELT処理で構築されるデータモデルが、可視化対象のふるまい要件を満たしているか確認が必要です（詳細は「Chapter 8 要件分析」参照）。

PoCとは、想定している設計が将来的に有用な構造であるかを検証する手法です。設計した内容がデータ品質の確保しているか、想定した工数に収まるかなどを検証して、本番環境に導入する前の課題発見を目的とします。PoCの結果報告では、単にリスク管理だけでなく数年後の状況を見据えて、さまざまな可能性を踏まえた考察が求められます。将来性の予想は必ずしも当たるとは限りませんが、報告では必ずリスクや課題を明確にしておき、拡張性の低いシステム構成にならないよう注意しましょう。

Chapter 8

要件分析

データプラットフォームを構築する際は、
さまざまなデータプラットフォームの要素技術を理解するだけではなく
どのようなデータをどのように利活用するかを整理し、
求められる要件に見合うように構築します。
ビジネスに役立つシステムを構築するための要件を
明確にする技術も必要です。

本章では、ビジネスの要件や課題を収集して
データプラットフォームの要件を明確にする
要件分析を解説します。

8-1 データプラットフォームの要件分析

データプラットフォームを構築する動機は、何らかのビジネス上の目的が存在し、その実現に必要な要件や課題があるからです。実現したい内容を整理して、システム開発の指針を決める工程が要件分析です。データプラットフォームにおける要件分析の手法や考え方を、架空のサービスを例に解説します。

8-1-1 データプラットフォームの目的

データプラットフォームの構築には必ず目的があります。多大な開発コストに加えて、必要となるインフラなどの運用コストも決して小さくありません。したがって、データプラットフォームの構築を推進するためには、コストを上回るだけの利益が見込める明確な目的が必要不可欠です。この目的が経営陣および組織に十分理解され、ビジネス上の利益や価値を得られると判断された場合に、データプラットフォームの構築が決断されます。

たとえば、新たなデータビジネスへの参入や、DXおよびデータドリブン経営の推進などがきっかけとなり得ます。また、データを活用したDXやAI利活用を国が推進しており、競合他社のデータ利活用が進んでいる場合は、対抗してデータプラットフォーム構築が決定されるケースもあります。この他にも、さまざまな理由が考えられますが、データの利活用が自社サービスの発展には必要と経営陣が判断した場合に決定されます。

データプラットフォームは、データドリブンな経営の実現に重要な要素といえます。データプラットフォームの活用によってデータをDIKWモデルのWisdom領域（知恵）に昇格させれば、データを利活用していない競合プレイヤーに対して優位に立てます。したがって、データプラットフォーム構築のはじめの一歩として、ビジネス要件を明確にする要件分析が重要です。

8-1-2 データの利活用

データ利活用を論理的に説明するために、本書ではデータの抽象度を表現するDIKWモデルを用いています。DIKWモデルとデータ利活用の関係を改めて整理すると、Dataを集計してInformationを作り、Informationを可視化してKnowledgeを得ます。Knowledgeの可視化データを積み重ねて、多くのトライアンドエラーを経てWisdomへと情報が抽象化されます。Wisdomは人間の知恵の領域であり、知

恵は何らかの役に立つ意思決定をするための情報であり、他に必要となるDataの発見に至ります。このサイクルをDIKWフィードバックループ[1]と呼び、データプラットフォーム上のデータによる判断を繰り返すことを意味します。すなわち、データプラットフォームの役割はこのDIKWフィードバックループを支えることにあります。

データプラットフォームの構築を検討する際、具体的ではない要望もよく見受けられます。たとえば、「当社は貴重なデータを大量に保有しており、このデータを使って売上を伸ばしたい」といった要望です。このケースでは、とりあえずデータを整備すれば何かが見えてくると考えられており、具体的な手段やアプローチは想定されていません。

また、ビッグデータやDXなどの言葉の流行を背景に、データの利活用を深く理解しないまま、ビッグデータを神話のように信奉し、理由もなくデータの有用性を主張する要望が増加しています。この場合、要望通りにデータを一通り整備して参照可能にしたところで、有用な知見が得られることは稀です。しかし、地道なデータの整備から始めて、メンバーを巻き込みながら徐々にデータ利活用の文化を形成すれば、データの活用方法が見えてくることでしょう。

さらには、「当社の経営状況が徐々に悪化してきている。当社にまだデータは存在しないものの、これから適切なログを取ってデータドリブンなビジネスに転換して、経営状態の回復を図りたい」という要望も考えられます。経営陣の経験と勘、言い換えれば既存のWisdomのみを頼りにビジネスを進めてきたものの、なぜかビジネスが期待通りに進展しなくなったケースです。なぜビジネスで成果が上げられなくなったのか、その理由を探ろうにも十分なデータが存在しません。経営陣のWisdomが徐々に時代遅れになってしまい、市場環境では通用しなくなってきているのかもしれません。この場合、データの利活用に対する漠然とした期待はあるものの、その方法がまったく想定できていません。まずはどのようなKnowledgeが必要なのかをヒアリングし、データの収集から始める必要があります。

こうした要望は、データエンジニアとしてデータプラットフォームの検討に携わっていれば、一度は耳にした経験があるでしょう。一見DIKWモデルに則っていない、欠陥のある理不尽な要求に思えるかもしれません。しかし、実はこれらはデータ利活用に向かうための第一歩であり、アプローチの1つです。このアプローチを足掛かりに、データ利活用への道を作っていくのが要件分析です。

8-1-3 コーゼーションとエフェクチュエーション

前項で挙げた要望の例を見直してみると、データの利活用に向けて2つの方向からアプローチしていると分かります。この2つは、既存データを活かしてビジネス貢献できると考えるアプローチに対して、存在しないデータを探索（整備と収集）しながらビジネス貢献を目指すアプローチの対比構造となっています。前者がD→I→K→Wの順に抽象化するアプローチであるのに対して、後者はWisdomを得るた

---

[1] DIKWモデルの詳細は「1-1-3 DIKWモデル」参照。

めのDataを探します。この2つのアプローチは、コーゼーションとエフェクチュエーションという言葉を用いて説明できます。

コーゼーションとは、目標逆算型のアプローチです。将来を見据えて目標を定めた上で、その目標を達成するために必要な要素を洗い出し、実現するための手段を考えていくアプローチです。たとえば、プロダクトの要件を決め、プロジェクトのリリース目標日を決定した上で、その目標を実現するためのロードマップを描くケースです。ウォーターフォール開発などでよく見られるアプローチといえば、エンジニアには理解しやすいかもしれません。

将来の予測がある程度可能なケースでは有効であり、目標に対して最短ルートで到達できます。しかし、市場環境の変化が激しく、将来の予測が難しい場合は、実行中にロードマップが無意味なものとなってしまう可能性があります。

一方、エフェクチュエーションは書籍『エフェクチュエーション：市場創造の実効理論[2]』で説明されている通り、市場環境の変化が大きく将来の予測が難しい、いわゆるVUCA時代[3]といわれる現代で有効なアプローチといわれています。同書ではエフェクチュエーションを下記の通り定義しています。

> 「エフェクチュエーション」は、「コーゼーション」の反意語である。コーゼーションに基づくモデルは、「作り出される効果（effect to be created）」からスタートする。そして、あらかじめ選択した目的を所与とし、その効果を実現するために、既存の手段の中から選択するか、新しい手段を作り出すか、を決定する。他方、エフェクチュエーションに基づくモデルは、逆に、「所与の手段」からスタートする。予測をもとにしない戦略を用いて、新しい目的を創り出そうとする。

すなわち、エフェクチュエーションは、今ある手段から可能性を探り、新しい目的を作り出すアプローチです。データ利活用に置き換えると、今あるデータをあらゆる角度で分析し、データの知見を得ることで、このデータを何に利用できるのかを探り、新しい目的を作り出します。

また、エフェクチュエーションは、従来のコーゼーションの課題を解決するための、新しいアプローチとして語られる場合があります。しかし、データ利活用に当てはめると、単純にどちらのアプローチが優れているのかといった議論はできません。

たとえば、プロダクトの新機能を検討する際、まずはユーザーがシステムをどのように使っているのか分析します。この分析で何を開発するか決定できる場合は問題ありませんが、場合によっては別のデータが必要になる場合もあります。

仮に、一部の高いロイヤリティを持つユーザーを対象に、サブスクリプション機能の実装を検討するとしましょう。このとき、高いロイヤリティを持つユーザーがどのくらい存在し、どのようなコンテンツを提供すると価値が高いかといった疑問に対しては、既存のユーザーログからある程度分析が可能です。しかし、これだけではサブスクリプションの実装を決定するにはデータが不十分です。サブスクリプションの実装に伴い、高いロイヤリティを持つユーザーを減らしてしまう可能性がないのか、本当にユーザー

---

[2] サラス・サラスパシー著、『エフェクチュエーション：市場創造の実行理論』、加護野忠男訳、高瀬進訳、2015、碩学舎
[3] VUCA＝Volatility（変動性）、Uncertainty（不確実性）、Complexity（複雑性）、Ambiguity（曖昧性）。先行きの見通しが立ちにくい状況を指す。

はお金を支払ってくれるのかといった疑問に対しては、外部のデータを集める必要があります。たとえば、世間一般で類似のサービスにお金を払っているユーザーがどの程度存在するのか、外部の分析会社やアンケートなどから情報を集める必要があるでしょう。

まずは、サブスクリプション機能の開発を、エフェクチュエーションのアプローチで仮説を立てます。続いて、仮説がどの程度正しいかを検証するために、コーゼーションのアプローチでデータを集めます。つまり、コーゼーションとエフェクチュエーションのアプローチを行き来しながら、分析を進めます。

8-1-4 DIKWモデルに基づくデータプラットフォームの役割

繰り返しになりますが、データプラットフォームはデータの利活用を目的としています。データの利活用にはデータから得られる課題の発見が不可欠であり、課題はコーゼーションとエフェクチュエーションのアプローチを用いて、DIKWモデルのData領域とWisdom領域の行き来によって発見できるといえるでしょう。このアプローチをサポートするのがデータプラットフォームの役割です。

「1-1-3 DIKWモデル」でも触れている通り、DIKWモデルで上層に移動するにつれ、データは普遍的なものから主観的なものへと変化していきます。普遍的なデータは、データそのものやデータを可視化したグラフなどで表現されるように、誰が見ても同じ情報を読み取れます。しかし、主観的なデータはデータを扱う人間の中に抽象的なものとして存在します。主観的なデータは、データを扱う人間の経験や価値観によって異なる情報として読み取られるケースがあり、システムとして扱うことは困難です。

データプラットフォームが扱うのは普遍的なデータのみであり、DataとInformation、Knowledge領域に限定されます。そして、Knowledge領域のデータを読み取り、さらにWisdom領域に抽象化する処理は人間の仕事であるといえます。すなわち、KnowledgeとWisdomの境界がデータプラットフォームと人間との仕事の境界です。あらゆるDataを整備し、データのクレンジング、ETL/ELT処理や可視化などを通じて、InformationとKnowledgeを提供することがデータプラットフォームの役割となります。DIKWモデルとデータ責務の詳細は、「6-1-2 DIKWモデルとデータ責務」を参照してください。

8-1-5 データオーナー型のデータプラットフォーム

データオーナー型のデータプラットフォームとは、データチームが中心となって運用とデータ利活用を推進するデータプラットフォームを指します。データ利活用におけるデータプラットフォームの役割が整理できたところで、もう一度データ利活用の話に戻りましょう。

はじめてデータプラットフォームを導入する組織では、データプラットフォームの新規構築そのものが目的となり実用性が低いものとなりがちです。その理由は、データ利活用が組織内の文化として定着し

ておらず、利用者がどのようにデータを活用するか分かっていないことが挙げられます。もちろん、導入当初は物珍しさから一部の利用者がいろいろなデータを閲覧し、さらにごく一部の利用者はその中から有効なデータ活用方法を見出すかもしれません。しかし、そういった偶然に任せるのではなく、データ利活用の文化を形成して、再現性のあるデータ利活用を実現する必要があります。

データ利活用の文化ができている状態とは、データの民主化が定着しデータ利用を前提とするビジネスが進められている状態であり、データの活用が当たり前となっていることが理想です。すなわち、組織内の誰もが必要なデータにアクセスできるだけではなく、データから利益が得られることを知っており、どうすれば利益が得られるか、その方法も知っている必要があります。

この状態に至るには、データを管理しデータの民主化を促進するデータスチュワード組織を編成し、データストラテジストやデータアナリストなどのデータスペシャリストの活躍が必須となります。しかし、組織構築は一朝一夕にしてはならず、長い年月とデータチームの辛抱強い努力、組織メンバーの十分な理解が必要です。

データ利活用の文化が醸成途上にあるフェーズでは、「データオーナー型のデータプラットフォーム」を構築するとよいでしょう。データオーナー型のデータプラットフォームの構築は、データチームが組織のメンバーに課題をヒアリングし、データ利活用に関する要望を集めることから始まります。新たにデータプラットフォームを導入する組織において、データの活用イメージを示し、データがいかに役立つかを証明することが、データ利活用の文化を作る第一歩となります。なお、組織フェーズに応じてデータプラットフォームを、どのような組織がどのように活用していくかについては、「9-3 データプラットフォームの開発プロセス」も参照してください。

データ利活用の文化を組織に浸透させる目標を持つデータチームは、Data領域とInformation領域に加え、利用者側のドメイン知識が必要となるKnowledge領域の一部もカバーします。その理由として、利用者はデータチームがどのようにデータを管理しているかを知らず、単にデータチームに対して要望を出してその結果を受け取るだけになるケースがあるためです。もちろん、データ利活用が少しずつ組織に浸透し、利用者自らクエリやダッシュボードを作成したいという要望が挙がり始めたら、必要に応じて利用者にアカウントの発行やデータの閲覧権限を与えることもできます。

クエリの作成までとはいわずとも、ピボットテーブルの作成やTableauをはじめとするBIツールの操作であれば、初期の段階でも自ら扱う利用者もいるかもしれません。しかし、新たなデータの取り込みやETLの整備などは、引き続きデータチームが担うことになるでしょう。

この通り、データオーナー型のデータプラットフォームでは、データチームがデータを管理し、データチームが中心となりデータ利活用を推進します。データの利用者はデータチームが用意したダッシュボードやクエリを用いてデータ利活用を開始しますが、新たにビジネスで必要となるデータに気付いたら、データチームに要請するようになります。

データチームのデータアナリストやデータストラテジスト、データスチュワードは、ビジネスとデータの橋渡し役を担います。ビジネスとデータの橋渡し役としてデータチームのメンバーが各部署に入り、勉強会の実施や知見を共有する場合もあります。

データ利用者が高いデータリテラシーを持つことは、データによるビジネスの収益向上に繋がるため、データリテラシーは組織全体に浸透させる必要があります。したがって、データの専門家による知見の共有は、データ利活用の文化を組織に浸透させ、より多くの利用者のデータリテラシーを向上させる重要な活動です。また、データオーナー型のデータプラットフォームがある程度の成長を遂げると、各部署のメンバーがデータ分析を自発的におこなうようになり、チーム内で自然に勉強会などのノウハウ共有がおこなわれるなどの自己組織化されたデータ利活用が実現されます。

データ利活用でコーゼーションとエフェクチュエーション双方のアプローチを繰り返すと、データ利用者の持つ課題感の解像度が上がり、ビジネスとデータの好循環が始まります。そして、ビジネスとデータの二者間で自己強化型フィードバックループが形成され、新しいデータ要求やデータ利活用の方法が発見されていきます。この好循環によってビジネス側の利用者にデータが持つドメイン知識に詳しい人が増え、その人たちが別のデータ利用者にデータ利活用のノウハウを教えるといった流れで、自己組織化されたデータ利活用の文化が生まれます。

自己強化型フィードバックループは一見するとよいものに見えてしまいますが、限られた人数で運用するデータチームは、ビジネス側からのデータ要求すべてに対応することが難しくなってきます。一般的な企業ではデータチームよりもビジネスチームに多くの人員が配置されるため、いずれはデータチームがデータ利活用のボトルネックになりかねない状況が生まれます。こういった課題を解決するために、近年ではセルフサービス型のデータプラットフォームが注目されています。

8-1-6 セルフサービス型のデータプラットフォーム

セルフサービス型のデータプラットフォームは、データメッシュと呼ばれるアーキテクチャフレームワークで登場する概念です。データメッシュとは、データチームがデータ利活用のボトルネックになる状況を打破するために考え出されたものです。
データオーナー型のデータプラットフォームを有する組織が拡大すると、データチームが各ドメインのデータを詳細に把握できなくなり、データ分析の品質低下や生産性低下などの問題が発生します。そこで考案されたセルフサービス型のデータプラットフォームは、各ドメインのオーナー自らがデータ管理やデータ利活用を可能にするアプローチです。

データオーナー型のデータプラットフォームは、データチームがすべてのデータ管理業務を担い、中央集権的なアプローチをとっているため、取り扱うデータ量が膨れ上がり利活用の方法が増えていくにつれ、データチームの負担が増えてデータチームがボトルネックとなってしまいます。そこで、データメッシュでは、データを中央集権的に管理せず、管理するデータを各ドメインごとに分散して、データチームがボトルネックにならないようにします。ここでのドメインとは、営業やマーケティング、人事、経

理などの業務領域ですが、複数のプロダクトを擁するコングロマリット企業では、プロダクト組織を表すケースもあります。

データメッシュには、下記に挙げる4つのコンセプトがあります。

データオーナーシップの分散

データメッシュでは、データを中央集権的なデータプラットフォームで管理せず、ドメインごとに分散して管理します。データ可視化などのプロビジョニングだけでなく、データの収集やデータ品質の管理、パイプラインの構築などもドメインごとにおこないます。データに関するすべての作業をドメイン単位に分割して、データ利活用でデータチームがボトルネックになる状況を防ぎます。組織が拡大すると、データチームが各ドメインにあるデータの詳細まで把握できなくなりますが、各ドメインに直接関わる担当者が、データの特性や必要な品質をもっと詳しく把握しているため、データ品質の向上にも繋がるとされています。

プロダクトとしてのデータ

データメッシュでも、データのサイロ化は回避すべきものとされています。データは発生したドメイン内だけで消費されるものではなく、組織や会社全体で利用されるものであると考えます。そのため、他ドメインのメンバーでもデータ自体を理解しやすく使いやすくするという、データをプロダクトとして扱う意識が必要であるとされています。

セルフサービス型のデータプラットフォーム

ドメイン別のオーナーシップを実現させるのがセルフサービス型のデータプラットフォームです。セルフサービス型のデータプラットフォームは、インフラストラクチャやツールなど、各ドメインが必要に応じてカスタマイズできる環境を提供します。

データを保存するデータストレージやETL処理基盤、データ可視化ツールなどに加え、データカタログや監視システム、データ品質の管理、統合ID管理システムなどが含まれます。これらのインフラストラクチャやツールは、通常はデータプラットフォーム構築時に個別にセットアップしていくものですが、セルフサービス型のデータプラットフォームではツールとして提供します。

データプラットフォームを構築する際、各ドメインの担当者がデータチームのサポートを受けながら、ツール類を組み合わせて独自のプラットフォームを構築します。

データメッシュでは、このプラットフォームはデータプロダクトと呼ばれており、データプロダクトは基本的に他ドメインに対して公開されます。そのため、各データプロダクトの形式は標準化され、他のドメインからも利用しやすいものである必要があります。

データガバナンスの分担

データ利活用を推進していくためには、適切なデータガバナンスの運用が必須です。データメッシュでは、データガバナンスをデータチームと各ドメインが分担して運用します。データチームとドメインの責任境界は組織や状況によってさまざまですが、一般的にはデータチームは、全体で標準化

した認証やアクセス制御、法令に準拠した基本的なポリシーの管理などを担います。一方、ドメインチームは、データ品質やデータリネージュの管理、権限付与やデータカタログの整備などを担当します。

データメッシュの詳細に関しては、提唱者ザマク・デガニの著書『Data Mesh[4]』を参照してください。

8-1-7 データオーナー型とセルフサービス型

データオーナー型とセルフサービス型のデータプラットフォームでは、データチームの要件分析の進め方に若干の違いがあると知っておくとよいでしょう。データオーナー型では、データの利活用方法を想定しながら、あらゆるユースケースに耐えられるデータプラットフォームの構築を目指します。一方、セルフサービス型では、各ドメインがどのようにデータプロダクトを構築するかを想定し、必要となるツールを設計していきます。
もちろん、セルフサービス型のデータプラットフォームでも、各ドメインが構築するデータプロダクトの先にデータ利活用があります。しかし、各データの利活用方法は基本的には各ドメインに移譲され、データチームはデータプロダクトの構築をサポートする役割を担います。

データオーナー型とセルフサービス型、どちらのデータプラットフォームを採用すべきかは、組織や状況によって異なります。一般的には、データ利活用をおこなう組織のステージによって適切なものが異なるでしょう。複数のプロダクトや多くの部署を擁する巨大な組織で、データ利活用の文化が十分に浸透している場合は、最初からセルフサービス型のデータプラットフォームを目指すべきでしょう。仮にデータオーナー型のデータプラットフォームを選択してしまうと、押し寄せてくる大量のタスクによってデータチームがボトルネックとなってしまいます。
さらに、データ利活用の文化がある程度根付いている状況では、データチーム以外のメンバーもある程度データの特性を理解し、加工や可視化の技術を持っていると想定されます。データチームのメンバーは、データに関してはエキスパートであるものの、ドメイン知識に関してはドメインに直接関わるメンバーの方が深い知識を持っている可能性が高いです。データ一般に関する専門的な知識よりも深いドメイン知識の方がデータ利活用では有効です。データチームは中途半端に介入せず、データ活用のアイデアを出すためのブレインストーミングや、技術的なフォローアップ程度に留めておきましょう。
しかし、データ利活用の経験が浅い組織や組織規模が十分に大きくない場合は、データオーナー型のデータプラットフォームを構築するのがよいでしょう。データ利活用の経験が十分ではなく、データ利活用の文化が根付いていない組織で、セルフサービス型のデータプラットフォームを構築しても、活用方法を理解できるメンバーはほとんどいません。
データプラットフォームの構築を計画する時点で、ある程度のメンバーはデータの有用性や部分的な活

---

4 Zhamak Dehghani著、『Data Mesh: Delivering Data-Driven Value at Scale』、2022、Oreilly & Associates Inc

用イメージを持っている場合がほとんどですが、実際のデータ利活用に関しては、理想と現実がかけ離れているケースも少なくありません。仮説に基づいてデータを抽出しても新たな発見がなかったり、当たり前の結論しか得られなかったりするケースも少なくありません。そのため、データ利活用の経験が十分ではない組織では、データオーナー型のデータプラットフォームを構築して、データチームが中心となりデータ活用を始めるとよいでしょう。
メンバーが興味をそそられるようなデータや簡単に活用できそうな情報を抽出し、まずはデータの有用性を理解してもらうように心掛けましょう。データに興味を持ったメンバーを少しずつ巻き込み、データ利活用の文化を根付かせていきます。

データメッシュでも言及されていますが、データオーナー型とセルフサービス型のデータプラットフォームは、それぞれデータ利活用する組織の成長フェーズに応じて適切なものが異なります。どちらのタイプが適しているかは、組織の状況やデータ利活用の目的によって異なるため、状況に応じて適切なものを選択する必要があります。

8-1-8 要件分析の進め方

本章で解説する要件分析手法は、後述の「8-3 要件分析のロールプレイング」で紹介する、架空サービスを運営する組織を題材とします。この組織では、データ利活用の文化が十分に根付いておらず、各部署ごとにデータを管理しています。また、単一のサービスを運営しており、全体の組織も規模としてはそれほど大きくありません。そのため、データチームが中心となる、データオーナー型のデータプラットフォームを構築するプロセスを紹介します。
組織の規模やデータ利活用の状況、システムやデータの種類などによって、構築すべきデータプラットフォームは大きく異なります。本節でも紹介した通り、データオーナー型とセルフサービス型のデータプラットフォームの構築は根本的に異なります。本章で紹介する要件分析を進めるための考え方やモデルがすべて必要となるわけではなく、状況によって省いたり、別のモデルを追加するケースもあるでしょう。また、同じモデルを利用する場合でも、モデルの記述単位やアイコン、表現方法など、状況によって適したものが異なります。フレームワークを忠実に再現するのではなく、それぞれの状況に応じて、適した進め方を選択しましょう。

本章で紹介するモデルや考え方は、多くのデータプラットフォームで基本となるものです。組織の規模や構築目的が異なっても、共通する部分や参考になる部分は多くあるはずです。紹介する要件分析手法のエッセンスを理解して、構築するデータプラットフォームの状況に合わせて適切な進め方を選択しましょう。

8-2 要件分析の手法

本節では、データプラットフォームの要件分析手法として、リレーションシップ駆動要件分析（RDRA：Relationship Driven Requirement Analysis）をベースとする要件分析の手法を解説します。まずはRDRAの概要を紹介しましょう。

8-2-1 RDRAの概要

RDRA（ラドラ）とは、神崎善司の著書『モデルベース要件定義テクニック[1]』で解説されている、リレーションシップ駆動要件分析（Relationship Driven Requirement Analysis）の略語です。同書では、RDRAは「システムの外部環境から機能とデータまでの繋がりを意識して要件を定義していくことが一番の特徴」と記述されており、システムの目的やシステム価値を明確にする機能仕様の策定において、効果的な枠組みといえます。データプラットフォームの開発においても、システムの目的やシステム価値を明確にすることは極めて重要であり、RDRAによる要件分析の手法はデータプラットフォームの開発にも有効です。

RDRAとは、整合性と網羅性を重視する要件分析手法で、システムのデータや機能のみならず、関係者や外部システムなどを要素として扱い、各要素の関係性をアイコンや図を利用してモデルと呼ばれる俯瞰図を作成します。システム要求におけるステークホルダーが抱える課題や要望はモデル化され、各モデル間に矛盾や漏れがないかを精査して、要件の整合性を高めます。モデルを構築する工程をモデリングと呼び、モデリングの過程では直感的で分かりやすい図を用いながら、より網羅的で整合性のある要件定義を利害関係者と共に進めていきます。

システム開発の要件分析は、ステークホルダーの課題や要望を解決する方法を定義するためにおこないます。初期段階の要件は乱雑で、要件の合理性がなかったり要件同士の関係に矛盾を含んでいたりするため、モデルを利用して要件の整合性や蓋然性を高めていきます。

要望の抽象度

ステークホルダーから与えられる要望の抽象度は、要請した人の職種や職位によって異なります。たとえば、「データドリブン経営をおこないたい」という高度に抽象的な要望から、「顧客の取引履歴から見込み客を特定したい」という具体的な要望まで、要望の抽象度はさまざまです。

---

1 神崎善司著、『モデルベース要件定義テクニック』、2013、秀和システム

データプラットフォームに対する期待は、要望を発する人の組織での役割によって異なる傾向があります。通常は職位が高い人ほど全社的な視点を持つため、より抽象的な要望を提示します。これは上層部の職位にある人が、経営戦略やビジネスの全体像を把握し、統括する立場にあるためです。対照的に下位の職位にある人は業務の遂行に焦点を当てるため、より具体的な要望を提示する傾向にあります。

データプラットフォームの要件をとりまとめる際には、与えられた要望の抽象度を調整し、抽象度の階層ごとに整理した要件に落とし込む必要があります。与えられた要望はどのようなものであれ、要件としてブラッシュアップする際には抽象度を調整する必要があります。

抽象度が高い要望とは一般にビジョンや理念などを指し、具体的には「データドリブン経営をおこないたい」などの要望です。抽象度の高い要望が得られない場合、創造的で自由な発想や新しい価値の創造が難しくなります。これに対して、抽象度が低い要望とは「顧客の取引履歴から見込み客を特定したい」などといったものを指します。抽象度の低い要望がない場合は、何を実現したいか不透明であり、要件の実現性の判断が難しくなります。したがって、データプラットフォーム構築の要件をまとめる際は、抽象度の上下運動を繰り返し、構築の目的やビジョンを明確にしつつ、具体的な要件として落とし込む必要があります。

要望の重要度と優先度

要望（Wants・Desires）とは実現性は考慮せずに何をしたいかを示すものであり、要件（Requirements）とは実現可能な範囲で何を実現するかを示すものです。したがって、要件定義の際は、抽象度が高い要望を具体的な要件に落とし込む必要があります。要望とは、「収益性の高いデータプラットフォームを構築したい」など、実現性を考慮せずに何をしたいかを示すものです。また、要件は、「収益性の高いデータプラットフォーム構築のために、安価な計算リソースであるAサービスを利用する」など、実現可能と考えられる手段を示します。

要望の重要度や優先度を定義する際には、開発チームのリソース、経営陣の意向、利害関係者の社内政治力など、さまざまな社内事情が影響するケースも珍しくありません。たとえば、要件分析がある程度進んだ段階であっても、それまで傍観していた経営陣が突然割り込んできて要件を覆す場合もあります。システム開発の目的や要件が、組織の存在意義や利益の最大化などに直接的に関わらない場合、経営陣がシステム開発に対して強い関心を持たないケースは多々あります。しかし、資金調達の優位性や高額な受注見込み、イノベーション発生の予感など、中長期的に会社利益に直結する可能性を見いだすと、既存の要件分析を覆す介入がなされる場合があります。こうした割り込みや手戻りが頻発すると、要件の整合性が崩れ去ってしまうことも少なくありません。

要件が矛盾する要因の1つに、大きな変更や追加が発生すると、追加要件と既存要件の整合性確保が困難になることが挙げられます。一般的に要件は複雑で多岐にわたるため、要件分析のドキュメントは巨大になりがちです。ドキュメントが巨大になると全体像の把握が困難になり、矛盾を修正する作業でヒューマンエラーが発生しやすいといえます。

整合性の保持

要望の抽象度、重要度、優先度の関係から、RDRAはモデル間の関係性を維持することで要件の整合性を保持します。RDRAで定義されるモデルには、システムにまつわる人や外部システム、業務や機能など、さまざまな要素があります。システムで定義される複数のモデルには同一要素が登場し、その要素を通じて関連付けられています。たとえば、一般利用者や管理者などは必要に応じて各モデルに要素として登場します。仮にどこにも定義されていない要素が突然登場した場合は、他のモデルでその要素が考慮されていない可能性があります。

たとえば、RDRA 2.0には、業務フロー図と呼ばれるモデルがあります。このモデルは、ビジネスの目的を実現するための仕事の流れを明らかにして、登場人物がどのようにシステムに関わるかを明確にします。つまり、業務の観点から、顧客に対してどのような価値を提供するのかを表現するモデルといえます。この業務フロー図は、登場人物や外部システムなどの要素を通じて、システムコンテキスト図と関連しています。また、システムコンテキスト図とは、登場人物と外部システムを明らかにし、システム構築の目的とスコープを明確にするためのモデルです。

システムコンテキスト図がシステムの実現するべき価値や役割を定義しますが、業務フロー図は業務が提供する価値について定義します。したがって、仮に業務フロー図に登場する人物がシステムコンテキスト図に登場していない場合、システムコンテキスト図に何らかの考慮漏れがあるか、スコープ外のユースケースが定義されている可能性があります。このように、ビジネス観点とシステム概要から詳細に至るまで複数の視点でモデルを構築し、モデル同士を紐付けながら整合性を保持すると、要件の矛盾や漏れを発見できます。

8-2-2 RDRAの構造

RDRAはシステムの分析だけに留まらず、システムを導入するビジネスの分析もおこないます。システムを構築する目的はビジネスで何らかの価値を生み出すことであり、ビジネスにフォーカスすることによって、より適切な手段をシステムとして提供するためです。さらに、ビジネスを背景情報として持たせることで、システム要件の意図を明確にできます。

RDRAではビジネスからシステムへとブレークダウンしながら要件分析を進めますが、このブレークダウンを、「システム価値」「システム外部環境」「システム境界」「システム」の4つのレイヤーに分割して整理します。順を追ってそれぞれのレイヤーをフェーズに分け、定義すべきモデルを定めています。

システム価値

システム価値を定義するフェーズでは、システムを活用するビジネスにおいてシステムがどのような価値を生み出すのかを定義します。誰がシステムを利用し、どのような外部システムと連携して、どのような価値を生み出すのかを定義し、システム構築の目的を定義します。

システム価値で定義される目的は、以降の要件分析を進めていく上での判断基準となります。要件分析を進める際に何らかの判断が必要になった場合、このシステム価値まで引き返して、システムを構築する目的と照らし合わせましょう。

システム外部環境

システム外部環境を定義するフェーズでは、システムを取り巻く周辺環境を定義します。システム外部環境とは、システム化の対象となる業務、業務の単位（ビジネスユースケース）、業務フローや利用シーンを指します。ビジネスにおけるシステムの役割を業務単位でビジネスユースケースとして分割し、ビジネスユースケースの内容を業務フローや利用シーンとして表現します。

システム外部環境で定義される業務は、システム価値で定義したアクター（ユーザーや利害関係者）が目的を達成するための業務である必要があります。

システム境界

システム境界を定義するフェーズでは、「人とシステムの境界」と「外部システムとシステムの境界」の2点を定義します。人との境界とは、画面や帳票などユーザーが操作する部分を指し、外部システムとシステムとの境界は、APIアクセスやデータインジェスチョン（Data Injestion）など、外部システムとの接点を指します。

システム境界で定義した画面やAPIなどを利用するユースケースは、システム外部環境で定義されている業務フローや利用シーンに登場している必要があります。システム外部環境で定義した業務フローや、後述のシステムで定義するデータと併せて、1枚のモデル図として表現することも可能です。大規模なシステムの全体を表現する場合はモデル図が大きくなりますが、ビジネス価値を提供する枠組みを1枚の図で俯瞰できるため、システム全体の構造を容易に理解できます。

システム

システムを定義するフェーズでは、システム内部で持つデータを定義します。ここまで分析してきた要件を達成するために必要なデータや機能、状態を明確にします。

このフェーズの分析でそれまで一切登場しなかったデータが突然登場する場合があります。元々の業務で目的もなく保管していたデータが存在していたり、定義すべき業務が漏れていたりしたケースでよく発生します。その際はシステム境界以前のフェーズに引き返し、対象データを利用する業務が必要なのか再考し、もし不要であれば要件からデータを除外しましょう。

RDRAでは、システム価値→システム外部環境→システム境界→システムと、外部環境からシステムへと外側から内側に向けて順番に要件を分析していきます。矛盾が発生した場合は、前段階のフェーズに引き返して、各フェーズ間の関連性を保ちながら分析を進めていきます。

なお、本節ではRDRAの概要を紹介していますが、具体的なモデルや分析の進め方は、書籍『RDRA2.0 ハンドブック〜軽く柔軟で精度の高い要件定義のモデリング手法[2]』を参照するとよいでしょう。

---

[2] 神崎善司、『RDRA2.0ハンドブック〜軽く柔軟で精度の高い要件定義のモデリング手法』、2019、NextPublishing Authors Press

図8.2.2.1：RDRA 2.0における要件分析の構造

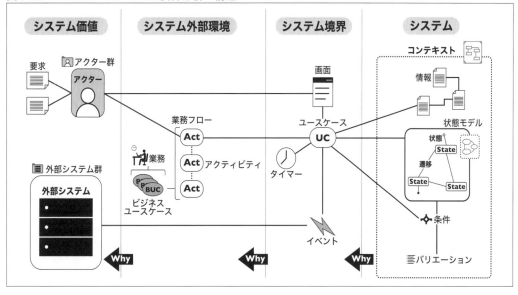

8-2-3 データプラットフォームにおけるRDRAの応用

RDRAはデータプラットフォームの構築でも有効に活用できます。まず、システムの外側から内側に向けて要件を分析していく点は、データプラットフォームの構築でも十分に応用可能です。システムの要件分析では、単純に要求を満たすだけでなく、要望の本質から要求を見抜き、根本的な解決策を提示する必要があります。要望とは顧客の希望など実現性を考慮せずに何をしたいかを示すものであり、要求とは具体的な実現や対応が期待されるものです。また、要件とは具体的な実現可能な範囲で何を実現するかを示すもので、要求を実現する具体的な条件や制約などが定義されます。

したがって、要件分析のプロセスでは、要望から要求、要求から要件へとブレークダウンしながら、システムの価値や目的を明確にしていきます。この分析が不十分だと要件の矛盾が発生してしまい、なかなかシステムが完成しない上に、仮に完成しても使いものにならないシステムになってしまいます。そのため、システム構築の背景であるビジネス環境を十分に分析することは、精度の高い要件を作成するためには必須の作業です。

モデル同士の関連性を維持しながら要件分析を進めることも、データプラットフォームを含むほぼすべてのシステム開発に応用可能です。モデル作成によって精度向上が容易になるだけでなく、要件の伝達力が上がります。実装担当のエンジニアはシステムイメージの把握が容易になり、実装精度の向上に寄与します。また、営業職やプロダクトマネージャーに対する説明資料も作成する必要がありません。

しかし、データプラットフォームの構築時に必要なモデルはカスタマイズすべきだと考えられます。RDRAはあらゆる種類のシステム構築に対応していますが、基本的には業務システムの構築が前提です。

業務システムはビジネスを構成する要素としてシステムが存在しており、ビジネスに必要な業務をサポートする責務が求められます。そのため、業務システムの要件分析では、ビジネスに必要なユースケース、すなわちシステムの「ふるまい」を定義して、「ふるまい」を実現するためのシステムを構築します。データプラットフォームでも同様に「ふるまい」のみを定義してしまうと、データ利活用の幅を制限してしまう可能性があります。前節で紹介した通り、データ利活用は「8-1-3 コーゼーションとエフェクチュエーション」で解説したアプローチを利用して推進します。このアプローチでは、分析が一歩進むたびに新たなデータやクエリを追加する必要があります。追加するデータやクエリすべてを、事前に定義することは不可能であり、データプラットフォームはこれらの変更に対して柔軟に対応できることが求められます。こうした要求を満たすため、データプラットフォームではふるまいだけではなくデータの観点も含めた上で、要件を分析する必要があります。

データプラットフォームは一般的なシステムと異なり、システム構築後でもRedashやTableauなどの可視化ツールで、クエリやダッシュボードを自由に作成できます。すなわち、クエリやダッシュボードの作成など、簡単なデータの利活用は運用作業であるという考え方です。こういった運用作業は、利用者がデータの内容や品質などデータカタログを十分に把握していれば、問題なく対応できるはずです。

データプラットフォームでも、どのようにシステムを利用するか、すなわちふるまいは重要な観点となります。特にデータパイプラインの設計やツールの選定では必須といえます。集計対象となるデータの追加や変更、それに伴うデータを集計するふるまいであるクエリの修正は、いずれもデータプラットフォームの運用で発生する作業です。しかし、どちらも定義しなければ、構築すべきデータプラットフォームの全体像が表現できず、要件として成立しません。そこで、現時点で判明しているふるまいとデータを定義し、双方の観点から要件分析を進めることで、どのようなデータプラットフォームが必要とされているかを明確にします。繰り返しになりますが、データプラットフォームのシステム価値とは、あらゆるデータを整備し、データのクレンジング、ETL/ELTや可視化などを通じて、有益な情報を提供することです。すなわち、データプラットフォームの価値とはデータにあり、管理すべきデータの種類や品質によって、必要な要件は大きく変わってきます。データプラットフォームの構築では、ふるまいだけでなくデータの観点も含めて要件分析を進めるとよいでしょう。

要件分析の工程は、「システム価値」「ふるまい要件」「データ要件」「精度向上」の4つのレイヤー（層）に分けられます。どのようなデータを管理し、データプラットフォームにどのようなふるまいを求めるかを定義し、要件を結合して精度を向上させます。各レイヤーをフェーズ（対応時期）ごとに分割し、データとふるまいの2つの軸でデータプラットフォームの要件分析を進める方法を解説しましょう。

8-2-4 システム価値フェーズ

システム価値のフェーズでは、データプラットフォームを構築する目的を定義します。たとえば、複数部署のデータを統合して全社的にデータ利活用を促進したい、データビジネスを実現したい、などの目

的が考えられます。この目的を実現することが、今回構築するデータプラットフォームのシステム価値であり、この目的を実現するためにデータプラットフォームを構築することになります。このフェーズで定義するシステム価値は要件分析だけに留まらず、以降の設計開発を進めていく際にも軸となる考え方です。データプラットフォームの開発全体を通じて、開発の優先度設定、搭載する機能や採用するアーキテクチャの選定などは、この目的に基づき判断します。

システム価値は要件分析および開発プロジェクト全体の指針となるものですが、定義されたシステム価値に違和感がある場合は見直すことも可能です。もっとも重要なことは要件やシステムがシステム価値を達成するためのものであり続けることです。たとえば、システム価値とは無関係の機能が増えてきたり、要求に応えているにも関わらず目的を十分に達成できないと感じた際は、システム価値を見直すタイミングといえます。

システム価値では、ステークホルダー（アクター）やシステム（外部システム）など、データプラットフォームに関連する要素を網羅的に書き出します。データプラットフォームの要素は「ふるまい」と「データ」に二分されます。ふるまいとは、レポート作成や機械学習などで必要なデータに対する操作のことで、データを処理するシステムの挙動を指します。また、データとはふるまいを実現するためのデータそのもののことであり、DIKWモデル上のデータと同義です。DIKWモデル上のデータは、内包されるデータを分析して抽象度を上げることでより価値のある情報として統合されます。すなわち、「ふるまい」とそれに必要な「データ」に分解してシステム価値を分析することで、データプラットフォームの目的や価値を整理でき、より投資効果の高いデータプラットフォームの構築に繋がります。

対象となるアクターや外部システムを指定することは、プロジェクトのスコープを決めることにも繋がります。たとえば、社内に存在するデータの管理を目的とする場合は、外部のアプリストアや市場データなどの情報は利用できません。他にも、定義されていない外部システムからのデータは取り込めない、定義されていないアクターは利用できないなどの制約を設けることができます。スコープを明確にすることで、構築するデータプラットフォーム像が明確になっていきます。

仮にデータプラットフォーム構築の目的を言語化できない場合、まずはステークホルダーの要求を集めてみましょう。それぞれのステークホルダーがどのような要求を持っており、データプラットフォームに求めているものを把握することで、データプラットフォームの目的をボトムアップで作成できます。しかし、本来はトップダウンでデータプラットフォーム構築の目的を定義すべきです。データプラットフォーム構築の目的を明確にして、その目的をステークホルダーに伝えてそれぞれの要望を集めると、要望の内容がより目的に沿ったものになります。前提となる目的を提示せずに要望を求めると、まったく関係がない願望や自己中心的な要望だけが集まってしまうことになりかねません。この場合、要望が散逸して要件が決まらなくなってしまったり、ステークホルダーの政治力など、本質的でない力が要件の決定に繋がってしまうことになります。

システム価値フェーズでは、システムコンテキスト図や要求モデル図を用いて、上記のシステム価値を定義します。このシステム価値のフェーズで作成したモデルを用いて、ふるまい要件に進みます。

8-2-5 ふるまい要件フェーズ

システム価値の定義に続けて、データプラットフォームに求められる要件から、ふるまい要件を分析します。ふるまい要件の分析では、データプラットフォームの外部環境であるビジネスや組織に存在する業務を分析して、ユースケースを洗い出していきますが、将来も含めてデータプラットフォームのユースケースをすべて洗い出すことは現実的ではありません。データプラットフォームは業務システムとは異なり、データ利活用の基盤となるものであるため、クエリやダッシュボードの作成などの日常的な運用業務を通して、必要とされるふるまいは連続的に変化していきます。むしろ、この変化が大きいほどデータプラットフォームが有効に活用されているといっても過言ではありません。

しかし、どのように利用されるのか分からないものを設計することはできません。たとえば、可視化ツールの選定でも、利用者がエンジニアなのか営業職なのか、利用者の具体的なイメージが必要になります。また、週次の定例会議で利用するデータなのか、リアルタイムでビジネスを把握するために必要とされるデータなのか、利用頻度によって必要とされるデータ品質が異なります。

そのため、ふるまい要件を分析する際は、その時点で判明しているふるまいを可能な限り網羅し、データプラットフォームの利用イメージを明確にします。その上で想定しうるユースケースから、どのようなデータを取り扱う必要があるのかを分析します。ふるまい要件から紐付けられたデータは、後ほど分析するデータ要件との接続ポイントになります。データ要件とふるまい要件を、モデルを通じて接続して照らし合わせることで、要件分析の精度を高めます。

ふるまい要件の分析が進むにつれて、システム価値のフェーズで定義されていない外部システムとの連携が必要になるケースがあります。その場合は、システム価値で定義したデータプラットフォームの構築目的と照らし合わせ、本当に必要であればシステム価値フェーズに立ち戻り検討し直します。構築目的に合致しないユースケースであったり、著しくコストパフォーマンスが悪い場合などは、ステークホルダーと調整してユースケースを見直すとよいでしょう。

ふるまい分析では、アクターコンテキスト図、要求モデル図、ビジネスコンテキスト図を用います。ビジネス上のアクターの役割とデータプラットフォームとの関係性を明確にするために、ビジネスコンテキスト図を用いて業務とデータを紐付けます。

8-2-6 データ要件フェーズ

データ利活用におけるデータプラットフォームが担う役割とは、高品質なデータでデータ利活用によるビジネスの推進を支援することです。そのため、データを起点にする要件分析は、データプラットフォームの要件分析の中でも特に重要です。この工程は、「匿名加工データを扱いたい」などの漠然とした要求から、それが実現可能なデータとは何かを明確にする工程で、本項ではデータ要件と定義します。

データ要件とは、データプラットフォームが管理するデータの種類や特性だけでなく、データへのアクセス権限やデータフローの定義も含みます。データ要件を明確にすることで、構築すべきデータプラットフォームに対する制約が炙り出され、データプラットフォームの全体像が明確になります。たとえば、大量のデータを管理する場合は、スケーラブルなインフラストラクチャを構築する必要があったり、個人情報を扱う場合は、強力なアクセス制御や匿名化の仕組みが必要になったりします。さらに、データソースが外部システムである場合は、外部システムとの連携方法の制約を受けます。

外部プラットフォームが定期的にデータを送付するシステムの場合は、何らかの受信窓口を用意する必要があり、逆にデータを取得する必要がある場合は、定期的にデータを取りに行く仕組みを用意する必要があります。データの特性や関係するシステムによる制約を明確にすることで、データプラットフォームの全体像が明確になっていきます。もちろん、前述のふるまい要件と同様に、データ要件もデータプラットフォームの運用中に変更が生じます。たとえば、新たな分析のためにアプリストアや行政データなどの外部データを取り込んだり、社内で新しいシステムを構築したりする場合は、新たなログデータの管理が必要となる場面があります。

これらはふるまい要件と同様に、データプラットフォームが有効活用されるほど新規のデータ追加が発生すると考えてよいでしょう。そのため、データ要件の分析段階で判明しているデータを可能な限り網羅するようにし、データ要件の追加や変更に柔軟に対応可能にしておくことが重要です。

データ要件は、データコンテキスト図、データガバナンス図、データフロー図を用いて表現します。データコンテキスト図では取り扱うデータを洗い出し、それぞれのデータに対して外部システムとデータの関係性を明確にします。そして、ふるまい要件と照らし合わせて、ふるまい要件を実現するために必要なデータが存在しているか、またデータ品質が十分であるかを確認します。

データガバナンス図では、データガバナンス策定に必要なデータの参照権限やデータの扱い方を整理します。ふるまい要件と照らし合わせて、各アクターがふるまい要件を実現するために必要なデータにアクセス可能か確認します。データフロー図では、外部システムからデータをどのように取り込むかを定義します。アーキテクチャや技術などデータを取り込む手段ではなく取り込み頻度など、あくまで論理的なデータフローです。たとえば、データフロー図では「Apache Sparkで変換する」などは記述しません。その代わりに「ユーザー行動情報と売上情報を結合して、クライアント向けのレポート情報を作成する」など、論理的なデータの関連性を記述します。

8-2-7 精度向上フェーズ

要件分析の最後のフェーズでは、ふるまい要件とデータ要件を結合して、要件分析の精度を向上させます。それぞれの要件を分析しながら関連性をチェックすることで、精度の高い要件に仕上げられます。ふるまい要件とデータ要件の各要件を突き合わせて、システム価値を軸にすべての要件に矛盾が発生していないか確認すると、より精度の高い要件にブラッシュアップできます。ちなみに精度の高い要件と

は、利害関係者間の合意形成が容易で、計画性のある実現可能性が高い要件です。

ふるまい要件とデータ要件は観点が異なります。しかし、双方は関連し合っており、それぞれの要件を照らし合わせられます。ふるまい要件を実現可能なデータ要件になっているか、逆にデータガバナンスで問題がないふるまい要件になっているかなど、詳細に検証できます。たとえば、ふるまい要件ではデータABCが定義されており、データ要件にはデータBCDのみが定義されているとします。この場合、データAはふるまい要件でのみ定義され、逆にデータDはデータ要件でのみ定義されています。データDは現時点で活用方法が分かっていませんが、データプラットフォーム上に存在していても問題ありません。しかし、データAはデータが存在しないため、定義されたふるまい要件を実現できません。

図8.2.7.1：ふるまい要件とデータ要件のデータ管理対象

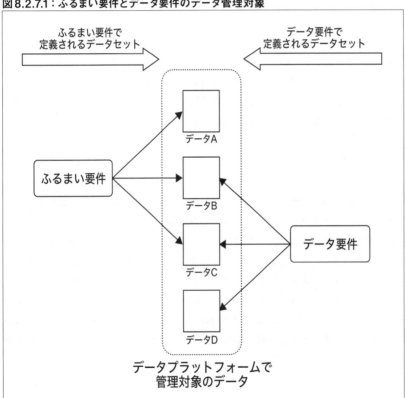

また、データが存在していたとしても、データアクセス時の厳密なアクセス権や監査ログが必要な機密データが含まれていたり、ふるまい要件に対してデータ品質が十分でないケースもあります。このような検証を十分に実施した上で、双方の要件を違和感なく満たせる状態にする必要があります。

精度向上フェーズでは複合データフロー図を用います。ここまで作成したモデルはデータレイクを基準に考えると、「データ格納までのデータフロー」と「格納されたデータの利活用」の2つの観点があります。データ要件では、データソースからデータレイクまでのデータフローが定義され、ふるまい要件では

データレイクに格納されたデータを利活用に繋げるまでが定義されます。データ要件とふるまい要件で定義したモデルを結合した「複合データフロー図」を作成して、データがどこから来てどこに届けるのか、一連のデータフローを明確にします。複合データフロー図では、機能要件と非機能要件を含む全体像を俯瞰でき、データプラットフォームの全体像が把握できます。

また、精度向上フェーズでは、これまで作成してきたモデルを最初から順番にチェックする必要もあります。要件分析にはある程度の期間が必要であり、システム価値を定義してから精度向上フェーズに至るまで数カ月の時間が経過している可能性があるためです。新たな事実が発覚したり、組織やシステムに何らかの変更が発生するなど、知っている情報や外部環境に変化が生じているかもしれません。こういった変化に起因する認識のずれや情報不足、要件の誤りなどに対応する必要があります。

要件分析の最初のフェーズ「システム価値」で作成したシステムコンテキスト図から順を追って、最後のフェーズ「精度向上」で作成した複合データフロー図まで矛盾がないかをチェックします。その後、逆方向に複合データフロー図から最初まで遡って、矛盾がないかをチェックします。この作業を何周か繰り返すと、要件の関連性や最新の環境との矛盾がなくなり、精度の高い要件分析を実現できます。

要件分析では、「システム価値」「ふるまい要件」「データ要件」「精度向上」の各フェーズで定義した要件で、それぞれに矛盾がないか確認できれば、より精度の高い要件分析となります。また、ステークホルダーには要件分析の各工程で作成した図を用いて説明すれば、要件変更の影響範囲や工数の把握、要件の認識のずれを防げます。仮に影響範囲が大きすぎる場合、その要件の実現が困難であると示せるため、要件の優先度設定や要件の見直しに繋がります。

要求分析の「システム価値」「ふるまい要件」「データ要件」「精度向上」の各フェーズでは、アジャイル開発のプロジェクト管理を取り入れることも可能です。アジャイル開発は、1週間などの短いタイムボックス内で、要件分析から開発、テスト、リリースまでを繰り返して、成果を出す手法です。「システム価値」「ふるまい要件」「データ要件」の各要件が動作するプロトタイプを作成し、要件間の矛盾を発見し、各要件にフィードバックする手法も有効です。実際に動作するプロトタイプによるデモンストレーションは、ステークホルダに安心感を与えるだけではなく、要件の理解を深め精度向上に役立ちます。また、要件分析の段階では、常に「本当に要件を実現できるか？」という不安が生じます。要件の発注者側も同様に「開発者は本当に要件を理解しているか？」という不安が生じています。これらの不安を解消するためには、「動く小さなプロダクト（Minimum Viable Product：MVP）」を作成して、実現可能な要件と要望のギャップを可能な限り埋める必要があります。ちなみに、発注者の不安を何度か解消すると、開発者と発注者の間に信頼関係が生まれ、プロジェクト進行がスムーズになる場合があります。発注者側は、決められた納期までに満足のいく成果物を受け取れるか、常に不安に苛まれているといっても過言ではありません。そのため、開発者側が発注者の不安を解消する「小さな努力」を惜しまないことが重要です。

ソフトウェアを取り巻く周辺環境やステークホルダの要求は常に変化しているため、ある時点で精度が高い要件であったとしても、将来にわたり要件として確約されているわけではありません。そのため、要件分析は一度きりで終わらせるのではなく、要求に変化がないか常日頃から観測し、必要に応じて要件を見直すべきでしょう。

8-3 要件分析のロールプレイング

データプラットフォームは、事業内容や規模、組織背景などによって構築すべきシステムが大きく変わってきます。具体的な会社組織を仮定したロールプレイングで、データプラットフォームの要件分析を紹介しましょう。

ロールプレイングとは、特定の役割を演じてその役割に求められるスキルや知識を身に付ける手法です。規模や組織構造、事業形態は異なっても、データプラットフォーム構築における共通項は数多くあります。たとえば、データ品質の定義とその基準、データガバナンスによる認証認可、データ利用状況の把握などが該当し、これらは要件分析に盛り込まれるべき要件です。

データプラットフォーム構築の動機や、構築の過程で発生する課題にも典型的な共通項があります。

本章で定義する会社組織は、新たにデータ利活用の推進を目標とする典型的な事例といえます。具体的な要件分析を通じて、実際の現場で要件分析を進めていく様子を想定できるはずです。

8-3-1 架空サービス「ビストロデュース」

本章で要件分析の題材とする組織は、レストランを紹介するスマートフォンアプリ「ビストロデュース」と呼ばれるサービスを展開するベンチャー企業です。サービス内容は、実在の「食べログ」や「ぐるなび」に相当するものを想定しています。

サービスの主体となるアプリは、一般のアプリ利用者向けとレストラン経営者向けの2つの機能を備えています。アプリ利用者向けには、所在地や駅などの位置情報、距離や用途、カテゴリなど、さまざまな条件でレストランを検索でき、各レストランの詳細ページからは即座に予約できる機能を搭載しています。また、レストラン経営者向けには、所定の金額を支払うことで、レストランのプロモーション機能として検索画面の上位にリスティング広告を表示する機能をはじめ、特集記事の掲載やクーポン発行機能などが用意されています。

ビストロデュースを利用するレストランは、無料で店舗情報をアプリに掲載できますが、無料版では店舗の詳細ページに広告が表示されるほか、表示可能コンテンツに制限が設けられています。有料版へのアップグレードで、店舗の詳細情報を追加するなどプロモーション機能が利用可能になります。チェーン店や知名度が高いレストランには、ビストロデュースの担当営業が直接訪問して営業活動をおこないます。一般レストラン向けプランではなくカスタマイズしたプランを提案するケースもあります。

8-3-2 ビストロデュース運営会社の組織体制

ビストロデュースを運営する架空の会社は、社員50名程度の規模に設定しています。創業時は社長とエンジニア、営業の3名でスタートし、順調に成長を続けて5年で現在の規模、社員数50名の組織に成長しているとしましょう。組織構成は、営業と開発、バックオフィスが独立しており、マーケティングチームも新たに部署となったばかりです。

ビストロデュースを構成する部署をまとめると次図の通りです。

図8.3.2.1：組織構成図

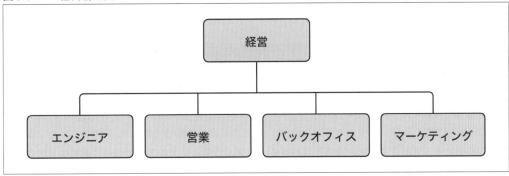

経営
会社としての意思決定や、組織を横断した折衝を担います。現在は、開発ロードマップやプロダクト戦略の立案、遂行するプロダクトマネジメントや他社との業務提携、新規事業の検討など、ビジネスデベロップメントの役割も兼務しています。

エンジニア
ビストロデュース本体や周辺システムの開発を担います。最上位の開発ロードマップや大まかな開発優先順位は経営メンバーからの指示に従いますが、詳細な開発タスクの進行やアーキテクチャ選択に関しては権限を委譲されています。また、システムのリファクタリングやインフラストラクチャのコスト削減など、エンジニア起案で開発項目が決まることもあります。開発遂行のプロジェクトマネジメントや技術調査、ユーザー行動データの分析なども担当します。

営業
営業部署は、会社組織の売上に対して責任を持ちます。新規レストランへの営業活動だけでなく、ビストロデュースをうまく活用して継続的に利用してもらうため、カスタマーサクセスやコンサルティングも担当しています。さらには、新規レストランの記事作成や広告出稿など、開発やマーケティング以外のすべての業務を担当します。

バックオフィス

人事、経理、総務、法務などのバックオフィス業務全般を担います。クライアントへの請求書発行や契約書の確認、消耗品の購入、人事関連業務も担当します。

マーケティング

事業の成長に伴い、データからメディア価値を高めることを目的に、マーケティングチームが営業部署から独立しています。営業部署が売上を管轄するのに対し、マーケティング部署ではユーザーのアプリ利用に対して責任を持ちます。
ユーザーの行動情報を分析し、広告などのマーケティング活動や必要な機能改修を提案します。さらには、レコメンド表示の調整やコンテンツの作成など、一部のシステム運用も担当します。

8-3-3 データのサイロ化

データのサイロ化（データサイロ）とは、データが組織内で分散することでデータの共有や利活用が困難になる状態を指します。データサイロの発生は、組織の成長や組織構造の変化、組織内のコミュニケーション不足など、さまざまな要因が考えられます。ビストロデュースの運営会社も、組織成長に伴ってデータのサイロ化が発生していますが、どのようにして発生したのか、その背景を整理してみましょう。
ビストロデュースの運営会社はいわゆるスタートアップ企業であり、事業成長に伴い組織体制も変化しています。創業初期は、社長とエンジニア、営業の3名で事業を運営していたため意思疎通は容易で判断もスピーディであり、データ利活用よりもサービス成長に注力していました。しかし、サービスが成長するにつれて組織が拡大し、バックオフィスやマーケティングなどの部署が新設され、コミュニケーションの複雑さが増していきます。
コミュニケーションの複雑さを引き起こす要因には、人員の増加をはじめ、部署やチームの増加、情報量の増加、組織文化、組織内の技術格差など、さまざまな要素が考えられます。
データプラットフォーム的な観点では、データのサイロ化の要因はデータが1箇所に集約されていない、SSOT（信頼できる唯一の情報源）が守られていない状況であるといえます。しかし、SSOTを維持するには部署間のコミュニケーションが必要であり、組織構造によっては情報の分断からデータ集約が困難なケースがあるためです。データサイロの要因とその解決策を整理してみましょう。

営業部署の契約管理

営業部署がレストランとの契約情報を管理するために、CRM（顧客管理システム）などを利用していると想定してみましょう。CRMは営業部署だけがアクセス可能で、他の部署からはアクセスできません。マーケティングやバックオフィスなどの部署は、契約情報の最新状況を確認するためには、その都度営業部署に問い合わせる必要があり非効率です。

営業支援ツールの導入によって、営業活動の記録や契約情報の管理を一元化できる一方で、基本的に営業部署以外の部署からのアクセスはできません。このような状況をデータのサイロ化と呼び、他部署からのデータ利活用を促すためには、データのサイロ化を解消する必要性が生まれます。データがサイロ化する背景には、さまざまな社内事情や社内政治が影響している場合があります。たとえば、効果的な営業活動を支援するためには契約情報や営業活動の分析が必要であっても、営業部署の管理者が営業活動の秘匿を重要視し、他部署へのデータ共有を拒否しているかもしれません。このような場合、より上位の経営陣が、データのサイロ化を解消するための方針を示す必要があります。

営業状況の把握や分析は、最近ではデータサイエンスや機械学習を活用した分析が有効であるとされています。たとえば、データサイエンティストが営業状況を分析するためには、営業支援ツールからデータを抽出する必要があります。しかし、営業支援ツールが出力する生データは扱いづらいケースが多く、データプラットフォームにデータを移動する際にドメイン知識を与えて扱いやすいデータに変換する必要があります。

マーケティング部署のデータ分析とレポート作成

アプリ利用者の行動データは、マーケティング部署がGoogle Analyticsを利用して分析しています。アプリの検索上位に、低評価のレストランや人気のない特集記事が表示されることに、マーケティング部署が気付いたとしましょう。このような状況が生まれた背景には、営業組織がユーザーの利用状況を省みずにクライアントの要望に応えた結果であるとします。

ビストロデュースのメディアとしての価値を優先するか、クライアントの要望による売上を優先するかは、ビジネスの判断として難しい問題です。メディア価値の向上を優先する場合は、ユーザーの利用状況を分析して、ユーザーが利用したくなるレストランや興味深い記事を検索結果に載せるべきです。一方、クライアントの要望に応える場合、該当クライアントのレストランや特集記事を上位に表示することで、売上の向上が期待できます。

メディアとしての収益源は、利用者から直接収益を得られるオンライン広告費や有料プランに加えて、企業から収益を得る広告出稿があります。ビストロデュースをビジネスとして成長させるためには、メディアとしての価値向上が重要である一方、クライアントの要望も重要です。しかし、オンライン広告を出稿しすぎたり、クライアントの要望に応え続けたりすると、利用者から不評を買いメディアの価値を毀損する可能性もあります。

営業部署がマーケティング部署の状況を把握していない場合、利用者にとって不評な特集記事を量産する可能性があります。このような状況を防ぐためには、マーケティング部署が営業部署に対して、ユーザーの利用状況を分析した結果を共有し、利用者にとって価値ある特集記事を商品として展開するように要望するなどの対応が必要です。

また、クライアントが求める広告効果とは、表示回数やコンバージョン数などの数値を元に判断されるケースが多く、広告出稿後の状況をクライアントに報告する必要があります。仮にマーケティング部署がGoogle Analyticsのデータを他部署に展開していない場合、営業部署はマーケティング部署に対して広告効果のレポート作成を依頼する必要があり効率が良くありません。このような状況は、データサ

イロにより引き起こされたものといえます。

Google Analyticsからのデータ抽出はエンジニアが担当することが多く、マーケティング部署からの依頼が多い場合は、エンジニアの負荷が高くなる可能性もあります。これらを解決するためには、マーケティング部署や営業部署が単独でデータ分析やレポート作成が可能なように、Google Analyticsを情報源とするデータプラットフォームへのデータ移行で解決できます。

データサイロと木こりのジレンマ

営業部署とマーケティング部署は、それぞれのミッションに特化して業務に取り組みビストロデュースの成長に貢献しています。しかし、データサイロによる部署間のコミュニケーション不足により、ビストロデュース全体の成長を妨げている可能性があります。「木こりのジレンマ」として知られる問題が原因となっている可能性です。

木こりのジレンマとは、「斧を研ぐためには時間が掛かるが、研いでおかないと斧がすぐに切れなくなる」という非効率なことの例えです。スタートアップ企業では、成長を優先するために斧を研ぐ時間を削減し、木を切る時間を増やす場面が多々あります。しかし、木こりのジレンマに陥ると、木を切る時間が増えるにも関わらず生産性は低下してしまいます。

このような状況を解決するためには、データプラットフォームを適切に構築し、営業部署とマーケティング部署のコミュニケーションを促進する必要があります。コミュニケーションの促進とは、データを共有することであり、共通言語となるデータを見ながら意思疎通を図ることを指します。

共通言語となるデータの共有はどちらの部署のミッションにも貢献することであり、結果的に木こりのジレンマの解決に繋がります。しかし、このようなチーム間の責任範囲が重複するタスクは、どちらのチームがオーナーシップを持ってデータを作成するか、優先すべき領域が異なるため、単独の部署による判断が難しい状況に陥ります。

データスチュワードと呼ばれる、ビジネスとデータの橋渡し役を設ければ、データサイロの解消が期待できます。データスチュワードの役割は、データプラットフォームを適切に構築し、ビジネスとデータの橋渡し役として、データサイロを解消することにあります。データを活用した意思決定を促すために、データによる部署間の意思疎通を図る専門家を配置すれば、より透明性の高いコミュニケーションが実現できます。たとえば、データスチュワードの役割を担うデータサイエンティストが、営業部署とマーケティング部署のデータを分析して各部署にデータを共有すれば、ビジネスとデータの橋渡し役となることも可能です。

データサイロの発生要因

データサイロが発生する要因にはさまざまな理由があります。たとえば、各部署の管理職がデータ共有に消極的であったり、マイナス情報を外部に知られることを避けて、秘密にしようとする傾向や風土がある場合も、データサイロの遠因となり得ます。不利な情報を秘密にしようとする隠蔽体質は、長期的には組織の信頼を失墜したり、経済的な損失を招いたりする可能性があります。また、組織内の特定人

物が強い発言力を持つ場合、その人の意見が優先されてしまい、他部署の意見が反映されずにデータサイロを招くケースもあります。いずれの場合も、経営陣がデータサイロを解消する意義や重要性を理解して、データサイロを解消する取り組む必要に迫られるケースがあります。

より透明性の高いコミュニケーションを重視する組織文化の構築には、経営層はもちろん上級管理職の理解が必要であり、作業者のレイヤーで組織を大きく変えることは容易ではありません。経営層の理解を得るためにも、経済的優位性や組織内の信頼関係構築、データ組織化のためのミッションやビジョンの共有など、あらゆる職種の関係者が容易に理解できるように、データサイロの解消が必要であると説明しなくてはならないでしょう。

8-3-4 データ民主化プロジェクトの始動

データ民主化とは組織内で自由にデータを利用できる状態であり、データのアクセスと利用が特定の誰かに限定されず、データ利活用が組織全体に広がるべきだという思想に基づきます。データ民主化の目的には、「データアクセスの容易性の向上」、「意思決定の高速化」、「データドリブンな組織文化の構築」などがあり、いずれもデータサイロの解消が目的です。
データサイロはデータ利活用を妨げる要因であると同時に、組織間のコミュニケーションを妨げる要因でもあります。これらの問題を解消するべく、データ民主化に向けた取り組みの重要性を認識したことを前提に、どのようなデータ民主化の取り組みをおこなうべきか検討しましょう。
データ民主化が達成された状態とは、自部署の利益だけでなく会社全体の利益を最大化するためにどうすべきか、データを通して考えられる組織となった状態です。各部署が管理していたデータを統合し、全部署のメンバーが他部署のデータにも容易にアクセスできる状態にする必要があります。また、データ解釈による組織内の情報格差をなくすために、データ理解を促すための教育や、データ可視化とその解釈方法の共有なども必要です。
データを扱いやすい状態とはSSOT、すなわち信頼性の高いデータを1つの場所に集約するだけで完結するものではありません。格納されたデータを解釈できるように、組織内のデータリテラシー向上を目的とする教育体制や、データを扱いやすくするためのデータカタログの整備、データアクセスツールの提供なども必要です。
営業部署ならば提案資料やレポート作成、マーケティング部署なら適切な広告媒体の選定、データサイエンティストならば格納されたデータをA/Bテストやバンディットアルゴリズム、機械学習などの実験がしやすい環境など、それぞれの職種に応じたデータ利活用の文化が必要となります。
誰でも必要なデータに自由にアクセスでき利活用可能な状態をデータの民主化といいます。まずは各部署がデータを個別に扱うのではなく、データプラットフォームを統合して、各々のデータに簡単にアクセスできる環境を作ることが、データの民主化のための第一歩となります。
データ民主化とは単に技術的な問題だけでなく、データに対する漠然としたイメージを払拭する組織文

化の転換を伴うため、経営陣と従業員の理解が必須です。経営陣がデータ民主化の重要性を認識して、社内データを統合するデータプラットフォームの構築を決断することは、従業員に「データが重要である」と強いメッセージを与えます。

データを利用したコミュニケーションは、事業における懸念や問題の把握を容易にし、組織全体の意思決定スピードが速くなると従業員に伝え、「データ民主化プロジェクト」を始動させましょう。

データ民主化とデータガバナンス

データガバナンスの観点でのアクター分類は、2つの観点を意識する必要があります。

まず、データセキュリティです。一般的にセキュリティの観点では、最小権限の原則が重要視されています。利用者にデータへのアクセス権を付与する場合、ユーザーが求めるデータへのアクセス範囲を最小限にするべきです。管理者は利用者のアクセス権が適切であるか判断し、必要最小限の権限を付与します。また、データへのアクセスが不要になったり不正利用されたりした場合は、迅速にアクセス権を停止するなどの対応が求められます。一方、利用者側はデータアクセス権を取得するために、煩雑な手続きを踏む必要があります。そのため、ルールを無視して他者のアカウントを借り受け、管理者に無断でデータにアクセスする利用者が出現する可能性があります。これは自らの利益のみを追い求めるが故に犯しがちな過ちです。もしくは、セキュリティリスクの重要性を理解していないが故かもしれません。

ここで、データ民主化の観点を考えてみましょう。データ民主化の推進では、多くの利用者が可能な限り広範囲のデータにアクセス可能であることがよいとされています。しかし、すべてのデータへのアクセス権を与えることは、セキュリティの観点から望ましくありません。社外秘や機密情報などのデータは、閲覧を許可された利用者に限定してアクセス権を付与すべきです。

他者のアカウントを騙った利用者が、該当アカウントしか閲覧が許可されていないデータにアクセスした場合、管理者はどのように対応すべきでしょうか。アカウントを貸した利用者のアクセス履歴があるにも関わらず、閲覧した利用者は全くの別人であった場合です。これに対応するには、OktaやAuth0などのSingle Sign On（SSO）で認証認可を厳密に実施する以外に回避する方法はありません。

データガバナンスとデータ民主化は、セキュリティと利用者の利便性のバランスが重要です。データセキュリティを重視しすぎるとデータ民主化が進まず、データ民主化を重視しすぎるとデータセキュリティが脆弱になります。いずれの観点も重要であり、バランスを取りながら適切なデータガバナンスの実現が求められるでしょう。

8-4 システム価値

本章における要件分析は、「システム価値」「ふるまい要件」「データ要件」「精度向上」の4フェーズに分けて進めます。本節では、要件分析における最初のフェーズであり、以降の要件分析はもちろん、開発プロセスでも重要な指針となる、システム価値を解説します。

システム価値とは、何のためにこのシステム（データプラットフォーム）を開発するのかを簡潔に定義するものです。システム価値の分析では、まず事業や組織などビジネス背景をもとにデータプラットフォームの開発に至った理由を考えてみましょう。

架空サービス「ビストロデュース」では、データサイロの発生が原因で組織間が連携できなくなっていることを発端に、データプラットフォームの構築へと至っています。そのため、データプラットフォームに求める価値はデータサイロの解決であり、まずはシステム価値を「全組織のデータを集約して相互に利活用可能にする」と定義できます。

8-4-1 システムコンテキスト図

システム価値において、最初に定義するモデルはシステムコンテキスト図です。システムコンテキスト図は、システムに関与する人物であるアクター、データの授受や連携している外部システムなど、システムに関連する要素を明確にして構築目的を定義します。また、データプラットフォームのシステム価値と関連する要素がどのような意味を持つのか、明確に定義します。

システムコンテキスト図で定義されたシステム価値が、以降の開発プロセスにおける指針および判断基準となります。また、システムコンテキスト図を完成させれば開発スコープが明確になります。データプラットフォームに限らずシステム全般に対しても同様ですが、スコープを明確にしなければ開発は進みません。特にデータプラットフォームは汎用的なものを求められる傾向があり、スコープが広くなりがちです。開発コストに対してシステム価値を最大化するために、早期にスコープを明確にして共通認識を確定させる必要があります。

システムコンテキスト図は最上位のモデルであり、可能な限り1枚の図として俯瞰できるのが望ましいでしょう。しかし、アクターや外部システムが増えて複雑になるケースもあります。そういった場合は、役割が類似しているものをグループ化してシンプルなモデルを作成し、システムコンテキスト図を階層化します。

本来1枚で表すべきものを単純に分割してしまうと全体の俯瞰が難しく、システムコンテキスト図の役

割を果たせません。そのため、抽象度を上げたとしてもできる限り1枚の図で作成し、俯瞰できる形とするべきでしょう。

システム構築の目的とスコープの定義

システム構築の目的とは、ビストロデュースのデータプラットフォーム構築などプロジェクトを表すものです。システム価値とほぼ同義であり、以降の判断基準となるため、シンプルで明確なものとして簡潔にまとめます。

また、スコープも同時に記述します。スコープの記述にルールはありませんが、対象となる事業や目的などを明確に記述します。システムコンテキスト図は最上位のモデルであり、具体的な業務やデータを記述する必要はありません。「ユーザー行動ログを管理する」や「提案業務をサポートしない」などの具体的な表現は避けます。

システムコンテキスト図では、より抽象度の高い視点からシステムを構築する目的やビジョンを記述し、このシステムがもたらす価値を明確にします。たとえば、「全組織のデータを一元集約して相互に利活用可能にする」などが該当します。それぞれの業務に言及するのではなく、その目的を明確に記述します。具体的な内容は、後述のデータコンテキスト図やビジネスコンテキスト図などで定義しましょう。

アクター（ガバナンス）

アクター（ガバナンス）とは、データプラットフォームに関与する役割を持つ人物です。一般に要件分析におけるアクターといわれると、営業やマーケターなど具体的な部署やロールを思い浮かべるかもしれません。しかし、システムコンテキスト図では、データガバナンスの観点による分類を推奨します。データへのアクセス権限やデータの管理責任を基準にする分類方法です。

たとえば、社内メンバーがデータプラットフォームに格納されているデータすべてにアクセスできる場合は、「社内メンバー」というアクターだけを定義します。一部のデータを社外メンバーにも開放する場合は、「社内メンバー」と「社外メンバー」の2つのアクターを定義します。

システムコンテキスト図のアクターを実際の部署で分類してしまうと、部署の再編に伴いシステムコンテキスト図を修正する必要に迫られます。また、同一部署でも個人情報へのアクセス可否などアクセス権限が異なるケースもあるため、システムコンテキスト図が複雑になる可能性があります。

外部システム

アクターと同様、データプラットフォームに関連する外部システムをすべて書き出します。外部システムは、APIやデータインジェスチョンなど直接データと自動連携するケースもあれば、誰かが画面上でデータを出力し、別の外部システムに入力するなど間接的に連携するケースもあります。これらもすべてシステムコンテキスト図に書き出します。さらに外部システムの概要に加えて、構築するデータプラットフォームとの関係性を記述します。

外部システムの概要を記述すれば、各ステークホルダーにとってもシステムコンテキスト図の理解が容易になります。しかし、外部システムの名称で目的や概要が明確なケースや、社内で共通言語

として十分に浸透しているケースでは不要です。システムコンテキスト図は、要件分析を進めるエンジニアだけでなく、関係者から要望をヒアリングする際にも利用されるため、関係者全員が十分に理解できる記述にする必要があります。

また、外部システムとの関係性は、データプラットフォームや外部システムの変更がどのような影響を及ぼすのかを明確にできます。要件分析では、この関係性を上流・下流と表現します。外部システムの変更がデータプラットフォームに影響を及ぼす場合は外部システムが上流、逆にデータプラットフォームの変更が外部システムに影響する場合はデータプラットフォームが上流となります。外部システムとの関係性を上流と下流に分けて、その影響範囲を明確にすると、データプラットフォームの開発運用で監視すべき事柄や関連部署との連携が必要な箇所が明確になります。

ちなみに、状況に応じて、上流と下流の関係が逆転する場合もあります。たとえば、あるデータプロバイダーがデータを所有し、データプラットフォーム側にデータを供給する場合は、データプロバイダーが上流、データプラットフォームが下流となります。データプラットフォームで処理した結果を、同じデータプロバイダー側に返す場合は、データプラットフォームが上流、データプロバイダーが下流となります。どちらか一方だけを変更してもシステム全体に影響が出てしまう、相互依存関係にならないように注意する必要があります。

システム

構築対象となるシステムを定義します。データプラットフォームの内部まで記述せず、全体を1つのアイコンで表現します。データプラットフォーム全体として、どのような価値を誰に提供するのか、どのような外部システムと連携するのかを記述します。

データプラットフォームを単体のシステムとして構築するケースは基本的にありません。Amazon S3などのデータレイクやApache Sparkなどの分散処理基盤、可視化システムやデータマートなど、複数のサービスを組み合わせてデータプラットフォームを構成します。

データプラットフォームに求める「ふるまい」次第で、必要な構成要素が変わります。たとえば、リアルタイム性を求めてストリーミング処理を実装する場合は、KinesisやKafkaなどのストリーミングデータ基盤が必要です。しかし、システム価値を定義する段階では、リアルタイム性という「ふるまい」を定義できていないため、ストリーミング処理の必要性は判断できません。システム価値の定義では具体的な構成は記述せず、要件分析を進めながら徐々に明確にしていきます。

8-4-2 実践システムコンテキスト図

実際のシステム構築として、ビストロデュースの構築を想定したシステムコンテキスト図を作成してみましょう。システムコンテキスト図には、「システム構築の目的とスコープの定義」「アクター」「外部システム」「システム」の4つの要素を記述します。それぞれの要素を解説します。

システム構築の目的とスコープの定義

まずは、システム構築の目的とスコープを定義します。本章の題材であるビストロデュースでデータプラットフォームを構築する目的、すなわち達成すべきシステム価値は、前述の「全組織のデータを一元的に集約して相互の利活用を可能にする」です。

このシステム価値を達成すれば、データサイロを解消して組織間の連携を強化し、全社一丸となって事業を成長させられます。まずは、このシステム価値をシステムコンテキスト図に記述します。この事業に関連しないデータはスコープ外となります。たとえば、別プロダクトのデータ、消耗品の経費や人事関連のデータなどです。もちろん、間接的には関係しますが、今回の目的からは除外すべきでしょう。請求関連の情報はスコープ内もしくはスコープ外、いずれのケースも考えられますが、本項では直接的に事業に関連する情報に絞り、早期にシステム価値の発揮を目指すため対象外とします。

アクター

システムを使う人の役割であるアクターを定義します。今回のデータプラットフォームでは、経営者など一部のメンバーしか閲覧できないデータは管理しません。すなわち、データプラットフォームで管理する全データは、社内メンバー全員がアクセス可能です。当然社内には複数の部署が存在しますが、部署ごとにアクセス権限を設定しないため、まとめて社内メンバーと記述します。
他にも、データプラットフォームで生成したデータをクライアントに提供するユースケースも想定されるため、社外メンバーも記述します。

外部システム

データプラットフォームに関連する外部システムを記述します。ビストロデュース本体と営業組織が管理する営業管理システム、マーケティング組織が管理するGoogle Analyticsが対象です。
実際の企業組織では、簡単な設定プログラムやシミュレーションツールなど、周辺システムもいくつか存在しますが、今回は要件を単純化するために割愛しています。

システム

最後に、データプラットフォームを構築する目的を意味するシステムを追加します。前述の通り、システムはデータプラットフォームを1つだけ配置します。システムとはデータプラットフォームを構成するサービス全体とも言い換えられるため、構築の目的を抽象度の高い視点から記述します。

データプラットフォームを配置したら、それぞれのアクターや外部システムとの関係性を考えます。アクターに関しては、今回すべての利害関係者がデータプラットフォームのデータ活用を目的としています。たとえば、データプラットフォーム内に構築する可視化システムからのデータ抽出や、ログへのアクセスなどが想定されます。そのため、すべての利害関係者と直接的な関係があると考えて、実線を繋ぎます。

外部システムは、ログの連携などが想定できるため実線で繋ぎます。たとえば、営業管理システムからはログをエクスポートしてデータプラットフォームに取り込みます。本節の要件では具体的なツールまでは定義していませんが、仮にSalesforceであれば、API経由のデータ転送やFivetranなどデータ転送ツールの利用が考えられます。また、Google Analyticsの場合は、BigQueryを経由して各種プラットフォームへのエクスポートが可能です。ビストロデュース本体からは、ユーザー行動に関するログやアプリケーションログなどを直接取り込みます。

図8.4.2.1：システムコンテキスト図

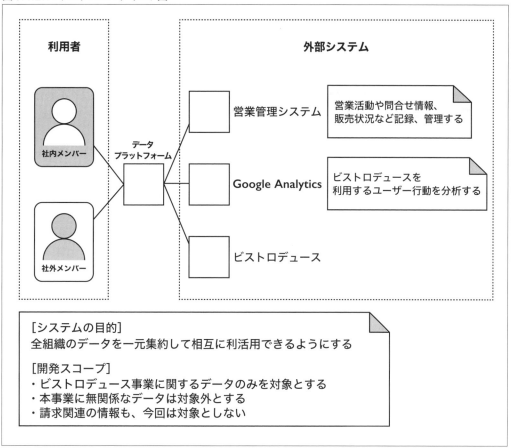

上図に示す通り、データプラットフォームと関連するアクターおよび外部システムとの関係性を整理すると、データプラットフォームの目的とスコープが明確になります。

システム価値とは、何を目的としてデータプラットフォームを開発するのかを簡潔に定義するものです。システムステムコンテキスト図は利害関係者全員の共通認識となるため、誰にでもその内容が理解できるようにシンプルにまとめましょう。

8-5 ふるまい要件

ふるまい要件は、ユースケースから分析したデータプラットフォームの要件です。ユースケースには、ビジネスユースケースとシステムユースケースの2つがあります。ビジネスユースケースとは「業務を提供する[1]」単位であり、必ずしもシステム化されない可能性があります。また、システムユースケースとは「システムの範囲を明らかにする[1]」単位で、システム化される可能性が高いものです。

ふるまい要件の分析では、利用者のビジネスユースケースを中心に分析をはじめ、具体的なシステムユースケースに落とし込みます。たとえば、金融関係のデータプラットフォーム構築で、ビジネスユースケースとして「リスク管理の強化」がある場合、システムユースケースは「信用スコアリング」「不正取引の検知」などが考えられます。ビジネスユースケースを中心に付随するシステムユースケースを把握し、より具体的な業務要件を抽出していきます。

データプラットフォームは運用時にビジネスユースケースが増え続けていくものであるため、将来的なものも含めてデータプラットフォームのビジネスユースケースを完全に網羅することは不可能です。しかし、各組織の既存業務や課題でデータプラットフォームによって解決できるものは、すべて書き出してふるまい要件として組み込みます。組織にとって必要十分なデータプラットフォームとは何かを定義できるだけでなく、データプラッフォームの具体的な利用方法が明確になるため、データプラットフォーム構築後は即座にデータ利活用を開始できます。

前節で紹介した通り、架空サービス「ビストロデュース」では、データサイロに起因する明確な課題がいくつかあります。たとえば、ユーザー行動情報をマーケティング部署が管理しているため、営業が提案に利用する情報がなかなか入手できないことです。また、営業とマーケティング部門がそれぞれ自部門の利益を優先するため、売上向上とユーザーの利用促進を両立させられていません。

ふるまい要件分析では、こうした課題を解決するために、データプラットフォームにどのようなふるまいをさせる必要があるのかを考え、要件を分析します。

8-5-1 アクターコンテキスト図

アクターコンテキスト図とは、システムコンテキスト図で定義されたアクターがどのような「ふるまい要件」を持つか定義した図です。ふるまい要件の分析では、まずアクターを実際の組織やロールで分解します。ふるまい要件で作成されるアクターコンテキスト図では、実際に存在する業務や課題など、より具体的な内容を記述して課題解決を図ります。

---

[1] RDRA 2.0では、ビジネスユースケースは「システム外部環境」で、システムユースケースは「システム境界」で定義されています。詳細は「8-2-2 RDRAの構造」を参照してください。

システムコンテキスト図で定義するアクターはガバナンス観点での分類であるため、「データ利活用」など抽象的な目的のみであるのに対して、アクターコンテキスト図ではより具体的な「ふるまい」を中心に記述します。たとえば、社内メンバー全体の課題ではなく、さらに細分化して営業部門の課題を定義すると、より具体的に想像しやすいはずです。

明確に分類するために、システムコンテキスト図で定義したアクターをアクター（ガバナンス）、ふるまい要件で定義するアクターをアクター（ビジネスロール）と定義します。アクター（ガバナンス）がデータへのアクセス権など管理面を中心に定義するのに対し、アクター（ビジネスロール）は、それぞれの具体的な「ふるまい」を定義します。たとえば、「データを活用した売上向上」や「データドリブンなマーケティング施策の実施」など、アクターの持つ役割と目的を中心に記述します。

図8.5.1.1：アクターコンテキスト概念図

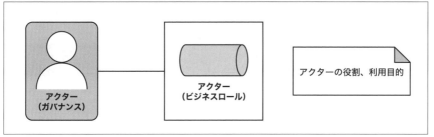

アクター（ビジネスロール）

ビジネスロール観点のアクターは、営業やマーケターなど現場で使われている具体的な名称（役割）を記述します。必ずしも組織やチーム単位である必要はなく、同一チームでもビジネスで別の役割には、別のアクターとして異なる名称を記述します。
たとえば、プロダクトの認知拡大を目的とする「マーケター」、自社製品の魅力を伝える「広報」、クライアントへの提案を目的とする「セールス」では、データプラットフォームに期待する役割も異なります。この場合、データプラットフォームを利用するロールを別のアクターとして定義すべきでしょう。
しかし、アクターのビジネスロールを必要以上に細分化すると、図が複雑になり全体像の把握が困難になります。どの程度の粒度で分割すべきかは状況により異なりますが、1つのヒントとして、ビジネス上の目的が明確に違っていたり、データプラットフォームの利用目的が異なったりする場合は、別アクターとして定義するとよいでしょう。
たとえば、「クライアントへの広告効果の結果報告」と「データ分析結果を踏まえたレコメンデーション」では明確に目的が異なるため、別のアクターとして定義します。
また、どのような基準で分類したのか、誰が見ても明確であることが重要です。明確な基準がない分類では、MECE（Mutually Exclusive and Collectively Exhaustive：漏れなく、重複がなく）にならず、何度もアクターの追加や削除が発生し、必要以上の工数が掛かる可能性があります。

アクター（ビジネスロール）の役割と利用目的

各アクター（ビジネスロール）がビジネスでどのような役割を担い、どのような目的でデータプラットフォームを利用するのかを明確に記述します。利用目的の整理は、各アクター（ビジネスロール）と要件の調整に役立ちます。実際に利用目的をヒアリングすると、要件分析の担当者が想定していたものとまったく異なるケースも少なくありません。たとえば、データドリブンなセールス活動の実現をシステム価値として定義したとしても、現場ではそのような要求はなく、別のより現実的な課題を抱えているかもしれません。

利用目的が食い違っていると、要件分析が進むにつれ重大な認識のずれに発展する可能性があります。目的を言語化して各アクター（ビジネスロール）と認識を合わせましょう。説明がそのままの形で要件になるケースは少なく、いったん抽象化してより具体的な要件に落とし込む必要があります。要件の抽象化と具体化の反復によって、各アクター（ビジネスロール）が本当に必要とする要件となります。

8-5-2 実践アクターコンテキスト図

ビストロデュースでは、システムコンテキスト図でアクター（ガバナンス）を「社内メンバー」「社外メンバー」の2つに分類しています。アクターコンテキスト図の作成にあたり、この2つをアクター（ビジネスロール）へと分解していきます。アクター（ガバナンス）は、Role-Based Access Control（RBAC）を想定しています。RBACはユーザーの役割に基づいて権限を管理する手法であり、特定の役割に対して特定の権限を付与する方式です。

まずは社内メンバーを分解していきましょう。ビストロデュースはビジネス上の役割をもとにした縦割り組織で、各組織にはそれぞれの役割があり、それぞれのミッション達成を目的としています。たとえば、営業部門はビストロデュースを利用するクライアントが運営するレストランにユーザーを集客し、クライアントからの収益確保をミッションとしています。また、マーケティング部門のミッションは、プロモーション施策や新機能の提言などを通じて、アプリ利用の継続率を最大化することです。

各部門のミッションはビジネス上の明確な役割であり、データプラットフォームの利用目的もこのミッションに準じるものになります。そのため、社内メンバーの分割は組織単位で問題ないでしょう。アクター（ガバナンス）での「社内メンバー」を、「経営」「エンジニア」「営業」「バックオフィス」「マーケティング」のアクター（ビジネスロール）に分解します。

次に、社外メンバーを検討してみましょう。社外メンバーとして現在存在しているのは、レストランであるクライアントのみです。将来的には、システム連携などで追加される可能性はありますが、現時点での具体的な業務やビジネスユースケースの定義は難しく、まだ存在しないため今回は記述しません。

上記を反映すると、ビストロデュースのアクターコンテキスト図は次図の通りとなります。

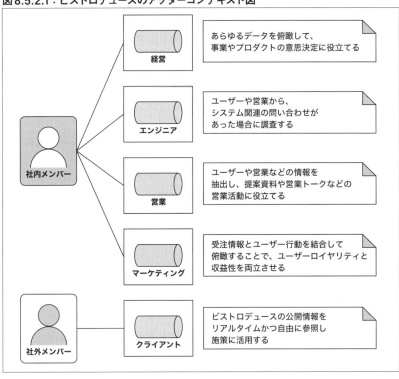

図8.5.2.1：ビストロデュースのアクターコンテキスト図

8-5-3 要求モデル図

アクターコンテキスト図を整理できたら、次は各アクター（ビジネスロール）から具体的な要求を収集して、要求モデル図にまとめます。この時点では、各アクター（ビジネスロール）から収集した要求の抽象度を揃えず、雑然とした要望を列挙して整理します。たとえば、「営業メンバーの成果を分析したい」という抽象的な要望と、「解約したクライアントの予約状況を確認したい」という具体的な要望が混在するケースが考えられます。異なる抽象度の要望が混在しますが、ここで作成する要件の目的は、各アクター（ビジネスロール）の課題チェックであるため、抽象度を揃えず漏れなく列挙して構いません。

各アクター（ビジネスロール）は、抽象度や実現難易度、実現可能性などを考慮せずに、課題解決を要求します。これらの要求をすべて直接的に解決するのは、ほとんど不可能に近いといえます。仮に可能であっても、複数の部署からの要求が矛盾していたり、システムコンテキスト図で定義したスコープから大きく逸脱したりするケースも少なくありません。

要求モデル図作成の際に精査される要件は、実現可能性やコストパフォーマンスを考慮して、プロダクトマネージャーが決定します。要件定義では、基本的にモデル間の関係性を維持しながら要件分析を進

め、矛盾のない要件を作成しますが、要求モデル図はこれ以降のモデルとは直接的な接続はありません。また、各アクター（ビジネスロール）の要求をヒアリングする際にも注意が必要です。たとえば、アクター（ビジネスロール）に対して開いた質問を投げかけてしまうと、有効な回答が得られなかったり、議論が発散したりする危険があります。基本的には、アクター（ビジネスロール）は現在自身が課題と感じていることを話します。最初から「システム利用状況を監視して、案件継続のためのアプローチを改善したい」といった、データプラットフォームのビジネスユースケースにマッチする明確な要求が出てくることは稀です。ちなみに、あえて議論を発散させて要求の全貌を把握するため、ワークショップの実施が有効な場合もあります。参加者のケイパビリティや理解状況を鑑みて、適切なファシリテーション手段を講じましょう。

この段階では、アクター（ビジネスロール）はデータプラットフォームがどのようなもので、何ができるのかを全く理解していない前提で会話する必要があります。もし、ほとんどの要求が実現不可能なものであったり、明らかにスコープ外であったりすると、要求を却下する必要に迫られます。データプラットフォームの構築自体に価値を感じてもらえず、以降の要件分析や開発に協力が得られないだけでなく、完成しても活用してもらえない可能性が高くなります。

関係者にデータプラットフォームの価値を伝えるには、ヒアリング前にシステムコンテキスト図とアクターコンテキスト図のレビューを事前に依頼しましょう。目的や開発スコープをある程度理解してもらえるため、無茶な要望が減り、コンテキストに沿った要求が期待できます。それでも、別のデータソースやアクターが必要な要求が出た場合は、システム価値フェーズに立ち戻って検討しましょう。

次図に要求モデル概念図を示します。
要求モデル図を定義する場合、はじめはシンプルにアクター（ビジネスロール）からの要求を列挙するだけです。スプレッドシートなどのドキュメントに列挙するだけでも問題ありません。

図8.5.3.1：要求モデル概念図

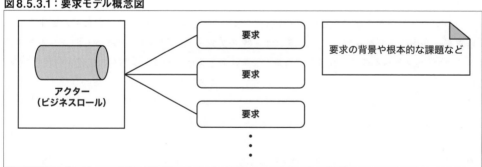

その後、要求リストや要求の背景、そして根本的な課題をアクターとの対話から抽出して記述すると、より意味のあるモデルになります。個別の要求は、ある程度解決策を見出して具体化されたものであり、その背景にはさらに抽象的で大きな課題が隠されているケースがあります。この課題を特定して、より効率的な解決策を提示できれば、データプラットフォームの価値はさらに大きくなります。

8-5-4 実践要求モデル図

ビストロデュースでも、要求モデル図作成のため各アクター（ビジネスロール）に対してヒアリングを実施します。アクター（ビジネスロール）を「経営」「エンジニア」「営業」「マーケティング」「クライアント」の5つに分類しますが、「クライアント」に直接ヒアリングを実施できるケースは稀です。もちろん、一部の協力的なクライアントは可能な場合もありますが、多くは担当営業経由のヒアリングになります。しかし、クライアントに対してヒアリングすべきではないケースもあります。たとえば、データプラットフォームの構築目的が社内データの民主化である場合、クライアントのビジネスとは直接の関係はありません。仮にクライアントの期待値調整に失敗すると、要求機能が必ず実装されると勘違いされたり、公開予定時期を納期と勘違いされたりするなど、既存ビジネスに影響してしまうケースもあります。したがって、クライアントへのヒアリングを実施する場合は、上述の懸念事項に配慮する必要があります。実際の要件分析では、5つのアクター（ビジネスロール）に対して個別のヒアリングを実施し、それぞれ要求の実現を調整する必要がありますが、本項では営業部署と経営チームを例に解説します。

営業部署の要求モデル

ビストロデュースの営業チームへのヒアリングでは、下記の要求が挙げられました。

- どのような営業活動が効率がよいのか知りたい
- 競合と比較してビストロデュースがどのような位置付けであるかを知りたい
- アプリを利用するユーザーのインサイトを知り、営業資料や営業トークに活かしたい
- レポートから知見を得たい。平均値に対して良い/悪い、どうすれば効果向上できるかなど
- レポートを監視し、異常値を通知してほしい

要求として上がっている「競合と比較してビストロデュースがどのような位置付けかを知りたい」は、外部データが必要になります。営業部署と議論したところ、現時点では具体的なデータソースをイメージできていないため、まずは外部の調査会社に依頼する方が良さそうだという結論になりました。そのため、現時点ではデータプラットフォームの要件から対象外としました。
また、「レポートを監視し、異常値を通知してほしい」という要求ですが、この要求を分解すると、異常値とは何かを特定して検知する、データを元に通知する、この2つが必要になります。営業部署によると、異常値はクライアント個別に条件が異なるものの、レポートデータに対してSQLクエリを実行できれば、異常値かどうかを判断可能との回答です。この要求に応えるために、データをトリガーとする通知が可能な可視化ツールを導入する必要があります。
たとえば、Redashの通知機能には、定期的にクエリを実行し異常値が発生すると、Slackやメールなどで通知する機能が搭載されています。要件分析の段階では具体的なツールは定義しませんが、導入するツールの条件として、通知機能が搭載されている可視化ツールを導入するという要件を追加します。

図8.5.4.1：要求モデル図（営業）

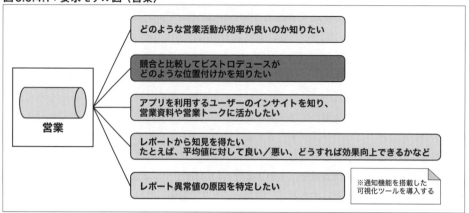

経営メンバーの要求モデル

経営メンバーへのヒアリングから、要求モデル図を整理しました。

- 感覚ではなくデータに基づく経営のための基盤としたい
- 日別の売上やコスト、利益などを毎日確認できるようにしたい
- リリースした機能やマーケティングキャンペーンなどの投資に対して、費用対効果を明確にしたい
- 別システム管理の経営数字を連携させ、全社員がいつでも確認可能にしたい

ここで、最後の「別システム管理の経営数字を連携させ、全社員がいつでも確認可能にしたい」という要求から、業績指標管理システムの存在が発覚しました。システムコンテキスト図に記述されていないため、現時点ではスコープ外となります。しかし、データプラットフォームの構築目的であるデータサイロの解消を考慮すると、経営チーム内でサイロ化された業績指標の公開は、データプラットフォームの構築目的とも合致しているので、このシステムを組み込むと判断します。

図8.5.4.2：要求モデル図（経営）

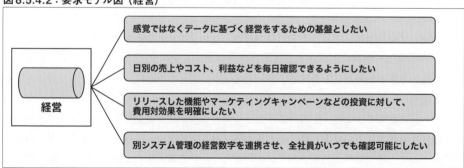

要求モデル図の整理で見落としていた要件が発覚した場合、システムコンテキスト図の変更が必須です。影響範囲を見極めてすぐに対応すべきです。ちなみに、決裁権を持つ経営メンバーとの合意形成が不十分なままで要求モデル図をまとめると、後々の要件変更による変更工数が膨大になる可能性があり、特に注意が必要です。事前にドラフトで作成したシステムコンテキスト図や要求モデル図を提示し、変更や修正を前提に、修正しながらアジャイルに合意形成すると手戻りが少なくなる可能性があります。

図 8.5.4.3：システムコンテキスト図 v2

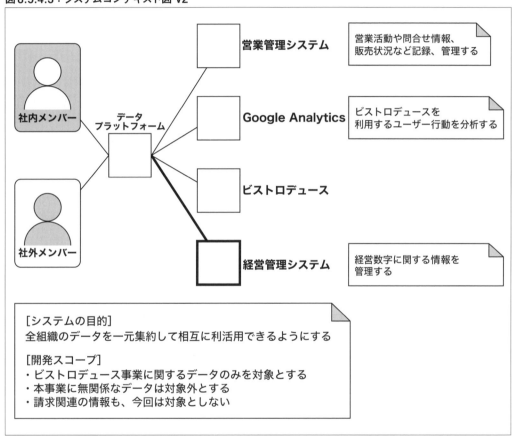

業績指標の管理システムに関しては、システムコンテキスト図の変更が必要になります。こうした変更は、必要になったタイミングですぐに対応すべきです。システムコンテキスト図と要求モデル図の間に矛盾が発生しますが、モデル同士の矛盾に気付いた時点ですぐに修正すれば、既存の要件全体の品質を高い状態に保てます。経営陣の要求はビジネスの優先度を第一にしがち、システム化の難易度が考慮されないケースがあります。仮に要求の実現が困難である場合、その理由を説明して相互理解を深める必要があります。

8-5-5 ビジネスコンテキスト図

アクターからの要望を整理し終えたら、次はアクターが担う業務とその業務に必要なデータを洗い出します。ビジネスコンテキスト図は、業務を分析する上で最上位の図となります。
RDRAの場合は、ビジネスコンテキスト図の解析や意味付けによって、ビジネスユースケース図や業務モデル図などを作成します。しかし、データプラットフォームの要件分析フェーズでは、最低限ビジネスコンテキスト図のみを作成しておけば十分です。データプラットフォームでは、実際の業務に必要なクエリやダッシュボードの作成は、データプラットフォーム構築後のケースが多く、データプラットフォームの初期構築における要件分析では、業務とデータの関係性を把握するだけでよいためです。この関係性とデータ要件を突き合わせれば、管理すべきデータの必要条件を洗い出せます。
もちろん、構築するデータプラットフォームや組織の規模で状況は異なります。データプラットフォームの解像度を上げるために、この段階でさらに詳細な業務フローや状態遷移などが必要であれば、状況に応じて追加しましょう。本書では、ビジネスコンテキスト図の作成のみをデータプラットフォームの要件分析と位置付けて、ビジネスユースケース図以上の解析は実施していません。
繰り返しになりますが、ビジネスコンテキスト図には、アクターコンテキスト図で洗い出したアクター（ビジネスロール）が担う業務と、対象の業務に必要なデータに加えて、業務観点で必要なデータ品質も記述します。ビジネスコンテキスト図の定義によって、業務に必要なデータが適切に管理され、適切なアクター（ビジネスロール）に公開されているかをチェックできます。

ビジネスコンテキスト図では、トップレベルの業務のみを記述し、具体的なビジネスユースケースは記述しません。たとえば、マーケティング部署に「データドリブンなマーケティング」という業務があったとしましょう。この業務には、マーケティングキャンペーンによるユーザー行動の変化や、売上への影響を可視化するビジネスユースケースが含まれていると想定できますが、これらの業務を網羅して記述する必要はありません。データプラットフォームの構築後も、具体的な分析方法の変化や部分的な用途拡大は十分に見込まれ、変更に追従して要件を更新するのは非常にコストの高い作業となるためです。

図8.5.5.1：ビジネスコンテキスト概念図

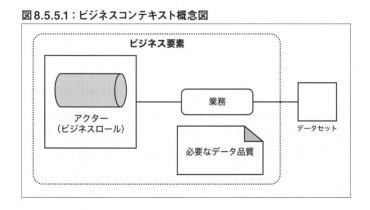

ビジネスコンテキスト図では、あくまでもどのアクター（ビジネスロール）が、どのデータをどのような目的で利用するかを明確にします。アクター（ビジネスロール）とデータの繋がりを明確にできる最低限の粒度で、業務を定義するとよいでしょう。

業務

業務とは、組織内でおこなわれている仕事で、一般的に使用される業務と同義です。業務名称は、可能な限り組織内で使われている用語を利用します。たとえば、「提案業務」や「グロースハック」などです。組織内で使われている用語をそのまま利用すれば、関係者への説明が容易になります。なお、既存の業務だけを書き出すのではありません。データプラットフォームの構築で、新たに実現できる業務があれば記述します。今まで実現できなかった業務が可能になり、ビジネス上の価値を生み出すのであれば、データプラットフォームのビジネス価値が発揮されます。こういった新たな業務もビジネスコンテキスト図に記述すべきでしょう。

データ

データとは、いうまでもなく業務に必要なデータです。ビジネスコンテキスト図で定義する業務は、具体的な作業ではなくグループ化されたトップレベルの業務です。実際は、具体的なビジネスユースケースが揃っていない限り、業務に必要なデータを完全に洗い出すのは困難です。しかし、ビジネスコンテキスト図では、ある程度明確に利用シーンが分かっているデータであれば記述して構いません。前述の通り、データプラットフォームを運用していると、具体的なビジネスユースケースが増えていくと予想できます。現時点で想定できる必要なデータ、もしくは高い確率で必要となるデータは、ビジネスコンテキスト図に記述すべきでしょう。もちろん、運用中に新たなデータが必要となった場合は、ビジネスコンテキスト図にその都度追加します。

ちなみに、データの粒度は、次節「8-6 データ要件」で説明するデータ要件分析と合わせておく必要があります。データ要件分析で作成するモデルとビジネスコンテキスト図を接続すれば、要件に矛盾がないかチェック可能です。

ビジネス要素

ビジネス要素とは業務を構成する基本的な構成要素です。たとえば、会社組織、商品などがビジネス要素にあたります。ビジネスコンテキスト図におけるビジネス要素は、業務イメージをより明確にするためのサポート要素です。

ビジネス要素自体がどこか別の要素と関連するわけではありません。ビジネスコンテキスト図を理解しやすくするため、どのような業務であるのか十分に理解できるように必要な要素を追加します。

データ品質

データ品質には、業務観点でどの程度の品質が要求されるかを記述します。データ品質の内容は、クレンジングや重複除去など、データそのものに関する品質だけでなく、データの鮮度やアクセスの容易性など、幅広く記述します。たとえば、決済情報を扱う際はデータの重複や欠損がない高い

信頼性が求められます。また、ユーザーのリアルタイムな位置情報を元にサービスを展開する場合など、高いリアルタイム性が求められるケースもあります。ビジネスコンテキスト図では、データ取得頻度などの詳細に踏み込まず、要件の実現性の観点で必要なデータ品質の要件を記述します。逆に、いくらデータソースの取得頻度が高くとも、業務上不要であれば記述しません。

8-5-6 実践ビジネスコンテキスト図

ビストロデュースのビジネスコンテキスト図を作成するため、データプラットフォームに関連するどのような業務があるのか考えてみましょう。ビストロデュースのアクター（ビジネスロール）には、経営、エンジニア、営業、マーケティング、クライアントがあります。また、各アクター（ビジネスロール）は、「ビジネス管理」「提案活動」「レコメンド運用」などの業務を担当しています。ビジネス要素の洗い出しは、各アクター（ビジネスロール）の業務を観察し、各々の担当業務を把握しましょう。

トップレベルの業務を洗い出すには、「8-5-4 実践要求モデル図」で説明した要求モデル図が役立ちます。たとえば、営業の「アプリを利用するユーザーのインサイトを知り、営業資料や営業トークに活かしたい」という要求は、データプラットフォームに提案活動が関わることを示唆します。

ビジネスコンテキスト図で定義する業務は、シンプルに要求モデル図と接続すればよいものではありません。要求モデル図とは、アクター（ビジネスロール）がデータプラットフォームに期待する要望であり、この要望をそのまま叶えることが最適解であるとは限りません。たとえば、「売上の可視化」などの基本的な業務がある場合、本来はデータプラットフォームに対して「売上の可視化ができる」が要求として上がってくるはずです。しかし、アクター（ビジネスロール）がデータプラットフォームの実現可能な機能の全貌を把握していない場合、「売上の可視化」が要求として上がらない可能性があります。アクター（ビジネスロール）の業務内で既に「売上の可視化」を実現している場合、データプラットフォームに期待する要望の優先度が低くなるためです。したがって、ビジネスコンテキスト図を作成する際は、データプラットフォームが実現する機能の全体像を説明し、課題や要望を引き出す必要があります。

課題や要望の中には、データプラットフォームの機能が実現して、はじめて判明するものもあります。たとえば、データ分析の結果でより効果的な施策が見つかり、より深掘りして業務改善に繋げたい場合もあります。しかし、データプラットフォームが構築される前は、データが存在しないためデータ分析は不可能であり、机上の空論となる可能性があります。この問題は、「鶏が先か、卵が先か」と同じで、因果性のジレンマを内包しています。「データプラットフォームがなければ課題は生まれないが、課題はデータプラットフォームがないと発見できない。」という状況であり、課題から発生する要望を事前に想定できません。したがって、要件分析の段階では、ある程度抽象度が高い課題を仮定し、データプラットフォーム構築後に、より具体的な課題が浮かび上がってくることを前提とする必要があります。要求モデル図の記述内容より有効で効率的な解決策が存在するケースもあります。各アクター（ビジネスロール）は基本的に自分自身の要求しか考えていないため、他のアクター（ビジネスロール）の要求を

考慮しません。特に複数のアクター（ビジネスロール）からの要求が、1つの方法で解決できる一石二鳥となるケースなどは、要件を十分に議論して発見に至るケースもあります。こういったケースも想定して、ビジネスコンテキスト図では要求モデル図との強い関連は控えて、総合的に必要と思われる業務を記述します。ただし、業務を洗い出したあとに抜けや漏れを確認するために、要求モデル図の要求と関連性をチェックしましょう。ビストロデュースでの業務と業務に必要なデータを洗い出します。

ビジネス管理

ビジネス管理とは、サービスの売上やコスト、利益などを確認し、経営数字と結合して全社員に共有する業務です。必要になる情報は状況に応じて変化するものの、多くの場合では、経営数字、営業活動情報、受注・売上情報、施策情報を利用します。この業務は経営メンバーが担当します。

ビジネス管理に関わるデータは、経営判断の元になる数字であるため、正確さが伴わないと誤った判断を下してしまう可能性があります。データの重複や欠損がないかといった正確性には、特に注意を払いましょう。また、経営メンバーは出社直後に日々の進捗を確認するため、出社時刻までに前日のデータを揃えておく必要があります。

提案活動

提案活動とは、営業担当者が顧客への提案のために、顧客の属性や親和性を調査して可視化する業務です。可視化されたデータを提案資料にまとめたり、ダッシュボードを通じて顧客にデータ提供したりすることで、営業活動に役立てます。また、過去の営業活動情報を分析して、顧客へのアプローチ方法を検討する業務も含まれます。

提案活動は、日々の営業活動の一環として必要に応じて実施されます。常に最新データにアクセスする必要はなく、基本的には前月分のデータにアクセスできれば問題ないケースも多いでしょう。また、戦略の決定やクライアント提案に利用するデータで、可視化は大まかな意図が分かれば問題はなく、多少の重複や欠損などは許容されます。ただし、営業メンバーはさまざまなデータを組み合わせて分析するため、データへのアクセス容易性は重要です。

社内向けレポート作成

社内向けレポート作成とは、社内メンバー向けに売上状況やユーザーの利用状況に関するレポートを作成して展開する業務です。社内向けレポートは、受注・売上情報、ユーザー利用情報などに加えて、施策情報などから作成され、営業もしくはマーケターが担います。

各レポートには高い水準のデータ品質が求められ、データが正確であることはもちろん、完全性や信頼性、適時性などの考慮が必要です。たとえば、日常的な業務では、社内向けレポートを随時確認するため、前日までのデータが揃っている必要があります。

グロースハック

グロースハックとは、ユーザーロイヤリティや収益性を向上させるために、分析や施策の検討、およびその振り返りをおこなうことで、マーケターが担います。グロースハックでは、基本的には施

策に対するユーザー行動の変化を分析するため、施策情報とユーザー行動情報を利用します。将来的には、受注情報と連動してクライアントとユーザー行動の関連性も調べたいと考えているものの、現状では具体化されていません。

データ品質の観点で、グロースハックは提案活動に近い品質が求められます。データの更新頻度よりもデータへのアクセス容易性などが重要です。しかし、提案活動と比べると、キャンペーン実施や機能アップデート直後の情報も参照する必要があるため、データの更新頻度が重要になります。

レコメンド運用

レコメンド運用とは、レコメンド領域にどのレストランを表示させるのかを設定する業務です。従来は、ビストロデュースのデータベースから作成したランキング情報を参照して、表示するレストランを手動で設定していました。データプラットフォーム構築後は、機械学習を用いて自動化したいと考えており、レコメンドの精度向上および業務負荷の低減を実現させたいと考えています。マーケターが主導しますが、機械学習モデルの作成などはエンジニアの領域です。

データ品質の観点では、最新性（最新のデータが利用可能）や妥当性（データが業務ルールの定義に適切に従っている）が求められます。ユーザーの行動に対して、可能な限り迅速にレコメンドの内容を変更すれば、高い効果が期待できます。

施策情報入力

施策情報入力とは、キャンペーンやリリースなど、ユーザーやクライアントに対して何らかのアクションを起こす際に、その時期や内容を入力します。グロースハックやビジネス分析で投資対効果を確認するために必要なデータですが、従来は統合されておらず、各部署で個別に管理していました。施策情報入力は、キャンペーンなどはマーケター、リリースはエンジニアが担います。

データ品質の観点では、最新性（最新のデータが利用可能であること）や妥当性（データが業務ルールの定義に適切に従っていること）が求められます。ユーザーの行動に対して、可能な限り迅速にレコメンドの内容を変更すれば、高い効果が期待できます。

システム調査

システム調査とは、各種ログを詳細に確認して、システムの異常やクライアントの設定ミスなどを調査する業務です。必要になるデータは状況に応じて変わりますが、現時点で想定できるものは、システムログや施策情報、ユーザー行動情報などがあります。この業務はエンジニアが担います。

データ品質は、システム異常の調査が目的であり、データの鮮度が重要です。発生した事象に関するログをすぐに確認できれば、スピーディに調査でき分析工数を削減できます。

顧客向けレポート

顧客向けレポートとは、社外の顧客に対してレポートを参照可能にする機能で、アクター（ガバナンス）で唯一社外の人員も含まれる業務です。顧客向けレポートは、各顧客ごとに専用データを作成し、可視化ツールなどを通じて顧客自身で直接参照可能とします。また、顧客からレポートに不

明な点を報告された場合、担当営業やカスタマーサポートが問い合わせに対応します。

データ品質の観点では、正確性、完全性、信頼性、適時性、妥当性などで高い水準の品質が求められます。万が一、データ品質に問題があり広告効果などのデータ不備があると、信用問題に繋がる可能性があります。

顧客向けと社内向けレポートに求められるデータ品質はデータガバナンスで決まりますが、本来はどちらも高品質であるべきです。一般に社内向けレポートは社内のみで利用されるため、顧客に提出するレポートと比較して、誤っていた場合の影響が小さいと考えがちです。しかし、社内向けレポートのデータ品質が低いと、意思決定に誤りをもたらし結果的に顧客に影響を及ぼす可能性があります。ただし、データの仮説検証が目的の実験的なレポートでは、低品質なデータでも許容される場合があります。誤りが含まれる可能性の高い低品質データが含まれる場合、その理由を明記してレポートの目的に合わせて調整しましょう。

図 8.5.6.1：ビジネスコンテキスト図

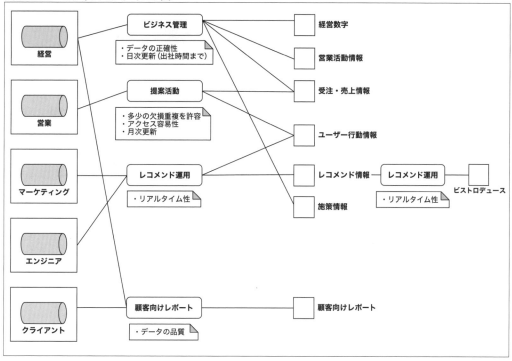

アクター別の業務を整理して、ビジネスコンテキスト図を完成させます。なお、上記の図は一部の業務のみを抜粋して記述しています。本書では、組織や商品などのビジネス要素は説明していませんが、ビジネスコンテキスト図を理解する上で必要だと感じる場合は追記しても構いません。たとえば、経理システムから出力されるデータの分析が必要になる場合、アクター（ビジネスロール）として経理部門を登場させ、業務とデータの関連性を明確にするとよいでしょう。

8-6 データ要件

データ要件は前節のふるまい要件とは異なり、データプラットフォームに求めるふるまいではなく、どのようなデータを管理するかに焦点を当てます。データプラットフォームが扱うべきデータの種類を特定し、量や発生頻度などの特性、アクセス可能なアクターの種類を明確にします。各要素が明らかとなるにつれてデータフローが明確となり、徐々にデータプラットフォームの全体像が具体化します。

本節では、データ要件を詰める上で作成するデータコンテキスト図、データガバナンス図、データフロー図の作成を通じて、データ要件の解像度がどのように高まっていくかを説明します。

8-6-1 データ要件の目的と位置付け

データ要件は、ふるまい要件とは異なる視点からのアプローチであり、同時にふるまい要件との接続が可能です。たとえば、データ要件で定義したデータ品質やアクセス権限が、ふるまい要件で定義したユースケースを満たせない場合は、要件に何らかの矛盾が発生していることを意味します。複数の視点から要件を分析し、相互に接続して検証して要件の品質を向上させます。

ちなみに、矛盾とは、データ要件とふるまい要件が抽象度の低い部分で相容れない競合で発生するものです。たとえば、「リアルタイムに追加される数千億レコードのデータセットに対する、最新情報を含めた検索が1秒以内に応答する」といったふるまい要件がある場合、データ要件として必要となるインフラは性能が極めて高くコストも高額となります。この場合、高額なインフラコストでふるまい要件を満たせる可能性はありますが、そのコストがビジネスに見合うかが問題となり、ビジネスとふるまい要件の両立ができず、矛盾が生じる可能性があります。このような場合、「リアルタイム」の定義を見直して、最大で数分程度の遅延を許容する「ニアリアルタイム」に変更するなどの対応が考えられます。

データ要件では、ふるまい要件と比べて高い網羅性が求められます。ふるまい要件では、クエリやダッシュボードの追加など、ユースケースが増えると想定しているためです。ふるまい要件の分析では、データプラットフォームの運用中に新たな業務やユースケースの発生を想定して、現時点で考えられる情報のみを定義しています。集計方法を追加する要件が発生した場合は、可視化ツールにクエリやダッシュボードを追加するなど、比較的容易に対応できます。可視化ツールの進化のおかげで、エンジニアがSQLを記述せずともアクター（ビジネスロール）が自らデータを可視化できるためです。

しかし、データ要件の分析では網羅性が重要です。データ要件では、データプラットフォームが管理するデータセットをすべて明確にして、そのデータセットを起点として要件分析を進めます。もちろん、

データプラットフォーム運用中のデータ追加や変更も容易に想定されます。むしろ、データの追加や変更が多く発生する方が、データの利活用が進んでいるといえるでしょう。

ただし、一般的にデータの追加にはある程度の工数が必要なケースがほとんどです。たとえば、社内システムや外部システムからデータを取り込んだり、場合によっては分析用にログフォーマットを変更したりするケースもあります。近年はFivetranやTROCCOなどデータ転送サービスの進化もあり、設定画面や設定ファイルへの記述のみなどでデータ転送が可能になっていますが、エンジニアの作業が必要であったり、別途データのアクセス権限を変更したり、データカタログを整備したりする必要があります。そのため、データプラットフォームで管理すべきと想定されるデータすべてを記述した上で、運用開始後も適切に要件を更新するべきでしょう。

繰り返しになりますが、データプラットフォームの役割は、ビジネスに必要なデータを適切な品質で管理し、利活用可能な状態にすることです。したがって、データプラットフォームの中心はデータであり、どのようなデータをどのように管理するかによって、データプラットフォームの形は大きく変わってきます。つまり、データ要件は、開発するデータプラットフォームの形を決める、核となる要件です。

8-6-2 データコンテキスト図

データ要件を分析する際に最初に定義するのが、データコンテキスト図です。データコンテキスト図では、データプラットフォームが管理するデータをリストアップし、データソースと紐付けます。データソースには、データの取り込み元となる社内システムや外部システム、人が直接入力する場合はアクターと紐付けます。これらのアイコンは、システムコンテキスト図に登場する外部システムやアクター（ガバナンス）を利用します。また、明確に取り込み元が決まっているアクターの場合は、ふるまい要件の分析で定義したアクター（ビジネスロール）を利用しても構いません。

データコンテキスト図に、システムコンテキスト図に登場していない要素が登場する場合は、システムコンテキスト図に引き返して検討します。スコープ外とすべきデータであるか、システムコンテキスト図で考慮漏れの可能性があるからです。

データは価値を発揮する単位でまとめて記述すべきで、スキーマ上に存在するテーブル群とは必ずしも一致させる必要はありません。ユーザー行動ログが、分析ツールで収集するデータと社内システムのログから収集するデータに分かれていたとしても、ユーザー行動ログとして1つにまとめても構いません。ユーザー行動ログに紐付けるデータソースは、分析ツールと社内システムの2つになります。

たとえば、マーケティングキャンペーンの効果を確認するために、ユーザー行動ログを調査するケースでは、分析ツールで収集したログか、社内システムから収集したログか意識する必要はありません。データソースが何であるかに関わらず、ユーザー行動ログとして価値を表します。

運用途中で新たに中間データを保存する一時テーブルが必要となっても、データコンテキスト図への記述は必要ないと判断するケースもあります。クエリやダッシュボードの追加と同様に高頻度で発生し、データ利活用を阻害する要因となるためです。一時テーブルはあくまでデータの取り込みや加工のための一時的なものでドメイン知識を持たず、生成されるテーブルにドメイン知識があるためです。

データプラットフォームに存在するテーブル群のどのテーブルにドメイン知識があるかを、社内関係者が理解できるように現場で使われている用語および粒度で記述します。たとえば、メダリオンアーキテクチャを採用する場合、SilverとGoldのテーブルにはドメイン知識を含むデータが格納されます。また、Bronzeはドメイン知識を含まないため、データエンジニア以外の社内関係者には利用されない可能性が高いです。しかし、BronzeのテーブルはSilver以降のテーブルを生成する素材として利用され、どのようなデータソースがあるかを理解する上で重要な役割を持ちます。そのため、Bronzeのテーブルもデータコンテキスト図に記述しましょう。データプラットフォームの全体像が理解しやすくなります。

要件分析はエンジニアが設計開発を進めるためだけではなく、社内関係者への説明にも利用されます。社内関係者に十分に伝わる内容であれば、ステークホルダーへの説明や要件の調整に役立つだけでなく、構築後の利用促進にも繋がります。データに対するリテラシーは関係者の人数やビジネス、組織風土などによって変わってきます。細かく分割し過ぎたり、システム内でしか使われていない用語を用いたりすると、関係者に伝わりづらいものになってしまいます。可能な限り現場で利用されている用語をそのまま使用するようにしましょう。続いて、データコンテキスト図の作成手順を説明します。データコンテキスト図の作成に必要な概念は次図の通りです。

図8.6.2.1：データコンテキスト概念図

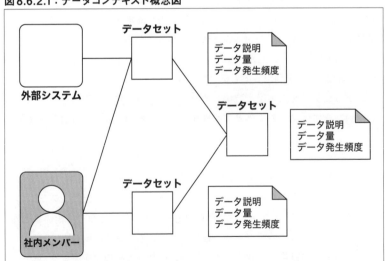

データコンテキスト図の作成では、最初から図を描く必要はなく、スプレッドシートなど表形式で要件をリストアップするとよいでしょう。図では逆に分かりづらくなる場合は、表形式のままでも構いませ

ん。データコンテキスト図は、データプラットフォームの管理対象となるデータとデータソースが明確で、社内のステークホルダーや開発エンジニアが違和感なく理解できるものであるべきです。表形式の場合は、外部システムなどでフィルタリングして閲覧できるため、利用しやすいものとなるでしょう。しかし、表形式の場合は行数が膨れ上がっても気にならないため、テーブル単位など粒度が細かくなってしまう可能性があります。データコンテキスト図を作成したら、データごとにデータガバナンス図やデータフロー図など、それぞれのデータに対して深掘りしながら要件分析を進めていく必要があります。そのため、価値を発揮する単位にとどめて、粒度が細かくなり過ぎないように定義しましょう。

データのリストアップとデータソースの紐付けに続いて、データの属性を記述します。対象データがどのようなものであり、どのような価値を保持するのかについてです。データの説明は、ステークホルダーや開発メンバー間で、認識に齟齬がない程度の説明を用意します。社内の共通言語によるデータ名でリストアップしており、その内容が明確であれば説明は省略可能です。データ量と発生頻度も記述します。1日のデータ量が数キロバイトなのか数ギガバイトなのかで、必要となるアーキテクチャが大きく変わってきます。

ログデータは継続的に出力されますが、外部のパートナー企業から1日に一度だけ授受するケースもあり、データ更新の頻度も重要です。たとえば、ログデータは継続的にデータが発生し続けるため、「10GB/日」もしくは「10万件/日」と、時間当たりのデータ量を記述します。また、マスタデータの場合は、基本的に全体のサイズは変わらないため全体量を記述します。バイト数よりもレコード数が計測しやすい場合はレコード数でも構いません。データプラットフォームに投入されるデータ量がどの程度になるか、想定できる情報を記述します。たとえば、現時点では1日あたり10万件のデータが発生しているが、サービス拡大により1年後には1日あたり100万件となる可能性が予想されるなどの情報です。

ベンチャー企業など成長過程にある組織や事業は、1年間でデータの発生量が数倍に膨れ上がるケースもあります。データプラットフォームの構築は、データ管理からETL処理、可視化などの整備まで含めると、場合によっては数カ月から年単位の時間を要します。事業計画や現在の成長速度などを考慮して、データ量は少なくとも1年後でも十分耐えられる程度の余裕を持って記述しましょう。

データ発生頻度は、データ品質の1つである最新性の上限となります。たとえば、社内システムのログデータはリアルタイムで取り込み可能であるため、インフラコストを度外視すれば、ほぼリアルタイムの利活用が可能です。これに対して、外部のパートナー企業からデイリーで送られてくるデータは、どれだけインフラコストを投資してもデイリー以上の最新性は得られません。

データ量やデータ発生頻度などのデータ属性情報を記述し、データプラットフォームが管理するデータの解像度を向上させられます。もし、データ量やデータ頻度以外にデータの解像度を挙げられる属性情報があれば追記すべきでしょう。たとえば、受領時点で品質が悪く、クレンジング処理が必要なデータはその旨も追記します。ただし、個人情報が含まれている、重複や欠損が許されないなど、データガバナンスに関わる要件は、後述のデータガバナンスに記述します。データコンテキスト図に記述するのはあくまでデータの属性情報であり、データの解像度を上げるために必要な情報になります。

8-6-3 実践データコンテキスト図

本項では、ビストロデュースのデータコンテキスト図を作成して、理解を深めていきましょう。ビストロデュースの運営会社が管理する主なシステムは下記の3つです。

- 営業管理システム
- Google Analytics
- 経営管理システム

上記に加えて、ビストロデュースが出力するログもデータプラットフォームで管理するため、ビストロデュース自体もデータソースとなります。施策情報も管理対象ですが、これは社内メンバーが直接入力するため、施策情報のデータソースは社内メンバーとなります。これらのデータソースの管理すべき情報を洗い出していきます。

図8.6.3.1：データコンテキスト図

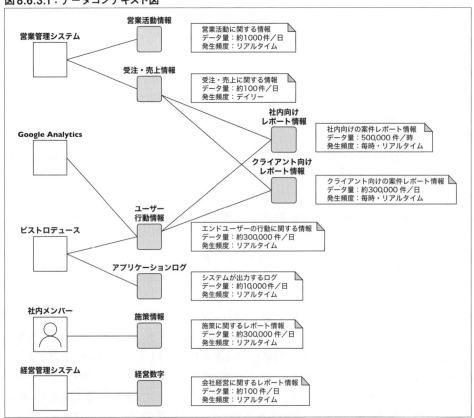

まず、営業管理システムでは、メールや電話、商談などの営業活動に伴う情報に加えて、受注・売上情報も管理しているため、営業管理システムと関連付けて記述します。また、Google Analyticsではユーザー行動情報を収集しており、このデータもデータプラットフォームで管理するため、Google Analyticsと関連付けて記述します。さらに、ビストロデュース自体も、アプリケーションログだけでなく、ユーザー行動に関連するログも出力します。そのため、ユーザー行動情報はGoogle Analyticsだけでなく、ビストロデュースにも関連付けます。

また、社内向けレポートとクライアント向けレポートは、直接システムから出力されるのではなく、売上・受注情報とユーザー行動情報から集計して作成されます。一般的に、データプラットフォームにおいては、ユースケースによってさまざまなレポートが作成されるため、集計済みデータを多く記述するとデータコンテキスト図が複雑になります。そもそも、データプラットフォームの構築後もユースケースは増えていくため、すべての集計済みデータを記述できません。しかし、この社内向けレポートとクライアント向けレポートは、ビジネスコンテキスト図にも登場するものであり、独立して価値を生むものです。これらのデータを、重要度が高いデータとしてデータコンテキスト図に記述すれば、データプラットフォームの解像度を上げられます。

データコンテキスト図に記述すべきデータと記述すべきではないデータに、明確な基準があるわけではありません。しかし、データプラットフォームで管理すべきデータは網羅すべきであり、そのデータから生み出されるデータについては、状況に応じて判断しましょう。重要なことはデータプラットフォームの解像度向上であり、そのために必要となるデータや属性情報は記述すべきです。

8-6-4 データガバナンス図

データコンテキスト図を用いてデータプラットフォームで管理するデータを整理できたら、続いてデータガバナンス図でデータのアクセス権限を整理します。データガバナンス図では、システムコンテキスト図で整理したアクター（ガバナンス）の観点で、データガバナンスを定義します。

ガバナンスに関する定義では、主に下記の内容を定義します。

- データのアクセス権限
- データガバナンスにおける考慮事項
- データ品質

データのアクセス権限では、データを公開する範囲を定義します。システムコンテキスト図で整理したアクター（ガバナンス）が、レポート目的などで集計したデータに対してアクセス可能であるかを定義します。もし、この段階でデータのアクセス権限をさらに細分化する必要があったり、複数のアクター

（ガバナンス）が同じデータにアクセスできたりする場合は、システムコンテキスト図に戻ってアクター（ガバナンス）の分類を見直しましょう。

次にデータガバナンス観点で考慮すべきデータの特性を定義します。たとえば、データが個人情報を含んでいると、データ漏洩で多大な経営的インパクトが発生します。個人情報の有無などをデータガバナンス図に記述して、データ要件の分析に必要な考慮事項を明確にします。
さらに、データ品質も定義します。ユースケースを実現するために必要なデータ品質は、ふるまい要件で既に定義済みですが、ここではデータガバナンスの観点で、守るべきデータ品質を定義します。たとえば、決済に関する情報で欠損や重複が発生してしまうと履歴照会が不可能になり、大きな問題となりかねません。また、ユーザーから預かった個人情報は、ユーザーのリクエストに応じてデータの照会や削除ができる必要があります。
データ品質の定義では、一部の記述がふるまい要件のビジネスユースケース図と重複するかもしれません。確かに記述する内容は類似していますが、それぞれの図では観点が異なります。ビジネスユースケース図での定義はユースケースの実現に必要な品質ですが、データガバナンス図では、データガバナンスの観点で必要となるデータ品質を定義します。
たとえば、セキュリティ的に厳重な管理が必要な個人情報や機密情報は、データガバナンス図に明記する必要があります。また、個人情報や機密情報が含まれなくとも、IDやハッシュ値などで紐付け可能な場合は厳重な管理対象とするのがよいでしょう。

データのアクセス権限およびデータ品質は、ビジネスユースケース図と矛盾していないかチェックが可能です。データガバナンス図で定義したアクセス権限やデータ品質が、ビジネスユースケース図で定義したユースケースを満たせない場合、データガバナンス図の定義に間違いがないか検討し、変更が難しい場合はビジネスユースケース図を見直す必要があります。
次図にデータガバナンス図の概念図を示します。

図8.6.4.1：データガバナンス概念図

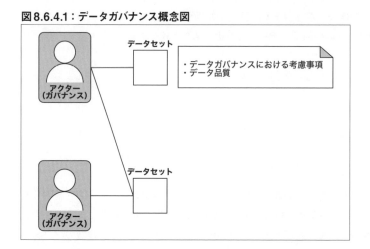

データガバナンスにおける考慮事項とデータ品質の記述にルールはありません。データの属性として理解可能な形式で記述しましょう。守るべきは、ビジネスユースケース図と比較可能であることです。明確なルールはありませんが、ビジネスユースケース図の記述と照らし合わせて、容易に比較できるようにしましょう。

8-6-5 実践データガバナンス図

ビストロデュースのデータガバナンス図を作成します。ビストロデュースのデータプラットフォームは、社内メンバーに加えて社外メンバーも利用します。社外からアクセス可能なデータは一部だけですが、現時点で管理予定のデータには、社内で一部のメンバーのみがアクセス可能なものはありません。しかし、ほとんどの情報は社外秘であり、情報漏洩によって失注や賠償請求などのリスクを伴うデータも含まれています。まずは、これらの情報をデータガバナンス図に記述します。

社外メンバーのアクセスに関して検討しましょう。社外メンバーがアクセスできるのは、自社のレポートデータのみです。ユーザー行動情報などはある程度公開しても構わないという意見もありましたが、公開可否の線引きが難しいため定義が困難という結論になり、提案や報告時に営業が必要に応じて個別にデータを抽出することになりました。
データの一部のみ公開範囲を変更したいケースに遭遇したら、データコンテキスト図におけるデータの定義を見直しましょう。公開できるデータと公開できないデータは、何らかの意味的な相違点があるはずです。たとえば、匿名加工を施せば公開可能、もしくは利用許諾に同意したユーザーに対してのみ公開可能など、公開範囲を変えるための条件が考えられます。その場合は、公開可能な情報と公開不可能な情報を分けて定義するとよいでしょう。

データ品質に関しては、ユーザー行動情報のみ考慮事項が存在します。ユーザー行動情報を含む個人情報の取り扱いは法律で定められているため、データ収集元のユーザーの居住地域やサービス提供地域で定められている法律を確認し、適切なデータ品質を定義します。
今回の定義では、ユーザーによるオプトアウトと、ユーザーのリクエストに基づくデータの削除が必要であり、その旨を記述します。

次図にビストロデュースのデータガバナンス図を示します。

図8.6.5.1：データガバナンス図

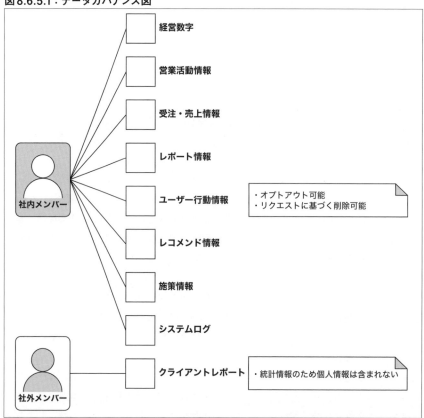

8-6-6 データフロー図

データプラットフォームで管理するデータを定義し公開範囲が明確になったら、次はデータフローを定義します。データフローは、データソースからのデータを、どのタイミングでどのように加工して、データプラットフォームに取り込むか、データの流れを定義するものです。データフローの定義によって、これまで定義してきたデータコンテキスト図やデータバナンス図と繋がり、データプラットフォームの全貌が明らかになります。データの流れを示す作図の手法にDFD（Data Flow Diagram）などがありますが、データの流れの概要が分かればどのような方法でも構いません。ちなみに、DFDやUMLなどを採用する場合は、各方式の仕様に沿った作図としましょう。

データフロー図の作成では、ミドルウェアやアーキテクチャなどを具体的に設計しないよう注意しましょう。要件分析の段階では具体的な手段を設計しません。ミドルウェアやアーキテクチャなどの設計を定義してしまうと、その機能や特性に引きずられてしまい、本当に必要な要件を分析できなくなって

しまう危険があるためです。たとえば、取り込み処理にEmbulkを利用する前提で考えてしまうと、取り込みは必ずバッチ処理となります。しかし、リアルタイム性にメリットがある場合は、ビジネスに大きく貢献する場合はストリーミングを利用した方が効果的です。

もちろん、データプラットフォームを構築するエンジニアは、要件分析の完了前にある程度の設計がイメージできてしまいます。そうすると、気が付かないうちに少しずつイメージした設計に要件が引きずられてしまいます。要件分析では、データプラットフォームに求める要件だけを定義して、どのように達成するかは設計フェーズで検討するように心掛けましょう。

下記にデータフロー図の概念図を示します。

図8.6.6.1：データフロー概念図

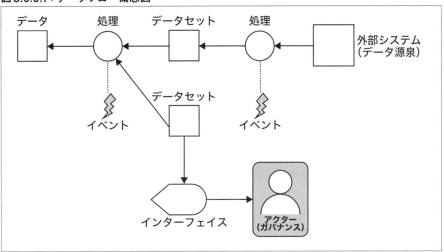

データフロー図では、データソース（外部システムなど）とデータを繋げます。しかし、ここまでに説明した要素だけでは表現しきれません。データフロー図では、新たに「処理」と「イベント」の概念が登場します。

処理

処理とは、外部システムからデータを取り込んだり、データを変換するETL処理などを指します。バッチ処理かストリーミング処理などの分類や、処理の規模や性質は定義しません。データを取り込むまでに、何らかの処理を実施するケースに使用します。

イベント

処理を実行するトリガーとなるイベントを定義します。たとえば、毎時実行や毎日実行、ストリーミング処理の場合も付与します。ストリーミングの場合、概念的には定期実行などのイベントは不要ですが、データの更新頻度を明確にするために、ストリーミングでも「常時起動」「リアルタイム」

などのイベントを付与します。

また、処理やデータによってイベントが作られるケースもあります。たとえば、ある処理の完了をトリガーに別の処理を実行する場合は、処理からイベントを生成します。他にも、データ入力、条件に合致するデータの到着など、データからイベントが発生するケースもあります。

インターフェイス (IF)

システムとアクターの接点には、必ず何らかのインターフェイスが存在します。たとえば、データを入力するための操作画面、コマンドラインインターフェイスやAPIなどです。インターフェイスには、新たに作成する専用Webシステム、既存システムやデータベース操作ツールの利用などがあります。

データフロー図における矢印はデータの流れを表します。そのため、データソースからデータを取り込む際、必ずデータソースから矢印が出て、最後はデータプラットフォームに到達します。

アクターがデータを入力する場合は、アクターからインターフェイスに矢印を描き、逆にアクターに対してデータを表示する場合は、インターフェイスからアクターに矢印を描きます。基本的には、右から左、もしくは左から右にデータが流れるように記述すると分かりやすいでしょう。

8-6-7 実践データフロー図

ビストロデュースのデータフロー図を検討しましょう。データフロー図は、すべてのフローを1枚の図にまとめる必要はありません。一連の関連するデータのみをまとめるのがよいでしょう。本項では、ユーザー行動情報とユーザー行動情報に関連するデータのデータフロー図を作成します。

ユーザー行動情報は、データコンテキスト図で定義されている通り、Google Analyticsとビストロデュースからそれぞれ取り込みます。Google Analyticsからは、公開されているAPI（Google Analytics）を利用して、毎時データを取得してデータプラットフォームに格納します。このとき、毎時の取り込みをイベントとして定義します。ビストロデュースからのユーザー行動情報の取り込みは、ログが発生するたびに可能な限りリアルタイムで取り込みます。そのため、イベントとして明示的に「ストリーミング」と定義します。

取り込んだユーザー行動情報からレコメンド情報を生成します。レコメンド情報は最新性が高い方が効果的であるため、ストリーミングを利用して可能な限りリアルタイムで生成します。そのため、ストリーミングのイベントを定義します。また、ユーザー行動情報と別のデータフローで取り込んだ受注・売上情報を使って、社内向けレポート情報と社外向けレポート情報を生成します。レポートは毎朝前日のデータが揃っていれば問題ないため、毎日実行のイベントを定義します。この処理では、社内向けレポートと社外向けレポートの両方を作成します。

本章ではデータフロー図を単純にするため別図で定義していますが、複雑にならない場合は同じ図で定義しても構いません。どの範囲を1枚のデータフロー図にまとめるかは、状況によって判断しましょう。

データの更新頻度は、レコメンド情報をストリーミング、社内向けと社外向けレポートをデイリーとします。データの更新頻度を含むデータ品質に関しては、データガバナンス図やふるまい要件のビジネスユースケース図で定義した内容を参考にしましょう。これらの図で定義された要件を満たせない場合は、元のデータガバナンス図やビジネスユースケース図を修正したり、そもそもその業務を実現できるのか、検討し直す必要があります。ちなみに、データフローが制御するイベントには、各イベント間で依存関係がある場合があります。たとえば、1時間ごとにデータを取り込むイベントで、データ取込処理が1時間以上掛かるケースが稀にある場合、要求に合わせて「前処理が実行中の場合は処理をスキップ」などの注釈を入れるとよいでしょう。

下記がビストロデュースのデータフロー図です。ユーザーデータ関連のみを記述ですが、すべてのデータをカバーするように作成しましょう。

図8.6.7.1：データフロー図

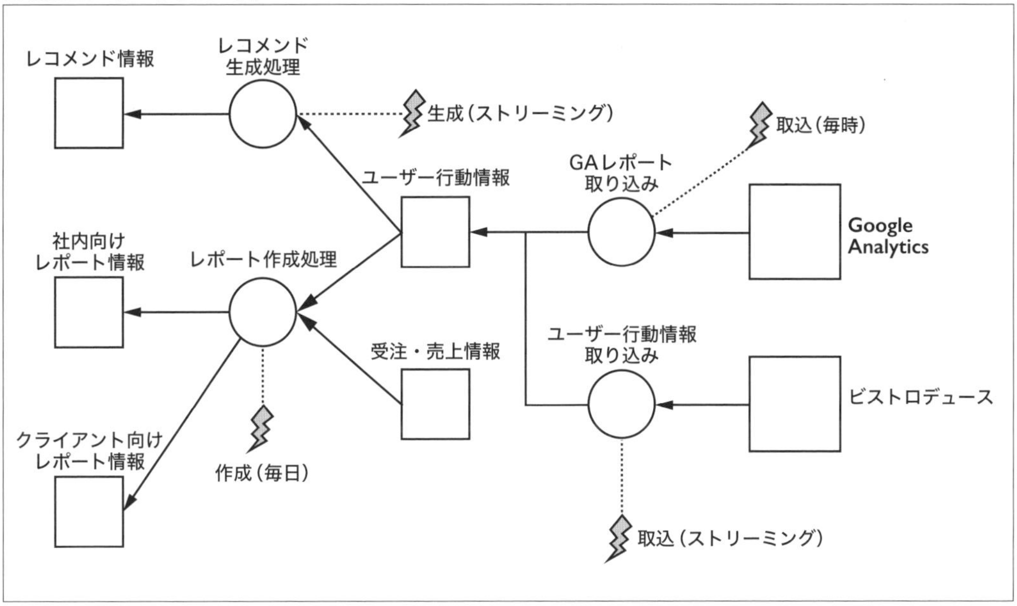

8-7 要件の精度向上

システムを作る目的を定義する「システム価値」、利用者がどのようにデータプラットフォームを使うかを定義する「ふるまい要件」、どのようなデータが必要かを定義する「データ要件」を経て、要件の結合と精度向上のフェーズに入ります。
本節では、作成した要件を元にデータプラットフォームの開発を進めていくため、さらに要件の精度を高める方法を説明します。

8-7-1 精度向上の目的

「ふるまい要件」や「データ要件」などの各フェーズにおいても、関連するモデルとの整合性を確認しながら要件分析を進めていますが、ひと通り要件分析を終えた時点で、改めて精度向上のフェーズを設ければ、精度がより高い要件を作成できます。いくつか理由がありますが、代表的なものとして下記の2つがあります。

情報量の変化

要件分析は、データプラットフォームに関わる多くのステークホルダーと議論しながら進めます。ステークホルダー自身もデータプラットフォームに何を求めるべきか、最初から完全な回答をもっているわけではなく、要件分析の担当者との議論を経て、求めている機能が明確になるケースがほとんどです。
ステークホルダーとの議論以外にも、データプラットフォームの関連技術や事例調査で、新たな情報が得られる場合もあります。また、それぞれの要件を作成する過程で、インプットとなる情報量が大きく変化します。情報量が変わると、導き出される結果もおのずと変化するため、作成当初は正しいと判断していても、最終的には正しくない要件が存在する可能性もあります。そのため、すべての要件を作成した時点で、改めて要件全体を見直して、最新情報を反映させるべきでしょう。

全体の俯瞰

ふるまい要件を作成するときはふるまいを中心に、データ要件を作成するときはデータを中心に考えてしまいます。また、ふるまい要件をレビューする場合、データプラットフォームに求められるふるまいとして十分であるかを確認します。しかし、ふるまいだけに気を取られてしまい、そのほかの要件やシステム効率を考慮していないシステムである可能性があります。たとえば、ふるまい

要件を愚直に実装してしまうと、過剰なインフラコストが発生したり、メンテナンスの難しい複雑なシステムが構築されたりする可能性があります。こうした可能性を踏まえ、全体最適化されているかを念頭に、データプラットフォーム全体を俯瞰して広い視野で考える必要があります。

あらゆるケースを想定して、ふるまい要件を厳しめに作成すると、実装上無理のあるデータ要件となるケースがあります。ふるまい要件の一部を機能削減すれば、インフラコストや開発コストの高騰を回避でき、コストパフォーマンスを高められる可能性があります。この他にも、各々の要件作成時に見落としていた要件の矛盾や考慮漏れなどを修正するケースもあります。

システム開発の現場では、無理のある設計によって技術的負債が積み重なり、開発が停滞するケースがあります。精度向上の目的は、システム全体を「しなやかな状態」にして、より自然な形で機能を追加できる、納得感のあるコストパフォーマンスを実現することです。したがって、全体を通してバランス良く柔軟であるか、すなわち「しなやかな状態」であるかを確認して、将来の要件追加がスムーズになるように配慮するべきです。

8-7-2 複合データフロー図

要件を個別に確認するだけではなく、複数のモデルを結合すると、より全体を俯瞰しやすくなります。本項では、データ要件のフェーズで作成したデータフロー図を、各モデルと結合させる「複合データフロー図」について説明します。

データフロー図はデータ要件のフェーズで作成しているものの、実際にはデータ要件とふるまい要件の中間にあります。データ要件で管理すべきデータの要件を定義しますが、管理するデータをどのように取り込み、どのように加工して利活用に繋げるのかを表現するのがデータフロー図です。そのため、データフロー図は、データコンテキスト図やデータガバナンス図など、さまざまな図と接続できます。データフロー図を中心に、データ要件やふるまい要件のモデルを接続することで、データの発生源から利活用までを俯瞰して把握でき、要件のさまざまな矛盾を発見しやすくなります。

たとえば、データガバナンス図とビジネスコンテキスト図を接続した場合、想定されるデータの利活用とデータのアクセス権限が矛盾していないかをチェックできます。データフローの中で2つのデータを結合する処理の場合、その結果できあがるデータは、厳しい方の権限に合わせるべきです。一方、マスキングなど匿名化処理の場合は、適切な権限に拡張できます。

この他にも、データコンテキスト図との接続によって、データ品質の整合性もチェックできます。データガバナンス図とビジネスコンテキスト図を接続する例を紹介し、複合データフロー図を用いて要件の精度向上をおこなう方法を説明しましょう。

複合データフロー図（データガバナンス）

データフロー図とデータガバナンス図を結合した、複合データフロー図（データガバナンス）を紹介しましょう。データガバナンス図とデータフロー図を1つにまとめると、どのデータソースから取り込んだデータに、誰がアクセスできるのかを俯瞰して捉えられます。特にガバナンス観点のアクターを軸にしているため、データガバナンスの確認に役立ちます。

たとえば、社外メンバーが参照しているデータソースが機密情報を取り扱う場合、何らかの設定ミスやバグを起因に、機密情報が漏洩してしまう危険性があります。この問題は注意深いシステム設計を心掛けるのはもちろんですが、万が一の機密漏洩を防ぐためにも、データ公開前に必ずチェックするフローを設けたり、データの公開範囲を見直したりして、リスクを軽減する対応も考えられます。

情報漏洩に対してもっとも神経質になるべきデータは、機密情報と個人情報です。機密情報の漏洩は会社の信用を貶め、取引先との関係を悪化させます。個人情報が漏洩すると、会社の信用だけでなく法的な責任を問われる可能性もあるので、特に取り扱いには注意すべきです。

同じデータフローやテーブルに機密情報と一般情報が混在していると、何らかの設定ミスやプログラムのバグ、場合によってはミドルウェアの不具合などが原因で、漏洩してしまう可能性も否定できません。漏洩リスクを軽減するためには、機密情報を扱うテーブルおよびデータフローは可能な限り独立させるべきでしょう。データソースにできるだけ近い部分で、機密情報と公開可能な一般情報を分離して、以降のデータフローは可能な限り連携させずに独立させます。機密情報と公開可能な一般情報を分離するロジックは、シンプルかつ堅牢で宣言的に実装しましょう。

分離するロジックにはさまざまな機能を搭載せず、「機密情報」と「公開可能な一般情報」を分離するだけに留めるべきです。万が一、公開可能な情報を処理するコードが機密情報にアクセスするなどのバグが発生すると、機密漏洩などの重大な事故に繋がる可能性があります。機密情報を専門に扱う処理は、「公開可能な一般情報」の処理と混在させないように実装すれば、機密情報の漏洩リスクを軽減できます。

宣言的な機密情報と公開情報の分離はデータガバナンスの観点でも重要です。機密情報が入力される可能性のあるデータフローを明確にし、機密情報のデータフロー把握を容易にするためです。ただし、取り扱うデータのほとんどが機密情報で、データフローの分離が困難なケースもあります。その場合は、機密情報となり得るデータにマスキングやハッシュ化を実施し、限られた人しか参照できないように限定公開情報として扱う必要があります。機密情報はゼロトラストを前提とし、仮にデータが漏洩したとしても容易に情報として価値を持たないようにするリスク軽減が求められます。

次図に、ビストロデュースの複合データフロー図（データガバナンス図）を示します（図8.7.2.1）。「8-6-7 実践データフロー図」で定義した「図8.6.7.1：データフロー図」と、「8-6-5 実践データガバナンス図」で定義した「図8.6.5.1：データガバナンス図」を結合します。

図8.7.2.1：複合データフロー図（ガバナンス）

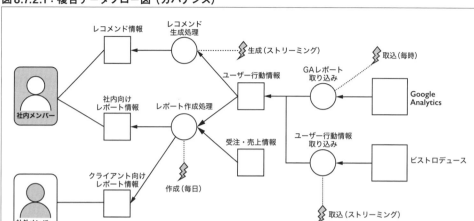

この図で分かる通り、レポート作成処理では複数の公開範囲をまたがった処理が必要になります。そのため、レポート作成処理に問題があると、秘匿すべき情報を公開してしまう危険性があります。もちろん、類似の処理が多々あるケースでは、1つの処理にまとめて記述したくなる気持ちも理解できますが、リスクを最小化するためには処理を分離した方が安全です。

改めてデータフローを分割したものを次図に示します。ここではデータフロー図だけを修正していますが、複合データフロー図や関連するモデルに修正の必要がないかも合わせてチェックします。

図8.7.2.2：変更後のデータフロー図

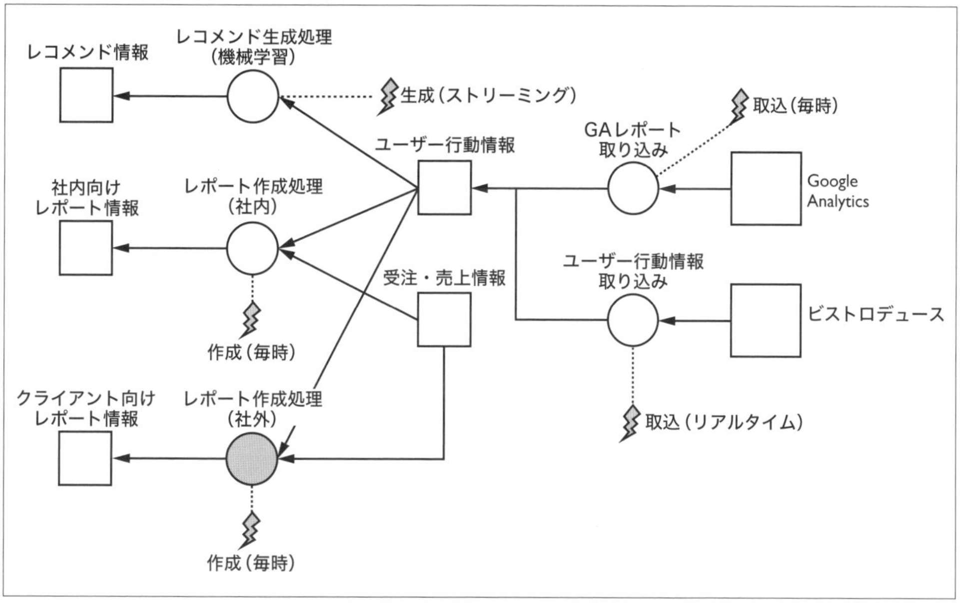

複合データフロー図（ビジネスコンテキスト）

複合データフロー図（ビジネスコンテキスト）とは、ふるまい要件の分析で作成したビジネスコンテキスト図と、データ要件の分析で作成したデータフロー図を結合したものです。前述のデータガバナンスを軸とする複合データフロー図は、データの保護に焦点を当てていますが、複合データフロー図（ビジネスコンテキスト）はデータの利用に焦点を当てたものです。データがどこで発生して、どのように加工され、どの業務で誰に利用されているのか、俯瞰して把握できます。

ビジネスコンテキストの複合データフロー図では、業務に対する矛盾をチェックできます。たとえば、業務に必要なデータの更新頻度が十分に満たされているのか、業務上必要となるデータの完全性などのデータ品質に加えて、類似する役割を持つデータフローが複数存在していないかなどをチェックします。複合データフロー図（ビジネスコンテキスト）は、要件分析を担うエンジニアだけではなく、データプラットフォームを利用するすべてのステークホルダーにとって有用です。単に矛盾のチェックだけではなく、さらなるデータ活用のきっかけになる場合もあります。たとえば、ふるまい要件を実現するためにあえてフィルタリングしていたデータが、実は有用なデータであると判明する可能性があります。また、別のアクター（ビジネスロール）の業務と別組織の業務が酷似している場合は、双方を結合してデータフロー全体を効率化できるかもしれません。

データガバナンスとビジネスコンテキストの関係

複合データフロー図（ビジネスコンテキスト）は、複合データフロー図（データガバナンス）と同時に作成するとよいでしょう。複合データフロー図のデータガバナンスとビジネスコンテキストは、相互補完的な関係にあるためです。複合データフロー図（ビジネスコンテキスト）は、データをどのように利活用するかを表現しますが、ガバナンス上の問題点を含んでいる可能性があります。一方、複合データフロー図（データガバナンス）は、データの保護に焦点を当てていますが、ビジネス上の要件を考慮していません。

また、ふるまい要件とデータ要件の前提を考慮する必要もあるでしょう。複合データフロー図（データガバナンス）は、データプラットフォームで管理するすべてのデータを対象にしています。同様に、データガバナンス観点で分類したアクター（ガバナンス）も、データプラットフォームで扱うロールに対して網羅性があります。組織の統廃合や新規組織の設立があっても、いずれかのアクター（ガバナンス）に所属することになります。

しかし、複合データフロー図（ビジネスコンテキスト）は、すべてビジネスユースケースを網羅している訳ではありません。今回要件として整理されていないビジネスユースケースや将来発生するビジネスユースケースには、要件に登場しないアクター（ビジネスロール）が存在する可能性があります。このアクター（ビジネスロール）がどうしても既存のアクター（ガバナンス）に該当しない場合、要件を見直す必要が出てきます。そのため、将来の拡張においても、容易に想定できるものは受け入れられるだけの柔軟性を持たせる必要があります。これらの観点を考慮して、双方の複合データフロー図を利用して、要件全体の品質を向上させましょう。

次図にビストロデュースの複合データフロー図（ビジネスコンテキスト）を示します。前図と同様に一部を省略しています。実際はデータ要件分析で作成したデータフロー図をそのまま使うとよいでしょう。

図8.7.2.3：複合データフロー図（ビジネスコンテキスト）

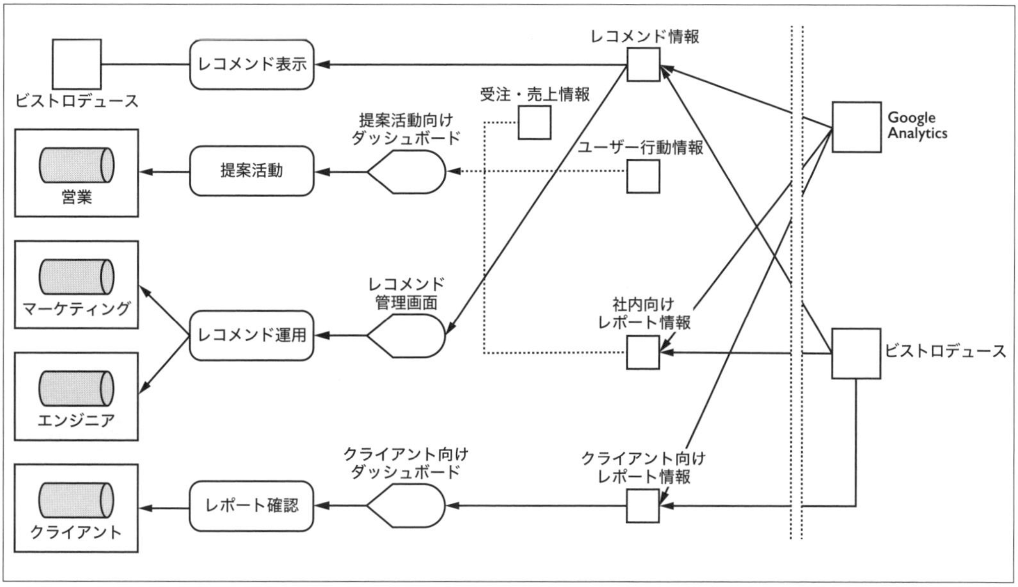

8-7-3 要件分析の完了

複合データフロー図を含めて全モデルを作成するだけでは、要件の精度は十分に高くなったとはいえません。まずはシステム価値で定義したシステムコンテキスト図から複合データフロー図まで、関連性に問題がないか丁寧にチェックします。続いて、複合データフロー図からシステムコンテキスト図まで、フローを遡る形でなぞります。この作業を繰り返して要件に矛盾が残っていないか確認しましょう。

十分な精度を確保できていると確信できた時点で、関連する各ステークホルダーにレビューを依頼しましょう。もちろん、要件の作成は各ステークホルダーと連携して作業するため、レビュー前に十分に内容が伝わっていることが理想です。しかし、ステークホルダーにとっても、あらためて全体を網羅的に確認すれば、新たな発見や指摘事項が見つかるかもしれません。

したがって、最終レビューは複数の視点から要件を眺められるように、要件単体の説明にとどまらず、複合データフロー図を交えながら、さまざまな観点から要件の全体像を説明しましょう。

近年はウォーターフォール型ではなく、アジャイル型のプロジェクト進行が増えています。ウォーターフォール型と違いアジャイル型では、要件の修正が開発スケジュールに大きく影響をする可能性は減っています。しかし、大きな矛盾が発覚したり、新たな要件の追加や修正が頻繁に発生したりする場合、いかにアジャイル開発であったとしても、生産性は著しく低下します。要件分析の段階で一定レベルま

で精度を高め、ステークホルダーと十分に認識を合わせておくことは、どのような開発プロジェクトでも重要でしょう。

本章で紹介するモデルは一例に過ぎません。開発する規模や組織の状況、関係者のリテラシーなどさまざまな要因により、要件分析で作成すべきモデルは変わります。システムの外部環境からシステムの内側に向かって、モデル同士の関連性を維持しながら要件分析を進めていく、RDRAの考え方を参考にしつつ、自分たちのプロジェクトに合ったモデルを選択するとよいでしょう。

要件分析でもっとも重要なポイントは、納得のいくデータプラットフォームを作るために、ステークホルダー同士の認識をしっかりと合わせることです。要件定義で作成した各モデル図を見ながらコミュニケーションをとり、矛盾や齟齬の発生した場合は迅速にモデル図を是正しましょう。また、開発チームの生産性はコミュニケーションの品質に依存するといっても過言ではなく、適切なコミュニケーションにはモデル図が有効なツールとなります。モデル図を用いた理路整然としたコミュニケーションは、新規開発フェーズだけでなく、開発後の運用フェーズでも役に立ちます。

チームトポロジーとデータメッシュ

チームトポロジー[1]とデータメッシュは、いずれもドメイン駆動設計のドメイン分割やコンウェイの法則を満たすことに焦点を当てた方法論です。

チームトポロジーでは、製品やサービスに価値をもたらす各チーム（ストリームアラインドチーム）を、イネイブリングチームと呼ばれるチームが支援する考え方が提唱されています。イネイブリングチームはストリームアラインドチームに必要なスキルや共通機能などを提供し、より効果的な分散型の開発をサポートすることが期待されています。

データメッシュでは、各ビジネス部署が個別のドメインとして分散的にデータの所有権や管理責任を担い、ビジネス部署間ではDelta Sharingなどのデータ共有の仕組みを用いて、安全にデータを共有することが推奨されています。データメッシュの運営では、チームトポロジーで提唱されるイネイブリングチームが、データプラットフォーム全体を技術面で標準化から支援すれば、各ビジネス部署間での情報交換を円滑にできます。

データの価値創出とソフトウェア開発の俊敏性を同時に引き起こすためにも、大規模なデータプラットフォーム運営では、データメッシュとチームトポロジーによる各ビジネス部署による分割統治と、イネイブリングチームによる緩やかな全体統治が効果的でしょう。

1 マシュー・スケルトン、マニュエル・パイス著、『チームトポロジー 価値あるソフトウェアをすばやく届ける適応型組織設計』、原田騎郎訳、永瀬美穂訳、吉羽龍太郎訳、2021、日本能率協会マネジメントセンター

Chapter 9

データプラットフォームの構築

データプラットフォームは、
開発から運用までのライフサイクルを通じて、
継続的なリファクタリングをおこないながら、
技術の進化やビジネスの変化に追従する必要があります。

本章では、要件分析を終えたデータプラットフォーム構築の
技術選定や設計、プロジェクトの進行を解説します。

9-1 全体設計の検討

データプラットフォームの全体設計は、変更や拡張に強い弾力性のある構成であることが理想的です。ビジネスユースケースへの柔軟な対応力はもちろん、将来発生しうる技術的な変化にも適応できるように検討します。たとえば、SasS企業が提供するサービスは永続的に提供されるとは限りません。何らかの事情でサービスが突然終了したり、新しい革新的な技術が登場したりするなど、いかなるサービスを導入する場合でも、ミドルウェアなどの機器同士は疎結合で交換可能であることに気を配るべきです。データプラットフォームでもっとも重要なものはデータそのものですが、データフォーマットの進化などから未来永劫に同じファイル形式として存在し続けるとは限らず、同じストレージに保存され続けるとも限りません。たとえば、JSONファイルから列指向フォーマットのParquetやデータストレージの実装であるDelta Lakeなどに置き換えられたように、新たな技術が登場した際に必要に応じて交換可能な構築がより望ましいでしょう。

本節ではデータプラットフォームを構築する上で、変更に強い全体設計とは何か解説します。

9-1-1 技術選択ポリシー

データプラットフォームは、一般的なソフトウェアと同様に、構築された時点から技術的腐敗が始まります。コードは時間の経過と共に劣化することはよく知られていますが、技術的腐敗を放置すると、ソフトウェア開発者の生産性を低下させたり、開発者体験を悪化させたりするなど、プロダクトや所属組織に対するエンゲージメントの低下に繋がります。

データプラットフォームの構築要素である、ミドルウェアやコード、データフォーマットなどでも同様で、さまざま領域で技術的負債や腐敗が発生します。たとえば、クラウドサービス上にRuby on Railsなどで実装されたWebサーバと、MySQLで実装された分析ツールを構築しているケースを考えてみましょう。MySQL上に分析用データがあり、Ruby on Railsで集計処理を実装しているとします。

このシステムには、次の問題が考えられます。

- 性能的にスケールしないため大量データを処理できるミドルウェアが必要
- 集計処理の修正にはコードの修正とデプロイが必要
- APIサーバの実装とデータが密結合のためデータの抽出が困難

この機器構成では、データ格納先のMySQLと集計コードを実装したAPIサーバが密結合です。MySQL

は原則的にオンラインでトランザクション処理を低レイテンシーで実行することに特化しており、コンピューティングとストレージが分離されていないことに加えて、列指向フォーマットではないため大規模なデータに対する検索では性能的に不利です。是正するためには、MySQLのデータをデータプラットフォームに列指向フォーマットで格納し、集計処理をSQLで再実装するなどの工程が必要です。

時間の経過と共に魅力的なミドルウェアが登場すると、現在利用しているミドルウェアの不便な点が目立ち始めます。したがって、ミドルウェアとデータをなるべく疎結合に保ち、リファクタリングやリプレイスが可能な状況を作ることが重要です。

ビストロデュースなどのサービスを運営する事業会社では、事業が継続する限りデータプラットフォームの需要は増加の一途をたどります。分析クエリの応答が遅い状態では、データ分析に関わる利用者の生産性が低下し、事業に悪影響を与えかねません。データプラットフォームの構築では、利用者のストレスを可能な限り減らすためにも、将来的にミドルウェアとコード、データすべての領域で変更が発生することを前提にする必要があります。データプラットフォームの運用が進むと、構成要素がレガシー化し運用工数の増加や精神的負担が増してきます。これを防ぐためには、疎結合で高凝集なシステム構成を選択して、構築後も継続的なリファクタリングを可能にすべきです。

9-1-2 ビストロデュースの要件

ビストロデュースのシステム構成を検討するにあたり、「8-7-2 複合データフロー図」のデータフロー図を改めて振り返りましょう（図9.1.2.1）。

図9.1.2.1：変更後のデータフロー図（再掲：図8.7.2.2）

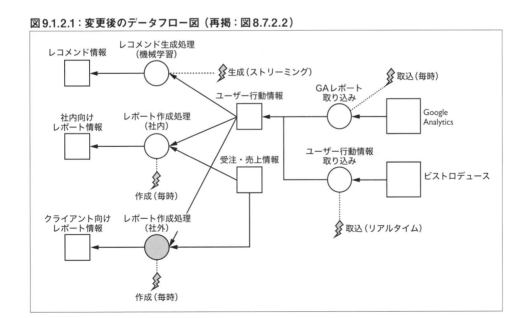

データフロー図は、論理レベルでのデータパイプラインを示すため、具体的なシステム構成を説明していません。前図は以下の処理に分解できます。

1. 複数サービスからのデータ入力
2. ドメイン知識の可視化や機械学習の適用
3. (1)と(2)のリアルタイムもしくは定期実行によるバッチ処理

前図を元に、データ処理、入力元、出力先を整理しましょう。

表9.1.2.2：データ入出力一覧

データ処理	データ入力元	データ出力先
GAレポート取込	Google Analytics	ユーザー行動情報
ユーザー行動情報取り込み	ビストロデュース	ユーザー行動情報
レコメンド生成処理	ユーザー行動情報	レコメンド情報
レポート作成処理(社内)	受注・売上情報、ユーザー行動情報	社内向けレポート情報
レポート作成処理(社外)	受注・売上情報、ユーザー行動情報	クライアント向けレポート情報

データを保持するドメイン知識から、コンテキストを分類すると次表となります。

表9.1.2.3：ドメイン知識とコンテキスト

ドメイン知識	コンテキスト
Google Analytics	外部サービスデータ収集
ビストロデュース	自社アプリケーションデータ収集
ユーザー行動情報	レポート作成処理
受注・売上情報、ユーザー行動情報	レポート作成処理
レポート作成処理(社外)	受注・売上情報、ユーザー行動情報

9-1-3 データプラットフォームの全体設計

データプラットフォームの全体設計においては、Lakehouseプラットフォームとメダリオンアーキテクチャを採用し、その組み込む方法を説明しましょう。

ビストロデュースのデータ処理は、主にアプリケーションサービス、外部サービス、バッチ処理のコンテキストに分解できます。全体設計に採用するLakehouseプラットフォームとメダリオンアーキテクチャは、データ構造とその処理系を柔軟に実装できるアーキテクチャパターンです。また、メダリオンアーキテクチャは疎結合なデータ連携を実現する設計手法です。

Lakehouseプラットフォームとメダリオンアーキテクチャで、データフロー図で与えられたデータ処理はどのような構成になるか考えてみましょう。

Lakehouseプラットフォームの構築では、システム構成の柔軟性がもっとも重要な課題です。データプラットフォームは、データ構造やインフラ構成、コードが時間の経過と共に腐敗してしまうと、修正が困難になる状況が発生します。これは一般的に技術的負債といわれ、データプラットフォーム全体の複雑度が増すため、次の項目を事前に考慮する必要があります。

- **インフラ設計はスケーラブルで交換可能である**
  - 現行システムよりも利便性の高いサービスが登場したときに交換可能
  - データやサービスのロックインが可能な限り排除されている
- **ビジネス上のユースケースに対して過剰品質ではない**
  - ストリーミング処理などのリアルタイム処理は本当に必要であるか
- **データ修正時に関連システムのタスクがスタックする構造ではない**
  - ログの追加や修正はデータ基盤側の処理に影響を与えず、Webサービスやアプリだけの作業で完結するかなど

SOLID原則

上記を満たすデータプラットフォームを構築するためには、システム同士を高凝集で疎結合にまとめる努力が必要です。システム間を高凝集で疎結合にまとめる方法としては、プログラミング言語におけるオブジェクト指向の設計原則である「SOLID原則」に有益な示唆があります。プログラミング言語をデータプラットフォームに置き換えて、SOLID原則を説明しましょう。

S（Single responsibility principle：単一責務の原則）

1つのクラスは1つの責任だけ持つべきで、その責任は完全にカプセル化されるべきである。
データプラットフォームでは、ワークフローやタスクは単一責務であり、その責任の範囲が明確である。各タスクやワークフローを単一責務としてカプセル化すれば、システムの変更や拡張が容易になり、各コンポーネントは特定の目的に最適化される。

O（Open/closed principle：開放閉鎖の原則）

ソフトウェアのエンティティ（クラス、モジュール、関数など）は、拡張に対して開かれており（新しいふるまいを追加可能）、修正に対して閉じている（既存コードを変更せずに新しいふるまいをプラグイン形式など追加可能）べきである。仮に新しい要件を追加する場合、修正ではなく拡張で対応するように設計する。
データプラットフォームに当てはめると、データの拡張に対して開かれていて（コードの追加で新しいデータを追加可能）、データの修正に対して閉じており（データソースの追加はコードの拡張で対応する）、データの拡張や修正が容易であることを意味する。データの拡張には新しいデータソースの追加やデータ処理の追加などがあり、データの修正にはデータソースから入力されるデータ構造が変更されるケースなどが該当する。

L（Liskov substitution principle：リスコフの置換原則）

サブクラスはスーパークラスが使われている場所ならどこでも使えるべきである。
データプラットフォームにおいては、データプラットフォームのシステムを構成する一部または全部は、必要に応じて同様のふるまいをする別のプラットフォームへと置換もしくは交換可能であることを意味する。ただし、データプラットフォーム全体に対する、リスコフの置換原則の適用は困難なため、コンピューティングとストレージを分離し、必要に応じてコンピューティングやストレージの置換やデータマイグレーションを容易にして、堅牢性と拡張性を確保する。

I（Interface segregation principle：インターフェイス分離の原則）

クライアントは、使われないメソッドに依存すべきではない。つまり、入出力のインターフェイスは複雑にせず、使われないものを極力定義しない。
データプラットフォームに当てはめると、データアクセスやデータ処理のインターフェイスを目的に特化した形で設計することを意味する。メダリオンアーキテクチャのBronze、Silver、Goldの各ステージ間に不必要な依存関係がなく、各データ処理のステージが綺麗に分離される。

D（Dependency inversion principle：依存性逆転の原則）

高レベルのモジュールは低レベルのモジュールに依存してはならず、両方とも抽象に依存すべきである。
データプラットフォームでは、データ戦略（セキュリティやアクセス制御など）の高レベルな管理戦略、データ処理（データの格納や加工など）の低レベルな実装戦術は、適切な抽象化と独立を保つべきである。メダリオンアーキテクチャとデータガバナンスの関係では、データガバナンスが高レベルのデータ戦略であり、メダリオンアーキテクチャが低レベルの実装戦術となる。

この通り、SOLID原則を参考にすれば、柔軟で変更に強いデータプラットフォームの構築が可能です。現実のデータプラットフォームでは、新しい技術や新しいビジネスユースケースの登場に伴い、システム構成やデータ構造の追加・変更・削除など、比較的規模が大きいリファクタリングを迫られるケースがあります。繰り返しになりますが、システムやデータ構造は時間の経過と共に腐敗することを前提に、変化を迫られても俊敏に対応できる環境であるべきです。

9-1-4 外部サービスのデータ収集

外部サービスからメダリオンアーキテクチャのBronzeステージにデータを投入する方法を検討してみましょう。ビストロデュースでは、ユーザー行動情報を取得するために、外部サービスのGoogle Analyticsを採用しています。

外部サービスには、ユーザー行動分析、モバイル計測、機械学習サービス、SNS分析サービス、DMP（Data Management Platform）など、さまざまなサービスがあり、そのデータ連携方式もさまざまです。また、Webやスマートフォンアプリの画面でしかデータを確認できず、システム的なデータ提供手段が用意されていない外部サービスも存在します。データの直接的な提供がない場合は、クローリングや手動入力などの手法で収集し、データ分析対象にする必要があります。

本項では、直接的なデータ提供手段が用意されているGoogle Analyticsと、データ提供手段がない外部サービスに関して、データ収集の方法を検討します。

Google Analyticsのデータ収集

ユーザー行動情報を収集するGoogle Analyticsは、Googleが提供するアクセス解析用のSaaSです。ビストロデュースのWebアプリケーションには、Google Analyticsに記録するためのトラッキングコードが埋め込まれています。データ取得の方法を検討してみましょう。

Google Analyticsでは、Reporting APIと呼ばれるWeb APIのほかに、BigQueryへのデータ出力も用意されています。したがって、ビストロデュースで利用するには、次の2つのデータ取得方式が考えられます。

- Reporting APIの利用
- BigQuery連携の利用

Reporting APIはGoogle Analytics上に表示される訪問者数や閲覧ページ数などを取得できるAPIです。集計処理せずとも管理画面で値を確認できる反面、表示される値以外の情報は取得できません。BigQuery連携を利用する場合は、生ログが転送されてSQLで柔軟な分析が可能な反面、データ構造が複雑なためETL処理や分析クエリの実装が必要です。ビストロデュースでは、次の理由からReporting APIとBigQuery連携の両方でデータを収集します。

Reporting API
- Google Analyticsの管理画面出力を社内向けやクライアント向けのレポート情報で参照したい
- 複雑な集計処理を実装せず、提供されるデータを加工することなく利用したい

BigQuery連携
- Google Analyticsでは提供されていない複雑なデータ分析を実行したい
- 生ログを集計して機械学習の特徴量に利用したい

Reporting APIは、EmbulkのInputプラグインであるembulk-input-google_analytics[1] を利用すると、比較的容易にLakehouseプラットフォームのBronzeステージにデータを投入できます。Bronzeステー

---

1 https://github.com/treasure-data/embulk-input-google_analytics

ジでは、JSONLあるいはParquetでデータを投入し、Silverステージへの移送時にApache SparkでDelta Lakeに変換して投入します。

BigQueryは、SQLを利用して大量のデータを高速に処理できるデータウェアハウスですが、ビストロデュースで取り扱うデータすべてをBigQueryに投入して処理する訳ではありません。そこで、BigQueryからLakehouseプラットフォームにデータを収集する方法を検討します。

Embulkを採用するケースでは、embulk-input-bigquery[2]が候補に挙がります。しかし、Embulkは1台のマシン上で起動するため、性能面での懸念に加えて、プラグイン開発元が個人開発者であるため将来的な保守性に不安が残ります。今回のケースでは、メンテナンスされなくなる可能性もありうるため採用を見送ります。

代替候補として、Apache Sparkの採用を検討してみましょう。Google Cloud公式のBigQueryコネクタであるspark-bigquery-connector[3]が提供されています。spark-bigquery-connectorはBigQueryにSQLを発行でき、テーブルをApache Sparkのデータフレームに変換して読み込めるため、データのクレンジング処理を容易に実装でき、Delta LakeにもBronzeステージから書き出せると予想されます。BigQueryに格納されるデータは大規模データとなることが想定され、高速にETL処理できるApache Sparkの方が優位性があると判断できるためです。

以上をまとめると、次図の構成となります。

図9.1.4.1：Google Analyticsデータ連携

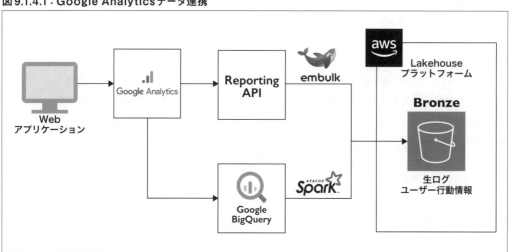

アクセス解析用サービスの多くは、Web APIやCSVのダウンロード、データウェアハウスと直接のデータ連携など、さまざまなデータ提供手段を用意しています。データパイプラインの構築は、長期間にわたり継続的に利用可能で、かつ技術的負債になりづらい技術であるかを検討して、データ提供の手段に

2　https://github.com/medjed/embulk-input-bigquery
3　https://github.com/GoogleCloudDataproc/spark-bigquery-connector

応じて適切なデータを収集する実装が必要です。仮に選択したミドルウェアやツールが利用できない状況が発生しても、臨機応変に交換可能な構成であることが重要です。

データ提供手段が用意されていない外部サービス

外部サービスは、Google Analyticsのようにデータ提供手段が用意されているとは限りません。たとえば、計測データがWebアプリケーションの管理画面や専用のスマートフォンアプリにしか表示されないサービスも存在します。
Webアプリケーションは利用規約に応じてスクレイピングでデータを取得できますが、スマートフォンアプリの画面に表示されるデータを自動的に収集する簡単な方法は存在しません。いずれの場合もデータ収集の完全な自動化は難しく、手作業によるデータ収集が必要となる場合があります。

Webアプリケーション上のデータ収集は、JavaScriptレンダリングを利用してサイトのスクレイピングが可能なSelenium[4]やSplash[5]、Webクローリングに関する一連処理をフレームワーク化したScrapy[6]で実現可能です。Scrapyは前述のSplashやSeleniumなどと連携可能で、Webテスト自動化ツールであるPlaywright[7]との連携も可能です。しかし、Webクローリングはサイト構造の変化に追随する実装が必要であったり、利用規約でクローリングが禁止されているケースがあったりするなど、実現が困難な場合もあります。このようなサービスからデータを収集する場合、データ収集を専門とするFivetran[8]など外部サービスの利用も1つの手段です。
クローリングなどの手段が利用できないデータは、手作業によるデータ収集が必要ですが、Googleスプレッドシートとのデータ連携を利用すると比較的容易にデータ連携を実現できます。

図9.1.4.2：Googleスプレッドシート連携

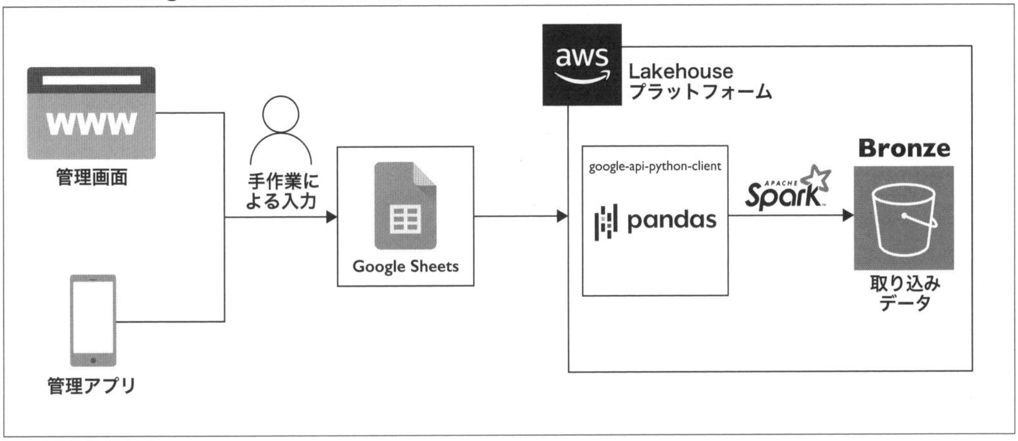

4　https://github.com/SeleniumHQ/
5　https://github.com/scrapinghub/splash
6　https://scrapy.org/
7　https://github.com/microsoft/playwright
8　https://www.fivetran.com/

Googleスプレッドシートは、GoogleがPythonでデータ取得用のAPIを公開しているため、Pandasのデータフレームに容易に変換できます。PandasはPySparkとの親和性が高く、PySparkでApache Sparkのデータフレームに変換すれば、容易にLakehouseプラットフォームのBronzeステージにデータを保存できます。ただし、Googleスプレッドシートにはさまざまな制約があります。代表的な制約にはセル数の上限（1,000万）があります（本書執筆時）。そのため、ある程度の成長が見込まれる場合は、専用のアプリケーション実装を検討することも考えられます。

また、手作業によるデータ収集は、ヒューマンエラー発生時のリカバリや対応工数に限界があり、スケーラブルであるとはいえません。データを自動的に取得できないなど、特殊な事情がある場合に限り、手動による対応を検討するとよいでしょう。

9-1-5 内製アプリケーションのデータ収集

内製アプリケーションのビストロデュースから、Lakehouseプラットフォームにデータを投入する方法を検討します。Lakehouseプラットフォームに、アプリケーションが出力するログを取り込むためには、ログ出力のデータパイプライン設計を考慮する必要があります。

なお、本節で構築するデータパイプラインは、「7-2-1 データプラットフォームのシステム構成」で紹介した、Kinesis Data Streamsによるパターンを採用します。

図9.1.5.1：ビストロデュースのデータパイプライン

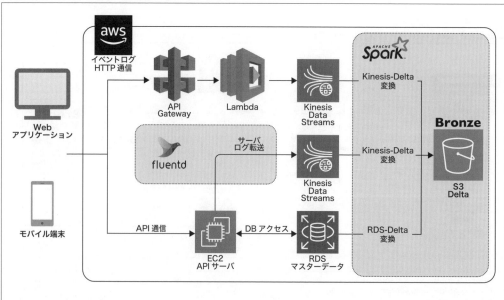

この構成が有利なところはデータをリアルタイムで処理でき、データ消失の可能性が低くシステム構成の変更も容易なことです。収集対象となるデータは、マスターデータとイベントログの2種類です。イベントログには、「受注・売上情報」と「ユーザー行動情報」のドメイン知識を含むデータが転送されます。データ収集のステージであるBronzeステージでは、これらのドメイン知識ごとには分離されず、混在したデータとして転送されます。

イベントログ収集とドメイン知識の単離

Silverステージでは、Bronzeステージに格納されたデータのクレンジングやドメイン知識ごとに分離する処理を実行します。イベントログやマスターデータに格納されるデータは、ビジネスの進展と共に含まれるドメイン知識が拡大し続けます。ドメイン知識とは、ビジネスを理解する上で重要な知識であり、DIKWモデルのKnowledge領域に相当します。観測対象であるKnowledge領域にあるデータの種類は、ビジネスの多角化に伴い増加の一途を辿り、膨大なデータ種類になってもカオス化しない管理が求められます。

ビストロデュースはレストランを紹介するアプリであり、紹介するレストランの住所や名称、電話番号などの情報が掲載されています。機能追加の要求から、スマートフォンアプリから直接店舗に電話する機能が実装されたケースがあるとします。その機能の利用状況を把握したい場合、通話を開始するボタンのタップを記録するイベントログの追加が必要です。

しかし、イベントログに新たな記録するイベントを追加するたびに、構成する定義体やデータ追加用のコードを実装するのは開発運用を進める上で非効率です。データ収集を可能な限り自動化すれば、データプラットフォームを構築するチームの生産性は向上します。そこで、記録するイベントの追加やスキーマの変更が発生しても、データパイプラインの実装を変更することなく自動的にLakehouseプラットフォームに投入される仕組みを検討しましょう。

データパイプラインの処理フローは次の通りです。

1. Web/APPのイベントをKinesis Data StreamsにJSON形式でイベントログに投入する
2. Apache SparkのSpark Structured StreamingでKinesis Data Streamsからデータを読み込み、Delta LakeでBronzeステージに書き込む
3. Bronzeステージから各イベントごとに分解してデータクレンジングを施し、Delta LakeでSilverステージに書き込む

Delta Lakeを採用する理由は、Time Travel機能によるデータのロールバックがサポートされているなど、柔軟性の高いフォーマットであるためです。Delta Lakeを採用しない場合は、Apache HudiやApache Icebergなど、ビックデータ処理に適したフォーマットを利用するとよいでしょう。

前述の処理フロー（3）で注意すべきは、イベントログの種類ごとに処理することです。処理シーケンスは次の通りです。

イベントログの分解

イベントログが保存されるBronzeステージのデータは、全種類のログが含まれるJSON文字列で、イベントの種類ごとにスキーマが異なります。単一のフィールドにスキーマの異なるJSON文字列が入力されているため、JSONのパース処理の汎用的な実装が難しく、データエンジニアを悩ませる問題の1つです。しかし、Apache Sparkの機能を組み合わせると、比較的容易に共通化処理を実現できます。

たとえば、イベントの種類ごとに`DataSet[String]`に分割し、`spark.read.json`でDataSetを読み込む実装が考えられます。Apache Sparkは、`DataSet[String]`から、JSONスキーマを自動検出しDataFrame化できます。そのDataFrameをJSONスキーマごとやイベントログごとに分割してテーブル化すると、パース処理の自動化が可能です。

しかし、この方法は、アプリケーションのバージョンの違いで問題が起きる可能性があります。同じイベントログでもログを追加するなどの理由で、異なるJSONスキーマを持つレコードが発生する可能性があります。スキーマの自動検出に利用されたデータとその後に読み込まれたデータで構造が異なる場合、特定の列が読み込まれないなど不具合が発生する可能性があります。そのため、全データを読み込んで各イベントログのスキーマを確定させる必要があります。

データクレンジング処理

アプリケーションが出力するイベントログなどのデータは、重複や欠損が発生します。「4-2 ETL処理とELT処理」で解説した「データ標準化」や「重複の除去」などのデータクレンジング処理が必要です。たとえば、`user_id`などイベントのキーは、すべてのイベントログで統一されている必要がありますが、任意のバージョンで誤って`UserID`と実装してしまったとしましょう。以降のリリースでは修正パッチで`user_id`に変更されているとしても、`UserID`として転送される特定のリリースは、強制アップデートなどを施さない限り残り続けます。

データ集計の観点では、不具合である`UserID`も`user_id`と同様に扱うため、イベントログの「名寄せ」処理が必要となります。しかし、イベントログの「名寄せ」だけでは、データクレンジングとしては不十分です。たとえば、当初`user_id`は数値として扱っていたのに、アプリケーション側の都合で特定バージョン以降は`UUID`などの文字列に変更されたケースです。この場合は、Long型のデータをString型に変更する「型を揃える」処理が必要になります。

Long型で一度保存された場合、データフォーマットの性質によっては、String型へのマイグレーション処理が必要になる場合があります。データフォーマットの型変更は運用コストで問題となる場合があるため、データ収集時はすべて「String型」として保存し、データ集計処理の時点で「Long型」に変換する戦略も考えられます。

この通り、Silverステージのイベントログを集計する際には、イベントごとに分解しデータクレンジング処理をどのように実行するか検討する必要があります。データクレンジング処理は、自動化によるデータプラットフォームの運用コストと修正コストとのトレードオフといえます。可能な限り自動化を努めつつ対応箇所を限定し、高効率なデータプラットフォームのデータパイプライン設計を目指しましょう。

レポート作成処理

レポートに必要な「受注・売上情報」と「ユーザー行動情報」などのドメイン知識は、外部サービスによるデータ収集や自社アプリケーションからのデータをもとに、最終的にはメダリオンアーキテクチャのGoldステージに格納されます。「受注・売上情報」と「ユーザー行動情報」のもととなるイベントログはSilverステージに格納され、ドメイン知識を付与する集計処理によってGoldステージに移行されます。Silverステージのデータは重複や欠損がないクリーンなデータであり、利用者は安心してデータ分析やレポーティング処理の入力データに利用できます。

レポートの具体的な項目や内容は、事業責任者やプロダクトマネージャーとの要件整理で決定されますが、入力データとして利用されるデータは、高い信頼性を持つ必要があります。「受注・売上情報」と「ユーザー行動情報」について、それぞれのドメインの特性を踏まえた設計方針を検討してみましょう。

ユーザー行動情報

ユーザー行動情報とは、ビストロデュースを利用したユーザー行動を傾向分析して、グラフや表なので可視化したレポートです。作成されたレポートは、ビジネスの周辺状況の変化に合わせて、日々の改善に役立つ必要があります。

ビジネスの成功に直結するKPIは、そのままでは不明瞭な場合も多く、探索的データ分析からビジネス的に有意であるとみなされる「価値KPI」が発見される場合も珍しくありません。したがって、ビジネス都合による機能の追加や削除、変更などから、可視化対象を流動的に柔軟に変化させる必要があります。

受注・売上情報

受注・売上情報とは、「受注」や「売上」といった確定的な要素を保持する、ビジネス上の重要な意味を持つレポートです。これらは、顧客や経営層などに向けてデータを開示するレポートであり、内容に不正や不備のない高い信頼性が求められます。たとえば、売上のサブドメインのレポートに、機能別の売上や広告によるユーザー獲得経路別の売上などの比較を採用するとします。機能別の売上は、自社アプリケーション内で評価できるデータで、その信頼性は比較的高いといえます。

しかし、広告によるユーザー獲得経路別の売上を取得するには、広告計測ツールなど外部プラットフォームから取得するデータを利用する必要がありますが、外部プラットフォームは、原則としてデータ処理の実装が公開されていないブラックボックスであり、提供データの信頼性が疑わしい場合があります。そのため、データプラットフォームで集計したデータから標準偏差や信頼区間などを用いて、データの信憑性を確認する必要があるケースも少なくありません。

このように複数の経路を経て取得したデータから、ドメイン知識を蒸留する設計が必要です。異なるデータソースから取得したデータを、境界付けられたコンテキストごとに集約して、レポートに必要なデータを生成します。

レポートとは、ドメイン知識が凝縮されたものであり、データに変換や集計を施しドメインモデルとしてビジネスの情報を可視化したものです。アプリケーション開発では、ビジネスのあるべき姿を定義するドメインモデルが、データモデルに影響を与えます。つまり、ビジネスロジックの実装と永続化されるデータ構造は密接に関連しているといえます。一方、データプラットフォームでは、アプリケーションが生成するデータの意味が不明確な場合があります。

たとえば、機能Aと機能Bのタップログが別々のイベントログとして転送される場合、これらを統合して意味論的に分かりやすくする必要があります。アプリケーション上のドメインモデルでは、機能Aと機能Bは機能面での直接的な繋がりがないかもしれませんが、「タップログ」という軸では関連性があるようなケースです。このような場合、ドメイン知識を持たないログから可視化したい項目を検討し、ドメインモデルやデータモデルを構築する必要があります。

ドメイン知識とはビジネスの状況を理解する知識や情報であり、ドメインモデルとはドメイン知識をソフトウェア上のビジネスロジックとして実装したものです。また、データモデルとはデータを表現するためのモデルであり、ドメインモデルが入出力するデータ構造が定義されます。データモデルからドメイン知識を生成する過程では、DIKWフィードバックループを用いて抽象度の高い視点で、データ分析に適切なドメインを発見することが重要です。ドメインを発見する過程では、Wisdom領域に視点を上げて分析対象の領域を俯瞰すると、それまで見えてこなかった要因が見えてくる場合もあります。

Goldステージのデータは目的別に特化しているとはいえ、ビジネスの状況に左右される流動的なものであることも珍しくありません。Silverステージからより発展的な価値KPIが発見されると、それまで利用していたGoldステージのデータは破棄されて、新しいKPIとして再構築されるケースもあります。複数のデータソースから取得したデータを統合してレポートを作成する場合、データの整合性を確保することが重要です。たとえば、同じ名称で異なる意味を持つデータが混在していると、集計時に誤ったデータを使用してしまい不具合を招く場合があります。通常のシステムでは、カラムなどで利用する名前には、ユビキタス言語と呼ばれるビジネス用語を使い、一貫性を保つように設計しますが、異なるシステムからデータを受領する場合は、名前に一貫性を保てない可能性があります。このような場合は、ドメイン知識となるデータの意味を定義して、Silverステージの集計時で同一の意味を持つレコードの名前を一致させる設計が必要となります。

本項では、レポートの具体的な内容や詳細には触れず、データソースの特性に応じたレポートの設計手法を説明しました。いずれのデータソースにおいても、各ドメイン内のデータ信頼性を支えるには、Silverステージまでの前処理が重要であり、Goldステージのデータは必要に応じて再構成されるものと理解しておきましょう。

9-2 データ設計とコード設計

ビストロデュースのデータプラットフォームを構築するにあたり、データフォーマットなどのデータ設計とETL処理のコード設計が必要になります。本節では、データとコードの両面からデータプラットフォームをどのように設計するかを検討しましょう。

データ設計では、データフォーマットとデータ格納方式を検討する必要があります。データフォーマットは、処理性能、コスト、運用の容易性などに影響を与える因子です。そして、データ格納方式はドメイン知識の分かりやすさに影響するため、データ分析の生産性に影響を与える因子です。
コード設計では、メダリオンアーキテクチャで格納されたデータ構造とコードの紐付けが、直感的で分かりやすくなるように設計します。データ構造がBronze、Silver、Goldの3つのステージに分けられている場合、データ処理のコードも同様に3つのステージに分けて配置することで、データとコードの関係性を明確にします。データ設計とコード設計は、データプラットフォームの保守性や拡張性に大きく影響するため、慎重に検討する必要があります。

9-2-1 データフォーマット

データプラットフォームで採用するデータフォーマットは、データプラットフォームの将来性を左右する重要な要素です。近年、ビッグデータのストレージとして開発されたデータフォーマットの進化は目覚ましく、Delta LakeやApache Hudi、Apache Icebergなど、大量データの検索に適したフォーマットが登場しています。これらのフォーマットは、Apache SparkやTrino（旧PrestoSQL）、Amazon Athena、Apache Flinkなどのビッグデータ用ミドルウェアから取りだせるため、データが特定のミドルウェアにロックインされることはありません。

ビストロデュースのデータプラットフォームは、Apache Sparkをコア技術として設計しているため、Apache Sparkで利用できるDelta Lakeの採用を検討しましょう。
Delta Lakeは、列指向フォーマットのApache Parquetをベースとする、メタデータをJSONで管理する比較的シンプルな構成であり、ACID特性の保持やタイムトラベル機能によるロールバックが可能な柔軟なフォーマットです。また、Merge構文をサポートするほか、INSERT/UPDATE/DELETEを実行でき、容易にデータの差分更新が可能です。
従来のApache Parquetを利用した差分更新はDELETE-INSERT方式以外に方法がなく、一旦データ

を削除してデータを入れ直す必要がありました。しかし、Delta LakeのMerge構文を利用すると更新処理が容易なだけではなく、タイムトラベル（データバージョニング）を利用した過去バージョンへのロールバックが可能です。

データプラットフォームの運用では、意図しないデータの混入やプログラムの不具合、運用ミスによるデータ破損などが発生し得ます。予期せずデータの整合性が失われた場合、前のリビジョンにロールバックすることも可能で、過去バージョンに戻して処理をやり直せるメリットは非常に大きいといえます。この通り、Delta Lakeが提供するストレージの更新履歴管理は、データプラットフォームの運用容易性は大きく向上します。ちなみに、Amazon S3のバージョニングによるリカバリを実行する場合、削除時間を利用した復旧方法に限定されるため、その難度は格段に上がります。

9-2-2 データ格納方式

データの格納方式は、データプラットフォームの将来性を左右する重要な要素です。本書では随所でメダリオンアーキテクチャの優位性を述べていますが、メダリオンアーキテクチャはドメイン知識の分かりやすさに繋がります。本項では、ドメイン知識をどのようにデータプラットフォームに蓄積するか検討しましょう。なお、データファイルはAmazon S3に保存し、データフォーマットはDelta Lakeを利用するものとします。

ビストロデュースのデータ入力元は以下の2点です。

- ビストロデュースのアプリ本体
- Google Analytics（計測ツール）などの外部SaaS

取得したデータにメダリオンアーキテクチャを適用するにあたり、データをどのように格納するか決める必要があります。データの格納状況を確認するだけで、データプラットフォームが保持するデータカタログ全体が俯瞰でき、ドメイン知識を確認できることが理想です。まずは、データ格納方式がなぜドメイン知識と関係するのかを説明しましょう。

メダリオンアーキテクチャによる構成管理

メダリオンアーキテクチャは、BronzeからSilver、Goldへとステージが進むにつれデータの抽象度は高くなり、ドメイン知識が高凝集化する構造です。ビストロデュースのように複数システムの入力を受け付ける場合、各ステージのデータが持つドメイン知識をどのように配置するか考える必要があります。本項では問題を単純化するため、アプリ本体と計測ツールの2点を取り上げて解説します。メダリオンアーキテクチャに則ったデータ構造は以下の例が考えられます。

コード9.2.2.1：複数のシステムから成り立つデータの構成例

```
.
├── app            //アプリ本体
│   ├── bronze
│   ├── silver
│   └── gold
└── analytics      //計測ツール
    ├── bronze
    ├── silver
    └── gold
```

しかし、このデータ構造では次の問題があります。

- appマスターデータベースやイベントログなど複数の入力元があり、BronzeやSilverなどの格納先が明確ではない
- アプリ本体と計測ツールを統合したGoldステージのデータ格納先が明確ではない

さらに、サービスは時間の経過と共にサブサービスの出現が予想され、この構造ではドメイン知識のカオス化が懸念されます。将来発生するサービスの予想は容易ではありませんが、データ構造はデータプラットフォームのスケーラビリティに直結するため、事前によく検討する必要があります。
それでは、スケーラブルなデータ管理はどのようにすればよいのでしょうか。

将来性のあるデータ構成管理であると期待できるようにするには、次の2点を考慮すべきです。

- データの入力元を明確にする
- 集計データの抽象度を明確にする

上記を満たすには、アプリ本体（app）と分析ツール（analytics）を単純に分けるだけではなく、将来発生するかもしれない変更を事前に想定する必要があります。将来発生する可能性のすべてを予想することは困難ですが、データをどこに配置すべきかなどの指針や方針を事前に定めておけば、変更に対応しやすくなります。その理由は次の通りです。

データの入力元を明確にする

データの入力元を明確にするには、保存場所の名称を**入力元+目的**とします。たとえば、ビストロデュースアプリのマスターデータを保持するデータベースであれば`app_master`、イベントログであれば`app_event`になります。計測ツールの場合は`analytics_ga`とすれば、計測ツールが追加や変更された場合でも対応可能です。

集計データの抽象度を明確にする

メダリオンアーキテクチャは、Bronzeステージ、Silverステージ、Goldステージから構成されており、データ抽象度は明確です。しかし、そのままでは入力元の情報がなく、どこから入手したデータか不透明です。そこで、マスターデータは**app_master**やイベントログは**app_event**のように、データの発生元をパスに付与すればデータの発生源が明確になります。ちなみに、RDBMSなどデータクレンジングが不要な入力元は、Bronzeステージを飛ばして直接SilverステージにデータをEn納するケースがあります。逆に重複や欠損が含まれる可能性のあるイベントログなどのデータはデータクレンジングが必要なため、Bronzeステージへの格納が必要です。

ドメイン知識が付与されたデータは、ドメイン知識であることを示すために**domain_{対象ドメイン名}**としておけば明確になります。**domain**から始まるパスに存在するデータは、クレンジング済みのデータから集計したデータに限定されます。したがって、ドメイン知識が含まれるSilverステージかGoldステージのデータしか保存されません。

上記をまとめると、次のデータ構造となります。

コード9.2.2.2：複数のシステムから成り立つデータの管理構成例

```
.
├── analytics_ga        // Google Analytics
│   └── silver
├── app_event           // アプリのイベントログ
│   ├── bronze
│   └── silver
├── app_master          // アプリのマスターデータ
│   └── silver
├── domain_recommend    // レコメンド用データ
│   ├── silver
│   └── gold
├── domain_report       // レポート用データ
│   ├── silver
│   └── gold
...
```

この通り、データをどのように保存するか構造を定義すると、仕様追加や変更に対して柔軟に対応できます。サービスの成長と共に、データ入力元やドメイン知識を拡張するとカオス化が進みます。

たとえば、この構成で運用を進めて、**domain_report**内に保存するレポート用データが複雑化したとします。この複雑化に対処するために、顧客向けと社内向けで分けた方がよいなどの改善案が出てきたとしましょう。このとき、社内向けに**domain_report_inhouse**と社外向けに**domain_report_outside**と分ける対応も考えられます。

入出力のデータ格納設計では、柔軟な構造変更が可能な構造であることが重要です。Bronze、Silver、Goldの各ステージ配下に格納されるデータは、データベースやログ設計のスキーマなど細部の変更は

比較的頻繁に発生すると想定されます。しかし、データ入力元やドメイン知識などの大きな枠組みでは、前述の変更ほどは発生しないはずです。適切な粒度でドメインの枠を定義する命名にして、その内部にデータを配置すれば、より変更に強い設計といえます。

9-2-3 コード設計

一般的なアプリケーションではコードを中心としてデータを生成するアーキテクチャが採用される一方、データプラットフォームではデータを中心としてコードを実装するメダリオンアーキテクチャが望ましいと考えられます。アプリケーションは時間の経過と共にリプレイスされるのが常ですが、データは記録物であるが故に特段の事情を除き廃棄やリプレイスは稀です。
もちろん、データはその時代に利用されるシステムで取り扱いやすいよう、フォーマットの変換やデータモデルのマイグレーションはされますが、データの内容そのものは基本的に不変的で変更されません。したがって、データプラットフォームの設計では、コードは比較的短時間で変更されるのに対して、データはコードよりも寿命が長いものと考えるべきです。
データプラットフォームで扱われるデータは、ミドルウェアなどのシステムで生成されます。現代的なデータプラットフォームは、複数の異なるミドルウェアを組み合わせてデータの格納と集計を担うケースが一般的です。たとえば、Apache Sparkが書き出すDelta LakeファイルをTrino（旧PrestoSQL）で読み込んだり、Fluentdが出力するJSONLファイルをApache Sparkで読み込むなどの組み合わせです。他にも無数の組み合わせが考えられますが、中心に位置するデータをさまざまなミドルウェアが取り込むため、どのようなミドルウェアを組み合わせるケースでも直感的で分かりやすい構成管理が必要です。

一般的なアプリケーションは、クリーンアーキテクチャやMVVM（Model View ViewModel）、アクティブレコードなど、設計方法の議論が活発に続いています。これらの設計は、コード上でドメイン知識となる集約を構築するため、ドメインモデルを中心とするアーキテクチャであり、データはドメインモデルに従属しています。一方、データプラットフォームで処理されるデータは企業や組織で異なり、事業上の重要な情報であるドメイン知識を統合し、各ドメインに特化したデータモデルの構築が必要となります。
データプラットフォームでは事業価値の源泉となるコアドメインから出力されたログやレポートなどのデータを扱います。ドメイン駆動設計ではコアドメインに集中することの重要さが説いていますが、ログはコアドメインの1つであるとは言い難く、データクレンジングや集計によって利用可能になる場合がほとんどです。
たとえば、Webアプリケーションは何らかの機能を提供する装置であり、ログを出力する機能は従属的な装置です。アプリケーション設計では、クラスやメソッドは何らかの意味を持ち適切な粒度でドメイン分割されますが、ログは1回の実行の記録であるため、ログ自体は大きなドメイン知識を持ちませ

ん。アプリケーションが出力するログは多岐に及びますが、ログ同士を結びつけるドメイン知識は、ログ上に表れる何らかの情報で接続できます。ログを単独で見ると何を意味するか分かりませんが、ログ同士を結び付ける処理を施してはじめてドメイン知識としての情報が生成されます。つまり、アプリケーションのオンライン処理とデータプラットフォームのバッチ処理の間にはドメイン知識の分断が存在するため、ログの集計処理によってドメイン知識を統合して、ログからドメイン知識を逆生成する必要があります。

ドメイン知識の分断による集計上の不具合を防ぐには、ドメイン知識が統合された流れが明確なメダリオンアーキテクチャが有効です。たとえば、メダリオンアーキテクチャのBronzeステージはログデータを格納する処理を担いますが、Bronzeステージのデータにドメイン知識を与えて集計することでSilverステージに昇格します。Silverステージのデータに集計上の誤りが発見された場合、アプリケーションが意図通りにログを出力しているか、あるいはSilverステージの生成処理に問題がある可能性があります。もしくは、Silverステージのデータを用いたGoldステージの生成処理に問題があるかもしれません。

いかなるシステムでもアプリケーションとデータプラットフォームは、ドメイン知識の分断は避けられません。したがって、データプラットフォームのコード設計では、どの処理で不具合が発生しているか、データを参照したら不具合箇所を類推できることが重要です。

9-2-4 構成管理

データプラットフォームで実行されるコードには、FluentdやEmbulkなどの定義体をはじめ、Apache SparkのPython/Scala/R/SQL、Dockerコンテナで起動されるバッチ処理など、さまざまな形態があります。そのため、特定のプログラミング言語やミドルウェアに依存せずに、ディレクトリ構成のパスで理解できる構成管理が必要です。

メダリオンアーキテクチャは、データの抽象度に応じてBronze、Silver、Goldの3つのステージに分けることで、データ処理が扱うデータの抽象度を明確にします。本項では、コードとデータの関係から、コードを配置するディレクトリ構成を検討しましょう。

コードとデータの関係性

メダリオンアーキテクチャにおけるデータ処理は、ドメイン知識となるデータとその処理を対応させる必要があります。まずは、メダリオンアーキテクチャの各ステージでのデータ抽象度とドメイン知識を振り返ってみましょう。

- Bronze、Silver、Goldの各ステージは、表現されるデータの抽象度が異なる
- 抽象度が低い未加工データは、Delta LakeやParquetなどでBronzeステージに集約される

- 抽象度が高いドメイン知識を保持するデータは、SilverとGoldステージに集約される
- RDBMSのマスターデータのように、そのデータ自体に深いドメイン知識を持つデータが存在する

上記の前提条件から、各ステージのデータとコードをどのように対応させるかを検討する必要があります。データエンジニアは、コードのパッケージ構成などを検討する際、適切な配置であるか日常的に向き合い、新たにビジネス上の要求が発生したときに、コードのどの部分で実装すべきか明確である必要があります。

そのため、BronzeやSilverステージなど、抽象度が異なるデータを処理するコードのパッケージ構成に違和感がなく、パッケージを確認するだけでデータ内容や業務要求が直感的に理解できるのがよい設計といえます。パッケージはもちろん、内包されるコードの明快さも、開発、レビュー、修正などの高効率化に寄与します。データの格納場所が抽象度ごとに適切な位置に配置されていると、開発効率はさらに向上することが期待できます。

コード構成の検討

コードとデータは表裏一体の関係にあり、データの格納位置とコードの格納位置を一致させると、より明快になる様子を示しましょう。メダリオンアーキテクチャのデータは、Bronze→Silver→Goldの順でデータが蒸留され、ドメイン知識が付与されていきます。このデータの流れを前提として、下記のコード構成を検討してみましょう。

コード9.2.4.1：コード構成案

```
.
└── bistroduse
    ├── batch
    │   ├── create_bronze        // Bronzeステージのデータを生成する処理
    │   │   └── event
    │   ├── create_silver        // Silverステージのデータを生成する処理
    │   │   ├── cleansing        // データクレンジング処理
    │   │   │   ├── master
    │   │   │   ├── server
    │   │   │   └── event
    │   │   └── domain           // ドメイン知識を付与する処理
    │   │       └── report
    │   └── create_gold          // Goldステージのデータを生成する処理
    │       └── report
    └── define                   // 定義体などのコードを配置
```

この構成案では、メダリオンアーキテクチャの各抽象度における`create_bronze`、`create_silver`、`create_gold`のように、各ステージのデータがどこのコードで処理されるか明確です。

たとえば、新しい情報源からデータを取得してレポート用のコードを追加する場合、次の開発フローとなります。

1. Bronzeステージにデータを格納する実装を`create_bronze.{取得内容}`に追加
2. 上記（1）で取得したデータをデータクレンジングし、Silverステージに保存する処理を`create_silver.cleansing.{取得内容}`に追加
3. 上記（2）で格納したデータに対して、レポート用のドメイン知識を付与する処理を`create_silver.domain.report`に追加
4. BIツールなどの利用可能になるドメイン知識を付与する処理を`create_gold.report`に追加

前述の通り、新しいデータが追加されたときも、どのようにドメイン知識をコード上で表現するか明確なことが重要です。Bronzeステージのデータ取得処理とSilver/Goldステージにおけるドメイン知識の生成処理を分離するだけでも、コードの可読性が向上します。

実際のデータの集計処理や分析処理には、より複雑なデータ取得や集計処理を要求されるケースがあります。データプラットフォームは、時間の経過と共にデータ量や種類、ドメイン領域は拡大を続けるため、データ処理用のコードもスケーラブルである必要があります。スケーラブルなコードとは、スキルレベルの異なる開発メンバーを迎えても、データの品質や開発の生産性を落とすことなく、高い開発効率を維持できるコードを指します。

メダリオンアーキテクチャにおけるデータは、Bronze、Silver、Goldステージと、抽象度ごとに格納場所が明確に分離されていますが、データ処理するコードもデータ構造とマッピング可能な位置を保つとよいでしょう。改善に終わりがないように、この構成がすべてのユースケースを網羅する完全な正解であるとは限りません。データとコードのマッピングを可能な限り維持することを原則として、それを実現する方法を模索し続けましょう。

コード構成の技術的負債

開発当初の要求による設計や実装がボトルネックになり、開発効率を低下させる状態となっているコードやデータを技術的負債と呼びます。開発現場ではコードが技術的負債として注目される場合が多いですが、開発効率のボトルネックがデータ構造やデータ格納場所に起因し、データがコード修正を極めて難しくしているケースも珍しくありません。

ある程度の運営期間を経たデータプラットフォームは、コードと共にデータの技術的負債に向き合う時期が必ず到来します。技術的負債は、短期的には問題にならなくとも、中長期的には大きな事故を引き起こす原因となり得るため、日常業務内でのリファクタリングが必要です。

ある時期まで、前述の「コード構成の検討」で検討した構成で、問題なくデータプラットフォームを運用していたとします。しかし、次第に取引先が増えるにつれ、取引先に合わせて異なる内容のレポート処理が増加したとします。`create_gold.report`に取引先ごとに用意したレポート処理のパッケー

ジが肥大化すると、当初の見通しの良さを保てなくなる場合もあり得ます。この状態をコードのカオス化と呼びますが、プロダクト成長には一時的なカオス化は絶対に避けて通れない過程です。

コード9.2.4.2：パッケージ構成(修正前)

```
└── bistroduse_report              // レポート専用のGoldステージのデータを生成する処理
    └── batch
        └── create_gold
            └── report
                ├── a_montyly_report.py    // a社向け月次レポート
                ├── a_daily_report.py      // a社向け日次レポート
                ├── a_special_report.py
                ├── b_foo_report.py
                └── d_bar_report.py
...
```

次に示す通り、Goldステージのレポート作成処理を各取引先ごとのパッケージを作成して`report_a`などの構造に分離してみます。

コード9.2.4.3：パッケージ構成(修正後)

```
└── bistroduse_report  // レポート専用のGoldステージのデータを生成する処理
    └── batch
        └── create_gold
            ├── report_a // 取引先ごとにパッケージを新設(a社)
            ├── report_b
            └── report_c
...
```

上記に示したコード構成の変更は、システムの運用開発で大きな問題とならない段階で改善を始めるべきです。一般的なアプリケーション開発では予期しない追加や変更が発生しますが、データプラットフォームの開発も同様です。はじめからすべての状況に耐えられる完璧なコード構成は決定できません。したがって、時間と共に発生する技術的負債ともいえる実装を振り返り、何を修正すればコードの見通しを保てるか検討するとよいでしょう。

繰り返しますが、メダリオンアーキテクチャはデータが中心にあり、データを取り巻くようにコードを配置するアーキテクチャです。データを生成するコードの構成には秩序を必要とし、データ格納先にも同様に秩序が必要です。しかし、ビジネスなどの外部環境の変化から、当初予定していたデータ格納先やコード構成にカオス化が起きて生産性の低下を招く場合があります。

カオス化が発生したコード構成やデータ構造は、データプラットフォーム開発者の不快感に直結し、開発者体験（Developer eXperience）を大幅に損なうため、技術的負債となります。技術的負債が発生した際は、メダリオンアーキテクチャの骨子であるデータ中心の原則に立ち返り、コード構成やデータ構造のあり方を見直すとよいでしょう。

ちなみに設計自体を修正することをリアーキテクチャと呼びます。たとえば、「7-1-2 データプラットフォーム設計の検討」で解説した、2層型データプラットフォームをLakehouseプラットフォームに変更する場合などが該当します。

リアーキテクチャでは、データ構造ももちろん、データ配置や処理コードなど、データプラットフォームのほぼすべての領域が修正対象となります。そのため、現状のデータプラットフォームを維持しつつ新しいアーキテクチャへ移行するリアーキテクチャは、相応の期間を要する作業です。事業の成長と共に育つデータプラットフォームはリアーキテクチャを前提として、将来的に大規模な変更があり得ることも視野に入れておく必要があります。

README.mdの重要性

メダリオンアーキテクチャの採用でデータの流れは把握しやすくなりますが、意図の理解を助けるためにもREADME.mdが必要です。たとえば、下記構造に示す通り、仕様やデータ構造を説明するドキュメント（README.md）を、コードと距離の近い場所に配置すると意図理解を助け、認知負荷を下げるように働きます。

コード：README.mdの配置

```
└── ...
    └── domain_a
        ├── README.md    // domain_aの仕様とデータ構造の説明
```

データ設計の説明をスプレッドシートやWikiなど別の場所に記述すると、違う場所にあるコードとドキュメントを行き来する必要性が生じて認知負荷が上がります。また、異なるツールで情報を管理すると、認知負荷が上げるだけでなく、情報の整合性の維持に厳しい統制が必要になります。たとえば、スプレッドシート自体がメンテナンスされなくなったり、新しいスプレッドシートが作られているにも関わらず古い版を参照したりする問題などが発生しがちです。これらの運用は、モジュールのデグレードやバグの原因となり、円滑な運用を妨げる技術的負債の要因となり得ます。

開発者体験を向上させるためにも、コードとドキュメントを一緒に管理して、認知負荷を下げることが重要です。README.mdでデータの流れやデータ構造を説明すれば、開発者がコードを理解しやすくなります。マークダウンで説明が難しい場合は、スプレッドシートやWikiなどのリンクをREADME.mdに記述して説明を補完しましょう。

ちなみに、コードコメントに仕様を記述した場合、コードとの距離が近すぎるためドキュメントの更新が煩雑になりがちです。コードコメントは挙動の何故（WHY）に答える説明に留め、仕様やデータ構造はREADME.mdで説明するとよいでしょう。

9-3
データプラットフォームの開発プロセス

本節で題材にする開発プロセスの前提となる組織を定義しましょう。「8-3 要件分析のロールプレイング」で定義したビストロデュースを運営する架空の会社組織はベンチャー企業で、社員50名程度の規模です。営業と開発、バックオフィスが独立している組織構成で、新たにマーケティングチームが部署となったばかりです。組織内の各メンバーはデータを利用して事業を運営していますが、それぞれが独立してデータ分析を実施しており、部門を横断したデータ分析はなされていない状況です。データが部門を横断して共有されず、部門内に留まりガラパゴス化を招くことを、データのサイロ化と呼びます。データ利活用の分断であるデータのサイロ化を回避し、データ民主化を実現するためにデータプラットフォームの開発が進められました。

データプラットフォームの開発が進むにつれて、ビジネスメンバーはよりアクセスしやすい形で事業KPIの可視化を求めるようになります。このニーズに応えるためにBIツールを用いたダッシュボードが作成され、直感的で分かりやすい形で事業KPIが可視化され、ダッシュボードの導入により、ビジネスメンバーはデータに対する関心を高め、現在可視化されている事業KPIの他にも重要な指標がないかとデータを欲するようになります。

このような要求には、ビジネス的なデータガバナンスの運用に加えて、データプラットフォームやBIツールなどのデータマネジメントも適切に運用する必要があります。たとえば、データガバナンスが適切に運用されていない場合、データの信頼性が低下し、データを誤って解釈してしまう可能性があります。また、データマネジメントが適切におこなわれていない場合、データ取得や分析に時間が掛かり、データ活用のスピードが遅くなる可能性があります。したがって、データガバナンスとデータマネジメントの双方の課題解決のためには、全社的なデータドリブンを促す働きかけが不可欠となります。

単純にBIツールのようなダッシュボードを提供するだけではビジネス上の意義を達成したとはいえず、データスチュワードと呼ばれる職種の担当者が利用者に向けて利活用の方法をガイドする必要があります。その理由には、BIツールの使用方法が分からないなどのデータリテラシーの問題から、データが示す因果関係が読み解けず誤ったデータ解釈する問題、提供してはいけないデータを提供するといったガバナンス上の問題など、データプラットフォームの利活用する上で発生する課題や問題は多岐にわたります。ここではビストロデュースの組織構造を例に、データ民主化を支えるデータプラットフォームの運営者が、どのように企業組織に働きかけるか、開発プロセスを交えて解説しましょう。

9-3-1 データ系人材と事業フェーズ

データプラットフォーム運用を担う職種には、データエンジニア、機械学習エンジニア、データサイエンティスト、データアナリスト、データストラテジスト、データスチュワードなどがあり、細分化が進んでいます。これらの職種は、DIKWモデルに従うと次の通りに分類できます。

データエンジニア/機械学習エンジニア：Data/Information層
データエンジニアは膨大なデータをクレンジングして分析可能な状態にする職種で、主にDIKWモデルのDataとInformationの各領域を担当。

データプラットフォームのインフラ構築、データクレンジング、データフローやデータパイプライン構築、MLOpsなど、システム構築全般が職責。機械学習向けのデータパイプライン構築などの業務を切り出し、機械学習エンジニアと称する場合もある。

データサイエンティスト：Information/Knowledge層
データサイエンティストは、多種多様なデータから統計モデルや機械学習を用いてビジネス的に有意義なデータを探索する職種で、主にDIKWモデルのInformationとKnowledgeの各領域を担当。統計分野では、データやその周辺情報から因果関係を探索し、KPIやA/Bテストの適切な評価指標の発見など、機械学習分野では、目的変数や説明線数の発見、ノイズ除去、アルゴリズム調整による機械学習モデルの精度向上を担う。

データアナリスト/データストラテジスト：Knowledge/Wisdom層
データアナリストとデータストラテジストは、ビジネス職に対するデータ利活用による成長支援を主として、DIKWモデルのKnowledgeとWisdomの各領域を担当。

データアナリストは、レポーティングの品質向上のため、定量的もしくは定性的な観測対象の発見などで、ビジネス職のデータ利活用を支える。データストラテジストはビジネス上のあるべき姿から、経営層に向けたデータガバナンスとなり得る領域の戦略設計やデータ組織設計などを担当する。

データ系職種は各職責ごとに分担してデータプラットフォーム全体を統治します。また、近年はデータスチュワードシップと呼ばれる、データガバナンスを適切に運用しビジネスをサポートする活動が重要と言われ始めています。データスチュワードシップを業務として遂行するデータスチュワードは、組織を横断してデータガバナンスに基づくデータマネジメントの運用を浸透させる職種です。

データガバナンスによりデータ利用のルールが決定し、ルールを適切に運営することがデータマネジメントです。データスチュワードは、データ資産を適切に運用されるように働きかけるだけでなく、データによる重要な意思決定をサポートする重要な職務となります。

9-3-2 企業成長とデータプラットフォーム

データ系職種のメンバーは、組織や事業の成長フェーズに応じて必要性や重要度が変わってきます。ビストロデュースの運営企業を例に解説しましょう。

創業期（0→1フェーズ）

創業期、いわゆるゼロイチフェーズは、社長とエンジニア、営業の3名の創業者が、サービスの価値を考え抜く時期です。ビストロデュースのサービス内容を検討して事業計画を立て、投資家から少額の資金を募るシードフェーズであり、資金繰りがよいとはいえない状況のため最小限の人員で開発します。サービスがトレンドと一致するかどうかを調査するため、最小限の価値を提供するMVP（Minimum Viable Product）が開発されます。これはサービスが市場に受け入れられるかどうかを検討する工程であり、PMF（Product Market Fit）とも呼ばれます。MVPとして開発されたサービスが市場に受け入れられない場合、開発されたサービスを捨てて新しいサービスを開発するケースがあり、事業転換（ピボット）とも呼ばれます。

この時期はサービス創出が最重要で、PMFの調査目的以外のデータ分析やデータプラットフォームは必要としません。したがって、ゼロイチフェーズのエンジニアは、最小限のデータ可視化のためにGoogle Analyticsを利用したり、BigQueryにイベントログを転送したりするなど、簡易的な対応に限定されます。

ビジネスモデル創出期（1→10フェーズ）

PMFがある程度成功すると、ビストロデュースに顧客が付き始め市場に受け入れられたと判断されます。投資家などから資金を調達し、サービスの拡大に合わせて、エンジニア、プロダクトマネージャー、営業、マーケターなど各職種の増員が始まります。

各職種のメンバーは、比較的安価なツールを利用して事業成長のKPIを可視化しますが、データプラットフォームの統合はなされない傾向にあります。ビジネス側から要求されるデータは、レポーティングや提案向けなどに利用する最低限のデータに限定され、RedashなどのBIツールで事業成長のKPIを把握しています。サービス開発では、アプリケーションの成長に重きを置くため、アプリ内行動ログなどのデータ分析が比較的重要になってきます。

ビストロデュースのアプリケーションが出力するデータは、BigQueryやAmazon Redshiftなどのデータウェアハウスに格納し、可視化のフットワークを軽くする対応が始まります。

このフェーズで必要とされるデータ系人材は、データプラットフォームにデータ格納を担当するデータエンジニアやビジネス上のKPIを可視化するデータアナリストです。

ビジネスモデル拡大期（10→100フェーズ）

順調に成長して創業5年目で社員50名と事業は拡大を続けており、ビジネスモデル拡大期になります。このステージでは、事業成長を目的とするさまざまな企画が実行され、データ種別も多様になりデータプラットフォームのカオス化が進みます。

組織の構成メンバーの急速な増員に伴い各職種の専門性が高まり、横の繋がりは希薄になっていきます。データの多様化によるカオス化や組織分断によるデータのサイロ化が始まり、各部門にバラバラに格納されたデータが事業成長のボトルネックになる状況が顕在化してきます。

各職種のデータに対する向き合い方は、事業の成長に合わせて次の通りになります。

営業
経営会議や提案先の検討などで営業活動を効率化するために、高品質データによる提案資料やレポーティングの必要性が増します。

マーケター
マーケティングを効率化するために、Google Analyticsや内製ツールなどの各種データを統合した分析が求められてきます。

プロダクトマネージャー
サービス全体の不確実性が高まり、評価指標となるKPIとは何か、施策と結果の因果関係を考慮した説明を求められます。

ビジネスモデル拡大期には、ビジネス運営におけるデータの重要性が高まり、データ系人材の必要性が増します。また、課題解決のルールとなり得るデータガバナンスを制定するデータストラテジストや、データ分析結果を供給するデータアナリストが重要視されます。

データの多様化によってデータパイプラインのカオス化が進むため、Lakehouseプラットフォームなど秩序あるシステムを構築するデータエンジニアが求められ、評価指標となり得るデータを発見するデータサイエンティストも必要とされます。集計されたデータがオフィスやチャットツールの目立つ場所に掲示され始め、売上の向上や乗務効率の改善などに有効と組織内で認知されることで、その重要性が増します。

また、ある程度のデータプラットフォームが構築されると、データとビジネスの双方に詳しいデータスチュワードが必要となるケースもあります。ビジネス職のメンバーは通常データ利活用や分析手法に詳しくないためです。ビジネス側のサポートに徹するデータスチュワードの採用も一考に値します。

9-3-3 データのサイロ化とビジネスの拡大

データのサイロ化とは、各部門や各サービスごとにデータがバラバラに蓄積され、データが統合されていないため統一的にアクセスできない状態を指します。ビジネスモデルが拡大すると必ずデータのサイロ化が発生し、事業成長のボトルネックとなる可能性があります。

ビジネスモデル拡大期は事業の拡大が最優先となるため、なるべく早く「動くプロダクト」や「収益を上げるプロダクト」が必要となり、各プロダクトのサービス開発では、異なる開発チームがそれぞれ最短の工数で実装可能な環境を採用するため、環境やデータが統合されていないケースがあります。

たとえば、サービスAを開発するチームはBigQueryにデータを格納し、別のサービスBを開発するチームはAmazon S3にデータを格納しているとします。サービスごとにクラウドベンダーが異なるのは、開発計画を立案する際にクラウドベンダーの営業担当からディスカウントの提案を受けたり、開発初期を担当するエンジニアに知見があったりするなど、データの統合よりもコストや納期が優先されるため発生します。

近年のクラウドサービスは、ベンダー間の同質化戦略により類似する機能が各クラウドベンダーから提供されるため、どのサービスを選択してもデータ分析は実行できます。こうした社内事情から早期のサービス開発が優先されて、データ統合の計画が先送りされるため、データのサイロ化が発生します。

しかし、異なるクラウドベンダーを採用しているサービス間を横断してデータを可視化したい場合、1つのデータプラットフォームにデータを集約するSSOT（Single Source of Truth）が必要です。SSOTの実現には、各サービスを実行するクラウドサービスを横断してデータを取得できる、比較的大規模な装置であるLakehouseプラットフォームなどの導入が必要となります。Lakehouseプラットフォームは、各サービスのログをデータレイクに集約し、権限管理付きのデータアクセスが可能となるため、大きな組織のデータガバナンス運用に適しています。

サービス開始直後は市場に受け入れられるかはっきりせず（PMF）、収益化の見通しが立たないため、データ統合によるSSOT化の優先度が下がることは仕方ないことでしょう。そのため、開発の初期段階ではコスト面や運用面でスモールスタートできるデータ処理基盤が望ましいですが、将来的なデータ統合の可能性を事前に考えて設計することも重要です。

データ統合は、大量データの入出力がしやすいかにより難度が決まります。たとえば、カオス化したデータモデルはデータのマイグレーションが困難となり移行コストを押し上げてしまうため、コストを支払うよりも現状維持を選択する可能性が高くなります。データ統合を前提とするデータモデルを事前に設計し、いつデータ統合を経営層に求められても支障がないようにしておくとよいでしょう。よく練られたデータモデルは疎結合で独立性が高く、特定のドメイン知識が凝集されており、データのマイグレーションも容易です。技術の進化と共にデータプラットフォームの要素技術はめまぐるしく変わりますが、ドメイン知識やデータモデルは大きくは変更されず、データを移動するだけで済むことが理想的です。

PMF（Product Market Fit）が達成されると全社的なビジネス効率化の観点から、データプラットフォーム内でばらばらに管理されているデータを統合したいという要求が必ず発生します。事前にデータ統合の可能性を考慮しておき、データモデルやデータ格納先などのマイグレーションに掛かるコストを最小化することを目指しましょう。

データ統合が決定されると、データエンジニアによるデータのサイロ化を防ぐSSOT化プロジェクトが始まります。これと並行して、データストラテジストによるデータガバナンス制定やデータスチュワードによるデータプラットフォームの運用サポートが始まります。巨大なシステムであるデータプラットフォームは、適切なデータガバナンスの制定やデータマネジメントの運用で秩序を維持することで、その真価を発揮します。

9-3-4 データプラットフォームのアジャイル開発

アジャイル開発はシステム開発の現場では当然のように採用される開発手法で、データプラットフォームの開発でも同様に採用できます。本項ではデータプラットフォームのアジャイル開発を解説します。アジャイル開発とは、アジャイルソフトウェア開発宣言[1]における、以下のマニフェストに基づく開発プロセスです。

図9.3.4.1：アジャイルソフトウェア開発宣言[1]

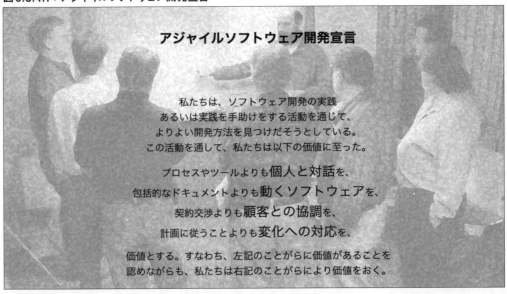

[1] https://agilemanifesto.org/iso/ja/manifesto.html

アジャイル開発[2]は、「反復的」に「小さなプロジェクト」を「固定期間を短くおいて」、ものづくりをおこなう開発プロセスです。プロダクトが少しずつ形になっていく状況を「インクリメンタル」と呼び、反復的に繰り返すことを「イテレーティブ」と呼びます。インクリメンタルとイテレーティブの違いは、「The waterfall trap for "agile" projects[3]」に掲載されている次図を見ると分かりやすいでしょう。

図9.3.4.2：インクリメンタルモデルとイテレーティブモデルの違い（ブログ[3]から引用）

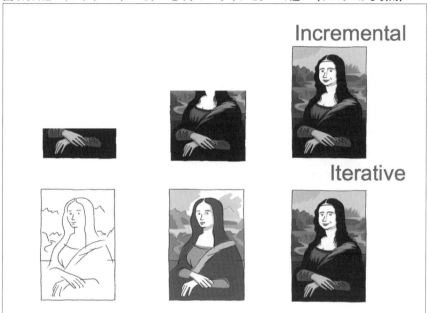

アジャイル開発とは、上図にあるインクリメンタルとイテレーティブを組み合わせて、徐々にプロダクトに付加価値を与える開発プロセスです。したがって、アジャイル開発では、全体のプロジェクト進行はインクリメンタルであり、イテレーティブに利害関係からフィードバックを受けながら、徐々に完成形を目指します。

アジャイル開発の方法論にはスクラム開発があります。本項ではスクラム開発の用語を用いて、データプラットフォームの運用開発プロセスを解説します。

アジャイル開発とデータプラットフォーム開発運用

データプラットフォームの開発運用は、ビジネス運営と同様に極めて不確実性が高い業務です。要件が明確に確定しないままデータ収集などの相談を受けるケースも多く、相談時点では誰もビジネス要求の本質を理解していないケースも珍しくありません。

---

[2] アジャイル開発に関して数多くの示唆が記されている書籍：市谷聡啓著、『正しいものを正しくつくる 〜 プロダクトをつくるとはどういうことなのか、あるいはアジャイルのその先について』、2019、ビー・エヌ・エヌ新社
[3] https://gojko.net/2007/12/04/waterfall-trap/

ビジネスチームの要求を受けて、DIKWのどの層のデータを要求しているか判断することから始まり、提供するデータが不足している場合は何が不足しているか検討する必要があります。仮にデータが不足している場合は、ETL処理における収集、集計、格納などの工程を経てビジネス職への提供に至るまで、実現難易度から工数の見積もりも必要です。また、データ提供後もWisdom領域のデータ解釈が必要になる場合もあり、ビジネス上のユースケースに応じて要求整理が必要な内容は非常に多岐にわたります。これらの要件定義や要求整理はDIKWの各領域で日常的に発生しますが、必ずしも依頼を受けたメンバーの守備範囲であるとは限りません。そのため、守備範囲が異なる各データ系職種は、それぞれの守備範囲のタスクを選択可能とするチームプレイが必要となります。

データプラットフォーム開発運用とバックログ

アジャイル開発では、バックログと呼ばれる、達成するべき基準を定めるタスク管理ツールが利用されます。バックログを管理するツールには、JIRA[4]やAsana[5]などさまざまなツールがあります。プロジェクト管理で利用しやすいツールならば、どのツールでも問題ありません。ちなみに、多層構造のプロジェクト管理を実現したいケースでは、Asanaを利用するとプロジェクト間の相互依存が可能となるため、複雑なプロジェクト管理に推奨できます。

しかし、アジャイル開発のバックログの活用にはさまざまな議論があり、すべてのプロジェクトで正解となるパターンはありません。本項ではビストロデュースなどのように急成長を遂げているスタートアップ企業における、バックログ活用例を紹介しましょう。

データプラットフォームの開発や運用を管理する上で必要となるバックログは、プロダクトバックログ、リクエストバックログ、スプリントバックログの3つです。これらのバックログの活用方法は、次の通りです。

プロダクトバックログ

データプラットフォームを1つの大きなプロダクトとみなして作成されるバックログです。プロダクトバックログに含まれるアイテムは、運用上のニーズとリスクから、四半期や半期などの比較的長期間を要する開発工程を管理します。

たとえば、「Lakehouseプラットフォームの構築」、「プロダクトへのレコメンドエンジンの導入」や「データ基盤刷新」など、粒度が比較的大きいプロダクトを管理します。

リクエストバックログ

データプラットフォーム運営チームに対して、営業職やマーケター、広報など他の部門から受領するリクエストを管理するバックログです。依頼をチケットとして管理して、納期と成果物、優先度を管理します。

たとえば、「サービスAの継続率に対する因果効果を知りたい」や「顧客Aに対する提案資料に必要

---

[4] https://www.atlassian.com/software/jira
[5] https://asana.com/

なデータが欲しい」など、大まかな要求を依頼として受理して、まずはデータストラテジストやデータスチュワードが対応する内容を見極めます。その後、データアナリスト、データエンジニア、データサイエンティストなど、各領域の専門家にバトンを渡して対応します。

スプリントバックログ

プロダクトバックログとリクエストバックログ内のチケットで、スプリント期間で対応中のチケットを記述するバックログです。週次や隔週のスプリントミーティングで棚卸しをおこない、実行するチケットを見直します。

「TODO」（スプリント期間の対応予定）、「WIP」（実行中）、「WAIT」（待ち状態）、「IN REVIEW」（レビュー中）、「DONE」（完了）などのステージを設けて、各チケットは必ずいずれかの状態を持ちます。プロジェクト環境によっては、「Emergency（緊急対応）」などの状態も持ち得ます。

チケットはスプリント期間中に「TODO」から「DONE」まで状態推移しますが、対応の遅れや割り込みなどで、必ずしもすぐに「DONE」にならない場合もあります。「WAIT」は、顧客や経営層の確認待ちなど、納期がコントロールできないチケットの状態を管理します。プロダクトオーナーは、プロダクトバックログとリクエストバックログの状況から作業優先度を判断して、その決定に責任を持ちます。

データプラットフォームの開発では、他部門からの要求が、データ要求のウォンツ（Wants）とニーズ（Needs）を観測する重要な役割を果たします。したがって、ウォンツとニーズを一元管理する「リクエストバックログ」を用意すると、他部署とのデータ連携がスムーズに進みます。

データプラットフォーム開発では、「プロダクトバックログ」「リクエストバックログ」と「スプリントバックログ」を連携して活用すると、データ系各専門領域のメンバー間でしなやかに情報を連携でき、ビジネスのニーズを迅速にサポートする管理が可能となります。ビジネスは流動的で不確実性が高いため、定期的に要求を見直す「リクエストバックログ」のようなバックログの存在が重要です。

これらのバックログを活用してデータプラットフォームの開発と運用を進めることで、「分かる化」と成果物の提供を「インクリメンタル」かつ「イテレーティブ」に実現できます。

データプラットフォーム開発における会議設計

バックログに追加されるチケットは、依頼者の何らかの「要求」から「会話」が生まれ、依頼者の意図が言語化されてチケットが発行されます。「要求」は、会議、チャット、口頭、雑談などさまざまな形で発生しますが、要求の発生源と発生後の取り扱いをルール化すると、秩序あるアジャイル開発が可能となります。

データプラットフォーム特定の議題や目的に関して意思決定するための会議体は、利害関係者間の調整で重要な役割を果たします。たとえば、会議体には次表に挙げるものがあります。それぞれの周期、役割、チケットが定義されるバックログを解説します。

表9.3.4.3：会議体とバックログ

会議体	周期	役割	バックログ
目標設定会議	半期また四半期	データプラットフォームの向かうべき目標と、ビジネス上の重要事項となるニーズから、開発対象を議論して決定する会議	プロダクトバックログ
プロダクト経営会議	月次または隔週	プロダクトの方向性を決めたり、データプラットフォームへの要求を意思決定する会議	リクエストバックログ
チーム別定例	週次	営業やマーケター、プロダクトマネージャーなどの職種別に設置し、データ解釈の課題や結果を報告する会議	リクエストバックログ
ウィークリースプリント	週次	プロダクトバックログやリクエストバックから、スプリントバックログに棚卸や棚上などのプランニング、レビュー、レトロスペクティブ(振り返り)をおこなう会議。レトロスペクティブは、KPT[6]などの別フレームワークに利用する場合もある	スプリントバックログ
デイリースプリント	日時	日々の開発状況やビジネスの変化を観測するために、「WIP」状態のチケットを振り返る会議	スプリントバックログ
依頼確認	適宜	ビジネス担当者から受けた依頼で、ビジネス的に重要と判断した際に詳細をヒアリングする会議。内容によってはチャットで完結する場合もある	リクエストバックログ

この通り、各会議体は課題の「分かる化」やデータプラットフォームのあるべき姿を定義し、合意を得るために重要な役割を果たします。会議体が目的を果たさなくなった場合は、参加メンバーの見直しや解散など、適宜変更しつつ運用する必要があります。

プロダクトの課題は、データプラットフォームに集約するといっても過言ではなく、ビジネス上の活動は何らかのデータを生み出し、そのデータの解析によって課題の発見と解決に至ります。
一般的なプロダクトは、プロダクトマネージャーによりプロダクトが創造され、マーケターがユーザーを集客して、営業により広告効果を経済価値に転換するビジネス構造です。
したがって、それぞれの職種が欲するデータにはDIKWモデルと同様に抽象度があり、依頼主がどの抽象度のデータを欲しているかを見極める必要があります。

データの抽象度と意思決定

経営者や事業責任者は、抽象度の高いWisdom層やKnowledge層のデータを必要とし、営業やマーケターは直近の案件に必要なKnowledge層やInformation層のデータを必要とします。これは上位職であるほど、より抽象度の高い情報を欲しているとも言い換えられます。たとえば、営業担当者が顧客から戦略的に重要なWisdom層のデータを要求された場合、営業担当者の職務の範囲では処理できず、執行役員や取締役による意思決定を必要とするケースがあります。
データプラットフォームの運営担当者は、意思決定の層がどのレベルにあるか判断することが日常的に発生するため、重役とパイプ役になるデータストラテジストやデータスチュワードの重要度が増します。組織によっては、CDO(Chief Data Officer)のような最高データ責任者を設置するケースもありますが、

6　KPT(Keep Problem Try)：Keep(継続すべき点)、Problem(課題点)、Try(改善策)の3つの観点から、プロジェクトや業務を振り返り、改善につなげるためのフレームワーク。

組織を適切なデータ運営に導く役割として、データの取り扱いをよい方向へ導く職責を持つ役職です。ビジネスの意思決定と経営戦略の計画には、データによる洞察が不可欠です。このため、データストラテジストとデータスチュワードは、特にWisdom層のデータを重要視します。Wisdom層のデータとは、単なる数値やグラフだけでなく、組織の意思決定を豊かにして戦略的な意思決定に寄与するレベルの「知恵」を指します。知恵や叡智に到達した情報を得るには、複数の仮説検証を繰り返してKnowledge層の情報を蓄積する必要があります。Knowledge層の情報を時間や空間の制限を超えて考察すると、Wisdom層の情報として抽象化される可能性があります。

意思決定が求められる場面では、常に複数の可能性が存在すると考えるべきでしょう。もっとも成功確率が高いものを選ぶためには、チームでWisdom層のデータを共有し合うことが重要です。各メンバーの洞察と知識が結集し、より効果的な戦略的決定が導き出される可能性があります。したがって、データに基づく意思決定とは、Wisdom層にある成功確率の高い可能性を洞察し決定するとも言い換えられます。

通常のスクラム開発ではプロダクトオーナーがプロダクトに関する全責任を負います。しかし、スタートアップのような小さな企業では、CEOやCOOがデータプラットフォームの重要性からCDOとしての役割を担うことも珍しくはありません。データプラットフォームは組織全体の未来を左右する存在として機能するため、データプラットフォームの利用者と運営者の指揮系統、信頼関係の構築が極めて重要です。この段階では、データプラットフォームの運用者がビジネスのニーズを理解して、課題を解決する共通言語が必要となります。この共通言語を通じて、ビジネスの見方や考え方、信念やポリシーなど、意思決定の前提となる文化を組織内で共有します。実際のビジネスの現場はさまざまな思惑や欲望が渦巻く複雑な状況であり、開発の方法論は整えられた綺麗事に過ぎません。

ビジネスの課題解決と理想的な方法論を結び付けるためには、共通言語を通じて落としどころを見出し、方法論の原則に捕らわれず文化や人に寄り添って対応する必要があります。データプラットフォームがビジネスの価値を発揮するためには、データプラットフォームの運用担当者、営業、マーケター、プロダクトマネージャー、経営者など多岐にわたる職種のメンバーが共創関係にある必要があります。共創関係とは「さまざまなステークホルダーと協働して、共に新たな価値を創造する(Co-Creation)」という概念です。共創関係を構築するには、「課題に共に向き合う」関係を構築するための会議体が重要な役割を果たします。

各会議体では課題に向き合い、方向性が誤っていた場合は方針の転換を恐れず、それぞれが抱える課題はもちろん、解決手段などさまざまな情報や知恵を持ち寄ることによって、データプラットフォームのデータ利活用が進みます。適切な会議体の運営はビジネスニーズの「分かる化」を促進し、インクリメンタル(段階的)かつイテレーティブ(反復的)にデータプラットフォームの開発と運用をアジャイルに進められます。

名前の重要性とメダリオンアーキテクチャ

「1-1-4 抽象度と因果」で紹介した、哲学者ソール・A・クリプキの『名指しと必然性』にある通り、「名前」とはあらゆる場面において一貫して同じ対象を指す固定指示子として定義されています。固定指示子とは、名前が指し示す対象が名前により同一の物であると固定化されることであり、名前を与えられた対象が変化することはありません。

名前は、ソフトウェア開発においても極めて重要な概念であり、名前解釈の容易さがソフトウェアの保守性や可読性に大きな影響を与えます。ドメインロジックを構築するための原理を体系的に解説した書籍『エリック・エヴァンスのドメイン駆動設計』では、名前は「ユビキタス言語」として、ビジネスドメインの専門家と開発者が共有する言語として重要視されています。

データプラットフォームにおける「名前」は、スキーマ内のテーブルやカラム、ビューなどのデータセットだけでなく、それらを操作するクエリやETLジョブ、データパイプラインなどあらゆる場所に出現します。これらの「名前」が直感的で理解しやすいものであれば、データプラットフォームの運用や開発が円滑に進むだけではなく、ビジネス部門とのコミュニケーションもスムーズになり、データ活用の促進にも繋がります。しかし、データプラットフォームは、その性質上、異なるデータソースからデータが入力されるため、「同じ名前」であっても異なる意味を持つケースもあります。そこで、入力されたデータを正しく解釈するために、名前を持つ対象を一貫して解釈するための仕組みが必要です。

メダリオンアーキテクチャでは、入力値に近いBronze、加工されたSilver、ビジネスルールを適用したGoldの複数のステージを持ちます。また、Silverでは、ビジネスルールを適用するために、さらに分解して複数のステージ、たとえばSilver/Raw（重複欠損除去済み）、Silver/Biz（ビジネスドメイン）を持つ場合があります。これらの各ステージで名前を持つ対象に一貫した解釈を与えるためには、名前の定義とその名前を持つ対象を明確にするルールが必要となります。

データソースにもっとも近いステージ（Bronze）では、情報源から与えられた名称をそのまま利用して、Silverに移行する際にデータプラットフォームとして一意となる名前を付与するなどの方法です。また、ビジネス上で頻繁に変更される名前がある場合、その名前は末端のGoldステージでのみ使用し、Silver以前のステージでの利用は避けるなどの工夫が必要です。ちなみに、会社名や部門名、サービス名などは一般に変更されないものと考えられがちですが、組織再編などで変更が発生するケースもあります。これらの名前を、データソース名やそれを操作するコードのクラス名などに命名してしまうと、発生時に変更を求められる可能性があるため注意が必要です。名前を持つ対象を一貫して解釈できるようにするためには、メダリオンアーキテクチャ上でデータプラットフォームのどの部分で命名されるか明確にしやすい構造を設計する必要があります。

Chapter 10

データプラットフォームの改善

データプラットフォームの利活用が進み、長期にわたる開発運用を経ると、
データプラットフォームの機能がビジネス要件に適合できなくなる場合があります。
たとえば、データ量が膨れ上がりシステムの応答時間が長くなったり、
当初のデータフォーマットが使われなくなったりするなど、
さまざまな方面から劣化が始まります。

本章では、データプラットフォームはどのような劣化を経るのかを確認し、
劣化箇所の発見方法やその改善について解説しましょう。

10-1
改善対象の発見

データプラットフォームの運営時、時間の経過と共に周辺環境が移り変わります。ビジネスの進化によるドメイン知識の変化やそれに伴うデータ設計の変更、新たなデータフォーマットによって高速化を実現したミドルウェアの登場などめまぐるしく変化し続けます。さまざまな変化を追い続け改善を繰り返す行為は、ビジネスの俊敏性向上や計算コストの削減などに繋がります。

データプラットフォームは、複数のミドルウェアや周辺機器の協調動作によってコントロールされています。そのため、ある程度の期間が経過すると、データ構造のカオス化や複雑化しすぎたドメインの発生から運用の俊敏性が失われ、システムの一部が技術的負債へと変化していきます。

技術的負債と呼ばれる概念を生み出したウォード・カニンガム（Ward Cunningham）のブログ記事「Ward Explains Debt Metaphor[1]」によると、技術的負債を「システムのあるべき状態との乖離が発生すると、負債であるローンの支払いを返済するかのように開発スピードの低下を招く」と説明しています。また、負債を持つ状態を避けるために、システム理解が容易になるコードにリファクタリングすると、技術的負債は返済されるとも述べています。

データプラットフォームの技術的負債は、システムの効率低下やデータ品質劣化、無駄な維持コストが発生するなどの問題を引き起こします。これらの問題を解決するには、定期的なメンテナンスや計画的な技術的負債の解消が急務となります。本節では技術的負債の発見から改善に至るまでのプロセスと、データプラットフォームの改善方法を解説します。

10-1-1 改善の対象

データプラットフォームにおける改善の方法論であるリファクタリングとは、マーティン・ファウラー（Martin Fowler）が『リファクタリング（第2版）[2]』で述べている通り、「外部からの振る舞いを保ちつつ、理解や修正が簡単になるように内部構造を変化させること」です。

データプラットフォームは複数のシステムが相互に連携して成り立つ大規模なシステムですが、システムを構成する要素はプログラミングコードとデータ構造の2点に尽きます。それぞれ、改善する対象を整理してみましょう。

---

[1] https://wiki.c2.com/?WardExplainsDebtMetaphor
[2] マーティン・ファウラー著、『リファクタリング（第2版）：既存のコードを安全に改善する』、児玉公信訳、友野晶夫訳、平野章訳、梅澤真史訳、2019、オーム社

プログラミングコード

データプラットフォームで利用されるプログラミングコードは、Apache Sparkなどで利用可能なScalaやPython、R、SQLなどの一般的なプログラミング言語に加えて、FluentdやEmbulk、Digdagといったミドルウェア固有の定義体など、その実装は多岐にわたります。プログラミングコードや定義体は、開発業務をこなしながら小さなリファクタリングを継続的に実施すれば、コードの可読性向上や仕様変更の容易性を実現できます。マーティン・ファウラーは、「リファクタリングは時間を決めておこなうような活動ではなく、全体の作業の中で自然に起こり、おこなわれているものである」とも述べていますが、データプラットフォームの実装コードや定義体に対しても同じことがいえます。

たとえば、メダリオンアーキテクチャを採用した場合、集計業務で発生する要件のドメイン知識と業務内容を表現するコードで不一致が発生するケースがあります。メダリオンアーキテクチャは、データの抽象度によってBronze/Silver/Goldの3つのステージに分類されていますが、SilverステージやGoldステージにあるデータはドメイン知識を持つデータとして扱われます。

仮に、SilverステージとGoldステージのデータがカオス化している場合、データからドメイン知識を表現するコードは、データの状態と同様にカオス化する可能性があります。たとえば、Silverステージのデータがカオス化した状態だと、SQLで結合する対象となるテーブルが増える傾向にあります。集計対象のテーブルが増えるとクエリが複雑になり、集計クエリの実装難度を押し上げ集計クエリの不具合などの問題が起きる可能性が高くなります。したがって、ドメイン知識の混乱は「集計対象となるデータが複雑に絡まった」状態であり、そのデータを処理するコードは実装工数が増加するなどの弊害を引き起こします。

また、あるドメインと直接的な関係性がないドメインを組み合わせる集計処理が必要となる場合もあります。たとえば、「アプリ内で課金機能のLTVを集計した結果を、外部メディアに出稿した広告費用を考慮した集計に変更する」要件を考えてみましょう。この要件を分解すると、「アプリ内」と「アプリ外(外部メディア)」を組み合わせる集計が必要となり、「課金機能」と「外部メディアの広告効果」にはドメイン上の直接的な関係性はありません。事前に想定していないドメイン知識の追加は、十分な考慮や検討がおこなわれていないため、データ集計処理に大がかりな変更が必要となるケースも珍しくありません。リリースを急ぐあまり、深く考えずにパッチを当てるような対応を続けていると、俗にキメラ状態ともいわれる複数の異なるドメイン知識の混在を引き起こし、カオス化を誘発する原因になります。

前述の通り、追加要求に伴うドメインモデルとプログラミングコードの不一致で発生するドメイン知識の混乱は、データプラットフォームの運営で悩ましい問題の1つです。『エリック・エヴァンスのドメイン駆動設計[3]』では、ドメインモデルとは「知識が厳密に構成され、選び抜いて抽象化されたもの」と定義しています。このドメインモデルの定義は、データプラットフォーム上で表現されるSilverステージやGoldステージに格納される、ドメイン知識を持つデータに関しても同じことがいえます。

---

3 エリック・エヴァンス著、『エリック・エヴァンスのドメイン駆動設計:ソフトウェアの核心にある複雑さに立ち向かう』、和智右桂訳、牧野祐子訳、2011、翔泳社

ドメインモデルの秩序を保つリファクタリングは、データプラットフォームの将来的な秩序を維持するためにも極めて重要な作業です。業務の追加変更はドメインモデルを変更することに等しく、ドメインモデルを考慮しないまま力任せな修正を繰り返すと、プログラミングコードの複雑化を招く可能性があります。プログラミングコードの複雑化を防ぐためにも、プログラミングコードとドメインモデルを一致させるリファクタリングを繰り返し、予期しない挙動を排除して将来発生し得る仕様変更や修正を容易にする必要があります。変更の難度を下げるリファクタリングは、自分以外の開発者の負担を軽減する利他的な活動であり、データプラットフォーム全体の生産性に影響する重要なテーマといえます。

データ構造

データ構造とはデータフォーマットとデータ格納先のことで、いずれも時間の経過と共にカオス化を引き起こす可能性があります。データ構造を改善する目的とその必要性を整理しましょう。

データフォーマット

データフォーマットとは、JSONやParquet、Delta、Hudiなどのフォーマットで、処理性能やコストに影響を与えます。各フォーマットの性能特性にはメリット・デメリットがあるため、用途に応じて適切なフォーマットを選択する必要があります。仮に不適切なデータフォーマットを選択すると、処理性能の低下を招いたり計算機の利用コストが想定外に跳ね上がったりするなどの問題が発生します。

データ格納先

データ格納先とは、ストレージやデータウェアハウスにデータがどのように格納されているかを指します。ストレージの場合はAmazon S3やGoogle Cloud Storageのどのバケットやパスに格納されるかを指し、データウェアハウスの場合はスキーマ名やテーブル名が該当します。格納先のバケット、パス、カタログ名、スキーマ名、テーブル名などの名称は、開発者の「データ利用の容易性」に直接的に影響します。

たとえば、データ格納先のパス名やテーブル名が不適切な場合、それらを知るためには暗黙的な情報を要するため、集計処理の複雑度が高くなります。

データ構造のリファクタリングは、蓄積データ量が大規模で移動や変更に膨大なコストが掛かるケース、格納位置を利用しているプログラミングコードやBIツールの修正に膨大な工数が必要となるケースなど、修正が容易とはいえない場合がほとんどです。

相応の修正工数が伴うことを前提に、リファクタリングで得られるメリットがどのようなものであるかを確認して、実施可否を判断するとよいでしょう。

10-1-2 システムの老朽化

組織の成長に伴いデータプラットフォームへの要求がエスカレートするため、想定外の分析ニーズや対象データの拡大に柔軟に対応できるように、設計や運用体制の見直しが必要となります。データプラットフォームへの要求増加に比例して、ETL処理や分析処理などのコード量も当然増加せざるを得ません。コード量の増加で依存関係は複雑になり、実装工数の増加や予想外の不具合、性能劣化、コストアップ、データ転送量増加などの問題が発生するケースもあります。

日常的かつ継続的なリファクタリングは、日常的な開発業務の中で自然と実施するのが理想です。これらの業務は特別な許可を必要としないため、継続的な改善が文化として浸透している状態が理想的です。しかし、データプラットフォームは、さまざまなシステムが連携して複雑なエコシステムとして全体の秩序が保たれています。そのため、マイクロリファクタリングが継続的に実施されていても、いずれは老朽化して交換する時期が訪れます。

データプラットフォームが老朽化する原因には、ミドルウェアの老朽化とドメインモデルの腐敗があります。それぞれ説明しましょう。

ミドルウェアの老朽化

ミドルウェアの老朽化とは、時間の経過と共に進行する技術的腐敗や革新的技術の登場で、既存のミドルウェアが陳腐化することを指します。たとえば、現状のミドルウェアだけでは満たせない機能を追加したい場合、ミドルウェアの設計目的に反する独自実装を施さざるを得ないケースがあります。しかし、ミドルウェアのバージョンアップに独自実装が追従できなくなり、足枷となってミドルウェアのバージョンアップが困難になるケースがあります。

システム設計者にとって、枯れた技術で構成されるミドルウェアを継続利用するか、新しいシステムにリプレイスするかは、決断に悩む問題の1つです。もちろん、老朽化した古いミドルウェアを新しいミドルウェアにリプレイスするときは、置換に値するメリットがあるかを十分に吟味する必要があります。革新的な技術は、稼働しているミドルウェアでは実現できない機能や計算速度の劇的な向上など、新たな価値を提供するものです。たとえば、ビッグデータ処理の代表的なオープンソースソフトウェアであるApache SparkやTrino（旧PrestoSQL）などが登場する以前は、オンメモリで高速に処理するミドルウェアは存在しませんでした。ビッグデータを処理するデータプラットフォームの多くが、オンメモリで処理するミドルウェアに代替された理由は、それ以前のシステムと比較して大幅に高速化され、多くのビジネスユースケースを満たすと認知されたためです。

また、データフォーマットでも類似する現象が起きています。データフォーマットはCSVやJSONから、より高速に処理できるParquetなどのカラムナフォーマットへ移行しています。そして、カラムナフォーマットは、Delta Lake、Apache IcebergやApache Hudiなど、カラムナベースでCRUD（Create、Read、Update、Delete）を可能とするフォーマットに置換されつつあります。置き換えが進むのは、ビッ

グデータを高速に処理でき、操作履歴の管理や更新処理が容易であるなど利便性が高いためです。

ドメインモデルの腐敗

ドメインモデルの腐敗とは、断続的に発生する要求に伴い、プログラミングコードや集計・分析対象のデータ構造がパッチワーク状となり、システム構造の秩序が失われてカオス化する状態を指します。カオス化が発生すると、データにアクセスする分析クエリの複雑化から、コストはもちろん処理時間や実装工数の増大も招きます。

プログラミングコードに対しては、リファクタリングによる継続的な改善で秩序を保つ活動がおこなわれる一方、データベースに保持されるスキーマやテーブルなどデータ構造の変更を伴うため、ドメインモデルの改善は容易ではありません。データベースに格納されるデータは原則的にコードから参照され、影響範囲が広く修正の難度が高くなるためです。この性質はデータプラットフォームでも同様で、データレイクやデータウェアハウスに保存されるデータは、最初期の段階ではスキーマやテーブルは一貫性があり秩序ある形式として設計されます。しかし、データプラットフォームへの機能追加や分析要求が増えるごとに、一貫性を保つように慎重に設計しなければカオス化を招きます。

実装を担当するプログラマは、直感的ではないデータ構造やコードに遭遇すると不快感を覚えてしまい、しばしばリファクタリングの欲求に駆られます。しかし、不快感に駆られた改善は必ずしも適切であるとは限らないため、ビジネス上の判断基準となる「あるべき姿」を想定した改修が必要です。システムの「あるべき姿」とは、ビジネスの要求に応じてシステム内で定義されるドメインモデルをスムーズに構築できる状態です。

ビジネス上の要求とスムーズに連携できているドメインモデルは、正確な意味と名前、そしてふるまいが適切に定義されており、調和のとれた秩序あるシステムとして表現されます。逆説的には、「システムの秩序が失われ一貫性のない状態」をドメインモデルの腐敗やカオス化と定義し、修正の必要性を利害関係者が納得できる形で説明する必要があります。

ドメインモデルの継続的リファクタリング

前述の通り、システムの「あるべき姿」とは、ビジネスの要求を表現するドメインモデルが「知識が厳密に構成され、選び抜いて抽象化されたもの」であることです。ドメインモデルが「あるべき姿」とならない理由の多くは、業務上のデータ取得や生成における一貫性のないインターフェイスに起因します。『リファクタリング（第2版）』の著者マーティン・ファウラー（Martin Fowler）は2003年のブログ「Anemic Domain Model[4]」（ドメインモデル貧血症）で、データベースとO/Rマッピング（ORM＝Object Relational Mapping）するロジックの煩わしさに触れていますが、20年近く経過した現在でもインターフェイスの一貫性は考慮しなければならない問題の1つです。

データプラットフォームにおける一貫性のないインターフェイスとは、データ取得や格納を表現する

---

4 https://martinfowler.com/bliki/AnemicDomainModel.html

コードに一貫性がなく、大量の類似実装や不必要に複雑化された実装を指し、修正が困難な技術的腐敗として顕在化します。これらの問題はデータ構造に起因するケースがほとんどであり、データを格納する位置がカオス化すると、コードの表現もカオス化する傾向があります。逆にデータプラットフォーム上のドメインモデルは、データ構造の一貫性が保たれているとコードの一貫性も保ちやすくなります。したがって、インターフェイスの一貫性が失われたコードは、データ構造自体に何らかの問題を含む可能性を疑う必要があります。

データ構造の改善では、一般的なシステムでのデータベースのリファクタリングと同様、データ構造の妥当性への理解が求められます。データ構造の妥当性を判断するには、その構造や格納位置が時間かつ空間の制限を超えて通用するか検討する必要があります。仮に10年後にシステムが継続して運用されていたとしても、データ構造の骨子が変わらないことが理想です。

ここでデータ構造の修正を整理してみましょう。抽象度が低い修正とは、テーブルへのカラム追加などで影響範囲が狭く、抽象度が高い修正とは、テーブルの正規化や集約の変更、中間テーブルの追加など、広範囲に影響を及ぼすものです。ドメインモデルは、パッチワークのごとく抽象度が低い修正を繰り返すと、ドメインモデル全体のカオス化の要因となるため注意が必要です。すべてが抽象度の高い修正である必要はありませんが、定期的にドメインモデルがカオス化していないか振り返ることは、技術的負債を回避するためにも重要です。

ミドルウェアの老朽化とドメインモデルの腐敗は、より多くの計算時間を費やしたり、分析クエリの複雑化によってバグ混入率が上昇したりするなど、ビジネスの俊敏性に悪影響を与えます。しかし、ミドルウェアの変更やドメインモデルの改善は、相応の開発工数はもちろん導入コストも要するため、新設計による技術的な優位性や将来的なコストメリット、さらには問題を放置した場合に予想される不具合など、上長や経営層の理解が得られる適切かつ総合的な説明が求められます。

ミドルウェアの変更は、利用コストの削減や処理時間の短縮、処理性能の向上など定量評価が可能なため、比較的説明が容易です。一方、ドメインモデルの改善は、開発の生産性や不具合の発生率など、開発者のドメイン知識に対する習熟度が問題となるため、改善の必要性を説明できないケースもあります。しかし、データプラットフォームの不具合は、ドメインモデルの腐敗に起因するものも少なくないことを踏まえると、データ構造の妥当性を維持するためには、継続的なリファクタリングが必要です。

10-1-3 利用コストと技術的負債

利用コストの管理と定期的なレポート作成は、データプラットフォームを運営する上で必要な業務の1つです。データプラットフォームはさまざまなクラウドサービスを組み合わせて構築するため、利用コストの内訳が複雑になってしまうケースがしばしば発生します。しかし、プロジェクト管理ではコスト管理が重要にも関わらず、半期に1回程度しか棚卸しされない場合もあります。それは、運用費がプロジェクト予算内に納まっていると、必要経費として大きな問題はないと判断されがちなためです。

データプラットフォームの規模が大きくなっているにも関わらず、利用状況の管理を怠ってしまうと、不必要な計算コストの増加や保存データの増加などが発生している場合もあります。データプラットフォームの管理者は利用機能ごとのコストに注意を払い、計算リソースやオブジェクトストレージなどの利用状況を確認して、週次の会議などで定期的に棚卸しすべきでしょう。

データプラットフォームのコストには、「固定費」と「変動費」の2種類があります。定額のサービス利用料を支払う「固定費」と、データ量の増加や計算リソースの利用量に比例して増える「変動費」、それぞれどのようなものか解説しましょう。

固定費

データプラットフォームの固定費は、月単位や年単位などの指定期間中は所定の機能を定額料金で利用できる契約で発生します。定額料金には、コンピューティング性能の強弱を示すインスタンスや計算スロット量単位など、期間単位の事前予約で価格が決まる課金体系、データ投入量や保存総量で年間の契約金額が決まるデータウェアハウスサービス、年単位や月単位などで定額利用できるサービスなどが該当します。

定額料金サービスは一定期間を通じて同じ金額で所定サービスを利用できるため、利用状況によるコスト変動を考慮する必要がないことが最大のメリットです。しかし、想定以上に利用されて計算リソースが不足したり、契約の上限を越えて利用したい場合でも、即座にリソースを追加できないなど、柔軟性に欠けます。また、利用量が想定よりも下回った場合は、支払い済みの費用が無駄になるデメリットがあります。

そのため、定額サービスを利用する場合は、事前に利用サービスの妥当性や利用総量を予測することが重要です。また、クラウドベンダーが提示する価格の妥当性が不透明な場合も多く、サービスと価格のバランスを類似サービスと比較するなど、慎重に見極める必要があります。

変動費

データプラットフォームの変動費は、所定の機能を利用量に応じて従量課金されるサービス契約で発生します。変動費が必要となるのは、主にインスタンスの利用時間、ストレージの利用量、クエリ検索時の容量など、性能あたりの時間や量に応じて課金されるサービスが該当します。たとえば、Amazon EC2やGoogle Compute Engineの起動時間、Amazon S3やGoogle Cloud Storageなどのストレージ保存量・取得回数・転送容量、そしてAmazon AthenaやBigQueryなどのデータウェアハウスでは、スキャン行数や計算容量などが該当します。

従量課金のサービスは、利用した分だけコストが発生するため魅力的に見えますが、しばしば無駄な利用によるコストが発生する場合があります。たとえば、ストレージに不必要なデータが放置されていたり、不要なクエリが定期実行されていたりするなど、無視できないコストに発展するケースもあります。データプラットフォームは、時間の経過に合わせてあらゆる方面でカオス化が進むため、カオス化したストレージやコンピューティングの実装がそのままコストに反映されます。

データプラットフォームでは、ビジネスにおける重要度の低下から、機能の存在自体が時として忘

れ去られてしまうケースも少なくありません。ビジネス側で不必要となったことに気付かずにそのまま放置していると、無駄な実行コストが発生し続けます。コスト削減の観点ではこのような状況を防ぐ必要がありますが、各々のコストが微々たるものであると、全機能を棚卸しするまで問題視されず気付かれないケースもあります。そのため、変動費の削減にはコスト発生箇所の同定と機能の必要性を再確認し、不必要なデータやクエリの削除や定額サービスへ変更するなど、比較的大がかりな対応が必要となります。

データプラットフォーム自体がコストセンターとみなされるケースもあり、組織の経営状況によってはコスト管理に厳しくならざるを得ない場合があります。そのため、固定費にせよ変動費にせよ、無駄なコストが発生していないか、定期的な棚卸しとその修正は極めて重要です。また、データプラットフォームのコスト管理が正しく統制されると、新しいミドルウェアやアーキテクチャの妥当性を説明しやすくなります。コストはデータプラットフォームの設計や運営状況と強い因果関係があり、設計や運営が適切に統制されていなければ即座にコスト上昇に繋がるためです。

逆に、設計や運営を適切な状態に寄せれば、コストの削減を実現できます。たとえば、ミドルウェアやアーキテクチャを刷新する際は、古いシステムと比較して何らかのベネフィットを目的に置換されますが、コスト削減も合理的な判断材料の1つです。

技術的負債という言葉を生み出したウォード・カニンガム（Ward Cunningham）は、「技術的負債がある状態だとローンの支払いをするかのよう」と述べていますが、データプラットフォームの技術的負債は不必要な費用に直結するため文字通りの負債となります。データプラットフォームをあるべき状態にするよう変化を促し続けると、設計上の妥当性を維持できるだけでなくコスト上昇の妥当性も説明できます。コストを支払う合理性の説明と設計上の美しさの両方が成立するのであれば、組織内の皆に利益を与える適切な事業運営に寄与するといえるでしょう。

10-1-4　データパイプラインのカオス化

データプラットフォームの運用が続くと、データパイプラインのカオス化も発生します。データパイプラインの主な構成要素は、データソース、データ処理、データストアの3点ですが、これらにも技術的負債の原因となるカオス化が発生します。それぞれどのようなカオス化が発生するのか解説しましょう。

データソース

データソースから供給されるデータは、永久に同一の形式や方法のままとは限りません。APIのバージョンアップによるデータ構造の変更や、提供方式の追加・廃止などで、データソースの周辺環境は変化し続けます。データソースのカオス化は、データソースの環境変化にデータ処理のコードが追随できなくなることで発生します。

データの取得方式には、CSVやJSONなどのデータを指定ストレージから直接ダウンロード、

REST-APIの実行、RDBMSやデータウェアハウスへの接続など、実にさまざまな種類があります。データソースはデータ提供元の提供手段に左右されるため画一的なデータ取得方法はなく、特殊な方式でのデータ取得を要求されるケースでは個別の実装が必要となります。そのため、データ取得のインターフェイスの一貫性を保つように考慮した設計をしない限り、カオス化の要因となります。

データ処理

データ処理は大別するとETL処理とELT処理の2種類があります。処理方式を一旦確定してしまうと、データパイプライン全体に影響するケースが多いため、変更が難しくカオス化の要因となる場合があります。

たとえば、朝の10時までに処理を完了して業務時間中に可視化を可能とする、1日に1回だけ実行するETL処理を考えてみましょう。このデータ処理をリアルタイムで可視化する要求が発生すると、ETL処理（バッチ処理）をストリーミング処理に切り替えるなど、大きな変更が必要となります。短期的な対応でストリーミング処理に変更できない場合は、1日に1回の実行を1時間に1回に変更するなど、処理間隔を短くする対応が考えられます。

本来ストリーミング処理を実行しなければいけない箇所を、バッチ処理で対応するとさまざまなカオス化が発生する可能性があります。たとえば、ストリーミング処理のデリバリセマンティクスがexactly-onceの場合は、1回だけ処理されるためデータクレンジングは不要ですが、バッチ処理では重複データの除去などデータクレンジングを要するケースがあります。

データストア

データストアとは、データレイク、データウェアハウス、データマートなど、何らかのデータを格納する記憶装置です。メダリオンアーキテクチャでは、Bronze、Silver、Goldの各ステージのデータをその抽象度ごとにAmazon S3などのデータレイクに保存します。また、データストアがデータレイクではなくデータウェアハウスのケースもあり、データプラットフォームの設計次第で無数の構成が考えられます。

データストア内に格納されるデータは、ドメインモデルの腐敗によるカオス化が時間経過と共に必ず発生します。カオス化が発生したデータストアは、データ入出力の一貫性を破綻させる要因となり、データパイプラインの処理系全体のカオス化を引き起こします。カオス化の影響範囲は、運用をはじめ処理や実装などのコストに徐々に反映されるため、どこに問題が発生しているか注意深く観察して判断する必要があります。乱雑で何が重要であるか不明瞭なデータに対して、インターフェイスの一貫性を犠牲にしてデータ処理の簡潔さを優先する場合もありますが、データ処理の簡潔さを優先し過ぎると、類似テーブルが大量に生成されてデータストアのカオス化が発生します。

あらかじめメダリオンアーキテクチャのような設計思想のもとに構築されたデータストアであっても、ドメインモデルはメンテナンスを伴わないと必ず腐敗します。技術的な妥協から本質的な問題を解決しないまま対応することは、小さなパッチを当て続けるだけとなりがちです。もちろん、小さな変更では影響範囲が限定的であるため、小さい工数で済むメリットがありますが、俯瞰的な視

点のないまま変更を繰り返すと、データ処理系全体のカオス化へと波及します。

カオス化による技術的腐敗があらゆる方面で積み重なり、最終的には何らかのコストとして顕在化し技術的負債となります。また、単純なコストの問題だけに留まらず、ビジネス展開の遅れから大きな機会損失となる可能性もあります。

ドメインモデルの腐敗は、俊敏なデータ提供を可能とするデータプラットフォームを実現するために改善しなければならない問題として捉えて、開発計画の実現を難しくする諸悪の根源であると意識する必要があるでしょう。データプラットフォーム上のドメインモデルの「あるべき姿(知識が厳密に構成され、選び抜いて抽象化されたもの)」が何かを考察し、抽象度の高い視点からビジネスの価値を見極めた対応が重要です。

ドメインモデルの腐敗はリファクタリングによるブレイクスルーのチャンスであり、カオス(混沌)とコスモス(秩序)を行き来しながら、データの価値を高める設計を検討するとよいでしょう。

データスキュー

データスキューとは、データの偏りを意味します。ユーザーのアクセスログを例にすると、一部のユーザーが頻繁にアクセスしたり、短期間に特定商品が大量に販売されたりするケースが、データスキューとなります。

たとえば、テーブルを結合する際に、クラスタ内の同一結合キーをまとめるように集約した場合、データスキューが発生していると、一部のノードに大量のデータが集まり、パフォーマンスのボトルネックとなり得ます。4個の処理ノード「A」「B」「C」「D」に対して、ノードBに処理対象のデータが偏った場合、他のノードが完了しても、ノードBの処理が完了するまで待つ必要があり、処理全体のレイテンシ増加に繋がります。また、データスキューが発生すると、JOINの性能が極端に低下し、クエリがタイムアウトするまで応答がなくなるケースがあります。

稼働しているデータプラットフォームでは、データソースから流れてくるデータの偏りは制御できない場合が多いため、データスキューの発生を考慮した設計を求められます。たとえば、Apache Sparkの場合はAQE(Adaptive Query Execution)の利用や、データスキューが発生する可能性のあるカラムではJOINしないコーディング規約の採用です。

想定していなかったデータスキューが発生すると、クラスタのリソースを増強しても性能を改善できないケースがあります。極端なデータの偏りに対して、特定のノードの処理量が爆発的に増加し、現実的な時間内での応答が得られないためです。その場合、データソースからデータスキューの原因となるデータを特定し、対象データに特別な処置を施すなどの対応が求められます。

YAGNI

システム開発一般に、YAGNIと呼ばれるソフトウェア開発の原則があります。YAGNIはエクストリームプログラミングにおける原則[1]で、You Aren't Gonna Need Itの略です。XPの共同創設者であるロン・ジェフリーズが述べた、「それが実際に必要になったときに実装するべきあって、必要になると予見したときに実装するべきでない」という原則です。システム開発者は、自分の設計したシステムの考え方に基づき、将来に必要になりそうな機能を予測し、実装する方法も理解しています。こういった実装の追加によって、システム品質が大幅に向上し、より有用なシステムになるかもしれません。

しかし、YAGNI原則によると、このように事前に追加された機能で実際に使われるのは10%程度であり、残りの90%は無駄になるとされています。重要なことは設計をシンプルに保つことであり、余分な実装によってリソースを消費し、複雑な設計で開発速度を低下させることを避けるべきです。

一見すると、YAGNI原則はデータプラットフォーム構築の考え方に当てはまらないように感じるかもしれません。データプラットフォームはあらゆるデータを受け入れ、あらゆるデータ活用方法を受け入れる必要があるため、必要なものだけを作っているとデータ利活用の幅が狭まってしまいます。しかし、データ利活用のユースケースだけでなく管理するデータ定義も考慮に入れると、YAGNI原則は示唆に富むものです。必要なユースケースだけではなく、管理すべきデータを定義して、そのデータを管理できる必要最低限のプラットフォームを作ると、必要十分なデータプラットフォームの構築となります。

将来的に管理するかもしれないデータのために、余分なテーブルやスキーマを構築する必要はありません。もし、現時点で必要のないデータの置き場所を用意したり、既存データに適用できないガバナンスルールを制定してしまったりすると、YAGNI原則の通り、90%は無駄になってしまうかもしれません。

逆説的には、管理対象であるデータの吟味を徹底すると、将来必要となり得るデータが把握しやすくなります。データプラットフォームの構築においても、YAGNI原則は有効です。データプラットフォームにおけるデータは、エントロピー増大の法則と同様に、時間経過と共にカオス化が進みます。管理対象のデータを徹底的に吟味して必要なデータだけ管理するように心掛ければカオス化は抑制され、データプラットフォームの効率的な運用を実現できるでしょう。

---

1 http://www.extremeprogramming.org/rules.html

10-2 データプラットフォームの継続的改善

データプラットフォームの継続的な発展には、データ系専門職のみならず、ビジネス職からの協力が必要です。データプラットフォームのデータは、ビジネス職の意思決定に利用されて価値を発揮します。ビジネスの現場は常に流動的であるため、データプラットフォームもビジネスに追従して継続的に改善されるべきです。

データプラットフォームはビジネスの重要なツールである反面、その構築に時間的コストを要するため、「データ収集が先か、ビジネス推進が先か」という因果性のジレンマが発生します。「データを集めてもビジネスで利用されなければ意味がない」ため、悩ましい問題の1つです。仮にデータ収集に成功したとしても、そのデータが必ずしもビジネスに有益であるとは限らず、構築や運用などのコストと利用用途の妥当性から、慎重に検討する必要があります。そのため、DIKWモデルの抽象度で階層を区切り、どの領域でどのような対応が必要か検討した上で、継続的な発展を支える体制が必要です。DIKWモデルの各領域に照らし合わせると、技術的観点とビジネス的観点では重要度が異なります。技術的観点では、Data領域はデータ収集や格納に関する技術的な重要度が高く、もっとも優先する課題として取り組まれますが、ビジネス的観点では、データからの考察を元に戦略を立てるため、ビジネスの収益や顧客獲得に繋がるWisdom領域がもっとも重要です。したがって、データプラットフォームの継続的な発展には、技術的観点とビジネス的観点双方における優先順位の擦り合わせが求められます。

本節では、データプラットフォームの継続的な発展で発生する問題やその解決案を説明しましょう。

10-2-1 データプラットフォームのプロダクトライフサイクル

データプラットフォームの利用価値は、DIKWモデルのWisdom層にあるビジネス上の価値により発揮されます。Wisdom層はビジネスユースケースを支える根幹であり、データの価値が何であるかが顕在化する領域です。価値をもたらすデータとはアプリケーション内のDAUやCVR/CTRなどに代表される、KPI(Key Performance Indicator)などの効果測定に利用されるデータです。これらのデータを利用してビジネスを改善し、ビジネスの成長を促します。

データプラットフォームにはプロダクトライフサイクルがあり、はじめから全機能が搭載されているわけではありませんが、事業フェーズとデータプラットフォームにはある程度の相関関係があります。データプラットフォームのプロダクトライフサイクルを大きく区分すると、導入期をはじめに、成長期、そして交換期の3つの時期があります。本節では、データプラットフォームのプロダクトライフサイクルにおける、各時期の問題と解決指針を説明します。

導入期(Introduction)

サービス立ち上げの際は、サービス成長を示すKPIや事業運営で発生するデータをどのように可視化するかを検討します。導入期はビジネスユースケースそのものが単純で、BIツールによる単純な可視化だけでも十分なケースがあります。

たとえば、BigQueryやAmazon Redshiftなどのデータウェアハウス内にログデータを投入して、RedashやMetabaseなどBIツールを提供するだけでも、ビジネスユースケースを満たすことが可能です。ログデータの種類やデータ量が少ないため、コスト的な問題が発生するケースは稀でしょう。データガバナンスも法的などクリティカルなものを除き、データの認証認可や閲覧権限の制限など厳格なルールはない状態です。

成長期(Growth)

成長期ではデータプラットフォームのニーズが多様化するため、導入期よりも広い領域においてデータ活用が始まります。事業運営でのリスクや技術的リスクが散見されはじめ、対応するデータガバナンスやデータマネジメントのルールを確立させる時期でもあります。成長期でのリスクとは、プロダクト開発において発生し得る問題や課題であり、日常業務で発生する小さな不都合から徐々に顕在化します。プロダクト運営上の事業面と技術面で発生すると考えられる問題に対して、それぞれ解決案を考えてみましょう。

事業面

事業面でのリスクとは、広告効果や売上報告など高品質かつ信頼性を必要とするデータに誤った内容が含まれるなどデータ品質の問題や、企業秘密であるデータを間違えて開示してしまうなど情報秘匿の問題です。

いずれも徐々に顕在化するため、すべての事業リスクを考慮することは現実的ではありません。そのため、新たなビジネスユースケースの登場に伴って発生する障害に応じて、臨機応変にデータガバナンスを是正するなど、フットワークの軽い対応が求められます。

技術面

技術面でのリスクとは、採用している技術が、続々と登場する新しいビジネスユースケースを満たせなくなる可能性があることです。たとえば、導入期に想定していなかったアプリ内のデータを利用して、データの外部提供ビジネスを展開したい場合、想定していなかったが故に外部提供が困難な仕組みになっているケースがあります。

データの外部提供では、データ開示範囲の取り決めなどのデータガバナンスに加えて、外部事業者が容易にデータを取り出せる仕組みを用意しておく必要があります。そのため、データパイプラインの再設計だけではなく、読み込み専用データベースの新設など諸々のインフラ調整を伴う可能性もあります。

当初からすべてを想定したデータパイプライン設計は不可能なため、新たに発生するかもしれないビジネスユースケースのコストを事前に予算に盛り込むことは現実的ではありません。潤沢な予算が用意されている場合は別ですが、設計やコスト面では不完全であることに妥協しながらも適切な選択と集中を採択する必要があります。

UNIX哲学には「Worse is Better[1]」（Richard Gabriel提唱）と呼ばれる有名なデザイン哲学があります。複雑になるよりは一貫性を犠牲にして簡潔さを保つ方が良く、すべてのユースケースを完全に網羅する完全性を保持するための複雑性よりは、完全性を犠牲にして簡潔さを維持するべきとされています。また、設計はすべての側面で正しい必要がありますが、正しさよりも簡潔さを保持することが、より重要であるとも述べられています。この「Worse is Better」は、データプラットフォームの成長期においてもデータプラットフォームの設計者が重要視すべき設計思想です。すべてのビジネスユースケースを包摂する設計よりも、多少の一貫性や正確性を犠牲にして、より簡潔なデータプラットフォームを保持することが何よりも重要な指針となります。

データプラットフォームの成長期には、ビジネスの周辺状況がカオスである場合も珍しくなく、直近未来の恩恵を優先した方がよいでしょう。ここでの恩恵とは、事業的な収益や新しい価値の発見、技術的挑戦に対する技術スタックの獲得やそれに伴うエンジニアの成長実感など、その内容は多岐にわたりますが、恩恵の対極にあるリスクとは「作ったけれども使われない」ことです。恩恵とリスクのバランスをとりつつ、ビジネスインパクトがある重要度の高いユースケースを観察して、利害関係者がデータプラットフォームを簡潔に使える設計が望ましいといえます。

交換期（Exchange）

データプラットフォームにおいては、現状の技術と事業の実現性が乖離してしまい、実現性を満たすためにシステム更改が必要となるタイミングが必ず到来します。また、コードやデータは作った瞬間から腐敗が始まるため、現状維持では将来のビジネスユースケースを満たせなく可能性があります。

ビジネスが流動的であると共にリスクも流動的であるため、リスクへの対処で「現状維持」か「交換」かの二者択一を迫られるケースがあります。たとえば、データパイプラインのカオス化でデータ取得のインターフェイスで一貫性が破綻し、データの流れとそれを表現するコードが不明瞭になり、保守性が低下しているとします。この場合、インターフェイスを是正することで運営コストの大幅な削減が想定されると、「交換」に至る強い動機となる可能性があります。しかし、コスト削減の想定や問題提起がない場合は「現状維持」になる可能性もあります。

そのため、現状維持と交換いずれの場合でも、選択後にどのような結果を導くかを想像し、より成功確率が高いと考えられる意思決定に繋げるべきでしょう。現状維持と交換それぞれのメリットとデメリットを説明します。

---

[1] https://www.jwz.org/doc/worse-is-better.html

現状維持

現状維持は、現在利用している技術スタックをそのまま利用できる反面、新しいビジネスユースケースへの対応が難しい問題があります。システム内に存在する技術的負債を放置することと同義ですが、将来的に発生し得る障害や運用コストなどの問題を考慮して、そのリスクが低いと判断されるケースで選択できます。

現状の構成で対応可能な範囲内であれば問題ありませんが、比較的大きな要求に応えられない可能性があります。現状維持を選択する場合、一般的なシステム開発における保守開発と同様、機能に大幅な変更を加えられず、不具合の修正やトラブル復旧などの対応に限定されます。

交換

交換は、新しいビジネスユースケースへの対応が可能となる上、システムの技術的腐敗を一掃するチャンスですが、後方互換の維持が困難であったり、新たな不具合を招いたりするリスクがあります。交換を選択する場合、前述の現状維持とは異なり、機器構成やデータパイプラインの再設計など、広範囲な変更を伴います。

稼働しているシステムとの整合性を維持したり、機能的なデグレードの発生を回避したりするなど、考慮すべき範囲は多岐にわたります。また、失敗した場合は新システムの実装に要するコストが無駄となる可能性も否定できません。

データ関連の技術は目覚ましく進化を続けているため、将来的には交換する時期が必ず訪れるでしょう。新しい技術スタックを採用する場合は、現状のシステムと比較して、交換に値する高い付加価値が得られる必要があります。常日頃から技術動向を見守りながら有望な技術スタックがないか目を光らせ、有望な候補があれば得られる付加価値を検討して採用に値するか判断しましょう。

交換のタイミングは、新しいビジネスユースケースの登場に依存するところが大きく、革新的な技術が登場しても即座に採用できない場合もあります。しかし、小さな改修であっても「現状維持」と「交換」の二者間でどちらの選択が適切かを検討すると、より理想的な状態をイメージしやすくなります。継続的な発展が期待できる再設計案として、常にいくつかの草案を用意して交換に備えておきましょう。

「交換」で実施するケースが多いコンポーネント単位もしくはミドルウェア単位の変更など、抽象度が比較的高いレイヤーでの変更を「リアーキテクティング」と呼びます。また、旧システムでのデータ構造やシステムを廃棄して、ゼロから作り直すことを「ビッグリライト」や「リプレイス」と呼びます。なお、リアーキテクティングやビッグリライトは、いずれのケースでもデータマイグレーションにおける整合性の維持がもっとも難度の高い課題です。

ちなみに、上記の現状維持と交換以外に、「廃止」の選択もあり得ます。ビジネスでの価値を生み出さなくなったシステムは廃止を検討すべきでしょう。たとえば、対象ドメインがサービスを終了し1ヶ月後には撤退すると分かっているケースでは、確実に改善や改修の動機は発生しません。また、システムの廃止はスクラップアンドビルドを促すため、新しい課題の発見が得られる場合もあります。

10-2-2 データパイプラインの継続的改善

データパイプラインの改善は、データプラットフォームの継続的な発展を支える重要な要素です。メダリオンアーキテクチャは、BronzeステージからSilverステージ、そしてGoldステージの順番でドメイン知識が付与される構造ですが、データパイプラインは下流になるほど、ビジネス的な価値があるデータとなります。

データパイプラインの上流には、生ログのようにそれ自体は意味を成さないデータであるBronzeステージ、下流にはビジネス上の意味を持つドメイン知識が含まれるデータであるGoldステージがあります。これらのデータは川の流れのように上流から下流に流れ、Bronze、Silver、Goldの順番に加工されて、GoldからSilverに遡るような逆向きの参照は発生しません。

本項では、メダリオンアーキテクチャを採用した場合に発生するさまざまな問題やその解決指針を解説します。メダリオンアーキテクチャを採用していない場合は、データパイプラインの上流は生ログの処理、下流はドメイン知識を持つデータの処理として、各ステージの内容を適宜読み替えてください。

Bronzeステージ

Bronzeステージは主に生ログを取り込む処理を担い、後続ステージの素材となるデータセットを用意します。このステージのジョブで問題が発生した場合、後続するステージの全ジョブに影響するため大きな問題となります。また、Bronzeステージは外部システムからデータを取り込むため、外部システムの稼働状況に直接的な影響を受けます。仮にデータ収集元のシステムやクラウドサービスが障害で利用不能となると、データプラットフォームは何もできない状況に陥ります。

このような障害は、外部環境の問題でデータプラットフォーム単独での解決は不可能なため、なるべく早くデータプラットフォームの利害関係者全員に通知し、後続処理の遅延に備える必要があります。

ちなみに、長時間復旧しない可能性を考慮して、バックアッププランの用意が必要となるケースもあります。たとえば、平時はAmazon Web ServicesのKinesis Data Streamsからデータを取得していても、万が一、Amazon Web Servicesのリージョン内のキャパシティオーバーなどによる障害でKinesis Data Streamsが停止した場合は、Fluentdで格納したデータを集計するなど、代替となる仕組みを別途用意することがバックアッププランになります。可用性が高くキャパシティの大きいクラウドサービスといえど、不測の事態に備えた設計を探るべきですが、バックアッププランは、同じデータを複数の経路で二重に管理する必要があるため、障害時の保険としてのコストが発生します。また、データ転送経路が異なると、元の処理とは異なるデータ処理がなされるため、データクレンジング後の結果が変わらないように慎重にケアする必要があるでしょう。

Silverステージ

Silverステージのジョブは、Bronzeステージの生ログに対して重複除去などのデータクレンジングを

実行したり、ドメイン知識を付与した中間テーブルなどのデータセットを作成したりします。Silverステージでは、欠損や重複がなく信頼性の高い高品質なデータが要求されます。

高品質なデータとは、処理結果が正しく、ビジネスの目的に沿った完全性や妥当性、一貫性などを保持している状態を指します。Silverステージに向けて処理されるBronzeステージのデータは、一貫性を保証していない「汚いデータ」である場合がほとんどです。データ転送用ミドルウェアのデリバリセマンティクスは、at-least-once（少なくとも一度）もしくはexactly-once（必ず一度）を保証しますが、データパイプラインが複雑化すると、入口から出口にかけて本当にデータが転送されたか保証することが困難なケースがあります。どこか1カ所でもブラックボックスとなるミドルウェアやサービスが存在すると、データ完全性を保証できません。

想定外のデータや集計結果に異常値が発生した場合に、その状態を診断して是正する能力をレジリエンス（回復力）といいます。デリバリセマンティクスがミドルウェアの想定するレジリエンス範囲内であれば保証範囲といえますが、データプラットフォーム全体では、想定外のクラッシュやバグなどによる重複や欠損に対するレジリエンスも考慮する必要があります。Apache Sparkなどの分散システムには、クラッシュを検知して自動復旧を試みるレジリエンス機能が搭載されていますが、各ノードを管理するDriverノードのインスタンスがシャットダウンした場合、データ破損には対応できません。

ちなみに、Delta Lakeなど近年のストレージ実装では、データが完全に保存されていないと判断される場合は、データ破損として読み込み対象外とする機能が搭載されています。

また、Silverステージではドメインモデルが正しく定義されているか、データ品質保証の観点からのレジリエンスが必要です。データの信頼性を保証するレジリエンスを組み込む実装として、処理実行時の出力データに対して期待値と一致するかテスト（assert）を実行する方法があります。

ETL処理で利用するScalaやPythonなどのプログラミング言語には、**assert**と呼ばれる想定外の値に対して実行時例外を出力する関数が搭載されています。assert関数を利用すると、想定の処理件数ではないなど異常値が検出された場合は異常終了するので、自動あるいは手動で復旧処理を試みるレジリエンスを用意する必要があります。

レジリエンス機能は、人の手を介さずに自動的に診断と修正がおこなわれることが望ましいのですが、ドメインデータの異常値検出は統計的な手法が求められる難しい分野であり、有人によるデータ監視体制が必要となるケースがあります。集計結果をSlackなどのチャットにボットが書き込み、その内容を毎日人が確認して、問題発覚時に是正を検討するなど、データ信頼性を担保するレジリエンス機能は、Silverステージだけではなく、続くGoldステージでも同様に必要とされます。

Goldステージ

Goldステージのジョブは、Silverステージのデータを利用して最終集計テーブルとなる特徴量テーブルを構築します。Silverステージと同様の信頼性が必要とされるのはもちろん、Goldステージではデータそのものがビジネス上の価値をもたらす必要があります。そのため、システムよりもビジネスを原因とする問題の重要度が高くなる傾向にあります。

たとえば、あるビジネスユースケースに対応するGoldステージの特徴量テーブルに対して、微妙に異なる要求が発生すると満たせなくなるケースがあります。Goldステージの特徴量テーブルはビジネスドメインに特化したテーブルですが、ある程度の柔軟性を持たせることも重要です。しかし、現実ではビジネス要求は無数に発生するため、事前にすべてのユースケースを満たすテーブル構築は非現実的です。Goldステージの柔軟性をどのように扱うかは次の3種類あり、それぞれに長所と短所があります。

元の特徴量テーブルを、新しい要求も処理できるように拡張する
- 長所：類似のビジネス要求を処理可能な特徴量テーブルが集約され一般化される。
- 短所：そもそも一般化が不可能であったり、一般化のための処理が複雑になる。

元の特徴量テーブルを拡張せず、類似の特徴量テーブルを作成する
- 長所：過度な一貫性や共通性を追求しないため、データ処理の独立性が保たれる。
- 短所：類似情報を持つテーブルと、それらのテーブルを作成する処理が発生する。

特徴量テーブルを作らず、BIツールからSilverステージを参照する
- 長所：比較的迅速にビジネス要求に応えることが可能。
- 短所：データ品質の担保が難しい場合や、大量の計算リソースが必要になる可能性がある。

上記の長所・短所を念頭に、データプラットフォーム周辺の状況に加えて、ビジネス要求の納期と元データの品質、求められるデータ処理品質など、さまざまな要素を考慮してバランスのよい選択肢を選ぶべきです。

本項では、メダリオンアーキテクチャのBronze、Silver、Goldの各ステージで発生するデータパイプラインの課題と対応策を説明していますが、抽象度に応じて発生する課題や対処の方法が異なります。ミドルウェアに起因するインフラ層の課題か、ドメイン知識の課題であるかを分離するだけでも、何をするべきか明確となるため、まずはどのステージの課題であるかを意識して、改善計画を立てるとよいでしょう。

10-2-3 データガバナンスの継続的改善

データプラットフォームによる事業貢献が見込まれると、データ利活用の統制におけるルールであるデータガバナンスが重要になってきます。データガバナンスとは、データを効果的に利用するためのプロセスや評価指標、許容リスクなどを設定して、安全にデータの恩恵にあずかるためのルールです。このルールはいわゆる三権分立と同様に、立法（ポリシー、規定、アーキテクチャ決定）、司法（課題管理と報告）、行政（データ提供と保護）の元に運営されるのが理想的です。したがって、データガバナンスは一般社会の三権分立と同様に、利害関係者が適切に役割を分担して運用することが求められます。

データプラットフォームに蓄積されたデータを利用するデータビジネスでは、顧客との折衝や価値提供などで未知の新しいビジネス課題が発見されていきます。しかし、データプラットフォームの活用が進むと時間の経過と共にカオス化が発生するため、データ利用者がデータを適切に扱えなくなるなど新たな問題が発生します。

データプラットフォームのデータが組織内に開放されて自由に利用できる状況は、一般的にデータ民主化と呼ばれています。データ民主化が目指すのは、特別な知識を持つ専門職でなくとも、必要に応じて自由にデータを取り出し担当の職域に活かせる世界です。しかし、データに対する最低限の理解であるデータリテラシーと呼ばれる知識が必要です。また、それに伴いどのようなレベルの利用者でもデータリテラシーを理解できるマニュアルが必要であるのはいうまでもありません。
データプラットフォームはビジネス運営の効率化や課題発見のために構築され、データプラットフォームとビジネスは自己強化型のフィードバックループを形成しています。そのため、データプラットフォームを統制するデータガバナンスが形骸化したり、ルールが守られなくなると、ビジネス運営に支障をきたす可能性があります。データプラットフォームは時間経過と共にカオス化が進行しますが、継続的なデータガバナンスの運用によって秩序あるビジネスを支える土台となります。本項では、データガバナンスを継続的に改善する上で必要となる考え方を紹介しましょう。

データカタログの重要性

データガバナンスの運用でもっとも重要なものは、データが保持する内容であるテーブル定義や利用者、変更履歴、配置場所などをまとめたデータカタログです。データカタログには、データプラットフォーム内で定義されるデータの利用方針や参照方法などを記述します。
データカタログという言葉からは、単に利用者ごとのデータのアクセス制御が想起される場合もありますが、データガバナンスの観点では少し異なる意味を持ちます。データガバナンスにおけるデータカタログの目的は、データプラットフォームのデータがどのビジネス領域で利活用可能であるかを明示し、より俊敏に利活用できる状態の構築がゴールです。

ここでDIKWモデルにおけるデータカタログを考えてみましょう。ETL処理を実装するエンジニア職の視点では、Data領域とInformation領域が重要視される一方、ビジネス職はKnowledge領域やWisdom領域を重要視する傾向にあります。したがって、エンジニア職とビジネス職では注目する対象が異なるため、データカタログで重要視する項目も異なります。データカタログで管理対象となる内容を、DIKWモデルで分離すると次の通りになります。

- Data：イベントログ定義やデータベース定義の設計書一覧など
- Information：データプラットフォームのデータ保存形式やスキーマ定義の一覧など
- Knowledge：BIツール上のクエリやダッシュボードの一覧など
- Wisdom：データ利用方法を示すガイドラインが記載されたWikiなど

データ民主化が達成されると、ビジネス職の利用者が自らSQLなどを用いて、BIツールに独自のダッシュボードを作成してデータを利用し始めます。しかし、データ民主化に関する大きな問題の1つに、低品質のクエリやまとまりのないダッシュボードが量産され、誤った可視化データが事業判断に用いられてしまうなどの懸念があります。そのため、データガバナンスの観点では、Knowledge領域やWisdom領域でもデータの専門家がデータカタログを整備して、そこに記載されたデータに対しては安全に利用できる品質を保証する必要があります。

ビジネス職の利用者は、データリテラシーのレベルによっては低品質なデータによる不利益まで考えが及ばないケースや、データを高品質化するためのテストコードの必要性はもちろん、その存在すら知らない可能性もあります。低品質なデータはビジネスにおいては信用問題になります。適切なデータビジネスを運営するためにも、ビジネス職へのデータリテラシーの教育はますます重要性が増してきています。したがって、データ品質や利用状況を管理運用するためには、「データカタログ上に提供されるデータならば安全である」という状態の維持が求められます。

「1-1-3 DIKWモデル」で説明したDIKWフィードバックループを振り返ってみましょう。DIKWフィードバックループとは、ビジネスにもっとも影響を与えるのはWisdom領域であり、Wisdom領域からData領域、Information領域、そしてKnowledge領域の順にデータが生成され、最後にWisdom領域に循環するフィードバックループ（相互作用のサイクル）です。

新規のビジネスにおいてWisdom領域で何らかのビジネス対象が明らかになると、Data領域やInformation領域でイベントログやスキーマが検討され、Knowledge領域のデータとして提供されるBIツール上でビジネスの考察が始まります。既存のビジネスでは、利用実績のあるKnowledge領域のダッシュボードが利用されるため、Wisdom領域とKnowledge領域を往復することでビジネスの考察が可能になります。このように、DIKWフィードバックループを通じて、ビジネスの成長に寄与するデータカタログが整備され、データの存在がビジネスへの考察や意思決定のスピード向上に寄与します。

データカタログが適切に定義されていると、既存ダッシュボードの解決可否を素早く判断できます。たとえば、営業職が顧客との商談で「有効なデータがあるか」と質問された際に即答できるか否かは、顧客からの信頼獲得に大きく影響します。顧客の質問に担当者自身が適切に回答できることが理想であり、即座に答えられなかったとしても、データカタログを参照して調べられれば、自分の言葉でデータ分析の見解を述べられるため、商談の成功に繋がるはずです。

この通り、新規と既存いずれのビジネスでも、データカタログにあるどのデータを利用すればよいか判断できると、ビジネススピードに直接的によい影響を与えられます。データプラットフォームで参照されるデータはビジネスの成長と共に変化するものですが、データカタログの定期的な棚卸しや更新を心掛け、常に追随する努力が必要でしょう。

データストラテジストとデータガバナンス

データガバナンスとは、「7-1-4 データガバナンスとデータマネジメント」で述べた通り、管理対象となるデータマネジメントのルールをサポートし監督することです。データストラテジストは、このデータ

ガバナンスの構築と運用を担う職種です。

データガバナンスはビジネスへの利活用で運用されて、はじめてその利便性が認知されます。しかし、データガバナンスの有用性が十分に認められるまでは、組織内の一部のメンバーからデータガバナンスに懐疑的な意見を持たれるケースもあります。小規模な組織であれば、対面でのコミュニケーションが容易なため十分な意思疎通が可能ですが、組織がある程度以上の規模になると、意識的に統制しない限りさまざまなビジネス上の思惑が飛び交います。新しいルールの運用を試みることは既存の暗黙的ルールを禁止することに等しく、データの利活用におけるルールであるデータガバナンスの適用に抵抗を覚える人も現れます。

データガバナンスの運用は、最終的には経営層のサポートが必要です。経営層は組織内の利害関係者の思惑を調整して是正する役割を担っていますが、組織体質によっては中立を保つため、積極的な関与を避けるケースも珍しくありません。したがって、データプラットフォーム構築プロジェクトを立ち上げる段階のデータストラテジストに求められる役割は、組織におけるデータ課題の抽出からデータ戦略を計画立案し、営業の成約率向上などの結果を導くことです。データストラテジストとはデータ分析におけるデータ解釈の方法を創出する職種であり、データが示す意味や背景を高い抽象度で俯瞰する思考力が求められます。したがって、抽象的なデータ解釈と具体的な物理データを行き来して、データがビジネスにどのような好影響を与えるかを見いだす仕事であるともいえます。

データの解釈には抽象度の高い思考が必要となるため、ビジネス職の担当者はデータをどのように現場に活かすかイメージが追い付かず不安を覚えてしまう場合もあります。そこで、データストラテジストには、より具体的に落とし込んだ利活用の方法を提示することが求められます。

データを利用したビジネスで成功の再現性が認められると、組織内のデータガバナンス運用に懐疑的であった利害関係者は、その考えを改めて積極的に利用する方向に意識が向かいます。ビジネス上で成功を収めた方法論が、データガバナンスとして組織運営におけるルールに定義され、データガバナンスの利用が組織の文化として定着します。

データストラテジストが担う役割の目的は、すべての利害関係者がデータを有効に利活用できる組織環境を作ることです。企業組織とは、利害関係者がそれぞれの思惑で結果を求めて活動するため、利害の不一致が発生するケースも珍しくありません。データストラテジストが組織運営におけるデータ利活用のルールを定めると組織環境に変化をもたらすため、データストラテジストが社内政治を司っているかのように受け取られるケースがあります。しかし、実際のデータストラテジストは一貫して、ビジネス職の利用者にデータ利活用の具体的な方法を提示しているに過ぎず、社内政治に積極的に関与しているわけではありません。

経営層がデータ組織を作る目的は、データ利活用からビジネスの成功を導き、組織全体にデータガバナンスを根付かせることです。したがって、データストラテジストは、データガバナンス作成そのものを目的とするのではなく、データを有益に活かせる環境や組織作りに主眼を置き、関連各所の利害関係者から理解が得られやすい環境を用意する必要があります。

データストラテジストの担当者が活動を立ち上げる段階では、データ整備とデータカタログの拡充、デー

タガバナンスの定着が主なミッションですが、ビジネスに併走する形で新たなニーズの発見からより発展的なデータビジネスに意識を向けるとよいでしょう。

データストラテジストによる組織運営サポート

ビジネスの初期段階では、ビジネスプロセスは確立していないケースがほとんどであり、組織目標となるKPIが適切に定まっていない可能性があります。データストラテジストの役割は、ビジネスプロセスの改善に役立つデータ分析や戦略の策定、その実行に関するアドバイスや支援です。改善が期待できるビジネスプロセスは、組織全体の意思決定から個別の業務遂行までビジネス全般にわたります。ビジネスプロセスを可視化し、組織目標を達成するためのKPI提案などが必要です。
データストラテジストの職責は、データプラットフォーム上のデータに何らかの価値を見いだし、組織における利益の最大化に繋げることです。そのためにデータガバナンスを構築し、そのルールを継続的に改善しながら戦略を立案します。
データプラットフォームは、DIKWモデルのWisdom領域やKnowledge領域のデータをビジネスを運用する人に届けることで、その価値が明確となります。しかし、データプラットフォームの価値を創出する場面では、個人情報保護法などの法律や利害関係者間の調整などが複雑に絡み合い、単独ではデータ利活用をスムーズに推進できないケースがあります。技術職の担当者がビジネス上の問題に直面すると職務の範囲ではないと捉えて放置しがちですが、データストラテジストが積極的に調整すれば、その問題を打破するチャンスになる可能性があり得ます。

データストラテジストとビジネス職は、データを共通言語として協力しながら相互の専門性を発揮して、ビジネスを推進する関係であるべきです。そのためデータストラテジストはデータの影響範囲や有効範囲を把握し、事業戦略上のデータ利活用のヒントをビジネス職に提供することが理想的です。
データストラテジストがビジネス職と良好な関係を構築するには、ビジネスの変化に迅速に反応して、適切なタイミングで情報を届けることが重要です。つまり、アジャイルなアプローチが重要であり、刻々と変化する状況を観察しながら、状況に応じて適切な情報を提供することが求められます。
エンジニアにとって馴染み深いアジャイルとは、「インクリメンタル」かつ「イテレーティブ」な開発スタイルで、小さな構築を繰り返しながら最終的な成果物を出力する手法です。データビジネスに照らし合わせると、データストラテジストとビジネス職が連携し、発生したビジネス案件の中で反復的なコミュニケーションをおこない相互理解を深めていきます。この過程で、ビジネスで有効な効果をもたらすデータやそのプロセスの発見に至ります。
このビジネスプロセスが、最終的にデータガバナンスとして規則や手順に組み込まれ、組織内でデータを効果的に活用できる文化となります。したがって、データストラテジストがデータガバナンスを構築すれば、ビジネス職の利用者が自走し始め、理想的なデータ民主化を達成できます。

上記の通り、データストラテジストがビジネス職とアジャイルな関係性を構築する過程において、新しい価値をもたらす可能性のあるWisdom領域やKnowledge領域の情報が自己強化され、データプラッ

トフォームの利用価値が高まっていきます。したがって、データストラテジストがアジャイルに組織内のデータガバナンスを構築することが、継続的なデータプラットフォームの発展に必要といえます。ちなみに、DIKWモデルをベースとするデータガバナンス運用の提案は、CEOなど上位の職位には、ごく自然と受け入れられるケースが多いと考えられます。データストラテジストの適切なデータ統治（ガバナンス）は、経営における内部統制の強化とも結び付き、理解が得やすいからでしょう。

システムの性能と性質

システムとは、個別の機能を持つ部品が集まり、全体として整合性のある挙動をするものです。データプラットフォームにおけるシステムとは、データや情報を分析、加工、保存、提供する機能を持つ部品が集まり、全体として何らかの役に立つ装置として機能します。個別の機能は時代に応じてさまざまな技術的な変遷を伴います。たとえば、データの保存では、登場した順番にパンチカード、磁気テープ、HDD、SSDなどが利用されました。現在では、クラウドサービスの登場で、データを保存する物理デバイスが隠蔽されつつも、データの保存という機能は提供されています。時代の流れと共に、機能の性能は向上しますが、機能の性質そのものは大きくは変わりません。前述のデータを保存する機能は、保存媒体の変遷はあれど、「保存」するという性質を持ち続けています。

システムを構築する際には、特に「性能」と「性質」を切り離して考えることが重要です。性能とは機能が持つ速度や容量などの数値的な特徴であり、性質とは機能が持つ本質的な特徴です。ただし、ある「性能」が極端に向上すると、その「性質」が大きく変わってしまうケースもあります。機械学習では、LLM（大規模言語モデル）の登場によって自然言語処理の性能が向上し、その性質も大きく変わりました。数値の推測や予測に留まっていたものが、現在では人の判断力を代替できる可能性を秘めています。

特異な性質を持つ技術が登場すると、システム全体の性質を大きく変える可能性があります。たとえば、電話とインターネットを考えてみましょう。グラハム・ベルが発明した電話は音声のみを電気信号に変換して送受信する技術、インターネットはあらゆるデータを電気信号に変換して高速に送受信する技術です。いずれも情報交換の技術ですが、社会構造に多大な影響を与え、人々の生活の質は大きく変わりました。

性質を変える技術が登場すると、システム全体の性能が大幅に向上するだけではなく、その使い方や構築方法も大きく変わる可能性があります。システムを構築する部品を選択する際は、選択した部品の性能と性質を理解し、高性能な同じ性質の部品が登場した際にも、その交換が容易であるかの考慮が必要です。

10-3
データプラットフォームの改善プロセス

高い可用性が求められるサービスは、運用に伴うさまざまな仕様変更や要件追加に追われ、場当たり的な設計や実装となりがちです。しかし、ビジネスの拡大や撤退、方針転換などに起因する場当たり的な対応を改め、迅速にビジネスに追従すべく、革新的な技術の採用と再構築を求められる場合もあります。本書ではさまざまな技術や手法を紹介していますが、理想を追い求めて構築したデータプラットフォームが必ずしもビジネスの成功を確約するわけではありません。運用チームのスキルや経済的なリソースの制約などから、思い描く理想的なシステムの実現には至らない場合もあります。また、データプラットフォームは利害関係者が多く、運用を独断で一時的に停止することも許されません。

さまざまな制約がある状況でビジネスの価値を最大化するためには、理想と現実を行き来しながら落としどころを探る必要があります。本節ではデータプラットフォームの改善のためには何を準備するべきか、その着眼点を整理していきましょう。

10-3-1 改善の理想と現実

理想的な技術を用いたデータプラットフォームが必ずしもビジネスの成功をもたらすとは限らないのは、データはビジネスの1因子に過ぎないためです。ビジネスの成功に確信が持てない段階では限定的な予算となってしまい、相応のミドルウェアを選択せざるを得ません。

たとえば、構築当初はスケーラビリティを考慮せず、OLTP製品であるPostgreSQLなどRBDMSを利用した分析基盤を採用するケースも珍しくありません。また、チームメンバーのスキルレベルの関係から、導入したくとも不可能な場合もあります。本項では、既に構築されたデータプラットフォームをどのようにして改善を進めるか考えてみましょう。

過剰品質の回避

ビッグデータ処理の関連技術は現在も飛躍的な進化の途上にあり、標準とされる技術は未だ流動的です。さまざまな企業が技術ブログやカンファレンスなどで最新技術を公開しており、運用中のデータプラットフォームに強い影響を与えていますが、これらの発表はプロモーション的な意味合いが強い場合も多く、顧客のニーズを満たす万能な解決策であるとは限りません。また、革新的な技術と宣伝されていても、昔からある技術の改良版であったり、運用が困難な場合もあり、その内容はよく検証する必要があります。

成長を遂げた企業には、クラウドベンダーの技術営業やカスタマーサクセス担当者などから、魅力的な提案が数多く寄せられます。寄せられる提案の種類が爆発的に増えてきたため、どの技術を採用すればよいのか分かりづらくなっているともいえます。新しい技術を採用する場合、実現できる機能のフィット＆ギャップ分析をおこない、最終的に新技術の適用可否を判断する必要があります。

フィット＆ギャップ分析の目的は、導入するシステムと業務プロセスの「適合」と「乖離」の分析から、より完成度の高いシステムの開発を目指すことです。たとえば、Amazon Web Servicesなどのサービスを利用する場合、標準機能のみで業務プロセスの課題を解決できる部分と、解決できない部分を分離します。解決できない部分への対応は、業務プロセスに適応するカスタマイズを要したり、当該サービスではなく別サービスの利用を検討したりするなど、さまざまな視点からの考慮が必要です。適合する部分と乖離する部分の実証実験とその乖離を埋める行為は、一般にPoC（Proof of Concept）とも呼ばれます。

また、データプラットフォーム関連技術の提案には、明らかにビジネスの成長ステージとは合致していない料金であるケースがあります。データプラットフォームにも成長ステージがあり、提案された機能がどんなに魅力的であっても経済条件の不一致、つまり価格面で満足できない場合は回避する必要も出てきます。さらに、ベンダーによっては、契約更改時に利用料金の大幅な値上げを提案されることもあり、注意が必要です。

ちなみに、ベンダー選定における経済条件の不一致は、ビジネス要求に対する提供機能が過剰品質となる場合にも発生します。ユーザー側としては、該当ベンダー以外に選択の余地がない場合は、多少のコストオーバーが発生しても利用せざるを得ません。クラウドベンダーも営利企業であり利益を生む必要があることを理解し、過剰品質と判断した場合はその旨を伝えて価格交渉に臨むとよいでしょう。

ビジネス影響の最小化

データプラットフォームとはデータを格納する装置であり、内部に保存されたデータを運用して収益に転換するビジネスツールです。データプラットフォーム内の機能が停止すると関連するビジネスプロセスも停止するため、稼働しているビジネスプロセスへの影響を最小限に留める必要があります。前節「10-2-1 データプラットフォームのプロダクトライフサイクル」では、データプラットフォームの交換期には「現状維持」か「交換」の2種類があると説明していますが、いずれでもビジネスプロセスの廃止は許容されない場合がほとんどです。

また、すべての機能が利用されているとは限らず、過去では利用されていた機能が利用されなくなる場合もあります。利用されていない機能が時間と共に忘れられ、その機能のふるまいや影響範囲の調査が必要となりがちです。しかし、将来利用される僅かな可能性のために機能を残すのは、想定以上のコストを要する場合があります。

このような場合、利害関係者に代替手段を提示して「廃止」を検討するのも一案です。機能の廃止には反対意見が挙げられるケースも多く、ビジネスプロセスが代替手段でも実現可能であると示す必要があります。一般的に廃止の意思決定は鈍重になりがちですが、廃止によってシステムの不必要な肥大化を防げるメリットを鑑みて、廃止の妥当性を議論して意思決定に繋げましょう。

決定回避の法則

データプラットフォームに限らず採用技術を選定する段階で、選択肢が多いと迷いが生じてしまい選べなくなってしまう「決定回避の法則」が知られています。決定回避の法則は、シーナ・アイエンガーの『選択の科学 コロンビア大学ビジネススクール特別講義[1]』に詳細が説明されています。アイエンガーが1997年に発表した『Choice and its discontents[2]』では、通称「ジャム研究」とも呼ばれる実験が紹介されています。店頭に多種類のジャムを陳列すると購買に至らず、少ない種類のジャムを並べた方が高い売上となることを示す、心理学上の研究結果です。

たとえば、採用技術を選定する立場として、ベンダーA社とベンダーB社に同程度のコストで類似する機能を提案されると、どちらの技術を採用すればよいか迷いが生じます。どちらの技術がより大きな成功をもたらすか、予測して計画することは困難だからです。

また、ある程度の成長を遂げたデータプラットフォームでは、技術刷新における選定は学習コストなど追加コストを考慮して、何も変更しない候補を選びがちです。しかし、データプラットフォームの長期的な発展を目指すのであれば、ビジネスを支える技術を刷新するためにも、「決定回避の法則」に陥らず適切に変更しなければ、システムの老朽化は永遠に解消されません。

「ベンダーロックインの排除」や「データのロックイン排除」などを原則とすると、ある程度は「決定回避の法則」を避けられる可能性があります。それぞれ紹介しましょう。

ベンダーロックインの排除

クラウドベンダーは、提供するサービスを長期間にわたり利用してもらい収益を上げたい思惑から、システム交換を困難にするベンダーロックイン戦略をとるケースがあります。この事業戦略は歴史的にも古くから知られており、たとえば、ソフトウェアとハードウェアを抱き合わせて販売し、ユーザー企業が特定ベンダーから離れられなくするといった顧客の囲い込み戦略があります。クラウドサービス全盛である現在でも、特定クラウドベンダーに限定した技術は、ベンダーロックインされた設計といえるでしょう。

ベンダーロックインを排除するためには、採用技術を容易に交換できるように配慮し、最新技術の登場に備えて交換の容易性をシステムに組み込むことが重要です。たとえば、Lakehouseプラットフォームでは、コンピューティングとストレージを完全に分離できるため、Apache SparkやTrino（旧PrestoSQL）から同じファイルを読込可能、すなわち交換の容易性が高いと判断できます。そのため、特定技術にロックインされないように配慮し、いずれ訪れるであろう交換期でも対応可能な体制を用意する必要があります。

一方で、ベンダーロックインによるメリットも忘れてはいけません。たとえば、一貫性のあるサービス提供やサポート体制の簡素化、ボリュームディスカウントや継続利用などの割引が挙げられます。

---

1 シーナ・アイエンガー著、『選択の科学 コロンビア大学ビジネススクール特別講義』、櫻井祐子訳、2010、文藝春秋
2 Sethi, Sheena著、『Choice and its discontents: a new look at the role of choice in intrinsic motivation』、1997、Stanford University

特定企業が提供するサービスを使い続けると、そのサービスに対する信頼度や習熟度が上がり、より効率的な運用が可能になる可能性もあります。

しかし、昨今はクラウドベンダーの競争が苛烈さを極めており、不運にも採用したサービスが強制的に終了してしまうリスクもあります。そのため、社会的信用度が低いスタートアップ企業のサービスは比較的採用されづらく、稼働実績のあるサービスが採用されやすいケースがどうしても発生します。ユーザー側での対応としては、ベンダーロックインの排除を考慮しつつ、Lakehouseプラットフォームのような交換の容易性を上げる戦略が求められます。

データのロックイン排除

データのロックインとは、特定のデータウェアハウス製品にデータ投入したあと、その取り出しを困難にすることで、長期的な収益を狙うデータビジネスの戦略の1つです。たとえば、SQLによる集計は容易なものの、バルクデータの全量取得が困難なデータウェアハウス製品などが該当します。データのロックインは、ベンダーロックインと同様にデータプラットフォームを構築する上で悩ましい問題の1つであり、データのロックインを前提とした高機能なデータウェアハウス製品を提供するクラウドベンダーは数多くあります。しかし、ユーザー側の立場では、データを取り出しづらいことは、新しい技術への置換を阻む大きな要因となることを理解して、採用を決断する必要があります。また、データを取り出すたびに多額のコストが発生するため、データ分析のフットワークは重くなりがちです。

ちなみに、ベンダーロックイン戦略を取るデータウェアハウス製品を選択した方がよい場面は数多くあります。近年のデータウェアハウス製品の多くはデータが投入しやすく迅速なデータ集計処理が可能であり、Amazon S3やGCSなどのストレージにアンロードするコマンドが提供されるなど、データのロックイン戦略が緩やかになってきています。類似の機能を提供するデータウェアハウス製品を選定する際に「決定回避の法則」から逃れるためには、設計者の置かれた周辺環境や予想される将来的な状況を考慮した指針が必要になります。

たとえば、プロジェクト予算が少なくコストを掛けられない場合は、高額なデータウェアハウス製品の採択は当然難しくなります。しかし、ある程度の成功が見込めるプロジェクトの場合は、コストを掛けてでも可用性が高く高機能なデータウェアハウス製品を選ぶ必要があります。

データプラットフォームの周辺技術は多種多様な製品が登場しており、どの製品を選ぶべきか非常に悩ましい状況です。技術選定に悩んだときは、次世代データプラットフォームに求められる「ベンダーロックインの排除」と「データのロックイン排除」などの指針を検討し、未来の担当者が苦慮しないと考えられる技術を慎重に選定するとよいでしょう。技術選定では特定の技術に固執せず、ビジネスの周辺環境や技術的成熟度などに合わせて柔軟に考える必要があります。特定の技術や手法に固執してしまうと周囲が見えなくなり、本質的な問題解決が難しくなります。

もし選択に迷った場合は、要素技術とそのリスクをすべて書き出して、周囲のメンバーとどの選択がもっとも目的が達成しやすいかを議論し、納得のいく選択をしましょう。

10-3-2 改善に至るプロセス

データプラットフォームを移行する際は、コスト圧縮や技術的負債の排除、ビジネス要求の高度化などさまざまな要求を迫られる場合があります。本項では、データプラットフォームを新システムへ刷新する際にどのように進めるのがよいかを解説します。

新システム移行の動機付け

データを利活用するのは企業組織全体ですが、データ提供を担うデータプラットフォームを管理するのは、開発部など組織内の1部門になります。したがって、データプラットフォームの管理部門である開発部にシステム刷新の意向があっても、独断で刷新を決定することは難しいといえます。たとえば、破壊的イノベーションとなり得る技術が登場し、ビジネスに対して明らかに優位に働く確信があっても、その優位性を役員など決裁者に理解してもらう必要があります。

データプラットフォームは組織全体で利用される資産であり、データプラットフォームの刷新は管理部門の独断で決定できるものではありません。したがって、刷新するにふさわしいビジネスユースケースがあり、刷新しなければ達成できない目的や動機が必要です。たとえば、「現行のRDBでのバッチ処理は24時間以上掛かり、ビジネスのアジリティ低下を招く」といった内容も刷新の動機となり得ます。ビジネス職が「1時間以内に現状を分析したい」などの即応性を求める場合、高速なデータ処理基盤の必要性があるため、比較的容易に承認が得られると考えられます。

一方、データガバナンスで重要なデータ品質の改善は、承認を得られにくいタスクの1つです。データ品質が低いと、「ビジネス上の信用問題に発展する可能性」や「品質保証の難しさからくる生産性の低下」など、数々の問題が発生しますが、工数を掛ければある程度は対応できるため、刷新の必要性が高いものではなくなります。たとえば、プロダクトマネージャーがGoogleスプレッドシートで巨大なデータを分析しており、そのシートをバッチ処理に移行するタスクなどが一例です。このタスクの承認が困難となる理由は、プロダクトマネージャーの作業改善が、データ品質全体を改善する全体最適化ではなく部分最適化に見えることが主な原因です。

データの専門家にとってデータの信頼性が重要ですが、ビジネスの周辺環境によっては高いデータ品質を求められないケースもあります。たとえば、データによる判断を重要視せずにビジネスが成功を収めている場合、データ品質の低さが問題とみなされないことすらあります。そのため、データ品質による信頼性を向上させる観点では、全体最適化の対応が難しくなるため、データ分析の属人化解消、システム化によるデータ分析工数の削減、高品質なデータ提供によるビジネスチャンスの創出など、ビジネスに強い影響を与える動機が必要です。

稼働しているシステムがビジネス的には特に大きな問題を抱えていない場合も、刷新の動機は説明し辛いといえます。仮に新しいシステムがなければ達成できないビジネスユースケースが発生すると、新シ

ステムへの移行が承認される可能性が上がります。しかし、ビジネスに大きな影響がないと判断されると変更の必然性が発生しないため、決裁者に説明しても動機が希薄と判断されて否認される可能性が高いでしょう。したがって、新システムの移行により得られる恩恵がビジネスへの動機付けとなり、全体最適化の活動の一環として対応する必要があります。

全体最適化と技術革新

データプラットフォームの改善計画を立案するには、どのポイントを改善対象とするか検討して、全体最適化と部分最適化の両軸から検討する必要があります。データプラットフォームにおける全体最適と部分最適それぞれの課題を挙げてみましょう。

全体最適の課題
- データガバナンスがデータ系開発プロセスに適用されており、開発組織全体に対して有効に機能しているか
- データ有効性を判断するレポートラインが組織の縦軸に限定され、データのサイロ化による非効率が発生していないか
- ETL処理の設計や実装に一貫性や統一性がない状況となっていないか

部分最適の課題
- 特定の利用者が作成した表計算ソフトのデータが低品質となっていないか
- 特定のクエリによる計算が計算コストの高騰を招いていないか
- 特定のETL処理で障害発生が頻発していないか

全体最適化と部分最適化では、それぞれ最適解の性質が異なるため、対応方針も異なります。一般的に全体最適化の対応は中長期的に有効で、部分最適化は短期的に有効とされます。しかし、短期的な部分最適化を繰り返しても小さな修正対応の連続となり、全体としてブレイクスルーとなるよい効果が得られる可能性は低いといえます。また、中長期的な全体最適化を目指したとしても対応に時間を要したり、合意形成が難しく凡庸で無難な対応とならざるを得ないこともあります。

全体最適化と部分最適化はどちらか一方に優位性があるわけではなく、双方の課題から組織にとって何が重要であるかを吟味し、よりよい改善案を見いだす必要があります。全体最適化では、ロードマップ上で比較的長い工数や利用料金などコストを要する対応が多くなる傾向があります。一方、部分最適化は比較的短い工数による対応であるため、直近の目標を追い求める管理者の立場では部分最適化の対応を選択しがちです。

アジャイル開発では、インクリメンタルかつイテレーティブに、自然の流れの中で改善を繰り返しますが、直近のタスクを重要視するあまり長期的なビジョンがないままスプリント計画が立案されがちです。これは、スプリント計画が部分的で短期的な目標設定と改善を繰り返して全体を改善する考え方に基づくため、やむを得ないともいえますが、抽象度の高いビジョンがないため全体最適の観点が欠落する可

能性があります。たとえば、利用料金が問題となっているデータプラットフォームでは、データフォーマットの変更やデータパイプラインの構成変更など、比較的大きな変更が必要になるケースがあります。利用料金のコントロールはコストに直結するため、比較的承認が得やすい全体最適化のタスクです。

承認されづらい全体最適化のタスクには、既にある程度の利便性を上げているデータウェアハウスを別のデータウェアハウスに移行するなど、技術的な進化を要するタスクがあります。移行先として検討しているデータウェアハウスが、開発者以外の目には使用中のデータウェアハウスとの機能差分がほとんどないように見えて、大多数の利害関係者が現状の機能に満足している場合などが該当します。また、新たなデータプラットフォーム製品で登場した技術がイノベーティブであり、ブレイクスルーの可能性を設計者が見いだしたとしても、決裁者がニーズがないと判断して切り捨てるケースもあります。

この問題はイノベーションのジレンマとして知られており、技術的な破壊的イノベーションを軽視する組織の体質により発生します。社会学者エベレット・M・ロジャーズは『Diffusion of Innovations[3]』で、イノベーターは新しいアイディアを最初に採用し、アーリーアダプターは取捨選択を懸命におこない、オピニオンリーダーとして大きな影響を与えると定義しています。破壊的イノベーションをもたらす可能性のある技術が登場した際に、設計者と決裁者の双方がオピニオンリーダーとして革新的な技術を受け入れられる組織文化が重要です。

データプラットフォームのマイグレーション

マイグレーションとは、古いシステムから新しいシステムへの移管を意味する言葉で、運用中のデータプラットフォームのマイグレーションも考慮する必要があるでしょう。データプラットフォームのマイグレーションには、「レガシーマイグレーション」と「データマイグレーション」の2つがあります。

レガシーマイグレーション

レガシーマイグレーションとは、メインフレームで構築されている古い基幹システムをLinuxサーバに移管することを指す言葉として利用されてきました。近年のクラウド環境においても、古いシステムを新しいシステムへ移行するレガシーマーグレーションは発生します。

レガシーマイグレーションを困難にする主な原因の1つにデータのロックインがあります。データのロックイン戦略をとるデータプラットフォームを採用しているケースでは、データ取得をどのように実施するか検討する必要があります。

データマイグレーション

データマイグレーションとは、既存データを新しいバージョンや異なる種類のシステムで利用可能なデータモデルに変換して、移管先のシステムで利用可能にすることです。データプラットフォームにおけるデータマイグレーションには、スキーマやデータモデルの変更に加えて、データフォーマットの変更も該当します。データフォーマットの変更は、データプラットフォーム全体の更新を伴うため時間やコストを要します。

3　Everett M. Rogers著、『Diffusion of Innovations』、2003, Free Press

データプラットフォームのマイグレーションでは、新旧システムで同じ結果となることを確認するマイグレーションテストが必須です。マイグレーションテストには、新旧システムを並行運用してそれぞれの処理結果を突合するテストが採用されるケースが多く、新旧システムの出力結果が等しいことを確認するだけでよいため、比較的容易に実施できます。

ビッグデータは、複数経路から入力される大量のデータが処理対象であり、ドメインモデルごとにすべて網羅するテストケースの実行は困難を極めます。並行運用による突合チェックでは、新旧システムを二重に稼働するコストが発生したとしても、ある程度の期間で同じ結果が得られれば問題ないとみなして、新旧システムを切り替える方式が現実的です。

ちなみに、並行運用で同じデータ処理を実行した際に結果が一致しない不具合は、たとえば次に挙げるものがあります。

ログトラッカーの潜在バグ

利用中のログトラッカーを別システムに変更した場合に、データ格納先でデータ不一致が顕在化する場合があります。ログトラッカーがブラックボックスになることも珍しくなく、新旧システムの挙動差が原因不明なケースもあります。

データマイグレーションでは旧システムと新システムが完全一致する必要があり、このような状況が発生する影響範囲を把握しなくてはなりません。たとえば、ログの生成元でUUIDを付与して新旧システムでUUIDの件数比較や突合をおこない、どのログが消失しているかなどを確認します。

SQLエンジンのセマンティクス差異

SQLエンジンをリプレイスした場合、NULLの扱いや浮動小数点の扱いなどが違い、同じSQLでも異なる処理結果を返却するケースがあります。これらは、NULL値のセマンティクスや浮動小数点セマンティクスとして知られており、SQLエンジンの種類ごとに実装方針が異なるため発生します。集計結果の百分率に差がある場合、集計処理の実装における問題であるか、それともSQLエンジンのセマンティクスによるものなのか見極める必要があります。

上記はあくまでも一部に過ぎず、この他にもマイグレーションコードの不具合など、考えられる可能性は数多く存在します。データプラットフォームは複数のミドルウェアを組み合わせてビッグデータを処理する複雑なシステムであるため、不具合の根本的な原因を特定することが困難なケースがあります。データプラットフォームのマイグレーションは、技術的腐敗を一掃するチャンスである反面、事前に予測できないトラブルに見舞われるケースも少なくありません。

解決が困難な問題に直面した場合でも、どのような条件で問題が発生するかを観察し、再現環境を用意して原因の追及と解決案の検討が必要です。しかし、すぐに解消が難しい問題と発覚した場合は、マイグレーションを中断して元の状態に戻すロールバックが必要になることもあります。マイグレーションではビックバンリリース（一度にすべての機能をリリースする手法）は避け、段階的なリリースを心掛け、進捗によってはロールバックが可能なタスクとして進めるとよいでしょう。

10-3-3 Data/AI

昨今は、ディープラーニングの進化により、AI技術が急速に進歩しています。ディープラーニングは1943年にウォルター・ピッツとウォーレン・マカロックが考案した、人間の脳を模倣したコンピュータモデルであるニューラルネットワークが起源とされています。実用的なAIの登場に至るまで、AI研究は何度かの「AIの冬」と呼ばれる停滞期を経験しています。AIの冬とは、アルゴリズムの限界やコンピュータの性能限界などの理由で研究資金が削減された時期を指し、具体的な年代の関しては諸説ありますが、1度目は1970年代半ばから1980年頃、2度目は1980年代後半から1990年代初頭といわれています。1997年にIBMのDeep Blue[4]がチェスの世界チャンピオンに勝利したことでAIの再評価が進み、以降AIの研究は再び活発化しています。2018年、Googleが発表したBERT（Bidirectional Encoder Representations from Transformers）が自然言語処理分野で優れた性能を示したことを皮切りに、2020年にOpenAIが発表したTransformerベースのGPT-3（Generative Pre-trained Transformer 3）など、現在ではLLM（大規模言語モデル）の重要性が一般社会でも認知されています。

AIとは大量のデータを元に学習して、特定のパターン情報を発見する技術です。AIには能力によるレベルがあり、「弱いAI」と「強いAI」に分類されます。弱いAIは、特定の領域に限定された能力を持ち、音声認識や画像認識、ゲーム処理などが該当します。また、強いAIは人間の頭脳を完全に模倣して、あらゆるタスクや問題に対処する能力を持つものを指します。

現在のAI技術はすべて弱いAIに分類され、人間の心や意識を持つ強いAIはまだ実現されていませんが、強いAIは自立的な判断能力を持ち分散的な強化学習をおこなうため、科学、医療、ビジネス、教育、法律、政治などで多くのイノベーションが発生すると予想されています。また、人間の脳や意識の構造と機能を完全に模倣するため、将来的には人間の持ち得る知能や感性、創造性などの限界を超える可能性が示唆されています。現段階におけるAI技術は弱いAIであり、DIKWモデルのKnowledge（知識）領域に留まっており、Wisdom（知恵）領域には到達していません。Wisdom領域の情報とは、経験や知識、感性、創造性などから得られる主観的な判断能力であり、情報の自己評価と是正を伴うため、現時点のAIでは強いAIであるとはいえません。ちなみに、DIKWモデルの最下層であるData領域の情報にフェイクやバイアスが含まれる場合、その情報を利用して生成されるKnowledge領域の情報もフェイクやバイアスが掛かります。人間の知能はWisdom領域の判断能力を伴うため、フェイクやバイアスが含まれる情報でも排除や適切な判断が可能です。

本書のテーマであるデータプラットフォームは、格納されているデータを利用して、利用者のビジネスに有益な情報を提供するための基盤です。DIKWモデルに従ってデータの抽象度が高まりWisdom（知恵）領域に到達すると、データを利用した価値の創出が可能になる特性を有しています。

データとAIが融合すると、AIによるDIKWフィードバックループが促進され、データプラットフォーム

4　Deep Blueは、1997年にIBMが開発したチェス専用のスーパーコンピュータ。機械学習は使わず、ブルートフォース探索（総当たり探索）やヒューリスティクス(経験則)、評価関数などを利用しており、当時の人工知能技術としては古典的なアプローチを採っていた。

の利用価値がますます高くなると期待されます。しかし、データプラットフォームの構築には、ドメイン知識を含むデータの収集、格納、加工、分析、可視化などの工程が不可欠であり、AIがすべてを解決してくれるわけではありません。次図はデータとAIの関係を示したものです。DIKWモデルの各層に対して、AIがどのような役割を果たすのかを考えてみましょう。

図10.3.3.1：DIKWモデルとAIの関係

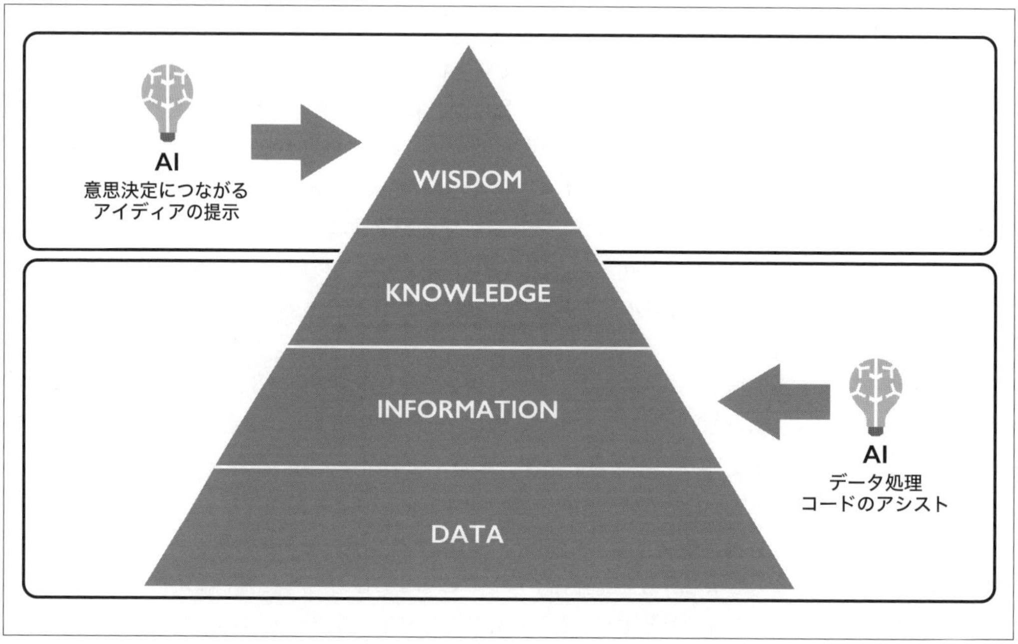

Data領域

Data領域は、Webサーバやセンサーなどが出力する生ログ、単体では意味をなさない数字や記号などで構成されるデータを保持する領域です。この領域でのAIには、データの収集や加工を担うプログラマーをアシスト（Copilot）する活躍が期待されます。

Data領域で頻出するデータ収集や加工などの処理は、類似するパターンが多く発生するため、人間の手による愚直なプログラミングは非効率です。実用的なLLMであるChatGPTやGithub Copilotの登場で、コーディングのアシストが可能となっており、既に多くのプログラマーが利用しています。プログラミングコード上の反復的な類似パターンの実装を自動的に判別して、典型的なコードを提示するAIは、プログラマーの雑多な作業を軽減し、生産性の向上に寄与しています。
たとえば、巨大な文書群の中からメールアドレスや電話番号、住所、氏名などに合致する文字列を抜き出す処理の実装は、正規表現に精通していないプログラマーでは調査や実装に時間を要しますが、LLM

を利用すればある程度のパターンを自動的に算出できます。この領域におけるAIのアシストは、人間のプログラマーが記述するデータ処理用コードの補完や修正が、AIの役割として特に重要なものとなります。しかし、AI技術によるプログラミングの生成には制約があると考えられています。

アラン・チューリングの停止性問題では、あるプログラミングが完全に終了することを判断できるアルゴリズム、つまり無限ループがないと判断できるアルゴリズムは存在しないと証明されています。ただし、AIによる停止性問題の判断は、DAG（有向非巡回グラフ）が保証されるなど、特定のルールに従ったプログラミングであれば判断可能です。

また、ゲーデルの不完全性定理によると、「ある条件を満たす形式的体系には、真偽が判定できない問題が存在する」と証明されている通り、あるシステムは同じシステムを用いた完全性を証明できません。つまり、入力に対して出力結果が意図通りで完全に正しいと証明された関数を生成できません。この不完全性定理を回避するには、あらかじめ正しく動作すると分かっている特定の領域に限定すれば、その領域内における問題解決が可能です。たとえば、任意のフレームワークで特定の動作が保証されたメソッドを提示するようなプログラミングコードは生成できます。

現時点のAI技術では、停止性問題と不完全性定理の完全な回避は困難であるため、AIによるプログラミングの完全な自動化は難しく、特定の領域に限定したプログラミングのみが可能と考えられます。いずれは、AIによる問題解決が可能な領域が広がると考えられますが、現時点ではAIが出力したコードに対して、プログラミングテストや動作確認は必須といえます。

Information領域

Information領域には、目的ごとの単位で整理されカテゴリ化されたデータが格納されています。これらのデータはスキーマ内に格納され、SQLなどのデータベース言語による手続きを経て、取り出し可能です。ここでAIに期待される役割は、知識エンジンとしてスキーマ情報を元に検索対象となるデータセットを自動的に判別することです。

従来のInformation領域でのデータ処理は、データアナリストがスキーマ一覧などのデータカタログを参照して、適切なSQLを実装しますが、その際に、データベース内にどのようなデータが格納されているのか、データ間の関連性やテーブル構造がどのようになっているか理解している必要があります。

しかし、LLMの登場により、所定のテーブル構造や関連性を推測して、ある程度正しいSQLの生成が可能となっています。たとえば、所定のドメイン知識に特化したユーザー定義関数や、集計値を算出する複雑なSQLの生成などが可能です。LLMにスキーマ情報を与えて、「アクセステーブルからDAUを算出して、昨日との差分を毎日算出して欲しい」と指示するだけで、SQLを生成できます。

ただし、LLMが生成するSQLは、データの正確性や整合性などが考慮されていないため、従来のSQLのデバッグや品質管理と同様、実際のデータに対してSQLを実行して、結果を確認する必要があります。もちろん、LLMにプログラミングテストコードを出力させられますが、データプラットフォーム上のデータには想定外のデータが紛れ込むケースもあり、パターンすべての網羅は困難です。したがって、

LLMの出力結果を過信せず、LLMのアシストを受けた人間のプログラマーがデータやSQLの品質管理を担うべきです。

Knowledge領域

Knowledge領域に格納されるのは、BIツールのクエリやビジネスプロセスとして重要なKPIなどを取り出せるデータです。つまり、この領域のデータは、前述のInformation領域のデータを利用して、過去の事実から推察できるパターンや関連性を導き出せることが期待されます。たとえば、昨年の7月から10月に売れた清涼飲料水があると発見された場合、もしかすると今年も同じ時期に売れる可能性があると予測できます。昨年は猛暑であり今年も猛暑が予想される場合は同じような結果を期待できそうですが、今年が冷夏であれば売れ行きは伸びないかもしれません。このような、周辺情報との因果関係を把握して問題解決に役立つ概念や法則を取り出せるデータがKnowledge領域に格納されます。

この領域におけるAIには、データ解釈を支援する知識エンジンとしての役割が期待されます。たとえば、営業成績の分析では、過去と現在の営業成績と情報を比較して、どのような要因が営業成績に影響を与えているのか調査する必要があります。このような分析は、通常はデータアナリストやデータサイエンティストが担いますが、OpenAI社のChatGPTやAnthropic社のClaudeでは、自然言語による質問でデータ解釈を依頼すれば容易に実現できます。

計算機科学では、「Garbage In, Garbage Out」（GIGO）といわれる、無意味なデータを入力すると無意味な出力を生み出すという概念があります。ChatGPTなどLLMの利用でも、この原則は変わらず、質問の質が高いほどAIによる回答も正確になると期待できます。

「雨の日は売上が下がる」などの経験則があるときに、AIに事前に天気情報と売上の因果関係を学習させておくと予測が可能となります。しかし、天気情報をAIの特徴量として組み込むには、天気と売上の関連性を把握する必要があり、何の事前情報もなくAIに関連性を把握させることは困難です。人間にとっての「天気」とは季節感や気温などの体感に密着した情報であり、直感的な理解から「天気と売上」の関連性を予想できますが、AIには体感が存在しないため、事前情報なしに天気と売上の関係性は理解できません。したがって、AIによるデータ解釈を可能とするためには、人間が持つ知識や経験をAIに与える必要があります。

たとえば、「データプラットフォームについて教えてください」などのLLMに対する質問（入力）を「プロンプト」と呼びます。適切な回答が出力させるために与えるプロンプトを調整することは、「プロンプトエンジニアリング」とも呼ばれています。プロンプトで与えるインプットの質がアウトプットの質に大きな影響を及ぼすため、プロンプトエンジニアリングは重要な作業です。

また、訓練済みのモデルに対して、特定のドメイン知識を与えて微調整することをファインチューニングと呼びます。LLMは過去に訓練したモデルを利用するため、モデル内には最新の情報が反映されていない場合があります。たとえば、天気予報などに代表される使い捨ての情報は、通常はモデルの訓練やファインチューニングの対象とはなりません。

LLMに最新の情報を反映させるためには、その都度ファインチューニングを実施したり、最新情報が取得可能なAPIを実行するなどの手続きが必要となります。今後のLLMの発展次第では、利用者によるファインチューニングが不要になったり、もっと簡単に最新情報を取得できるサービスが登場する可能性もあります。

したがって、Knowledge領域におけるLLMなどのAI活用では、GIGOの概念を理解しAIによるデータ解釈へのプロンプトや追加学習にどのような情報を与えるか検討すべきでしょう。ちなみに、汎用人工知能（AGI：Artificial General Intelligence）と人工超知能（ASI：Artificial Super Intelligence）においては、自己学習により自動的にモデルを進化させ、人間では解決が困難な問題にも解決策が導けるようになる可能性もあります。現時点でのAIは目的別に特化した弱いAIしか実現されていませんが（執筆時）、いずれ汎用人工知能や人工超知能による知識の収集と改善、改良の自動化が実現する未来が期待されています。

Wisdom領域

Wisdom領域に格納される情報は、知識を認知して得られる価値観や判断基準となる知恵であり、知恵の結晶が「叡智」とも呼ばれます。知恵は人間の行動の原動力で、課題や疑問の答えとなり得る主観的な情報であり、課題の解決策を見いだすに至る指針となり得ます。

Wisdom領域においてAIに期待される役割は、自律的な判断をおこなうAIエージェントとしての活躍です。AIエージェントは、利用者である人間の判断をあらゆる側面で支援します。また、汎用人工知能（AGI）や人工超知能（ASI）の出現も予想されています。汎用人工知能（AGI）とは、人間と同等の汎用的な問題解決能力を持つAIを指し、人間のあらゆる知的作業を遂行できる能力を持ちます。人工超知能（ASI）とは、人間の能力をあらゆる面で超越する問題解決能力を持つAIを指し、現在の人類が発揮できない創造性を持つ可能性があります。これらのAIは、人間の知的活動を強化し革新的な進歩をもたらすと期待されています。

AIエージェントの利活用では、注意すべき点も理解しておく必要があります。たとえば、AIが導いた結果が、局所最適解に過ぎない情報を全体最適解と誤認し、Wisdom領域である「知恵」を擬態している場合です。AIが出力した結果が高度にもっともらしい内容であると、それが間違いであっても誰も正確性を精査できない可能性があります。現時点のAIは確率論的なアルゴリズムで、大量のデータを学習して特定のパターンを発見する技術です。そのため、与えられた情報を元に最適解を発見し、その結果を出力しますが、内容が「本当に正しいか」の判断は情報の受け手に知識や知恵が求められます。

Knowledge領域で示した「天気と売上」の例では、AIエージェントが「明日は休日なので広告キャンペーンを打ったらどうですか？」とWisdom領域である「提案」をしてきたとします。しかし、翌日は悪天候との予報が出ており人の動きが少ないと予測される場合、広告キャンペーンは効果が薄い可能性があります。天気と売上の因果関係の学習が漏れているAIの指示に従ってしまうと、キャンペーンに費やした販売促進費が無駄になるかもしれません。天候や季節、競合他社の動向などさまざまな情報を総合的に判断するべきですが、AIは事前に与えられた情報に限定して判断を下すため、局所最適解に陥ってい

る可能性があります。このように、現段階におけるAI技術は、DIKWモデルのKnowledge領域に留まっており、Wisdom領域には到達していません。

また、逆に考え得るすべての周辺情報を学習したAIによる提案で、「悪天候であったとしても、広告キャンペーンを実行した方がよい」と提案されたとします。たとえば、お祭りなど地域イベントの開催が予定されており、多少の悪天候でも人の往来が多いと予測された場合です。これは、より広範囲の情報に基づく判断であり、局所最適解ではなく全体最適解である可能性が高いと考えられます。しかし、それ以外の未知の情報が隠れている場合、その提案は「全体最適解である」とは言い切れません。

AIの提案が極めて高度な内容の場合、専門知識を有する人間でも回答の正しさを判断できなくなるケースがあります。問題領域の複雑度や混沌度が増すほど判断が困難になり、AIの提案に人が確信を持てなくなるためです。したがって、AIの出力結果を過信せずに、人間の知恵を活用してAIの出力結果を検証することが重要です。

たとえば、Human-in-the-loop（HITL）と呼ばれる手法は、AIの出力結果を人間が検証して、AIにフィードバックすることでAIの信頼性を向上させています。また、LLM-as-a-Judge（LAAJ）と呼ばれる手法では、AIの出力結果を別のAIが精査して信用度をスコアリングします。これらの手法を組み合わせて、スコアが低い内容に対しては人が追加検証をおこなう手法も考案されています。このように、人とAIが相互に補完しあうことで、Wisdom領域の知恵がより高度に蒸留されると期待されています。

いずれAIが飛躍的に発展し、人間の知恵や創造性を凌駕する人工超知能（ASI）が実現された世界では、人間の判断能力の要であるWisdom領域をAIが補い、人類全体の知的生産性に著しい向上をもたらすだろうと期待されます。しかし、そのような未来であっても、DIKWモデルの基本概念は変わらず、データから知識、知識から知恵へと進化するプロセスは続けられるはずです。

10-3-4 データプラットフォームの理想

理想的なデータプラットフォームは、データの網羅性をはじめとして正確性や整合性などが担保されており、誰でも安全にアクセスでき、安定している性能を保持しています。しかし、実現には複数のミドルウェアやサービスを組み合わせる必要があり、技術トレンドの影響を強く受けざるを得ません。

データプラットフォームを構成する「技術」は、時の流れと共に栄枯盛衰を繰り返し、繁栄を極めた技術が新しい革新的な技術の登場で時代遅れとなり、陳腐化することも珍しくありません。陳腐化した技術はよくいえば「枯れた技術」であり、広く使われることで高い信頼性を誇り、十分なノウハウが蓄積されているともいえます。枯れた技術に対して、新しい革新的な技術はもの珍しく魅力的に映りますが、導入に向けて長期的な視点でシステムが持続できるか検討が必要です。

最後に、理想的なデータプラットフォームの構築に重要と考えられるテーマをまとめましょう。

革新的な技術を受け入れる

技術における栄枯盛衰とは、枯れた技術では解決できない課題を解消するために、新しい技術にリプレイス（置換）することを指します。データプラットフォームにおける革新的な技術には、FluentdやApache Sparkなどがあります。Fluentdはデータ転送の複雑度を解消するためにデータ転送系のミドルウェアを置換し、Apache Sparkはビッグデータ処理の実装を簡易化して高速にするためにHadoop MapReduceなどを置換するなど、いずれも古い技術設計では解消が難しい課題に対処するために誕生しています。

歴史を振り返るに、革新的な技術として輝かしく登場したプロダクトもいずれは枯れた技術となり、新しい革新的な技術に置き換えられると予想されます。革新的な技術は、当初は安定までに時間を要するケースがありますが、新技術を受け入れやすい文化の前提として交換の容易性を保つことが重要です。

交換の容易性が重要と繰り返していますが、ミドルウェアやサービスで交換の容易性を維持すると、決裁者との合意を得やすい状況が生まれます。一般的に、決裁者はリスクとベネフィット（利益や利便性）を比較して、ベネフィットがリスクを大きく上回ると判断できる場合に、承認する傾向があります。したがって、革新的な技術を採用する際のリスクやベネフィットがいずれも不確実なときは、元のシステムに巻き戻せることが重要な因子となり得ます。

交換容易性の維持とはコンポーネントの交換を容易にすることであり、既存システムと新システムを併走させることも可能です。新システムへの移行は不確実な要素が多く、すべてを一度に置き換える「ビッグバンリリース」は、リスク管理の観点から忌避される傾向があります。交換容易性が維持されているシステムでは、交換対象のコンポーネントの責務が明確であるため、新システムに大きな問題が発見された場合は容易に旧システムに巻き戻せます。したがって、交換容易性の維持を心掛けて設計すると、革新的な技術によるイノベーション発生の恩恵を受けやすい状況が生まれます。

カオス化に立ち向かう

カオス化とは、組織やシステムなどに不規則性や不確実性が高まった結果、何らかの異常が発生することを指します。軽微な異常は短期的には見過ごされがちですが、些細な異常を放置することが重大な障害を引き起こす「ハインリッヒの法則」があります。ハインリッヒの法則とは、「1件の重大事故には、29件の軽微な事故と300件の異常がその背景にある」経験則のことで「ヒヤリ・ハット」ともいわれています。

データプラットフォームにおける軽微な異常には、利用コストの若干の上昇やデータ収集量の若干数の低下などがあります。たとえば、データソースがスマートフォンアプリの場合では、特定バージョンに限って一部のログが重複する不具合などが該当しますが、他のバージョンでは正常なログ出力であるため、異常に気付かないケースがあります。仮に重複して出力されたログが広告効果などのドメイン知識として重要なデータであると、広告効果の水増しになり、ビジネスに大きな悪影響を与える可能性があります。これらの異常は、カオス化を意味する「不規則性」や「不確実性」が高くなるほど異常の検出が難しくなり、重大な障害が発生したときの調査や対応に時間を要して、致命的な問題となり得ます。

カオス化は、物理法則におけるエントロピー増大の法則と同様に、放置すると乱雑で無秩序な方向に向かい、自発的に元に戻ることはありません。したがって、システム開発でも何らかの手段を講じない限り、カオス化は絶対に避けられないといえます。データプラットフォームにおけるカオス化が発生する箇所は、格納データやプログラミングコードだけでなく、運用担当者や開発者の体制、ナレッジベースなど多岐にわたり、あらゆる方面でカオス化による影響を受けます。データプラットフォームのカオス化に立ち向かうには、ビジネスプロセスの一環にカオス化を防ぐ習慣を意識的に組み込む以外に対策はありません。

あるカオス化したシステムを秩序だったものにするには、GitHub上のコードやレビューコメント以外にも、NotionやWikiなどに残された設計資料、Slackなどのチャットにおける会話ログ、プロジェクト管理ツールのロードマップなど、さまざまな形で断片的に残されている情報から調査を始めるはずです。しかし、断片的な情報から全体像を把握する必要があり、リサーチ担当者の調査結果が、先達の開発者が意図した内容ではない可能性もあります。

データプラットフォームの運営が始まると、運用の歴史の中でドキュメントに残されない暗黙知の発生は免れません。GitLab社は、「GitLab Handbook[5]」として、組織内で起きたあらゆる活動をドキュメントとしてGitLab上に残し、暗黙的知識をなくす努力を重ねています。データプラットフォームでは、ある変更が原因で発生したカオス化が、バタフライ効果のようにシステム全体に波及することも珍しくありません。後継の担当者が困らないように、変更の意図や障害発生時などの知見を記録に残し、カオス化に立ち向かう対抗策としましょう。

ちなみに、システム障害を振り返るドキュメントを作成し、知識と知恵を学ぶ行為を「ポストモーテム」と呼びます。障害から学んだ知識や知恵を共有し仕組みに反映させることが、エコシステム全体のカオス化の抑制に効果的です。カオス化に立ち向かうには、システムで解決できる問題をシステム化し、問題の兆候を検知し事前に障害を抑止することが重要です。また、仮に大きな障害が発生したとしても、経験から学んだ知恵を振り返り、二度と同様の障害を起こさない文化作りが極めて重要といえます。

トレンド技術を疑う

データプラットフォームは、複数の技術を組み合わせて全体が成り立つ生態系（エコシステム）です。エコシステムは、特定のミドルウェアや技術が相互に依存しながら複雑に絡み合い、協調動作で機能します。トレンド技術の中には、「特定の技術やサービスを採用すれば、すべての問題を解決できる」と謳う製品も少なくありません。しかし、データプラットフォームは企業全体の活動を支えるシステムであり、特定ベンダーへのロックインは事業リスクとなり得ます。魅力的な機能の提案が低価格で導入可能であったとしても、予測され得る5年後の動向に照らし合わせると、必ずしも優れた環境ではなくなるケースも珍しくありません。

近年ではクラウド型のベンダーロックインが問題視される風潮があり、クラウド環境の機能に依存したサービスが別のクラウドサービスへの移行を困難にしています。ベンダーロックインの問題を最小化す

---

5 https://about.gitlab.com/handbook/

るには、疎結合で高凝集なシステム構成を必要とします。たとえば、Dockerなどでコンテナ化したモジュールは、Amazon Web ServciesのECSやEKS、Google CloudのGKEなど、特定の実行環境に限定されません。コンピューティングとストレージが分離されている場合、データがどのクラウドに存在していたとしても、いざとなった時はファイル移動だけで環境移行が可能です。

クラウドベンダーは巧みな言葉で自社製品の魅力をアピールしますが、5年後や10年後の開発担当者が困らないかを想像し、常にトレンド技術を疑いながら現時点で考え得る最善の技術を見つけましょう。

データプラットフォーム技術と記録物

データプラットフォームは、技術と記録物を組み合わせて構築されるシステムです。技術とはデータの処理や保存するためのツールやサービスであり、記録物とはデータの内容や意味を表すものです。

人類最古の記録物には諸説ありますが、インドネシアのスラウェシ島南部で発見された「レアン・ブルシポン4」と呼ばれる洞窟にある約4万年前の壁画や、南アフリカのブロンボス洞窟で発見された約7万年前の刻印のある骨片などがあります。これらは狩猟の様子や幾何学的な絵が描かれており、当時の人々にとって象徴的な意味を持つ可能性が高いと考えられています。もちろん、何の意味もなく、単に偶然が重なった結果として現在まで残り発見されたに過ぎないかもしれません。当時の制作者が遺物を残した意図は推測するしかありませんが、当時の人類の創造性を示す記録物であることは間違いありません。情報は技術を用いて何らかの媒体に保存され記録物となります。その解釈を試みた人が、情報から知識や知恵を取り出し判断に活かしてこそ情報は意味をなします。

データプラットフォームは、情報を記録物として保存し、何らかの処理を経て知識や知恵を得るためのツールです。記録物は一度記録されたら原則的に変更されることなく、データとして保持され続けます。将来革新的な技術が登場したとしても、データプラットフォームは、データを「保存」して「分析」する性質を持ち続けます。しかし、保存されているデータの内容は変わらなくとも、データ分析後の解釈は時代と共に変化する可能性があります。データの解釈とは、データから得られた内容を整理して的確に把握する能力です。解釈で得られた情報をもとに、状況に適した行動を選択する能力を判断力と呼びます。周囲の状況や価値観は時代の流れと共に移り変わるため、人の判断基準も変化します。判断基準が変化すると、同じデータを分析したとしても、全く異なる解釈が生まれる可能性があります。データプラットフォームはデータの解釈を支援するツールですが、あくまでもその解釈は人の判断力に基づくことを理解しておく必要があります。

技術は常に進化しています。新しい課題が発見されるたび、それを解決できる技術にダイナミック（動的）に置き換えられます。一方、データとは歴史を刻むものであり、一度確定したデータは変更されずに、スタティック（静的）な意味を持ち続けます。

本書では、データプラットフォーム技術の解説にとどまらず、技術革新の背景にある思想や歴史的経緯まで深く掘り下げて解説してきました。人々の創造性を最大限に引き出し、情報から真の価値を発見できるデータプラットフォーム構築の実現を目指していきましょう。

索引

数字

2層型データプラットフォーム 18, 326

A

AAID（Android Advertising ID） 42
A/Aテスト 349
A/Bテスト 24, 285, 349
ACID特性 58, 163, 341
Adaptive Query Execution 481
ADID 42, 205
Adjust 51, 164
Airbyte 77, 164
Airflow 176
AIエージェント 507
AIの冬 503
Akka Cluster 224
Akka Streams 59, 223, 224, 230
Amazon Athena 70
Amazon Data Firehose 338
Amazon DynamoDB 244, 254
Amazon EventBridge 252, 254
Amazon Kinesis 53, 59, 122
Amazon Kinesis Data Streams 218, 240
Amazon Managed Service for Apache Flink 80
Amazon MSK 236
Amazon OpenSearch Service（AOS） 125
Amazon Redshift 52, 70, 147
Amazon Redshift Serverless 71
Amazon S3 .... 64, 119, 147, 184
Amazon SageMaker 345
Amazon Simple Notification Service 254
Anemic Domain Model 476
Apache Airflow 78, 166
Apache AVRO 65
Apache Beam 80, 274
Apache Flink 79
Apache Hadoop 63, 145
Apache Hive 72, 333
Apache Hudi 67
Apache Iceberg 67, 68
Apache Impala 146
Apache Kafka 59, 218, 236
Apache ORC 66
Apache Parquet 66
Apache Spark 53, 59, 64, 69, 75, 146, 190, 481
AppsFlyer 51, 164
AQE 481
Artificial General Intelligence（AGI） 507
Artificial Super Intelligence（ASI） 507
Asana 466
at-least-once 58, 102, 246, 260, 488
at-most-once 58, 102
aws-fluent-plugin-kinesis 122
AWS Glue 75, 190
AWS Glue DataBrew 282
AWS Lambda 59
AWS X-Ray 251

B

BERT 503
BigQuery 52, 53, 71, 127, 147, 184
BigQuery Reservations 325
Broadcast Hash Join 93, 268
Bronzeステージ 193, 201, 328
Business Intelligence（BI） 15, 52
Business Vault 330

C

CCPA（California Consumer Privacy Act） 40
CDC（Change Data Capture） 338
ChatGPT 189, 506
Claude 506
Cloud Native Computing Foundation 56, 101
CloudWatch 241, 245
Cluster Manager 87
CNAME 43
Co-Creation 469
Consent Management Platform 41
Continuous Processing 59, 260
Copilot 504
Copy On Write 68
CPI 285

CQRS ························· 255, 343
CQRS+ES ························ 259
CRA（欧州サイバーレジリエンス法）····· 322
CRM ························· 285, 392
CRONTAB ······················ 165, 169
CRUD ····························· 475
CSV (Comma Separated Values) ···· 64, 147
CTE (Common Table Expression) ······· 360
CTR (Click Through Rate) ········ 50, 350
CVR (Conversion Rate) ·············· 350

D

DAG ························ 77, 165, 505
Dash ····························· 299
Data ························· 6, 286, 288
Database Migration Service ··········· 338
Databricks ············ 18, 52, 53, 97, 190
Datadog ······················ 251, 335
Data Flow Diagram ·················· 424
DataFrame ······················ 75, 88
Data Free Flow with Trust ············· 46
Data Management Platform ············ 441
Dataproc ·························· 190
Dataset ···························· 89
dbt (data build tool) ··········· 76, 77, 163
dbt Cloud ······················ 150, 151
Deep Blue ························· 503
DELETE-INSERT方式 ················ 449
Delta Lake ························· 67
Delta Sharing ······················ 434
Deltaアーキテクチャ ·················· 61
Developer eXperience ··············· 457
DFD ····························· 424
Digdag ·················· 78, 166, 168, 187
DIKWピラミッド ················ 6, 288
DIKWフィードバックループ ····· 8, 10, 22, 30,
                            200, 371, 448, 491, 503
DIKWモデル ·········· 5, 144, 201, 286, 288
DMP ·························· 44, 441
DMS ····························· 338
Domo ······························ 35
Driver Program ······················ 86
DX ······················· 4, 46, 284
DynamoDB Streams ·················· 254

E

EDA (Explanatory Data Analysis) ······· 286
effectively-once ············ 58, 102, 153
Elasticsearch ······················ 72, 82
ELKスタック ························ 72
ELT処理 ············· 52, 76, 149, 162, 168
Embulk ······················ 53, 75, 177
embulk-input-bigquery ··············· 442
embulk-input-google_analytics ········ 441
English SDK ························ 85
eNPS ····························· 315
ETL処理 ·········· 52, 74, 76, 144, 168, 190
EU一般データ保護規則（GDPR）········ 3, 40
exactly-once ··· 58, 102, 246, 249, 480, 488

F

Feature/Aggregation Data Store ········ 193
FIFO (First-In First-Out) ·············· 57
FIFOキュー ······················· 248
Firebase Analytics ···················· 53
Fivetran ······················ 164, 417, 443
Floating Point Semantics ·············· 502
FLoC ······························ 43
Flow API ·························· 223
Fluent Bit ···················· 101, 338, 340
Fluentd ············ 51, 53, 56, 101, 177, 338
Fluentdアグリゲーター ··············· 138
flume ······························ 56

G

GAID (Google Advertising ID) ·········· 43
GDPR (General Data Protection Regulation) ··
                                    ····· 3, 40
GIGO (Garbage In, Garbage Out) ······· 153,
                                    506, 507
GitLab Handbook ··················· 510
Goldステージ ·············· 194, 209, 328
Google Analytics ··················· 440
Google Apps Script ··············· 301, 303
Google BigQuery · 52, 53, 71, 127, 147, 184
Google Cloud Dataflow ·············· 79, 80
Google Cloud Platform ················ 64
Google Cloud Spanner ··············· 343
Google Cloud Storage ··········· 51, 52, 147

索引

Google Data Studio ⋯⋯⋯⋯⋯⋯⋯⋯ 54
Googleスプレッドシート ⋯⋯⋯⋯ 4, 53, 82,
⋯⋯⋯⋯⋯⋯⋯⋯⋯⋯⋯⋯ 84, 298, 301
GPT-3 ⋯⋯⋯⋯⋯⋯⋯⋯⋯⋯⋯⋯⋯ 503
Grafana ⋯⋯⋯⋯⋯⋯⋯⋯⋯⋯⋯⋯ 224
gRPC ⋯⋯⋯⋯⋯⋯⋯⋯⋯⋯⋯⋯⋯⋯ 66

H

Hadoopファミリー ⋯⋯⋯⋯⋯⋯⋯⋯ 146
HDFS ⋯⋯⋯⋯⋯⋯⋯⋯⋯⋯⋯ 17, 63, 146
HIPAA法 (Health Insurance Portability and Accountability Act) ⋯⋯⋯⋯⋯⋯ 45

I

IDFA (Identifier for Advertisers) ⋯⋯ 43, 205
IMAGE ⋯⋯⋯⋯⋯⋯⋯⋯⋯⋯⋯⋯⋯ 302
IMPORTDATA ⋯⋯⋯⋯⋯⋯⋯⋯⋯⋯ 301
IMPORTRANGE ⋯⋯⋯⋯⋯⋯⋯⋯⋯ 309
Information ⋯⋯⋯⋯⋯⋯⋯⋯ 6, 286, 288
Ingestion Tables ⋯⋯⋯⋯⋯⋯⋯⋯⋯ 193
IteratorAgeMilliseconds ⋯⋯⋯⋯⋯ 220
ITP (Intelligent Tracking Prevention) ⋯⋯ 41

J

JDBC ⋯⋯⋯⋯⋯⋯⋯⋯⋯⋯⋯⋯⋯⋯ 15
Jenkins ⋯⋯⋯⋯⋯⋯⋯⋯⋯⋯⋯⋯⋯ 77
JIRA ⋯⋯⋯⋯⋯⋯⋯⋯⋯⋯⋯⋯⋯⋯ 466
Join Hint ⋯⋯⋯⋯⋯⋯⋯⋯⋯⋯⋯⋯ 96
JRuby ⋯⋯⋯⋯⋯⋯⋯⋯⋯⋯⋯⋯⋯ 180
JSON (JavaScript Object Notation) ⋯ 65, 147
Jupyter Notebook ⋯⋯⋯⋯⋯ 4, 53, 54, 299

K

Kappaアーキテクチャ ⋯⋯⋯⋯⋯⋯ 60, 273
Kibana ⋯⋯⋯⋯⋯⋯⋯⋯⋯⋯⋯ 53, 81, 83
Kinesis Client Library ⋯⋯⋯⋯⋯⋯ 243
Kinesis Data Analytics ⋯⋯⋯⋯⋯⋯ 79
Kinesis Data Streams ⋯⋯⋯⋯⋯ 218, 240
Kinesis Producer Library ⋯⋯⋯⋯ 243, 244
Knowledge ⋯⋯⋯⋯⋯⋯⋯⋯ 6, 287, 288
KServe ⋯⋯⋯⋯⋯⋯⋯⋯⋯⋯⋯⋯⋯ 345
Kubernetes ⋯⋯⋯⋯⋯⋯⋯⋯ 69, 87, 236

L

Lakehouse ⋯⋯⋯⋯⋯⋯⋯⋯⋯⋯ 18, 194
Lakehouseプラットフォーム ⋯ 19, 20, 326, 353
Lambdaアーキテクチャ ⋯⋯⋯⋯⋯⋯ 59, 272
Landing Zone ⋯⋯⋯⋯⋯⋯⋯⋯⋯⋯ 330
LightGBM ⋯⋯⋯⋯⋯⋯⋯⋯⋯⋯⋯ 346
LLM (Large Language Model) ⋯ 85, 189, 503
logagent ⋯⋯⋯⋯⋯⋯⋯⋯⋯⋯⋯⋯ 56
logback ⋯⋯⋯⋯⋯⋯⋯⋯⋯⋯⋯⋯ 101
Logical Plan ⋯⋯⋯⋯⋯⋯⋯⋯⋯⋯⋯ 92
logrotate ⋯⋯⋯⋯⋯⋯⋯⋯⋯⋯⋯⋯ 101
logstash ⋯⋯⋯⋯⋯⋯⋯⋯⋯⋯⋯⋯ 56
Looker ⋯⋯⋯⋯⋯⋯⋯⋯ 35, 53, 54, 81, 84
Looker Studio ⋯⋯⋯⋯⋯⋯⋯⋯⋯⋯ 306
LTSV (Labeled Tab-separated Values) ⋯ 147
LTV (Life Time Value) ⋯⋯⋯⋯⋯ 281, 285
Luigi ⋯⋯⋯⋯⋯⋯⋯⋯⋯⋯⋯⋯⋯⋯ 166

M

MapReduce ⋯⋯⋯⋯⋯⋯⋯⋯⋯ 63, 146
MAU (Montyly Active Users) ⋯⋯⋯⋯ 350
MECE ⋯⋯⋯⋯⋯⋯⋯⋯⋯⋯ 3, 316, 403
Merge on Read ⋯⋯⋯⋯⋯⋯⋯⋯⋯⋯ 68
Merge構文 ⋯⋯⋯⋯⋯⋯⋯⋯⋯⋯⋯ 450
Metabase ⋯⋯⋯⋯⋯⋯⋯ 53, 54, 81, 83, 293
Microsoft Excel ⋯⋯⋯⋯⋯⋯⋯⋯⋯⋯ 82
Minimum Viable Product (MVP) ⋯ 389, 461
MLflow ⋯⋯⋯⋯⋯⋯⋯⋯⋯⋯⋯ 345, 346
Model View ViewModel (MVVM) ⋯⋯ 453
MRR (Monthly Recurring Revenue) ⋯⋯ 13
msgpack ⋯⋯⋯⋯⋯⋯⋯⋯⋯⋯⋯⋯ 66
MVVM ⋯⋯⋯⋯⋯⋯⋯⋯⋯⋯⋯⋯ 453
MySQL ⋯⋯⋯⋯⋯⋯⋯⋯⋯⋯⋯ 52, 147

N

Nested Loop Join ⋯⋯⋯⋯⋯⋯⋯ 96, 268
NPS (Net Promoter Score) ⋯⋯⋯⋯⋯ 315
NULL Semantics ⋯⋯⋯⋯⋯⋯⋯⋯⋯ 502

O

ODBC ⋯⋯⋯⋯⋯⋯⋯⋯⋯⋯⋯⋯⋯⋯ 15
OEC (Overall Evaluation Criterion) ⋯⋯ 350
OLAP (Online Analytical Processing) ⋯⋯ 16,
⋯⋯⋯⋯⋯⋯⋯⋯⋯⋯⋯⋯⋯⋯ 55, 343
OLTP (Online Transaction Processing) ⋯ 14,
⋯⋯⋯⋯⋯⋯⋯⋯⋯⋯⋯⋯ 55, 343, 495

OMO (Online Merges with Offline) 45
OODAループ 348
OpenAI 189
OpenSearch 72, 83, 125
OpenTelemetry 251
Outputプラグイン 105, 178

P

Pandas 75, 366, 444
Photon 97
Physical Plan 92
PIT (Point in Time) 330
Playwright 443
PMF 461, 463
PoC (Proof of Concept) 336, 368, 496
PostgreSQL 51, 147
Presto 69
Private Relay 42
Processor 227
Product Market Fit 461
Promise 224
Protocol Buffers 66
Pub/Sub 218
PySpark 151, 444
PySpark Testing API 362
pytest 367

Q

QueryResult 296

R

RA3 70
Raw Vault 330
RBAC 404
RDD (Resilient Distributed Datasets) 88
RDRA 379
Reactive Streams SIG 223
README.md 458
Redash 53, 54, 81, 82, 293, 298
Redshift Spectrum 71
Refined Tables 193
Rigid designator 10
ROAS 285
Role-Based Access Control 404

RStudio 4
rsyslog 57
Rundeck 78
RxJava 223

S

Salesforce 164
scikit-learn 346
Scrapy 443
Selenium 443
Sentry 335
Server Side Public License (SSPL) 72
SGD 345
Shopify 164
Shuffle Hash Join 94, 268
Silverステージ 194, 204, 328
Simple Queue Service (SQS) 246
Single Responsibility Principle (SRP) .....
.... 140, 439
Single Source of Truth (SSOT) 3, 392,
.... 395, 463
Snowflake 52, 71
Snowpark 71
SOLID原則 439
Sort Merge Join 95, 268
spark-bigquery-connector 192, 442
SparkSQL 90
Spark Structured Streaming .. 59, 79, 244, 260
Splash 443
SQS (Simple Queue Service) 246
SRP 140, 439
SSOT 3, 392, 395, 463
SSPL 72
Streamlit 299

T

Tableau 35, 53, 54, 84
td-agent 106
Topics API 43
Treasure Data 52, 72, 126, 147
Trino 64, 69, 146
TROCCO 76, 164, 417
TSV (Tab Separated Values) 65

515

索引

U
ULID（Universally Unique Lexicographically Sortable Identifier） ・・・・・・・・・ 250
Unistore ・・・・・・・・・・・・・・・・・・・・・・・・・・・・・・・・ 71
Unity Catalog ・・・・・・・・・・・・・・・・・・・ 214, 333
UUID ・・・・・・・・・・・・・・・・・・・・・・・・・・・・・・・・・・ 135

V
Vacuum ・・・・・・・・・・・・・・・・・・・・・・・・・・・・・・・・ 67
VUCA ・・・・・・・・・・・・・・・・・・・・・・・・・・ 348, 372

W
Wisdom ・・・・・・・・・・・・・・・・・・・・・・・ 7, 287, 289
Worse is Better ・・・・・・・・・・・・・・・・・・・・・・・・ 485

X
XGBoost ・・・・・・・・・・・・・・・・・・・・・・・・・・・・・・・ 346

Y
YAGNI ・・・・・・・・・・・・・・・・・・・・・・・・・・・・・・・・ 482
YARN ・・・・・・・・・・・・・・・・・・・・・・・・・・・・・・ 69, 87

Z
Zendesk ・・・・・・・・・・・・・・・・・・・・・・・・・・・・・・・ 164
Z-Order ・・・・・・・・・・・・・・・・・・・・・・・・・・・・・・・ 202

あ
アーリーアダプター ・・・・・・・・・・・・・・・・・・・・・・ 501
アクター ・・・・・・・・・・・・・・・・・・・・・ 382, 385, 400
アクター（ガバナンス） ・・・・・・・・・・・・・・・・・・・ 398
アクターコンテキスト図 ・・・・・・・・ 386, 402, 404
アクター（ビジネスロール） ・・・・・・・・・・・・・・・ 403
アクティビティログ ・・・・・・・・・・・・・・・・・・・・・・ 216
アクティブレコード ・・・・・・・・・・・・・・・・・・・・・・ 453
アサーション ・・・・・・・・・・・・・・・・・・・・・・・・・・・ 362
アジャイル ・・・・・・・・・・・・・・・ 389, 433, 464, 493
アジャイルマニフェスト ・・・・・・・・・・・・・ 321, 464
値の標準化 ・・・・・・・・・・・・・・・・・・・・・・・・・・・・・ 156
アナリティクスエンジニアリング ・・・・・・・・・・ 311
安全管理措置 ・・・・・・・・・・・・・・・・・・・・・・・・・・・・ 39
暗黙知 ・・・・・・・・・・・・・・・・・・・・・・・・・・・・・・・・・ 510
暗黙的な情報 ・・・・・・・・・・・・・・・・・・・・・・・・・・・ 474
アンロード ・・・・・・・・・・・・・・・・・・・・・・・・・・・・・ 498

い
維持コスト ・・・・・・・・・・・・・・・・・・・・・・・・・・・・・ 472
異常値検出 ・・・・・・・・・・・・・・・・・・・・・・・・・・・・・ 335
依存性逆転の原則 ・・・・・・・・・・・・・・・・・・・・・・・ 440
一意制約 ・・・・・・・・・・・・・・・・・・・・・・・・・・・・・・・ 153
イテレーティブ ・・・・・・・・・・・・・・・・・・・・ 465, 493
イノベーションのジレンマ ・・・・・・・・・・・・・・・・ 501
イベント駆動 ・・・・・・・・・・・・・・・・・・・・・・・・・・・ 252
イベントソーシング ・・・・・・・・・・・・・・・・・・・・・ 257
イベントソース ・・・・・・・・・・・・・・・・・・・・・・・・・ 253
イベントログ ・・・・・・・・・・・・・・・・・・・・・・ 196, 198
因果性のジレンマ ・・・・・・・・・・・・・・・・・・・・・・・ 412
インクリメンタル ・・・・・・・・・・・・・・・・・・ 465, 493
インサイトバータリング ・・・・・・・・・・・・・・・・・・・ 36
インターフェイスの一貫性 ・・・・・・・・・・・・・・・・ 476
インターフェイス分離の原則 ・・・・・・・・・・・・・・ 440
インタビュー ・・・・・・・・・・・・・・・・・・・・・・・・・・・ 314
インフォグラフィック ・・・・・・・・・・・・・・・・・・・・・ 33

う
ウォーターフォール ・・・・・・・・・・・・・・・・・ 372, 433
ウォーターマーク ・・・・・・・・・・・・・・・・・・・・・・・ 266
売上予測 ・・・・・・・・・・・・・・・・・・・・・・・・・・・・・・・ 294

え
エフェクチュエーション ・・・・・・・・・・・・・・・・・・ 371
エントロピー増大の法則 ・・・・・・・・・・・・・・・・・・ 510

お
欧州サイバーレジリエンス法（CRA） ・・・・・・・ 322
オーバーフロー ・・・・・・・・・・・・・・・・・・・・・・・・・ 226
オーバーヘッド ・・・・・・・・・・・・・・・・・・・・・・・・・ 218
オブジェクト指向 ・・・・・・・・・・・・・・・・・・・・・・・・・ 5
オムニチャンネル ・・・・・・・・・・・・・・・・・・・・・・・・ 45
オンライン学習 ・・・・・・・・・・・・・・・・・・・・・・・・・ 344

か
開発者体験 ・・・・・・・・・・・・・・・・・・・・・・・・・・・・・ 457
回復力 ・・・・・・・・・・・・・・・・・・・・・・・・・・・・・・・・・ 333
外部システム ・・・・・・・・・・・・・・・・・・ 385, 398, 400
開放閉鎖の原則 ・・・・・・・・・・・・・・・・・・・・・・・・・ 439
カオス化 ・・・・・・・・・・・・・ 457, 462, 476, 479, 509
学習 ・・・・・・・・・・・・・・・・・・・・・・・・・・・・・・・・・・・ 344
拡張ファンアウト ・・・・・・・・・・・・・・・・・・・・・・・ 245
格納 ・・・・・・・・・・・・・・・・・・・・・・・・・・・・・・・・・ 20, 49

か

確率的勾配降下法	345
可視化ツール	81
過剰品質	495
カスタムメトリクス	245
型の標準化	157
価値KPI	447
活用	49
可能世界	10
カプセル化	439
仮名加工情報	39
可用性	17
ガラパゴス化	459
カラムナ	14, 55, 475
カラムナフォーマット	475
カリフォルニア州消費者プライバシー法	40
緩衝材	218, 235
観測可能な含意	324

き

キーの標準化	155
機械学習	21, 344
木こりのジレンマ	394
技術選択ポリシー	436
技術的負債	11, 151, 429, 436, 456, 458, 472, 479
技術的腐敗	436
技術と記録物	511
季節要因	348
機密情報	422, 430
逆算思考	200
キャリーオーバー効果	350
境界付けられたコンテキスト	320
凝集度	449
協調動作	472
業務フロー	382
局所最適解	507

く

クエリプラン	92
クライアントログ	196, 198
クラスタ	237
クリーンアーキテクチャ	453
グロースハック	413
クローラー	36

け

経営会議	33
継続的なリファクタリング	437, 475
ゲーデルの不完全性定理	505
決定回避の法則	497
現状維持	485
堅牢性	440

こ

コアドメイン	453
合意形成	409
航海日誌（logbook）	100
効果検証	24, 344, 348
高凝集	511
広告識別子	205
合成の誤謬	9
構造化データ	52, 154
構造化ロギング	130
交絡因子	37
コーゼーション	371
コールドパス	272
顧客生涯価値	281
顧客創造	50
顧客分析	294
個人情報	28, 37, 422, 430
個人情報保護法	37
コストセンター	479
コックピット経営	12
固定ウィンドウ	263
固定指示子	10, 11
コネクタビリティ	25
コンシューマー	238
コンシューマーラグ	220
コントロールグループ	349
コンピューティング	16, 334
コンプライアンス	28

さ

サーバログ	196, 198
サービングプラン	325
最小権限の原則	322
最新性	414
サイバーレジリエンス	322
サプライチェーン	45

索引

し
三権分立 ……………………………… 489
参照整合性 …………………………… 153

識別行為の禁止 ……………………… 39
自己強化型フィードバックループ …… 7, 375
システム ……………………… 382, 399, 400
システム外部環境 …………………… 382
システム価値 ……… 381, 384, 386, 397
システム境界 ………………………… 382
システムコンテキスト図 … 385, 397, 399
システムユースケース ……………… 402
ジャム研究 …………………………… 497
集計 …………………………………… 20, 49
収集 …………………………………… 20, 49
従属型データマート ………………… 73
柔軟性 ………………………………… 439
重複除去 ……………………… 103, 135, 158
集約解除 ……………………………… 244
情報の高密度化 ……………………… 290
ジョブスケジューラ ………………… 77, 187
人工超知能（ASI） …………………… 507
信頼区間 ……………………………… 447
信頼できる唯一の情報源（SSOT） …… 3, 392, 395, 463

す
推論 …………………………………… 344
スクラム開発 ………………………… 465
スコープ ……………………………… 398, 400
スタースキーマ ……………………… 214
ステークホルダー …………………… 418
ステートソーシング ………………… 257
ストリーミング ……………………… 57, 216
ストリーミングETL ………………… 220, 223
ストリーミング処理 ………………… 79, 278
ストリーミングデータ ……………… 216
ストレージ …………………………… 16, 334
スパイク ……………………………… 219
スプリントバックログ ……………… 467
スプリントミーティング …………… 467
スモールスタート …………………… 463
スライディングウィンドウ ………… 264
スループット ………………………… 222

せ
生成 …………………………………… 20, 48
生成AI ………………………………… 85
精度向上 ……………………………… 387, 428
セッションウィンドウ ……………… 265
セルフサービス型 …………… 320, 375, 376
ゼロトラスト ………………………… 430
戦術（Tactics） ……………………… 9
全体最適 ……………………………… 27, 499, 500
全体最適解 …………………………… 507
全体設計 ……………………………… 436
戦略（Strategy） …………………… 9

そ
総合評価基準 ………………………… 350
ソーシャルエンジニアリング ……… 10, 322
疎結合 ………………………… 229, 252, 437, 511

た
ダーティデータ ……………………… 148
第一世代データプラットフォーム … 18, 326
大規模言語モデル（LLM） ……… 85, 189, 503
耐久性 ………………………………… 17
タイムトラベル機能 ………………… 250
タスク管理ツール …………………… 466
多次元構造 …………………………… 161, 191
妥当性 ………………………………… 414, 479
単一責務の原則（SRP） …………… 140, 439
探索的データ分析 …………………… 286
タンブリングウィンドウ …………… 263

ち
チームトポロジー …………………… 434
チェックポイント …………………… 244, 261
逐次学習 ……………………………… 344
蓄積データ …………………………… 217
抽象度 ……………… 5, 9, 167, 175, 290, 316, 379, 452, 500

つ
強いAI ………………………………… 503

て
ディープラーニング ………………… 503
停止性問題 …………………………… 505

ディメンションテーブル	214
データ	385, 411
データアーキテクチャモデル	319
データアグリゲータ	35
データアナリスト	11, 311, 374, 460
データインジェスチョン	382
データウェアハウス	194
データエンジニア	311, 460
データオーナー型	319, 373
データオーナーシップ	376
データ格納先	474
データ可視化	32
データカタログ	289, 490
データカタログ層	292
データガバナンス	12, 27, 300, 332, 376, 396, 432, 489, 491
データガバナンス図	421, 423
データ完全性	153
データクリーンルーム	44
データクレンジング	35, 148, 153
データクレンジング処理	446
データ構造	474
データコンシューマー	244
データコンテキスト図	417, 420
データサイエンティスト	460
データサイロ	392
データ指向プログラミング	62
データ主導経済	25
データ種別	154
データ消費層	292
データ処理	480
データ処理層	292
データスキュー	481
データスチュワード	318, 374, 459, 460
データストア	480
データストラテジスト	11, 374, 460, 491
データストリーム	220
データストレージ層	291
データスワンプ	150, 151
データソース	290, 479
データ中心の原則	457
データ統治	494
データドリブン	12, 33
データドリブン経営	370, 379
データドリブン組織	26
データのサイロ化	26, 33, 152, 327, 459, 463
データの標準化	155
データのロックイン	150, 324, 498
データバータリング	35
データパーティショニング	91
データパイプライン	19, 165, 335
データビジネス	35
データ品質	411
データフォーマット	449, 474
データプラットフォーム	2
データフロー	19, 48
データブローカリング	35
データフロー図	424, 426, 429
データブロック	15
データプロデューサー	243
データプロビジョニング	284, 291, 298, 301, 322
データ分析の民主化	12
データボルト	329
データマーケットプレイス	36
データマート	194
データマイグレーション	440, 501
データマネジメント	332
データマネジメント知識体系ガイド	27
データマネジメントプラットフォーム	44
データ民主化	12, 25, 293, 395, 396
データメッシュ	315, 375, 377, 434
データ要件	386, 387, 416
データリテラシー	28, 318, 395, 491
データリネージュ	54
データレイク	52, 194
データレプリカ	237, 239
デジタルトランスフォーメーション	4, 46, 284
テストグループ	349
デッドレターキュー	248
デバイスフィンガープリント技術	42
デリバリセマンティクス	57, 102
転送	20, 49

と

同意取得管理ツール	41
統計モデル	21
匿名加工情報	38
独立型データマート	73
閉じた質問	314
トピック	237
ドメイン駆動設計	320
ドメイン知識	7, 13, 29, 30, 445, 504
ドメインモデル貧血症	476
トラッキング	41
トラフィック分岐	355
トレンド技術	510

な

内部統制	494
名指しと必然性	10
名寄せ	205

に

ニアリアルタイム	218, 416
入力元	451
認知負荷	458

ね

| ネイティブストリーミング方式 | 59 |
| ネスト構造 | 132 |

の

ノーコード	282
ノートブック形式	98
ノンブロッキング	223, 224

は

パーソナルデータ	28
バーティカルSaaS	34
バーティカルマーケット	34
パーティション	237
バイアス	503
背圧制御	226
排他実験	351
ハインリッヒの法則	509
破壊的イノベーション	499, 501
パターンマッチ	114
バックプレッシャー	223, 226
バックログ	466
バッチ学習	344
バルクローダ	177
半構造化データ	153, 154, 161
汎用人工知能（AGI）	507

ひ

非構造化データ	52, 153, 154
ビジネスインテリジェンス	35
ビジネス管理	413
ビジネスコンテキスト	432
ビジネスコンテキスト図	386, 410
ビジネスユースケース	382, 402, 410
ビジネス用語	448
ビジネス要求	465
ビジネス要素	411
ビジョン	500
非中央集権	320
ビッグバンリリース	502
非排他実験	351
標準偏差	447
評価指標	24, 356, 462
開いた質問	314, 406

ふ

ファインチューニング	507
ファクトテーブル	214
フィット＆ギャップ分析	496
不確実性	465, 509
不規則性	509
複合データフロー図	388, 430, 432
不正検知	45
腐敗	436, 476
部分最適	27, 499, 500
プライバシー	37
プライバシー技術	44
ブラックボックス	447
ふるまい要件	386, 387, 402
ブレインストーミング	377
ブローカー	237, 239
プログラミングコード	473
プロジェクト予算	477
プロダクトバックログ	466
プロダクトマネージャー	285, 462

プロダクトライフサイクル ……………… 483
プロデューサー ……………………………… 238
プロビジョニングモード …………………… 241
プロンプトエンジニアリング ……………… 506
ブレイクスルー ……………………………… 500
分割の誤謬 …………………………………… 9
分散処理エンジン …………………………… 221
分散トレーシング …………………………… 251
分散メッセージキュー ………… 217, 228, 234

へ

平坦化 ………………………………………… 154
冪等性 ………………………………………… 335
ベンダーロックイン ………………… 333, 497

ほ

ポータビリティ ……………………………… 150
ポストモーテム ……………………………… 510
ホットパス …………………………………… 272
ホリゾンタルSaaS …………………………… 34

ま

マーケター …………………………… 285, 462
マーケティング分析 ………………………… 294
マイグレーション …………………………… 327
マイクロコピー ……………………………… 354
マイクロサービス ………………… 13, 252, 320
マイクロバッチ ……… 59, 220, 229, 230, 233, 263
マイクロリファクタリング ………………… 475
マスキング …………………………………… 430
マスターデータ ……………………… 196, 197
マルチプロセスモード ……………………… 115

め

メタ認知 ……………………………………… 317
メダリオンアーキテクチャ ………… 190, 327,
  …………………………………… 356, 438, 450
メトリクス …………………………………… 220

も

網羅性 ………………………………………… 416
目標逆算型 …………………………………… 372

ゆ

有向非巡回グラフ（DAG） ……… 77, 165, 505

ユーザー定義関数 ……… 90, 164, 193, 202, 505
ユニットテスト ……………………………… 359
ユビキタス言語 ……………………… 448, 470

よ

要求モデル図 ……………… 385, 386, 405, 407
要件（Requirements） ……………………… 380
要件分析 ……………………………………… 378
要配慮個人情報 ……………………………… 38
要望（Wants・Desires） …………………… 380
弱いAI ………………………………………… 503

ら

ランサムウェア ……………………………… 322
ランダム化比較実験 ………………………… 10

り

リアーキテクチャ …………………………… 458
リアクティブストリーム ……… 220, 223, 226,
  …………………………………………… 232, 233
リアルタイム ………………………… 218, 416
リキッドクラスタリング …………………… 91
リクエストバックログ ……………………… 466
リザーブドインスタンス …………………… 325
リシャーディング …………………… 242, 245
リスコフの置換原則 ………………………… 440
リテラシー …………………………………… 434
リバースETL ………………………………… 21
リファクタリング …………………… 308, 472
リレーショナルデータベース ……………… 14
リレーションシップ駆動要件分析 ………… 379

れ

レイテンシ …………………………… 218, 222
レガシーマイグレーション ………………… 501
レジリエンス ………………………… 333, 488
列指向データベース ………………… 15, 16, 55

ろ

ログコレクタ ………………………………… 55

わ

ワークフローエンジン ……………………… 166

謝辞

　本書の執筆では、多くの方々に助けていただきました。草稿に目を通して、鋭くも優しく問題点を指摘していただいたレビュワーの方々に感謝します。要素技術の専門的な部分がより明瞭になり、執筆陣の理解も深まりました。執筆を支えてくれた編集者に感謝します。本書の内容をより分かりやすく、読みやすくするために、数多くの助言をいただきました。データプラットフォームという広範囲にわたる技術体系を解説するにあたり、各章ごとに適切な情報量を盛り込めるよう構造化できました。

　また、本書で紹介しているプロダクトや技術の開発者に感謝します。惜しみない努力により生み出された各プロダクトや技術は、データプラットフォーム開発に多大な貢献をしています。

　最後に、約6年もの長期にわたる執筆作業を励まし続けてくれた家族、友人、同僚に感謝します。執筆陣一同、執筆に明け暮れる毎日でしたが、日々の生活のなかで多くのヒントをいただきました。本当にありがとうございました。

執筆陣一同

執筆協力

鈴木 雄登（株式会社Gunosy）

制作協力（五十音順）

伊藤 駿
宇田川 聡（Databricks Japan株式会社）
大槻 寿英（株式会社SalesNow）
木村 彰宏（株式会社カケハシ）
近藤 浩市郎（@kondroid00）
郷 宗玄
斉藤 太郎（トレジャーデータ株式会社）
田籠 聡（@tagomoris）
田中 克明
三廻部 大（トレジャーデータ株式会社）
山西 悠友

著者プロフィール

島田 雅年（Masatoshi Shimada）

インターネット広告、動画メディア、リテール、金融、官公庁など、さまざまな業界のプロダクト設計や開発に従事。得意分野は、組織内のデータを整理して、企業価値の向上を目的とするビッグデータ処理基盤構築。データ活用の現場では、営業職などのビジネス職域における多彩な課題が存在するケースが多く、円滑なデータ提供を支えるデータプロビジョニングシステムの構築はもちろん、組織構築や教育支援などのコンサルティングも手掛ける。

藪本 晃輔（Kosuke Yabumoto）

10年以上にわたりインターネット広告のプロダクト開発に従事。大量のトラフィックを処理する広告配信システムをはじめ、データ管理システムや広告効果計測ツール、媒体収益化など、さまざまなインターネット広告関連プロダクトにて、プロジェクトマネージャーや開発責任者を歴任。ロケーションデータを活用したインターネット広告事業を展開する株式会社ジオロジックではCTOに就任し、データプラットフォーム構築を中心に、エンジニアリングマネージャーから設計・開発まで幅広く担当。現在は株式会社スマートニュースにて、エンジニアリングマネージャーとして広告システムの開発に従事。

編集者プロフィール

丸山 弘詩（Hiroshi Maruyama）

書籍編集者。早稲田大学政治経済学部経済学科中退。佐賀大学大学院博士後期課程編入（システム生産科学専攻）、単位取得の上で満期退学。大手広告代理店勤務を経て現在は書籍編集に加え、さまざまな分野のコンサルティングや開発マネジメントなどを手掛ける。著書に『スマートフォンアプリマーケティング 現場の教科書』（マイナビ出版）など多数、編集書籍に『ブロックチェーンアプリケーション開発の教科書』『ビッグデータ分析・活用のためのSQLレシピ』（マイナビ出版）など多数。

STAFF

編集：丸山 弘詩
カバーデザイン：三宮 曉子（Highcolor）
本文デザイン：深澤 充子（Concent, Inc.）
本文イラスト：田中 玲子
DTP：Hecula Inc.
編集部担当：角竹 輝紀、塚本 七海

データプラットフォーム技術バイブル
（ギジュツ）

2025年 3月 21日 初版第 1 刷発行

著　　者　島田 雅年、藪本 晃輔
編 集 者　丸山 弘詩
発 行 者　角竹 輝紀
発 行 所　株式会社マイナビ出版
　　　　　〒101-0003　東京都千代田区一ツ橋2-6-3 一ツ橋ビル 2F
　　　　　☎ 0480-38-6872（注文専用ダイヤル）
　　　　　☎ 03-3556-2731（販売）
　　　　　☎ 03-3556-2736（編集）
　　　　　✉ pc-books@mynavi.jp
　　　　　URL：https://book.mynavi.jp
印刷・製本　株式会社ルナテック

©2025 島田 雅年、藪本 晃輔、Hecula inc. Printed in Japan
ISBN978-4-8399-7079-6

- 定価はカバーに記載してあります。
- 乱丁・落丁についてのお問い合わせは、TEL:0480-38-6872（注文専用ダイヤル）、電子メール：sas@mynavi.jpまでお願いいたします。
- 本書掲載内容の無断転載を禁じます。
- 本書は著作権法上の保護を受けています。本書の無断複写・複製（コピー、スキャン、デジタル化等）は、著作権法上の例外を除き、禁じられています。
- 本書についてご質問等ございましたら、マイナビ出版の下記URLよりお問い合わせください。お電話でのご質問は受け付けておりません。また、本書の内容以外のご質問についてもご対応できません。

　　https://book.mynavi.jp/inquiry_list/